李天来院士（右）携国家蔬菜产业技术体系专家指导蔬菜生产（段敬杰　供图）

主编齐红岩教授观察甜瓜生育状况（齐红岩　供图）

日光温室蔬菜生产基地（齐红岩　供图）

双联栋日光温室（齐红岩　供图）

沈阳铁路局多连栋日光温室（齐红岩　供图）

辽沈 4 日光温室（齐红岩　供图）

日光温室培育的 2 叶 1 心西瓜插接苗（段敬杰　供图）

日光温室培育的 2 叶 1 心冬瓜嫁接苗（段敬杰 供图）

日光温室培育的 3 叶 1 心甘蓝壮苗（段敬杰 供图）

日光温室培育的茄子嫁接苗（段敬杰　供图）

日光温室培育的厚皮甜瓜苗（段敬杰　供图）

日光温室辣椒育苗（段敬杰　供图）

日光温室无土栽培番茄（齐红岩　供图）

日光温室甜（彩）椒生产（李文虎　供图）

日光温室水果番茄生产（段敬杰　供图）

日光温室茄子生产（段敬杰　供图）

日光温室番茄生产（齐红岩　供图）

日光温室辣椒生产（段敬杰　供图）

日光温室辣椒生产（齐红岩 供图）

日光温室豇豆生产（姚秋菊　供图）

日光温室菜豆生产（董双宝　供图）

日光温室韭菜生产一（姚秋菊　供图）

国家特色蔬菜产业技术体系石家庄综合试验站
绿色轻简高效生产观摩会

日光温室韭菜生产二（姚秋菊　供图）

日光温室西葫芦生产（董双宝　供图）

日光温室西葫芦生产（李继德　供图）

日光温室西葫芦生产（李继德　供图）

日光温室黄瓜结果期壮株长势长相（段敬杰　供图）

日光温室丝瓜生产（段敬杰　供图）

日光温室苦瓜套种黄瓜生产（段敬杰　供图）

日光温室厚皮薄皮中间型甜瓜生产（段敬杰　供图）

日光温室香椿生产（段敬杰　供图）

椰糠袋培

日光温室无土栽培（段敬杰　供图）

日光温室套小拱棚生产（齐红岩　供图）

国家出版基金项目
NATIONAL PUBLICATION FOUNDATION

日光温室设计建造研究与利用丛书

日光温室蔬菜生产

齐红岩　主编

中原农民出版社

·郑州·

图书在版编目（CIP）数据

日光温室蔬菜生产 / 齐红岩主编 .—郑州 ：中原农民出版社，
2021.12

（日光温室设计建造研究与利用丛书 / 李天来）
ISBN 978-7-5542-2457-1

Ⅰ . ①日… Ⅱ . ①齐… Ⅲ . ①蔬菜园艺 – 温室栽培 Ⅳ . ①S626.5

中国版本图书馆CIP数据核字（2021）第237022号

日光温室蔬菜生产
RIGUANGWENSHI SHUCAI SHENGCHAN

出　版　人：刘宏伟
选题策划：段敬杰
责任编辑：段敬杰
责任校对：王艳红
责任印制：孙　瑞
封面设计：陆跃天
内文设计：徐胜男

出版发行：中原农民出版社
　　　　　　地址：郑州市郑东新区祥盛街 27 号 7 层　　邮编：450016
　　　　　　电话：0371 － 65788651（编辑部）　0371 － 65788199（营销部）
经　　销：全国新华书店
印　　刷：河南省邮电科技有限公司
开　　本：889mm×1194mm　　　　1/16
印　　张：52
字　　数：1065 千字
版　　次：2021 年 12 月第 1 版
印　　次：2021 年 12 月第 1 次印刷
定　　价：998.00 元

如发现印装质量问题，影响阅读，请与印刷公司联系调换。

前　言

自 20 世纪 80 年代以来，我国设施蔬菜产业发展速度之快、规模之大，令世人瞩目。目前，我国设施园艺面积达 360 余万 hm^2，其中温室和大棚等大型设施面积 200 万 hm^2 左右。日光温室作为我国特色的设施类型，有 90 余万 hm^2。2010 年，日光温室蔬菜产值已超过 5 800 多亿元，成为解决我国城乡居民"菜篮子"问题和实现农业增效与农民增收的支柱产业。但是，在日光温室蔬菜产业发展过程中也存在很多问题，如日光温室结构良莠不齐，环境调控能力差，冬春生产的安全性不能保证，由于连作、盲目施肥及滥用农药造成设施土壤的连作障碍及产品的安全性差等，导致设施蔬菜的经济效益不稳定甚至下降、产品质量不高等，限制了该产业的进一步快速发展。因此，我们组织了沈阳农业大学、设施园艺省部共建教育部重点实验室、中国农业大学、河南省农业科学院、河南农业大学等单位教学、科研与技术推广专家，在充分借鉴以往相关著作和生产经验的基础上，集中了实验室多年的科研成果共同编写了本书。本书分十八章，分别介绍了日光温室蔬菜栽培的历史、现状与前瞻，日光温室蔬菜栽培制度，日光温室蔬菜生态生理与调控，日光温室施肥与蔬菜营养，日光温室遭遇灾害性天气前后的防治策略，日光温室蔬菜育苗技术，日光温室黄瓜看苗诊断与管理技术，日光温室西葫芦看苗诊断与管理技术，日光温室苦瓜丝瓜看苗诊断与管理技术，日光温室西瓜甜瓜看苗诊断与管理技术，日光温室番茄看苗诊断与管理技术，日光温室辣（甜）椒看苗诊断与管理技术，日光温室茄子看苗诊断与管理技术，日光温室豆类蔬菜生产，日光温室绿叶菜类蔬菜生产，日光温室特色蔬菜生产，日光温室木本蔬菜生产，日光温室蔬菜病虫害的简易识别与防控技巧。

全书由齐红岩统稿。

本书既有理论研究的成果，又有科普读物实用内容，文字力求简洁、清晰、实用性强，也注意技术的可操作性，旨在成为日光温室园艺专业教育、科研、技术推广、产业经营和作物生产等众多人士的参考书籍。由于我国日光温室蔬菜栽培面积辽阔，南北气候环境和栽培类型差异较大，加之书稿字数限制，可能有许多覆盖不到之处；同时，栽培技术的多样性，也为本书稿的内容取舍增加了许多难度；加上编者水平有限，纰漏之处敬请批评指正。最后，诚恳希望读者对本书不足之处提出宝贵意见，以便今后改正。

编著者

2020 年 12 月

目　录

第一章　日光温室蔬菜栽培的历史、现状与前瞻

第二章　日光温室蔬菜栽培制度

第三章　日光温室蔬菜生态生理与调控

第五章　日光温室遭遇灾害性天气前后的防治策略

第七章　日光温室黄瓜看苗诊断与管理技术

第八章　日光温室西葫芦看苗诊断与管理技术

第九章 日光温室苦瓜丝瓜看苗诊断与管理技术

第十章 日光温室西瓜甜瓜看苗诊断与管理技术

第十一章　日光温室番茄看苗诊断与管理技术

第十二章　日光温室辣（甜）椒看苗诊断与管理技术

第十三章　日光温室茄子看苗诊断与管理技术

第十四章　日光温室豆类蔬菜生产

第十七章　日光温室木本蔬菜生产

第十八章　日光温室蔬菜病虫害的简易识别与防控技巧

第一章
日光温室蔬菜栽培的历史、现状与前瞻

日光温室蔬菜栽培的成功与大面积推广，结束了千百年来我国北方地区冬淡季鲜细菜供应难的历史，实现了人们梦寐以求的蔬菜周年均衡供应，也促进了农民增收。应该说，日光温室蔬菜栽培的成功，是我国农业领域具有划时代意义的成就。因此充分认识日光温室蔬菜栽培的发展历程和现状，将对进一步完善日光温室蔬菜栽培技术体系，促进日光温室蔬菜产业健康和可持续发展具有重要意义。

第一节
日光温室蔬菜栽培的历史

一、日光温室蔬菜产业的发展历程

（一）日光温室蔬菜概念的由来

日光温室蔬菜是我国独创的一种设施蔬菜产业类型，作为产业，它起始于 20 世纪 80 年代。设施蔬菜在我国曾长期被称为"保护地蔬菜"，直到 20 世纪 90 年代，随着设施园艺概念的引入，才改用设施蔬菜概念。由于设施蔬菜常在自然环境下不可栽培的季节进行栽培，故也称为"反季节栽培"或"不时栽培"。20 世纪 90 年代中期以后，伴随着国家实施工厂化高效农业示范工程项目，工厂化农业和可控环境生产的概念应运而生。

（二）日光温室蔬菜概念

说起日光温室蔬菜的概念，就不能不说设施蔬菜、设施园艺、设施农业和工厂化农业等概念，因为它们是相互关联且又有区别的几个概念。日光温室蔬菜是温室蔬菜的一种，温室蔬菜是设施蔬菜的重要组成部分，设施蔬菜又是设施园艺的组成部分，设施园艺又是设施农业的主要组成部分。

工厂化农业是指在相对可控环境下，采用工业的生产理念和方式进行农业生产的一种现代农业生产方式。这种方式的生产范围包含种植业和养殖业，特点是整个生产过程在可控环境下进行，很少受自然环境的影响，生产过程有工艺标准；产品有处理、包装、品牌，产品上市有质量标准。当然为了高效利用能源，应该选择节省能源的区域生产。

设施农业是指在各种设施内进行农业生产的方式。这种方式的生产范围也包含种植业和养殖业，特点是在不完全可控环境下进行生产，即设施内环境控制能力一定程度受自然环境影响。

设施园艺是指在各种设施内进行园艺作物生产的方式。这种方式的生产范围仅限于园艺作物，与设施农业相同，也是在不完全可控环境下进行生产。

设施蔬菜是指在各种设施内进行蔬菜生产的方式。这种方式的生产范围仅限于蔬菜作物，生产特点与设施园艺相同。

日光温室蔬菜是指在日光温室内进行蔬菜生产的方式。这种方式的生产范围和生产特点与设施蔬菜基本相同，不同的是它采用的设施类型为日光温室。温室是具有采光屋面和加温、保温维护结构与设备，且室内昼夜温度均显著高于室外温度的设施。日光温室也是温室的一种，具有采光屋面和保温维护结构与设备，室内能量主要来源于太阳能。日光温室一般由采光前屋面（前坡）、外保温覆盖材料和蓄热保温后屋面（后坡）、后墙与山墙等维护结构以及操作间组成，维护结构具有保温和蓄热的双重功能，基本朝向为东西向延伸，坐北朝南。

（三）日光温室蔬菜产业的概念与日光温室生产发展历程

1. 产业概念　日光温室适用于蔬菜、花卉和果树等作物的全季节栽培，在日光温室内生产蔬菜而形成完整的产供销体系则为日光温室蔬菜产业。日光温室蔬菜产业形成于 20 世纪 80 年代，历史虽短，但发展之快却令世人瞩目，目前已成为我国北方地区蔬菜周年供应和农民增收及乡村振兴的支柱产业。

2. 发展历程　日光温室蔬菜发展大体可以分为初创时期、大规模发展期、全面提升与发展期、现代化发展期四个阶段。

（1）初创时期　20 世纪 20 年代至 80 年代初期，海城市感王镇和瓦房店市复州城镇开始利用土温室生产冬春韭菜等蔬菜。在 20 世纪 30 年代后期，土温室技术传到鞍山市旧堡昂村一带，并在 50 年代形成了鞍山式单屋面温室；同期，北京开始发展暖窖和纸窗温室，并在 50 年代形成北京改良式温室。这一时期的温室主要是土木结构玻璃温室，山墙和后墙用土打成或用草泥垛成，后屋面用柁和檩构成屋架，柁下用柱支撑，3 m 一柁，故 3 m 一开间；屋架上用秫秸和草泥覆盖；前屋面玻璃覆盖，晚间用纸被、草苫（也称草帘）保温。50 年代以后，随着普通阳畦的改良，逐步发展了塑料薄膜立壕。鞍山式单屋面温室和北京改良式温室冬春季节需要加热，而塑料薄膜立壕只能进行春季提早育苗或生产，不能进行冬季生产。因此这类温室和塑料薄膜立壕可以说是日光温室的雏形，这种生产方式一直延续到20世纪80年代初期。

（2）大规模发展期　20世纪80年代初期至90年代初期，辽宁为解决冬淡季蔬菜供应问题，首先在瓦房店和海城等地区的农家庭院，探索塑料薄膜日光温室冬春茬蔬菜不加温生产获得成功，并逐渐在大田大面积发展。这一时期的日光温室主要采用竹木结构，拱圆形或一坡一立式，前屋面覆盖塑料薄膜。典型结构有海城感王式和瓦房店琴弦式日光温室，其中海城感王式日光温室被称为第一代普通型日光温室。从20世纪80年代中期开始，沈阳农业大学从改造海城感王式日光温室入手，研制出海城式日光温室，使冬季夜间日光温室内外温差达到25℃，实现了最低气温-20℃地区喜温果菜的冬季不加温生产，取得了较好的经济和社会效益，是我国温室蔬菜栽培史上的重大突破。到20世纪80年代末期，全国推广海城式和瓦房店琴弦式为主的日光温室2万hm²左右，其中作为日光温室发源地的辽宁省占1/3。

（3）全面提升与发展期　20世纪90年代初期至2005年，北纬32°以北的我国北方地区，开始大面积推广海城式、瓦房店琴弦式和鞍Ⅱ型为主的第一代节能日光温室及黄瓜和番茄等主要果菜配套栽培技术。20世纪90年代中期，第二代节能日光温室——辽沈Ⅰ型日光温室问世，使冬季夜间日光温室内外温差达到30℃，实现了最低气温-23℃地区日光温室喜温果菜的冬季不加温生产，此后各地也相继发展了多种适合当地的第二代节能日光温室，由此第二代节能日光温室蔬菜高产优质安全栽培技术得到大面积推广；至2005年，我国日光温室蔬菜面积达54万hm²，其中辽宁为12万hm²。日光温室蔬菜产业的快速发展，彻底解决了长期困扰我国北方地区的冬春蔬菜供应问题，大幅度增加了农民收入，成为许多地区的支柱产业。

（4）现代化发展期　起始于2005年，目前正处在发展之中。这一时期将是一个相当长的发展时期，将进一步进行日光温室的结构优化、环境控制自动化，蔬菜生产机械化、规范化、标准化及产品优质化等技术创新，并需要建立日光温室结构及建造标准、蔬菜栽培技术标准、产品质量标准等一系列适于不同地区不同作物不同栽培模式的标准。这一目标的实现不仅需要在技术上有所突破，而且需要社会、经济发展到一定的历史阶段，即日光温室现代化需要一个历史过程。2007年，

第三代节能型日光温室——辽沈新型节能日光温室问世，使冬季夜间日光温室内外温差达到 35℃，实现了最低气温 -28℃地区喜温果菜的冬季不加温生产。近几年，为推进日光温室现代化，研制出水循环蓄热彩钢板保温装配式节能日光温室，温室内外温差近 40℃，可在最低气温 -30℃地区冬季不加温生产喜温果菜，目前该类型温室还在示范完善中。2016 年全国设施蔬菜面积 370 万 hm^2，日光温室蔬菜生产面积达到 96 万 hm^2，辽宁省达 45.5 万 hm^2，在全国排第一位。据中国农业工程学会与中国农学会园艺分会统计数字，2017~2020 年，全国日光温室蔬菜生产面积一直稳定在 145 万 hm^2 上下。

二、日光温室蔬菜研究的历程

我国自"六五"开始重视设施蔬菜高效节能栽培技术研究，其中日光温室蔬菜高产优质栽培技术是研究的重点之一。

随着 20 世纪 80 年代初日光温室蔬菜产业在辽宁兴起，80 年代中期，在辽宁省科技项目的支持下，沈阳农业大学设施蔬菜团队在张振武教授的带领下率先开展了"北方冬淡季鲜细菜生产技术开发"研究。从改造海城感王式日光温室蔬菜生产技术入手，首次在最低气温 -20℃地区研制出海城式日光温室及黄瓜等喜温果菜不加温年产 15 万 kg/km^2 高效节能生产技术体系，这是设施蔬菜栽培史上的突破，为日光温室蔬菜生产技术推向全国奠定了基础。这一研究成果于 1990 年获得国家星火计划二等奖和辽宁省星火计划一等奖，成为我国日光温室方面的第一个国家和省部级科技成果。

"八五"期间，日光温室蔬菜生产技术受到农业部的高度重视，全国农业技术推广服务中心张真和研究员组织了全国日光温室蔬菜生产技术推广协作网，由吴国兴、张振武、王耀林、安志信、亢树华等组成专家组，面向全国培训日光温室蔬菜生产技术骨干。同时由沈阳农业大学的张振武、李天来和辽宁农业高等职业技术学院的吴国兴等共同对瓦房店日光温室冬春茬黄瓜高产高效配套生产技术进行解剖，构建了日光温室冬春茬黄瓜高产高效生产技术体系，录制了专题片；亢树华等设计建造了鞍Ⅱ型日光温室。自此，海城式、瓦房店琴弦式和鞍Ⅱ型日光温室作为第一代节能型日光温室的模式结构，连同日光温室冬春茬黄瓜高产高效生产技术体系推向全国。与此同时，农业部也设立了"日光温室结构性能优化及蔬菜高产栽培技术研究"重点科技攻关课题，中国农业工程研究设计院的潘锦泉和周长吉、沈阳农业大学的李天来和张振武、中国农业大学的张福墁和陈端生、江苏省农业科学院的沈善铜、中国农业科学院气象研究所的吴毅明等共同完成了该课题。项目研制出第一代节能日光温室及其环境优化控制技术，并首次在最低气温 -23℃地区研制出日光温室番茄、黄瓜亩产 1.5 万 kg 高产高效栽培技术体系。此外，辽宁、山东、河北、河南、北京、陕西、甘肃、宁夏、黑龙江、新疆等省区，也开展了适应当地特点的日光温室蔬菜栽培技术研究，取得了一批成果，推动了日光温室的快速发展。

"九五"期间，国家实施了重大科技产业化项目——工厂化高效农业示范工程项目，在规划的六个分项中，北京、上海、浙江、广东、天津分项主要研究大型连栋温室，辽宁分项研究日光温室。辽宁分项在李天来和杨家书的主持下，首次在最低气温 -23℃地区研制出第二代节能型日光温室——辽沈Ⅰ型日光温室及配套的番茄、黄瓜、茄子等喜温果菜年亩产 20 000 kg 的高效节能栽培技术体系，选育出一批日光温室专用果菜类蔬菜品种，研制出日光温室新型保温覆盖材料、环境控制设备与技术、病虫害生防制剂、低成本蔬菜无土栽培技术、适于日光温室内作业的小型机具、育苗专用机械和灌溉设备等，取得了显著的社会和经济效益，为日光温室现代化发展奠定了基础。项目成果的推广，促进了我国北方地区节能日光温室蔬菜产业的健康发展。

"十五"期间，国家继续实施了工厂化农业科技攻关项目和可控环境农业生产技术的"863"计划项目，沈阳农业大学、山东农业大学和西北农林科技大学主持了有关日光温室方面的研究，对日光温室高效节能生产关键技术、可控环境下主要蔬菜全季节无公害生产技术、蔬菜生育障碍防控技术等进行了科技创新。在最低气温 -23℃地区研制出日光温室不加温番茄、黄瓜、茄子年亩产 22 000 kg 高效节能栽培技术体系，选育出一批设施专用品种，研制出辽沈Ⅳ型等新型日光温室及环境自动控制系统和专家管理系统，建立了一批中试与产业化示范基地，进一步推动了日光温室蔬菜产业的快速发展。

"十一五"期间，国家实施了资源高效利用设施蔬菜生产技术科技支撑项目，并实施了日光温室环境变化及主要果菜生长发育模型"863"计划项目。首次研制出第三代低成本节能日光温室——辽沈新型节能日光温室及其环境控制系统，并在最低气温 -28℃地区研制出日光温室不加温番茄、黄瓜年亩产 25 000 kg 高效节能栽培技术体系、日光温室集约化育苗技术体系、日光温室内环境变化模型及番茄生长发育模型、节水灌溉技术、人工营养基质栽培技术、不可耕种土地无土栽培技术等，促进了日光温室蔬菜产业的资源高效利用。

自日光温室蔬菜产业发展以来，喜温果菜不加温全季节生产已由最低气温 -20℃地区推移到 -28℃地区，由北纬 40.5°地区推移到 42.5°地区，北方地区日光温室主要果菜也从年亩产 10 000 kg 提高到 25 000 kg。这是 20 多年来设施蔬菜领域取得的重大成就。

"十二五"期间，国家实施了园艺作物与设施农业生产关键技术研究与示范项目，其中"北方设施蔬菜高效节能生产关键技术研究与集成"是首批启动的课题之一，由中国农业科学院蔬菜花卉研究所主持，沈阳农业大学和西北农林科技大学分别负责东北寒温区域和西北区域的研究任务。课题针对我国北方地区设施蔬菜生产中存在的设施结构不够优化、低温弱光逆境及亚适宜温光环境、大肥大水栽培方式及土壤退化、工厂化育苗高能耗等严重影响生产效益等问题，以高效节能为目标，研发出结构合理、透光率高、保温性好，适于西北、华北和东北地区专用的日光温室及其蔬菜优化栽培模式，设施蔬菜逆境管理和亚适宜环境下的高产技术，设施蔬菜主要根区土壤理化性状优化的水肥精准管理技术，主要根区土壤环境优化及土壤健康保持技术，以日光温室为核心的集约化育苗技术，集成建立华北、东北、西北地区高效节能设施蔬菜生产技术体系，并进行示范推广，促进了北方地区设施蔬菜生产的可持续发展。

"十三五"期间，国家实施了"设施蔬菜化肥农药减施增效技术集成研究与示范""园艺作物设施生产关键技术"等重点研发计划项目，针对我国设施蔬菜产业发展中的"化肥农药施用过多、安全风险高"、我国设施园艺作物优质高产栽培与资源高效利用关键技术难点，以设施内主要栽培的园艺作物为研究对象，立足我国设施园艺生产国情，开展设施关键栽培技术创新，重点研发提高园艺种苗质量和育苗效率的集约化育苗、新型低成本无土栽培模式与封闭式营养液精准管控、环境（光照、温度、二氧化碳（CO_2）等）调控、品质提升、温光水逆境障碍克服、农艺型连作障碍防控、长季节设施蔬菜高效栽培和食用菌立体栽培等关键技术；集成上述抗逆、高产、优质和资源高效利用的栽培关键技术，形成配套技术规程并在主产区应用示范，提高产量与品质，实现光、热、水、基质等资源的高效利用。

第二节
日光温室蔬菜栽培的现状

一、日光温室蔬菜生产的主要成就

（一）生产面积快速增加

自 1978 年以来的 40 多年间，我国设施蔬菜面积快速增加，从 0.53 万 hm^2 发展到 2012 年的 360 万 hm^2（占设施园艺面积的 95%），增加了 600 多倍。其中日光温室蔬菜从 1978 年的 0 hm^2、1994 年的 10 万 hm^2，发展到 2012 年的 92 万 hm^2，而且节能日光温室蔬菜发展到 80 万 hm^2，至 2016 年以来，日光温室面积缓慢增长至 96 万 hm^2，其中节能型日光温室占 80 万 hm^2 左右。目前我国已成为世界设施蔬菜面积最大的国家。

（二）区域分布更趋合理

日光温室蔬菜生产首先在辽宁发展，而后迅速推广至我国长江以北广大地区，目前最适合日光温室蔬菜产业发展的黄淮海及环渤海湾地区约占总面积的 85%，东北中北部、西北及华中地区约占总面积的 14%。日光温室面积最大的前十个省区是辽宁、山东、河北、江苏、内蒙古、河南、甘肃、陕西、山西、新疆，占全国日光温室面积的 95%

以上。特别是近年来，我国东北和西北地区日光温室快速发展，为建成稳固的日光温室冬季蔬菜生产基地奠定了基础。

（三）周年生产能力增强

日光温室最初发展的目的是为了解决冬季蔬菜供应问题，但随着日光温室蔬菜生产的发展，生产方式和茬口也不断增多，目前主要有冬春茬、春夏茬、夏秋茬、秋冬茬和一年一大茬等茬口，还有立体栽培、果叶菜套作栽培等不同方式，又有土壤栽培、营养基质栽培、无土栽培等不同基质栽培方式。这些栽培方式，已形成了日光温室蔬菜的周年生产，从而基本实现了主要蔬菜的周年均衡上市。目前日光温室蔬菜种植种类已超过100种，其中西瓜、甜瓜、山野菜以及国外珍稀蔬菜和南方蔬菜的种植已经超过80种。日光温室蔬菜已成为满足市场需求和取得更大经济效益不可或缺的生产方式。

（四）产品产量、品质和安全性不断提高

近10年来，我国日光温室蔬菜单位面积产量不断提高，大面积平均亩产提高了20%以上。与此同时，蔬菜产品的品质和安全性明显提高，安全卫生的蔬菜生产已成为蔬菜生产基地的主要目标。尤其是随着我国蔬菜周年均衡供应问题的解决和出口量的逐年增加，人们对质量的要求越来越高，极大地推动了蔬菜优质安全卫生的生产进程，提高蔬菜质量已成为全民的共识。

（五）日光温室设计建造水平明显提高

随着日光温室蔬菜产业的发展，日光温室结构设计建造水平也不断提高，目前已经设计建造出可在最低气温 −28℃地区不加温生产喜温果菜的日光温室。日光温室相关产业应运而生，并得到快速发展，尤其是近几年，日光温室工程产业体系的雏形已见端倪，为日光温室蔬菜产业可持续发展提供了重要支撑。

（六）新型覆盖材料受到重视

我国是农用塑料薄膜生产和使用大国。日光温室不但是农用塑料

薄膜需求量较大的产业，而且也是对农用塑料薄膜质量要求较高的产业，因此，自 2000 年来，我国高度重视各种功能农用塑料薄膜的研究与开发。目前长寿保温聚乙烯（PE）薄膜、聚氯乙烯（PVC）膜、聚氯乙烯防老化膜、防雾滴膜、保温防病多功能膜，以及乙烯－醋酸乙烯共聚膜（EVA）等已在生产上大面积应用；同时还引进一批聚烯烃（PO）膜、聚四氟乙烯（PTFE）薄膜等耐候性和透光率很强的薄膜。外保温覆盖材料也是影响日光温室性能的重要覆盖材料，目前已研制出厚型无纺布、物理发泡片材以及复合保温材料等，并在生产上得到应用。

二、日光温室蔬菜的历史性贡献

日光温室蔬菜产业是 40 多年来我国农业种植业中效益最大的产业，它的发展为提高城乡居民生活水平和稳定社会做出了历史性贡献。

（一）蔬菜供应方面的贡献

根据有关资料，全国设施蔬菜的人均占有量为：1980~1981 年只有 0.2 kg；1998~1999 年增加到 59 kg，增长了近 300 倍，平均每年增加 3.11 kg；2001 年增加到 67 kg；2008 年又增加到 165 kg；2012 年以来约为 185 kg。其中日光温室蔬菜人均占有量约为 100 kg，尤其冬季日光温室蔬菜生产占我国北方地区蔬菜市场供应量的 30% 以上。日光温室蔬菜生产的发展，解决了长期困扰我国北方地区的蔬菜冬淡季供应问题，丰富了城乡居民的菜篮子，改善了人们的生活。换句话说，没有日光温室蔬菜生产，目前我国北方地区还不能解决蔬菜冬淡季供应问题。

（二）农民增收方面的贡献

据调查，20 世纪 90 年代初期至中期，日光温室蔬菜亩产值 1.5 万 ~4 万元，去除成本，可获 0.7 万 ~2.5 万元效益（含人工费），是大田作物的 70~250 倍，是露地蔬菜的 10~15 倍；目前日光温室蔬菜产值 2 万 ~8 万元，效益 0.5 万 ~5 万元（含人工费），是大田作物的 10~100 倍，是露地蔬菜的 3~30 倍；全国设施蔬菜净产值约为 6 000 亿元，全国农民人均增收 775 元，重点设施蔬菜产区的农民人均增收 5 000 元以上，其中日光温室蔬菜增收占 40% 以上。所以日光温室蔬菜产业被誉为农民发财致富奔小康的富民产业，是农村区域经济发展的支柱产业。

（三）安置就业方面的贡献

日光温室蔬菜产业是一个高投入、高产出的产业，目前日光温室结构建筑投资亩均 4 万元（竹木土墙结构）至 18 万元（钢架砖墙保温板结构）不等，每年生产投资亩均 1 万 ~1.5 万元，因此，可带动建材、钢铁、塑料薄膜、肥料、农药、种苗、架材、环境控制设备、小型农业机械、保温材料等行业的快速发展，由此可安置 700 万以上的人员就业。同时，日光温室又是劳动密集型产业，按每个劳力经营 1 亩日光温室蔬菜计算，全国 1 400 余万亩日光温室蔬菜可安置千余万人就业。

（四）节能减排方面的贡献

日光温室使我国北方地区作物不能生长的冬季变成了生产季节，是充分利用光能的产业。据测算，与大型连栋温室相比，每亩日光温室每年可节煤 60 t 左右（北纬 35° 地区 40 t 左右，北纬 40° 地区 60 t 左右，北纬 45° 地区 90 t 左右），全国日光温室蔬菜每年可节煤近 9 亿 t；减少排放二氧化碳（CO_2）约 6.3 亿 t，二氧化硫（SO_2）205 万 t，氮氧化物 178 万 t。因此日光温室蔬菜生产不仅节约了资金，而且也减少了因加温造成的环境污染。

（五）非耕地高效利用的贡献

日光温室蔬菜生产可以充分利用盐碱、沙漠、戈壁、矿山废弃地及坡地，如甘肃一些地区的盐碱、戈壁沙石地上兴建的日光温室蔬菜基地，宁夏中卫市在腾格里沙漠腹地兴建的草砖墙体日光温室蔬菜生产基地，辽宁朝阳和陕西北部在坡地上大面积建设的日光温室蔬菜生产基地等，均充分利用了非耕地。目前我国约有荒漠化土地 60 亿亩（1 亩 =1/15 hm^2），工矿废弃地 6 000 万亩，滩涂地 3 000 多万亩，宜农后备土地 6.6 亿多亩，日光温室蔬菜生产在开发非耕地方面大有可为。

三、存在的主要问题及原因

目前，我国日光温室蔬菜产业已步入稳定发展期，基本摆脱了不稳定发展状态，进入了发展、提高、完善、巩固、再发展的比较成熟的阶段。但仍存在一些不可忽视的问题，主要有以下几个方面。

（一）生产效果上存在的主要问题

目前，我国日光温室蔬菜生产受暴风雪及低温等灾害性天气的影响较大；劳动生产效率较低，仅有发达国家的 1/20～1/15；经济效益不高，平均仅有 90 年代中期的 2/3，是日本设施蔬菜经济效益的 1/8～1/5；蔬菜的商品品质和营养品质普遍较低，少数产品受农药、肥料及工业废水、废气等污染较严重；单位面积产量不高，平均亩产量仅有 6 000 kg，是荷兰温室蔬菜的 1/8 左右，产量提升空间还较大。

（二）导致生产效果出现问题的原因

1. 生产技术方面　主要可归纳为如下几方面：①日光温室的土墙竹木结构，设施简陋，生产能力不高，土地利用效率低，抵御自然灾害能力较差，易受暴风雨雪天气影响而遭灾，导致生产不稳定。②日光温室除部分采用电动机械卷帘调控保温覆盖之外，多数靠人工进行环境监测和调控，缺乏环境自动调控，总体环境调控能力差。这样，不仅劳动生产率难以提高，而且还会导致蔬菜亚逆境生育障碍，从而影响产品产量和品质。③日光温室蔬菜生产除部分土壤翻耕和灌水采用机械作业以外，其他均采用手工作业，不仅劳动强度大，而且劳动生产率也较低。④日光温室类型和结构五花八门，缺乏统一标准，这样也难以实现日光温室蔬菜的规范化和标准化生产，导致产品产量和质量不高。⑤日光温室蔬菜生产技术多是经验性的，缺乏定量化的技术标准，导致同一条件下不同生产者的生产效果不同，或同一个生产者不同年份的生产效果不同。⑥施肥不科学导致土壤障碍加重，一些地区土壤酸化和次生盐渍化严重，土壤 pH 值已降至 5 以下，土壤 EC 值超过蔬菜发生生育障碍临界值的 2 倍，进而对蔬菜品质造成严重影响。⑦日光温室蔬菜病害防治技术不到位，存在重治不重防的思维，轻视物理防治、生物防治、农业措施防治，导致病重用药多效果差，严重影响产量、品质和安全性。⑧缺乏日光温室专用蔬菜品种，主要体现在品种的抗逆性不强。

2. 生产经营方面　　主要是：①日光温室蔬菜生产经营多以个体农户为主，生产经营规模小，劳动生产率低，生产效益不高，难以与大市场接轨。②日光温室蔬菜生产是一种相对可控的农业产业，因此生产者的技术水平对生产效果影响较大，而目前生产者的技术素质较低，极大地影响了日光温室蔬菜生产。③日光温室工程尚未形成完整的产业体系，多数还是分散的作坊式小型民营企业，工艺水平较低，特别是简易的日光温室类型缺乏相应的标准，结构合理性和环境性能无保证。④日光温室蔬菜产业服务体系不够完善，缺乏全方位的技术服务体系，技术服务不到位，农民技术培训力量不足，产前、产中、产后服务不够。⑤市场体系构建不完整，一家一户日光温室蔬菜生产与大市场尚未形成有效体系，导致生产效益降低。⑥我国日光温室蔬菜产业形成和研究历史较晚，加之近年来研究立项行政化趋势严重，研究内容设计庞杂，低水平重复性研究较多，研究效果不是很理想。因此，科学技术研究成果尚未能满足生产需求，改变这种现状将是一项长期的任务。

第三节
日光温室蔬菜的发展前景

一、我国发展日光温室蔬菜产业的必要性

（一）是解决我国北方地区蔬菜周年供应的需要

蔬菜既是鲜嫩不耐储产品，又是一种每天都要食用的产品，因此必须实行周年生产来满足周年均衡供应。目前世界上主要采取三种蔬菜周年生产模式：一是市场周边的蔬菜周年生产模式，即供应当地市场

的蔬菜周年生产模式，这种生产模式主要适用于可四季露地生产蔬菜或可经济有效地四季在设施内生产蔬菜的地区；二是市场远距离生产基地的蔬菜周年生产模式，即供应远距离市场的蔬菜周年生产模式，这种生产模式主要适用于人口少且一年四季均有适于蔬菜生产的地区；三是市场周边和市场远距离生产基地并重的蔬菜周年生产模式，这种生产模式主要适用于人口稠密且设施栽培成本较高的地区。

我国虽具备市场远距离生产基地蔬菜周年生产的条件，但由于我国人口众多，尤其是北方人口比重大，因此不仅南方冬季蔬菜生产难以满足北方市场需求，而且设备设施也难以支撑如此之大的冬季蔬菜运输量，且超过 2 000 km 距离的运输成本高于最低气温 −28℃地区日光温室蔬菜生产成本。可见，无论从蔬菜供应的可能性还是从成本看，我国北方地区发展低成本、低能耗的日光温室冬季蔬菜生产都是势在必行的。

（二）是促进农民增收和建成小康社会的重要抓手

我国在全面建设小康社会和实现 21 世纪中叶达到中等发达国家发展水平的伟大进程中，难点问题之一就是解决好"三农"问题。"三农"问题的核心就是农民增收问题，农民增收的关键是增加农民人均农业资源占有量和大幅度提高农业劳动生产率。目前我国难以通过第二和第三产业彻底解决农民人均农业资源占有量不足问题，而在农业内部进行产业调整，发展劳动密集型的高投入高产出集约化农业产业十分必要。日光温室蔬菜正是这种农业产业，据调查，每人每年从事日光温室蔬菜可获得产值 3 万 ~8 万元，是从事大田作物生产的 5~12 倍，是从事露地蔬菜生产的 3~8 倍，而且用地面积是大田作物的 1/5，是露地蔬菜的 1/3。这样，发展日光温室蔬菜产业，可使一部分农民在较少的土地上生产出高效益的产品，让出大量土地给种植粮食作物的农民，使种植粮食的农民实现规模化生产，从而为在农业内部解决"三农"问题、促进农民增收提供有效途径。

（三）是弥补农业资源短缺的有力措施

1. 弥补水资源短缺   我国人均水资源占有量仅为世界人均水平的

1/4，年年有干旱发生，特别是占国土面积 50% 以上的华北、西北、东北地区的水资源量仅占全国总量的 20% 左右，农业缺水严重。解决农业水资源短缺问题已成为影响农业发展的重要问题。日光温室蔬菜可实现环境的人工优化控制，从而实现水资源的高效利用。据测算，日光温室蔬菜节水灌溉量相当于小麦灌水量，可比露地蔬菜灌水量低 50% 以上，而且日光温室蔬菜的高效益，为工程节水、生物节水和农艺节水的实施提供了经济基础。因此，发展日光温室蔬菜产业是弥补水资源短缺的重要措施之一。

2. 弥补耕地资源短缺　我国也是耕地资源十分短缺的国家，人均耕地仅有 0.09 hm²，耕地严重不足。解决耕地不足是我国的重大战略问题之一。日光温室蔬菜生产可通过增加生产期，变一作区为全季节生产，增加复种指数，从而弥补耕地资源短缺。同时日光温室蔬菜生产还可利用非耕地，从而增加农业可利用土地资源。因此，发展日光温室蔬菜产业是弥补我国耕地资源短缺和确保食物安全的战略选择。

3. 弥补能源相对短缺　我国还是一个能源相对短缺的国家，能源投入不足也是制约农业发展的重要因素。日光温室蔬菜可以更好地利用太阳能和生物能，达到节约能源的目的。因此，发展日光温室蔬菜产业可以弥补农业能源投入不足，促进农业产业发展。

（四）是促进农业现代化的重要领域

日光温室蔬菜是实现农业产业化和现代化的优势产业。日光温室蔬菜是利用现代工业技术、现代生物技术、现代信息技术、现代材料技术和现代管理技术而形成的农业产业，因此，日光温室蔬菜是最容易实现农业产业化和现代化的产业。

二、我国日光温室蔬菜产业的发展方向

（一）日光温室蔬菜产业发展的主要目标定位

以满足我国人民生活需求为目标，确定日光温室蔬菜产业发展规模；以高效利用农业资源（耕地、水、能源）与节约成本为目标，确定

日光温室结构和现代化水平；以实现高产优质无害化生产为目标，确定适应不同地区及日光温室结构的栽培技术规范；以经济有效地提高劳动生产效率（提高一倍以上）为目标，确定日光温室蔬菜的装备水平；以不污染自身产品和环境为目标，确定环境保护的生产标准；以有利于个体化生产和品牌化销售为目标，构建日光温室蔬菜生产合作组织。

（二）日光温室蔬菜产业发展的主要方向

1. 日光温室蔬菜规模拓展问题　目前我国日光温室蔬菜总面积约为 1 400 万亩，未来如何发展，是人们关注的问题。总体来说，我国日光温室蔬菜应以升级换代（旧设施不断淘汰）和提质、增产、增效为主，但尚可适当增加面积，其理由是北方露地蔬菜在逐年减少，且由于运费增加，南菜北运总量会有所减少，因此需要日光温室蔬菜逐年加大补充；另外冬季北方蔬菜市场不断增大，需求量增加。而且即便是基本稳定面积，也是动态的稳定，即一部分生产落后的日光温室蔬菜生产基地将被淘汰，另一部分高水平日光温室蔬菜基地将会被建设，这样会逐步实现资源的高效利用。因此，今后我国日光温室蔬菜的发展，一方面应尽量杜绝低水平的日光温室占用良田建设，另一方面应实行高效节能日光温室建设的政府高补贴政策。

2. 日光温室的结构问题　日光温室结构选择应坚持适合我国国情，适合节能减排，适合建设区域气候特点的原则。具体结构类型应根据不同地区气候特点和不同用途来确定，如适合不同地区冬季喜温果菜生产、越夏果菜生产、秋延后和春提早果菜生产、叶菜生产、集约化育苗的日光温室。纬度及气候差异较大的地区，不可相互照搬日光温室结构。从日光温室结构的总趋势看，是向大型化方向发展，但要注意结构大型化不能影响稳定性，不能影响最低温度季节昼间室内升温，不能影响保温和采光性。日光温室后墙的厚度既要考虑保温性能，也要考虑蓄热性能，土墙厚度一般为当地冻土层厚度加 75~100 cm。日光温室地下挖深应根据不同地区的气候特点确定，不应盲目引用其他地区下挖深度。一般来说纬度越低越应挖深些，纬度越高越应挖浅些。如果高纬度地区温室下挖过深，就会空间过大，冬季室内升温慢，甚至最低温度季节室内昼温升不到 25℃，影响应用。

3.日光温室蔬菜的多样性与专业化　日光温室蔬菜生产需要根据各种蔬菜对环境和技术的要求、市场对产品的需求以及社会经济发展状况,实行专业化与多样性生产的有机结合。专业化生产是要突出特色,提高蔬菜产量、品质、生产率及市场知名度,从而打出品牌,增强市场竞争力和经济效益;多样性生产是要适应地区环境、技术、社会经济等特点,更好地利用自然资源,做到既满足市场需求,又避免某种蔬菜出现季节性过剩,从而提高经济效益。就全国而言,需要建立种植种类、经营方式、种植茬口等多样的日光温室蔬菜专业化生产区,以构建稳固的日光温室蔬菜生产基地。

4.日光温室蔬菜的区域布局　我国幅员辽阔,自然气候环境和社会经济状况及市场千差万别,因此,日光温室蔬菜生产布局需要以经济效益为中心,遵循市场规律、环境适宜和经济产投比高的原则,即在对当地自然环境、社会经济发展状况等进行调查和科学评价的基础上加以确定。经过多年研究与实践,目前认为日光温室蔬菜适宜生产区域为北纬32°～43°地区,但这并不是说其他地区不能再发展日光温室蔬菜产业。北纬32°～43°地区应以日光温室蔬菜周年生产为主,北纬43°氮以北地区以日光温室蔬菜春提早和秋延晚为主,北纬32°以南的高海拔地区以日光温室蔬菜周年生产为主。

5.日光温室蔬菜产业化发展模式　日光温室蔬菜产业分为产前、产中和产后三个不同阶段,其中产中阶段目前仍以人工劳动为主,因此,为确保劳动生产效率,应采取一家一户的农户种植模式;但一家一户的农户种植模式难以与大市场很好地衔接,因此产前和产后需要构建产业协作组织,以便将小生产与大市场联系起来。

6.日光温室蔬菜资源利用问题　日光温室蔬菜应注重不可耕种土地利用(盐碱地、风沙地、矿区废弃地)和提高土地利用率(温室间距土地),注重提高水资源利用率(节水灌溉),注重高效利用太阳能(优化温室结构、太阳能聚集),注重高效利用农业废弃物(秸秆基质开发)。

7.日光温室蔬菜连作障碍防治策略问题　近年来我国日光温室蔬菜连作障碍越来越重,因此如何解决这一问题已成为今后相当长历史时期的重要任务。目前需要将日光温室蔬菜连作土壤分为不同类型,采取不同防治策略,即健康土壤宜采用科学施肥方法防止蔬菜连作后发生土壤劣变，轻度连作障碍土壤宜采用必要措施进行土壤修复，较重连作障碍土壤宜采取淋溶及夏季太阳能消毒和嫁接栽培等措施进行防治，严重连作障碍土壤宜采取有机营养基质栽培、轮作栽培、无土栽培等措施，更严重者只能放弃日光温室蔬菜栽培。

8.日光温室蔬菜病虫害的防控策略问题　日光温室蔬菜病虫害防控应采取以防为主，综合防治的方针。第一要避免各种物资和材料（肥料、种子、工具、空气等）携带病虫等有害生物进入日光温室内；第二增强植株抗病虫性（选择抗病品种，培育健壮植株）；第三避免出现适宜病虫发生的条件（生态环境调控）；第四避免病虫传播途径（及时清除病株、病叶、虫卵等，避免接触传播）；第五采取物理防治病虫措施（诱杀、光谱、黄板、臭氧等）；第六只有在上述措施均无效时，才可采取高效低毒农药防治病虫害（化学农药、生物农药）。

9.日光温室蔬菜种植规程　需要按照不同地区、不同日光温室及不同种植茬口，制定不同的种植规程，须注重日光温室内耕地资源、水资源、肥料资源和光能等的高效利用，注重降低日光温室内空气相对湿度，注重环境友好。

10.日光温室蔬菜生产现代化问题　我国日光温室生产面积不断扩大，生产技术也不断提高，尤其是在最低气温 -28℃ 条件下不加温生产喜温果菜，开创了世界寒冷地区不加温生产喜温果菜的先例。但我国日光温室蔬菜生产水平还很低，距农业现代化的要求相差甚远。因此，大力推进日光温室蔬菜生产现代化水平将是今后的重要任务。

三、日光温室应用的研究重点

以解决耕地资源短缺、水资源短缺、农业能源短缺为核心，以节能、节水、清洁、安全、优质、高效、高产人工营养介质栽培技术创新为关键，以实现日光温室蔬菜规范化、集约化、专业化和工厂化生产为目标。

1.日光温室结构优化及环境控制技术　重点研究现代日光温室及其自动化环境监控技术。主要包括：①高效节能日光温室结构设计与建造技术，建立日光温室结构类型标准。②根据现代日光温室温光分布与变化规律，确定不同蔬菜的最佳温光管理指标，提出不同蔬菜不同季节温光调控技术。③新型通风控制系统和操作模式，建立自动化日光温室降温系统及通风降温技术。④根据日光温室内二氧化碳变化规律，确定不同蔬菜二氧化碳施肥参数，开发低成本二氧化碳检测传感器和自动化二氧化碳施肥装置。⑤肥水管理技术和自动化肥水一体化施肥装置。⑥日光温室环境（温度、光照、湿度、二氧化碳、土壤水分、土壤 EC 值及 pH 等）信息采集管理系统。⑦日光温室环境模拟模型系统及温室内环境因子自动控制的数学模型与控制方案。⑧日光温室综合环境自动控制系统的集成。

2. 日光温室蔬菜专用品种　选育以抗逆、优质、高产为核心，重点创制一批耐低温、高温、弱光、抗病、优质、高产蔬菜育种材料，并选育一批优良专用品种。主要包括：①国外优良温室蔬菜专用品种的引进与筛选。②基于分子辅助育种技术的耐低温、高温、弱光、抗病、优质、高产蔬菜育种材料的创制。③日光温室蔬菜优良专用品种选育。

3. 日光温室蔬菜有害生物安全控制技术　以危害严重的日光温室蔬菜病虫害为主要控制对象，兼顾其他病虫害，重点研究日光温室蔬菜有害生物安全控制关键技术，组建日光温室蔬菜有害生物安全控制技术体系。主要包括：①基于现代模糊识别、生化与分子诊断、病害远程诊断、农业科技网络信息的蔬菜重要病害的快速诊断系统。②日光温室蔬菜主要病害预测技术，制定田间病害预测程序。③日光温室蔬菜连作障碍可持续控制技术。④日光温室蔬菜主要病虫农业生态防治新技术。⑤日光温室主要蔬菜有害生物安全控制技术体系。

4. 日光温室环境及蔬菜生长发育信息采集与模拟模型　主要包括：①日光温室主要蔬菜形态建成、生长发育、生理代谢及主要环境因子信息采集的软硬件系统，实现系统运行可靠、数据采集精确、使用方便、界面友好、模拟结果可视化表达。②主要蔬菜生长发育与日光温室内主要环境因子的互相作用机制，建立蔬菜生长发育和环境的数学模拟模型，为日光温室栽培的智能化控制提供依据。

5. 基于蔬菜生长发育模型的日光温室蔬菜专家管理系统　在上述研究基础上，主要研究：①基于蔬菜生长发育模型的日光温室蔬菜生长发育仿真技术。②日光温室主要蔬菜病虫害防控专家管理系统。③日光温室主要蔬菜栽培专家管理系统。④日光温室主要蔬菜育苗专家管理系统。

6. 日光温室蔬菜土壤可持续利用及水肥精准管理核心技术　主要包括：①土壤连作障碍形成的机制和有效克服途径。②日光温室蔬菜不同种植模式、不同水肥管理水平对土壤生产力保持的作用机制和可持续利用策略。③日光温室蔬菜对水分和养分高效利用的生理机制，特别是非充分灌溉条件下日光温室蔬菜水肥吸收利用原理、产量形成规律和高效利用的生理机制。④日光温室蔬菜水分和养分高效利用的管理指标体系和精准调控技术

7. 基于植物诱导抗性机制的日光温室蔬菜抗逆调控技术　主要包括：①日光温室主要果菜亚低温、亚高温及弱光等亚逆境生育障碍发生机制及其诱导抗性技术。②日光温室蔬菜土壤盐渍化生育障碍发生机制及其诱导抗性技术。③日光温室蔬菜土壤水分胁迫生育障碍发生机制及其诱导抗性技术。④日光温室蔬菜诱导抗性技术的应用。

8. 日光温室蔬菜生产小型机械　主要包括：①适于日光温室应用的小型耕作机械。②适于日光温室应用的蔬菜植株调整机械。③适于日光温室应用的物品运输设备。④适于日光温室应用的植物保护机械。⑤适于日光温室应用的灌溉设备。⑥适于日光温室应用的环境调控设备。

9. 日光温室蔬菜优质、高产、安全、标准化生产关键技术　主要包括：①基于日光温室环境控制的生态环境防病技术。②基于诱导抗病的免疫育苗技术。③基于多抗砧木嫁接与营养健体的生物抗病及保健防病技术。④主要蔬菜优质、高产、抗病栽培关键技术。⑤主要蔬菜养分高效利用及平衡施肥技术。⑥主要蔬菜节水灌溉核心技术。⑦蔬菜优质栽培机制与技术。⑧构建日光温室蔬菜优质、高产、安全栽培技术体系与规范。

10. 日光温室蔬菜低成本新型无土栽培技术体系　主要包括：①不同蔬菜低成本新型无土栽培基质的筛选。②不同蔬菜低成本新型无土栽培营养配方的筛选。③日光温室主要蔬菜高产、优质、安全新型无土栽培技术研究与示范。④日光温室蔬菜低成本新型无土栽培技术规程。

第二章
日光温室蔬菜栽培制度

　　日光温室蔬菜科学的栽培制度是一个地区农民经验与现代科学研究成果相结合的产物，这种栽培制度不是一成不变的，它是随着社会经济、栽培技术水平和市场等的变化而不断变化的。栽培制度应根据当地的自然资源和社会经济状况、栽培技术水平以及市场需求等因素，本着节本、节能、增效和充分提高日光温室利用率的原则，以满足蔬菜作物生长发育要求和提高蔬菜产品产量、质量和产值为目标，科学合理地确定。

第一节
日光温室蔬菜栽培类型

日光温室蔬菜栽培介质是指支撑与固定蔬菜根系的基质。按照其栽培介质的不同，日光温室蔬菜栽培可分为土壤栽培和无土栽培两大类型。土壤栽培又分为人工营养土栽培（隔离式土壤栽培）和自然土壤栽培；无土栽培又分为营养液基质栽培、营养液水培和营养液气雾法栽培等类型。土壤栽培类型的管理技术相对简单，易掌握，设施投资和运行费用相对较低，是我国日光温室栽培的主要类型。无土栽培类型一次性投资大，要求栽培技术高，普通生产者掌握难度大，因此目前面积还较小，但随着设施蔬菜土壤栽培连作障碍的发生和非耕地利用的迫切要求，无土栽培类型将会得到不断发展。

一、土壤栽培类型

（一）自然土壤栽培

该类型包括高畦栽培、高垄栽培和平畦栽培。

1. 高畦栽培　高畦栽培是日光温室果菜类蔬菜土壤栽培中最为普遍的一种类型。绝大多数果菜类蔬菜及地下水位高或排水不畅的地方，通常采用高畦栽培。具体做法是：整地施肥后，做成高 20~30 cm 的高畦，果菜类蔬菜畦宽通常为 1.0~1.5 m（栽植 2 行），畦面整平。畦间步道宽 40~50 cm，为了便于行走和植株管理及采收等，果菜类蔬菜可适当缩小畦内行距和株距，加大畦间距。为了降低设施内的湿度，提高土壤温度，保水保肥，保持土壤疏松，防止杂草生长，通常采用高畦地膜覆盖的栽培方式（图 2-1）。高畦地膜覆盖栽培整地要求严格，做到土地平整细碎，耕地前清除根茬、秸秆及废旧地膜等其他杂物；在施足基肥的基础上使 20~30 cm 耕层土壤细碎疏松，表里一致；底墒不

图 2-1　黄瓜高畦栽培

足时，需浇水增加墒情；施足以有机肥为主的基肥，基肥采用2/3全田施，1/3条施相结合而分次施入土壤耕层。设施蔬菜高畦地膜覆盖栽培要求覆盖地膜质量好，这是高畦地膜覆盖栽培成败的关键。通常整地做畦后立即覆膜，以防止土壤水分蒸发散失，覆膜要求做到"紧、平、严"。高畦地膜覆盖栽培通常采用膜下滴灌的灌溉形式，滴灌带在做畦后覆膜前铺于栽培畦顶端中央，这样既可节约水分，又可降低设施内空气相对湿度。

2.高垄栽培　高垄栽培是日光温室果菜类蔬菜土壤栽培中另一种常见的类型。主要整地方式与高畦类似，整地施肥后，做出 20~30 cm 的高垄，一般做成大小垄（宽窄垄），两个小（窄）垄间距 50~55 cm，大（宽）垄间距 75~80 cm。在两个小垄上扣一幅地膜，地膜下灌水，这种方式适合大面积日光温室果菜栽培，并且适合没有安装滴灌的地区和温室内应用（图 2-2）。相对于高畦栽培，高垄栽培整地要求不很严格而且简单，地膜覆盖效果较高畦覆盖稍差。

图 2-2　辣椒高垄栽培

　　3. 平畦栽培　北方地区日光温室绿叶菜类蔬菜多采用平畦栽培。一些果菜类蔬菜也因为生产者的习惯采用平畦栽培。平畦有两种类型：一种是畦面与道路高度相平；另一种是走道比畦面高。日光温室通常采用后一种平畦土壤栽培，便于蓄水和灌溉。平畦栽培时，为了降低日光温室内湿度和提高低温期土壤温度，常采用地膜覆盖。地面地膜覆盖方法是在细致整地与施足基肥基础上，做宽 1 m 左右的平畦，畦埂高 15～20 cm，踏实，而后顺着延长方向覆盖地膜，四周及畦埂处压土封严。与高畦和高垄栽培相比，平畦栽培土壤增温和地膜覆盖效果较差。

　　（二）人工营养基质（营养土）栽培类型

　　设施蔬菜土壤栽培常因连作而导致土壤次生盐渍化、土壤营养失调、土传病原菌大量积聚以及蔬菜作物自毒作用等，形成明显的连作障碍。解决连作障碍虽然有许多途径，但经济有效的方法之一是采用人工营养基质代替自然土壤。

　　所谓人工营养基质是利用农作物秸秆或农业废弃物（玉米秸秆、玉米芯、稻草、小麦秸秆、食用菌下脚料、糠醛渣）等有机物料与土及有机肥按比例混合，经过发酵等无害化处理，采用槽式或者袋式进行蔬菜作物的栽培，这种复合基质，因为其中含有一定比例的土壤，有机物料和有机肥发酵后均能提供作物一定的营养成分，保证作物生长发育前期的养分供应，因此称为人工营养基质，又叫作人工营养土。这是近年来为克服设施土壤连作障碍频发而发展起来的一种栽培类型。

1.人工营养基质的配制　选用玉米芯、玉米秸、稻草、食用菌下脚料等农作物废弃物及大田土（以未用过除草剂的田土为好）作为材料，采用秸秆等有机质的需用铡刀等工具或设备将其粉碎成 3 cm 左右，采用玉米芯需用粉碎机将其粉碎成 1 cm 大小的颗粒，如果用食用菌下脚料也需要将其粉碎浇水预湿。将有机物料与大田土按照一定比例混合加入膨化鸡粪 15 kg /m³，或其他可就地取材的有机肥，并加水使其含水率控制在 60%~70%。

将混合好的有机营养基质堆成长、宽和高分别为 500 cm、250 cm 和 150 cm 的堆，表面覆盖塑料薄膜保温保湿，夏季可用草帘保湿。并在肥堆的南北及中间部位各插一支量程为 100℃ 的温度计，以测量肥堆各个部位的温度，用来判断腐熟情况。建堆一周左右，堆温可达到 50℃ 以上，温度开始下降时进行翻堆，使堆肥内外发酵均匀。一般 12~15 d 翻一次堆，翻堆过程中适当补充缺失的水分。后期翻堆后，堆温不会再达到很高温度，只有 30~40℃，等堆温降至与环境温度接近且粪臭味消失时，说明已腐熟完全，可安全使用。整个发酵过程不同季节不一样，夏季高温期需 20~30 d，低温期需 45~60 d。稻草发酵速度最快，其次是玉米秸，玉米芯最慢。

2.人工营养基质的栽培方式　人工营养基质栽培通常采用沟槽式栽培。栽培槽的设置方法有两种形式：一是采用地下挖沟，然后铺垫塑料薄膜，上填人工营养土，使人工营养土与土壤隔离；二是采用在地平面上垒砖槽或用其他材料制作的栽培槽，砖槽一般高 50 cm（4 层砖）、宽 75 cm（3 块砖），槽内铺上塑料薄膜，内填人工营养土。槽底膜上一般要按株行距打孔，直径约 1 cm，用于渗水。栽培槽规格依作物种类而异，如日光温室番茄冬春茬栽培，可采用长 6~6.5 m（7.5 m 跨度的温室）、内径宽 0.48 m、高 0.2~0.3 m 的栽培槽。栽培槽内铺塑料薄膜的主要目的是与设施内耕作层土壤隔离，防止土传病害，并能加强保水保肥性，提高水肥利用率。人工营养土栽培类型通常采用膜下滴灌方式灌水。

二、无土栽培类型

无土栽培是不使用天然土壤而进行作物栽培的一种方式。这种栽培方式具有避免土壤栽培导致的作物连作障碍，防止土壤盐类积聚导致的次生盐渍化和酸碱失调，提供作物良好生育的水、肥、气、热等根际环境和实现省水、省工、省力的清洁栽培等特点，是加快作物生长、提高作物产量和扩大农业生产空间及实现工厂化高效农业生产的一种理想栽培方式。

无土栽培类型又可分为固体基质培类型和无固体基质栽培类型，而后者又包括营养液水培类型和营养液气雾培类型。

（一）固体基质栽培类型

1. 固体基质栽培的特点　在基质无土栽培系统中，固体基质的主要作用是支持作物根系及提供作物一定的水分及营养元素。通过滴灌系统供液，供液系统有开路系统和闭路系统，开路系统中的营养液不循环利用，而闭路系统中的营养液则循环利用。由于闭路系统的设施投资较高，而且营养液管理复杂，因而在我国目前的栽培条件下，基质栽培主要采用开路系统。与营养液栽培比较，基质培缓冲能力强、栽培技术较易掌握、栽培设施易建造，成本较低，因此，是适合我国的无土栽培类型。

2. 基质的种类　用于无土栽培的固体基质种类很多，从基质的组成分类，主要分为有机基质和无机基质两大类：有机基质包括泥炭、树皮、甘蔗渣、稻壳、椰糠、芦苇末等以有机残体组成的基质；无机基质包括沙、砾石、岩棉、蛭石、珍珠岩等以无机物组成的基质。

从基质的性质分类，分为惰性基质和活性基质两类。沙、砾石、岩棉、泡沫塑料等本身既不含养分又不具有阳离子交换量，属于惰性基质；而泥炭、蛭石、芦苇末等属于活性基质。从基质的使用时组分不同分类，分为单一基质和复合基质两类。单一基质在栽培作物时，总会存在一些缺陷或不足，如容重过轻或过重、通气不良或保水性差等，因此，常将两种或两种以上基质混合形成复合基质来使用。

3. 固体基质的栽培类型

1）槽培　将基质装入一定容积的栽培槽中来种植作物，这是基质栽培最主要的一种栽培方式。建槽的要求和方法与人工营养基质相似，可以建成永久性的水泥槽，也可用木板、泡沫板或砖垒成半永久性栽培槽。为防止渗漏及土传病害，应在槽底部铺 1~2 层塑料薄膜。槽的规格因作物种类而异：番茄和黄瓜等果菜，一般槽内径宽 48 cm，每槽种植 2 行，槽深 15~20 cm；对于叶菜类等小株型作物，可设置较宽的栽培槽，进行多行种植，槽深 15 cm，槽的长度视灌溉条件、温室跨度等确定，槽坡降不小于 1：250。如图 2-3 所示。

图 2-3　固体基质槽培

2）袋培　将基质装入由抗紫外线聚乙烯薄膜制成的塑料袋中，袋表面颜色因季节和作物而异，在光照强的季节，以白色为好，利于反射太阳光，防止袋内基质温度过高；相反，在弱光季节以黑色为好，利于基质吸热升温。袋培有开口筒式和枕头式两种类型：筒式袋培是把基质装入直径为 30~35 cm、高 35 cm 的塑料袋内，每袋内装基质 10~15 L，可栽植 1 株果菜植株，如番茄、黄瓜等；枕头式袋培把基质装入长 70 cm、直径 30~35 cm 的塑料袋内，每袋装入 20~30 L 基质，两端封严，按照行株距卧式摆放到栽培温室中（图 2-4），在袋上开两个直径为 10 cm 的定植孔，可种植两株番茄或黄瓜等果菜植株。袋的底部或两侧开 2~3 个直径为 0.5~1.0 cm 的小孔，防止积液沤根。

图 2-4　固体基质袋培

3）立体栽培　又称为垂直栽培，以种植莴苣、芹菜等矮生绿叶蔬菜为主。广义的立体栽培包括地面立体栽培（即间作、套作）和空间立体栽培两种形式。而狭义的立体栽培是指空间立体栽培，利用日光温室内的空间在地面栽培的同时，使用上层空间进行栽培的方式。立体栽培一般用于无土栽培和食用菌生产。主要栽培形式有层架式立体栽培、柱状立体栽培、袋状立体栽培等。

（1）层架式立体栽培　这种栽培形式是利用栽培层架设施进行芽苗菜、食用菌、草莓及叶菜类蔬菜生产，如图 2-5 至图 2-15 所示。先制成分层式框架，框架上制作栽培槽，槽内填装基质。在日光温室中，根据温室的高度，层架一般为2层～4层，上层光照较强，一般以叶菜类蔬菜种植为主，下层光照较弱，适宜于食用菌或耐阴蔬菜、软化蔬菜生长。此法既可有效利用空间，成倍增加使用面积，又能创造适宜于软化蔬菜、食用菌等蔬菜栽培的环境，在少光或无光状态下不破坏其叶绿素，使蔬菜质地更鲜嫩，口感更好，可进一步提高蔬菜产品质量和档次。软化蔬菜适应于蒜苗、芽苗菜栽培及蒜黄、韭黄等蔬菜，叶菜类蔬菜栽培以矮小蔬菜为主，如蕹菜、莴苣、芥蓝、紫背天葵、中国芥菜等。

图 2-5　芽苗菜立体栽培

图 2-6　叶菜圆柱形层架式栽培

图 2-7　油麦菜层架式栽培

图 2-8　芹菜层架式栽培

图 2-9　生菜层架式栽培

图 2-10　香菇层架式栽培

图 2-11　双孢蘑菇层架式栽培

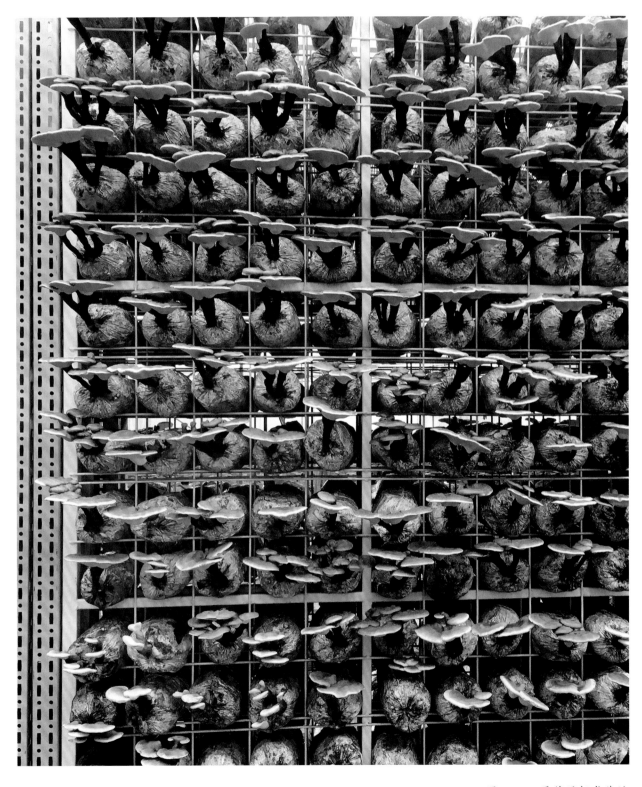

图 2-12　灵芝层架式栽培

图 2-13　杏鲍菇层架式栽培

图 2-14　银耳层架式栽培

图 2-15　草莓层架式栽培

　　（2）柱状立体栽培　立柱式无土栽培设施材料用薄壁铁管或硬质塑料管均可，栽培钵是立柱上栽植作物的装置，形状为中空、六瓣体塑料钵，高 20 cm，直径 20 cm，瓣间距 10 cm，钵中装入粒状岩棉或椰子壳纤维。瓣上定植 6 株作物，根据日光温室的高度将 n 个栽培钵错开花瓣位置叠放在立柱上，串成柱形。

　　柱与柱彼此间距为 80 cm，行距为 1.2 m 为宜，水和营养液的供应是用滴灌系统从顶部滴入，通过整个栽培柱，营养液不循环利用，多余的营养液从底部排出，如图 2-16 至图 2-20 所示。

图 2-16　草莓柱状立体栽培

图 2-17　蔬菜柱状立体栽培 1

图 2-18　蔬菜柱状立体栽培 2

2-19 蔬菜柱状立体栽培

图 2-20 蔬菜柱状立体栽培 4

（3）袋状立体栽培　袋状立体栽培是一种利用立体空间、节约用地、提高效益的栽培方式。用农膜或硬质塑料制成圆柱形长袋，内盛基质。将圆柱形长袋固定在墙上或挂在梁上，周边呈螺旋状排列开孔，孔大小 2.5~4.0 cm，蔬菜定植在孔内，袋高一般 1.5~2.0 m、直径 18~25 cm，此法适用于食用菌或植株矮小的蔬菜作物，如莴苣、芫荽、紫背天葵等。栽培袋采用直径 15 cm、厚 0.15 mm 的聚乙烯筒膜，长度一般为 2 m，底端结紧以防基质落下，从上端装入基质成为香肠的形状，上端结扎，然后悬挂在温室中，袋子的周围开一些 2.5~5.0 cm 的孔，用以种植作物。水和营养液是用滴灌系统从顶部滴入，通过整个栽培袋向下渗透，营养液不循环利用，多余的营养液从排水孔排出。

4）岩棉栽培　岩棉栽培是国外栽培面积最大的一种无土栽培方式，尤其在荷兰应用最广，我国已开发国产农用岩棉，少量已在生产中应用。岩棉培的基本模式是将岩棉切成定型的块状，用薄膜包住，称为岩棉种植垫。一般番茄、黄瓜定植用的种植垄长 70~100 cm，宽 15~30 cm，高 7~10 cm。定植前在薄膜上开两个 8~10 cm 见方的定植孔，栽上两株带育苗块的小苗，并滴入营养液，植株即可扎根固定于其中，吸水吸肥而长大。由于营养液利用方式的不同，岩棉培可分为开放式和循环式两种。如图 2-21 所示。

图 2-21　番茄岩棉栽培

5）有机基质栽培　有机基质栽培无土栽培技术是现代无土栽培新技术与传统有机农业相结合的产物，它是一个稳定的具有一定缓冲作用的农业栽培系统，具有一般无土栽培的特点，同时可追施固态有机肥，滴灌清水或者用低浓度的营养液进行滴灌栽培，简化了无土栽培管理的过程，降低了设施系统的投资，节省了生产费用。栽培基质种类很多，前面提到的有机基质都可选择，一般选择2种或2种以上的复合基质进行栽培。有机基质一般采用槽式栽培的方式，槽的规格因作物种类不同而异，具体规格参考槽式栽培部分。

用于有机基质栽培的固态有机肥种类很多，有厩肥、畜禽粪尿、堆肥、绿肥、饼肥、杂肥等。有机肥富含植物生长发育所必需的各种营养元素，肥料成分齐全，有机质含量丰富，阳离子代换量高，有效成分不易流失，分解后易被植物吸收利用，为基质栽培提供了良好的营养条件。常用的膨化鸡粪是经过高温发酵杀灭病菌虫卵后脱水烘干的鸡粪，是保持较高的肥效和丰富的营养成分的优质固态有机肥。

有机栽培基质的营养水平，每立方米基质应含有碱解氮（N）1.5~2.0 kg，速效磷［以五氧化二磷（P_2O_5）计］0.5~0.8 kg，速效钾［以氧化钾（K_2O）计］0.8~2.4 kg，可满足一般蔬菜作物对各种营养的需求。为确保整个生育期均处于最佳的养分供应状态，固态有机肥等肥料可分为基肥和追肥施用，比例为60：40。定植前向槽内基质施入基础肥料作基肥，定植后20 d，每隔10~15 d将有机肥均匀撒布在距根颈部5 cm处作追肥。

有机基质无土栽培系统的灌溉一般采用膜下滴灌装置，在设施内设置储液（水）池或储液（水）罐。储液池为地下式，通过水泵向植株供应营养液或水；储液罐为地上式，距地面1 m左右，靠重力作用向植株供应营养液或水。滴灌一般采用多孔的软壁管，40 cm宽的槽铺设1根，70~95 cm宽的栽培槽铺设2根。滴灌带上盖一层薄膜，既可防止水分喷射到槽外，又可使基质保湿、保温，也可以降低设施内空气湿度。滴灌系统的水或营养液，要经过一个装有100目纱网的过滤器，以防杂质堵塞滴头。

（二）营养液水培类型

营养液水培类型主要包括深液流栽培和营养液膜栽培，由于设备

图 2-22　营养液栽培

投资相对较大，栽培技术较为复杂，目前，在我国栽培成功的是莴苣的漂浮板栽培及烟草的育苗，如图 2-22 所示，其他日光温室蔬菜栽培的应用面积较小。

（三）营养液雾培类型

又称喷雾培或气雾培。它是将营养液用喷雾的方法，直接喷到作物根系上，使营养液与空气都能良好地供应给作物，协调了作物根系水、气供给的矛盾。一般作物根系悬挂在容器的空间，用聚苯板覆盖在容器上面，按株行距打孔栽植作物。容器内按一定距离设置喷头，每隔 2～3 min 喷营养液数秒钟，营养液可循环利用。这种方法虽然能较好地满足作物对营养液和气体条件的需求，但它对喷雾质量要求严格，设备工艺要求较高。此外，作物根系温度易受气温影响，变幅较大，应具备控温装备，当前在日光温室中使用范围不大，在观光游乐园和现代园区有一定的展示和应用。如图 2-23、图 2-24 所示。

图 2-23　蔬菜气雾栽培背部

图 2-24　蔬菜气雾栽培面部

第二节
日光温室蔬菜茬口安排

在同一栽培设施内，不同年份和同一年份的不同季节，安排作物种类、品种及其前后茬的衔接搭配和排列顺序称为茬口安排。科学的茬口安排是合理利用自然气候资源与作物生物资源，充分发挥不同类型设施性能，降低生产成本，提高设施蔬菜经济效益的基本农业措施。同时根据作物的化感作用及土壤的盐分累积规律，通过合理的茬口安排，实行用地与养地相结合，不断恢复与提高土壤肥力，减少病虫危害，改善设施生态环境，是实现农业可持续发展并进行良性循环的重要措施。

一、日光温室蔬菜茬口安排的基本原则

日光温室蔬菜茬口安排不但追求高产优质，而且追求获取最大的经济效益。基本原则可以归纳为四个方面。

（一）依据生产条件确定茬口

日光温室蔬菜生产条件主要包括：生产经营方式、日光温室的结构形式和光温气湿等环境调控能力、生产者的生产技术水平以及资金和物资条件等。生产经营方式主要涉及生产者的积极性和责任心，一个高产高效益的茬口安排，没有生产者的责任心和积极性是难以实现的。如，日光温室冬春茬或春茬喜温果菜类蔬菜生产茬口，没有生产者的认真负责精神，很可能遭到失败。因此，如何调动生产者的积极性是管好生产的关键；日光温室结构形式和光温气湿等环境调控能力，决定了日光温室内的环境条件的优劣。茬口安排应按照已建成日光温室所能创造的温光条件来进行。优良结构类型的日光温室应具备优良的采光保温特性，这样可安排喜温果菜的生产；结构不合理，保温采光等环境调控能力低的日光温室冬季应安排耐寒叶菜生产。生产者的技术水

平也是决定茬口安排的重要因素。生产上经常是某个生产者只懂得某一种作物的生产技术，而对另外一些作物生产技术不甚了解或不了解，因此，茬口安排应考虑到这一因素。资金和物资条件也是决定茬口安排的因素，因为有些蔬菜作物生产需要大量的资金和物资投入，如喜温果菜类蔬菜生产；而另一些蔬菜作物则需要资金和物资投入较少，如一些耐寒叶菜类蔬菜的生产。因此，在茬口安排时应量力而行。

（二）依据市场和经济效益确定茬口

依据市场需要与高效栽培相统一的原则，尽可能使蔬菜产量盛期与市场需求盛期或市场高价格时期相吻合。同时考虑自己的生产技术水平，所用日光温室的性能及抗灾能力，以最大限度地规避种植风险及市场风险，并躲开有可能发生的自然灾害。

蔬菜商品需求情况是决定其经济效益的重要因素之一。本原则是指根据市场上蔬菜不同季节价格的变动，选择市场价格较高的蔬菜作物和季节进行种植。这种经济效益的好坏与市场关系很大。因此，一个地区在一定的季节里种植什么种类和品种，种植多大面积，都应根据市场的需求来确定，而利用市场经济杠杆来调整种植结构，必须有市场信息和市场分析预测，这种市场信息和市场分析预测不应局限于当地市场，还要分析与本地相邻的市场容量，同时也不应仅依靠近期市场蔬菜价格决定栽培茬口，还须考虑较长期市场的预测。应该指出，在经济效益原则指导下所确定的茬口，要注意到日光温室蔬菜生产专业化的有利之处，因此当一种茬口安排被确定后，应在此基础上逐步完善，避免经常性的变动。

（三）依据避免发生连作障碍确定茬口

所谓避免发生连作障碍确定茬口的原则，就是指在茬口安排上特别注意避免将易于出现连作障碍的蔬菜作物实行轮作倒茬。一般同科蔬菜作物的种类间轮作倒茬易出现连作障碍，而不同科蔬菜作物的种类间轮作倒茬不易出现连作障碍，如茄科、葫芦科的果菜类蔬菜前茬种百合科的韭菜或青蒜则对果菜类蔬菜作物生长发育有利，而同一科蔬菜中，如茄科的番茄和茄子进行前后茬轮作倒茬对二者的生长发育均不利。

（四）依据充分利用资源确定茬口

所谓充分利用资源确定茬口的原则，就是指充分利用当地的自然资源、劳动力资源和物资资源等安排茬口，如在光照充足的温暖地区，可进行日光温室喜温果菜的冬茬或冬春茬生产，而在气候寒冷、冬季光照较差的地区则只能安排耐寒叶菜生产；在劳动力资源较为充足的农区，可发展较为费工的日光温室冬茬或冬春茬喜温果菜生产，而城市近郊劳动力紧张，则可进行省工的速生蔬菜生产；此外，在保温材料充足的地区可进行喜温果菜冬春茬生产，而在保温材料缺乏且生产成本非常高的地区可安排耐寒蔬菜生产。

二、日光温室蔬菜主要茬口

（一）一年两茬周年全季节栽培模式

日光温室一年两茬的短季节栽培模式，由于植株的生育期比较短，栽培比较灵活，肥水管理也比较简便，因此，在日光温室蔬菜栽培中应用比较普遍。但比较费工，产量较长季节栽培有所下降。

1. 日光温室番茄（黄瓜）两茬全季节栽培模式　这种模式（表2-1）的冬春茬在冬季寒冷季节育苗、早春定植，对育苗条件要求比较高。这种模式的秋冬茬在夏季高温季节育苗、秋季定植、冬季采收，市场需求量大、价格高、效益好。这种模式两个茬口栽培宜采用不同的品种类型，冬春茬宜选择耐低温、耐弱光的品种，而夏季高温季节育苗的适宜选择耐等温、抗病性强的品种，两茬全年亩产量可达17 000~19 000 kg，年收入3.6万元。

表 2-1　日光温室番茄（黄瓜）两茬全季节栽培模式

时间	12月（旬）			1月（旬）			2月	3月	4月	5月	6月	7月（旬）			8月（旬）			9月	10月（旬）			11月	12月（旬）		
	上	中	下	上	中	下						上	中	下	上	中	下		上	中	下		上	中	下
冬春茬	*	*	*	*	△	△	☆	☆	⊙	⊙	⊙														
秋冬茬												*	*	*	△	△	☆	☆	☆	☆	⊙	⊙	⊙	⊙	-

注：育苗 *；定植 △；营养生长期 ☆；收获期 ⊙；休闲期 -。

　　2. 日光温室甜瓜两茬全季节栽培模式　　甜瓜是典型的喜温耐热和喜光的作物，冬春茬栽培的果实发育期正好与春季温光条件一致。因此，冬春茬栽培的甜瓜产量高、品质好、上市早，经济效益高，是目前生产上的主栽模式（表2-2）。基于抗病性、抗逆性的要求，甜瓜一般采用嫁接栽培，选择高抗枯萎病的砧木品种与甜瓜嫁接，一般是白籽南瓜，各地均有不同的品种，如圣砧一号、小拳王等，采用吊蔓、单蔓整枝，亩定植密度为2 000~2 200株，冬春茬甜瓜亩产量可达3 600 kg以上。而秋冬茬栽培由于前期育苗在高温季节，如何在高温多雨季节培育壮苗是关键，8月中旬定植，在定植初期，高温强光，防治蚜虫和病毒病是关键。进入9月，温度和光照均较适宜甜瓜果实的生长与发育，要保证在11月中旬之前采收结束。因此，该茬甜瓜如果前期管理得好，仍然可以获得较好的产量和品质，并且效益较好，一年两茬甜瓜亩总产量每可达5 000 kg，年收入可达3.1万元以上。

表2-2　日光温室甜瓜两茬全季节栽培模式

时间	1月（旬）			2月（旬）			3月	4月（旬）			5月	6月	7月（旬）			8月（旬）			9月（旬）			10月	11月（旬）		
	上	中	下	上	中	下		上	中	下			上	中	下	上	中	下	上	中	下		上	中	下
冬春茬	*	*	*	*	△	△	☆	☆	⊙	⊙	⊙	-	-												
秋冬茬														*	*	*	△	△	☆	☆	☆	⊙	⊙	⊙	-

注：育苗*；定植△；营养生长期☆；收获期⊙；休闲期-。

　　3. 日光温室冬春茬番茄（黄瓜）+秋冬茬黄瓜（番茄）全季节栽培模式　　该模式（表2-3）冬春茬进行日光温室番茄栽培，选择耐低温耐弱光的品种、培育壮苗、科学进行肥水管理以及综合防治病虫害技术等，番茄亩产量可达8 000 kg，收入1.6万元左右；秋冬茬黄瓜综合应用嫁接育苗技术、合理地调控环境、肥水管理、综合防治病虫害技术等，亩产量达9 000 kg，收入1.7万元，年总收入可达3.3万元左右。或者在冬春茬种植黄瓜、秋冬茬种植番茄，均可获得较好的产量和效益，该模式在辽宁省朝阳市日光温室产区比较普遍。

表 2-3 日光温室冬春茬番茄（黄瓜）+秋黄瓜（番茄）全季节栽培模式

时间	1月	2月（旬）			3月	4月（旬）			5月	6月	7月	8月	9月（旬）			10月	11月	12月
		上	中	下		上	中	下					上	中	下			
冬春茬	*	*	△	☆	☆	☆	⊙	⊙	⊙	⊙	-							
秋冬茬												*	△	☆	☆	⊙	⊙	⊙

注：育苗 *；定植△；营养生长期☆；收获期⊙；休闲期-。

4. 日光温室春甜瓜＋夏番茄全季节栽培模式 该模式（表2-4）是目前我国北方地区甜瓜产区的主要方式。冬春茬日光温室薄皮甜瓜通过综合应用嫁接育苗、吊蔓栽培、叶面喷肥、环境调控、化学调控等技术，亩产量可达 3 600 kg，收入 1.9 万元。夏秋茬日光温室番茄通过综合应用无土穴盘育苗、"沈农丰产剂二号"防止落花落果、日光温室环境调控以及病虫害综合防治等技术，亩产量 9 000 kg，收入 1.7 万元，年总收入可达 3.6 万元左右。该模式主要在辽宁省朝阳市的北票市、鞍山市的台安县、沈阳市法库县和阜新市彰武县等应用比较广泛。

表 2-4 日光温室春甜瓜＋夏番茄全季节栽培模式

时间	12月	1月（旬）			2月	3月（旬）			4月	5月（旬）			6月（旬）			7月	8月（旬）			9月	10月	11月	12月（旬）		
		上	中	下		上	中	下		上	中	下	上	中	下		上	中	下				上	中	下
冬春茬	*	*	△	△	☆	☆	☆	☆	⊙	⊙	⊙	⊙	⊙												
秋冬茬										*	*	*	△	△	☆	☆	⊙	⊙	⊙	⊙	⊙	⊙	⊙	⊙	-

注：育苗 *；定植△；营养生长期☆；收获期⊙；休闲期-。

（二）长季节（一年一大茬）栽培

长季节栽培是指一年一大茬的栽培制度，主要用于番茄、黄瓜、辣椒、茄子等果菜类蔬菜的生产。与一年多茬栽培相比较，可以充分利用夏秋季节，延长生长期和结果期，采收时间长，用种量小，节省育苗时间和劳动量，生产效益相对较高，目前在夏季温度较低的北方地区日光温室中应用比较普遍。

　　在日光温室长季节生产中，原则上没有严格的播种育苗期，但一般于7月中旬播种育苗，8月中旬定植，10月中下旬至11月上旬开始采收上市，翌年7月中下旬拉秧是较为常见的模式。日光温室长季节生产一般采用土壤栽培，由于该茬作物生长时间长，应选择增产潜力大的品种，加大施肥量，注意防止植株早衰、减产。

　　1. 越冬一大茬栽培模式　日光温室喜温蔬菜越冬一大茬栽培，一般在秋季播种育苗，历经冬季和春季，到夏季栽培结束。所经历的光温环境是从强光照到弱光照，从高温到低温，再从弱光照到强光照，从低温到高温，跨越一年中光照最弱、温度最低的低温寡照时期。因此，不仅要求日光温室具有较好的采光性和保温性，而且要求有良好的配套栽培技术。这种栽培模式的主要蔬菜有黄瓜、番茄、茄子、辣椒等。收获期长达7个多月，整个生育期长达10个月以上，在42°以南地区冬季基本不加温生产喜温性果菜，如番茄和黄瓜每年亩产量可分别达到25 000万kg以上，这种越冬一大茬栽培模式要求日光温室保温性能好，品种选择上要求耐低温耐弱光、连续坐果能力强、增产潜力大、抗病能力强等，对栽培技术水平要求较高。产品供应处在冬季和春季市场淡季，是目前所有茬口中经济效益最好的茬口之一，一般每亩日光温室年收入在4.5万元左右。日光温室越冬一大茬蔬菜栽培模式如表2-5所示。该模式在辽宁省朝阳市喀左县、朝阳县、凌源市及内蒙古的赤峰市、河北的平泉县等大面积推广应用。

表2-5　日光温室番茄和黄瓜一年一大茬越冬长季节种植模式

时间	8（旬）			9（旬）			10（旬）			11（旬）			12月	1月	2月	3月	4月	5月	6月	7（旬）		
	上	中	下	上	中	下	上	中	下	上	中	下								上	中	下
番茄	-	*	*	*	△	△	☆	☆	☆	☆	☆	⊙	⊙	⊙	⊙	⊙	⊙	⊙	⊙	⊙	-	-
黄瓜	-	-	*	*	*	△	△	☆	☆	⊙	⊙	⊙	⊙	⊙	⊙	⊙	⊙	⊙	⊙	⊙	⊙	-

注：育苗 *；定植△；营养生长期☆；收获期⊙；休闲期 -。

　　2. 越夏长季节栽培模式　越夏长季节栽培模式（表2-6）是在寒冬季节育苗和定植，因此，其幼苗期在最寒冷的隆冬度过，而果实一般3

月开始采收上市，采收期跨越春、夏、秋三个季节，收获期长达 7 个多月，整个生育期长达 9 个月以上。这种越夏长季节栽培模式，相比越冬长季节栽培模式而言，对日光温室的条件要求比较低，生产成本比较少，管理相对容易。该模式适宜在海拔比较高、夏季气温比较温和的地区实施，要求日光温室的通风降温性能好。该模式的夏季和秋季产品主要供应我国的南方市场，经济效益每亩达到 4.0 万元左右。

表 2-6　日光温室番茄和黄瓜一年一大茬越夏长季节种植模式

时间	12月（旬）			1月（旬）			2月（旬）			3月（旬）			4月（旬）			5月	6月	7月	8月	9月（旬）			10月（旬）			11月（旬）		
	上	中	下	上	中	下	上	中	下	上	中	下	上	中	下					上	中	下	上	中	下	上	中	下
番茄	-	*	*	*	△	△	☆	☆	☆	☆	☆	☆	☆	⊙	⊙	⊙	⊙	⊙	⊙	☆	☆	⊙	⊙	⊙	⊙	-	-	
黄瓜	-	-	*	*	*	△	△	☆	☆	⊙	⊙	⊙	⊙	⊙	⊙	⊙	⊙	⊙	⊙	☆	☆	⊙	⊙	⊙	⊙	⊙	⊙	

注：育苗 *；定植△；营养生长期☆；收获期⊙；休闲期 -。

三、日光温室蔬菜的间作套种

（一）立体栽培的原则

在同一个时期、同一块土地上，隔畦、隔行或隔株栽培两种或两种以上的蔬菜，称为间作。混插、混植等不规则地混合种植两种以上的蔬菜，称为混作。套作是在前作蔬菜生长后期播种或栽植后作蔬菜。蔬菜间套作是争取农时，提高产量，改进品质，提高复种指数，丰富品种，解决周年生产、均衡供应和增加农民收入的重要措施，能否达到这个目的是衡量间套作是否合理的重要依据。因此，要搞好间套作必须注意以下几点。

1. 间套作要和生产条件相适应　一般来讲，蔬菜间套作复种指数和经济效益高。但如果劳动力和农业生产资料投入不足，生产技术水平不高，过多过乱地安排间套作，往往会造成田间管理工作跟不上，或采收不及时，反而会降低主作蔬菜的产量，影响经济收入。

2. 根据人民生活和市场需求合理安排间套作　根据人民生活需求和市场变化，合理安排间套作，才能取得更好的栽培效果。

3.合理搭配蔬菜的种类和品种　不同的蔬菜种类和品种之间植物学性状和生物学特性不同。不少蔬菜作物有早、中、晚熟品种之分；蔬菜种类有耐寒、耐热之分,有喜短日照和长日照之别；植株的大小、高矮、根系的深浅和所需的营养元素也有较大的差异。要搞好间套作,就要根据各类蔬菜及品种的特性来确定,如黄瓜、冬瓜和豇豆等属于高秧喜光作物,而菠菜、苋菜、葱、蒜和小白菜属于矮小耐弱光作物,将高秧喜光蔬菜与矮小耐弱光蔬菜互相配合栽培,就可以收到良好效果。又如叶菜类蔬菜需氮较多,对磷钾肥要求相对较少,而果菜类和根菜类蔬菜则与之相反,根据需肥种类和需肥量的不同来安排间套作,则可取长补短。总之,在实际安排间套作时,要处理好主副作物之间争光、争肥、争水的矛盾,只有充分利用地力和温、光、水、气资源,才能发挥间套作蔬菜生长的优势。

4.间套作要有主次之分　对主作和副作要细致考虑。主作是针对市场需求量大的大宗蔬菜,这些蔬菜生长期往往较长,产量较高；次作则是针对生长期短、产量较低的小宗蔬菜。在实际生产时,要掌握主次分明、数质并举、产量与效益并重的原则,进行安排和茬口衔接。如在沈阳市2月下旬栽茄果类蔬菜,行间套种春菠菜、莴苣或者小白菜,这种形式在保证大宗蔬菜足够种植面积和上市量的同时,又充分利用了大宗菜前期的行间土地间套共生期短的叶菜类蔬菜,既增加了春淡季蔬菜花色品种,又不影响主作蔬菜的生长发育和产量,在间套作安排上应该重视。

间套作的形式和品种搭配是随着蔬菜科技的进步,新品种、新技术和新设施的应用在不断地变化和发展。作为生产者则需要注意总结经验,不断地改进、完善和创新,既适应市场需要,又能提高经济效益。

（二）日光温室蔬菜栽培立体间套作的主要形式

1.果菜套作速生蔬菜　这种套作方式一般以喜温喜光果菜生产为主,在果菜作物植株尚小期间,套作速生、矮小、耐弱光且在环境管理上与主作蔬菜无太大矛盾的蔬菜,待主作果菜植株长大以后收获套作蔬菜,使主作果菜通风透光良好。套作的方法一般可采用隔畦或隔行、大小行或宽窄畦等形式。

2. 主副行间作　在日光温室黄瓜、番茄生产中，为了充分利用前期的光照和温室空间，常实行主副行间作栽培，如番茄的主副行栽培可用 50 cm 垄，一垄主行、一垄副行的方法，主副行株距均采用 20 cm，副行留 1~2 穗果摘心，采收完后及时拉秧。黄瓜的主副行栽培可采用在 1 m 宽畦上主行按 17 cm 株距、副行按 35 cm 株距定植，副行留 10 片左右叶摘心，采收 2~3 条瓜后拔秧，实行主副行栽培一般副行以不影响主行产量为原则。

3. 主作蔬菜定植初期的套作　如一些地区日光温室黄瓜、辣椒套作，韭菜、黄瓜套作。

黄瓜、辣椒套作方法是：早春先定植黄瓜，然后待黄瓜开始采收后，再在两行黄瓜中间定植一行辣椒，黄瓜收完后及时拔秧，加强辣椒管理，秋茬主要进行辣椒生产。

韭菜、黄瓜套作方法是：早春先收韭菜，然后在韭菜行间按黄瓜株行距定植黄瓜幼苗，在黄瓜较小时，再收割一刀韭菜，然后刨掉韭菜根，集中管理黄瓜。

（三）合理利用温室空间

1. 温室柱脚利用　即利用日光温室柱脚栽种 1~2 穴豆类蔬菜，春秋两茬均可利用，可收到一定经济效益。

2. 温室边角利用　温室前脚和两山墙及后墙根，不便种植高架喜光喜温蔬菜作物，可栽种一些早甘蓝、花椰菜、油菜、莴苣、莴笋、水萝卜、小白菜、芹菜、苦苣等。利用日光温室的后墙根种植一行菜豆是辽宁省朝阳市越冬果菜常用的栽培方式，前面正常种植番茄、黄瓜、辣椒等。实践证明，靠后面一排菜豆的种植收益，可满足前面主作作物的化肥或者基本农药的费用。

（四）食用菌与蔬菜的立体间作栽培

利用蔬菜遮阴行间种植食用菌是日光温室立体栽培的形式之一。宜选择遮阴度大的高架蔬菜，如黄瓜、丝瓜、番茄、扁豆等蔬菜，典型的栽培模式如下。

1. 越冬茬黄瓜（或番茄）行间套种鸡腿菇（或双孢蘑菇）模式　越冬茬采用宽窄行种植黄瓜（或番茄），鸡腿菇（或双孢蘑菇）用常规发酵法袋栽发菌，在黄瓜（或番茄）宽行间挖沟，将发好菌的鸡腿菇（或双孢蘑菇）脱袋放在沟内，覆土栽培出菇。

黄瓜（或番茄）进行光合作用释放出的氧有利于鸡腿菇（或双孢蘑菇）生长，鸡腿菇（或双孢蘑菇）呼吸作用释放出的二氧化碳有利于黄瓜（或番茄）植株的光合作用，二者相辅相成，鸡腿菇（或双孢蘑菇）出菇后的废料可作为有机肥料培肥土壤。

2. 丝瓜、扁豆套种草菇（或高温蘑菇）模式　4月在日光温室前屋面底角下或日光温室前种植丝瓜，5月在丝瓜株间点种扁豆，6月中下旬在越冬蔬菜拉秧后在日光温室内做畦栽培草菇（或其他高温型食用菌），畦床上覆膜，草菇7月底生产结束，高温型食用菌10月生产结束。

这种模式将丝瓜、扁豆种植于日光温室前沿，使藤蔓沿棚架向上攀缘，扁豆爬蔓于丝瓜间隙，丝瓜、扁豆先后种植为草菇（或其他高温型食用菌）的生长可全程遮阴，棚架下种植可有效提高日光温室的利用率，节省棚膜等材料。

四、日光温室蔬菜周年生产茬口安排应注意的问题

在日光温室蔬菜生产中，科学安排一年的蔬菜生产，以提高日光温室的利用率，降低生产成本，增加经济效益，是生产者非常关心的问题。但在实际生产中确定何种周年栽培茬口应该根据生产者的实际情况确定，不可盲目照搬经济效益好的生产茬口，否则不但收不到好的栽培效果，甚至适得其反。如，目前公认越冬茬黄瓜经济效益比较好，但是实际生产中，有许多农户因冬季温室内温度达不到要求，或因连续阴天，或缺乏管理技术而造成重大经济损失。因此，在选择蔬菜种植种类、确定蔬菜生产茬口时，必须注意以下几个问题：

（一）蔬菜连作应根据蔬菜特性而定

不同种类蔬菜连作对其本身生长发育的影响不同。一般茭白等水生蔬菜，甜玉米等禾本科蔬菜和甘蓝、花椰菜、白菜、萝卜等十字花科蔬菜及芹菜、芫荽、胡萝卜等伞形花科蔬菜，连作后出现生育障碍或侵染性病害加重等现象较轻，一般可以连作几茬。但其他大多数蔬菜作物应注意采用轮作制度。

（二）蔬菜轮作应根据蔬菜特性而定

不同种类蔬菜轮作效果不同。因此，实行蔬菜轮作应遵循如下基本原理。

1. 依据蔬菜病虫害发生异同实行轮作　不同种类蔬菜的病虫害种类不同，而且不同病原菌在土壤中的生存年限也不同，因此实行轮作的种类和年限也不同。一般不采用同科蔬菜轮作，而且不同蔬菜采用不同轮作年限，如马铃薯、黄瓜、生姜等蔬菜轮作间隔需 2~3 年，茄果类蔬菜需 3~4 年，西瓜、甜瓜蔬菜需 5~6 年。每年通过调换种植不同类型的蔬菜进行轮作，可有效控制病害（如青枯病、枯萎病等）的发生。

2. 依据蔬菜根系深浅实行轮作　一般选择深根性与浅根性蔬菜或对养分要求差别较大的蔬菜进行轮作。如消耗氮肥较多的叶类蔬菜可与消耗磷钾肥较多的根、茎类蔬菜轮作，根菜类、豆类、瓜类（除黄瓜）等深根性蔬菜与叶菜类、葱蒜类等浅根性蔬菜轮作。

3. 依据蔬菜根系分泌物实行轮作　一般应选择根系分泌物具有相互促进作用的蔬菜种类和品种实行轮作，典型的例子如大白菜作为葱蒜类蔬菜的后作可大大减轻病害的发生。

4. 依据蔬菜对土壤酸碱度（pH）的要求不同实行轮作　不同蔬菜根系分泌物质的酸碱度不同，而且不同蔬菜对土壤酸碱度的要求也不同，因此可根据蔬菜种类间的这些差别实行轮作。如种植甘蓝类、马铃薯等蔬菜后，土壤酸度有所增加，而种植菜用玉米（包括超甜玉米）、南瓜等蔬菜后，土壤酸度有所下降。这样，一种对土壤酸度增加反应敏感的蔬菜（如洋葱）作为甘蓝类蔬菜的后作则减产，而作为南瓜的后作则能增产。

（三）根据日光温室性能选择种植种类及茬口

要根据日光温室性能选择适宜的蔬菜种类，安排好蔬菜生产茬口。如，日光温室黄瓜越冬栽培，1~2月室内最低气温要保证在8℃以上，不能长时间出现8℃以下的低温；地温要保证在12℃以上，不能长时间处在12℃以下。达不到这样的温度条件，越冬黄瓜就生长不好，而安排早春茬黄瓜则更保险一些。

（四）根据技术水平选择种植种类及茬口

要根据生产技术水平选择蔬菜种植种类，安排蔬菜生产茬口。如果选择超出自身技术水平和条件的蔬菜种类，首先要了解栽培管理方法，先小面积试种，掌握基本管理技术后再大面积生产。盲目追求"名特"蔬菜的生产，容易造成损失。

（五）根据市场选择种植种类及茬口

确定种植蔬菜种类时，尤其是稀有蔬菜种类，要先考虑好产品销路。否则，生产出的稀有蔬菜卖不出去同样会造成经济损失。

（六）前后茬时间安排恰当

前后茬蔬菜之间要留出一定的整地施肥时间，确保地整好、肥施足，力争高产优质。提前播好套种的蔬菜，重叠时间不能过长，尽量在幼苗期将前茬菜拉秧，提前育苗，给整地施肥腾出时间。这样虽然费工，但易做到苗齐、苗全、苗壮，为丰产打好基础。

第三章
日光温室蔬菜生态生理与调控

建设日光温室的目的在于为园艺作物的生长发育提供适宜的环境条件，实现周年稳定和高效的园艺产品生产。因此，环境调控是保障蔬菜生产顺利进行的核心。日光温室内的环境条件状况是由室外气象条件、温室结构与覆盖材料、室内环境调控设施的运行状况、室内栽培的作物等复杂因子综合作用所决定的。

第一节
日光温室光照环境特点与调控

地球上几乎所有绿色植物都通过吸收太阳光来生长发育，并通过各器官得到的光刺激来获得周围环境条件的有关信息。绿色植物利用光能把二氧化碳和水转化为碳水化合物并释放氧的过程称为光合作用，这是地球上所有生物赖以生存和发展的基础。光不仅是植物进行光合作用等基本生理活动的能量源，也是花芽分化、开花结果等形态建成和控制生长过程的信息源。目前，在我国农业设施的类型中，日光温室和塑料拱棚是最主要的，占设施栽培总面积的 90% 以上。日光温室是以日光为光源转化为热源供作物生育需要的，所以光环境对设施农业生产的重要性是处在首位的。

日光温室的环境条件，分为地上环境条件和地下环境条件：光照、气温、湿度、二氧化碳浓度、风速等因素，称为地上环境条件；土温、水分、土壤养分等一般称为地下环境条件。在诸多的环境因素中，光照是整个生产过程的关键因素，调节技术要以每天的光照状况作为标准，进行其他因素的调节。在光照条件较好时，温度、水分、二氧化碳等条件要相互适应，才有利于光合作用的进行；在光照较弱时，温度应该适应光照弱的特点，适当从低调节，抑制蔬菜呼吸强度，以减少光合产物的消耗。

一、日光温室光照环境特点

日光温室内的光照环境要素包括光照强度、光照时间和光谱分布等，在自然光照下，光照状况随着温室所在的地理位置、季节、时间和气候条件的变化而变化。如果自然光照环境的某要素不能满足植物生长发育的要求时，就需要进行人工调控。

（一）光照强度

日光温室内的光照强度一般比温室外的自然光弱，且在空间上的分布极不均匀，冬季往往成为作物生长的限制因子之一。日光温室内的光照来自室外的太阳辐射，因此在辐射强度、光照强度、光谱分布以及光照周期等方面，室内光照环境首先受室外光照条件的影响。室外的太阳辐射则主要受地理纬度、季节、时间和云量的影响，对于某一地理纬度而言，一年四季光的变化规律是稳定的。自然光透过透明屋面覆盖材料才能进入温室内，由于覆盖材料吸收、反射、覆盖材料内面结露的水珠折射、吸收等原因而降低透光率。尤其在寒冷的冬、春季或阴雪天，透光率只有自然光照的 50%~70%，如果透明覆盖材料不清洁，使用时间长而染尘、老化等因素，使透光率甚至不足自然光照的 50%。

影响日光温室内光照环境的主要因素有：

1. 日光温室的结构、方位与形式

（1）屋面倾角对温室透光的影响　日光温室的方位、结构与形式影响光照的透过率和光照在温室内的空间分布情况，尤其对直接辐射影响较大，而对散射辐射影响较小。

日光温室屋面倾角大小主要影响光线的入射角，从而影响透光率。前屋面角每增加 1° 时，会使室内接收太阳能增加 228.79 MJ/（d·hm²）。所以，前屋面角在一定范围内越大，冬季接受的辐射越多，蓄热就越多。前屋面的角度是否合理，对于光的接收具有重要的意义。

较多见的典型情况是东西向日光温室的南屋面（图 3-1），正午时其日光入射角 i 为：

$$i=90° -h-\alpha \tag{3-1}$$

式中：α ——为屋面倾角；

h ——为正午时刻太阳高度角。

可见 α 的选择，应先考虑阳光入射到屋面的入射角（i）尽量小。但透光率最高时所要求的屋面倾角 α 一般较大，往往使日光温室容积相应加大，增加了材料设备和燃料消耗。据研究可知，当理想屋面角减少 40°~50° 时，日光温室室内的进光量仅仅减少 4%~5%，故此综合考虑造价、结构等因素，在理想屋面角的基础上减去 45°。即合理屋

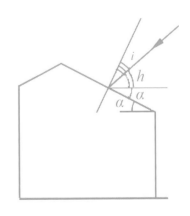

图 3-1　东西向日光温室正午屋面日光入射角

面角等于理想屋面角减45°。每天10~14时为太阳光最强的时候，在设计屋面角的时候只要保证这个时段的进光量最大，就可以保证温室内光辐射最大，基于此考虑在合理屋面角的基础上加上5°~7°。因此，最佳时段屋面角等于合理屋面角加6°。

一般东西延长单栋日光温室的直接辐射平均透过率随着屋面倾角的增大而增加，连栋温室的直接辐射透过率在屋面倾角为30°时呈现最大值，然后随着屋面倾角的增大而减小（图3-2）。不管日光温室的建设方位及是否连栋，日光温室内散射辐射透过率由于屋面倾角的增大而减小，但变化不大。

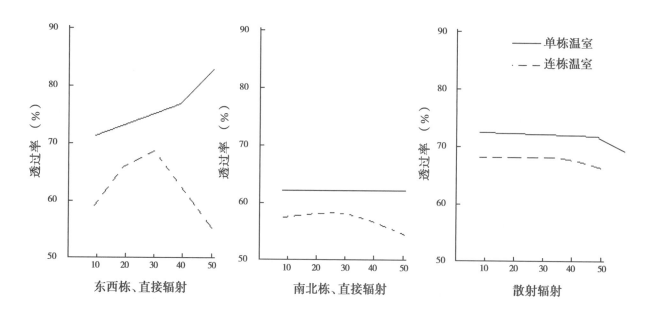

图3-2　不同类型温室的屋面倾角与直接辐射和散射辐射的透过率（北纬35°，冬至日）

（2）日光温室类型、方位、地理位置、季节对直接辐射透过率的影响　中高纬度地区冬季日光温室的直接辐射平均透过率大小排序依次是东西单栋、东西连栋、南北单栋、南北连栋。东西栋温室比南北栋温室直接辐射透过率高5%~20%（图3-3）。夏季各种日光温室的变化与冬季正好相反；春秋季的差异较小。无论建设方位如何，单栋日光温室比连栋温室的直接辐射平均透过率高。各类日光温室的冬至到夏至的直接辐射平均透过率变化与夏至到冬至的变化呈对称分布。日光温室类型和建设方位在低纬度地区的直接辐射透过率的差异比中高纬度地区小。

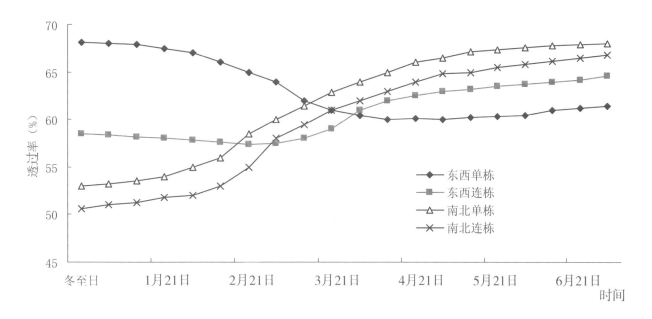

图 3-3　不同类型温室直接辐射平均透过率的季节变化（北纬 35°，屋面倾角 24.5°）

（3）日光温室方位对光照分布的影响　东西连栋日光温室的直接辐射平均透过率的横向分布不均匀，屋脊结构等造成阴影弱光带，透过率的大小相差近 40%；南北连栋日光温室的光照分布较均匀，一般是中央位置的透过率高，东西侧面略低 10% 左右（图 3-4）。

有些温室覆盖材料，如玻璃纤维增强聚酯板，能将入射光线进行扩散反射和扩散透射，从而使直接辐射分散到一定的立体角范围内，形成散射辐射。散射辐射对于提高温室内部光照分布的均匀性和光能利用率是有益的。

2.覆盖材料的透光特性　覆盖材料的透光特性影响日光温室内的光质与光照强度及其分布。理想的覆盖材料应对 400~700 nm 波长的生理辐射具有最大的透过能力，不透过 300 nm 以下的紫外辐射和 3 000 nm 以上的红外辐射。300 nm 波长以下的远紫外线的透过率越低，越有利于减缓覆盖材料老化和避免伤害植物。300~380 nm 波长的近紫外线的

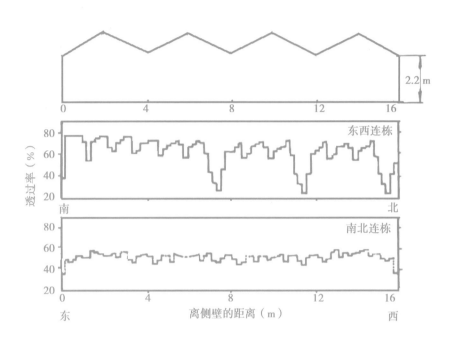

图 3-4　南北与东西连栋温室地面直接辐射透过率的分布（北纬 35°，冬至日，4 连栋温室）

透过率高对果色、花色、叶色和维生素 C 等的形成有利。对 0.8~3 μm 波长的红外线透过率，一般为了冬季增温的要求，较高一些有利，但如主要考虑日光温室降温的需要时，则应低一些。3~20 μm 波长的红外辐射的透过率低有利于温室保温。

常用的各种覆盖材料对光合有效辐射的透过特性基本相近，透过率均较高（图 3-5）。而对紫外辐射的透过特性有很大差异，透过性较高的覆盖材料依次为聚乙烯薄膜、聚氯乙烯薄膜、丙烯酸板（MMA）和玻璃纤维丙烯酸加强树脂板，但不同的紫外波段透过率有所不同。玻璃也能透过 310~320 nm 以上的紫外辐射，而聚碳酸酯板、玻璃纤维聚酯板、强化聚乙烯薄膜（PET）紫外辐射透过率很低。

3. 日光温室结构材料、设备的遮光　日光温室的结构材料和设备的遮光可使温室内光照强度降低 10% 左右，工程设计中应尽可能减小构件遮光面积。

4. 覆盖材料表面结露、污染及材料老化　日光温室覆盖材料表面的尘埃污染、结露以及随着使用时间的增长材料的老化，均可使温室

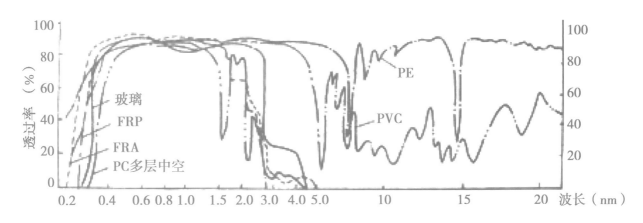

图 3-5　各种覆盖材料的辐射分光透过特性

的透光性降低。因此，应采用防尘、防结露、防老化的覆盖材料，在使用中定期清洗以及采取其他保护措施，减少各种降低透光因素的影响。

（二）光照时间

日光温室内的光照时数，是指受光时间的长短，因设施类型而异。塑料大棚和大型连栋温室，因全面透光，无外覆盖，设施内的光照时数与露地基本相同。单屋面日光温室内的光照时数一般比露地要短，因为在寒冷季节为了防寒保温，覆盖的蒲席、草苫等揭盖时间直接影响设施内的受光时数。在寒冷的冬季或早春，一般在日出后才揭苫，而在日落前或刚刚日落就需盖上，1 天内作物受光时间不过 7~8 h，远远不能满足园艺作物对日照时数的需求。

日光温室内的光照时数在秋季为 9~10.5 h，冬季为 7.5~9 h，春季为 9.5~11.5 h，均小于 12 h。为了延长光照时间，在可能的范围内尽量早揭晚盖草苫或棉被等外覆盖物；阴天和寒冷的冬天，只要揭开外覆盖物时不造成冻害就要揭开见光；必要的时候可以进行人工补光。

（三）光质

日光温室内光组成（光质）也与自然光不同，主要与透明覆盖材料的性质、成分有关。以塑料薄膜为覆盖材料的温室，透过的光质就与薄膜的成分、颜色等有直接关系。玻璃温室与硬质塑料板材的特性，也影响温室内的光质。

（四）日光温室内光照度的计算

光照度 I 的计算，原则上根据需要可分别采用光合有效辐射，光合有效光量子流密度，或光照度进行计算：

$$I = I_d \tau_d + I_s \tau_s = I_0 [M_{\tau d} + (1-M) \tau_s] \tag{3-2}$$

式中：I_0——室外的太阳总辐射对应的光照度（lx）；

I_d——室外的直接辐射对应的光照度（lx）；

I_s——室外的散辐射对应的光照度（lx）；

τ_d——温室对直接辐射的平均透过率（%）；

τ_s——温室对散射辐射的平均透过率（%）；

M——直接辐射所占比率，即 $M = I_d/I_0$，太阳高度角 0°、20°、50° 时，可近似取 $M \approx 0\%$、10%、82%。

直接辐射的平均透过率 τ_d 和散射辐射的平均透过率 τ_s 可按下式计算：

$$\tau_d = \tau_\theta (1-r_1)(1-r_2)(1-r_3) \tag{3-3}$$

$$\tau_s = \tau_{s0} (1-r_1)(1-r_2)(1-r_3) \tag{3-4}$$

式中：τ_θ——洁净覆盖材料在入射角为 θ 时的直接辐射透过率（%）；

τ_{s0}——洁净覆盖材料的散射辐射透过率，一般为 70%~80%；

r_1——温室结构材料遮光损失，一般温室为 0.1~0.15，连栋温室较单栋温室高 0.03~0.05；

r_2——温室覆盖材料因老化的透光损失，根据具体情况，可达 0.15~0.3；

r_3——结露水滴和尘污的透光损失，一般可达 0.15~0.2。

二、日光温室光照环境的调控措施

日光温室光照环境的调控，分为光照强度调控、光周期调控、光质调控以及光照分布调控几个方面，调控的目的不同，相应的调控手段也不同（表3-1）。

表 3-1　日光温室内光照环境的调控目的及手段

调控目的	调控手段
光照强度	温室构造和建造方位的选择
	光调节性覆盖材料的选用
	内外遮光处理
	反射板的利用
	覆盖材料的清洗和替换
	人工光源补光
光周期	人工光源补光
	遮光处理
光质	覆盖材料的选择
	采用特定光谱的光源补光
光照分布	温室的合理设计
	扩散型覆盖材料的利用
	反射板的利用
	人工光源的补光

（一）光照强度的调控

光照强度的调控包括建造日光温室时的合理设计，在生产使用中为增光和遮光，采取适当的管理措施以及室内光照强度不满足植物光合作用对光照条件的要求时的人工补光三个方面的调控。

1.合理设计　建造日光温室时应考虑到改进日光温室结构、提高透光率。具体应包括：

（1）选择适宜的建筑场地及合理的建筑方位　确定的原则是根据设施生产的季节，当地的自然环境，如地理纬度、海拔、主要风向、周边环境（有否建筑物、有否水面、地面平整与否）等。

（2）设计合理的屋面坡度和长度　单屋面日光温室主要设计好后屋面仰角、前屋面与地面交角、后坡长度，既保证透光率高也兼顾保温性好。连栋日光温室屋面角要保证尽量多进光，还要防风、防雨（雪），保证排雨（雪）水顺畅。

（3）合理的透明屋面形状　对日光温室而言，尽量采用拱圆形屋面，采光效果好。

（4）骨架材料　在确保日光温室结构牢固的前提下尽量少用材、用细材，以减少遮阳挡光。

（5）选用透光率高的覆盖材料　我国以塑料薄膜为主，应选用防雾滴且持效期长、耐候性强、耐老化性强的优质多功能薄膜、漫反射节能膜、防尘膜、光转换膜。有条件的大型连栋日光温室可选用板材。

2.加强管理　当日光温室建造完成后，针对生产中出现的实际情况，加强日光温室管理措施的实施。

（1）保持透明屋面干洁　使塑料薄膜日光温室屋面的外表面少染尘，经常清扫以增加透光。内表面应通过放风等措施减少结露（水珠凝结），防止光的折射，提高透光率。

在保温的前提下，覆盖材料尽可能早揭迟盖，延长光照时间。在阴雨雪天，也应揭开不透明的覆盖物，在确保防寒保温的前提下使光照时间越长越好，以增加散射光的透光率。

（2）适当稀植，合理安排种植行向　目的是为减少作物间的遮阳，密度不可过大，否则作物在设施内会因高温、弱光发生徒长，作物行向以南北行向较好，没有死阴影。若是东西行向，则行距要加大，尤其是北方单屋面日光温室更应注意行向。

（3）加强植株管理　对黄瓜、番茄等高秧作物及时整枝打杈，及时吊蔓或插架。进入盛产期时还应及时将下部老叶摘除，以防止上下叶片相互遮阳。

（4）遮光　对于一些植物而言，夏季当光照强度过大时，需采用遮阳幕（网）进行遮光调节（光合遮光）。幼苗移植、扦插后缓苗、喜阴作物（兰科、天南星科、蕨类等）栽培都需要在夏季高温季节进行遮光处理。光合遮光的主要目的是削减部分光热辐射，但温室内仍需具有保证植物正常光合作用的光照强度，遮阳幕四周不需要严密遮蔽，一般遮光率40%~70%。遮光覆盖材料应根据不同的遮光目的进行选择（表3-2）。

表3-2　光调节性覆盖材料的使用目的和方法

调控类型	调控目的	利用材料
光照强度	遮光	塑料遮阳网、缀铝膜、白色涂料
	高温抑制	红外线阻隔材料、遮光材料
	光量分布均匀化	光扩散型材料（加强纤维、皱褶处理）
	光量增加	反射板等
光周期	花芽分化	高遮光率材料
光质	病虫害防治	紫外线阻隔材料
	植物的形态调节	R/F调节材料、用特定光谱的人工光源补光
	促进光合作用	光质转换材料、用特定光谱的人工光源补光

此外，遮光还有满足作物光周期的需要以及降低温室内的温度的作用。在实际工程中用于室外进行光合遮光的遮阳材料有竹帘、白色聚乙烯纱网、黑色遮阳网、屋面涂白以及用于室内的无纺布、缀铝膜等。

3.通过人工光源对光照强度进行调控　设施内光照强度，不能满足光合作用要求时，需采用人工光源补光调节（光合补光），以促进作物生长。光合补光量应依据植物种类和生长发育阶段来确定，一般要求补光后光合有效光量子流密度在150 μmol/（$m^2 \cdot s$）以上。

通常低光照强度时的光能利用率较高，所以人工光合补光的强度和时间应以单位产品的最大经济效益为依据。与光周期补光相比，光合补光要求提供较高的光照强度，消耗功率大，应采用发光效益较高的光源（表3-3）。低压钠灯发光效率最高，但其光谱为单一的黄光，需和其他光源配合使用。高压钠灯光色较低压钠灯好，但光谱也较窄，主要为黄橙光，宜与光谱分布较广的金属卤化灯配合使用。荧光灯可采用管内壁涂适当混合荧光粉光色较好的植物生长灯，但由于单灯的功率较低，要达到一定的补光强度需要的灯数较多。由于温室内白天遮阳较多，故荧光灯多用于完全采用人工光照的组织培养室等。白炽灯发光效率低，辐射光谱主要在红外范围，可见光所占比例很小，且红光偏多，蓝光偏少，不宜用作光合补光的光源（表 3-4）。

表 3-3　各种人工光源的特性指标比较

人工光源	功率（W）	发光效率（lm/W）	可视光比（%）	使用寿命（h）
白炽灯	100	15	21	1 000
低压钠灯	180	175	35	9 000
高压钠灯	360	125	32	12 000
金属卤化灯	400	110	30	6 000
高频荧光灯	45	100	34	12 000
微波灯	130	38	30	10 000
红色LED	0.04	20	90	50 000
红色LD	0.2	35	90	50 000

注：古在丰树.闭锁型苗生产体系的开发和利用 [M].日本：养贤堂出版.1999，（3）：1~179.

表 3-4　各种常用人工光源的特征及应用范围

光源种类	特征	应用范围
白炽灯	发光效率低，红光和远红光的成分多，成本低廉	菊花、百合和康乃馨的开花控制；草莓的休眠抑制；人工气象室用光源
荧光灯	发光效率好，发热少，光合成有效光谱对应种类多，成本低	组织培养和种苗生产的照明；日长处理；人工气象室用光源
金属卤化灯	发光效率低、青色光成分多，近似于太阳光光谱	果树的补光照明；育种选拔等生物学研究用人工光源；人工气象室用光源
高压钠灯	功率高，发光效率好，红光成分多，寿命长	兰花和秋海棠的补光照明；育种选拔等生物学研究用人工光源；人工气象室用光源

植物栽培面的光合有效光量子流密度达到一定强度并使其分布均匀是生产高品质植物产品的必要条件。人工光源的光照环境调控一般通过选择不同种类、不同功率的光源并设置在合理的位置，使用调光装置或设置遮光板和反射板来使植物栽培面的光合有效光量子流密度达到需要的强度。应使光源发射的光合有效辐射能占光源消耗电能的比例尽可能大。尽量缩小光源与植物之间的距离，因此使用面式光源是改善光合有效光量子流密度分布均匀的有效手段。总之，合理设置光源及配套设备都应以提高植物栽培面接收的光合有效辐射被光合器官尽可能地吸收为前提条件。

（二）光周期的调控

人为地延长或缩短光照时间的长短，从而引起花芽分化、现蕾开花进程改变，即从营养生长过渡到生殖生长的变化，称为光周期的诱导作用。植物感受光周期诱导的器官是叶片，特别是充分展开的叶片。在叶片中形成刺激开花的物质，转运到生长点中引起花芽分化。这种光周期的诱导现象，有的作物只限于特定部位的枝叶（如菠菜）。日长调节，就是根据作物要求的栽培目的，分别采用长日照处理和短日照处理。例如，短日性作物秋菊，日照长度在14 h以内则开始花芽分化，反之则花芽不分化，继续营养生长，但花芽分化后，为使花芽发育正常，还需要更短的界限日长。苗期采用短日照处理可提前开花，长日照处理则推迟开花。

实际生产中可根据长日照植物（如萝卜、菠菜、小麦等）和短日照植物（小稻、玉米、高粱等）对光照时间的要求，采取一定措施进行光照周期调控（图3-6）。长日照植物对暗期要求不高，可以在连续光照条件下开花。短日照植物对暗期的要求很高，只要有某个周期以上的暗期，无论光照时间多少都能诱导花原基的产生。

与光合有效光量子流密度和光质的调控相对比，光照时间的调控要容易得多。植物生产中一般根据植物种类控制其光照时间，同时也通过间歇补光或遮光的方式调节光照时间。适当降低光照强度而延长光照时间、增加散射辐射的比例、间歇或强弱光照交替等均可大大提高植物的光利用效率。

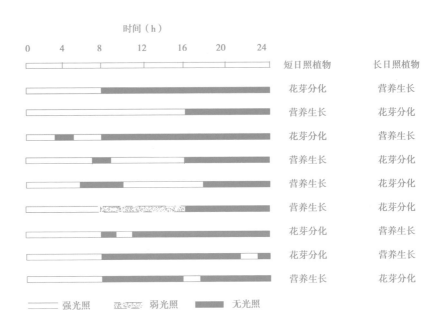

图 3-6　光照周期对短日照植物和长日照植物的影响

1. 光周期补光　对于光周期敏感的作物，特别是在光周期的临界期，当暗期过长而影响作物的生长发育时，应进行人工光周期补光。人工光周期补光是作为调节作物生长发育的信息提供的，一般是为了促进或抑制作物的花芽分化，调节开花期，因此对补光强度的要求不高。光照周期补光的时间、强度及使用光源依植物种类和补光目的而定。一般光照强度大于数十勒克斯即可。由于消耗功率不大，可以根据灯具费用选择价格便宜的白炽灯或荧光灯。

2. 光周期遮光　光周期遮光的主要目的是延长暗期，保证短日照植物对最低连续暗期的要求进行花芽分化等的调控。延长暗期要保证光照强度低于临界光照周期强度［一般在 $1 \sim 2~\mu mol/(m^2 \cdot s)$ 或 20 lx 左右］，通常采用黑布或黑色塑料薄膜在作物顶部和四周严密覆盖。光照周期遮光期间应加强通风，防止出现高温高湿环境而危害植株。

（三）光质调控

对光质调控研究较多的是对红蓝光质比和红光远红光质比的调控。自然光由不同波长的连续光谱组成，因此调控可利用不同分光透过特性的覆盖材料。塑料覆盖材料可采用在其生产中添加不同助剂的方法，改变其分光透过特性，从而改变红蓝光质比和红光远红光质比。近年来，通过改变温室覆盖材料的分光透过特性来控制植物生产的花芽分化、果叶着色等技术不断得到实际应用。一些塑料膜或玻璃板可过滤掉不需要的红光或远红光，以达到调节作物的高度或抑制秧苗徒长的目的。玻璃基本不透过紫外光，对花青素的显现、果色、花色和维生素的形成有一定影响；采用聚乙烯和玻璃纤维增强聚丙烯树脂板覆盖材料的温室能透过较多紫外光，种植茄子和紫色花卉等的品质和色度比玻璃温室好。光质的调控也可以利用人工光源实现。人工光照中，选择不同分光光谱特性的人工光源组合，能够获得不同的光质环境，因此可以对不同栽培植物所需光质环境选择合适的光源组合。

此外，光质的调控也可以选择具有所需补充波长光的人工光源补光来实现。许多研究成果表明：在自然光照前进行蓝光的短时间补光可以促进蔬菜苗的生长，人工光条件下蓝光、红光、远红光对植物生长有复合影响。在嫁接苗的驯化实验中，LED（发光二极管）光源比荧光灯和高压钠灯的效果要好。

随着 LED 和 LD（激光二极管，半导体激光器）技术的不断普及，可以自由调节光质组成、光合有效光量子流密度和光照时间的 LED 光源装置正在得到普遍应用。近年来，为植物生产而开发的改良型高压钠灯和高频荧光灯，不仅改善了光质的红蓝光质比和红光远红光质比，还大大提高了光利用效率。

第二节
日光温室温度环境特点与调控

温度是影响作物生长发育重要的环境因子，作物在整个生命周期中的一切生物、化学过程都必须在一定的温度条件下进行。在自然界气候条件的各环境因素中，温度条件因昼夜、季节和地区的不同，变化范围最大，最易出现不满足作物生长条件的情况，这是露地不能进行作物周年生产的最主要原因。因此，突破自然条件的限制，可靠地提供满足作物生长的、优于自然界温度环境的条件，正是温室最首要的功能。

一、日光温室内温度环境特点

（一）日光温室内的热量来源与温室效应

日光温室内的热量来源主要是太阳辐射与加温热源。对于加温温室，夜间的主要热量来自采暖系统提供的热量，一般采暖系统的加温热量为 $100\sim300$ W/m^2。太阳辐射热量是温室白天的主要热量来源，其大小根据不同地区与季节、天气情况有较大的变化范围，一般在北纬 $30°\sim45°$ 地区，在晴好天气的正午时刻，室外水平面到达的太阳辐射冬季为 $350\sim650$ W/m^2，夏季为 $900\sim1\,000$ W/m^2。太阳辐射照射到温室覆盖材料上时，部分被材料反射和吸收，有 $50\%\sim70\%$ 的辐射热量进入温室内，其中少量又被室内地面和植物反射出温室。因此，在冬季晴天的正午，温室内可获得的太阳辐射热量可达 $150\sim400$ W/m^2。

温室内白天在太阳辐射的作用下，可以达到远高于室外的气温条件。这主要有两个方面的原因。首先，玻璃、塑料薄膜或板材等温室透明覆盖材料具有对不同波长光热辐射的选择透过的特性，可以较好地透过大部分太阳辐射（波长 $300\sim3\,000$ nm），使太阳辐射热量大量进入温室内，而同时在不同程度上阻止室内地面和植物等发出的长波辐射（波长 $3\,000\sim80\,000$ nm）透过传出室外，部分阻止了温室内向室外长波辐射形式的热量损失。其次，温室对空气封闭的作用，室内地面、植物等吸收太阳辐射热量后，温度升高，通过对流等方式将热量传递给室内空气，使室内气温升高，而由于日光温室的相对封闭性，室内外空气交换量很小，使温度升高了的空气得以聚集室内，不会因空气流动将热量散失到室外。这种作用即是所谓的"温室效应"。

（二）日光温室的传热与能量平衡

日光温室是一个半封闭的系统，它在不停地与外界进行着物质与能量的交换。在获得太阳辐射热和加温热量的同时，也在通过覆盖材料的传热、通风和地面传热等途径，向外界不断传出热量（图 3-7）。

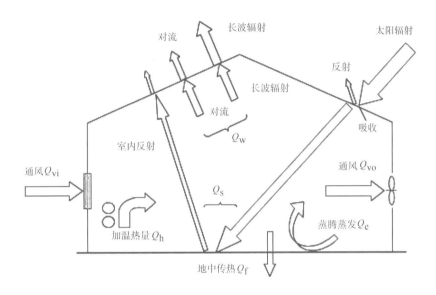

图 3-7　白天日光温室中的能量传递与平衡

根据能量守恒原理，温室内的能量平衡关系可表达为下式：

$$Q_m+Q_s+Q_h+Q_r+Q_{vi}=Q_{vo}+Q_w+Q_f+Q_e+Q_p \qquad （3-5）$$

式中：Q_m——设备发热量（电机、照明等）；

　　　Q_s——日光温室内吸收的太阳辐射热量；

　　　Q_h——加热热量；

　　　Q_r——作物、土壤等呼吸放热量；

　　　Q_{vi}——通风气流带入的显热量；

　　　Q_{vo}——通风气流带出的显热量；

　　　Q_w——经过覆盖材料的传热量（对流、辐射）；

　　　Q_f——地中传热量；

　　　Q_e——日光温室内水分蒸发吸收的潜热，由通风排出室外；

　　　Q_p——日光温室内植物光合作用耗热量。

在一般日光温室中，设备发热量 Q_m、作物和土壤等的呼吸放热量

Q_r、植物光合作用耗热量 Q_p 与其他能量收支项相比很小，可忽略不计。故日光温室的能量平衡关系可简化为：

$$Q_s + Q_h = Q_{vo} - Q_{vi} + Q_w + Q_f + Q_e \qquad (3\text{-}6)$$

日光温室经过覆盖材料的传热量 Q_w 在通风较少时是温室热量散失的主要部分，尤其是在冬季夜间温室完全密闭的情况下，通过覆盖材料的传热量一般占总热量损失的 60%~95%。其传热过程可分为三个阶段：第一阶段是覆盖材料内侧与室内环境间的换热，室内热量以辐射和对流两种形式传到覆盖材料内侧；第二阶段是覆盖材料内的传热，包括热辐射透过材料和材料的导热两种形式；第三阶段是覆盖材料外侧与室外环境间以辐射和对流两种形式的换热。

日光温室通过通风传出的热量 $Q_{vo} - Q_{vi}$ 在通风量较大时是温室向外传递热量的主要部分，尤其是在夏季为降低室内气温采取大风量通风的时候，绝大部分室内多余热量是由通风气流排出室外的。而在冬季夜间温室密闭管理的情况下，由于存在各种缝隙，不能达到绝对的密闭，室内外仍有一定程度的空气交换，称为冷风渗透。冷风渗透量一般按换气次数 = 单位时间内的换气体积 / 温室容积计算，根据温室密闭性的不同，换气次数一般在 0.5~4 次 / h。温室冬季夜间因冷风渗透损失的热量约占热量损失的 20% 以下。

日光温室内地面水分的蒸发和植物蒸腾等作用将吸收空气中的湿热，这部分热量 Q_e 随蒸发水分进入空气并随通风气流传到室外。其大小与室内地面潮湿状况、作物的繁茂程度、通风量及室内空气相对湿度高低等因素有关。在通风量较少的夜间，室内空气相对湿度较大，室内蒸发蒸腾作用很弱，吸收室内空气热量很少，尤其是在密闭情况下可以忽略不计。在太阳辐射强烈的白天，为降低温室内气温，通风量较大时，蒸发蒸腾吸收热量一般可达室内吸收的太阳辐射热量的 50%~65%。

日光温室地中传热量 Q_f 根据不同情况其热量传递方向有不同，在白天一般是热量从地面向下传递。在夜间，对于加温温室，热量传递方向朝下，一般地中传热量约占温室总热量损失的 20% 以下；而对于日光温室，因室内气温较低，地面温度高于室内气温，因此热量传递方向是从地面向上，即日光温室内是从地面获得热量，地面土壤实际上成为日光温室的一个加温热源。室内通过地面的传热在不同部位是不相同的，在日光温室周边，土壤中热量横向向室外土壤传递，地温较低，因此越接近日光温室周边的部位，地中传热量越大。

在冬季夜间，日光温室内热量收支的构成和相对大小的典型情况如图 3-8 所示，其中将温室获得热量（对于加温温室即加温设备提供的热量，对于不加温温室即为地中土壤传给室内的热量）的部分作为100，据此给出各部分传递热量的相对大小。当然，根据室外气象环境条件和温室结构、覆盖材料以及室内环境调控设施、植物的状况等情况的不同，各部分传递的热量相对大小有较大的不同，需要具体分析计算。由图 3-8 可以对温室热量传递情况有一个大致的了解。

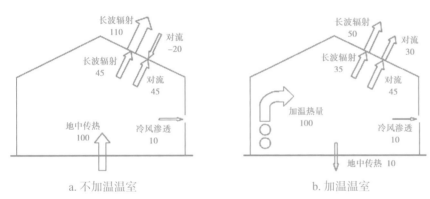

图 3-8　冬季夜间日光温室中的能量传递

（三）日光温室内温度变化特征

1. 日光温室内的气温随时间变化的特性　日光温室内的温度状况随太阳辐射和室外气温的变化而呈现昼夜和季节的变化。室内气温变化与室外气温变化趋势大体一致，最高、最低气温出现的时刻与露地大体相同，但不加温温室中气温的变化幅度比露地大得多，日温差可达 20~30℃，主要是白天气温比室外高得多。昼高夜低、大温差是室内气温的突出特点。白天室内气温高，可基本满足甚至高于作物生长的要求，但夜间气温又易出现低于作物生长要求的情况。对于加温温室可以按作物生长发育要求控制室内气温的变化，夜间加温使室内日温差减小。

白天，室内气温变化一般与太阳辐射的变化是同步的。晴天上午随着太阳辐射的逐渐增强，室内气温急剧升高，每小时可升高 5~14℃，13~14 时出现最高气温。沈阳地区冬季正午时密闭管理的温室内最高气温可高于室外 30~40℃，春秋季正午日光温室内外最高温度的差值为 10~15℃。午后随着太阳辐射的减弱，室内气温逐渐下降。日落后，每小时降温 0.5~1℃，至翌日揭苫时（未加温时）气温降至最低，冬季加温时为 9~15℃，不加温时为 2~8℃。阴天时，气温日较差则相应减小，与阴天的程度与连阴天的日数有关。

夜间，当室内气温高于外界气温时，室内的热量通过屋面、墙壁、门窗及其缝隙向室外散热。温室表面散热量（Q）为散热系数（K）、温室表面积（S）及室内外气温差（$T_{in}-_{out}$）的乘积。在不加温情况下，温室外表面的散热量等于夜间温室地面的散热量（即温室地面积 S_1 与地面热流率 f 之乘积）。由此可求出室内外气温差（$T_{in}-_{out}$）：

$$T_{in}-_{out} = \frac{S_1}{S} \times \frac{f}{k} \tag{3-7}$$

上式中温室地面积与温室表面积之比，称为保温比。其值越大，温室越保温。一般单栋温室为 0.5~0.6，连栋温室为 0.7~0.8。当保温比是 0.7 时，玻璃温室和塑料温室的散热系数分别是 5.8 和 6.4 W/（$m^2 \cdot$℃），而地面热流率为 17.4 W/$m^2 \cdot$℃ 的时候，玻璃温室和塑料温室的室内外气温差分别为 2.1℃ 和 1.9℃。在同样条件下，有双层保温幕的玻璃温室的散热系数仅为 2.2 W/（$m^2 \cdot$℃），室内外气温差为 5.5℃。

在不加温和无其他保温覆盖时，夜间温室内的气温一般只比外界气温高 2~6℃。若增加保温覆盖减小其散热系数，室内气温可相应提高。温室越小，其保温比也越小，则夜间室内气温下降快、室温低，昼夜温差大。在有风的晴天夜间，温室表面辐射散热很强，有时室内气温反比外界气温还低，这种现象叫作"温室逆温"。其原因是白天被加热的地表面和作物体，在夜间通过覆盖物向外辐射放热，而晴朗无云有微风的夜晚放热更剧烈，并通过对流交换使室内气温降低。而对于室外近地面的空气，虽也随室外地面等辐射散热而降低温度，但在微风作用下，可从与上层空气的对流和大气逆辐射获得热量，因此降温反而小于室内，温室内却因覆盖材料的阻隔不能获得这部分补充热量。逆温现象最易发生在连续阴天后即将放晴的凌晨时刻。在北京地区，10月中旬以后以及翌年3月中旬以前，夜间室外气温即可降至5℃以下，温室内夜间不加温时最低气温将出现低于8℃的情况。

2. 日光温室内气温的空间分布　日光温室内温度空间分布比较复杂。日光温室内的气温因温室结构、室内太阳辐射的不均匀分布、采暖及降温设备的种类及布置、通风换气的方式、外界风向、内外气温差以及室内气流运动等多种因素的影响，空间分布具有一定的不均匀性。

白天日光温室内的温度不均匀性主要是因为室内太阳辐射的不均匀分布，不同透光特性的温室各透光面和遮光构件的阴影投影到室内的不同部位，以及室内植物和地面接收太阳辐射热的差异，室内各部位吸收的太阳辐射热能的分布不均匀。

夜间的室内温度分布差异则主要因覆盖材料传热和采暖设备的分布产生，靠近覆盖层附近气温较低，辽沈Ⅰ型加温温室中夜间一般仍然是南底脚附近气温最低，靠近北墙的区域气温则较高，但夜间南北向的温差明显小于白天。在一般情况下，温室水平方向上有2~4℃的温差，如温差过大，则多是因温室结构、采暖系统的布置等不合理造成的。日光温室内如采用循环风机促进室内空气流动，可有效减小温差。在夏季当采用机械通风时，在沿着进风口到排风口的路线方向上，气温逐渐升高，排风口附近气温高于进风口处2~4℃，通风量越大，该温差越小。

在垂直方向上，日光温室内气温呈上高下低分布，在室内供热的情况下，垂直方向上的温差可达4~6℃。上部温度越高，通过覆盖材料的对流换热量越大，不利于温室减少热量的损失。近年一些温室采用地面加温的方式，可以减少温室垂直方向上的温差，以达到节能的目的。

3. 日光温室内的地温　日光温室内土壤的温度与室内气温、土壤含水量和植物遮阴等情况有关，呈24 h的周期性变化，其平均温度略低于室内平均气温，而因为土壤热容量大，其变化幅度较小，且滞后于室内气温的变化，土壤深度越大，其温度变化幅度越小，滞后越多。一般冬季在加温温室中，15 cm深处地温可达15~20℃，日温度变化仅为2~3℃。在接近边墙的周边部位，因邻近室外低温的土壤，传热损失较大，土壤温度明显较温室中部低。在中高纬度地区的冬春季节，温室内地温通常偏低，必要时须采取土壤加温的措施。

二、日光温室内温度环境的调控措施

（一）作物对温度的要求

1. 温度对作物生育的影响　　室内的气温、地温对作物的光合作用、呼吸作用、光合产物的输送、根系的生长和水分、养分的吸收均有着显著的影响，为了使这些生长和生理作用过程能够正常进行，必须为其提供必要的温度条件。这样的温度条件可采用最低温度、最适温度和最高温度三个指标（温度三基点）来表述。温度三基点根据作物种类、品种、生育阶段和生理活动的昼夜变化以及光照等条件不同而有不同。

在一定温度范围内，随着气温的升高作物光合速率提高（图3-9），最适温度多为20~30℃，超过此范围光合强度反而会降低。呼吸作用一般随气温提高而增强。温度提高10℃，呼吸强度提高1~1.5倍。在较低的温度环境下，作物光合作用强度低，光合产物少，生长缓慢；温度过高，则呼吸消耗光合产物的量增加，同样不利于光合产物的积累。低于最低温度和高于最高温度时，作物停止生长发育，但仍可维持正

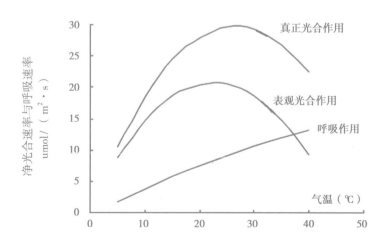

图3-9　温度对植物光合速率及呼吸速率的影响

常生命活动。如温度继续降低或增高，就会对作物产生不同程度的危害，在一定温度条件下甚至导致死亡，这样的温度称为致死温度。

作物的最适温度还随光照条件的不同而变化，一般光照越强，作物的最适温度越高，反之越低。在光照较弱时，如果气温过高，则光合产物较少，呼吸消耗较多，作物中光合产物不能有效积累，会使作物叶片变薄，植株瘦弱。

作物光合作用产物的输送同样需要一定的温度条件，较高的温度有利于加快光合产物输送的速度。如果下午与夜间温度过低，叶片内的光合产物不能输送出去，叶片中碳水化合物积累，不仅影响翌日的光合作用，还会产生叶片变厚、变紫、加快衰老的情况，使叶片光合作用能力降低。

作物的不同生长发育阶段对温度的需求也是不相同的，在植株生长前期，其叶面积较小，光照较多投射到地面，不能被植株充分利用。为了尽快增加截获的光能，需要提供较高温度，尽快增加叶面面积。而对于已长成的植株，叶面积已大大增加，已形成茂密的植物冠层，可截获绝大部分光能，此时物质生产主要由单位面积的净同化率决定。在这个阶段，应适当降低温度，以增加净光合产物的积累和储藏。

地温的高低影响着植物根系的生长发育和根系对水分、营养物质的吸收及输送等速率。在过低的地温下，植物根系发育受阻，不能有效吸收和输送水分及营养物质。过低的地温还不利于土壤微生物的活动，从而影响有机肥的分解和转化。一般 15~20 cm 深处的适宜土壤温度为 15~20℃。

2. 温度调控指标与变温管理方法 常见温室作物的温度调控指标见表 3-5。表中给出了温度管理要求的一个简化的表达。但为了达到高产、优质和高效的目标，需要有合理化的温度调控管理方式。

研究结果表明，作物在 1 日内对温度的要求是变化的。昼夜不变的温度管理方式的作物生长率比昼高夜低的管理方式低。进一步的研究表明，作物的物质生产总量，是由每天生产的物质生产量累积起来的，而温度对物质生产的影响，是温度对 1 日间光合作用、产物输送与呼吸消耗的综合影响。1 日间温度管理的目标，是要增加光合作用产物及促进产物的输送、储藏和有效分配，抑制不必要的呼吸消耗。因此，应根据作物在 1 日内不同时间的主要生育活动，采取不同的温度水平，这样的温度管理方式称为变温管理。变温管理需依赖于良好的计算机控制系统。

表 3-5　常见作物温度需求指标

蔬菜种类	生长时期	对温度的要求（℃）			
		适宜温度	最高温度		最低温度
			白天	夜间	
黄瓜	苗期	19~25	28	22	15
	雄花开放到开始结瓜	20 ~28	33	22	15
	结瓜期	22~30	38	24	15
番茄、辣椒	苗期	15~21	26	18	10
	现蕾到开始结果	19~25	28	20	10
	结果期	18~26	30	22	6
茄子	苗期	16~24	28	20	15
	现蕾到开始结果	18~26	30	20	15
	结果期	22~30	34	24	12
菜豆	结荚前	17~23	25	20	15
	结荚后	18~26	30	22	12
菠菜	全生育期	12~20	25	14	2
白菜、芹菜、莴苣、小茴香、茼蒿	全生育期	12~24	30	15	2

依据随光照昼夜变化的作物生理活动的中心，将 1 日内的时间划分为促进光合作用时间带、促进光合产物转运的时间带和抑制呼吸消耗时间带等若干时段（图 3-10），确定不同时间段的适宜温度调控目标分别进行管理。具体分段有三段变温、四段变温和五段变温等，以四段变温管理居多。白天上午和正午光照条件较好的时间段，采用适温上限作为目标气温，以增进光合作用。夜间采用适当的较低温度，不仅可减少因呼吸对光合产物的消耗，还能节省加温能源。在白天促进光合作用时间带和夜间抑制呼吸消耗时间带之间，采用比夜间抑制呼

吸的温度略高的气温，以促进光合产物转运。阴雨天白天光照转弱，成为限制光合强度的主要制约因素，较高的气温并不能显著提高光合强度，为避免无谓的加温能源消耗，温度可控制得低一些。

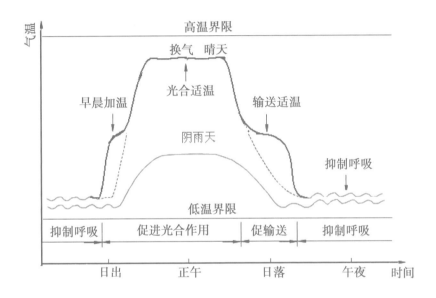

图 3-10 变温管理模式

（二）温度调控的措施

1. 保温措施　提高温室的保温性，对于加温温室是最经济有效的节能措施，对于不加温温室是保证室内温度条件的主要手段。温室内的热量散失有三个主要途径，即能通过覆盖材料的围护结构传热、通过缝隙漏风的换气传热、与土壤热交换的地中传热。三种传热量分别占总散热量的 70%~80%、10%~20% 和 10% 以下。其保温的原理是：减少向温室内表面的对流传热和辐射传热；减少覆盖材料自身的热传导散热；减少温室外表面向大气的对流传热和辐射传热；减少覆盖面的漏风而引起的换气传热。通过围护结构覆盖层的热量散失是温室热损失的主要部分，因此，减少该部分热量损失是温室保温技术的重点。其技术措施有采用保温性好的覆盖材料和采用多层覆盖等。

（1）温室的覆盖材料及其保温性　对于温室固定覆盖层采用的透明覆盖材料，由于厚度较薄，其导热热阻与总的传热热阻相比均很小，仅占总热阻的几十分之一。因此，材料导热系数的大小对这类材料保温性影响很小，对流和辐射是起决定作用的传热形式。而除了透气性材料以外，一般覆盖材料的不同特性对对流换热没有太大的影响，因此对于薄型的覆盖材料，决定其保温性优劣的材料特性就是其辐射方面的特性，即对长波辐射的反射、透射和吸收的有关特性。常温物体热辐射量最大的波长为 10 μm（3~80 μm），对该范围内的长波辐射，材料反射率越高，透射率越低，其保温性越好。

表 3-6 是一些常见覆盖材料的红外辐射特性统计。其中辐射特性指数的定义为：

$$辐射特性指数 = 0.7 \times 覆盖材料外侧反射率 + 0.3 \times 覆盖材料内侧反射率 - 透射率 \tag{3-8}$$

表 3-6　覆盖材料的红外辐射特性

覆盖材料	厚度（mm）	吸收率（%）	透射率（%）	反射率（%）	辐射特性指数	
					干燥状态	内侧附着水滴（推测值）
聚乙烯薄膜	0.05	5	85	10	−0.75	−0.4~−0.25
	0.10	15	75	10	−0.65	−0.35~−0.2
醋酸乙烯薄膜	0.05	15	75	10	−0.65	−0.35~−0.2
	0.10	35	55	10	−0.45	−0.25~−0.15
聚乙烯-醋酸乙烯复合薄膜	0.075	35~60	30~50	10	−0.2~−0.4	
	0.15	60	30	10	−0.2	
聚氯乙烯薄膜	0.05	45	45	10	−0.35	−0.2~−0.1
	0.10	65	25	10	−0.15	−0.1~−0.05
硬质聚酯片材	0.05	6	30	10	−0.2	−0.15~−0.05
	0.10	8	10	10	0	0
	0.175	>85	<5	10	0.05~0.1	<0.05
无纺布		90		10	0.1	<0.05
聚乙烯醇膜		>90	<10	<0.1	<0.05	
玻璃		95		5	0.05	<0.05
硬质板（玻璃纤维增强聚丙烯板、丙烯板、聚碳酸酯板等）		90		10	—	—

续表

覆盖材料		厚度（mm）	吸收率（%）	透射率（%）	反射率（%）	辐射特性指数	
						干燥状态	内侧附着水滴（推测值）
混铝聚乙烯膜			65~75		25~35	0.25~0.35	0.1~0.15
镀铝膜	聚丙烯面层		15~25		75~85	0.7~0.8（该面层向外）	0.55~0.7（该面层向外）
	聚乙烯面层		25~40		60~75	0.65~0.75（该面层向外）	0.5~0.65（该面层向外）

辐射特性指数越大，覆盖材料保温性越好。从表 3-6 可见几种薄膜中，保温性以聚乙烯膜较好，玻璃及透明塑料板材保温性优于聚乙烯膜，保温性最好的材料为反射型材料，包括混铝膜、铝箔等，其中铝箔和镀铝膜对红外辐射的反射率最高，光亮的铝表面对长波辐射的反射率可达 90% 以上，虽因其外表覆盖的塑料保护膜对长波辐射的吸收作用，使其对长波辐射的反射率有所降低，但仍可达 60% 以上，因而其保温效果最好。但由于反射型材料对太阳短波辐射也是不透明的，因此在温室中只能用作活动保温覆盖。理论分析与实验结果表明，当覆盖材料两表面辐射特性不同时，以反射率高、吸收率低的表面位于外侧时保温性较好。

一些塑料薄膜在生产中依靠添加红外阻隔剂的方法，可有效降低其长波红外辐射的透过率，达到提高其保温性的效果。

对于温室的活动覆盖，因不考虑透过太阳辐射的问题，可以采用厚型的覆盖材料，不仅依靠降低对流与辐射传热，也依靠增大导热热阻，可获得良好的保温效果。对于这种厚型的覆盖材料，其导热性成为影响保温性的重要性能指标，应尽可能采用导热系数小的材料。

我国日光温室多采用稻草或苇帘作为外覆盖层，利用厚而疏松的材料层具有的较高导热热阻，可使覆盖后的温室屋面的传热系数由单层透明材料覆盖的 6.6 W/（m² · ℃）左右降低为 2~2.5 W/（m² · ℃）。这类材料在农村取材容易，费用低廉，但其重量大、强度差、怕雨雪、易腐烂、寿命短、质量不稳定。近年国内一些科研院所和企业研究开发了替代材料——新型复合材料保温被，采用化纤布、无纺布、发泡塑料、镀铝膜等材料构成隔热保温层、反射层、防水层等多功能复合保温覆盖，其特点是除有较大的导热热阻和阻隔辐射传热的性能外，还具有防水防潮、不易变质老化、寿命长、质地轻、便于机械化卷铺作业等优点。

在我国日光温室中，对影响白天采光较小的北侧墙体，通常采用厚重的材料建造，不仅可起到良好的保温作用，墙体内侧在白天可有效吸收和蓄积太阳热能，在夜间将热量释放回温室内，成为维持室内气温的热源。不同的材料和构造方案对温室保温蓄热特性有很大影响，为达到良好的保温蓄热效果，北墙应采用异质材料复合墙体，即墙体由多层不同材料组成，其内侧为吸热和蓄热能力较强的材料（如砖、石砌体等）组成蓄热层，外侧为传热和放热能力较差的材料（如砖、空心砖、加气混凝土块、聚苯板等）组成保温层，中间采用多孔轻质、干燥、导热能力差的材料（如珍珠岩、炉灰渣、锯末或聚乙烯发泡板等）填充组成隔热层。

（2）多层覆盖保温　多层覆盖可有效减少传热损失，是最常用的保温措施，保温效果显著。多层覆盖有固定覆盖、内外活动保温幕帘和室内地面覆膜等多种形式。

固定覆盖虽构造简单，保温严密，保温效果好，但在白天会使透光率降低 10%~15%，超过二层的固定覆盖将会大幅降低透光率，因此二层以上的固定覆盖很少采用。

活动式的保温覆盖是在温室的固定覆盖层内侧或外侧设置可以活动的保温幕帘，夜间活动保温幕帘展开覆盖保温，白天收拢保证温室进光，因此基本不影响温室白天的采光，但须设置幕帘开闭的机构，结构上相对复杂一些。可采用保温性较好的反射型材料或厚型保温材料以提高保温效果。

温室覆盖层保温性能可用传热系数或覆盖层热阻进行评价，采用节能措施后的效果则用热节省率或称节能率 α 进行评价（表 3-7），其公式为：

$$\alpha = (Q_1 - Q_2)/Q_1 \qquad (3-9)$$

式中：Q_1——采用节能措施前的传热量；

　　　　Q_2——采用节能措施后的传热量。

针对保温覆盖则有：

$$\alpha = (K_1 - K_2)/K_1 \qquad (3-10)$$

式中：K_1——采用保温覆盖前的覆盖层传热系数；

K_2——采用保温覆盖后的覆盖层传热系数。

表 3-7　多层覆盖保温的传热系数及热节省率
（以单层玻璃覆盖为对照）

覆盖方式		覆盖材料	传热系数［W/（m² · ℃）］	热节省率（%）
单层覆盖		玻璃	6.2	0
		聚乙烯薄膜	6.6	-6.5
室内保温覆盖	固定双层覆盖	玻璃+聚氯乙烯薄膜	3.7	40
		双层聚乙烯薄膜	4.0	35
		中空塑料板材	3.5	43
	单层活动保温幕	聚乙烯薄膜	4.3	31
		聚氯乙烯薄膜	4.0	35
		无纺布	4.7	24
		混铝薄膜	3.7	40
		镀铝薄膜	3.1	50
室内保温覆盖	多层覆盖	二层聚乙烯薄膜保温帘	3.4	45
		聚乙烯薄膜+镀铝薄膜保温帘	2.2	65
		双层充气膜+镀铝薄膜保温帘（镀铝膜条比例66%）	2.9	53
	充填保温材料	发泡聚苯乙烯颗粒（厚10 cm）	0.45	90
室外覆盖	活动覆盖	稻草帘	2.4	61
		苇帘	2.2	65
		复合材料保温被	2.1~2.4	61~66

（3）双层充气膜保温覆盖　双层充气膜覆盖是将双层薄膜四周用卡具固定，两层薄膜中充以一定压力（60~100 Pa）的空气，以维持一定的中间静止空气层（一般平均厚10~20 cm）。其实质相当于双层固定覆

盖。近年在温室覆盖材料中，中空塑料板材尤其是中空 PC 板得到较多应用。其保温机制与双层充气膜相似，有双层（一层空气）与三层（二层空气）两种，后者热节省率比前者提高约 24%。其优点是透光率高，可达 80% 以上（单层 PC 板透光率 >90%），保温性好，强度高，耐冲击，质量轻（1.5~1.75 kg /m²），且美观、使用寿命长，缺点是价格较高，板边、孔边易进入水汽、灰尘等产生冷凝及污染，影响透光。

（4）缀铝膜保温幕　由于铝箔和镀铝膜对长波辐射具有很高反射率，用于温室活动保温幕有很好的保温效果。但其透气、透湿性差，直接用作保温帘时易导致室内湿度过大。因此，常将其裁成数毫米宽的窄条，并用纤维线将其并排编织起来，称为缀铝膜。这种覆盖材料在具有较高长波辐射反射率和优良保温性能的同时，又有一定的透气、透湿性，有利于降低室内湿度，近年逐步得到广泛采用，多用作温室的内保温幕。

2. 温室加温措施　温室加温是冬季温室内温度环境调控的最有效手段，但其代价是燃料能源的消耗和生产成本的增加。因此必须适当选择采暖方式、合理配置加温设备，在满足植物生长需要的同时，应注意尽可能节省能源，避免生产成本的过多增加。

温室的采暖方式有热风、热水、蒸汽采暖，采用蒸汽加温的热水采暖。蒸汽或热水加热空气的热风采暖、电热采暖、辐射采暖、太阳能蓄热采暖等多种，在我国农村还广泛采用炉灶煤火简易采暖设施。

常用采暖方式的特点及应用条件见表 3-8。温室采暖方式应根据温室种类、规模、栽培品种与方式、当地气候和燃料供应等条件，经技术经济比较，按照可靠、经济和适用的原则，因地制宜地确定。

表 3-8　各种采暖方式的特点

采暖方式	技术要点	采暖效果	控制性能	维修管理	设备费用	其他	适用情况
热风采暖	直接加热空气	稳定性差，停机后温度降低快	预热时间短，升温快	不用水，容易操纵	比热水采暖便宜	不用配管和散热器，作业性好，空气由室内补充时必须通风换气	种温室及塑料大棚，特别适用于短期临时加温

续表

采暖方式	技术要点	采暖效果	控制性能	维修管理	设备费用	其他	适用情况
热水采暖	用60~80℃热水循环，或用热水与空气热交换，将热风吹入室内	因所用温度低，加热缓和，水热容量大，热稳定性好，停机后保温性强	预热时间长，可根据负荷的变动改变热水温度进行调节	对锅炉要求比蒸汽采暖低，水质处理较容易	须采用配管和散热器，设备费用较高	在寒冷地区管道怕冻，必须充分保温防护	大型温室
蒸汽采暖	用100~110℃蒸汽，可转换成热水和热风采暖	余热少，停机后保温性差	预热时间短，自动控制稍难	对锅炉要求高，水质处理不严时，输水管容易被腐蚀	比热水采暖贵	可用土壤消毒，散热管较难配置适当，容易产生局部高温	大型温室群，在高差大的地形上建造的温室
电热采暖	用电热线和电暖风采暖器加温	停机后缺少保温性	预热时间短，控制性最好	使用最容易	设备费用低	耗电多、费用大、不经济	小型温室、育苗温室、地中加温、辅助采暖
辐射采暖	用液化石油气红外燃烧取暖炉	停机后缺少保温性，可升高植物体温度	预热时间短，控制容易	使用方便、容易	设备费用低	耗气多，大量用不经济，可用于二氧化碳施肥	临时辅助采暖
火炉采暖	用地炉或铁炉、烧煤，用烟道散热供暖	封火时仍有保温性，有辐射加热效果	预热时间长，管理费劳力，不易控制	较容易维护，但操作费工	设备费用低	必须注意通风，防止煤气中毒	土温室，大棚短期加温

热风采暖的热媒是空气，其优点是使用灵活性大，热风直接加热温室空气，热风温度一般比室温高20~40℃，加温迅速。热风采暖系统的设备较简单，费用低，按设备折旧计算的每年费用大约只有热水采暖系统的1/5。热风采暖设备还具有安装方便、移动使用方便等优点。其主要缺点是因空气热容量小，室温随采暖系统运行与否波幅较大。因此热风采暖尤其适用于只进行短期临时加温的温室。

热风采暖系统还有用热水或蒸汽通过热交换设备（暖风机）加热空气的方式，适用于已配有热水或蒸汽集中供暖系统的情况。为提高系统热效率，燃油暖风机或燃煤热风炉通常直接设置在温室内，其热利用效率可达70%~90%。

3.温室降温措施　夏季温室内温度过高，为使温室内温度达到作物生长要求，通常采用通风（自然通风与机械通风）、蒸发降温（湿帘与喷雾降温等）和遮阳等三方面技术和设备。

（1）通风　温室内降温最简单的途径是通风，但在温度过高，依靠自然通风不能满足作物生育的要求时，必须进行人工降温。大型连栋温室因其容积大，须强制通风降温。

（2）蒸发降温　喷雾降温法则是使空气先经过水的蒸发冷却降温后再送入室内，达到降温的目的。

（3）遮阳降温法　遮光20%～30%时，室温可相应降低4～6℃。遮阳按设置部位的不同分为室外遮阳与室内遮阳两种类型。在与屋顶部相距40 cm左右处张挂遮光幕，这种室外遮阳对温室降温很有效。遮光幕以温度辐射率越小越好。考虑塑料制品的耐候性，一般塑料遮阳网都做成黑色或墨绿色，也有的做成银灰色。室内用的白色无纺布保温幕透光率70%左右，也可兼作遮光幕用，可降温2～3℃。

第三节
日光温室湿度环境特点与调控

湿度是同温度同等重要的调控因子之一，是影响温室内病害发展的关键因素，也是影响温室内空气温度的重要因子。由于温室相对封闭，与外界空气交换受到阻碍，地面蒸发和作物蒸腾产生的水分难以外散，大都留在室内，所以温室内的空气相对湿度会显著地高于露地，空气相对湿度经常在80%～90%，甚至有的夜间可以达到100%。一般60%～80%的空气相对湿度可满足作物的生长环境要求，湿度过高会对作物生长发育不利，很多植物病原菌在潮湿的环境里都会大量繁殖。像灰霉病、煤污病等病害，在湿度很大的温室里，都特别容易发生甚至暴发，引起作物大面积减产。因此，为了防止日光温室内的作物产生病害，有必要对室内湿度环境特点与调控措施有一定的了解，进而避免病害暴发。

一、日光温室内的湿度特点

日光温室内的湿度环境主要包括土壤湿度和空气湿度两个方面。

1. 土壤湿度　由于温室土壤不能依靠降水来补充水分，所以只能依赖于人工灌溉，所以土壤湿度只要收到土壤蒸发出来的水蒸气在遇到棚膜后凝结，水滴会受到棚膜的弯曲度作用而长期滴到固定位置上，于是造成温室土壤湿度分布不均匀：靠近棚架两侧的土壤，由于棚外水分渗透较多，加上棚膜上水滴的流淌，湿度较大；棚中部则比较干燥。

2. 空气湿度　由于日光温室环境相对封闭，室内的空气湿度主要由土壤和植物的水分蒸腾所得，再加上日光温室内作物长势强盛，蒸腾作用强烈，空气中的水蒸气含量很快就会达到饱和，日光温室湿度的突出特点就是高湿。

二、日光温室湿度的调控措施

1. 通风除湿　日光温室内空气湿度高的主要原因是温室的封闭性，通风换气便是通过利用自然通风或者通风设备来促使室内和室外环境中的空气进行对流换气，使室外湿度含量低的空气进入室内，同时室内相对湿度高的空气通过通风口而排出室外，进而达到除湿目的。目前主要的通风方法包括：

（1）自然通风　在日光温室中顶部和前部分别设置通风口，依靠热压和风压作用进行通风，并可以通过调节通风口的开度来调节通风量。

（2）机械通风　依靠风机产生的压力强迫空气在温室内流动。

但是通风换气量不容易掌握，很容易造成室内空气湿度不均匀，使植物长势不一致。最好每次灌水之后，在不影响温室内湿度的条件下加大通风量，外界气温高时，可同时打开顶部和前部两排通风口，便于排湿充分和均匀。如果通风过度需要尽快提高湿度时，可以直接向温室中洒水或者喷雾，如果条件允许可以通过测定日光温室内的空气相对湿度进而计算通风量，进行精确通风；如果采用除湿型热交换器，既可以回收排出空气中所含的热量又可以将高湿空气放出。以日光温室番茄越冬栽培为例：番茄要求较低的空气相对湿度和较高的土壤湿度，空气相对湿度保持在 50%~65% 较为适宜，空气相对湿度过大容易导致病害的发生。

2.合理灌水　灌水是室内湿度增加的主要因素。可以选择晴天分株浇水，或者采用滴灌、膜下暗灌等较为省水的灌水方式根据作物需要来补充水分。滴灌是把水直接浇到植物根部，不仅比沟灌更加节水，还能够减少蒸发面积，因而可以更加有效地降低湿度。同时还可以降低土壤湿度和空气相对湿度，防止温室内湿度过高。不同种类作物需求水分不同，须在生产实践中分别合理控制灌水。以温室番茄栽培为例，土壤相对湿度为 65%~85% 最为适宜。番茄对土壤相对湿度的适应能力，因生长发育阶段的不同而有很大的差异：幼苗期要求 65% 左右，结果初期要求 80%，结果盛期要求 85%。

3.升温降湿　通过加温设备对温室加温，升温降湿的原理就是利用空气在绝对湿度不变的情况下，空气相对湿度与室内温度呈负相关的关系，根据相对湿度随着温度上升而降低的原理来实现对空气相对湿度的控制。根据室内湿度变化的特点，如需增减空气相对湿度时，可在不影响湿度要求的前提下，适当改变室内的温度。方法是：室内空气相对湿度为 100%，室温为 5℃时，气温每提高 1℃，空气相对湿度约降 5%；在 5~10℃时，每提高 1℃，空气相对湿度则降 3%~4%；室温提高至 20℃时，空气相对湿度为 70%；室温为 30℃时，空气相对湿度为 40%。相反，如果温度下降到 18℃时，空气相对湿度则可升到85%；温度下降到 16℃时，空气相对湿度几乎可达 100%。因此，可采用升温、降温的办法来掌握室内湿度。

4.冷冻除湿　冷冻除湿是利用除湿机的制冷降温系统让空气中的水蒸气在蒸发皿上形成液态水而排出，从而降低空气的湿度。

5.覆盖地膜　日光温室采用地面覆盖地膜或作物秸秆，可以减少水分蒸发，这在作物生长前期特别重要。覆盖地膜由于地表蒸发的水蒸气会被地膜所阻挡而不扩散在空气中，可以减少地表水分蒸发所导致的空气相对湿度的升高。另一方面，原本会蒸发掉的水分被留在土壤里，就可以供给植物生长用，这样，水也可以少浇几次。因此，铺地膜既能降湿，又能节水。据实验，覆膜前夜间的空气相对湿度高达95%~100%，而覆膜后可以降低20%左右。但地面覆盖对有些作物是有时间限制的，比如当自然界日平均气温高于8℃后，如果不撤掉覆盖的地膜，有时会使白粉病等病害泛滥成灾。日光温室冬季生产最好使用白色地膜。白色地膜透光性比较好，升温效果要比使用黑膜高3~4℃，对土壤温度提升是非常有利的，而在冬天地温的提高对植物生长是十分重要的。

6. 液体除湿 即用液体吸湿剂对温室内空气进行除湿，液体吸湿剂主要有氯化钙、氯化锂等盐类的水溶液和三甘醇等。当温度一定时，所用吸湿剂的浓度越大其表面水蒸气分压越低，吸湿能力越强。吸湿后，随着盐水浓度的降低，吸湿能力逐渐下降，到一定程度时需要进行再生处理，才能重复使用。

7. 固体除湿 利用固体除湿剂表面的毛细管作用吸附空气中的水分，进而达到对空气进行除湿的目的，采用固体材料进行除湿具有制造容易、设备简单、成本较低、除湿效果好等优点。缺点是除湿量不稳定，使用寿命有限，过一段时间效果丧失。固体除湿剂主要有氯化钙、氯化锂、活性钒土、凹凸棒石黏土、膨润土、石膏、蒙脱石、海泡石、沸石、无机盐、芒硝、木炭、硝酸铵、干砖、分子筛、硅胶、氧化硅胶、氧化铝等。

8. 采用吸湿性较好的保温幕材料 采用透湿和吸湿性良好的保温幕材料，如无纺布和棉布等纤维材料能够阻止水蒸气在内表面结露，防止露水落到植株上，从而降低空气相对湿度。

9. 自然吸湿 可以将一些秸秆（包括麦秸、玉米秸秆、稻草等）、草木灰、生石灰等铺在行间来吸附土壤和空气中的水蒸气，从而达到降低湿度的目的。这种方法的好处是材料易寻、廉价，在农业生产中随处可见，使用较为方便。

10. 中耕除湿 通过对土壤进行中耕切断土壤中的毛细管，可以避免土壤毛管水上升到表层，进而避免土壤水分的大量蒸发，达到降低空气相对湿度的目的。

11. 采用无滴膜　日光温室薄膜内表面的水滴是造成室内高湿的主要原因之一。室内的水蒸气遇到温度较低的棚膜时冷凝形成小水珠，如果是一般的棚膜，这些小水珠就会留在上面，水蒸气不断地冷凝，小水珠就越来越多形成大水珠，到一定程度就会从棚顶滴落下来。严重的时候，室内就像下雨一样，植株就会被水滴打湿，在冬天水珠滴到植物表面容易使植物发生一些病害。无滴膜的表面有一层活性助剂，可以使原本凝聚在棚膜内壁的小水珠不能凝聚成大水滴，而是铺展开形成一层极薄的透明水膜，这层水膜会顺着棚膜向下流，最后流到棚膜前底脚的土里去。这样一来，水不但不会滴到作物上，还会被分流掉一部分，室内的湿度也就会相应降低。

12. 采用防滴剂（流滴剂）、防雾剂　使用普通聚乙烯薄膜时，薄膜内壁常密布着水滴，为了防止和减少聚乙烯薄膜产生水滴，就必须使用防滴剂（流滴剂）、防雾剂。防滴剂一般涂在塑料薄膜内表面，使其具有亲水性，达到防水滴效果。一般的防滴剂虽有一定的表面活性，但在棚室降温、空气中的水汽达到饱和或过饱和时，它不能使空气中的水汽迅速凝结在棚膜表面，因而使温室内产生雾气。这样就出现了防滴棚膜防滴不防雾，使棚内雾气更重的实际问题。这可以通过添加高表面活性的特殊表面活性剂（氟或硅表面活性剂）即防雾剂的办法来解决，通常防滴剂在水膜表面形成一层疏水基向外排列的无滴剂小分子层，影响雾滴进入水膜，但是含氟表面活性表面张力小，位阻也小，不影响雾滴进入水膜，使雾滴更易进入附着在棚膜表面的水滴或水膜，从而可达到较好的除雾作用。因为降低空气湿度的主要目的就是防止作物沾湿，所以上述方法也是良好的除湿手段。

13. 使用保水剂　保水剂是一种高吸水特性的功能性高分子材料，所吸的水不能被简单的物理方法挤出，故有很强的保水性。由于其分子结构交联，保水剂以颗粒和粉末状为主，白色，pH 中性，不溶解于水，但能吸水膨胀，能吸收自身重量数百倍至上千倍的水分。温室内的空气湿度有一大部分是来自土壤的水分蒸发，应用保水剂则可起到保持土壤水分、防止蒸发的作用，所以，理论上使用保水剂也可起到降低日光温室内空气湿度的作用。保水剂可以反复地吸收和释放水分，当水分充足时，保水剂自动吸水，而水分减少时则释放水分供作物缓慢吸收，还可以有效抑制土壤水分的蒸发，提高土壤饱和含水量，减缓土壤释放水的速度及水分的渗透流失，达到降低空气湿度的目的。

14. 起垄覆膜法　在日光温室中起出高 10~20 cm、宽 45~60 cm 的垄，将作物种植于垄上，垄间距 20~30 cm，作为灌溉沟，后用地膜将垄和沟覆盖。与不起垄的地块相比，起垄以后水是由两个垄之间的灌溉沟中流过，并且逐渐渗入两边的土壤中，这样既让作物的根系得到充足的水分，减少用水量，又降低了温室内的湿度。

另一种节水控湿的栽培方式即高畦覆膜栽培——将起垄覆膜中的灌溉沟换成滴灌的管道。与起垄栽培相比，高畦栽培取消了浇水用的灌溉沟，将之换成了滴灌管，再用地膜进行覆盖。这种方式比起垄栽培更为节水。

15. 加湿　日光温室在高温季节会遇到高温、干燥、空气湿度过低的问题，当室内空气相对湿度低于 40% 时，就要采取加湿的措施。在一定的风速条件下，适当地增加一部分湿度可增大作物叶片气孔开张度从而提高作物光合强度。常用的加湿方法主要有增加灌水、喷雾加湿与湿帘风机降温系统等。在采用喷雾与湿帘加湿的同时，还可以达到降温的效果，一般可使室内空气相对湿度保持在 80% 左右，用湿帘加湿不仅降温、加湿效果显著，便于控制，还不会产生打湿叶片的现象。

第四节
日光温室气体环境特点与调控

在自然状态下生长发育的作物与大气中的气体关系密切。由于设施结构的密闭性阻断了室内外气体的交换，室内空气处于一个相对封闭的环境，加强气体的流动不但对温、湿度有调节作用，还能够及时排出有害气体，同时补充二氧化碳，对增强作物光合作用、促进生育有着重要意义。因此，为了提高园艺作物的产量和品质，有必要对室内的气体成分及其浓度进行调控。

一、日光温室内有害气体危害与通风措施

大气中含有的气体成分比较复杂，有些气体对作物有毒害作用，设施栽培时要格外注意，因为一旦在比较密闭的环境中出现有害气体，其危害作用比露地栽培影响更大。常见的有害气体有氨气（NH_3）、二氧化氮（NO_2）、乙烯（C_2H_4）、氟化氢（FH）、臭氧（O_3）等。若用煤火补充加温时，还常发生一氧化碳（CO）、二氧化硫的毒害。当前普遍推广的日光温室中产生的有害气体主要来自有机物腐熟发酵过程中产生的氨气，或有毒的塑料薄膜、管道挥发出的有害气体，如邻苯二甲酸二异丁酯，在高温下易挥发出乙烯，对作物产生毒害作用。当室内通风不良，氨气在室内积聚，浓度超过 5 mg /L，就会产生危害。若尿素施用过量又未及时盖土，在高温强光下分解时也会有氨释放出来。

（一）常见有害气体及危害

1. 氨气和二氧化氮的生产和危害　肥料分解过程产生的氨气和亚硝酸气，其危害是植株由气孔进入体内而产生的碱性损害，特别是过量使用鸡粪、尿素等肥料时易发生。氨气主要侵害植株的幼芽，使叶片周围呈水浸状，其后变成黑色而渐渐枯死。这种危害往往在施肥后 10 d 左右发生。如果碱性土壤或一次施肥过多，使硝酸细菌作用下降，二氧化氮积累下来而后逐渐变为氨，使土壤变为酸性，当 pH 值在 5 以下时则挥发为二氧化氮。

空气内氨气值达到 5 mg /m^3，二氧化氮气体达到 0.2~2 mg /m^3 时，从蔬菜外观上就可看出危害症状。氨气主要危害叶绿体，植株逐渐变成褐色，以致枯死；二氧化氮主要危害叶肉，先侵入的气孔部分呈现漂白斑点状，严重时，除叶脉外叶肉都漂白致死。番茄易受氨气危害，

黄瓜、茄子等易受二氧化氮气体危害。温室内附着的水滴 pH 值在 4.5 以下时，说明室内产生了对蔬菜作物有毒的亚硝酸气。亚硝酸气一般不侵害作物的新芽，只使中上部叶片背面发生水浸状不规则的白绿色斑点，有时全部叶片发生褐色小粒状斑点，最后逐渐枯死。

2. 二氧化硫和一氧化碳　日光温室内进行炉火加热时，如果煤中含硫化物多时，燃烧后产生二氧化硫气体；未经腐熟的粪便及饼肥等在分解过程中，也释放出多量的二氧化硫。二氧化硫遇水时产生烟硫酸，它能直接破坏作物叶绿体。温室内空气中二氧化硫含量达到 $0.1 \sim 0.5$ mg /m³，经 $3 \sim 4$ d，作物表现出受害症状；达到 0.1 mg /m³ 左右，经 $4 \sim 5$ h 后，敏感的蔬菜作物表现出明显受害症状；达到 0.2 mg /m³ 并且有足够的湿度时，则大部分蔬菜作物受害，甚至死亡。

蔬菜受害的叶片先出现斑点，进而失绿。浓度低时，仅在叶背出现斑点；浓度高时，整个叶片弥漫呈水浸状，逐渐失绿。失绿程度因作物种类而异，出现白色斑点的有白菜、萝卜、葱、菠菜、黄瓜、番茄、辣椒、豌豆等；出现褐色斑点的有茄子、胡萝卜、南瓜等；呈现烟黑色斑点的有蚕豆、西瓜等。

一氧化碳是由于煤炭燃烧不完全和烟道有漏洞或缝隙而排出的毒气，对生产管理人员危害最大，浓度高时，可造成死亡。应当注意燃料充分燃烧，经常检查烟道以及强调保护设施的通风换气技术。在温室内燃烧煤、石油、焦炭，产生的二氧化碳虽然能起到施肥的作用，但在燃烧的过程中产生的一氧化碳和二氧化硫气体，对人体和蔬菜幼苗等均有危害。

3. 臭氧　臭氧所造成的受害症状随植物种类和所处条件不同。一般受害叶面变灰色，出现白色的荞麦皮状小斑点或暗褐色的点状斑，或不规则的大范围坏死。受害的临界值大致为 0.05 mg /m³，$1 \sim 2$ h。臭氧可影响碳水化合物的代谢和细胞的透过率，氧化剂可影响酶的活性和细胞的结构，过氧硝酸乙酰还可以影响光合反应。当臭氧与二氧化碳共同存在时，会增大损害的严重程度。这种增大的作用在两种气体浓度较低时更为明显，当臭氧的浓度很高时，则表现出臭氧型损害症状。臭氧危害植物栅栏组织的细胞壁和表皮细胞，在叶片表面形成红棕色或白色斑点，最终可导致花卉等作物枯死。

（二）设施内气流环境及调控

从调控温室内的气体环境考虑，应当经常将通风窗、门等打开，以利排出有害气体和换入新鲜气体。越是在寒冷的季节越须注意通风换气，因为通风换气与防寒保温往往是有矛盾的，在清晨温度较低时，往往室内的有害气体最多，空气相对湿度较高，二氧化碳最少，此时应进行通风换气，排出有害气体，降低湿度减轻病害，同时补充二氧化碳。这也说明了温室内各个环境因子之间不是孤立的，在温室内气流环境调控中需要综合考虑各因子之间的关系。

1. 自然通风　目前小型日光温室内主要依靠自然通风，利用温室内外气温差产生的重力达到换气目的，效果明显。

（1）底窗与侧窗通风　从门和边窗进入的气流沿着地面流动，大量冷空气随之进入室内，形成室内不稳定气层，把室内原有的热空气顶向设施的上部，在顶部就形成了一个高温区。而在温室四周或温室底部和门口附近，常有 1/5~1/4 的面积受扫地风危害，造成秧苗生长缓慢，因此初春时，应避免底窗、门通风。必须通风时，在门下部 50 cm 高处用塑料薄膜挡住。日光温室底窗与侧窗通风时，多用扒缝方式，通风口不开到底，多在肩部开缝，以避免冷空气直入危害。

（2）开窗通风　开窗通风包括开天窗和顶部扒缝，天窗面积是固定的，通风效果不如扒缝的好。天窗的开闭与当时的风向有关，顺风开启排气效果好；逆风开启时增加进风量，排气的效果就差。天窗的主要作用是排气，所以最好采用双向启闭的风窗，尽量保持顺风开窗的位置，才有利于排气。顶部扒缝通风的面积可随室温和湿度高低调节，调节控制效果好。

（3）底窗（扒底缝）、天窗通风　底窗、天窗同时开启时，天窗主要起排气作用，底窗或扒底缝主要起进气作用，从侧面进风，冷气流进入室内，将热空气向上顶，所以排气效果特别明显。一般进入温室内的风速，迅速衰减一半，并且继续削弱，春季通风时间极短或不通风，通风面积控制在 2%~5%。随着季节和外温的变化，开窗时间、面积要随之加长加大。在 5 月中旬以后最高气温可达 40℃ 左右，此时开窗或扒缝面积要占到围护结构总面积的 25%~30%。

2. 强制通风　对于大型温室，在通风的出口和入口处增设动力扇，吸气口对面装排风扇，或排气口对面装送风扇，使室内外产生压力差，形成冷热空气的对流，从而达到通风换气目的。强制通风一般有温度自控调节器，它与继电器相配合，排风扇可以根据室内温度变化情况自动开关。当室温超过设定温度时，通过温度自动控制器，自动进行通风。

二、设施内二氧化碳施肥装置与技术

（一）设施内二氧化碳的变化特征

二氧化碳是光合作用的重要原料之一，在一定范围内，植物的光合产物随二氧化碳浓度的增加而提高。因而了解日光温室内二氧化碳的浓度状况和变化特征对促进作物生长、增加产量、发展生产十分重要。二氧化碳不足往往是作物高产的限制因子。

大气中二氧化碳浓度一般约为 $300\ mg/m^3$，日光温室空气中二氧化碳浓度随着作物的生长和天气的变化而变化。一般说来，日光温室中二氧化碳浓度夜间比白天高，阴天比晴天高，夜间蔬菜作物通过呼吸作用，排出二氧化碳，使日光温室内空气中二氧化碳含量相对增加；早晨太阳出来后，作物进行光合作用而吸收、消耗二氧化碳，消耗逐渐大于补充，使日光温室内二氧化碳浓度降低，一般到揭开不透明覆盖物 $2\ h$ 就降至二氧化碳补偿点以下，尤其在晴天 $9\sim11$ 时，日光温室内绿色作物光合作用最强，二氧化碳浓度急剧下降，由于得不到大气中二氧化碳的及时补充，一般在 11 时降至 $100\ mg/m^3$，甚至更低，光合作用减弱，光合物质积累减少，影响作物产量。

作物不同生育期，室内的二氧化碳浓度也不同。作物在出苗前或定植前，因呼吸强度大，排出二氧化碳量也较大，日光温室内二氧化碳浓度较高；在出苗后或定植后，因呼吸强度比出苗前或定植前弱，排出的二氧化碳量小，大温室内二氧化碳浓度相对较低。

另外，二氧化碳浓度与温室容积有关。一般日光温室容积越大，二氧化碳出现最低浓度的时间越迟。

日光温室生产使用加热或降温的方法使室内温度适于作物生长，但由于与外界大气隔绝，也有两个不利因素，一是降低了日光透射率，二是影响了与外界的气体交换。特别是在太阳升起后，作物进行光合作用，随着室内温度的升高，很快消耗掉大量的二氧化碳，而此时室内温度还没能升高到能够放风的温度，因此必须采取补充二氧化碳的措施。

（二）增加设施内二氧化碳的方法

日光温室内二氧化碳的增施主要采用以下四种方式：①固体二氧化碳施用法。②采用二氧化碳发生器于温室内施用二氧化碳气肥，放气量和放气时间可根据面积、天气、作物叶面系数等调节，反应物主要有碳酸氢铵加硫酸、碳酸氢钠加硫酸、石灰石加盐酸等。③采用燃烧沼气增供二氧化碳。④液态二氧化碳施用法，为乙醇工业的副产品，也是制氧工业、化肥工业的副产品，经压缩装在钢瓶内，可直接在温室内释放。

1. 施固态二氧化碳气肥　固体二氧化碳施用法较简单，买来配好的固体二氧化碳气肥或二氧化碳颗粒剂，按说明施用即可。市场上二氧化碳气肥大致有两类：一种为袋装气肥，即用塑料袋分上、下两层分装填料，使用时让两种填料接触混合并在塑料袋指定位置打孔释放二氧化碳；另一种为固体颗粒，施用时埋入土壤中缓慢释放二氧化碳。施用商品气肥比较省力，但可控性差，在不需要增施二氧化碳的时候不能停止，浪费较为严重。

2. 化学反应法　通常采用碳酸氢铵（NH_4HCO_3）+ 硫酸（H_2SO_4）法、石灰石 + 盐酸法或硝酸法。其中碳酸氢铵－硫酸法取材容易，成本低，操作简单，易于推广，反应生成的副产物硫酸铵用水稀释100倍后可作氮肥用于田间追肥，每个生长期使用30~35 d。在特制容器内反应，产生的二氧化碳通过排气管释放到日光温室中，其反应速度会随硫酸浓度和外界温度的增高而加快，但温度过高易引起碳酸氢铵的分解，产生氨气中毒，因此外界温度不宜太高。其化学反应方程式如下：

$$2NH_4HCO_3 + H_2SO_4 = (NH_4)SO_4 + 2H_2O + 2CO_2 \uparrow \qquad (3-11)$$

一般在1亩日光温室中，均匀布置35~40个容器。容器可用塑料盆、瓷盆、坛子和花盆等，内铺垫薄膜。不能使用金属器皿。由于二氧化碳密度大，容器要悬挂在适宜的高度，一般挂在作物生长点上方20 cm处。将98%硫酸与水按1∶3比例稀释，并搅拌均匀。在配制稀硫酸溶液时，应戴胶皮手套，穿上长筒胶鞋，系上胶面围裙，做好防护准备。把硫酸缓慢倒入水中，切忌将水倒入浓硫酸中。稀硫酸约占容器的 1/3。在每个容器内，每天加入碳酸氢铵 1 350 g（40 个容器）或 1 545 g（35 个）容器,可满足 1 亩日光温室产生 1 000 mg /m³ 的二氧化碳。

3. 燃烧沼气　配合生态型日光温室建设，利用沼气进行二氧化碳施肥，是一种较为实用的二氧化碳施肥技术。具体方法是：选用燃烧比较完全的沼气灯或沼气炉作为燃放器具，日光温室内按每 50 m² 设置一盏沼气灯，每 100 m² 设置一台沼气灶。每天日出后燃放，燃烧 1 m³ 沼气可获得大约 0.9 m³ 二氧化碳。一般日光温室内沼气池寒冷季节产沼气量为 0.5~1.0 m³/d，它可使日光温室内的二氧化碳浓度达到 0.1 mg/m³~0.16 mg/m³。在日光温室内二氧化碳浓度到 0.1 mg/m³~0.12 mg/m³ 时停止燃烧，并关闭温室 1.5~2 h，日光室温升至 30℃，开窗降温。施放二氧化碳后，水肥管理必须及时跟上。

4. 液态二氧化碳（钢瓶）　瓶装压缩液态二氧化碳保存在高压的金属钢瓶内，钢瓶压力为 11~15 MPa。利用瓶装液态二氧化碳为日光温室施肥，其浓度能得到精确控制。采用瓶装压缩二氧化碳施肥，可以在设定的时间间隔内，给作物生长空间施放一定数量的二氧化碳。调压器将二氧化碳气体压力从 11~15 MPa 的高压降低到 0.7~1.4 MPa，在这个低压水平上流量计可以工作。在电磁阀打开的期间，通过流量计送出一定体积的二氧化碳给生长区域内的植物。时间控制器用来控制施肥的时间和电磁阀每次的打开时间，以及维持工作的时间。

瓶装压缩二氧化碳施肥的优点是控制精确度较高，配套设备安装好以后，运行费用较低。但由于液态二氧化碳汽化后吸热，日光温室内的温度会降低。

5. 有机堆肥产生二氧化碳　人畜粪肥、作物秸秆、杂草落叶等有机物质，在细菌的作用下，分解产生二氧化碳。日光温室内可以利用有机堆肥产生二氧化碳作为气源，来提高室内二氧化碳浓度。但是有机物质分解释放出的二氧化碳量随着时间而递减，施肥肥源存在不稳定的因素。秸秆生物反应堆最近几年得到一定面积的推广，该技术利用秸秆并加入微生物菌种、催化剂和净化剂，在通氧的条件下产生二氧化碳、水、热和矿物质元素，分为行下内置式和行间内置式及外置式。

（三）二氧化碳施用期间的栽培管理

1. 光照管理　光照度是作物光合作用中影响最大的一个因子，当光照度一定时，增加二氧化碳浓度会增加光合量。日本和荷兰学者的试验证明，只有在光照度达到 2 600~2 800 lx 以上，才能明显看出使用二氧化碳气肥增加光合量的效果。因此，在冬春季节，要注意增强日光温室的透光率，提高室内的光照度。

2. 温度管理　温度对光合作用有直接影响，过高或过低都不利。一般果菜类蔬菜光合作用适宜温度范围为白天 20~30℃，夜间 13~18℃。

3. 湿度管理　各种作物要求不同的空气相对湿度，如黄瓜为80%，辣椒为85%，番茄为45%~50%。

4. 灌水和施肥管理　由于施用二氧化碳气肥，增强了作物的生理机能，引起吸收肥力的提高。如果土壤干燥，叶片萎蔫，光合作用会显著减少，所以应保持土壤湿润，但不可大量灌水。施肥方面不再增加施肥量，若土壤太薄、基肥不足可以增加氮肥。

第五节
日光温室土壤环境特点与调控

土壤是有土栽培作物赖以生存的基础。作物生长发育所需要的养分与水分，都需要从土壤中获得，所以日光温室内的土壤营养状况直接关系作物的产量和品质，是十分重要的环境条件。

日光温室土壤的肥沃主要表现在能充分供应和协调土壤中的水分、养料、空气和热能以支持作物的生长和发育。土壤中含有作物所需要的有效肥力和潜在肥力，采用适宜的耕作措施，能使土壤达到熟化的要求，并使潜在肥力转化为有效肥力。通过耕作措施使土层疏松深厚，有机质含量高，土壤结构和通透性能良好，蓄保水分、养分和吸收能力高，微生物活动旺盛等，都是促进园艺作物生长发育的有利土壤环境。

一、蔬菜作物对土壤环境的要求

（一）蔬菜作物对土壤水肥的要求

试验表明，蔬菜需要的氮肥浓度比水稻高 20 倍，磷肥高 30 倍，钾肥高 10 倍。一些设施栽培发达的国家，十分重视培肥土壤，设施内土壤的有机质含量高达 8%~10%，而我国日光温室内土壤的有机质只有 1%~3%，相差悬殊。说明设施蔬菜栽培要获得高产优质，有机肥必须充足。设施栽培作物复种指数高，单位面积的产量也高，因此也必须要有充足的水肥保证。

（二）蔬菜作物对土壤性状的要求

蔬菜作物一般要求土层厚 20~40 cm。而且地下水位不能太高，要求在 100 cm 以上为好，因为设施栽培多在冬春寒冷季节进行，地下水位高影响地温上升。土壤质地以壤土最好，通透性适中，保水保肥力好，而且有机质含量和温度状况较稳定。

（三）蔬菜对设施土壤环境的要求

因为蔬菜作物根系的阳离子代换量比较高，所以吸收能力强。例如，黄瓜、茄子、甘蓝、莴苣、菜豆、白菜等根系的阳离子代换量每 100 g 干根都高于 40~60 mmol/L；葱蒜类蔬菜低一些。蔬菜作物喜硝态氮肥，而对铵态氮肥比较敏感，施用量过多时，会抑制钙和镁的吸收，从而导致生育不良、产量下降。我国日光温室冬季生产基本不加热，地温比较低，在土壤低温条件下，硝化细菌的活动性较弱，土壤中有机质矿化释放出的铵态氮和施入土壤的铵态化肥，不能及时地氧化成硝态氮。而铵态氮在土壤中积累，容易导致蔬菜氨中毒，毒害作用低温下比常温更明显。

（四）蔬菜的根系对氧的需要量高

当土壤透气性差而缺氧时，易发生烂根，导致死亡，如黄瓜、菜豆、甜椒等都对土壤缺氧敏感。

（五）土壤可溶性盐浓度

蔬菜对土壤可溶性盐浓度（EC值）比较敏感，土壤可溶性盐浓度过高，会使植株矮小，叶缘干枯，生长不良，根系变褐乃至枯死。

二、日光温室土壤环境特点及对作物生长发育的影响

日光温室内温度高，空气湿度大，气体流动性差，光照较弱，而作物种植次数多，生长期长，故施肥量大，根系残留量也较多，因而使得土壤环境与露地土壤很不相同，进而影响日光温室内作物的生长发育。

（一）日光温室内土壤水分与盐分运移方向与露地不同

由于温室是一个封闭或半封闭的空间，自然降水受到阻隔，土壤受自然降水自上而下的淋溶作用几乎没有，使土壤中积累的盐分不能被淋洗到地下水中。由于温室内温度高，作物生长旺盛，土壤水分自下而上的蒸发与作物蒸腾作用比露地强，根据盐随水走的规律，也使土壤表层积聚了较多的盐分。

（二）大量施肥，养分残留量高，产生次生盐渍化

日光温室生产多在冬春寒冷季节进行，土壤温度也比较低，施入的肥料不易分解和被作物吸收，也容易造成土壤内养分的残留。生产者盲目认为肥料越多越好，往往采用加大施肥量的方法，但是由于地温低，作物吸收能力不足，结果适得其反，尤其当铵态氮浓度过高时危害最大。

（三）土壤有机质含量高

有机质总量和易氧化的有机质含量高，土壤松解态的腐殖质含量高，胡敏酸比例也高，说明有机质的质量提高，这对作物生育是有利的。

（四）连作障碍

日光温室内作物栽培的种类比较单一，为了获得较高的经济效益，

往往连续种植产值高的作物，而不注意轮作换茬。久而久之，土壤中的养分失去平衡，一些营养元素严重亏缺，而一些营养元素却因过剩而大量残留于土壤中，产生连作障碍。

（五）土壤生物环境特点

日光温室内作物栽培的环境比较温暖湿润，为一些土壤中的病虫害提供了越冬场所，土传病虫害严重，使得一些在露地栽培可以消灭的病虫害，在日光温室内难以彻底。例如根结线虫，在日光温室土壤内一旦发生就很难消灭。黄瓜枯萎病的病原菌孢子是在土壤中越冬的，日光温室内的土壤环境为其繁衍提供了理想条件，发生后也难以根治。当日光温室内作物连作时由于作物根系分泌物质或病株的残留，引起土壤中生物条件的变化，也会引起连作障碍。

三、日光温室土壤环境的调节与控制

（一）平衡施肥减少土壤中的盐分积累是防止日光温室土壤次生盐渍化的有效途径

过量施肥是蔬菜日光温室土壤盐分的主要来源。目前我国在日光温室蔬菜栽培上盲目施肥现象非常严重，化肥的施用量一般都超过蔬菜需要量的1倍以上，大量的养分和副成分积累在土壤中，使土壤中可溶性盐浓度逐年升高，导致土壤发生次生盐渍化，引起生理病害加重。要解决此问题，必须根据土壤的供肥能力和作物的需肥规律，进行平衡施肥。在参考大田作物和蔬菜配方施肥研究成果的基础上，根据我国日光温室蔬菜生产特点，提出如下配方施肥技术方案以供参考。

1. 土壤养分平衡法　蔬菜配方施肥是在使用有机肥的基础上，根据蔬菜的需肥规律、土壤的供肥特性和肥料效应，提出氮、磷、钾和微量元素肥料的适宜用量以及相应的施用技术。有关配方施肥的技术方案较多，本方案以土壤养分平衡法和土壤有效养分校正系数法为基础，介绍氮、磷、钾大量元素配方施肥方案和技术。

$$计划产量施肥量 = \frac{计划产量吸肥量 - (有机肥供肥量 + 土壤供肥量)}{肥料的有效养分含量 \times 肥料利用率} \quad (3\text{-}12)$$

式中计划产量施肥量是指在一定的计划产量条件下，需要施入土壤氮、磷、钾肥的数量，单位可以按 kg / hm^2 计。

2. 土壤有效养分校正系数法　土壤有效养分校正系数法，是在土壤养分平衡法的基础上提出的。在土壤养分平衡法中，获得土壤供肥量参数，需要在田间布置缺氮、缺磷和缺钾试验，并分别通过不施氮、磷和钾试验区的产量及蔬菜的 100 kg 经济产量吸肥量，分别计算出土壤的氮、磷和钾的供肥量。而用土壤有效养分校正系数法可以不用上述试验，通过土壤养分测定和土壤有效养分校正系数来计算出土壤的供肥量。计算公式如下：

$$计划产量施肥量 = \frac{计划产量吸肥量 - 有机肥供肥量 - (N_s \times 0.15 \times r)}{肥料的有效养分含量 \times 肥料利用率} \quad (3\text{-}13)$$

式中：计划产量施肥量，计划产量吸肥量，有机肥供肥量的计算方法与上述的计算方法相同；

　　　　N_s——土壤的有效养分测试值，以 mg / kg 表示；

　　　　0.15——从土壤养分测试值转换成每亩土壤耕层有效养分含量的千克数；

　　　　r——土壤的氮、磷、钾的有效养分校正系数。

氮、磷、钾化肥的具体施用技术，可根据不同蔬菜品种的需肥规律和有关栽培措施来定。一般磷肥作基肥一次性施用；钾肥可与磷肥一样，一次性作基肥施用，也可以分两次施用，2/3 作基肥，1/3 作追肥；氮肥的施用方式较多，一般以 1/3 作基肥，2/3 作追肥，并分 2~3 次追施。

3. 几种主要蔬菜配方施肥技术

（1）黄瓜　生产 1 000 kg 黄瓜需纯氮 2.6 kg，五氧化二磷 1.5 kg，氧化钾 3.5 kg。每亩产黄瓜 4 000~5 000 kg 需纯氮 10.4~13 kg，五氧化二磷 6~7.5 kg，氧化钾 14~17.5 kg。

定植前每亩施有机肥 5 000 kg，过磷酸钙 30~40 kg，硫酸钾 20~25 kg。结瓜初期进行第一次追肥，每亩施纯氮 3~4 kg，氧化钾

4~6 kg。盛瓜初期进行第二次追肥，每亩施纯氮 3~4 kg，氧化钾 5~6 kg。盛瓜中期进行第三次追肥，每亩施纯氮 3~4 kg。

（2）番茄　生产 1 000 kg 番茄需纯氮 3.9 kg，五氧化二磷 1.2 kg，氧化钾 4.4 kg。每亩产番茄 4 000~5 000 kg，需纯氮 15.6~19.5 kg，五氧化二磷 4.8~6 kg，氧化钾 17.6~22 kg。

定植前，每亩施腐熟有机肥 3 000~5 000 kg，过磷酸钙 30~50 kg 或磷二铵 10~15 kg，硫酸钾 6~7 kg。有机肥和化肥混合后均匀地撒施在地表，并结合整地翻入土壤中。一般在第一穗果开始膨大时，进行第一次追肥，每亩施纯氮 5~6 kg、氧化钾 6~7 kg。第二次追肥是在第一穗果即将采收、第二穗果膨大时，每亩施纯氮 5~7 kg。第三次追肥在第二穗果即将采收、第三穗果膨大时，每亩施纯氮 5~6 kg。

（3）甜椒　生产 1 000 kg 甜椒需纯氮 5.2 kg，五氧化二磷 1.1 kg，氧化钾 6.5 kg。每亩产甜椒 4 000~5 000 kg，需纯氮 20.8~26 kg，五氧化二磷 4.4~5.5 kg，氧化钾 26~32.5 kg。

基肥施用方式和施用量同番茄。当蹲苗结束、第一果（门椒）膨大时，进行第一次追肥，每亩施纯氮 5~6 kg、氧化钾 6~8 kg。当第一果（门椒）即将采收、第二层果实（对椒）和第三层（四门斗）果实继续膨大时，为需肥高峰期，应重施第二次追肥，每亩施纯氮 7~8 kg、氧化钾 5~7 kg。此后半个月左右进行第三次追肥，施肥量同第二次。15~20 d 后，进行第四次追肥，施肥量同第一次。

（二）合理灌溉防止土壤表层盐分积聚

日光温室栽培土壤出现次生盐渍化并不是整个土体的盐分含量高，而是土壤表层的盐分含量超出了作物生长的适宜范围。土壤水分的上升运动和通过表层蒸发是使土壤盐分积聚在土壤表层的主要原因。灌溉方式和质量是影响土壤水分蒸发的主要原因，漫灌和沟灌都将加速土壤水分蒸发，易使盐分向土壤表层积聚。滴灌和渗灌是最经济的灌溉方式，同时又可防止土壤下层盐分向表层积聚，是较好的灌溉方式。近几年，有的地区采用膜下滴灌的办法代替漫灌和沟灌，对防止土壤次生盐渍化起到了很好的作用。

（三）增施有机肥，使用秸秆，降低土壤盐分

日光温室内宜施用有机肥，因为其肥效缓慢，腐熟的有机肥不易引起盐类浓度上升，还可改进土壤的理化性状，疏松透气，提高含氧量，对作物根系有利。日光温室内土壤的次生盐渍化与一般土壤盐渍化的主要区别在于盐分组成，日光温室内土壤次生盐渍化的盐分以硝态氮为主，硝态氮占到阴离子总量的50%以上。因此，降低日光温室土壤硝态氮含量是改良次生盐渍化土壤的关键。

施用作物秸秆是改良土壤次生盐渍化的有效措施，除豆科作物的秸秆外，其他禾本科作物秸秆的碳氮比（C/N）都较宽，施入土壤以后，在被微生物分解过程中，能够同化土壤中的氮素。据研究，1 g 没有腐熟的稻草可以固定 12~22 mg 无机氮。在土壤次生盐渍化不太重的土壤上，按每亩施用 300~500 kg 稻草较为适宜。在施用以前，先把稻草切碎，一般长度应小于 3 cm，施用时要均匀地翻入土壤耕层。也可以施用玉米秸秆，施用方法与稻草相同。施用秸秆不仅可以防止土壤次生盐渍化，而且还能平衡养分，增加土壤有机质含量，促进土壤微生物活动，降低病原菌的数量，减少病害。

（四）换土、轮作和无土栽培

换土是解决土壤次生盐渍化的有效措施之一，但是劳动强度大不易被接受，只适合小面积应用。轮作或休闲也可以减轻土壤的次生盐渍化程度，达到改良土壤的目的，如日光温室连续使用几年以后，种一季露地蔬菜或一茬水稻，对恢复地力、减少生理病害和病菌都有显著作用。

当日光温室内的土壤连作障碍发生严重，或者土传病害泛滥成灾，常规方法难以解决时，可采用无土栽培技术。

（五）土壤消毒

土壤中除有病原菌、害虫等有害生物和微生物，还有硝酸细菌、亚硝酸细菌、固氮菌等有益生物。正常情况下，它们在土壤中保持一定的平衡，但连作由于作物根系分泌物质的不同或病株的残留，引起土壤中生物条件的变化打破了平衡状况，造成连作障碍。由于设施栽

培有一定空间范围，为了消灭病原菌和害虫等有害生物，可以进行土壤消毒。

1. 药剂消毒　根据药剂的性质，有的灌入土壤中，也有的洒在土壤表面。使用时应注意药品的特性，兹举几种常用药剂为例说明。

（1）硫黄粉　用于温室及床土消毒，消灭白粉病菌、红蜘蛛等，一般在播种前或定植前 2~3 d 进行熏蒸。熏蒸时要关闭门窗，熏蒸一昼夜即可。

（2）氯化苦　主要用于防治土壤中的线虫，将床土堆成高 30 cm 的长条，宽由覆盖薄膜的幅度而定，每 30 cm² 注入药剂 3~5 mL 至地面下 10 cm 处，之后用薄膜覆盖 7 d（夏）到 10 d（冬），然后将薄膜打开放风 10 d（夏）到 30 d（冬），待没有刺激性气味后再使用。本药剂同时具有杀死硝化细菌，抑制氨的硝化作用，但在短时间内即能恢复。药剂对人体有毒，使用时要开窗，使用后密闭门窗保持室内高温，能提高药效，缩短消毒时间。

上述两种药剂在使用时都要提高室内温度，使土壤温度达到 15~20℃以上，10℃以下不易汽化，效果较差。采用药剂消毒时，可使用土壤消毒机，使液体药剂直接注入土壤到达一定深度，并使其汽化和扩散。面积较大时须采用动力式消毒机，按照运作方式有犁式、凿刀式、旋转式和注入棒式四种类型。其中凿刀式消毒机是悬挂到轮式拖拉机上牵引作业。作业时凿刀插入土壤并向前移动，在凿刀后部有药液注入管将药液注入土壤，而后以压土封板镇压覆盖。与线状注入药液的机械不同，注入棒式土壤消毒机利用回转运动使注入棒上下运转，以点状方式注入药液。

2. 蒸汽消毒　蒸汽消毒是土壤热处理消毒中最有效的方法，它以杀灭土壤中有害微生物为目的。大多数土壤病原菌用 60℃蒸汽 30 min 即可杀死，但烟草花叶病等病毒，需要使用 90℃蒸汽消毒 10 min。多数杂草种子，需要 80℃左右的蒸汽消毒 10 min 才能杀死。土壤中除病原菌之外，还存在很多氨化细菌和硝化细菌等有益微生物，若消毒方法不当，也会引起作物生育障碍，必须掌握好消毒时间和温度。

蒸汽消毒的优点：①无药剂的毒害；②不用移动土壤，消毒时间短、省工；③因通气能形成团粒结构，提高土壤的通气性、保水性和保肥性；

④能使土壤中不溶态养分变为可溶态，促进有机物的分解；⑤能和加热锅炉兼用；⑥消毒降温后即可栽培作物。

土壤蒸汽消毒一般使用内燃式炉筒烟管式锅炉。燃烧室燃烧后的气体从炉筒经烟管从烟囱排出。在此期间传热面上受加热的水在蒸汽室汽化，饱和蒸汽进一步由燃烧气体加热。为了保证锅炉的安全运行，以最大蒸发量要求设置给水装置，蒸汽压力超过设定值时安全阀打开，安全装置起作用。

在土壤或基质消毒之前，须将待消毒的土壤或基质疏松好，用帆布或耐高温的厚塑料布覆盖住待消毒的土壤或基质，四周要密封，并将高温蒸汽输送管放置到覆盖物之下。每次消毒的面积与消毒锅炉的能力有关，要达到较好的消毒效果，每平方米土壤每小时需要 50 kg 的高温蒸汽。也有几种规格的消毒机，因有过热蒸汽发生装置，每平方米土壤每小时只需要 45 kg 的高温蒸汽就可达到预期效果。根据消毒深度的不同，每次消毒时间的要求也不同。

注意事项

因消毒的各种相关因素和条件，如土壤类型、天气等差异很大，因此消毒时间要视情况而定。

第六节
温室综合环境调控

环境调控的概念是运用各种手段来改善不适环境条件，创造适宜作物生长发育的环境条件的过程。现代温室生产的一个关键特征是，根据户外天气条件和作物生长发育阶段、环境控制设备的使用环境条件等有效控制温室环境，从而进行连续生产和管理，最终有效平衡生产各种蔬菜、水果、花卉、药材等。温室生产可以不受地理位置和气候的影响，寒冷地区或贫瘠的土地上也可建造日光温室，并能有效改善生态、农业生产条件，促进科学发展和合理利用农业资源，提高土地生产率、劳动生产率和社会经济效益。因此，温室在世界范围内得到了广泛的应用。然而，温室环境控制是所有室内环境控制中最困难的。一般建筑物几乎不受阳光影响，温室则不然，室外环境状况对温室环境控制有着决定性的影响。一般的环境控制多只针对气温及湿度等，温室的环境控制则还需同时考虑光量、光质、光照时间、气流、植物保护、二氧化碳浓度、水温、水量、溶氧、土壤 EC 值、pH 值等其他因素。

一、智能温室环境控制系统

随着科技的发展，农业也在向现代化设施农业发展，越来越多的现代化技术投入到农业生产中来。智能温室配备了由计算机控制的可移动天窗、遮阳系统、保温保湿帘、降温系统等自动化设施，对温室内的空气温度、土壤温度、空气相对湿度等参数进行自动调节检测，创造植物生长的最佳环境，使温室内的环境接近人工设想的理想值，满足作物生长发育的需求，以增加温室产品产量，提高劳动生产率，是高科技成果为规模化生产的现代化农业服务的成功范例。智能温室控制主要根据外界环境的温度、湿度、光照，以及风速、雨量等气候因素，来控制温室内的温度、湿度、通风、光照，创造出适合作物生长的最佳环境，同时控制影响作物的各种营养元素进行动态配给。

（一）国内外智能环境控制温室技术现状

1.国外研究进展　随着微型计算机日新月异的进步和其价格的大幅度下降，以及生产对温室环境要求的提高，以微机为核心的温室综合环境控制系统在欧美和日本获得长足的发展，并迈入网络化、智能化阶段。国外现代化温室的内部设施已经发展到比较完善的程度，并形成了一定的标准。温室内的各环境因子大多由计算机集中控制，因此检测传感器也较为齐全，如温室内外的温度、湿度、光照度、二氧化碳浓度、营养液浓度等，由传感器的检测基本上可以实现对各个执行机构的自动控制，如五级调节的天窗通风系统、湿帘与风机配套的降温系统、可以自动收放的遮阴幕或寒冷纱、由热水锅炉或热风机组成的加温系统、可定时喷灌或滴灌的灌溉系统以及二氧化碳施肥系统，有些还配有屋面玻璃冲洗系统、机器人自动收获系统，以及适用于温室作业的农业机械等。计算机对这些系统的控制已不是简单的、独立的、静态的直接数字控制，而是基于环境模型上的监督控制，以及基于专家系统的人工智能控制，可以为温室管理者提供包括作物种植的经济分析、病虫害防治在内的管理与决策系统信息。发达国家如荷兰、美国、英国等大力发展集约化的温室产业，已经研制成功对温室内温度、湿度、光照、气体交换、滴灌、营养液循环等实现计算机自动控制的现代化高科技温室，甚至于育苗、移栽、清洗、包装等也实现了机械化、自动化。

目前，日本、荷兰、美国、以色列等发达国家可以根据温室作物的要求和特点，对温室内的诸多环境因子进行调控。美国和荷兰还利用差温管理技术，实现对花卉、果蔬等产品的开花和成熟期进行控制，以满足生产和实践的需要。研究的现状正朝着完全自动化和无人化方向发展。此外，对自动化温室环境的优化控制研究已在进行。日本还利用传感器和计算机技术，进行多因素环境远距离控制装置的开发。英国农业部在一些农业工程研究所里正进行温室环境（温室小气候、温、光、湿、通风、二氧化碳施肥等）与生理、温室环境因子的计算机优化和温室自动控制系统等的研究。

2.国内研究进展　　国内对温室环境控制技术研究起步较晚。自20世纪80年代以来，我国工程技术人员在吸收发达国家高科技温室生产经验的基础上，进行了日光温室中温度、湿度和二氧化碳等单项环境因子控制技术的研究。实践证明，单因子控制技术在保证作物获得最佳环境条件方面有一定的局限性。1996年江苏理工大学研制出一套温室环境控制设备，能对营养液系统、温度、光照、二氧化碳施肥等进行综合控制，在一个 150 m^2 的温室内，实现了上述四个因子的综合控制，是当时国产化温室计算机控制系统较为典型的研究成果。

近年来，在国产化技术不断取得进展的同时，也加快了引进国外大型现代化温室设备和综合控制系统的进程。这些现代温室的引进，对促进我国温室生产中计算机技术的应用与发展，无疑起到了非常积极的推动作用。可以看出我国温室设施计算机应用，在总体上正从消化吸收、简单应用阶段向实用化、综合性应用阶段过渡和发展。但是，大部分不够理想。在技术上，以单片机控制的单参数单回路系统居多，尚无真正意义上的多参数综合控制系统，与欧美等发达国家相比，存在较大差距，尚需深入研究。

（二）日光温室智能控制的系统结构

智能温室控制系统是具有良好的控制精度、较好的动态品质和良好的稳定性的系统，对植物生长不同阶段的需求制定出检测的标准，对温室环境进行检测，并将检测得的参数比较后进行调整。

室内室外各种传感器收取各种信号并进行信息转换处理，让计算机识别并进行处理，输出调整指令。输出控制部分控制风机、喷雾系统、遮阳系统的开关，使作物的生长实现车间化。

日光温室智能控制系统的研究分成以下几大部分：内部设施的配置，环境的控制，作物的栽培及经营与管理。日光温室智能控制系统涉及以下内容。

1. 实时数据采集　它是实施环境控制的重要依据，环境要素的变化非直观能感觉到的。环境要素是处于随时变化的，需要进行连续和快速地监测，取得大量的瞬时值，这些都要由数据采集系统完成。

2. 实时决策　对采集到被控参数的状态量进行分析，按照已定的控制规律，决定系统的控制过程。如何实现日光温室环境的优化控制与管理是日光温室生产过程的关键。研究人员要解决两个问题：①研究作物对环境变化的反应，并建立其相应的定量关系。②通过定量的数学关系，提供日光温室环境最有效的控制管理策略或方案。

3. 温室环境控制　通过人为的控制与管理，创造适宜作物生长的环境条件。根据作物对各个环境要素相互协调的关系，当某一要素发生变化时，其他要素自动做出改变和调整，能更好地优化组合环境条件，这是温室环境控制技术的主要发展方向，也称为温室环境智能控制技术。

4. 传感器研制,智能仪器仪表开发　传感器是设施农业高产优质的基础,而传感器又是实现自动化的关键,提高产品的可靠性、降低成本是在农业生产上大面积使用的关键。传感器是现代监测控制系统的核心。

二、我国温室综合环境调控存在的问题和差距

1. 存在问题　温室的环境调控目前已得到了各个国家的重视,我国目前设施栽培综合环境控制技术水平低,调控能力差,并且以单个环境因子的调控设备为主,带有综合环境自动控制的高科技温室主要靠从国外引进。但由于自身发展和技术条件的限制,还有很多问题亟待解决。例如:①温室土壤连作障碍及土壤盐渍化问题;②温室环境调控以及周年利用与高成本之间的矛盾;③温室病虫害控制与产品品质之间的矛盾。

而我国自国外引进的温室自动控制系统的突出的问题则有以下几点:①温室投入产出低,运行经济效益差,而且引进价格高,国内农业生产难以接受;②温室技术要求过高,一般的用户很难掌握,限制了温室的适用范围;③引进的温室的一些运营模式没有与中国的实际结合起来,因此不能适应我国的气候特征;④随着温室环境管理水平的发展,一些先进的环境调控技术必将得到很好的应用,例如计算机综合调控技术。一些先进的调控设备的应用,如二氧化碳发生器、自动加温设备、湿度调控设备等,为克服土壤连作障碍而发展的土壤调控技术等。

2. 差距　从目前的研究情况来看,我国的温室自动控制系统科研水平跟国外比仍有较大差距,主要表现在以下几个方面:

(1)尚未建立温室结构的国家标准　研究者给出的控制系统大都有较强针对性。由于温室结构千差万别,执行机构各不相同,对于控制系统的优劣缺乏横向可比性。

(2)缺乏与我国气候特点相适应的温室自动控制软件　目前我国引进温室自动控制系统大多投资大,运行费用过高,并且控制系统中所

侧重考虑的环境参数与我国的气候特点存在矛盾，如荷兰由于温度变化很小，故对降温、通风问题考虑很少，而采光问题考虑得较多，如果将这种温室系统应用于我国新疆地区，肯定不合适，因为新疆的温差变化大。

（3）我国综合环境控制技术的研究刚刚起步　目前仍然停留在研究单个环境因子调控技术的阶段，而实际上，室内的日照量、气温、地温、空气湿度、土壤湿度、二氧化碳浓度等环境因素，是在相互影响、相互制约的状态中对作物的生长产生影响的，环境因素的空间变化、时间变化都很复杂。此外，优化值的设定是一项复杂的工作，作物生长是多因素综合作用的结果，当改变某一环境因子时，常会把其他环境因子变到一个不适宜的水平，因此，将温室内的物理模型、作物的生长模型、温室生产的经济模型结合起来，进行作物生长环境参数的优化研究，开发一套与我国温室生产现状相适应的环境控制软件是很重要的。

截至 2020 年，我国农业设施化进程已经历了三十余年，发展迅速，目前温室面积已超百万亩，居世界首位。虽然已相继研制成功的高效节能日光温室，表现出了良好的采光保温性能。但是，我国温室还远远没有达到工厂化农业的标准，在实际生产中仍然有许多问题困扰着我们，如温室装备配套能力差、产业化程度低、环境控制水平落后、软硬件资源不能共享和可靠性差等。我们还应在如下方面进行努力：①改进并完善温室环境调控技术与设施；②研究发展温室环境综合调控技术；③研究开发智能化环境调控和生产管理技术。

智能温室技术是农业现代化发展进程中的先进技术，是利用现代最新技术装备农业，在可控环境条件下，采用智能化生产方式，实现集成高效及可持续发展的现代化农业生产与管理体系。大力发展现代化农业，对推动现代农业建设，实现可控条件下农业生产的集约化、高效化生产经营方式，全面提升农业生产的经营管理水平；对促进农业结构调整，拓展农业功能，提高农业整体效益，增加农民收入，改善农业生态环境，加快社会主义新农村建设，具有十分重要的意义。

三、温室综合环境调控的发展方向

现代温室是设施栽培技术的最新发展。它采用控制环境的方法，使作物常年具有良好的生长环境。不同的作物有不同的环境要求，同一作物的不同阶段对环境的要求也不同，建立不同的温室作物生长模型是必需和迫切的。但作物模型的研究是一个难题，需要多个生产周期的研究和实验积累，需要较长的时间采集数据，国内在这方面的研究刚刚起步。由于温室内的作物生长是温度、光照和湿度等生长环境因子综合作用的结果，故不能将这些因子分开来静态地考虑，而应从整体上动态地研究环境控制问题。环境控制问题还应该与维持温室运行的控制成本结合起来，即研究如何以一种比较经济的环境控制方法较好地满足植物工厂化生产的需要，这是提高现代温室生产经济效益需要研究解决的问题。

在信息化和网络化的今天，现代化温室系统应该充分利用这一资源，实现资源和数据共享，随时掌握国内和国际市场动态，制订出最佳的种植计划，描绘出未来的基于知识的多个温室递阶分布式信息系统。下位机中包含有多变量控制、远程控制、完成每日数据记录等。监控计算机中安装有庄稼管理系统，功能包括数据分析（多变量分析、谱分析、图像分析），系统分析（控制理论、系统动力学、系统工程），三维图像系统（CAD、图像处理、图像数据捕获），数据库（气候、庄稼、温室、控制等），规则库（庄稼、气候、疾病、市场等），网络（局域网、国内网、国际网），控制系统（物理特性、庄稼测量、肥水控制等），农业专家系统（推理系统、用户界面），作物长势分析（叶、茎、果实、产量预测）。

温室生产过程这个复杂大系统下的各个子系统之间关系错综复杂、相互制约，如作物模型和环境控制的制约关系、环境控制和经济运行成本的耦合关系等。温室内培育的对象是具有生命的植物，其安全是首要的。温室的管理涉及市场、设备、技术、员工等诸多因素，因此，温室的管理还不能完全脱离人的干预，而人的行为又带有主观性质。所以，温室控制过程有许多不可确定性。总之，温室生产过程具有客观复杂性和认识复杂性，是一个复杂的过程系统，因此，对温室的控制需运用复杂系统理论提供的新概念、新方法解决其不确定性、不精确性、部分事实、非线性、强耦合等问题。

加强控制理论同生产实际的密切结合，引入智能化方法、智能技术以及知识工程方法，形成不同形式的既简单又实用的控制结构和算法，形成包括计算机监控系统在内的综合集成于一体的人机智能系统，是对温室实行先进控制的发展方向。

（一）智能仪表与分布式控制

温室智能化发展的未来，传感器的设计和开发是十分重要的。将 CPU（中心处理单元）、存储器、A/D 转换器的输入和输出的功能模块，利用大规模集成电路和嵌入式系统整合到一个小小的芯片之上，完成信号的转换和处理，按照预定的控制策略来完成一些任务计算、处理和信息交换，在环境急剧变化时，仍然稳定地输出或自补偿。当传感器自身或系统的某一部分出故障时，能自动检测和报警，即使在上位机故障或失效的情况下，各智能单元仍可独立运行并执行预先设定的任务。目前分布式系统是计算机控制系统的主要发展方向。在整个系统中不存在所谓的中心处理系统，而是由许多分布在各温室中的可编程控制器或子处理器组成，每一个控制器连接到中心监控计算机或称主处理器上。由每个子处理器处理所采集的数据并进行实时控制，而由主处理器存储和显示子处理器传送来的数据，主处理器可以向每个子处理器发送控制设定值和其他控制参数。这样，系统可靠性大大提高，局部故障不影响系统运行，模块间相对独立，相互间影响小。

（二）自动控制和专家系统的结合

环境控制分为单因子控制和多因子控制。单因子控制没有考虑影响作物生长诸多环境因素之间相互制约的关系，相对比较简单。而多因子环境控制要根据作物对各个环境要素之间的相互协调关系来进行控制，当某一要素发生变化时，其他要素自动做出改变和调整，能更好地优化组合环境条件，这是温室环境控制技术的主要发展方向，也称为温室环境智能控制技术。

近年来遗传算法、模糊推理、神经网络等人工智能技术在设施农业中得到重视并逐步发展，其中神经网络在温室环境控制模型与作物模型的研究中得到了不同程度的应用。温室生产系统是一个十分复杂的非线性系统，研究其输入与输出的定量关系是十分困难的。神经网络采用黑箱方法，能把复杂的系统通过有限的参数表达出来。

目前的自动控制加上温室生产专家系统成为当前温室智能控制的主要发展方向，也是温室智能控制的重点和难点。

（三）生物信息获取与分析

1. 图像分析和处理　在日光温室生产与管理过程中，许多过程依赖于人为的获取可视化信息进行决策和分析。设备拍的照片能正确反映作物的生长情况，并可以和显微镜、电子显微镜以及计算机连接分析，迅速判断出作物生长的各种参数，如生长、营养、水分和病虫害感染等状况。这些参数可用电子信箱立即发给有关专家进行决策，所有这些过程都在几分钟内完成，这是现代温室技术的最高水平。

2. 虚拟温室　"虚拟温室"是将数据、材料、物理特性和其他模型以及高级计算方法整合成一个研究环境。研究温室对外界环境的反应，将物理学（如温室维护结构的传热和力学属性）和环境学（气候的变化、作物的生理信息）结合起来构成一个平台，能够预报对各种外界变化的反应，这是目前数字化农业的一个重要研究方向。

（四）网络化

随着温室规模化和产业化程度的不断提高，网络通信技术会在温室控制与管理中得到广泛的应用。随着网络通信技术的发展，地区之间，甚至国与国之间也可以通过互联网技术，进行远程控制或诊断。英国伦敦大学农学院研制的温室计算机遥控技术，可以测量 50 km 以外温室内的光照、温度、湿度、气、水等环境状况，并进行遥控。而短信（SMS）的应用更加拓宽了温室智能控制的应用范围，它可以在设备终端关闭或者超出覆盖范围的时候仍然保证信息的传递。利用现代化网络技术进行在线或离线服务，从长远看有广阔的应用前景。

未来的温室智能控制系统还要和气象站、种苗公司、生产资料、病虫害测报、市场营销、有关研究机关、大学、金融机构以及相关的农业团体、周边专业农户联网，不仅做到栽培环境全自动控制，还可综合分析农资市场、气象、种苗、病虫害发生，进行产量、产值的预测，为生产者提供更为广泛的信息情报和确切的决策依据。但是，这种智能化专家系统造价昂贵，主要用于高产值园艺作物的周年生产。

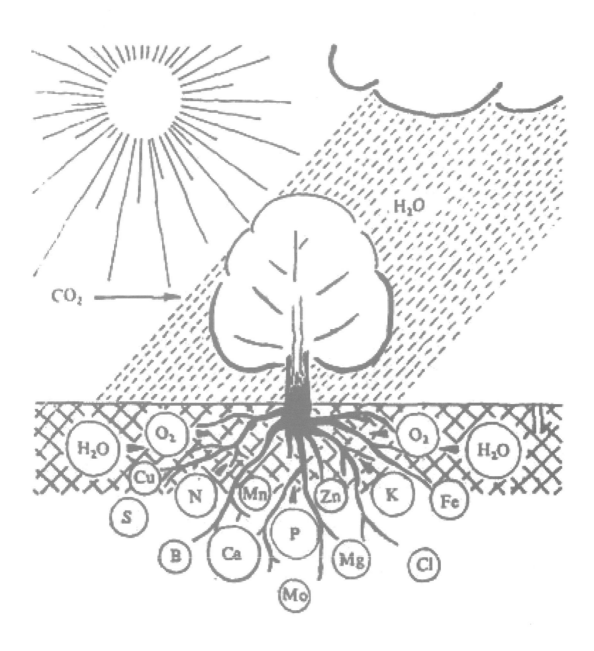

第四章
日光温室施肥与蔬菜营养

无论种植何种蔬菜，首先要摸清蔬菜种类及品种的特性及需肥规律，然后再根据蔬菜种类及目标产量的高低，针对性匹配肥料品种，并算出需要施肥、浇水的量来进行科学管理，使蔬菜施肥有的放矢，提高蔬菜的产量、质量及生产效益，使蔬菜种植继续走在农业生产的前列。

第一节
日光温室的土壤特点

一、土壤的养分分解速度快，土壤速效养分含量低

土壤中的养分是以有机和无机形态存在的，蔬菜作物可以直接吸收的多是存在于土壤溶液中或土壤胶体吸附的阳离子。有机营养除部分小分子的化合物如氨基酸等外，大部分复杂的有机化合物中的养分不能被蔬菜直接吸收利用。土壤有机养分占的比例很大，尤其是氮素营养 90% 以上是以有机形态存在的，这部分养分要在微生物的作用下分解释放出无机盐离子才能被蔬菜吸收利用。土壤中有机养分的分解过程叫矿化。矿化速度的快慢和土壤温度、湿度、通气条件、碳氮比等条件关系密切。保护地条件下提高了土壤温度，或延长了较高温度的持续时间，增强了微生物的活性，促进了土壤养分的转化，提高了土壤养分的有效性。日光温室主要生产秋冬茬、越冬茬和冬春茬蔬菜，栽培季节地温低，不利于土壤微生物的活动，有机养分转化为无机养分率低，所以土壤养分缺乏速效性。有些日光温室内虽然基肥中有机肥的施用量较大，但蔬菜作物在苗期或生育前期也会表现出缺肥现象，这就是由于缺乏速效性养分所致。往往因土壤中速效磷和碱解氮的含量低，不利于菜苗的生长和花芽分化。

二、养分积聚型土壤，有易返盐的特性

由于在保护地覆盖条件下提高了温度，土壤表面水分的蒸发速度加快，地下水会沿毛管孔隙而向地上部运输，与此同时，也将下层土壤中的养分带到地表。又由于覆盖遮住了自然降水，减弱了土壤养分的淋溶作用，所以保护地土壤是积聚型的，大量养分积聚在表层土壤中。这两种作用的结果使表层土壤溶液浓度加大，当达到一定浓度时，就

会对作物产生盐害。不同的盐类浓度对作物的影响不同：土壤溶液总盐浓度在 0.000 3% 以下时，一般肉质根类作物根系很少受害。当总盐浓度达到 0.000 5% 时，作物根系对养分和水分的吸收开始失去平衡，植株和果实的生长变慢或停止；当总盐浓度达到 0.001% 时，就能测出土壤中有铵的积累，黄瓜表现出对钙的吸收受阻，植株表现出叶片呈现降落伞状或镶金边、变黑或萎蔫，甚至全株枯萎。一般随着日光温室使用年限增长，日光温室内表层土壤含盐分浓度呈现上升趋势。

三、保护地土壤易发生次生盐渍化

所谓土壤次生盐渍化是指本身无盐分障碍的土壤，由于施肥、灌溉等原因而造成盐分积累，产生盐分障碍的过程。在保护地蔬菜生产的条件下，由于土壤养分积累在地表，土壤养分的矿化速度快，加上保护地生产是高度集约化的高投入、高产出的生产系统，有机肥和无机肥的施用量高，土壤中一些养分含量高于作物吸收导致集聚，所以年复一年很易造成表层土壤盐分浓度的提高，产生盐分障碍。可以说保护地菜田土壤次生盐渍化是任何保护地有土栽培的国家都无法逃避的问题。

施肥是影响菜田土壤肥力的主要因素之一。近几年来，越来越多的研究结果表明，蔬菜根系的生长发育对土壤的理化性质、生物性状能产生显著影响。一般距根系周围 1 cm 以内的土壤称为"根区土壤"或"根际土壤"。

根区土壤中常含有大量的碳水化合物、有机酸、氨基酸、酶、维生素等有机化合物和一些钙、钾、磷、钠等无机化合物。这些有机和无机化合物都是由根系分泌产生的，它们是土壤微生物的养分来源之一。而且这些酶类物质可以提高土壤中无机态磷、钾等元素的有效性。尤其是根系分泌的各种土壤酶类积聚于根际周围，对土壤养分转化起着重要作用。

根系除了分泌有益物质外，还常分泌一些有毒物质，这是蔬菜不宜进行连作的主要原因。潼岛康夫（日本学者）1959 年利用各种作物废液做试验，研究根分泌物对下茬作物生长的影响。结果见表4-1。

表4-1　不同作物水培废液对生长阻碍程度比较(%)(日·潼岛康夫)

废液种类	番茄	茄子	豌豆	大豆	旱稻	备注
番茄废液	25	3	2	5	+11	表内数据为对照区植100时生长降低率
茄子废液	18	25	6	12	+12	
豌豆废液	13	17	16	9	17	
大豆废液	0	8	4	10	0	
旱稻废液	7	1	1	+5	23	

从上表可以看出，凡是同一作物同一地块连作对生长影响较大，不同种的作物轮作则对生长有促进作用。

根分泌物除影响蔬菜根系等器官的生长外，根系分泌物的积累也会影响根系微生物的活性，从而影响到土壤有机质的分解和腐殖质的矿化率。一般肥力高的土壤，因有机质含量高，微生物丰富，微生物代谢能力强，土壤缓冲能力高，一般不存在或很少存在过量的有毒物质。

四、土壤湿度靠人工调控

土壤湿度极少受外界气候条件影响，而是由人工控制调节。土壤湿度直接影响作物根系的生长发育和根系对土壤中养分的吸收，也间接影响作物地上部分的生长发育。日光温室内土壤湿度的变化，主要靠灌水和喷水来进行调节。不同的浇水方法又影响到土壤的物理性状，如畦灌易降低地温和引起土壤板结等。

第二节
蔬菜对土壤性质的要求

在日光温室种植的蔬菜种类比较单一、重茬多、产量高，因而要求：①土壤高度熟化，有较厚的腐殖质积累层，腐殖质的含量要在 2%~3%，耕作层土壤厚度在 30 cm 以上；②土壤要结构疏松，有较好的保水、供水和供氧能力；③土壤的酸碱度适中，大多数蔬菜作物要求 pH 6~6.8（见表 4-2），即在微酸性的土壤中生育良好；④有较大的热容量和导热率，温度变化比较稳定，即稳温性好；⑤土壤营养含量高，保肥供肥能力强；⑥土壤清洁，无病虫寄生，无污染物质积累。

表 4-2　几种蔬菜适宜的土壤酸碱度

蔬菜种类	酸碱度适宜范围（pH值）	蔬菜种类	酸碱度适宜范围（pH值）	蔬菜种类	酸碱度适宜范围（pH值）
黄瓜	5.5~6.7	白菜	6.0~6.8	韭菜	6.0~6.8
南瓜	5.0~6.8	甘蓝	5.5~6.7	大蒜	6.0~7.0
西瓜	5.0~6.8	花椰菜	6.0~6.7	萝卜	5.2~6.9
甜瓜	6.0~6.7	莴苣	6.5~6.7	胡萝卜	5.5~6.8
番茄	5.2~6.7	芹菜	5.5~6.8	芦笋	6.0~6.8
茄子	6.8~7.3	菠菜	6.0~7.3	菜豆	6.0~7.0
辣椒	6.0~6.6	大葱	5.9~7.4	豌豆	6.2~7.2
土豆	4.8~6.0	洋葱	6.0~6.5	牛蒡	6.5~7.5

第三节
蔬菜吸收土壤养分的特点

　　和所有绿色植物一样，蔬菜的根系是吸收养分最活跃的区域。蔬菜根系对土壤养分的吸收有被动吸收和主动吸收两种形式。由于蒸腾作用所产生的蒸腾拉力，使矿质元素的离子由根表面而达到木质部的吸收过程叫被动吸收。这种吸收过程是顺浓度梯度进行的。离子的吸收也可以借助呼吸作用释放的能量做功而逆着浓度梯度被吸收，这个过程叫主动吸收过程。蔬菜根系能吸收土壤溶液中呈水溶性状态的矿质营养，也可以在与土壤胶体接触的过程中吸收被土壤胶体吸附的养分。还可以靠根呼吸放出的二氧化碳遇水形成的碳酸和根部分泌产生的柠檬酸、苹果酸、葡萄糖酸等有机酸溶解部分难溶性矿物质而对土壤中的难溶矿物加以利用。土壤养分含量、温度、水分和气体条件等因素影响蔬菜根系对矿质元素的吸收。此外受遗传因素决定的蔬菜作物的根系分布状况（包括深度和广度）、根系数目、根的阳离子代换量、根系分泌物等因素也影响根系对矿质元素的吸收。和其他农作物比较，蔬菜作物在营养元素吸收方面有以下特点。

一、喜钙

　　日本学者高桥等人以番茄和水稻对比，测定植株体的钙和硅胶的含量，结果发现，钙在番茄叶茎和根部的含量分别为 6.02%、2.78% 和 5.16%（占干重），而水稻的叶、茎和根的含钙量则分别为 0.52%、0.25% 和 0.4%；硅胶的含量正好与之相反，番茄叶、茎、根中则分别为 1%、0.4% 和 0.6%，而水稻叶、茎、根中则分别高达 16.7%、12.2% 和 5.3%。陈佐忠等人在"北京地区主要农作物（22 种）的化学特征"的研究中发现蔬菜和禾谷类作物比较，除硅的含量明显低之外，其他元素的含量都以蔬菜作物的含量高，其中钙含量平均高 12 倍之多，故蔬菜是喜钙作物（表4-3）。

蔬菜易产生缺钙之症，如大白菜干烧心病、番茄脐腐病等。

表 4-3　北京地区几种农作物氮等矿质元素的含量（占干重%）

作物	采样部位	氮（N）	磷（P）	钾（K）	钙（Ca）	铁（Fe）	硫（S）	硅（Si）	钠（Na）	灰分
小麦	叶	1.08	0.026	0.456	0.585	0.037	0.168	6 556	0.014	18.00
水稻	叶	1.16	0.051	0.592	0.426	0.020	0.175	5.507	0.050	15.71
大白菜	食用部位	3.40	0.402	3.094	1.708	0.012	0.359	0.001	2.139	11.60
甘蓝	食用部位	3.25	0.256	2.031	6.107	0.018	0.156	0.014	2.280	22.59
番茄	叶	3.28	0.185	0.860	9.825	0.022	1.172	0.015	0.881	26.79
黄瓜	叶	4.44	0.367	3.204	8.835	0.010	0.630	0.019	0.162	25.62

二、各种蔬菜均是含硼作物

多种作物硼含量比较，见表4-4。

表 4-4　多种作物硼含量比较（mg/kg）

作物	硼含量	作物	硼含量	作物	硼含量	作物	硼含量
大麦	2.3	菠菜	10.4	胡萝卜	25.0	萝卜	49.2
黑麦	3.1	芹菜	11.9	苜蓿	25.0	甜菜	75.6
小麦	3.3	马铃薯	13.9	甘蓝	37.1		
玉米	5.0	番茄	15.0	大豆	37.2		
洋葱	4.3	豌豆	21.7	菜豆	41.4		

表4-4说明，蔬菜体内硼含量一般都在10 mg/kg以上，甜菜可高达75.6 mg/kg。所以许多蔬菜如果土壤供应硼不足，就会发生缺硼症，如芹菜的裂茎病、萝卜的褐心或水心病、甜菜的心腐病、番茄的裂茎。

三、喜硝态氮

大部分蔬菜喜欢硝态氮。与硝态氮相比，铵态氮对蔬菜的生长有抑制作用。大多数蔬菜以土壤或培养液中硝态氮比率愈大，生育愈好，仅少数蔬菜（如菜豆、甘蓝）在铵态氮微量存在时生长发育更好，但是当铵态氮比重超过半量时，各种蔬菜的生长发育急剧下降，外部形态上也表现出明显的症状。在铵态氮区番茄产生轻微的叶脉间黄化及脐腐病果。黄瓜有的植株主枝呈现生长点停滞的症状，侧枝发育不良，最初叶片浓绿，逐渐从下部叶片的叶缘及叶脉间黄化产生叶烧而枯萎，在生育后期全部黄化。菜豆表现为叶烧，叶脉间黄化。白菜表现为叶脉间黄化、叶灼、叶片下垂、枯叶率高。总之，随着铵态氮供给比率的增加，叶片先变得浓绿而后叶脉间黄化，再呈叶灼叶枯，生长点停滞、根褐变。当然也不例外，在不同氮素形态对葱的影响研究中发现，单施硝态氮区叶色浓绿，变软而易折，而与铵态氮并用区叶坚挺、叶色绿，从而提高了其商品价值。

四、需肥量大

蔬菜作物较禾谷类作物需肥量大。许多蔬菜作物吸收的各种元素数量比禾谷类的作物多，产量也高，蔬菜不仅在其生长发育期间需要大量营养元素的供应，而且能适应土壤中高浓度的养分含量。日本关东东山农事试验场将多数蔬菜养分吸收量计算出总平均量与小麦营养吸收量作比较，结果表明，蔬菜的吸氮量比小麦高出 0.4 倍，吸磷量高 0.2 倍，吸钾肥高 1.92 倍，吸钙量高 4.3 倍，吸镁量高 0.54 倍，见表 4-5。

表 4-5　小麦与蔬菜养分平均吸收量比较（g/m^2）

作物	氮（N）	磷（P_2O_5）	钾（K_2O）	钙（CaO）	镁（MgO）
小麦	0.85	0.30	0.56	0.18	0.13
蔬菜	1.21	0.38	1.68	0.97	0.20

日本的研究资料还表明，适于蔬菜生长的培养液浓度比适于水稻生长的培养液浓度氮素高 20 倍，磷素高约 3 倍，钾素高 10 倍左右。在水培条件下，氮素浓度在 30 mL／L 时玉米产量最高，超过这个浓度时，玉米茎叶重量不再增加。其他蔬菜，如番茄、黄瓜、甘蓝等都有类似的情况。

五、蔬菜作物根系的阳离子代换量均很高

蔬菜作物吸收养分的特征与它们的根系活动特性有关。而根系的 y 阳离子代换量是反映作物根系吸收特性的重要指标。根的阳离子代换量表示根对阳离子的吸着能力。一般来说，阳离子代换量高的根系吸收能力也较高，而且较多地吸收钙离子（Ca^{+2}）、镁离子（Mg^{+2}）等二价阳离子；阳离子代换量低的根系吸收养分能力也较低，且较多地吸收钾离子（K^+）和铵离子（NH_4^+）等一价阳离子。

六、蔬菜对菜田土壤有机质及矿质元素含量有较高的要求

这是因为蔬菜根系呼吸需氧量大，而许多蔬菜（如番茄、胡萝卜、大白菜和萝卜等）气体辅导组织很不发达，这就要求土壤中含有丰富的有机质，从而使土壤形成良好的团粒结构，具有良好的透气性。土壤空气的更新（土壤的呼吸）主要靠扩散作用，而扩散作用的强度则取决于土壤的空隙度（温度也是一个重要因素）。结构良好的土壤，其孔隙度高，土壤中二氧化碳的逃逸和大气中的氧向土壤中扩散也相应加强。正因为这样，种植蔬菜比较理想的菜园土的有机质含量最好要保持在 3% 以上。此外，土壤有机质是一种吸附能力很强的有机胶体，因此，富含有机质的土壤不仅保肥能力强，而且土壤养分的缓冲能力大。在施用化肥后，土壤溶液浓度依靠土壤胶体的吸附调节，而不能升高至妨碍根系对养分的吸收，而且当蔬菜从土壤溶液中吸收养分以后，土壤胶粒又能及时地将养分释放到土壤溶液中，从而保证蔬菜的整个生

长期间，土壤溶液常能保持有效养分的最佳浓度。这对于保持菜田良好的肥力水平，满足蔬菜对土壤营养的需要是十分有利的。

几种蔬菜每生产100 kg鲜菜对肥料的吸收量，见表4-6。

表4-6　几种蔬菜对肥料中大量元素的吸收量

蔬菜	每生产100千克鲜菜吸收大量元素的量（g）				
	氮（N）	磷（P_2O_5）	钾（K_2O）	钙（CaO）	镁（MgO）
西瓜	290	185	960	350	70
西葫芦	390	210	815	370	276
茄子	252	85	350	110	65
番茄	275	137	660	320	90
辣椒	567	130	1 840	230	115
芹菜	40	147	60	—	—
莴笋	250	120	450	—	—
黄瓜	400	90	400	350	80

第四节
蔬菜生长发育必需的营养及功能

一、蔬菜生长发育必需的营养元素

蔬菜有机体的组成是极其复杂的，是由不同元素的化合物组成的，蔬菜等植物体中的矿质元素也叫灰分元素，当植物组织在100~103℃下加温数小时，水分被排出，所剩下的即所谓干物质。蔬菜作物的不同种类、年龄、栽培条件和部位的干物质含量不同。如休眠的种子干物质高达90%以上，鲜嫩多汁的蔬菜产品，如黄瓜的商品成熟瓜条的干物质仅占5%。碳水化合物、蛋白质、氨基酸、有机酸和脂类等有机化合物以及几种矿质元素（无机离子）是蔬菜等作物干物质的基本组成部分。将植物干物质充分燃烧时，有机物中的碳、氢、氧、氮等元素以二氧化碳分子、氢分子、氧分子、分子态氮和氮氧化物形式散失，余下的碳化物质称灰分。矿质元素以氧化物形式存在于灰分中。氮不是灰分元素，但氮也是从土壤中吸收来的，故也归入矿质元素一类。

在蔬菜等农作物的营养元素中主要是碳、氢、氧、氮，它们分别占农作物干物重的 45%、43%、6.5% 和 2%，剩余的是 5% 左右的灰分元素。灰分元素约有数十种，但是蔬菜等农作物营养必需的元素却有 16 种（现国外报道有 60 多种）。那么何为必需元素呢？早在 1939 年美国植物生理学家就提出了鉴定必需元素的三条标准：其一，该元素是植物生长发育所必需的，当植物缺乏该元素后，便不能正常地完成其生命循环；其二，该元素在植物生长中的作用是不可代替的，除去该种元素表现专一的缺乏症，而且这种缺乏症只有该元素得到补充时才能恢复；其三，该元素在植物营养生理上起直接作用，而不是仅仅间接改善环境而产生的营养作用。根据这三条标准，大量试验已证明农作物有机体必需的营养元素有 16 种，分别为：碳（C）、氢（H）、氧（O）、氮（N）、磷（P）、钾（K）、钙（Ca）、镁（Mg）、硫（S）、铁（Fe）、锰（Mn）、锌（Zn）、钼（Mo）、硼（B）、铜（Cu）、氯（Cl）。而且根据这些元素在作物体内的含量不同，将其分为大量元素和微量元素。大量元素的含量占有机体干物重的百分之几十到千分之几，它们是碳、氢、氧、氮、钾、钙、磷、硫、镁，而锰、铁、锌、硼、铜、钼、氯含量占农作物有机体干物重的千分之几到万分之几，称作微量元素。

二、各种必需营养元素的主要生理功能

蔬菜作物是从空气和水中吸收碳、氢、氧；大部分蔬菜从土壤中吸收氮，而豆科蔬菜则具有从空气中吸收氮并加以利用的能力；蔬菜作物是从土壤中吸收钾、钙、磷、硫、镁、锰、铁、锌、硼、铜、钼、氯等营养元素，吸收到蔬菜体内的各种营养元素具有各自的生理功能。总的来说，碳、氢、氧、氮、磷、硫、钙、镁等元素构成蔬菜活体的结构物质和生活物质。所谓结构物质是指纤维素、半纤维素、木质素

及果胶质等；所谓生活物质是指氨基酸、蛋白质、核酸、酯类、叶绿素、酶、辅酶等。而铜、锰、锌、氯、钼、硼、铁、钙、钾、镁等元素是加速农作物有机体内代谢的催化元素和激化酶活性的活化剂，尤其是钾、钙、镁等元素在蔬菜体内的活性强，参与体内代谢作用，调节细胞透性，增强了蔬菜作物抗性。有许多报道证明，在缺钾土壤上栽培的番茄的抗病性远不如在含钾丰富的土壤上栽培的番茄，正是由于许多元素的功能和相互作用，保证了作物正常的生长发育。

1. 氮　氮在蔬菜体内执行重要的生理功能，被称为是"生命元素"。

1）氮能促进蔬菜作物体内叶绿素的形成，增强蔬菜的光合作用　施用氮肥可看到蔬菜的叶由黄变绿或由黄绿变为绿。叶子变绿是由于叶子中叶绿素含量增加。叶绿素 a 和叶绿素 b 都是含氮化合物，氮不足就会抑制叶绿素的形成而导致叶片失绿，作物吸收到足量的元素，就能促进叶绿素的形成，使叶子呈现健康的绿色。叶绿素是重要的光合色素，所以氮可以促进叶绿素的形成，增强蔬菜的光合作用。

2）氮能促进蔬菜体内蛋白质和核酸的合成，加速蔬菜的生长发育　蔬菜植株体是由细胞组成的，细胞内的活性物质是原生质，而蛋白质是原生质的重要组成成分。蛋白质中含有约 16% 的氮。缺少氮，会影响蛋白质的形成，蔬菜细胞的增长和分裂减慢，各器官的生长也减慢。增加氮营养，就为蔬菜形成蛋白质提供了原料，可以促进细胞的分裂和生长。核酸也是含氮化合物，核糖核酸（RNA）和脱氧核糖核酸（DNA）是蛋白质生物合成遗传信息传递的基础物质。没有氮，就没有蛋白质和核酸，也就没有生命，生命不能繁衍生息。

3）氮是酶和多种维生素的组成成分　酶是生物体内新陈代谢的生物催化剂，酶的本质也是蛋白质。氮通过酶的催化效应影响多种生化反应。此外蔬菜体内的许多重要活性物质也都是含氮化合物，例如多种维生素、植物激素、生物碱、磷脂、叶绿素等，因而氮对许多物质转化过程产生重要影响。可见氮是对蔬菜生长发育和产量形成影响最大的元素。

氮通常是以铵态氮和硝态氮的形式被蔬菜吸收到体内，然后通过硝化与氨化作用合成氨基酸、蛋白质构成植物体。豆科植物则靠根瘤直接固定空气中的氮，再形成氨基酸、蛋白质供寄主利用，而根系从土壤中吸收的硝态氮仅占总吸收氮量的 1/3。氮不足将影响蔬菜产量。

2. 磷　磷在蔬菜体内执行重要的生理功能。

1）磷是蔬菜体内许多重要有机化合物的组成成分。

（1）磷是核酸的组成成分　磷酸与 DNA 分子以及 RNA 通过磷酸二酯键形成核糖核酸，核糖核酸进一步转化为蛋白质。

（2）磷是磷脂的组分，而磷脂是膜结构的基本组成成分　磷脂分子中既有亲水的部分，也有亲脂的部分，故在脂—水界面有一定取向并保持稳定，在活细胞中磷脂分子的亲水部分排在外面接近水相，疏水部分夹在中间；磷脂分子与蛋白质分子相结合，形成各种生物膜的结构。由于复杂膜系统的存在，细胞内才能形成多种不同的微环境，使各种代谢反应在不同条件下进行又能相互联系。由于磷脂是多种膜结构的基本组成成分，而且磷又是 DNA 和 RNA 的成分，故磷为新细胞形成所必需。

（3）磷在能量代谢中执行重要功能　磷是腺苷三磷酸（ATP）、腺苷二磷酸（ADP）和腺苷一磷酸（AMP）的组成成分，腺苷三磷酸是生活细胞中的高能化合物，能量储存在其分子内的高能键中，腺苷二磷酸和腺苷一磷酸磷酸化即可以形成腺苷三磷酸，腺苷三磷酸中储备的能量可以直接用于蔬菜体内进行的各种需能的生化反应中。肌醇六磷酸是种子中储藏磷的主要形态。在种子成熟过程中，由于种子内缺乏肌醇六磷酸酶，故肌醇六磷酸很稳定，不水解；在干燥种子吸水萌发过程中合成肌醇六磷酸酶，于是肌醇六磷酸酶迅速水解，释放出磷供种子萌发及幼苗生长之需。

（4）磷还是蔬菜体内的一些酶的成分　含有磷素的酶可以参与蔬菜的氮代谢、呼吸作用、光合作用等，如硝酸还原酶，在它的催化下，硝态氮还原为铵态氮。磷酸吡醛素是转氨酶的辅酶，能促进氨基化作用，并能转移氨基，形成氨基酸，进而合成蛋白质。

2）磷在蔬菜各种代谢过程中起重要作用

（1）磷是蔬菜体内各种代谢过程的调节剂　磷参与体内糖类、含氮化合物和脂肪等物质和能量的代谢过程，同时它本身也随着转化，形成各种不同的含磷碳水化合物。蔬菜体内的碳水化合物，在合成分解、互变和转移过程中都需要有磷参加。磷首先参与光合作用形成同化力

（腺苷三磷酸及辅酶Ⅱ）；同化力形成后即作为能量的供体，启动卡尔文循环，循环中形成的丙糖、乙糖、庚糖及戊糖都是糖的磷酸酯；光合产物从源运到库需要ATP，所以供磷水平影响光合作用及光合产物运输，无机磷供应量还影响光合作用中蔗糖及淀粉的形成。磷还能促进呼吸作用（包括有氧与无氧呼吸）。

（2）磷通过参与调节氮代谢过程有关酶的合成而影响氮代谢　若磷供应不足，硝态氮在蔬菜体内的还原过程受阻，影响蛋白质的合成；缺磷严重，蛋白质还会分解，致使可溶性含氮化合物增加，游离氨基酸和酰胺显著积累，影响体内氮素正常代谢。蔬菜体内的油脂代谢需要有磷参加。因为脂肪由糖转化而来，磷参与糖的合成，而糖转化成甘油和脂肪酸时，也需要有磷参加。因此，磷是合成油脂不可缺少的营养元素。

3）磷对提高蔬菜抗旱、抗寒、抗盐碱的作用十分显著

（1）磷有抗旱作用　磷能增加原生质黏性，降低细胞水分的蒸腾，还能促进根系的发育，加强对土壤水分的吸收利用，增加蔬菜的抗旱性。

（2）磷有抗寒作用　磷能提高蔬菜体内可溶性糖的含量，使细胞液浓度升高而冰点下降，增强蔬菜的抗寒性。

（3）磷有抗盐碱作用　磷能缓冲原生质的酸碱度，使原生质的pH值保持稳定，提高蔬菜的抗盐碱能力。此外，还能使植株生长健壮，提高蔬菜的抗病能力和促进雌花分化；如黄瓜是对磷敏感的作物。磷进入根系后很快就转化成有机质，如糖磷脂、核苷酸、核酸、磷脂和一些辅酶。磷直接参加碳水化合物代谢、脂肪代谢和蛋白质代谢，在光合作用中磷还起到能量传递作用等。

没有磷，植物全部代谢活动都不能正常进行。黄瓜供应足量的磷，可明显增加雌花数量及质量。可见，磷在构成植株体、调节代谢和增强蔬菜抗逆能力中起重要作用。

3. 钾　钾对促进蔬菜的生育有着多方面的作用。它参与蔬菜体内的代谢作用，对提高产量、改善品质和增加蔬菜抗性起重要作用。

1）钾能促进蔬菜体内的各种代谢过程

（1）钾并非蔬菜植株体的构成成分　主要以水溶性无机态存在体内，它对维持细胞膨压、调节水分吸收、提高一些酶的活性起重要作用，并与光合作用碳水化合物的积累、硝酸还原和蛋白质合成等许多生理

过程有关。钾离子是细胞液中的主要阳离子，总渗透势的40%以上由钾离子决定。气孔开闭是由于保卫细胞中钾离子的浓度变化。细胞生产需要较高的紧张度，而细胞吸水常常是细胞主动吸收钾离子的结果。试验表明，菜豆幼叶细胞的压力势决定于钾离子的含量。

（2）钾对光合速率有明显影响　钾离子为保持叶绿色正常结构所必需。缺钾时基粒松散，基粒和叶绿体的轮廓不清。钾离子可以降低二氧化碳扩散的气孔阻力和叶内阻力；并能促进二磷酸核酮糖羧化酶的再合成。钾离子作为氢离子的反离子，有利于类囊体膜跨膜中氢离子梯度的保持，使光合磷酸化作用以进行。钾离子为叶绿体内腺苷—磷酸－葡萄糖－淀粉合成酶的活化剂，促进淀粉合成。钾离子能促进蔗糖磷酸合成酶的合成及其活性的提高，该酶催化蔗糖磷酸的合成，蔗糖磷酸是碳水化合物在蔬菜体内的运输形式，而且蔗糖磷酸水解即形成蔗糖，钾离子有助于蔗糖经韧皮部的装载过程，并且有助于腺苷三磷酸合成，为运输提供能量。

（3）钾能促进氮代谢及蛋白质合成　首先钾离子参与硝酸根离子的吸收和运转。根吸收的硝酸根离子通过木质部运输到枝叶，在硝酸根还原的同时，枝叶内形成的苹果酸负离子与钾离子一起通过韧皮部运到根，在根内苹果酸脱羧释放出的碳酸氢根离子与土壤溶液中的硝酸根离子交换，硝酸根离子被吸收到根内，又与钾离子一道通过木质部运输到枝叶，其次钾离子还参与氨的同化。蔬菜根系吸收的氨和硝酸根还原形成氨均可以参加氨基酸的合成过程，钾离子是天冬酰胺酶的活化剂，可以加快氨同化进程，防止氨中毒。

在种子发育期，钾离子促进含氮化合物运往种子（种子中的蛋白质含量与钾离子含量之间呈正相关）；钾离子也能维持蛋白质中酸性氨基酸的电荷平衡及稳定蛋白质结构。

2）钾能增强蔬菜的抗性　抗性是指蔬菜抗寒、抗旱、抗病、抗倒伏等能力。

（1）钾能增强蔬菜的抗旱力　因钾有调节原生质的胶体特性，使胶体保持一定的分散度、水化度和黏滞性等。钾可以使细胞的持水能力加强，从而加强了蔬菜的抗旱能力。

（2）钾能增强蔬菜的抗寒能力　由于钾能促进蔬菜体内碳代谢。增强蔬菜体内糖的储备，提高细胞渗透压，从而增强蔬菜的抗寒力。

（3）钾能增强蔬菜的抗病、抗虫能力　由于供钾充足时对碳、氮代谢的促进，使蔬菜茎叶纤维素增加，促进了蔬菜维管束的发育，厚角组织细胞加厚，植株体内可溶性氨基酸和单糖的积累减少，有较强的抵抗病虫侵入的能力。而且钾素供应充足，可使植株内酚类及其衍生物积累，而这些物质对一些害虫有毒害作用。钾充足，番茄对灰霉病的抗性增强。据报道，高的钾营养可减轻 20 余种细菌病害，100 多种真菌病害和 10 多种病毒、线虫引起的病害。

（4）钾能改善蔬菜的品质　钾的供应水平与蔬菜产品的品质有很大影响，因此也称钾为"品质元素"。钾能使植株体内的氮营养得到充分利用，因而使产品的蛋白质含量增加；还可以增加产品器官的糖、维生素碳的含量，改善果菜尤其是块茎类蔬菜的外观品质，促进蔬菜等作物的早熟，使其成熟度一致，耐藏性提高。

总之，钾营养在蔬菜体内含量很丰富，而且以离子状态存在，是许多酶的活化剂，在调节蔬菜代谢过程，维持细胞膨压和电荷平衡中起重要作用，从而影响蔬菜的生育和品质。

至今尚未发现钾参与任何有机物质的组成。

4. 钙

1）钙是构成质膜和细胞壁的元素　细胞壁的胞间层由果胶酸钙组成，钙对胞间层的形成和稳定具有重要意义。由于蔬菜较单子叶的大田作物细胞壁有较多的游离羧酸，所以蔬菜的需钙量很高。如黑麦草在营养液中含量 >100 mL／L 时，生长量才最高，需钙时相差 40 倍。钙还影响生物膜结构的稳定性，对膜电位膜透性、离子运转以及原生质黏滞性、胶体分散都有一定效应。钙可以增加细胞内的细胞分裂素含量，可以防止蔬菜衰老，离层的形成导致蔬菜叶片脱落，叶片脱落是蔬菜衰老的典型症状。加强蔬菜的钙营养可以增加细胞内的细胞分裂素含量，使叶片保持旺盛生活力，延迟叶柄离层形成，防止衰老。

2）钙可提高番茄果实中糖和维生素 C 的含量，降低酸度　钙可增强蔬菜的抗病性。真菌和细菌感染植株都是由于叶片渗出的有机物和糖分多，有利于真菌和细菌繁殖，从而引起病害。细胞壁和质膜间层中钙含量高，可以抑制真菌侵入时产生的高果胶酸酶等对细胞壁和质膜的破坏作用，增强蔬菜的抗病性。

3）植物钙调蛋白（CaM）的研究，对钙的生理功能有了新认识　钙离子与钙调蛋白结合具有多种调节功能，对防止细胞或植物衰老，促进光合作用，调节呼吸等能量代谢过程有重要意义。

5. 镁　镁在蔬菜体内一部分掺和在有机化合物中，另一部分以离子状态存在，在蔬菜的光合作用、呼吸作用和氮代谢过程中起重要作用。镁是叶绿素组成成分，镁在植物体内主要分布在绿色部位。镁也是多种酶的活化剂，种子内含镁也比较多。镁可以增强蔬菜的光合作用，这是由于镁一方面是叶绿素的组分之一，镁充足，有利于叶绿素的形成，增强蔬菜的光合作用；另一方面镁离子和钾离子在光合电子传递过程中共同作为氢离子的对应离子，以维持类囊体的跨膜质子梯度，同时镁离子转移至叶绿体间质，可以活化二磷酸核酮糖羧化酶和 5- 磷酸核酮糖激酶等，促进光合碳同化及其产物的运转。

镁在糖类、脂肪和蛋白质等物质代谢和能量转化过程中起重要作用。镁离子作为许多种酶的活化剂在蔬菜的物质代谢和能量转化中起调节作用。镁是丙酮酸激酶、腺激酶等的组成元素，参与糖酵解和三羧酸循环过程中的磷酸己糖激酶，是以镁作为活化剂，在氮同化中谷氨酰胺合成酶的激活也需要镁，而且在蛋白质的生物合成中镁的作用是促进核糖体亚单位的结合，镁不是影响核糖体的正常结构，而是使蛋白质合成能力降低。镁是以二价离子形态被蔬菜吸收，细胞膜对镁离子的透过性较小，镁是大量元素中吸收量较少的一个元素。镁在土壤中和在植株体内移动比钙容易，缺镁主要表现在老叶片上。

6. 硫　硫是蛋白质组成成分，一些含硫的酶及含硫化合物在蔬菜代谢中起调节作用。

硫主要以硫酸根离子（SO_4^{2-}）形态被蔬菜吸收，进入蔬菜体内的硫酸根离子，大部分还原为硫，以巯基（—SH）或二硫键基（—S—S—）存在于胱氨酸、半胱氨酸、甲硫氨酸和蛋氨酸等氨基酸中，这是几乎所有蛋白质的组成成分。所以硫在构成植株体等方面起重要作用。

硫还存在于诸如硫辛酸、硫胺素（维生素 B_1）、乙酰辅酶 A、铁氧还原蛋白等生物活性物质中，从而调节蔬菜的代谢。乙酰辅酶 A 与脂肪、碳水化合物、氨基酸的合成有关。氨基酸转换酶、羧化酶、脂肪酸、苹果酸脱氢酶都是含有巯基的酶类，这些酶对氮代谢、脂肪代谢和糖代谢有重要影响，如缺硫时蛋白质合成受阻，出现硝酸盐、可溶性有机氮和膜的积累现象。此外，硫能促进豆科蔬菜形成根瘤，参与固氮酶的形成，增强固氮活力。

7. 微量元素　这些元素在蔬菜体内虽然含量很低，但是执行着不可替代的与大量元素同等重要的作用。

1）铁　铁具有多方面的生理功能。铁虽然不是叶绿素的组成成分，但其与叶绿素的形成有密切的关系。叶绿素生物合成的中间产物之一是原叶绿素酸酯，形成原叶绿素酸酯时铁是必需的，缺铁时叶绿素合成受阻，发生失绿症。铁还是铁氧还蛋白（fd）的组成成分。铁氧还蛋白是电子传递链的重要成员，还原态的铁可以将电子用于形成光合同化力，也可用于其他需能生理过程。所以，铁是维持叶绿体正常结构和功能所不可缺少的，光合碳同化也会因缺铁受到影响，此外，铁还是豆科植物固氮酶系统的组成成分。固氮酶系统都具有含铁钼蛋白和铁蛋白，而且这两种蛋白质组分单独存在时均不具有固氮活性，只有这两种金属蛋白的复合物才具有固氮活性。豆科蔬菜的豆血红蛋白也是一种含铁卟啉的蛋白质，根瘤固氮过程需要缺氧条件，豆血红蛋白能使氧还原从而保持固氮活性。土壤中含铁量往往很高，而对蔬菜的有效性较低，这是由于土壤条件尤其是土壤的 pH 和氧化还原电位不适宜造成的。铁主要以二价铁离子（Fe^{2+}）或"铁-有机复合物"的形成被蔬菜吸收。根分泌物可以提高土壤中铁的有效性，并有助于形成二价铁离子或铁-有机复合物，促进铁的吸收。

2）锰　锰与许多酶的活性有关，参与光合作用、氮的转化、碳水化合物的转移和一些氧化还原过程。锰的重要生理功能之一是对光合的效应。锰被认为是光合放氧系统的特有成分，每个反应中心大约有 6 个与蛋白质结合的锰原子，锰原子减少时放氧能力减弱，甚至丧失。所以，锰是维持叶绿体正常结构和功能所必需的，缺锰后引起叶绿体的绿素数量减少。类囊体片层结构形成受阻，希尔反应活性减弱，使光合作用强度降低。锰还是蔬菜体内一些酶的活化剂，从而调节各种生理生化代谢过程。锰是糖酵解中的己糖磷酸激酶、烯醇酶、三羧酶循环中异柠檬酸脱氢酶、α-酮戊二酸脱氢酶和柠檬酸合成酶的活化剂，从而影响呼吸作用和光合作用的进行。此外，锰还参与硝酸盐的同化、吲哚乙酸氧化酶的活化、淀粉酶的活化。

3）锌　锌强烈地影响蔬菜体内的代谢过程，锌对酶的作用是一个重要方面。从豌豆中分离得到的碳酸酐酶是首先发现的锌酶，其后磷酸内酮酸羧化酶等多种酶类被检定为含锌的酶类。迄今发现含锌的复合酶分布在氧化还原酶类、转移酶类等六大类中，已达 59 种，锌还可以活化草酰乙酸氧化酶、烯醇化酶等。因此。在光合作用、呼吸、氮素代谢、激素合成以及蔬菜生长等方面都显示出锌的效应。锌还影响叶绿素前体（氧基乙酰丙酸）的转化，因而间接影响叶绿素的形成。细胞含锌量下降，叶绿素形成受阻，进一步影响碳水化合物的合成和利用，糖类积累减少，蔗糖、淀粉含量降低。锌供应充足，可以促进生长，增强蔬菜的抗寒能力，提高番茄等果实中的糖、维生素 C 的含量。

4）铜　铜在光合作用、呼吸作用和氮代谢过程中起重要的调节作用。铜是光合电子传递链中专一性电子载体质体蓝素（PC）的组成成分，1 mol 质蓝素含有 2 g 原子铜。所以铜对光合作用有重要调节作用，铜不足时，光合放氧即希尔反应速率下降。铜还是呼吸作用中细胞色素氧化酶、抗坏血酸氧化酶、多酚氧化酶等酶类的组成成分。这些酶类在呼吸作用中起传递电子的作用，细胞色素氧化酶是重要的末端氧化酶，所以铜不足呼吸作用会受到严重抑制，物质代谢水平和能量转化速率下降。此外，铜参与硝酸和亚硝酸的还原过程，显著影响氨基酸、蛋白质等合成。铜含量在一定水平时能刺激引哚乙酸氧化酶活性，从而影响蔬菜体内生长素的代谢水平。铜还是复合维生素硼的组成成分。可以增强蔬菜对真菌病害的抵抗能力。

5）钼　钼的主要生理作用是对氮代谢的影响，这体现在两个方面：钼是硝酸还原酶的组分，起电子传递作用，从而影响蔬菜对硝态氮的吸收和利用；钼是固氮酶的组分，固氮酶中的铁蛋白和铁－钼蛋白被认为是固氮酶的活性中心，缺钼则豆科蔬菜的固氮活性下降，可见，钼对改善蔬菜尤其是豆科蔬菜的氮素营养，提高氮素利用率有重要意义。此外，钼还能增强蔬菜根系的还原能力，促进铁离子等养分的吸收，从而提高光合速率。在一定的氮素营养水平下，钼可提供番茄的抗坏血酸（即维生素 C）和干物质含量。甘蓝植株在氮过量或钼营养不足时，会降低叶球中糖、纯蛋白、叶绿素和维生素 C 的含量。

6）硼　硼的吸收形态主要是硼酸分子，硼在糖合成和运输过程中起重要作用，硼与游离状态的糖结合，使糖带有极性，而容易通过质膜，促进糖运转。硼对繁殖器官的发育有重要影响，缺硼植株的花药造孢组织受到破坏、细胞分裂不正常，花粉母细胞四分体的分化受到抑制，花药发育不良，花药萌发和花粉管生长也受到显著影响。而且花器不同部位，硼的含量不同，一般柱头和子房含硼量高，花粉含硼量较低，缺硼时花药和花丝萎缩，而表现花而不实或不结实的症状。此外，硼具有抑制有毒酚类化合物形成的作用，缺硼时，酚类化合物如绿原酸、咖啡酸等大量积累，使根尖或茎端分生组织受害或死亡。还有报道，硼与蛋白质、核酸的合成与生长素含量的消长有关。

7）氯　氯在光放氧过程中起重要作用，二价锰离子在水的光解中的效应已被确认，氯的作用可能是作为配位基，有助于维持锰较高的氧化状态。在水分代谢中氯离子作为钾离子的反离子，在调节细胞膨压，气孔开闭中有一定作用。缺氯常导致叶片萎蔫。从豌豆中分离出 4- 氯吲哚 -3-2 酸，从而认为氯与生长素类物质的形成有一定关系，资料表明，氯是以氯离子形态被吸收，在蔬菜体内大部分氯是以离子状态调节着各种生理过程。

在蔬菜生长发育过程中，不论是需要量大的元素，还是需要量小的元素，它们都同等重要，相互不可替代。

第五节
十一种矿质元素剩缺对蔬菜生长发育的影响、表现形态和防治措施

日光温室蔬菜生产受其产品效益的驱动，在施肥上往往出现一次性投入过多，而导致某些元素过剩或某些元素吸收受阻而致贫缺，出

现施肥多,蔬菜长势差的情况。这是在日光温室生产中经常出现的问题,原因是蔬菜正常的生长发育需要吸收多种矿质元素,只有这些必需的营养元素供应充足而且搭配合理才能保证蔬菜正常的生长发育,否则某种或某几种元素供应不足或过剩都会对蔬菜产生各种不利的影响,导致产量降低。

蔬菜对某种营养元素表现出过剩和缺乏状态时,除了受供素水平的影响之外,还受其他元素的存在状态和供应水平的影响(因为土壤中各元素之间有拮抗、激发等相互作用),同时还要受病虫危害和其他不良环境的影响(如空气干燥、土壤干旱、水分过多等),所以,在生产中必须慎重对待田间的缺素症状,综合分析各种环境条件,确定缺素种类,以便"对症施治",补足所缺元素,且不可盲目下结论,造成该补充的元素没补,不该补充的元素却补的不少,严重时导致新的缺素症状产生。如一般菜田中所含的钙素营养,都足以供应高产条件蔬菜生长发育的需求,但在许多情况下,多数作物往往出现缺钙的情景,究其原因则多是属于土壤中一次性供应氮、钾等元素过多所造成。

一、氮过剩与缺乏的危害表现及防治

1. 蔬菜出现氮过剩的危害

(1)铵盐毒害　如番茄根吸收多了铵态氮之后会引起铵害,组织和细胞受到损伤,在茎上形成褐色小斑。结球生菜在大量施用铵态氮肥、低温和土壤消毒的情况下,铵离子的吸收就多,铵离子的积累达到一定程度,叶柄的内侧出现变褐的组织。如果在外叶出现变褐的组织,则内叶就不再出现。甜椒吸收铵离子过多时,顶端出现缩叶。

(2)影响其他离子吸收　如铵离子会对钙离子和钾离子产生拮抗作用。

(3)氨及亚硝酸气体危害　详见本书第三章第四节的有关内容。

(4)硝酸根离子(NO_3^-)危害　土壤的通气性好,pH中性微酸,在温度适宜的季节里,硝化细菌的活性很强,土壤中的有机肥料矿化分解产生的铵离子或化肥中的铵离子易转化成硝酸盐。露地中硝酸盐易被淋溶，保护地中硝酸盐不被土壤胶体吸附而大量存在于土壤溶液中，提高土壤溶液浓度，污染蔬菜产品，影响人体健康。而且硝酸根离子拮抗抑制蔬菜对氯离子和磷酸二氢根离子的吸收。硝酸根离子和氯离子对抗的原因是，植物体内一般不积累较多的无机阴离子，而氯离子以自由形态积累，随着硝酸根离子被吸收和积累，而影响氯离子的积累。

（5）其他　氮过量还会造成植株徒长和生殖生长不良，如茄子过量施用氮肥，会导致茄子水分吸收受阻，同化机能低下，果实膨大不良而产生僵果；结球生菜在氮多的时候，叶色浓绿，叶脉间出现凸凹，而且出现叶尖卷曲的趋势；马铃薯、萝卜、洋葱等以营养储藏器官为产品的蔬菜，在出现氮过剩时，常造成贪青徒长影响养分向产品器官的运转和在产品器官中的储存，降低产量；对于果菜，则易造成营养生长与生殖生长失衡。而且氮过剩导致蔬菜易遭受病虫的危害，易倒伏。

2. 防治氮过剩危害的根本措施　严格控制施氮量，掌握合理的施肥方法和时期，选择适宜的肥料形态。在低温条件下，土壤微生物活动弱，大量施用氮肥容易发生危害，应严格控制施氮量，并要注意适当深施。在低温、土壤偏酸、偏碱、通气不良等条件下，最好选用硝态氮肥，不宜用铵态氮肥。应根据不同的土壤和气候特点，选择适宜的肥料形态。此外，在选择氮肥时要注意补充钙、钾肥料，防止由于离子间的拮抗而产生钙、钾缺乏症。

3. 蔬菜缺氮的症状　大多数蔬菜缺氮的症状很相似。典型的缺氮症状是，叶片的叶绿素含量降低，外部表现是叶色失绿，而且老叶先于幼叶表现失绿的症状；叶绿素含量的高低直接影响蔬菜的光合作用程度，缺氮时，叶片的叶绿素含量降低，光合作用强度减弱，干物质积累量减少，最后导致蔬菜生长缓慢，茎叶生长量降低。虽然缺氮植株的根部受害比地上部轻，但也表现出细弱、伸长生长缓慢、根数减少等症状。此外，各种蔬菜还表现为典型的氮素缺乏症。

（1）番茄缺氮　初期老叶呈浅绿色，后期全株呈浅绿色，小叶细小、直立，生长缓慢，叶片的主脉出现紫色，尤以下部叶片明显。缺氮番茄果小而且植株抗病性减弱，易感染灰霉菌和马铃薯疫霉菌。

（2）辣椒缺氮　植株生长发育不良，瘦小，叶片由深绿变为淡绿到黄绿，叶柄和叶基部变为红色，特别是下部叶片变黄。病株根量少，色白而细长，严重时根系停止生长，呈褐色。在开花期虽也能形成少量花蕾，但由于没有足够的养分供应，花蕾停止发育变黄脱落。少量果实表现果小、畸形。

（3）黄瓜缺氮　黄瓜生长旺盛，生长量大，对于氮素的需求较大，且对氮敏感，一旦缺氮极易出现明显的缺氮症状。黄瓜缺氮时植株矮化，生长缓慢，叶片小，叶色变淡，偶尔主脉周围的叶肉仍为绿色。下部老叶先均匀失绿黄化，逐渐干枯脱落。缺氮严重时，全株呈黄白色，老叶死亡，幼叶停止生长，腋芽枯死呈休眠状态，茎细而且干脆。果实细短，果蒂呈浅黄色或灰绿色，果有时出现尖嘴瓜。

4.防治氮素缺乏症的主要措施　施足基肥，在温度低时施用硝态氮肥。在黄瓜需肥量较大结果期，易缺乏氮素，应注意及时追施尿素等肥料。出现缺氮症状时，在根部随水追速效氮肥，如用尿素混入10~15倍的腐熟有机肥中施入植株两侧，覆土浇水。同时在叶面喷洒含氮叶面肥，如尿素300~500倍液，7 d喷1次，连喷2~3次。

根部施肥的肥效慢，但肥效长，可以在适宜范围内多追施一些，防止以后再度脱肥缺氮。茎叶施肥的肥效快，施肥后较短时间内就可以看到氮素缺乏症的解除和缓解，但肥效短。

二、磷过剩与缺乏的危害表现及防除

土壤中磷的有效性较低。土壤中的磷99%以上为迟效磷，可被蔬菜吸收利用的有效磷仅占全磷的1%左右，而且土壤中的有效磷和施用的速效磷肥中的有效磷又很易被固定。为此多数菜农便盲目加大磷肥的用量，而导致土壤磷过剩。

1.磷素过剩的危害表现

（1）影响镁的吸收　磷过剩会导致缺镁，尤其是在低温条件下，磷肥用量过多就会助长缺镁症。

（2）影响蔬菜体内的硝酸还原作用　蔬菜有好硝酸性，而吸收到蔬菜体内的硝酸根离子需在根或叶中转化为铵离子才能加入到合成氨基酸和蛋白质的氮同化过程中。土壤中磷素富集会导致蔬菜体内硝酸还原作用强度减弱，进一步影响氮同化。

（3）影响多种微量元素的吸收　磷素阻碍锌离子的吸收、运输和利用；植株体内的磷与锌的比值小于400时生长正常，大于400时则表现为缺锌。土壤中磷多，降低铵离子的活性；还影响铁的吸收，此外，磷抑制铁在植物体内的移动。增施磷肥，能降低植物体内铜的浓度，相反，如果生产中发生了铜中毒现象，可以施用磷肥来解除。另外在酸性土壤上施用过磷酸钙可以增加植株体内钙的含量，降低土壤中有效锰的含量，土壤中磷过剩会造成锰缺乏。

综上所述，磷过剩不像氮过剩会产生诸如徒长、倒伏、抗性减弱等一些外观形态上的变化，但它对微量元素的吸收、利用，对蔬菜体内的硝酸同化作用均产生不利影响，应当引起重视，土壤中磷素的富集也是土壤熟化程度的一个标志，往往熟化程度越高，土壤中磷素的富集量也越高。应当通过控制磷肥的用量防止土壤中磷素的过量富集，同时通过调节土壤环境，提高土壤中磷的有效性，促进蔬菜根系对磷素的吸收，改善蔬菜生长发育状况。

由于磷素在土壤中的有效性变化较大，加上蔬菜对磷的吸收量大大低于对氮和钾的吸收量，因此，蔬菜磷过剩现象很少发生，多出现缺磷症。据试验，磷在 pH6.5 的土壤上有效性最高；当土壤 pH>6.5 时，土壤中的钙离子与磷形成难溶的磷酸盐，蔬菜难以吸收。磷酸二氢根离子在强酸性或弱酸性土壤中可被黏土表层的铁和铝吸附。也就是说，土壤中的有效磷极易被固定，而不易被蔬菜吸收利用，产生土壤中磷含量很高而蔬菜表现典型缺磷症状的现象。

2. 磷缺乏症的危害表现　蔬菜典型的缺素症状常表现在叶部，但缺磷的症状表现不如其他元素的缺乏症表现明显。有些蔬菜缺磷，叶绿素浓度提高，叶色深绿；有些蔬菜缺磷，沿叶脉呈红色。缺磷蔬菜须根不发达，营养生长停止，生殖生长也受到不同程度地抑制。缺磷的蔬菜往往果实小、成熟慢、种子小或不成熟。

（1）番茄缺磷　表现为茎细小，严重时叶片僵硬，并向后卷曲。叶正面呈蓝绿色，背面和叶脉呈紫色，老叶渐变黄，并产生紫褐色枯斑，茎部细弱，结果不良。

（2）辣椒缺磷　表现为叶片呈暗绿，并有褐斑，老叶变褐色，叶片薄，下部叶片的叶脉发红。

（3）黄瓜缺磷　黄瓜缺磷时，自生长初期其生长势就差，茎秆细长，纤维发达，植株难于分化形成花芽或花芽分化和结果期延迟，花芽着生节位明显上升，叶片变小，下部叶变黄褐色，严重时从下部开始逐渐脱落，叶色变深，叶脉发红，植株老化但不明显。黄瓜幼苗期缺 P，幼叶细小，僵硬，叶片颜色变紫，逐渐呈深绿色，严重缺磷时子叶和老叶出现大块水渍状斑，并向幼叶蔓延，块斑逐渐变褐干枯，叶片凋萎脱落。

（4）结球生菜缺磷　表现为结球迟，整株松散，呈莲座状，严重时老叶死亡。具花色苷的品种，由于缺磷使糖分运输受到阻碍，叶片所含大量糖分转化成花青素使叶片出现紫色或红色。

（5）结球甘蓝和花椰菜缺磷　表现为叶背面呈紫色。

（6）四季萝卜缺磷　表现为叶背面呈红色。

（7）芹菜缺磷　表现为根茎生长发育受阻。

3. 磷缺乏症的防治　磷缺乏症要从种植蔬菜的前期着手，育苗时要在营养土中施入磷肥，定植前要在大田中施过磷酸钙等磷肥作为基肥。原因一是大多数蔬菜的需磷临界期在幼苗期；二是磷在植株体内的再利用能力强，植株所吸收供给营养生长的磷，有相当大的一部分可供给以后形成果实和种子之用。补磷的方式有两种：一是土壤施用，二是叶面喷施。但需要注意的是蔬菜出现缺磷症状后，一定要查明蔬菜出现缺磷症状的原因，若属土壤全磷和有效磷均低（或当季所施磷肥有质量问题）就要及时采取补救措施。一般碱性土壤易缺磷，若属于土壤 pH 值过高导致磷有效性降低，可采用施用有机肥和生理酸性肥料或施用生石灰来改良。依据作物生育规律，除施足基肥外，对温室连续采摘期长的栽培茬口还要追施过磷酸钙、硝酸磷肥、磷酸二氢钾等速效性磷肥。在盛果期可向叶面喷施 0.2%~0.3% 磷酸二氢钾或 0.5%~1.0% 过磷酸钙溶液，7 d 喷 1 次，连喷 2~3 次。

三、钾过剩与缺乏的危害表现及防治

1. 钾过剩的危害表现

植物对钾的吸收具有奢侈吸收的特性，过量钾的供应，虽不直接表现出中毒症状，但可能影响各离子间的平衡，还会浪费化肥用量，降低施肥的经济效益。偏施钾肥，引起土壤钾的过剩，还会抑制作物对镁、钙的吸收，促使出现镁、钙缺乏症，影响产量和品质。因此，合理施用钾肥必须根据植株及土壤中钾的丰缺状况而定。解淑贞在《蔬菜营养及其诊断》中所述黄瓜、番茄营养诊断指标最有参考价值，见表4-7。

表4-7　几种蔬菜作物钾的营养诊断指标

作物	指标（干物质%）				测定部位及时期
	饥饿	低	适宜	高	
黄瓜	—	3.0	4.5~5	—	保护地上部4~5叶，结果初期；露地上部叶、结果初期
	<3.0	3.7	4.4~4.9	>5.0	上部叶、结果初期，保护地
	<0.5	0.5~2.4	2.5~4.4	>5.4	中部叶，结果期，保护地
番茄	1~1.5	—	3.8~5.3	—	第四片叶柄，孕蕾期
	—		2.9~3.4		上部第五片叶，开花期
	—	2.5	2.5~4.9	>5.0	上部分枝叶，结果期

2. 钾缺乏症的危害表现

由于华北平原成土母质中长石含量很高，钾较丰富，再者由于钾在作物体内流动性大，且可再利用，加上多数蔬菜以收获营养器官为主要栽培目的，故一般菜田土壤不缺钾。但由于长年不重视施用钾肥，加上氮和磷施用水平的提高，相对和绝对缺钾的症状例证很多。蔬菜缺钾都是在老叶上先出现症状，表现为叶缘呈灼烧状，再逐渐向新叶扩展，如新叶出现缺钾症状，则表明严重缺钾。钾素缺乏症一般多在蔬菜进入快速生长期后出现症状。

（1）番茄缺钾　初期植株生长缓慢，叶片小而皱缩，叶缘变为鲜橙黄色，易碎、易脆，老叶和叶缘先发黄，进而变褐，后期脉间失绿，并在失绿区出现斑驳，整个叶片呈红棕色或干枯状坏死；茎变硬，木质化，不再增粗；根发育不良，较细弱，不再增粗，常出现褐色。缺钾对番茄果实的形态、果汁稠度和品质有一定影响，果实中维生素 C 及总糖含量降低，果实成熟不正常。此外，缺钾可使番茄的抗性降低，抗灰霉病、病毒病和晚疫病等病害的能力明显降低，果实成熟不均匀。

（2）辣椒缺钾　缺钾时，植株叶片尖端变黄，有较大的不规则斑点，叶尖和边缘坏死干枯，叶片小，卷曲，节间变短。有的品种叶缘与叶脉间有斑纹，叶片皱缩。

（3）黄瓜缺钾　黄瓜缺钾初期心叶变小，叶片小，生长慢，叶色变淡，呈青铜色，叶缘渐变黄绿色，后期叶脉间失绿，主脉下陷，出现黄白色斑块，后期脉间失绿严重，并向叶片中部扩展，随后叶片坏死，叶尖叶缘渐干枯，但主脉仍保持一段时间的绿色。老叶易黄化干枯脱落，节间短，植株矮化，果实小，且果顶变小而呈青铜色，有时会产生"大肚瓜"，果实中的维管束、籽变褐。

缺钾叶片黄化与缺氮十分相似，但不同的是，缺钾老叶黄化干枯是从叶片的边缘开始往里逐渐干枯。

（4）四季萝卜缺钾　最初症状为叶肉中部呈深绿色，同时变褐色，叶缘卷缩。严重缺乏时，下部叶、茎呈深黄和青铜色，叶小而薄或呈革质状，根不能正常膨大。

（5）胡萝卜缺钾　首先表现为叶扭曲，叶缘变褐色，内部绿叶变白或灰色，最后呈青铜色。

3. 防除缺钾的措施　根部每亩追施速效钾肥 20 kg，叶面喷施 0.2% 磷酸二氢钾溶液或 10% 草木灰浸提液。

主要是土壤底施钾肥，多施有机肥做基肥。

钾肥易流失，因此要防止土壤积水。

发现缺钾时，每亩土壤追施硫酸钾 20 kg 或硝酸钾 10 kg 或草木灰 200 kg。盛果期及生育后期也可用 0.2%~0.3% 磷酸二氢钾溶液，或 10% 草木灰浸出液等速效钾肥进行叶面喷施，7 d 喷 1 次，连喷 2~3 次。

四、钙过剩与缺乏的危害表现及防除

1. 蔬菜缺钙的原因

（1）生理缺钙　蔬菜体内钙分布不均匀，由根系吸收到蔬菜体内的钙移动性差，蔬菜体内的钙含量从老组织到幼嫩的组织逐渐减少，这是蔬菜缺钙的生理基础，一旦由于某种原因蔬菜缺钙，则幼嫩组织先表现出缺钙症状。

（2）土壤缺钙　由于长期不施用含钙的肥料，土壤中钙含量低，或大量施用氮、钾等生理酸性肥料，造成土壤中钙、镁离子的大量淋溶，而导致土壤钙缺乏。一般认为土壤中钙的含量每 100 g 低于 150~250 mg 就易导致蔬菜钙缺乏症。施用氮、钾肥过多，土壤盐分浓度过高，土壤干旱或空气干燥遇高温时或土壤过湿遇低温后气温突然升高时易缺钙。

（3）蔬菜钙吸收障碍　由于各种不良的气候和土壤环境条件，导致蔬菜在富含钙营养的土壤中吸收不到足够的钙。如土壤溶液浓度过高，铵离子、钾离子、镁离子的含量过高，都会拮抗或抑制蔬菜根系对钙离子的吸收。

（4）蔬菜体内钙运转发生障碍　钙是随着水分的吸收而进入蔬菜体内，而后随蒸腾流输送到叶部和各个器官中的，如连续 1~3 d 阴雨低温，根部吸收和运输水分受到抑制后，晴天时容易出现钙缺乏症。

2. 蔬菜缺钙的典型症状

幼叶叶缘失绿，叶片卷曲。生长点死亡。但老叶仍保持绿色，这与缺氮、磷和钾的症状相反，氮、磷、钾的缺乏症是下部叶片变黄，而上部茎叶仍可保持绿色。

（1）番茄缺钙　初期幼叶正面除叶缘为浅绿色外，其余部分均呈深绿色，叶背呈紫色。小叶细小，畸形并卷曲，后期叶尖和叶缘枯萎，生长点死亡，这时老叶的小叶脉间失绿，并出现坏死斑，而且很快衰老死亡。番茄缺钙的典型症状是果实缺钙引发蒂腐病（又称尻腐病），其症状表现是果顶部（花冠脱落的部分）变成油浸状，进一步发展成暗褐色并略凹陷的病斑。

（2）黄瓜缺钙　黄瓜缺钙时植株生长缓慢，生长点畸形，幼叶小，边缘缺刻深，叶缘失绿，幼叶叶缘和脉间出现透明白色斑点，多数叶片脉间失绿，主脉尚可保持绿色；叶片的网状叶脉变褐，呈铁锈状叶，向上卷曲，生产上常见中上部叶片呈"镶金边"状，后期这些叶片叶柄变脆，从边缘向内干枯，易脱落，同时使植株顶部生长受阻，整个植株矮化，节间短，尤以顶端附近最明显，严重者造成植株顶芽坏死脱落，花败育，最后植株从上部开始死亡，死组织灰褐色。花比正常花小，易导致落花。所结果实小，易发生脐部细胞坏死或腐烂，食用风味差。植株老化快，抗病力弱。

（3）大白菜缺钙　大白菜出现缺钙的症状是干烧心。在结球前，首先叶边缘水浸状，而后进一步发展成淡褐色，叶边缘一圈白色，严重叶片内曲，叶柄部分褐变。在结球后，发病症主要是心腐，且有干腐和湿腐之分，一般在中位叶 17~33 片叶发病较重。

（4）辣椒缺钙　叶缘和叶尖部分黄化，部分叶片中肋突起。结果期缺钙会发生僵果或脐腐。

（5）芹菜缺钙　幼叶早期死亡，生长细弱，叶色灰绿，生长点死亡。小叶尖端扭曲变黑即发生黑心病。

（6）胡萝卜缺钙　易空心。

（7）花椰菜缺钙　叶尖部分变黄，出现叶缘腐烂，生育前期在顶部嫩叶发生烂边。

（8）莴苣缺钙　生长受抑制，幼叶畸形。叶缘呈褐色到灰色，并向老叶蔓延。严重时幼叶顶端向外部死亡，死亡组织呈灰绿色，在具有花色苷品种叶片中部有明显紫色。

（9）荷兰豆缺钙　叶片上出现红斑，先是在中肋附近，而后扩展到侧脉，病斑逐渐扩大到整个叶肉部分，叶色从绿向白绿，甚至白色，植株生长缓慢，棵矮小。

3.防治蔬菜缺钙的方法　根据缺钙产生的原因，首先要改善栽培条件，即合理施用氮肥，防止高湿、低温及土壤干旱和土壤溶液高浓度，是防止蔬菜缺钙的有效措施。

及时调节好棚室内的温湿度，遇不良天气时及时向叶面补充速效钙肥，如钙宝、氯化钙、流体钙等。

一旦发现缺钙立即用 0.2%~0.7% 氯化钙或流体钙水溶液加 50 mL／L 的萘乙酸（NAA）水溶液进行叶面追肥，7 d 喷 1 次，连续 2~3 次。

酸性土壤发现植株缺钙时，可根据土壤诊断，施用适量的石灰。

五、镁过剩与缺乏的症状表现及防治

镁是多种酶的活化剂，是植物的"绿色血液"——叶绿素中的唯一代谢成分。

1. 缺镁的症状表现　缺镁最显著的症状除了叶片脉间失绿，还有小的侧脉也失绿。（这一特点可以与其他元素的缺乏症相区别）一般缺镁最先在老叶上表现出症状，先是叶脉面出现浅黄色失绿斑，并向脉间叶肉多处发展，严重时老叶枯萎，全株呈黄色。镁缺乏还影响果实成熟的速度和成熟度及果实大小和品质，也影响根系。土壤沙性、酸或碱可能缺镁，由于钾可与镁产生离子拮抗，抑制镁的吸收，故施钾多的土壤易缺镁。

（1）黄瓜缺镁　黄瓜缺镁时叶脉附近，特别是主叶脉附近变黄，老叶脉间失绿，但主脉、叶缘仍为绿色，有时失绿区仿佛是大块的下陷斑，典型症状是叶肉失绿、叶缘不失绿，形成"绿环叶"状，最后这些斑块坏死，叶片枯萎。严重缺镁时，叶片失绿，叶脉间会出现褐色或紫红色的坏死斑。这些症状一般从下部老叶开始发生，在果实膨大盛期，距离果实近的叶片易发生。果实除膨大速度变缓、果实变小发育不良外，无特别症状。

（2）番茄缺镁　番茄是在老叶的小叶边缘出现失绿斑，并向叶中部发展，末梢也失绿，黄化逐渐由植株基部向上部发展。在失绿叶片上，出现许多不下陷的坏死斑点，并在叶脉间联合成片。缺镁初期植株体积和叶片的大小均正常，叶柄不弯曲；缺镁严重时，老叶死亡，全株黄化。一般不在茎和果实上表现症状。

（3）辣椒缺镁　辣椒缺镁叶子变成灰绿色，叶脉间黄化，茎基部叶片脱离，植株矮小，坐果少，发育不良。

（4）茄子缺镁　茄子缺镁主要表现在老叶叶脉间失绿，果实小，易脱落。

（5）芹菜缺镁　芹菜缺镁时叶尖及叶缘失绿，逐渐发展到叶脉间出现坏死斑，直至全部叶子死亡。

（6）胡萝卜缺镁　叶呈浅绿色，叶尖浅黄色或呈褐色，植株矮小。

（7）甘蓝缺镁　下部老叶失绿，并在其上产生斑点和皱缩。严重时斑点表现明显，并联合成片分布于叶片中部，斑块呈白色或浅黄色，叶片逐渐死亡。极度缺镁时，叶缘的黄白色斑块变成褐色。如果只缺镁，则坏死组织扩展到全叶，如果同时氮素不足，那么全部叶变为白绿色，而后变黄，最后脉间组织死亡。

2.蔬菜缺镁的原因　主要有土壤缺镁、镁吸收障碍等。

长期不施用镁肥，造成土壤缺镁。

在阳离子代换量较低的酸性土壤或含钙较高的碱性土壤上，都易发生蔬菜缺镁。因为在酸性和碱性土壤中，代换性镁不被土壤胶体所吸附，大量存在于土壤溶液中，遇大量降雨或灌水淋洗后，使土壤含镁不足。

虽然土壤中镁含量较高，但是土温低根系对镁的吸收会受到抑制，土壤干燥或土壤溶液浓度过高，会使根系吸水产生障碍，进一步影响根系对镁的吸收；尤其是土壤养分不平衡，如土壤中铵离子、钾离子、钙离子的含量高，会拮抗或抑制蔬菜对镁的吸收。

3.防治蔬菜缺镁的根本措施　增施有机肥。极度缺镁可施用镁素化肥。

防止一次性或过量施用氮、钾肥，特别是要减少钾肥用量，增施磷肥。在土壤追施大量氮、钾肥后，及时叶面喷施硫酸镁 300 倍液，可有效避免或减轻缺镁症状的发生。

蔬菜出现缺镁症状时，在植株两侧根部追施钙镁磷肥，同时叶面喷施 1%~2% 硫酸镁溶液，7 d 喷 1 次，连喷 2~3 次可见效。

六、硫缺乏的症状表现及防治

1.蔬菜缺硫的症状　蔬菜缺硫后蛋白质的合成受到抑制，在外部形态上的表现是幼叶失绿呈浅黄色，生长受抑制，严重时全株呈黄白色。

（1）黄瓜缺硫　生长慢，叶片细小，尤其幼叶明显，而且叶片呈浅绿至浅黄色。与缺氮相比较，老叶的浅黄色明显，幼叶叶缘有明显的锯齿状"镶金边"。

（2）番茄缺硫　初期番茄植株体型和叶片体积均正常，茎、叶柄和小叶叶柄渐呈紫色，叶片呈黄色。老叶的小叶叶尖和叶缘坏死，脉间组织出现紫色小斑点，幼叶僵硬并向后卷曲（这种卷曲在缺氮植株上不常发生），严重时这些叶上出现大块不规则的坏死斑。

2. 防治蔬菜缺硫的根本措施　一般很少遇到蔬菜的缺硫植株。一旦出现可通过增施石膏和硫黄来补充。注意石膏是速效性硫肥，硫黄难溶于水，不易利用，需经硫杆菌属微生物转化才能被吸收利用。

七、硼过剩与缺乏的表现及防治

1. 蔬菜缺硼的症状　各种蔬菜缺硼典型症状差别很大，但共同症状是根系不发达，植株生长点畸形、停止生长、萎缩或坏死。花发育不全，常出现花而不实。

（1）番茄缺硼　植株丛生，茎生长点变黑是缺硼的首要症状。植株的子叶和真叶都呈现为深红色，茎端生长停止，顶端变粗、枝叶卷曲变黄而死亡，而且茎部输导组织破坏，中肋和叶柄非常脆是番茄缺硼很典型的症状。根部生长缓慢，常变成黄色和褐色；果实表面常出现黑斑块或组织干枯。

（2）黄瓜缺硼　黄瓜缺硼时茎叶变硬，上部叶扭曲畸形，新叶停止生长，芽弯曲，植株呈萎缩状态，严重者顶端变粗，顶叶芽坏死。生长发育萎缩，部分叶缘变褐色，中下部叶片部分失绿，并出现水浸状斑。茎内侧有褐色木栓状龟裂。幼果有时萎缩死亡。正膨大的果实出现畸形，表面有木栓状龟裂条纹，果实内部和靠近花萼处的果皮变褐，易落果，严重缺硼时，生长点及腋芽顶端死亡，较嫩的叶子卷曲，最后也死亡，死亡的组织呈灰色。

（3）芹菜缺硼　茎部开裂（西洋芹发病尤重）。芹菜缺硼初期，叶部沿叶缘出现病斑，随着病斑的发展脆度增加，沿茎由表皮出现褐色带，最终在茎表面出现横裂纹，破裂处组织向外卷曲，受害组织常呈深褐色。缺硼植株的根系变褐色，侧根死亡，最后形成小的坏根附属物，植株常常死亡。

（4）莴苣缺硼　在老叶上表现不明显，主要在幼嫩叶片上。首先其生长点停止生长，变成卷缩状。植株生长缓慢，上部叶片畸形，叶上出现斑点，且随斑点的逐渐增多形成斑块，并逐渐扩展到全部上部叶片，叶片的尖端似日灼状。

（5）花椰菜缺硼　主茎和小花茎上出现分散的水浸斑块，花球的内部和外部变黑。花球的花梗中空开裂。在花球的不同成熟阶段，缺硼症状都能发展，也就是说随着植株年龄的增加，缺硼症状加重。

（6）萝卜缺硼　出现严重褐心。

（7）大白菜缺硼　生长点黄化，特别严重时生长点枯死。在嫩叶的叶柄上产生龟裂，裂口大的愈伤组织开裂呈茶褐色裂口，在茎上也会产生裂口。

注意事项

缺硼症容易与下列症状相混，诊断时应加以注意

根据症状出现在上部叶还是下部叶来确诊，发生在下部叶不属此症。

缺钙也表现为在生长点附近发生萎缩，但缺硼的特征是茎的内侧木栓化。

害虫（蚜虫、茶黄螨等）危害也可造成新叶畸形，要仔细观察分析症状发生的原因。

病毒病、除草剂飘移危害、杀虫剂过量使用也会出现顶叶皱缩现象，要认真观察区分。

2.蔬菜缺硼的原因　蔬菜缺硼的程度，不仅取决于土壤中的硼含量，还受土壤中的有效性及蔬菜对硼的吸收能力等其他因素的影响。硼在酸性土壤中呈可溶性状态，容易被吸收。在碱性土壤中呈不可溶状态，很难被吸收。蔬菜生产中施用过量的石灰，会降低土壤中硼的有效性，而促进蔬菜缺硼。在多肥、多钾、多铵、干燥的情况下或在土壤低温、多湿根系发育不良的条件下，硼的吸收会受到阻碍。在土壤缺硼的情况下，蔬菜也会表现出硼缺乏症。土壤干燥、有机肥施用少，土壤酸化或过量施用石灰，一次性追施速效钾肥过量都有可能造成缺硼。

3. 防治缺硼的措施　增施有机肥。对极度缺硼的菜田，亩施颗粒硼 600~800 g 或硼砂 1 kg 加饼肥 10 kg 混匀作基肥。

蔬菜生育期间出现缺硼症状时，在植株两侧根部追施硼肥，并采用叶片喷施 0.5% 硼砂或速溶硼水溶液作为补救措施，7 d 喷 1 次，连喷 2~3 次可见效。

八、铁过剩与缺乏的表现及防治

蔬菜吸收的铁是二价铁离子（Fe^{2+}）。

1. 蔬菜缺铁的症状　叶片黄化、白化，且首先在嫩叶上出现。

（1）番茄缺铁　主要表现为顶端叶片失绿。缺铁初期还在最小叶的叶脉上产生黄绿相间的网纹，并此症状由新叶向老叶发展，伴随轻度组织坏死。

（2）黄瓜缺铁　幼嫩新叶除叶脉外均变为鲜黄色，叶脉绿色，叶肉黄色，叶片逐渐呈柠檬黄色至白色，黄化现象均匀，不出现斑状黄化或坏死斑。芽的生长停止，叶缘坏死并完全失绿。在侧芽及腋芽上也出现主茎顶尖类似症状。

（3）厚皮甜瓜缺铁　顶端的叶片黄化，叶片逐渐小叶化，不易伸长。

（4）白菜、生菜、甘蓝等缺铁　叶绿素的形成受阻，生长点上长出黄化叶。

2. 土壤缺铁症的原因　土壤酸碱度不合适，常是造成缺铁症的间接原因，在碱性土壤中溶解态的铁较少，只有在酸性土壤中才有较多的可溶性铁。一般情况下，沙质及盐碱土壤上易缺铁；一次性施用磷肥过多也易缺铁；温室内土壤过干、过湿，地温低时，根系对矿质养分和水分吸收受阻时也易缺铁；铜、锰元素过多与铁产生拮抗作用也能引起缺铁。

3. 防治缺铁的措施　改良土壤，增施铁肥和有机肥。碱性土壤每 2~3 年亩底施硫酸亚铁 5 kg。

避免一次性大量施入磷肥。

出现缺铁症状时，用 0.02%~0.1% 硫酸亚铁，100 mL/L 柠檬酸铁、螯合铁等溶液进行茎叶喷施，7 d 喷 1 次，连喷 2~3 次可见效。

4. 铁过剩的表现形态　在含铁多的酸性土壤中栽培番茄，如果土壤水分含量高，则番茄的嫩叶会形成缩叶。

5. 防治铁过剩的措施　改良土壤，增施石灰。

九、铜过剩与缺乏的表现及防治

1. 铜过剩的表现形态　铜参与植物的光合作用。它是叶绿体蛋白质体蓝素的组成成分。质体蓝素是光合作用两个光化学系统电子传递链的一部分。因此铜过剩的症状均表现为失绿现象，根系生长慢且呈珊瑚状，地上部生育也不良。

2. 铜过剩的防治　防治铜过剩的危害，除控制铜肥施用量外。还要严控含铜农药的施用量，一旦发生铜中毒，可通过增施磷肥，促使磷与铜发生离子拮抗来缓解。解决铜缺乏的发生可叶面喷施硫酸铜 1%水溶液。

3. 蔬菜缺铜症状　不同的蔬菜缺铜的症状表现不一样。

（1）番茄缺铜　侧枝生长缓慢。叶色呈深绿色，叶卷缩，花的发育受阻，形不成花。根系发育也受阻。

（2）黄瓜缺铜　生长受抑制，幼叶小，节间短，呈丛生状。后期叶片呈浓绿色到青铜色，症状从老叶向新叶发展。

（3）生菜缺铜　叶失绿变白，沿叶脉和叶缘首先表现症状。叶片向下卷曲呈杯状，叶片变黄并且从叶缘向里逐渐变黄，而且叶片黄化从老叶向新叶发展。

4. 蔬菜缺铜的防治方法　在整地时，每亩施硫酸铜 1~4 kg 做基肥。同时科学配方，平衡施肥，重施有机肥，勿使肥料在土壤中呈高浓度。发现植株缺铜时用 500~600 倍的硫酸铜溶液进行茎叶喷雾，2~3 d 喷 1 次，连续 2~3 次。

十、锌过剩与缺乏的表现及防治

1. 锌过剩的表现形态　由锌过剩造成的锌中毒在多数蔬菜上表现失绿现象和红褐斑点，且影响植株对铁的吸收和向地上部的运输。所以施用锌肥的量要掌握好。

2. 锌缺乏的表现形态　有些蔬菜缺锌，叶片上产生坏死斑，有些蔬菜缺锌则叶片失绿。多数蔬菜缺锌顶端生长受抑制，或顶端先受影响，继而表现顶枯症状。

（1）菜豆、南瓜和芹菜等蔬菜缺锌　缺锌可导致蔬菜代谢紊乱，出现叶变细小畸形，枝节缩短，叶呈簇状的症状。

（2）番茄缺锌　叶片很少，失绿，且表现不正常的皱缩。叶柄有褐斑，并且向后卷曲。受害的叶片迅速坏死，几天内全部叶片凋落。

（3）黄瓜缺锌　茎尖幼嫩部位叶片中间隆起，叶肉黄白化，嫩叶生长不正常，生长点附近节间缩短，芽呈丛生状，生长受抑制。茎叶发硬，叶片变小。

3. 产生缺锌的原因　一是土壤含镍（Ni）多，抑制了蔬菜对锌的吸收；二是植株吸收磷素多。当磷与锌比值 < 400 时，植株也表现缺锌；三是土壤 pH 值过大，使有效锌不溶解也可导致缺锌；四是土壤呈碱性，植株吸收磷过多抑制锌的吸收；五是在遮阳网下育的苗，猛然移入光照较强的地方；六是露地栽培夏季雨后猛晴，都可能导致作物缺锌。

4. 防治锌过剩和锌缺乏危害的措施　从种植蔬菜前着手，统筹兼顾。即按土壤供肥特点，蔬菜需肥规律灵活掌握。一旦发生锌中毒可通过增施磷肥或土壤施用生石灰解除。土壤中避免一次性过量施用氮肥、磷肥。出现缺锌症状时，用硫酸锌 800 倍液进行茎叶喷雾，5~7 d喷 1 次，连续 2~3 次。

十一、锰过剩与缺乏的表现及防治

1. 锰过剩的表现形态

（1）黄瓜锰过剩的症状　首先是叶的网状脉褐变，把叶对着阳光照射，可见坏死部分。如果叶内锰的含量高，先是支脉褐变，然后主脉变褐色，最后再随着锰的含量增高，叶柄上的刚毛也变褐，叶片枯死，这是锰的急性积累引起的。而逐渐少量吸收积累的锰过剩症状是沿着叶脉出现黄色小斑点，并扩大成条斑，近似于褐色斑点，先从叶片的基部开始，几条主脉呈褐色。这症状主要发生在黄瓜下位节的叶子上。

（2）茄子锰过剩的症状　茄子在锰过剩的植株下部叶片或侧枝的嫩叶上出现褐色斑点，像铁锈似的，下部叶片会脱落或黄化。锰过剩严重时，叶子几乎落光，这也被称为"铁锈症"落叶。此外，土壤碱性时或土壤酸性锰过剩时，容易导致茄子缺铁而表现出新叶黄化，生长受到抑制，因为锰影响铁从根部向地上部运输。

（3）辣（甜）椒锰过剩的症状　辣（甜）椒在锰过剩时，叶脉的一部分变褐，叶脉间出现黑点。

（4）西瓜、甜瓜锰过剩的症状　西瓜、甜瓜植株吸收锰过多，叶片上会产生白色斑点，如果这时又缺K，症状会更严重。

2.防治锰过剩的措施　防除锰过剩的措施主要是提高土壤pH值。

3.锰素缺乏的表现形态　不论哪种蔬菜缺锰，都是先从幼叶上发生症状。

（1）番茄缺铜　茎叶首先变成浅绿色而后变黄。首先主脉间叶肉变黄，因叶脉仍保持绿色，所以叶片的黄色叶肉呈斑块状，以后茎叶全部变黄。缺锰的番茄植株新生小叶常呈坏死状，而且不孕蕾、不开花。

（2）辣椒缺锰　生长缓慢，产量降低。

（3）黄瓜缺锰　叶片呈黄白色，植株叶脉间失绿，呈浅黄色斑纹，或出现不明显的黄斑或褐色斑点，但叶脉仍呈绿色。严重时，上部嫩叶均呈黄白色，花芽呈黄色，植株节间变短，茎细弱，幼叶不萎蔫。

注意事项

黄瓜缺锰症状易同下列缺素症状相混淆，请仔细甄别。如果是缺铜，除表现上述症状外，幼叶会萎蔫；缺钙、硼，顶尖幼芽易枯死，而缺锰无顶芽枯死现象。

4.防治锰缺乏的措施　土壤中根际施肥，在整地时，亩施硫酸锰1~4 kg 做基肥。同时科学配方，平衡施肥，重施有机肥，勿使肥料在土壤中呈高浓度。

发现缺锰时用硫酸锰 500~600 倍液进行茎叶喷雾，2~3 d 喷 1 次，连续喷 2~3 次。

第六节
日光温室蔬菜配方施肥技术

一、常用有机肥料的营养成分与含量

常用有机肥的主要营养成分与含量，如表 4-8、表 4-9 所示。

表 4-8　畜禽粪尿主要营养成分含量（%）

肥料种类	氮（N）	磷（P_2O_5）	钾（K_2O）
猪粪	0.56	0.40	0.44
马粪	0.55	0.30	0.24
牛粪	0.32	0.25	0.15
羊粪	0.65	0.50	0.25
鸡粪	1.63	1.56	0.65
鸭粪	1.10	1.40	0.62
兔粪	1.72	2.95	-
鹅粪	0.55	0.50	0.95
猪尿	0.3	0.13	0.20
马尿	1.20	微量	1.50
牛尿	0.95	0.03	0.95
羊尿	1.68	0.03	2.10

表 4-9　农家肥、饼肥的主要营养成分含量（％）

肥料种类	氮（N）	磷（P_2O_5）	钾（K_2O）
堆肥	0.4~0.5	0.18~0.26	0.45~0.70
厩肥	0.5~0.7	0.24~0.84	0.63~1.04
土粪	0.12~0.58	0.12~0.68	0.63~1.04
草木灰	0	1.13	4.61
炉灰	0	0.29	0.20
生骨粉	4.05	22.8	
棉饼	3.41	1.63	0.97
菜子饼	4.60	2.48	1.14
花生饼	6.23	1.17	1.34
芝麻饼	5.8	3.00	1.30
黄豆饼	7.00	1.32	2.13
胡麻饼	4.48	2.4	1.73

二、常用化学肥料的有效成分与含量

常用化学肥料的有效成分与含量如表 4-10 所示。

表 4-10　常用化学肥料的有效成分含量（％）

肥料种类	氮（N）	磷（P_2O_5）	钾（K_2O）
硫酸铵	21	0	0
尿素	46	0	0
碳酸氢铵	17	0	0
磷酸二铵	12~18	46~52	0
过磷酸钙	0	12~22	0
硝酸钾	14	0	45
硫酸钾	0	0	50
重过磷酸钙	0	45	0
硝酸铵	34	0	0

三、肥料的利用率

施到土壤和植物各部器官的肥料，不能全部被蔬菜作物所利用，其利用率的高低常与肥料性质、施用季节、施用部位及方法、作物的生育时期密切相关。一般情况下有机肥和无机肥的利用率，见表4-11。

表 4-11　肥料利用率

肥料种类	利用率（%）
有机肥	20
氮肥	40
磷肥	20
钾肥	50

四、配方施肥技术

1. 目标产量配方法　该法是根据蔬菜所需养分由土壤和肥料两个方面供给的原理计算肥料施用量的。目标产量即计划产量，是决定肥料施用量的原始依据。目标产量应根据一定气候和栽培条件下土壤的基本肥力来确定，一般可通过肥料试验来进行推算。田间肥料试验可用不施任何肥料的空白产量和最高产量（或最经济产量）进行比较，在不同土壤肥力条件下，通过多点试验，获得大量的成对产量数据，以空白产量作为土壤肥力指标，用 x 表示，为 a 变量；其最高产量 b（或最经济产量）用 y 表示，为因变量。经验公式为

$$y=a+bx \tag{4-1}$$

应用所求得的一元一次方程，只要取得当地空白田产量，就可以求得目标产量。在推广配方施肥时，常不能预先获得空白产量。即以前3年平均产量为基础，中低产田增加10%~20%、高产5%~10%作为目标产量较合适。

目标产量确定之后，再根据土壤供应的养分量计算出需要吸收的养分含量。目前计算方法有：

（1）养分平衡法　　以土壤养分测定值来计算土壤供肥量，肥料需要量可按下列公式计算：

$$肥料需要量 = \frac{（蔬菜单位产量养分吸收量 \times 目标产量）-（土壤养分测定值 \times 0.15 \times 校正系数）}{肥料中养分含量 \times 肥料当季利用率}　　（4-2）$$

注：①式中蔬菜单位产量养分吸收量 $\times$ 目标产量 = 蔬菜吸收量；②土壤养分测定值 $\times 0.15 \times$ 校正系数 = 土壤供肥量；③土壤养分测定值以 mg / kg 来表示，0.15 为养分换算系数。

"0.15" 的含义为：如果某种养分的含量为 1 mg / kg，那么该养分在每亩土壤营养层中的重量为 0.15 kg。任何土壤养分含量的测定值只代表土壤养分的相对含量状况。用 "0.15" 换算系数计算出来的量，不能完全反应土壤供肥的绝对量。因此，还需要通过田间试验，取得校正系数。

肥料利用率是把养分元素换算成肥料实物量的重要参数，它对肥料定量的准确性影响很大。影响肥料利用率的因素很多，如蔬菜种类、栽培制度、肥料投入量、土壤肥力、肥料品质、施肥方法（含施用时间、部位、次数、用量）和气候等，致使肥料利用率出现较大的变幅，但其中起主导作用的是作物的吸收量和肥料的投入量。

单位产量养分吸收量是指每生产 1 kg 经济产量吸收了多少养分，用以下公式计算：

$$单位产量养分吸收量 = \frac{蔬菜地上部含有养分总量}{蔬菜经济产量} \times 1\,kg　　（4-3）$$

式中地上部分含养分总量，可分别测定茎、叶、花、果的大约重量及其养分含量，分别计算，累加获得。由于蔬菜对养分有选择吸收的特性，蔬菜组织的化学结构也较稳定，在推广中可以应用现有科研成果。蔬菜单位产量养分吸收量在肥料手册和蔬菜栽培书中（本书即有）可找到，但在引用时要注意选择近期内而又比较接近当地条件的资料，以减少误差。

使用土壤养分测定值换算成每亩土壤养分含量（kg）时，通常使用换算系数 "0.15"。习惯上把土壤 20 cm 表层看成作物的营养层，每亩总重量为 15 万 kg 左右，养分测定值用 mg / kg 表示，计算公式如下：

$$150\ 000\ (kg) \times \frac{1}{1\ 000\ 000} = 0.15\ (kg) \qquad (4\text{-}4)$$

如果测定值和作物产量之间存在相关性，可用下列公式求得相关系数：

$$校正系数 = \frac{空白区产量 \times 蔬菜单位产量养分吸收量}{土壤养分测定值 \times 0.15} 或 \frac{缺素区产量 \times 该元素单位吸收量}{该元素土壤测定值 \times 0.15} \qquad (4\text{-}5)$$

如果测定值和蔬菜产量之间没有相关性，土壤测定值就没有实用定义。

养分平衡法的优点是概念清楚，比较容易掌握，缺点是由于土壤具有缓冲性能，土壤养分处于动态平衡状态，测定值是一个相对当量，不能直接计算出土壤供肥量，通常要通过取得校正系数加以调整，而校正系数变异大，准确性差，所以肥料定量就不够精确。

肥料需要总量确定后，可以采取下列计算方法计算有机肥和化肥的施用量。

（2）同效当量法　有机、无机肥同效当量的试验，以氮为例，设以下 3 个处理：处理 I，N0，P 0.5，K 0.5，处理 II，NF，P 0.5，K 0.5，处理 III NM，P 0.5，K 0.5。此试验方案中 N0 为不施氮肥，NM 为有机肥中所含氮量，NF 为与 NM 等氮量的化学氮肥。根据试验结果，用各处理蔬菜的产量计算有机肥与无机肥同效当量。计算公式如下：

$$同效当量 = \frac{处理 III - 处理 I}{处理 II - 处理 I} \qquad (4\text{-}6)$$

如已确定需要肥料的总氮量，施用有机肥的数量及其含氮量（可测定），就可以应用有机、无机同效当量换算出氮肥的需要量。其计算公式为：

$$无机氮施用量 = 需要肥料总氮量 - \frac{机肥用量 \times 含 N\%}{同效当量} \qquad (4\text{-}7)$$

磷、钾化肥的同效当量及施用量，也可仿此求得。

（3）养分差减法　先计算施用有机肥料中的养分，用有机肥料的当季利用率计算出蔬菜可以从有机肥料中吸收的养分量，并从确定的肥料养分中减去有机肥料中可以吸收的量，即为化肥的施用量。化肥养分施用量可用下列公式计算：

化肥养分施用量＝需施养分总量－（有机肥施用量 × 养分含量%× 当季利用率）　　　　　　　　　　　　　　　　　　　　　　（4-8）

2.地力差减法　即以空白田产量来计算土壤供肥量，蔬菜在不施任何肥料的情况下所获得的产量称空白产量，它所吸收的养分全部来自土壤。从目标产量中减去空白田产量，就应是施肥所得的产量。肥料需要量可按下列公式计算：

这一方法的优点是不需要进行土壤测试，避免了养分平衡法的缺点。但空白田产量不能预先获得，这给推广带来了困难。同时，空白田产量是构成产量诸因素的综合反映，无法表达若干分的丰缺状况，只能用它表示与目标产量的差额。如用蔬菜单位产量养分吸收量来计算需肥量，当土壤肥力愈高，蔬菜对土壤的依赖率愈大（即蔬菜吸收土壤的养分愈多）时，需要由肥料供应的养分就愈少，可能出现剥削地力的情况而不能及时察觉，必须引起注意。再者，由于蔬菜产量受土壤

$$肥料需要量＝\frac{蔬菜单位养分吸收量 \times（目标产量－空白产量－有机肥增施量）}{化肥养分含量 \times 化肥当季利用率}　　（4-9）$$

中最小养分制约，因而利用空白田产量所估算的土壤供肥量，在一般情况下，结果往往偏低，容易造成某些养分的浪费。

3.肥料效应配比法　由于肥料效应配方类型的选择，通过配对比较，或应用正交、回归等试验设计，进行多点田间试验，从而选出最优的处理，确定肥料的施用量，主要有以下两种方法：

（1）养分丰缺指标法　即利用土壤养分测定值和养分丰缺指标来确定施肥量。

测定土壤某一养分含量丰缺指标的方法是：先测定土壤速效养分含量。然后在不同肥力水平的土壤上进行多点田间试验，取得全肥区和缺素区的成对产量，用相对产量表达丰缺状况。氮、磷、钾丰缺指标

的测定，可安排下列 4 个处理：NPK、NK、NP、PK。以确定钾的丰缺指标为例，先根据试验数据求出缺钾区（NP）的产量占全肥区（NPK）产量的百分比，即在取得一系列不同含钾水平土壤的相对产量后，以相对产量为纵坐标，土壤测定值为横坐标，绘制出相关曲线图。然后再对土壤测定值进行方差分析。以接近而未达到显著水平的相对应的土壤测定值为丰缺指标的临界点：大于临界点为丰，一般可以不施钾肥；小于临界点为缺，需要施用钾肥。国际上一般以相对产量50%以下为极缺，50%~70%为缺，70%~80%为中，85%~91%为丰。可作为划分养分丰缺等级的参考。

由于制定养分丰缺指标的田间设计只是一个水平的肥料用量，因此基本上还是定性的，在丰缺指标确定后，尚需在施用这种肥料有效果的地区内（缺区），布置多水平的肥料田间试验，来确定不同土壤测定值条件下的适宜用量。根据试验数据制成养分丰缺及应施肥料数量检索表。有了检索表，只要取得土壤测定值，就可以对照检索表按级确定肥料施用量。

此法的优点是直感性强，定肥简捷方便，缺点是精确度较差。由于土壤理化性质的差异，土壤氮的规定值和产量之间的相关性很差，一般只用于磷、钾和微量元素肥料的定量。

（2）氮、磷、钾比例　　通过以氮定磷，以磷定钾，氮、磷、钾配比肥料田间试验结果，直接确定施用氮、磷、钾的配合比例和数量。试验设计可根据当地土壤缺素情况设计，在不同类型的土壤上多点试验，获得大量数据，从中选出经济效益最佳的组合，作为配方施肥的指标。根据试验归纳分类，按不同产量水平或土壤类型提出配方施肥的方案。在进行试验时也可测定土壤速效养分的含量，作为制订施肥方案时的参考。

此法的优点是工作量小，易于理解掌握，在现阶段比较实用，缺点是肥料定量不够精确。

配方施肥的方法可以相互补充，在制订配方施肥的具体方案时，应以一种方法为主，参考其他方法，配合起来应用，以便扬长补短，使肥料定性定量更趋准确和方便。

第七节
日光温室内土壤养分的调节

一、多施无残留肥料

在增施经过充分发酵腐熟的鸡粪、鸭粪、猪粪及牲畜厩肥、草粪等有机肥和过磷酸钙混合作基肥的基础上，追肥时应选择营养元素全面，不产生生理碱性、生理酸性及有残留之肥料。

二、平衡施肥

依据所栽培的蔬菜种类对各矿质元素的需求量及其比例，采取配方施肥，以其产量指标决定施肥用量。尤其对果类蔬菜，应注意增加钾肥和钙肥的施用量。

三、盐害的防治

积盐多发生在保护地，特别是连年种植黄瓜的日光温室里。种植期间为了防止和降低盐害，必须多施有机肥，改良土壤，以增加土壤的缓冲能力。在必须大量施用化肥的时候，一方面要选用不会急剧增加土壤溶液浓度的肥料品种；一方面要结合追肥搞好浇水，并根据施肥的数量适当增加浇水的次数。对于已经发生严重积盐的温室，则可以采取以下方法来消除土壤积盐：

1. 工程除盐　由于温室内表土至 25 cm 处盐分集中，而 25~50 cm 土层含盐量相对较少，因而可在土面下（30 cm 和 60 cm）各埋设 1 层有孔的塑料管，实行灌水洗盐，这样可使耕层内大部分盐分随水顺管道排到室外。

2. 生物除盐 利用温室内夏季高温的休闲期种植生长速度快、吸肥能力强的苏丹草或玉米，可从土壤中吸收大量游离的氮素，从而降低土壤溶液的浓度。

3. 深翻除盐 利用休闲期深翻，使含盐多的表层土与含盐少的深层土混合，可起到稀释耕层土壤盐分的作用。

4. 换土除盐 积盐太多，采取以上的方法处理后，都不能取得理想的效果时，应考虑到温室搬迁或换土。

5. 综合措施除盐 夏季揭开棚膜，用雨水淋盐；多施有机肥，增加土壤缓冲能力；适量施肥，合理施肥，防止一次施肥，特别是化肥过多；因地制宜地种植不同的耐盐性作物（水果、花卉、玉米等）；实行地膜覆盖，抑制表土积聚盐分。

第五章
日光温室遭遇灾害性天气前后的防治策略

在日光温室蔬菜生产中，除受病虫草的危害外，还会遇到霜冻、大风、水涝和冰雹等自然灾害。但随着社会的发展和人类抗拒灾害能力的提高，采取积极主动的措施，不但可以预防和减轻危害程度，而且可以用科学的管理方法，帮助蔬菜度过这些灾害性天气。做好日光温室遭遇灾害性天气前后的防治工作，是日光温室蔬菜生产的重要环节。

第一节
大风、连续阴天（雨雹、冰雹）、久阴骤晴天气下的防灾减灾策略

一、大风天气

1.大风对棚膜有很强的破坏力   冬季或早春遇到6级以上的大风天气时，白天揭草苫后棚膜易出现烂膜现象，夜间常把草苫吹乱，使薄膜暴露，造成蔬菜冻害。

2.防风   应经常收听天气预报并及早采取防范措施。

为了防止大风吹坏棚膜，要经常检查压膜线的松紧度。将压膜线南端固定在地锚上，北端绑石块或沙袋戳在北墙外，随时调节压膜线松紧，有很好的防风作用。

用棚膜黏合剂或透明胶带及时修补棚膜破损部位，拉紧压膜线，防止强风吹入鼓坏棚膜和造成温度降低。

当风吹棚膜上下摆动时，将草苫隔开一定距离放下，并压紧固定草苫，有很好的防风作用。

二、连续阴天防冻害

连续阴天时，日光温室内光照与热量得不到很好补充，热蓄量减少，温室内总体温度偏低，常处于蔬菜生长适宜温度的下限或偏低，影响蔬菜光合作用及其正常生长发育。

1.防冻措施   一般情况下，阴天的散射光仍能使室温上升5~7℃，且有时光强也在蔬菜的光补偿点以上，因此连阴天也要及时揭开草苫见光。主要是抓住中午短暂的温度较高的时段揭开草苫，或随揭随放，让蔬菜在短时间内见光。常用措施有：①提前扣膜，使墙体、地面尽量储热；②增施有机肥，靠微生物旺盛分解有机物而增温；③后墙内侧张

挂反光幕；④人工临时加温或补光；⑤在阴雨天到来时，尽量多采果，以利低温条件下植株的营养生长。

2. 冻后减灾措施

（1）浇水保温　浇水能增加土壤热容量，防止地温下降，稳定近地表气温，有利于气温平稳上升，使受冻组织恢复机能。

（2）缓慢升温　蔬菜受冻后遇天气转晴时，不能立即将室内升温过高，只能使温室内温度缓慢上升，避免温度急骤上升使受冻组织坏死。

（3）人工喷水　喷水能增加温室内空气相对湿度，稳定室温，并抑制受冻组织脱出的水蒸发，促使组织吸水。

（4）植株修剪　及时剪去受冻的茎叶，以免组织发霉病变，诱发病害。

（5）设棚遮阴　在温室内搭棚遮阴，可防止受冻后的蔬菜受强光直射，使受冻组织急剧失水造成组织坏死。

（6）补施肥料　受冻植株缓苗后，要追施速效肥料，用2%尿素液+0.2%磷酸二氢钾液叶面喷洒，或用高氮高钾叶面肥喷施。

（7）防病治虫　植株受冻后，病虫容易乘虚而入危害植株生长，应及时喷一些保护剂和防病治虫的药剂。

上述各项措施均可避免或减轻连续阴天天气对蔬菜生产的影响，各地可因地制宜、因时制宜地采用。若能将上述多项措施结合运用，效果更好。

三、恶劣降水

（一）雪天

外界气温不是很低时，白天可卷起草苫，以免草苫湿透影响保温，同时也应及时清除棚膜上的积雪（图5-1）。外界气温下降急剧时，白天不能揭起草苫，应随时清除草苫上的积雪，以免大雪压塌前屋面，或积雪融化，浸湿草苫，导致草苫结冰，影响保温效果。

在下雪或者连阴的白天光照较弱时，虽然气温较低，但植株仍可进行微弱的光合作用，产生光合产物供作物生长或维持生命。阴雪天必须揭开部分草苫，让蔬菜见光，使植株能够进行微弱的光合作用，以维持缓慢生长发育的需要。千万不可整天不揭草苫，使蔬菜在黑暗中度过白天，这样会造成十分不利菜苗生长的暗呼吸环境，也极易引发各种病害，超过两天不揭草苫，就会造成菜苗萎蔫或死亡。

　　阴雨雪天室内气温只要短时间在蔬菜生长临界温度以上（果菜类10~12℃，叶菜类1~3℃）就不用加温，让植株在低温下度过，减少体内营养消耗，有利于晴天后的恢复生长。

　　雨雪过后一定要及时放苫保温。

图 5-1　清扫日光温室前屋面积雪

　　（二）冰雹

　　夏秋季节的冰雹灾害，易把前屋面砸成很多孔洞。

　　应经常收听天气预报，在降雹前及时盖草苫，或在棚膜上面20~30 cm处覆盖遮阳网，以防冰雹砸烂塑料薄膜，影响蔬菜生产。

　　（三）降水

　　不论降水强度大小，都有可能对日光温室的覆盖塑料薄膜造成不良影响，特别是对前屋面薄膜抻得不紧的棚面及放风口的薄膜上最容易造成积水。积水多时，轻者影响透光，严重者可造成日光温室前屋面倒塌。

遇降水天气，日光温室内日夜需留人值守，发现棚膜积水时，及时从内向外顶起放水。

地下式、半地下式日光温室，遇强降水或大雨天气，还可造成室内地面积水，使室内作物涝水。

第二节
强降温与久阴骤晴的危害与防控

一、强降温天气防冻害

强降温天气常可使外界气温急剧下降到 -10℃ 以下，此时如果揭开草苫易导致室内温度急剧下降。连续阴天后再遇强降温，易使室内温度下降，造成冻害，此时应采取人工临时加热增温措施防冻害，如加扣小拱棚，外加草苫，棚面草苫外加盖纸被等保温覆盖物。

1. 及时采取增强保温的措施　温室前底角加 1 m 高的保温裙。在草苫上加盖一层旧棚膜、在草苫下加盖一层无纺布或牛皮纸。温室内加挂二层幕（棚膜、无纺布等）。温室后屋面下加挂草袋。温室加挂厚的棉门帘，靠温室东部进门处设围帘。

2. 采取临时性补温措施　日光温室尤其是保温不太好的温室，持续低温时应进行临时性补温。棚室离前沿底角 30~50 cm 处，每 1 m 点燃 1 支蜡烛，可防急骤降温导致的冻害。

目前，已有专业厂家，生产设施增温产品，用于日光温室的临时加温。

3. 见光升温　如晴天时，白天可于中午短时揭开草苫见光，升温如图 5-2；久阴骤晴时，可掀开温室前沿见光，如图 5-3 所示。

图 5-2　揭开草苫见光升温

图 5-3　久阴骤晴掀开日光温室前沿草苫见光

二、久阴骤晴防死株

冬春季节，由于受到灾害天气的影响，常连续几天不能揭草苫，天气转晴后揭草苫常出现植株萎蔫情况，严重时导致植株不能恢复而枯死。久阴骤晴天气要做到"三防"。

1. 防高温和低温障碍

1）高温障碍

（1）幼苗症状　幼苗症状表现为幼芽烫伤或幼苗灼倒，是育苗期的生理病害，它不同于猝倒病或疫病，一般在无育苗经验的情况下容易发生，并且会误认为猝倒病。病状是幼苗接近地面处变细倒伏、萎蔫、干枯。幼苗灼倒的苗畦，表土往往疏松干燥，覆土厚薄不一，多发生在晚播育苗的阳畦里。播种较晚，天气已暖，中午又不注意通风，畦温和表土地温达45℃以上时，由于土表干松、灼烫，会造成幼苗与土接触的嫩茎部发生高温烫伤而死亡。有些幼芽没出土就被烫死了。

（2）整株症状　保护地栽培番茄常发生高温危害。番茄在遇到30℃的高温时，会使光合强度降低；叶片受害，出现褪色或叶缘呈漂白状，后呈黄色。发病轻的仅叶缘呈烧伤状，发病重的波及半叶或整叶，最终萎蔫干枯。至35℃时，开花、结果受到抑制；40℃以上4 h，夜间高于20℃，番茄植株营养状况变坏，就会引起茎叶损伤及果实异常，引起大量花果脱落。而且持续时间越长，花果脱落越严重。果实成熟时，遇到30℃以上的高温，番茄红素形成减慢；超过35℃，番茄红素则难以形成，表面出现绿、黄、红相间的杂色果。高温干燥时，叶片向上卷曲，果皮变硬，容易产生裂果。

（3）防治方法　当温室内温度超过30℃时就应及时通风、浇水和喷水，防止高温危害。并注意幼苗出土前后的通风锻炼及整株期的遮阳。喷洒0.1%硫酸锌或硫酸铜溶液，可提高植株的抗热性，增强抗裂果、抗日灼的能力。用2,4-D浸花或涂花，可以防止高温落花，促进子房膨大。

2）低温障碍　番茄遇到连续10℃以下的低温，幼苗外观表现为叶片黄化，根毛坏死；内部导致花芽分化不正常，容易产生畸形果。温度在5℃以下时，由于花粉死亡而造成大量的落花。同时授粉不良而产生畸形果。如果温度在 -1~3℃，番茄植株就会冻死。所以，当有寒流出现时，应加强保暖措施，防止冻害的发生。

2. 防揭苫后植株萎蔫　在冬季日光温室蔬菜生产中，出现连续数天阴雪或大雾不散，突然天晴导致室内蔬菜植株萎蔫，轻者影响植株生长，重者造成植株死亡。

1）受害症状　揭苫后植株顶部叶片出现下垂，严重时像被开水烫过一样，呈暗褐色水浸状。将植株拔出后，根系明显有发育不良症状，严重的已变褐色，毛细根极少。如果前期植株生长迅速，叶片幼嫩，也会造成叶脉间变为白褐色，出现像发生药害一样的症状。

2）解决措施

（1）注意回苫　天晴后不要急于将草苫拉开，可以隔 1 个揭 1 个。使用卷帘机的温室，可以揭苫 1/3，如果发现植株顶部叶片萎蔫，要迅速回苫，如此反复几次，直到植株不再萎蔫为止。也可在萎蔫植株上喷洒清水（最好是温水）缓解萎蔫。不要急于浇水，因为给蔬菜浇水，虽然补充了植株蒸腾所需要的水分，暂时缓解萎蔫，但根系很容易受损，使植株抗性降低，在以后的生产管理过程中，更加容易发生萎蔫。正确的做法是：天气转晴后，一切管理以"缓"为主，水分、养分可短期进行叶面补充，以保证温度上升平稳。可用丰收 1 号 + 磷酸二氢钾 + 农用链霉素 + 白糖溶液做叶面喷施。

（2）养根壮根　可用强力生根剂灌根，也可以冲施腐殖酸、微生物肥料等养护根系。

（3）防止冻害发生　低温天气来临前，可向叶面喷施农用链霉素 + 甲壳素 + 磷酸二氢钾溶液，或喷洒糖醋发酵液。糖醋发酵液的制作方法是：先将红糖 3 kg 溶于 5 L 清水中，再加入米醋 1 kg、白色酵母 100 g，放入温室内的容器中，每天搅动 1 次，经 20 d 左右，待表面出现一层白沫即成。取糖醋发酵液 500 mL、烧酒 100 mL，加入清水 50 L 搅匀后喷雾。如果植株中上部枝叶变褐，可向叶面补喷清水，不要迅速提升温度，否则危害更加严重。

3. 防气体危害

1）二氧化碳　幼苗从子叶展开就开始从空气中吸收二氧化碳，进行光合作用，随着幼苗的生长，需要二氧化碳的量逐渐加大。一般情况下，空气中的二氧化碳含量为 300 mg/m^3，如空气中的二氧化碳浓度增加，则光合作用加强，光合速率提高；但当空气中的二氧化碳浓度增加至 1 500 mg /m^3 以上时，苗子的呼吸作用就会受到抑制，苗子本身的代谢就会受到阻碍。土壤中的二氧化碳浓度过高，也会对根系的吸收造成危害。所以当苗床中酿热物过多，而表层土板结时，要及时进行中耕松土，以防根际受害。

2）氧　幼苗进行呼吸作用需要从空气中吸收氧，地下部分也需要氧。一般情况下，空气中的氧是不会缺乏的，但苗子的地下部分是从土壤中吸收氧，如果土壤长期处于板结和含水较多的情况下，可能会导致根部缺氧，影响幼苗的生长发育，甚至导致死亡。

3）氨　未腐熟的有机肥料施入温室内的苗床上，有机肥料在发酵、分解过程中产生氨。施用含氮化肥也能产生氨。当氨浓度达 0.004% 以上时，蔬菜即出现受害症状，表现为叶缘组织先变褐色，后变白色，严重时枯死。为防止氨中毒，配制营养土时，不能施用未充分腐熟的有机肥；在寒冷季节，需苗床追肥时，因温室通气量小，不要使用碳酸氢铵等易挥发气体的肥料；尿素要深施，不能撒施。

4）二氧化氮　二氧化氮是氨进一步分解氧化而产生的，一般情况下生成的二氧化氮很快变成硝酸被植物所吸收，但当施用较多的铵态氮肥时，一时不能完全转变，二氧化氮则在土壤中积累，其含量达到 0.0002%，植株就受到危害。受害初期，叶片气孔附近先受害的细胞组织不断向内扩展，使叶绿体褪色，出现白斑，严重时，除叶脉外，全部叶肉都可变白致死。造成二氧化氮气体过量的主要因素是：连续施用大量氮素化肥，使土壤中亚硝酸的转化受阻，硝酸细菌作用降低，二氧化氮不断在土壤中积累并挥发出来。

5）塑料薄膜挥发的有毒气体　塑料薄膜的增塑剂大部分为邻苯二甲酸二异丁酯，其本身不纯，含有未反应的醇、烯、烃、醚等沸点低的物质，如乙烯、氯等，它们挥发性很强，对番茄的危害很大。蔬菜受害后轻者叶绿素解体变黄，重者叶缘或叶脉间变为白色而枯死。

第三节
日光温室内植株结露的原因与防治

日光温室是一个相对封闭的环境，尤其是到了冬季，出于保暖的需要，会尽量减少通风时间和次数，以避免室内气温下降。因此室内空气相对湿度大，容易结露。

结露是一种自然现象，当大气中的水汽达到饱和状态时，在有凝结核的条件下，由气态转变为液态，形成雾、霜、露等凝结物，露是凝结在地面或地面物体上的小水滴。温室内部由于四周被覆盖物或建筑体包围，且种植有作物，当饱和或接近饱和的空气接触到低温的作物体时，就会在上面凝结成露滴。露虽然有助于轻度萎蔫的作物恢复生长能力，但过分湿润会促使病菌繁殖，引起病害。对冬季温室生产而言，防止温室内的作物结露，避免病害发生是一项重要的技术管理内容。

一、结露原因

日光温室结露的成因很多，如夜间作物表面温度低于空气露点温度的情况下结露，温室钢梁结构上结露并滴水，随着气温下降在作物表面结露以及早晨作物体内的水分随气温下降，在叶尖或茎尖上渗出水滴等。

1. 作物体结露　以9月下旬日光温室内番茄种植为例。在晴朗的白天，到了18时以后气温下降至25℃左右，21时降至15℃以下，到翌日6时气温才开始上升，当日17时到翌日5时，空气相对湿度都在100%左右。在太阳出来前后的一段时间，受辐射减弱的影响，作物体的温度比气温低1℃左右。从黎明开始，随着日照强度增大，气温、绝对湿度增大，露点温度也随之上升。此时空气相对湿度在100%以下，作物体表面的温度低于露点温度，温差可达8℃以上，很容易结露。另外，随着日照强度的增加，地面蒸发和作物蒸腾增强，绝对湿度迅速上升。作物叶片温度在太阳出来后，升温速度稍微快一些，也就是在此时叶温比气温低，会产生结露现象。而在其他时间里，叶温和气温几乎一样，在叶片上结露机会不多。由此可见，像这种在作物体表面结露的现象主要是两方面原因引起：一是夜间辐射减弱，作物体表面热量向外辐射，温度降低，当低于室内空气温度时，就形成了结露；二是太阳出来后，室内空气温度上升较快，而作物体本身升温相对缓慢，造成作物体表面温度在结露温度以下，发生结露现象。

2. 覆盖材料内侧结露　日光温室的覆盖材料是将内部环境与外界环境隔离的介质，室内处于一种高温环境，到夜间，随着室外温度的降低，温室覆盖材料的表面温度也随之下降，当其表面温度下降到室内空气的露点温度以下后，室内高湿空气遇到覆盖材料表面时就会出现结露现象，空气中饱和水蒸气将从高温空气中析出而聚集到温室覆盖材料表面上形成露滴。另外，傍晚以后，温度迅速下降，覆盖材料的温度在露点温度以下，过饱和的水蒸气形成结露。

3. 雾　有部分饱和水蒸气没有形成露滴或流滴，而形成极小的水珠飘浮在空气相对湿度已达 100% 的室内空气中，即为雾。雾的形成条件是：覆盖材料结露的时候，覆盖材料对水分的吸附能力低；地面过湿，作物叶面吸附能力大；土壤蓄热过多；蒸汽、蒸腾量大；温室保温效果差，局部或整体降温速度快。由于雾在温室中呈飘浮状态，具有流动性，所以极易传播病菌、微生物、尘埃等有害成分，其危害显而易见。

二、防治日光温室内植株结露的措施

1. 调节浇水量　室内湿度取决于土壤表面的蒸发和作物体的蒸腾作用，所以合理控制浇水量，减少土壤表面的蒸发是一个很重要的途径。对地栽作物来说，可以通过减少蒸发的方式，减少浇水量。作物种植后，在地面上覆盖一层地膜，可减少水分蒸发，从而减少浇水。也可以采取滴灌、喷灌、渗灌等节水方式，减少室内浇水量。由于作物在不同生育时期对水的需求量不同，所以也可以利用作物的生理特点，最大限度地减少浇水量。

2. 看天浇水　浇水要尽量选择晴天的上午进行。晴天室内温度高，散落到地面的水分和作物体上的水分可以较快地蒸发，通过排气口排出，或通过温室的天沟将收集的露滴集中排出温室。

3. 合理通风　通风装置是日光温室必不可少的组成部分，对室内作物生长环境产生着不可代替的作用。一般通风分为侧窗和天窗通风。通气要合理进行，因为通风的同时也降低温度。在冬季或在夏季的阴雨天气里，过度通风还会给室内的作物生长造成危害。因此不同季节、不同天气时的通气方式和通气的量一定要把握好。

4. 合理选择覆盖材料　在日光温室覆盖材料的选择上要求有一定的防露滴性能，即要求材料表面对形成水滴有一定的亲和性，能将细小的雾滴"吸附"在其表面，当细雾滴逐渐变大时，能够相互结合，并沿材料表面滑下，落到不危及作物体的地方。覆盖材料防露滴性能的形成一般是在材料制造过程中添加亲水剂（也称为防雾滴助剂），通过添加这种助剂来改善材料的表面活性，从而提高材料表面的润滑功能，如 PE 流滴膜、PVC 无滴膜等。

5. 加温降湿　有加温条件的日光温室，通过加温可以把室内的空气相对湿度控制在 80%~90%，但室内温度升高也会造成饱和差增大，蒸发和蒸腾作用变大，绝对温度或者露点温度上升，加温停止时，更易造成结露和起雾。现在有一些日光温室安装了湿帘风机设备，通过湿帘进入室内的空气中的水汽含量较少，而室内湿热空气又被风机抽走，来降低温度和空气相对湿度。

6. 病害防治　结露带来的最大危害是病害，除白粉病外，像角斑病、灰霉病、炭疽病、霜霉病、菌核病、疫病等都与湿度大有关系。当空气相对湿度在 95% 以上、夜间出现结露的情况下，要采取预防措施。在没有出现病症的情况下，可每两周喷施一次广谱性杀菌剂；也可根据室内病害发生的规律，提前喷施针对性的杀菌剂。如遇到低温高湿情况，可使用烟雾剂，以降低温室内空气相对湿度。

第六章
日光温室蔬菜育苗技术

　　育苗是指不直接在栽培田中进行播种，而是在苗床或其他育苗设施中播种，人为创造出适宜幼苗生长发育的环境条件，培育出符合生产要求的幼苗，在外界环境条件适宜蔬菜生长时或者土地腾出茬口时，再定植到田间的全部过程，它是蔬菜栽培过程中的重要环节。如何培育健壮的幼苗有很强的技术性，如果在幼苗期管理不善，不仅会出现弱苗、病苗、死苗（缺苗）现象，还会引起田间病害严重、早衰、晚熟等不良现象的发生。农谚"苗好一半收"，足可证明蔬菜培育壮苗的重要性。

第一节
育苗基础知识

一、苗床面积确定

苗床是为蔬菜幼苗提供温度、湿度、光照、营养等适宜其生长发育环境条件的场所，根据用途分为播种床和分苗床。播种床是指在其上进行播种，利用苗床的营养条件使种子发芽、出苗，直到分苗所使用的苗床；分苗床是幼苗在播种床上生长到一定阶段之后，为扩大幼苗的营养面积，而把一定大小的幼苗单株分栽到其上所使用的苗床。苗床性能的好坏直接影响着幼苗的质量，是育苗成败的关键因素之一。

播种床面积根据种子播种量和要采取的育苗方式进行确定。分苗床面积要根据幼苗的数量和分苗方式进行确定。分苗床面积受播种床影响，一般情况下，播种床面积大，分苗床面积也会较大，但具体还要根据成苗量进行确定。具体确定方法可参照如下公式进行：

播种床面积(m^2) = 实际播种量(g) × 每克种子粒数 × 每粒种子所占的面积(cm^2) ÷ 10 000　　　　　　　　　　　　　　　　　　　（6-1）

分苗床面积(m^2) = 苗数 × 每株秧苗的营养面积(cm^2) ÷ 10 000　（6-2）

1. 按播种方式确定苗床面积

1）撒播　每平方米苗床的播种量为 10~15 g，每亩地的需种量为 15~30 g，低温期宜多播，可达 30~50 g，如此可得出结论：每亩播种床的面积为 3~5 m^2。

2）营养钵点播　应选用 10 cm × 10 cm 营养钵，亩备钵 2 500~4 000 个，需建造苗床面积 25~40 m^2，占地面积 40~60 m^2。

2. 苗床面积确定　可依据育苗容器大小、定植面积、亩株数而定。1 m^2 苗床育苗数量，可通过查表 6-1 获得。

表 6-1　1 m² 苗床育苗数量查对表

株数（株） 行距（cm） 株距（cm）	2	3	4	5	6	7	8	9	10	11	12
2						714	625	555	500	454	416
3						476	416	370	333	303	277
4						375	312	277	250	227	208
5					333	285	250	222	200	181	166
6				333	277	238	208	185	166	151	138
7	714	476	375	285	238	204	178	158	142	129	119
8	625	416	312	250	208	178	156	138	125	113	104
9	555	370	277	222	185	158	138	123	111	101	92
10	500	333	250	200	166	142	125	111	100	90	83
11	454	303	227	181	151	129	113	101	90	82	75
12	416	277	208	166	138	119	104	92	83	75	69

二、育苗设施的选择和建造

苗床性能的好坏主要由育苗设施决定。育苗设施有许多种，根据其构造的不同，分为冷床（阳畦）、温床、塑料小棚、塑料中棚、塑料大棚、日光温室以及遮阳、防雨和防虫设施等几类。不同类型的育苗设施其性能不同，用于蔬菜育苗时产生的效果也有很大差异。因此，在生产中，应根据栽培季节、栽培方式、资源条件等因素综合考虑，以选择适宜的育苗设施。

作为育苗用的保护设施，一般要选择避风向阳，地势平坦，排灌方便，地下水位低，光照和通风条件良好，有电力条件，交通方便，并且距离定植田较近的地块进行建造。

1. 改良阳畦　由风障畦发展而来，主要由风障、畦框、覆盖物三部分组成。阳畦要做成东西向，以方便采光。由于各地气候条件、材料资源、技术水平以及栽培方式的不同，发展产生了畦框呈斜面的抢阳畦和畦框等高的槽子畦两种。为增加种植面积、改善畦内小气候条件、种植管理方便，又产生了改良阳畦。改良阳畦，又叫小洞子、小暖窖，是在普通阳畦的基础上将畦框加高、加厚、增加采光面积等改良而成。改良阳畦在蔬菜育苗中除用做播种床外，还可用做分苗床。

1）改良阳畦的性能　改良阳畦合理的采光角度，可以使太阳光充分入射，增加畦内温度，同时其加厚的墙体，有后坡类型的包括后坡都具有储热功能，在夜间覆盖草苫进行保温，在防寒保温性能上远优于普通阳畦，夜间低温持续时间较短。但是，由于其空间结构相对较小，同时没有加温条件，阳畦内的气温和地温受季节和天气状况影响较大。在严寒期间，当天气晴好阳光充足时揭开草苫后 1 h，畦内气温可以上升 7~10℃；在 13~14 时畦内气温达到最高，以后随着光照减弱而逐渐下降；至 16 时盖上草苫后，因防寒保温性能较好，阳畦内温度下降缓慢，一般在翌日 5~7 时畦温降到一天内的最低值。阴天时，阳畦内进入的光线较少，畦温变化不大，但仍可保持较高的温度。

改良阳畦由于具有一定的增温保温性能，同时拥有造价低、不用煤、不用柴、不用电、管理方便等特点，是一种结构简单、经济实用的育苗设施。但是由于其自身的局限性，其性能受季节和天气状况的影响较大，阳畦内人工调节温度的能力较差。

2）改良阳畦的建造　改良阳畦主要由墙体（后墙、山墙）、拱架、立柱和覆盖物（塑料薄膜和草苫）等组成。根据所用材料的不同，改良阳畦又可以分为土木结构和钢筋砖混结构。

改良阳畦一般建造在背风向阳的地方，呈东西向延长，坐北朝南，便于采光。其后墙高 0.9~1 m，墙厚 40~50 cm，支柱高 1.5 m，跨度一般 3 m，两侧山墙厚度与后墙一样，把其做成拱圆形，后高前低，使其与地面呈 40°~45°，以尽可能地多采光。

根据结构的不同，改良阳畦又可以分为有后坡和无后坡类型。无后坡阳畦直接把拱架架在后墙上，前端支在地面上，每拱架间距 40 cm，拱架下设支柱，拱架用 2~3 道横向拉杆连接固定，如用钢筋拱架，可以不用支柱，拱架组合形成棚架，在棚架上覆盖塑料薄膜，如图 6-1 所示。

有后坡阳畦从外观上看与日光温室很相似，只不过小一点，如图 6-2 所示。

图 6-1 无后坡阳畦　　　　　　　　　　　　图 6-2 有后坡阳畦

注意事项

阳畦的面积不能过小，以加强抵抗低温的缓冲能力。阳畦前后排的间距不能过小，最小的距离不应小于前排棚顶高度的 2~2.5 倍，以防止遮阳。覆盖的塑料薄膜最好是两幅，以便于在中上部进行通风。

2. 塑料大棚　塑料大棚常用于蔬菜春季或秋季育苗。通过在大棚内增加一些临时的增温设施，也可进行冬季育苗。通过在大棚上部增加一些防雨遮阳设施，也可进行夏秋季育苗。

1）规划与规格　塑料大棚是应用年限较长的保护地设施，建造时要选择避风向阳、土质肥沃、排灌方便、交通便利的地块。大棚南北向延长受光均匀，适于春秋季生产。在建设大面积大棚群时，南北间距 4~6 m、东西间距 2~2.5 m，以便于运输及通风换气，避免遮阴。每栋塑料大棚的面积为 320~720 m²，一般跨度 8~12 m、长度 40~60 m，长宽比 ≥ 5 比较好。大棚的中高 2~2.4 m，越高承受风的荷载越大；如过低时，棚面弧度小，不但易受风害，而且遇到降水（雨雪）天气时，棚面易积存雨雪，有压塌棚架的危险。

要根据当地条件和各类大棚的性能选择适宜的棚型。建筑材料力求就地取材，坚固耐用。在大棚区的西北侧设立防风障，以削减风力。如果结合温室建设，在温室间建大棚配套生产，能够提高土地利用率和经济效益。

2）常见大棚构造

（1）水泥竹木混合结构拱棚的构造　这种大棚的建筑材料来源方便，成本低廉，支柱少，结构稳定，棚内作业便利。主要包括立柱（水泥柱或木杆）、拉梁（拉杆或马杠）、吊柱（小支柱）、拱杆（骨架）、塑料薄膜和压膜线等部分。

每个拱杆由 4 根立柱支撑，呈对称排列，立柱用水泥柱，每 3 m 一根。拱棚最大高度 2.4 m，中柱高 2 m，距中线 1.5 m 与地面垂直埋设，下垫基石。边柱高 1.3 m，按内角 70° 埋在棚边作拱杆接地段，埋入地下40 cm，中柱上设纵向钢丝绳拉梁连接成一个整体，拉梁上串 20 cm 吊柱支撑拱杆。用直径 3~6 cm 的竹竿或木杆做拱杆，并固定在各排立柱与吊柱上，间距 1 m。拱杆上覆盖塑料薄膜，薄膜上用 8# 钢线或专用压膜线固定在地锚上压紧。如图 6-3 所示。

图 6-3　水泥竹木混合结构大棚

（2）钢骨架改良式大棚的构造　这种大棚跨度 10~15 m，脊高2.5~3 m，如图 6-4 所示。

图 6-4　钢骨架改良式大棚（m）

（3）镀锌薄壁钢管组装大棚　由骨架、拉梁、卡膜槽、卡膜弹簧、棚头、门、通风装置等通过卡具组装而成。骨架是由两根直径 25~32 mm 拱形钢管在顶部用套管对接而成。纵向用 6 条拉梁连接，大棚两侧设手动卷膜通风装置，如图 6-5 所示。该棚的优点是结构合理，坚固耐用，抗风雪压力强，便于管理；缺点是造价较高。

图 6-5　镀锌薄壁钢管组装大棚放风结构示意图

（4）现代化大棚　如图 6-6、图 6-7 所示。

图 6-6　现代化大棚一角

图 6-7　现代化育苗大棚内部

3）大棚建造　塑料大棚的骨架由立柱、拱杆（拱架）、拉杆（纵梁、横拉）、压杆（压膜线）等部件组成，俗称"三杆一柱"。这是塑料薄膜大棚最基本的骨架构成，其他形式都是在此基础上演化而来的。大棚骨架使用的材料比较简单，容易造型和建造，但大棚结构是由各部分构成的一个整体，因此选料要适当，施工要严格。

（1）立柱　立柱分中柱、侧柱、边柱 3 种。选直径 4~6 cm 的圆木或方木或 10 cm×10 cm 水泥预制件为柱材。立柱基部可用砖、石或混凝土墩，也可把立柱直接插入土中 30~40 cm。

上端做成 Y 形缺刻，缺刻下钻孔作固定棚架用。南北延长的大棚东西跨度一般是 10~14 m，两排相距 1.5~2 m，边柱距棚边 1 m 左右，同一排柱间距离为 1~1.2 m，棚长根据大棚面积需要和地形灵活确定，然后埋立柱。根据立柱的承受能力埋南北向立柱 4~5 道，东西向为一排，每排间隔 3~5 m，柱下放砖头或石块，以防立柱下沉。柱子的高度要不断调整。

（2）拱杆　拱杆连接后弯成弧形，是支撑薄膜的拱架。用直径为 3~4 cm 的竹竿或木杆压成弧形，若一根竹竿长度不够，可用多根竹竿或竹片绑接而成。

如南北延长的大棚，在东西两侧画好标志线，使每根拱架设东西方向，放在中柱、侧柱、边柱上端的 Y 形缺刻里，把拱架的两端埋入土中。

（3）拉杆　拉杆是纵向连接立柱的横梁，对大棚骨架整体起加固作用。拉杆可用略粗于拱杆的竹竿或木杆，一般直径为5~6 cm，顺着大棚的纵长方向，每排绑一根，绑的位置是距棚顶25~30 cm处，要用铁丝绑牢，以固定立柱与拱杆，使之连成一体。

（4）覆膜　覆膜之前，首先用电熨斗焊接塑料薄膜，具体方法是：用150 cm×4 cm的木条，放在桌面上或在下面钉上支柱，把两幅塑料薄膜重叠放在木条上，盖上1条棉布焊接，按棚面的大小焊接成整体。如果准备开膛放风，则以棚脊为界，焊接成2块，并在靠棚脊部的塑料薄膜边焊接进一条粗绳。也可在棚上用4块塑料薄膜覆盖，并卷入1条绳子以便扒缝放风。两肩接地的1块为围裙，上边固定在骨架上。棚顶上2块边搭在一起能开能闭，最大放风面积可达栽培面积的10%。室外气温不高时，可先扒开棚顶中缝放风。随着棚外温度的升高，两肩扒缝放风。

选晴朗无风的天气盖膜，先从棚的一边压膜，再把塑料薄膜拉过棚的另一侧，多人一起拉，边拉边将塑料薄膜弄平整，拉直绷紧，为防止皱褶和拉破塑料薄膜，盖膜前拱杆上用草绳等缠好，把塑料薄膜两边埋在棚两侧宽20 cm、深20 cm左右的压膜沟中，踩实。扣上塑料薄膜后，在两根拱杆之间放一根压膜线，压在塑料薄膜上，使塑料薄膜绷紧，不能松动。位置可稍低于拱杆，使棚面成瓦垄状，以利排水和抗风。压膜线两端应绑好横木埋实在土中，也可固定在大棚两侧的地锚上。地锚常设在压薄膜沟的外侧，用8#钢丝做套，下拴坠石，上面露出地面。

（5）装门　大棚盖完薄膜，在定植前，把门口处薄膜切开，上部卷入门口上框，两边卷入门边框，用木条或秫秸钉住，再把门安好。我国南方在南端或东端设门，用方木或木杆做门框，门框上钉上薄膜。

<hr>

注意事项

建造大棚时要按照技术要求选用合格的建棚材料，大棚的肩部不宜过高，拱度要均匀，水泥竹木混合结构大棚，要使立柱、吊柱、拱杆、拉梁、薄膜、地锚、压膜线等成为整体结构，不松动不变形。大风天要精心看护，随时压紧棚膜，及时修补薄膜孔洞及骨架松动部分。降雪时要随时清除，防止压塌大棚。

3. 日光温室　日光温室拥有良好的增温、保温性能，特别是当日光温室与加热温床结合使用时，可充分满足幼苗生长发育对温度等环境条件的需求，是寒冷季节良好的育苗设施。日光温室的结构、性能、设计原理及建造技术，参见本丛书第一卷《日光温室设计建造与装备》。

三、营养土配制

1. 营养土与培养壮苗的关系　蔬菜幼苗的生长，除具备良好的自身素质（内因作用）外，还受肥料、水分、光照、温度、气体等环境因素（外因作用）的影响。蔬菜根系的吸收作用强弱与营养土的温度、湿度、pH、EC 和透气性等有密切关系。

1）营养土的肥沃度　幼苗的吸肥量尽管很小，但由于其密度大，单位时间内单位面积上的需肥量却较大，因此，苗床土要求很肥才能保证秧苗的生长需要，如果土壤贫瘠，营养供应不足，秧苗生长发育受阻，就会引起僵苗不发。为了保证土壤肥沃，应合理地增施多种肥料，虽然氮肥是培育壮苗、生长叶片的主要肥料，但不可重施、偏施氮素化肥，否则会导致苗子徒长，抗性降低。

2）土壤中矿质盐类的浓度　幼苗根系所能忍耐的土壤中无机盐的浓度要比成株期小得多。因此，既要使床土中含有丰富的矿质盐类，又不要使土壤中盐的浓度过高。为了达到这个目的，必须使床土中含有较高的有机质，靠有机质中的腐殖质胶体吸附矿质元素，使土壤中盐的浓度保持较低的水平。当土壤溶液中的矿质元素被作物利用以后，腐殖质胶体吸收的矿质元素可释放出来供给根系利用。

3）床土 pH　蔬菜适合于中性至微酸性土壤，生长发育最适的 pH 值为 6.5 左右，可适应的范围为 pH 5.5~7.5。土壤酸性过强（pH < 5.5）时，可导致根的吸收功能减退。酸性土壤中，磷肥易与铁铝化合形成

难溶性的磷酸铁、磷酸铝，这些物质不但很难被根吸收，而且能减弱土壤中微生物的活力。土壤碱性偏大（pH > 7.5）时，不但对根有害，而且可使磷、锌、镁等矿质元素的溶解度大大降低；与钙结合形成磷酸钙，不能被根吸收利用。有的地方用塘泥、河泥来配制育苗床土，切记使用前一定要先播上几粒种子试验能不能出芽，并观察其长势，以试验它的酸碱度高低。有条件的可用 pH 试纸测试。

4）培养土的透水性、保水性及透气状况　在团粒结构良好的土壤中，各个团粒之间的孔隙大，容易透水，并可容纳大量空气，而在每个团粒之内都能保持较高的水分，故在配制床土时应施入大量腐熟的有机肥，以保持床土较好的团粒结构。

2. 营养土应具备的条件　蔬菜幼苗对于土壤温度、湿度、营养和透气性等都有较严格的要求，营养土质量的好坏直接影响着幼苗的生长发育。根据蔬菜秧苗生长发育的特点，第一，要求营养土必须含有丰富的有机质，一般要求有机质的含量不低于 5%，以改善土壤的吸肥、保水和透气性；第二，要求营养土营养成分完全，具备氮、磷、钾、钙等秧苗生长必需的营养元素（氮、磷、钾的含量分别不低于 0.2%、1% 和 1.5%）；第三，要求营养土具微酸性或中性（pH 5.5~7），以利根系的吸收活动；第四，要求营养土不能有致病病原和害虫（包括虫卵）；第五，要求营养土具有一定的黏性，以保证秧苗移植时土坨不易松散。

3. 营养土的基本配方

1）有机肥为主的配方

播种床配方。充分腐熟的有机肥 4 份、园土 6 份，同时在每 1 000 kg 粪土中加入尿素 0.2 kg，磷酸二铵 0.3 kg，草木灰 5~8 kg，50% 甲基硫菌灵可湿性粉剂或 50% 多菌灵可湿性粉剂 100 g，2.5% 百虫毙可湿性粉剂 1 kg。

分苗床配方。由于分苗床需要床土具有一定的黏性，利于起苗时土坨不散。因此与播种床相比要加大园土的量，一般用充分腐熟有机肥 3 份、园土 7 份，其他肥料与杀菌、杀虫剂的量与播种床相同。

2）无机肥为主的配方　每 1 000 kg 园土加尿素 250 g，普通过磷酸钙 1 500~2 500 g，50% 硫酸钾 500~1 000 g，硼、镁、锌肥各 200 g，

烘干鸡粪20 kg，1.8%阿维菌素乳剂250 g，70%敌磺钠可湿性粉剂150~250 g。

4.营养土配制技术

1）配制时间　在播种育苗前60 d，为配制营养土的较佳时间。

2）园土的选择　园土要选择近3~5年内未种过茄科、葫芦科、十字花科作物的中性肥沃土壤，同时最好也不用前茬是蔬菜地和种过豆类、棉花、芝麻等作物（这些作物枯萎病发病率高且重）的土壤，以前茬是葱蒜类蔬菜的园土较好。取土时要取地表0~20 cm的表层土。理想的园土应该是疏松肥沃，通透性好，无砖、石、瓦、砾等杂物，无草籽、病菌、害虫及虫卵。

3）有机肥的选择　低温季节育苗宜选用马粪、鸡粪、羊粪、豆饼、芝麻饼等暖性肥料。高温季节育苗选用鸭粪、猪粪、牛粪、塘泥等冷性肥料为好。这些有机肥可以单用，也可以混用，但不论怎么使用，在使用前必须将有机肥充分腐熟发酵，塘泥晒干碾碎，以杀灭其中的虫卵和有害的病原菌，减少苗期病虫害的发生；同时有机肥充分发酵后，其中的有机质能够更方便幼苗吸收利用。

4）营养土的消毒处理　营养土的消毒是营养土配制过程中的重要环节。

（1）高温消毒　夏秋高温季节，把配制好的营养土放在密闭的大棚或温室中摊开（厚度在10 cm左右较适宜），接受阳光的暴晒与棚室的蒸烤，使室内土壤温度达到60℃，连续7~10 d，可消灭营养土中的猝倒病、立枯病、黄萎病等大部分病菌。

（2）化学药剂喷洒床面消毒　用50%多菌灵可湿性粉剂或70%甲基硫菌灵可湿性粉剂4~5 g，先加水溶解，而后喷洒到1 m²大小及厚7~10 cm的床土上，拌和均匀。加水量依床土湿润情况而定，以充分发挥药效。

注意事项

在实际的操作过程中，最好是这两种消毒方法结合使用，以达到最佳的消毒效果。

根据营养土配方把各种成分按比例或量加入后，要充分混匀过筛，如图 6-8 所示。

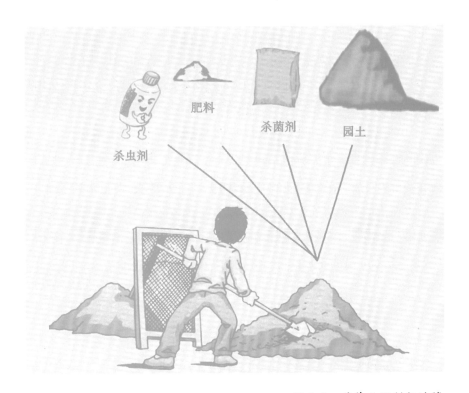

图 6-8　营养土配制与过筛

在配制营养土的准备过程中，尿素、普通过磷酸钙等化肥，只能在混合营养土的过程中使用，不能直接撒在苗床内。

在配制营养土时，要注意土壤的酸碱度，如所选肥料偏酸性，可根据实际情况酌加石灰进行调节；如所选园土较为黏重时可掺沙子或木屑使土质疏松，如所选土质过于疏松，要加入适量的黏土进行调节。

药剂处理过的苗床土，要充分通气后才能进行播种或移苗。

四、育苗容器的选择

茄科、葫芦科蔬菜虽然根系发达，但是幼苗根系木质化较早，不定根的发生能力较弱，伤根后根系的再生能力差，因此伤根后不但影响植株茎叶的生长，而且会造成病害的发生。有资料显示，蔬菜苗在苗床上生长时，地下的根系吸收表面积超过地上叶子的蒸腾表面积达10 倍以上，一旦起苗定植，90% 的吸收表面积将损失掉，这样地上与地下的表面积比急剧下降，造成水分供应失调，轻则致使苗子定植后缓苗困难，重则致使苗子死亡。因此，蔬菜在栽培育苗的过程中，最好是选择适宜的育苗容器进行相应的护根措施，否则会给生产带来严重的影响。

1. 塑料育苗钵　塑料育苗钵（又叫营养钵）是由厂家用聚乙烯塑料生产的育苗器具，多为黑色半透明状，也有白色和灰色等颜色。在钵体的底部中央有 1~5 个直径 1 cm 左右的小孔，便于育苗时透水透气。

现在市场上销售的塑料育苗钵有多种不同的规格，用户可根据自身需要进行选择。蔬菜生产上常用的塑料育苗钵的规格有 8 cm×10 cm、10 cm×10 cm、10 cm×12 cm 等，如图 6-9 所示。

图 6-9　塑料育苗钵

塑料育苗钵的最大优点是护根效果较好，可以使用多年。

2. 穴盘　由厂家用聚乙烯塑料生产的育苗器具，多为黑色或浅黑色，其形状为长方形盘状，在我国各地普遍使用的规格（长 × 宽 × 高）54 cm×28 cm×6 cm。在盘上有许多具有隔板的孔穴，故名穴盘，根据盘上孔穴的多少分为 32 孔、50 孔、72 孔、128 孔等多种不同的规格，由于大小固定，孔越多单孔面积就越小，用户可以根据需要选用。蔬菜育苗穴盘的常用规格为 50 孔、72 孔，如图 6-10 所示。

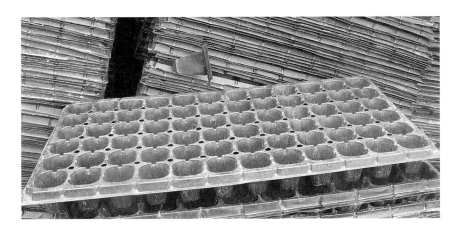

图 6-10 穴盘

穴盘的优点是占用空间小，移动方便，可以多年使用；缺点是营养面积小，成本较高。

穴盘在工厂化育苗中，利用配好的基质进行育苗应用较为广泛，而在分苗中使用较少。

3. 平盘 平盘外形类似穴盘，但没有孔穴，为一平盘，目前使用的规格（长 × 宽 × 高）60 cm×30 cm×5 cm。盘的底部布满小眼，以利透水透气，如图 6-11 所示。把营养土或基质装入盘中抹平即可进行播种或分苗使用。

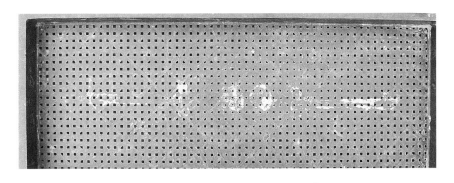

图 6-11 平盘

平盘的优点是移动方便，可多年使用，但成本较高，且苗与苗之间没有分隔，分苗时土坨不易成形，易散坨，护根效果相对较差。实际生产中多在基质育苗中育芽苗时使用。

4.营养土方　营养土方育苗就是在苗床上划好的土块中进行育苗。其优点是制作比较方便，省时省工；缺点是伤根较为严重，护根效果差。另外，其受土质的限制较大，在沙质土壤上不能应用。营养土方的制作方法分干制法和湿制法，由于干制法效率较高，因此使用较普遍。

1）干制法　又叫干踩法，是先平整好苗床，然后将配制好的营养土平铺于育苗床内，整平，压实，厚度 12~15 cm，然后浇透水，待水渗下后，用事先做好的钉板（在一适当大小的木板上，按照 8~10 cm 的距离，钉上一排长度在 12 cm 的钉子），将苗床切成 8~10 cm 的营养土方，如图 6-12 所示。

图 6-12　营养土方

2）湿制法　又叫和大泥法，将配制好的营养土浇以适量的水，调和翻拌均匀和成泥，铺于整平的苗床上，抹平，再切方，切方方法同干制法。

五、播种前的准备

1.播前检查　育苗前首先对育苗设施进行一次检查，主要检查水、电是否畅通及保温、降温性能是否良好等。电热线加热苗床要试通电，查看温度分布状况。酿热温床查看床面温度是否均匀等。

2.苗床制备

1）铺营养土　准备进行撒播育苗的，在播种前7~10 d，把配制好的营养土铺在做好的育苗床上，整平压实，厚度10 cm左右，然后浇水，待播。每平方米床面约需营养土120 kg。

2）装钵（盘）与摆钵（盘）　如果选择育苗钵或者穴盘进行育苗的，事先要把配制好的营养土装入育苗钵（盘）内，然后把装好土的育苗钵（盘）摆入育苗床中。育苗钵（盘）装土不可过满也不可过少，使其与钵（盘）口齐平即可（浇水后会自然下陷），如图6-13所示。

图6-13　装钵与摆钵

在装营养土时不要摁压，以自然状态为好。摆钵（盘）时要尽量摆齐摆平，特别是育苗钵要摆放自然，不能过挤或过松，以便于管理。

3）浇水　在播种前1 d，苗床要浇透水（为保证苗床水分充足，这次水一定要浇透）；育苗钵育苗者，浇水后播种前，要对苗床检查一遍，发现有个别装土过多的没浇透水的钵体再逐钵浇水，以防种子出苗不齐，如图6-14所示。

图6-14　逐钵浇水

水下渗后即可播种。利用营养土方育苗的土方划好后，直接进行播种即可。

六、种子处理

培育壮苗，是育苗的目的。为减少幼苗病虫害的发生，缩短出苗时间，培育出健壮的秧苗，一般要在播种前进行种子处理。

1.选种　母大子肥，众所周知。饱满的种子内积累的养分多，它的胚根粗，子叶肥，胚芽壮，故发芽出土的幼苗也苗壮。瘦秕的种子，由于种子内含物少，不但影响发芽率和发芽势，即使出苗，株体也弱小，所以饱满的种子生命力强、发芽率高、发芽势猛、出苗快且整齐，幼苗较壮，抗逆性也强；生活力弱的种子出苗慢不整齐，幼苗弱，抗逆性差。

由于种子的成熟度不太一致，加之采收储藏过程中各种因素引起的受潮、高温、病虫危害等，都会导致种子生活力降低，故播种前种子一定要进行精选，并做好发芽率试验。

1）初选　幼苗不进行光合作用之前的营养供给是种子提供的。不饱满或有缺陷的种子不但会影响种子的发芽率，出苗后对幼苗的生长也会造成影响。因此在备种时要选择籽粒饱满、形状与颜色均匀一致、无虫及虫卵的当年采收的种子，或经冷藏保存的收获时间在 2~3 年的种子。

2）精选　利用不饱满或有缺陷的种子相对于饱满种子比重低的特点进行选种。常用的选种方法有水选、风选、筛选和人工挑选几种。

水选方法是，把蔬菜种子放入 1% 食盐水中并充分搅拌后，漂去秕子，捞出下沉的饱满种子，用清水冲洗后即可晾干待播或浸种、催芽、播种。

2. 晒种　种子选好后，在浸种前应晒种 2~3 d，每天晒种 2~4 h，以使种子充分干燥，促进种子后熟，提高种子的发芽势，促进齐苗及增加幼苗的健壮度。在晒种时要防止儿童、大风、昆虫、飞鸟、家禽、家畜等对种子造成损伤。

3. 种子消毒

1）物理消毒法　物理消毒法包括干热消毒、湿热消毒和紫外线照射消毒等方法。目前生产上常采用的物理消毒方法是温汤浸种、热水烫种，其消毒机制都是利用较高的温度（病菌致死温度以上）来杀死种子所带的病菌，此方法简单易行，节省成本。

（1）温汤浸种　把种子放入 55~60℃ 的热水中（两开对一冷）浸种 10~15 min。加入冷水，使水温降至 30℃。

浸种时，为了防止水温下降太快，达不到理想的杀菌效果，水量不能太少，一般要为种子量的 5~6 倍。如水温下降过快，要补充热水。浸种过程中要不断搅拌，以使种子受热均匀，不烫伤种子，如图 6-15 所示。

边加热水边用
温度计搅拌

60℃
30℃

图 6-15　温汤浸种

（2）热水烫种　把种子放入水温为 70~75℃ 的热水中，如图 6-16 所示，水量不要超过种子量的 5 倍，以免水温不易降低。烫种时准备 2 个干净容器（不能有油污），将热水来回倾倒，为避免烫伤种子，最初的几次倾倒要快速，以使热气散发并提供氧气，如此一直倾倒至水温降至 55℃ 左右，再改为不断搅拌，尽量保持此水温 7~8 min，然后加入冷水，调至 30℃，搓洗种子，除去种子表面的黏液，而后开始浸种。

图 6-16　热水烫种

2）化学消毒法 常用的药剂浸种方法有：10% 磷酸三钠水溶液浸种 20 min，0.1% 高锰酸钾水溶液浸种 20~30 min，50% DT 可湿性粉剂 500 倍液浸种 20 min，70% 甲基硫菌灵可湿性粉剂 800 倍液浸种 1 h，壮苗素 100 倍液浸种 20 min，如图 6-17 所示。

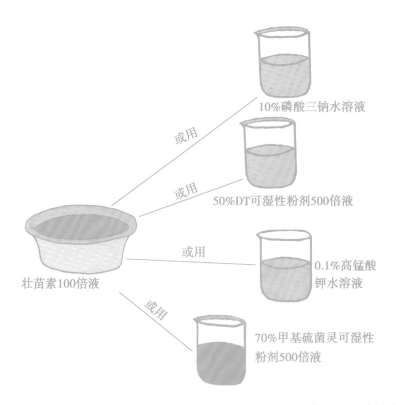

图 6-17 药剂浸种

药剂浸种时，药液要浸过种子 5~10 cm 并不断搅拌，以便种子能够充分均匀浸润。浸种完成后，捞出种子，用清水反复冲洗（药液不清洗干净，会影响种子出芽），最好用流动水或自来水冲洗，同时搓洗（淘）种子（除去种子表面黏液），而后进行浸种，如图 6-18 所示。

4. 间歇浸种 蔬菜种皮坚硬、较厚，外有蜡质层，透水透气性较差，水分和氧都很难进入，而蔬菜种子发芽时对氧较为敏感，如果持续浸种，由于过度吸水的原因会导致种皮更加致密，氧更难进入种子内部，造成种子内部缺氧，进而导致种子发芽时间延长，发芽势显著降低。为提高种子的发芽速度，提高发芽势，最好采用间歇浸种。

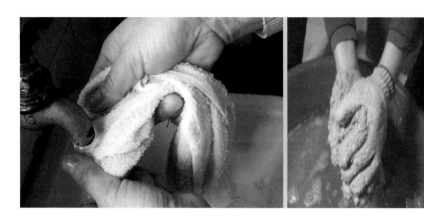

图 6-18　冲（淘）洗种子

其方法是：先将经过种子消毒的蔬菜种子放入 30℃ 的温水中浸泡 6~8 h，水量要没过种子，使种子充分吸水后控干，在纱布上摊晾 8~12 h 再浸种 4~6 h 后，再次摊晾至手摸湿爽不黏为准，然后再进行催芽。

5. 催芽

1）催芽技术　依据种子的嫌光性，也就是说蔬菜种子在明暗处发芽的特性，调控适宜发芽的条件。催芽时，把浸种后晾好的种子用洁净的湿布（不要过湿，以免影响透气，一般以用手握不出水分为准）包好，放于适温、透气的条件下进行催芽。催芽时种子包厚度以平放不超过 3 cm 为宜，以便种子受热均匀。催芽宜采用变温催芽方法，即催芽时每天保持温度在 27~30℃ 16 h，在 17~20℃ 8 h，使种子接受 10℃ 的温差。由于蔬菜种子对氧气敏感，在催芽过程中，每 3~4 h 取出种子进行翻动换气。在催芽 2 d 后，要用 30℃ 左右的温水淘洗 1 次（不用每天淘洗，以免在种子内部形成新的水膜，影响透气），稍晾后继续催芽。一般在变温催芽条件下，种子表皮无水膜和黏液阻碍，氧气供应充足，茄科蔬菜种子 4 d、葫芦科蔬菜种子 2 d 就可出芽。与常温催芽相比，变温催芽可以大大缩短种子发芽时间。见有 60% 的种子露白尖时停止催芽，准备播种。

2）催芽常用方法

（1）电灯泡催芽　取一个水桶或木箱，在其底部放少许温水，中部架设竹帘，用宽大的纱布袋装好种子，平摊在竹帘上面，然后覆盖浸湿的毛巾，毛巾上覆盖浸湿的厚纸片，纸片和毛巾见干即加水，保持湿润。水桶或木箱上口吊入一只 40 W 灯泡和一支温度计，封闭，用温度计观察温度，通过及时开闭电灯或更换温水来调节控制温度。此法有利于种子透气，热源较高，水分适宜，如图 6-19 所示。

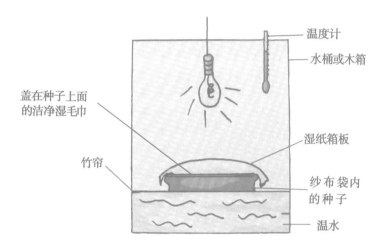

图 6-19　电灯泡加温催芽示意图

（2）电热毯催芽　将浸好的种子用纱布袋装好，放在垫有塑料薄膜的电热毯上，上面盖上棉被即可。此法使用非常方便，技术易掌握，如图 6-20 所示。

图 6-20　电热毯加温催芽示意图

（3）催芽箱催芽　有条件的可利用专用恒温箱进行催芽，此法温度可任意调节，且调整好后温度恒定，催芽效果好，特别是进行变温催芽，使用此法更加方便。

（4）饭锅余热催芽　把浸涨的种子用布包起来，放入洁净的瓦盆中，加盖，放在盛有温水的饭锅内，做饭时可端出置灶台温暖处。此方法简便安全，效果好。

（5）火炕瓦缸催芽　适宜北方有火炕的地方采用。用湿润的棉纱布把浸涨的种子包好，放在搪瓷小缸中，将小缸放于盛有温水的大缸中，盖上棉被，放于炕头，每隔 3~4 h 打开包翻动 1 次，使种子透气。每天用温水冲洗 1 次种子，至出芽，如图 6-21 所示。

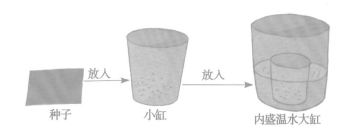

图 6-21　火炕瓦缸催芽

3）催芽技术要点

不论采用哪种方法催芽，3~4 h 都要翻动种子 1 次，以使所有的种子都能得到大致相同的温度、湿度、空气，保证发芽整齐。若种子干要补水，见有霉菌发生或嗅到有酸味或其他异味，要用 30℃ 左右的温水洗涤种子后再催芽。

见有 60% 的种子露尖时，停止催芽进行播种。

催芽的温度与时间，可参照表 6-4 执行。

表 6-4　主要蔬菜种子浸种催芽温度与时间参考表

蔬菜种类	浸种时间（h）	催芽温度（℃）	光线	催芽天数（d）	计算日（d） 发芽势	计算日（d） 发芽率
茄子	4~6	28~32	黑暗	1~1.5	4	8
辣（甜）椒	12~24	30	黑暗	4~5	7	11

续表

蔬菜种类	浸种时间（h）	催芽温度（℃）	光线	催芽天数（d）	计算日（d）	
					发芽势	发芽率
番茄	8~12	25~30	黑暗	2~3	6	12
黄瓜	24~36	30	黑暗	5~6	7	11
黑籽南瓜	8~12	25~30	黑暗	1.5~2	4	15
大白菜、小白菜、芥菜	2~4	20~25	黑暗	不催芽	3	5
甘蓝、茉蓝、菜花	2~4	18~20	黑暗	不催芽	3	7
萝卜	2~4	20~25	黑暗	不催芽	3	7
胡萝卜	4~6	20~30	光线	不催芽	5	10
冬瓜	18~24	28~32	黑暗	3~4	10	10
白籽南瓜、西葫芦	6	28~32	黑暗	2~3	3	10
丝瓜	24	28~32		2~3	3	10
瓠瓜	24	28~32		3~4	8	10
苦瓜、蛇瓜	24	30		4~5	8	10
西瓜	8~10	28~32	黑暗	1.5~2	3	10
菜瓜、甜瓜	4~6	28~32	黑暗	1~1.5	3	8
菜豆	2~3	20~25	黑暗	不催芽	4	8
豇豆	2~4	25~30	黑暗	不催芽	4	8
蚕豆、扁豆	2~4	25	黑暗	1~	4	10
大葱、洋葱、韭菜	24~36	18~25	黑暗	不催芽	5	12
莴苣		23~28	光线	1~2	4	10
菠菜	10~12	15	黑暗	3~4	5	14
芹菜	24~36	15~20	光线	2.5~3	5	15

催芽温度不可过低或过高，既要防止温度过高烫伤种芽，又要防止温度过低停止发芽，既要保证大部分种子都发芽，又要保证种子发芽整齐，不能发芽太长。

若发芽不齐，可用镊子拣出发芽的种子放在 -2~3℃ 的条件下钝化。或将全部种子放入 -1℃ 环境中钝化 2~3 h，以使种子发芽出苗一致。实践认为，经过低温钝化后的种子，能显著增强蔬菜苗期的抗寒能力。原因是萌发种子经低温处理后，提高了种胚内部的原生质液的浓度。

七、播种

1. 播种期的确定　适宜的播种期对于蔬菜生产来说非常重要。如播种过早，苗育成后由于外界温度低或茬口腾不出无法定植，导致苗龄长，根系木栓化，致使定植后僵苗不发；如播种过晚，不能最大限度地发挥其延长生育期的潜能而失去育苗意义。

蔬菜播期的确定是根据不同栽培茬次的适宜定植期，及苗龄的长短向前进行推算得出的，即播种期是定植期减去苗龄。由于受外界气候条件等因素的影响，不同栽培茬次的定植期是基本确定的，所以播种期主要受苗龄长短的影响。而苗龄的长短主要由育苗设施、育苗季节、育苗技术和品种特性等决定。一般情况下春季蔬菜的苗龄，茄果类在80~120 d，瓜类在30~50 d。夏秋季节进行蔬菜育苗，由于外界温度高、光照强，幼苗生长速度快，苗龄较短，一般在15 d（瓜类）至30 d（茄果类）。再者，用穴盘进行育苗时，由于营养面积相对较小，苗龄过大，移栽时会引起伤根过重缓苗慢，影响早期产量，应缩短苗龄。不同栽培茬次的具体播种期详见相关章节。

2. 播种方法　常用的播种方法有两种，一为撒播法，一为点播法。

1）撒播法　蔬菜种子较小，一般在生产中常采用撒播法进行播种。播种之前，先在浇过水的苗床上撒一层干的拌过药的营养土，然后把经过催芽的种子均匀地撒播在苗床上，为使种子撒播均匀，最好把种子与适量的、经过杀菌消毒的细沙混合进行撒播，如图6-22所示。

图6-22　撒播

播种后，及时均匀地覆盖 0.5~1 cm 厚的营养土，并覆盖上地膜。撒播法简单方便，但需要的种子量较大，同时要及时进行分苗，以促进幼苗健康生长。

2）点播法　采用育苗钵、营养土方或穴盘进行育苗的要进行点播。播种前，先在苗床表面撒一层拌过药的营养土，然后把催过芽的蔬菜种子按每钵（穴）1~2 粒摆入钵（穴）中，种子间要分开，如图 6-23 所示。

图 6-23　点播

播种后要及时均匀地覆盖 0.5~1 cm 厚的营养土，并覆盖上地膜。此法较费人工，但需种子量小，移植时护根效果好，同时方便机械化操作。

3. 播种窍门

1）播种时间　低温季节的播种时间掌握在晴天的 10 时前结束，阴天一般不播种。夏秋季节的播种时间掌握在 17 时以后或阴天。播种后随即覆盖过筛细土，夏秋季节盖土 1 cm 厚，冬春季节盖土 0.5 cm 厚。在冬季育苗，盖土后，床面要盖上一层地膜，不但能保温、保湿，还能防止老鼠吃籽，如图 6-24 所示。

高温季节育苗时，播种后地面要覆盖草苫进行遮阴降温保湿，如图 6-25 所示。

图 6-24　播后覆膜

图 6-25　盖苫降温

2）保护种子　播种前一定要在苗床表面撒一层拌过药的营养土，一般用 1∶50 的 50% 多菌灵药土，用药量为 5 g/m²。这样做不仅可有效减少病害的发生，还可防止泥浆黏住种子，影响种子呼吸和出苗，同时又有利于种子翻身和胚根下扎。

3）播种一定要均匀　种子量不可过大或过小，一般以 10～15 g/m²为准。如果播种量过小，需苗床面积过大，不仅浪费苗床，还会增加管理成本；如果播种量过大，不仅浪费种子，而且出苗过多，要及时间苗，增加管理成本，如不及时进行间苗，苗子过密，会因苗子拥挤而引起苗床郁闭，导致幼苗营养不良，或引发苗期病害。

4）防回芽　播种时，催出芽的蔬菜种不可在外晾得过久，以免芽子失水过多，造成回芽。一般情况下，未播种的种子要用湿布包好，播种后，要及时盖土。

5）科学盖土　盖土时一定要把苗床上的所有缝隙填平，特别是对于使用营养钵等进行点播的营养钵（盘）或土块之间的缝隙一定要填满，以免因苗床水分过度丧失，对幼苗的生长造成影响。

盖土时厚度要适度，不可过薄或过厚，如果盖土过薄，出苗时种皮不易脱落，会造成种子戴帽出土，子叶不能展开，对幼苗的生长造成影响；如果盖土过厚，苗子出土困难，轻则延长出苗时间，或造成弱苗出土，严重的可能会使种子闷死。

第二节
日光温室秋延后栽培茬口育苗技术要点

高温季节进行育苗，由于受高温、强光、暴雨、病虫害等众多不利因素的影响，培育壮苗极为不易。针对这些因素，夏季育苗一般要采用遮阳、防雨和防虫设施，以尽可能地把夏季不利因素对幼苗的影响降至最低。

一、育苗设施选择和建造

在实际生产中，为了达到最佳的育苗效果，都是利用日光温室、塑料大棚、塑料中棚、塑料小棚的棚架，上覆防雨、防虫及遮阳材料，进行保护育苗。

1.遮阳设施　目前在生产中常用的遮阳材料是遮阳网。遮阳网是专业工厂用聚乙烯、聚丙烯和聚酰胺等原料，拉成扁丝后纺织而成的网状材料。其质轻、强度高、耐老化、柔软，具有良好的透气性，在遮阳降温的同时，还具有一定的防雨及防冰雹效果。近年来在各地的蔬菜生产和育苗中进行使用，均取得了良好的效果。

1）遮阳网的种类　遮阳网种类繁多，幅宽有 90 cm、160 cm、200 cm、220 cm 和 250 cm 等多种，网眼有均匀排列的，也有稀、密相间排列的。根据纬编一个密区（25 cm）中所用的编丝的数目多少将产品定为 SZW-8（8 根）、SZW-10（10 根）、SZW-12（12 根）、SZW-14（14 根）、SZW-16（16 根）等多种型号，编丝的根数越多，遮光率越大，纵向拉伸强度也越强。遮阳网的颜色主要有黑色和银灰色 2 种，还有少量绿色、白色、黄色及黑色同银灰色相间等种类，如图 6-26 所示。

2）遮阳网的性能特点

（1）有效降低光照强度　遮阳网的最主要功用就是降低光照强度。不同的网眼密度和颜色有不同的遮光率，一般情况下，网眼密度越大，

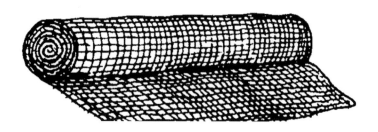

图 6-26　遮阳网

遮光率越高；对于颜色而言，黑色网遮光率最大，绿色次之，银灰色最小。我国生产的遮阳网，遮光率一般在 25%~90%，蔬菜生产上使用较多的是遮光率在 35%~65% 的遮阳网。由于黑色遮阳网遮光率相对较高，在生产中使用较多。实践认为，遮阳网在一天当中遮光率也不是完全相同的，一般在中午遮光率较低，早、晚高些。

（2）有效降低温度　覆盖遮阳网之后，由于光照强度的降低，减少了地面获得的热辐射，从而可有效降低设施内的温度。一般情况下，遮光率越高的遮阳网，温度降低得越多。在炎夏进行覆盖，一般地表温度可降低 4~6℃，地下 5 cm 地温较露地低 3~5℃。黑色遮阳网可降低温度 3.7~4.5℃，最大降温可达 9~12℃，而白色网只可降温 2~3℃。

（3）防暴雨、冰雹　夏季的暴雨对作物的生长发育影响很大，可以渍害作物根系，造成土壤板结，使根系缺氧窒息，特别是刚播种后，会把种子冲出或造成种子出苗困难；同时，雨后的高温还会造成作物生理失水。覆盖遮阳网后，可以对雨水起到一定的缓冲作用，使雨水不会直接冲击地面造成板结。据测定，在 100 min 内降水量达 34.6 mm 的情况下，遮阳网内中部的降水量仅 26.7 mm，网内降水量分别减少了 13.3%~22.8%，水滴对地面的冲击力仅为露地的 1/50。同时，雨后网内温度上升缓慢，可以减少植株生理失水。

夏季是冰雹的多发期，覆盖遮阳网还可以有效防止冰雹对作物的伤害。

（4）防风　遮阳网有很好的防风作用，可以对网内的作物起到很好的保护作用。据测定，遮阳网的防风效果可达 60%，当网外风速为 17 m/s 时，网内距网 5 cm 处为 6.8 m/s；网外风速为 6.6 m/s 时，网内距网 10 cm 处为 2.2 m/s，距网 25 cm 处为 1.4 m/s，距网 50 cm 外为 0。

（5）有效抑制田间水分蒸散 进行遮阳网覆盖可以有效地抑制田间水分蒸散，地面蒸散量的减少与遮阳网透光率变化趋势一致，在设施上覆盖遮阳网，田间的水分蒸散量可比露地减少 1/3~2/3。

（6）有效预防病虫危害 遮阳网覆盖后，网内的温度和光照明显降低，同时避免了夏季雨水直接冲击作物，可以有效地降低作物病害的发生，特别是苗期的猝倒病和立枯病发病比例明显降低。结果期覆盖，还可减少果实日灼病的发生。另一方面，蚜虫除了吸食作物汁液外，还是病毒病的主要传播源，因为银灰色的遮阳网有避蚜作用，所以覆盖遮阳网可以有效降低作物病毒病的发生。

（7）使用寿命长，经济划算 国内生产的优质遮阳网一般可以使用 3~5 年。同时遮阳网质轻，揭盖方便，操作劳动强度小，可以明显降低劳动成本。不用时储存方便。

3）遮阳网的覆盖方式

（1）浮面覆盖 把遮阳网直接覆盖在畦面或植株之上。这种方式多在播种后覆盖至齐苗，一般需 3~5 d 揭网，有促进苗全、苗齐、苗壮的效果。此种覆盖方式可以直接露地使用，也可以应用在拱棚或温室内的畦面，如图 6-27 所示。

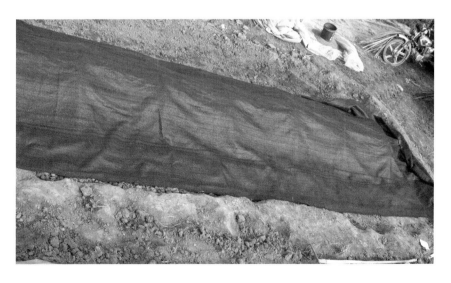

图 6-27 遮阳网浮面覆盖

（2）小拱棚覆盖 指先用竹、木等材料搭成拱形小棚，然后在上面覆盖遮阳网的一种覆盖方式，如图 6-28 所示。

图 6-28　小拱棚覆盖遮阳网

（3）大棚覆盖　指把遮阳网应用于大棚上，可以覆盖在大棚内，也可以覆盖在大棚外，如图 6-29 所示。

图 6-29　大棚覆盖遮阳网

遮阳网在使用中除了根据作物的需要选择适宜遮光率的遮阳网之外，在实际的生产中，还要根据天气状况适时地揭盖遮阳网。蔬菜为喜光作物，一般要在天阴时揭去遮阳网；天晴时，早、晚要揭去遮阳网，以免影响植株的正常生长。

遮阳网幅宽不一，在使用中可以根据自身的需要裁切或缝合。

遮阳网覆在棚架外时，要用绳子把遮阳网固定在支架上防风，以免降低其使用寿命。

一般把遮阳网覆盖在拱架上部，两侧留出不覆盖，以利于早、晚照光和四周通风。

2.防雨设施 夏季雨水较多，对幼苗的生长影响很大。在夏季进行育苗时，除了做好苗床的排水工作之外，防止雨水对幼苗的直接淋打，减少土壤板结，也是夏季培育壮苗的一个关键环节。遮阳网和其他的遮阳材料以及防虫网，虽然具有一定的防雨功能，但只是减轻了雨水的直接冲击力，并不能防止雨水的落下，因此在生产中一般还是使用塑料薄膜进行防雨。在拱棚的支架上覆盖塑料薄膜（一般使用旧膜为好），需要注意的是塑料薄膜的通风性能差，在覆盖时一般只能盖在棚的上部，两侧要留出足够的空间进行通风。

3.防虫设施 夏季害虫活动频繁，对幼苗的生长影响较大，一般是在拱棚的支架上覆盖防虫网进行解决。防虫网同遮阳网一样，有许多不同的规格，包括幅宽、孔径、丝径、颜色等。防虫网最重要的就是孔径的大小，因为如果孔径过大，起不到防虫的效果；如果孔径过小，则遮光过多，通风降温困难。目前使用最多的是孔径为20~40目（指每英寸上的孔眼数）的白色防虫网，如图6-30所示。

图6-30 防虫网覆盖栽培

4.多种措施综合应用　由于夏季高温、多雨、害虫发生多,危害严重,遮阳网主要的作用是遮阳、降温,其防雨作用有限;塑料薄膜和防虫网又不能很好地遮阳、降温。所以在夏季进行蔬菜育苗,为达到更好的育苗效果,要将多种设施综合应用。一般是把塑料薄膜盖在拱棚支架的上部防雨,然后在塑料薄膜上面30 cm立支架,在支架上覆盖遮阳网进行遮阳,四周圈围一层防虫网防虫,如图6-31所示。

图 6-31　多种措施综合运用

二、播种技术

此期育苗,由于外界温度高,造成蔬菜幼苗生长发育速度较快,相对苗龄较短,茄果类蔬菜长成6~9片真叶的植株,苗龄只需20~30 d。因此,此期育苗一般不进行分苗,以减少由于夏季高温造成的幼苗伤根染病。

营养钵的装钵与摆钵、营养土方的切块以及种子的点播方法与播种注意事项同常规季节育苗。只是播种后要注意遮阳和防雨。

三、苗床管理要点

1. 温度管理　夏季高温季节育苗，温度管理就是如何降低苗床内的温度，但进行温度机械调控，所需成本较高。常用办法是在育苗床的上方覆盖遮阳网，或在出苗之前采用其他覆盖物搭建遮阳棚，适当降低苗床内的温度，促进蔬菜种子早出芽。此外，可以在傍晚浇跑马水来降低地温，促进幼苗根系的发育。

2. 光照管理　在出苗之前，不需要光照，主要是以遮阳降低苗床内温度为主要管理措施。当苗子出土后，就要进行光合作用，因此覆盖的草苫等不透明覆盖物要及时去除。在苗子生长期间，如遇阴天或光照不太强烈的早晚，要把遮阳网去掉，保证幼苗接受充足的光照，以利培育出健壮的幼苗。

3. 水分管理　夏季外界温度高，水分蒸发快，在水分管理上同常规季节育苗有很大的不同。在出苗期间，既要保证土壤湿润，又要防止水分过大造成沤种；出苗后，要及时撒土填补苗床上的缝隙。为防止幼苗徒长，浇水要根据苗情及土壤干旱程度，本着"宁干勿湿"的原则进行，掌握不旱不浇，保持苗床见干见湿。浇水最好在每天早晨进行。在大雨将至前要做好防雨工作，并利用苗床周围的排水沟及时排水，严防苗床积水。

4. 养分管理　夏季高温季节幼苗生长迅速，尽管在营养土中已经预先混入了一定量的肥料，但在育苗过程中还可能存在营养不足的情况。可在幼苗长至 2 叶 1 心时根据苗情采用 0.2%~0.3% 尿素 +0.2% 磷酸二氢钾水溶液进行叶片喷施，以促进幼苗的健壮生长，提高其抗病性。

5. 病虫草害防治　夏季育苗时，多种杂草都会发生；易发生的虫害是蚜虫、白粉虱、螨类、蓟马及夜蛾科食叶虫类等；易发生的病害是猝倒病、立枯病、疫病、病毒病等。具体的防治方法见本书有关章节。

6. 囤苗　在定植前 3 d，对于利用营养土方进行育苗的，把其从原位移开，以切断植株与地面的联系，而后再放回，放回时适当加大苗间距，之后不再浇水，进行囤苗处理，由于外界温度较高，可在缝隙处撒土进行保墒。对于利用营养钵进行育苗的，也要进行控水移钵处理，进行囤苗。

高温季节育苗时雨水较多，苗床要防止被雨水拍击，特别是在出苗前，如果被雨水拍击，轻则造成土壤板结，重则种子被雨水冲出或冲走，会对种子出苗或生长发育造成很大影响。在生产中，最好是使用塑料薄膜覆盖作防雨棚，如果没有的要及时关注天气预报，在大雨来临之前，及时做好防雨工作。

大雨后要及时进行排水，防止苗床被淹。

高温季节苗床上的温度、湿度等条件不易控制，极易造成幼苗徒长。对于发生徒长的幼苗，要科学应用激素进行控制。

高温季节育苗，遇降水时为防止因降水冲击幼苗，常将塑料薄膜全部覆盖，雨停后，如不及时掀起底脚周围的塑料薄膜通风，常发生高温闷棚现象，造成幼苗伤害。

此期育苗，依然要做好种子除帽工作，即摘除种子出土未脱去的种皮，保证子叶顺利展开，促进幼苗良好生长。

高温季节，杂草的生长很旺盛，要及时拔除苗床上的杂草，以免影响幼苗的正常生长。

第三节
日光温室早春茬栽培茬口育苗技术要点

一、育苗设施选择及建造

在低温寒冷季节育苗，由于外界的温度很低，要选择增温保温性能好的设施进行，如塑料大棚、日光温室等。为提高地温，还可以在大棚或日光温室内设置酿热温床或电热温床进行育苗。

1. 酿热温床　酿热温床具有自动加温、操作简单、材料来源方便、加温成本低等优点，但其床温的高低主要受酿热物支配，放热时间短、热能有限，温度前高后低，床温难以调节。在保护地春早熟栽培中，酿热温床的应用效果较好。

1）酿热温床的特点　酿热温床是在苗床下面挖一个床坑，而后在其中填充禽畜粪、垃圾、秸秆、树叶、杂草、纺织废屑等酿热材料，然后利用这些酿热材料中微生物的发酵和降解，持续释放出热量来提高床温的一类温床。由于酿热物的加温作用，土壤温度与普通苗床相比要高出 4~10℃。在实际生产中，可以通过调节酿热物的配比（高低热酿热物配合）以及酿热物的铺设厚度来调节床温，以满足幼苗生长发育对温度的要求。

2）酿热温床的建造

（1）挖床坑　根据酿热温床距地平面的位置，可以分为地上式、半地下式和地下式。地上式省工，通风效果好，但保温性能差；地下式保温性能好，但费工，后期通风效果差；半地下式介于二者之间。为使苗床温度均匀，苗床要做成东西延长，床坑底部应做成南边较深、中间凸出、北边较浅的弧形。一般靠北侧 1/3 处最浅，南侧要比北侧深些。床底最高处距离地面的深度，应根据季节、气候、酿热物的材质和蔬菜作物的要求而定。一般半地下式酿热温床深 40 cm，地下式深 60 cm。

（2）酿热材料的选择　酿热物发热的多少、快慢，依酿热物中所含的碳、氮、氧和水的数量而定。一般碳氮比为（20~30）：1，含水量约 70%，氧气适量的情况下利于发酵。碳氮比过高，发热温度低；碳氮比过低，发热温度高但不持久。不同的酿热材料，其碳氮比是不同的，发热情况也有很大的差别。根据发热量的多少，可以分成高热酿热物和低热酿热物两类。常见的高热酿热物有马粪、鸡粪、饼肥、蚕粪、纺织废屑等；低热酿热物有牛粪、猪粪、鸭粪、稻草、麦秸、垃圾、树叶、锯末等。由于单一的酿热材料很难满足苗床既要发热持久又要温度高的要求，所以在选择酿热材料时，宜结合本地实际，将高热和低热酿热物适量混合进行填充。表 6-5 为几种常见酿热材料的碳氮比。

表 6-5　几种常见酿热材料的碳氮比

酿热材料	C/N	酿热材料	C/N
稻草	70	马粪（干）	13
大（小）麦秸	78（72）	豆饼	5.5
牛厩肥	47.7	棉籽饼	3.2
猪厩肥	57	纺织废屑	25
米糠	22	玉米秆	26

（3）酿热物的填充　在我国北方酿热物填充厚度一般在 20~50 cm，平均厚度一般为 30 cm，过厚会因氧气不足影响发热，过薄没有效果。酿热材料应在播种前 7~10 d 装床。装床之前先在床坑最下面垫入一层 4~5 cm（各处厚度相同）的碎秸秆，以利通气和隔热。而后填充酿热物。酿热物在填床前要用粪水充分湿透拌匀。填床时，要使酿热物均匀地分布在床内，最好是分层填充、分层踏实。填充后要及时加盖塑料薄膜，夜间加盖草苦，以提高床温，促使酿热物发酵生热。3~5 d，当酿热物温度升高到 35~40℃ 时，在酿热物上铺填配制好的营养土，厚度以所采用的育苗方式确定，如果直接播种，铺土厚度为 10 cm 左右，如果使用营养钵等器皿点播，铺土 3 cm 左右即可。铺土后要特别注意床内四周要踩实，防止浇底水时畦面局部下陷，如图 6-32 所示。

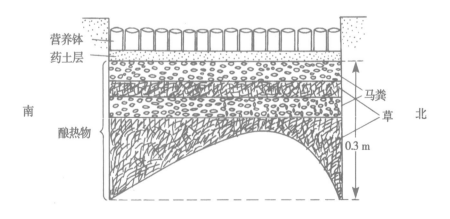

图 6-32　酿热温床示意图

2. 电热温床

1）电热温床的特点　电热温床是在苗床下铺设电加热线，利用其产生的热能提高床温的一类温床。其一般与日光温室、塑料大棚、阳畦等保护设施结合使用。

电热温床具有加温快、地温高、温度均匀、调节灵敏、使用时间不受季节限制等优点。同时，还可以按照幼苗的生长需要，通过控温仪自动调节温度和加温时间。这样在地温适宜的条件下，种子出苗快而整齐，幼苗根系发达，苗壮。定植后易发根，缓苗快。

2）电热线的选择　电热线有许多不同的规格，每种规格都有额定的功率和长度。常见的电热线的额定功率有 600 W、800 W、1 000 W 等，对应的长度随功率大小逐渐增大，一般为 60 m、80 m、120 m 等。

在实际生产中电热加温时的功率密度，决定了具体的电热线选择。而实际所需的功率密度与建床地区、使用季节的气候条件、苗床所在的场所、设施自身的保温能力及种植蔬菜的喜温性能相关。根据经验，一般华北地区低温季节蔬菜育苗所需的功率密度为 $80 \sim 120 \ W/m^2$，日光温室中应用略低，塑料大棚和阳畦中使用时略高。这样就可以根据苗床的面积，确定具体要选择的电热线功率。

电热温床所需要的总功率计算公式为：

$$电热温床所需要的总功率 = 育苗床面积 \times 功率密度 \tag{6-1}$$

如，设育苗床面积为 $10 \ m^2$，功率密度为 $100 \ W/m^2$，这样电热温床所需要的总功率就是 $10 \times 100 = 1\ 000 \ W$，即要选择额定功率为 1 000 W 的电热线。

如果苗床面积过大，一根电热线不够时，就可以根据计算出的总功率 ÷ 电热线额定功率求出所需要的电热线根数。如计算出的总功率为 1 600 W，就要选用 2 根 800 W 的电热线。

3）电热温床的建造

（1）挖床坑　在铺设电热线前要先在苗床底部挖宽 1.3 ~ 1.5 m、深 10 cm 的床坑，长度可按计算好的苗床面积确定。而后把苗床底部整平。挖出的床土做成畦埂，以方便浇水等管理措施的实施。

（2）电热线布线　布线之前，先要在苗床的两端，按照间距 4 ~ 10 cm 插上铁棍（也可用木棍代替），插铁棍时按照苗床两边间距小、中间间距大的原则进行（一般情况下，苗床中间温度高、两边温度低），这样布线可以使整个苗床温度均匀。为保证电热线的两端在苗床同一侧（方便连接控温仪和电闸），每一侧铁棍的数目要为双数。而后利用铁棍把电加热线按"回"字形铺设在苗床上，铺设时根据电热线的具体长度，适当地调整两侧铁棍的位置，以保证电加热线铺满整个苗床。电加热线铺设时，不能有相互交叉缠绕的现象发生，线铺好后，接通控温仪进行通电检查，确认线路畅通后再在电热线上盖营养土。直接进行播种的盖土厚度 8~10 cm，使用营养钵的直接摆钵不盖土。盖好土或摆好营养钵后去掉铁棍，待播。如图 6-34 至图 6-36 所示。

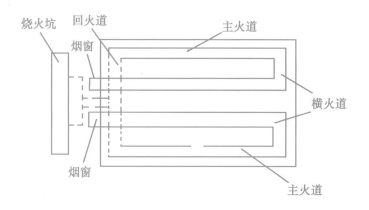

图 6-34 电热线布线示意图

图 6-35 电热线工厂化布线

图 6-36　电热线常规布线

电热温床建好之后，要在苗床上插入感温探头，以使控温仪正常工作。同时可在苗床上搭建小拱棚，在小拱棚上扣塑料薄膜，夜间加盖草苫，以增加电热温床保温效果。

要注意安全用电，首次铺设电热线时最好由电工或懂用电知识的人铺设。

电热线在布线时，不得交叉、重叠或打结。

每一根电热线的功率是额定的，不得加长或截短使用。需要使用多根电热线时只能并联，不能串联。

电热线的两头在布线时要放在苗床的同一头，以便连接控温仪和电源，连接好后，电热线两头过长的部分一定要埋入土中。在布线时如电热线过长或过短，可通过适当改变线间距进行调整，并尽量使电热线布满整个苗床。

电热线一般只能用作床土加温，不能成盘或成圈地在空气中通电或作普通导线使用。

一般在布排电热线时都要连接控温仪，在方便温度控制的同时还可以减少耗电量。

苗床进行浇水等管理操作时，应先切断电源。

苗床管理时，要防止损伤电热线。

育苗结束取线时，不能硬拔、强拉，更不能用锹、铲等挖掘起线，以防线外绝缘层损坏，减少电热线使用寿命，应轻轻起出，卷好、洗净、晾干收藏。不用的电热线要放于阴凉处妥善保管，防止鼠虫咬坏。再次使用时要进行绝缘检查。

二、播种技术

由于外界温度很低，为保证喜温果菜类苗床具有17℃以上的地温，在播种前15 d要扣好棚膜，建造好温床，最好再在苗床上建造小拱棚，夜间覆盖草苫保温，播种前3 d进行通电升温。

三、苗床管理

苗床管理是育苗过程中最重要的环节，是培育壮苗的关键时期。苗床管理要随时观察天气、设施环境及苗情的变化，根据蔬菜的生育特性、苗子的形态和生理标准，采取相适应的技术措施，促控结合，精心管理。

（一）茄果类蔬菜苗床管理技术（以茄子为例述之）

1. 温度管理　在苗期管理中，温度管理是关键中的关键。

1）温度条件对茄子幼苗生长发育的影响　在实际生产中，一些菜农只重视气温而忽视地温，其实地温对秧苗的影响比气温更显著。在特定的范围内，如地温和气温都比适温低的情况下，每提高1℃地温的作用与提高2℃气温的作用相当。

（1）气温　在一定的范围内，随着温度的升高，秧苗的光合作用增强，体内的养分积累增多，对苗子的生长发育有利，但过高的温度会导致消耗大于积累，反而对茄子幼苗的生长发育不利。段敬杰研究发现，在进行冬春茬或早春茬蔬菜育苗时，苗床内的温度稍高于其适宜生长的温度3~5℃，既有利于地温的提高，又有利于夜间温度的提高，并且对后来遇到阴雨（雪）天气时外界的降温，又能起到一定的缓冲作用。

（2）地温　苗床内的地温直接影响幼苗与根系的生长和对肥水的吸收。根系生长的好坏和吸收功能的强弱，必然影响到地上部分茎叶和芽的生长发育。所以，保持适当的地温，是培育壮苗的一个重要环节。

2）茄子幼苗生长对温度的要求　茄子性喜高温，不耐寒冷，耐热性在茄果类蔬菜中强于番茄、辣椒。其生长发育适宜温度为20~30℃，但不同的生长发育阶段对于温度条件的要求和适应性有所不同。

（1）发芽出苗期　从种子吸水萌发到第一片真叶显露为发芽出苗期，其临界标志为"破心"。在正常的温度、湿度等环境条件下，2~3 d出现胚根，6~7 d子叶出土，9~10 d子叶展平，10~12 d真叶显露。此期要求较高的温度，以30℃最适宜，种子发芽最低温度为15℃，适宜的温度为25~30℃，最高为40℃左右。茄子在恒温条件下发芽不好，在8 h 30℃、16 h 20℃的变温处理下，发芽整齐、出芽快。温度超过30℃，种子发芽快，但易造成发芽不整齐；温度低于25℃，种子发芽缓慢，且芽率低。

（2）幼苗期　从第一片真叶显露到植株出现花蕾前为幼苗期，其临界标志是植株现蕾。此期需50~60 d。幼苗期生长最适宜温度为22~30℃。能正常生育的最高温度为33℃,最低温度为15℃。超出该范围，对茄子苗期生长发育不利。当温度低于15℃时，幼苗生育缓慢；温度低于12℃时,幼苗停止生长；低于5℃且持续时间较长时,易发生寒害。当温度超过33℃时，幼苗生长快，易造成徒长，形成高脚苗，同时易造成花芽发育畸形或增加短柱花比例，造成落花。

茄子幼苗期的温度管理，不仅要考虑幼苗的营养生长，而且还要考虑花芽分化与发育对温度的要求。气温管理的关键是昼夜温差，适宜的昼夜温差为6~8℃。一般认为气温白天在22~25℃，最高26~30℃；夜间15~18℃，不高于20℃，既有利于白天促进叶片光合作用，增加同化产物的积累，又有利于夜间减少呼吸消耗，保持叶片中同化产物向外运转，促进根系的发育，培育出健壮秧苗，促使形成更多的长柱花。分苗后，白天保持在25~30℃，夜间15~20℃，以利缓苗。

茄子根系生长的最适宜温度是28℃，最高为38℃，最低为10℃。生产中地温管理应和气温管理相配合，一般情况下，白天地温要比气温稍低，保持23~25℃，夜间则比气温稍高些，保持在19~20℃，以促进根系的发育，有利于培育壮苗。

3）温度管理原则　重点掌握"三高二低一锻炼"的原则。即播后苗前，要高温管理，以利快速出苗；从出苗（子叶微展）到真叶显露，要适当降温，以免形成高脚苗；从真叶显露至分苗前 3~4 d，适当高温管理，以促进秧苗快速生长和有利于花芽分化；分苗前 3~4 d，要适当降温，以利分苗后快速缓苗；分苗后到定植前 7 d，要适当高温管理，以利于快速缓苗，并促进秧苗快速生长；定植前 7 d 内，要进行低温锻炼，为定植做好准备。

如果育苗场所与定植场所相同，即温棚育苗、温棚定植者，可以不进行炼苗，直接定植。直接用营养钵等进行护根育苗（不进行分苗），或播种与分苗场所相同的，中间不用炼苗。

4）温度管理措施

（1）播后苗前　播种后，要及时在床面盖一层地膜，以利于升高地温，并有保湿作用，在 60% 以上的幼芽顶土时（要及时观察），及时撤掉地膜。出苗前以保温为主，一般不进行通风。夜间棚膜外要加盖草苫等覆盖物进行保温，但白天要及时揭开。

此阶段如果发现长时间不出苗，可用手扒开苗床，取出种子用手指捏，如果种子仍坚实饱满，说明种子没有坏，不要轻易毁种，要设法提高苗床温度，促进出苗。若手捏种子腐烂，需加急清床重播。

（2）出苗（子叶微展）至真叶显露（破心）　此期苗子生长的重心是下胚轴的伸长，如果控制不好，会造成下胚轴徒长，形成所谓的高脚苗。适当降温可以控制下胚轴的伸长，促进子叶肥大厚实。此阶段床温应保持在白天 15~20℃，夜间 12~15℃。如此变温管理不但可以育出下胚轴较短的壮苗，而且可防止苗期猝倒病的发生。

当观察到 70%~80% 的幼苗子叶微展后，在天气晴好时，要及时通风降温，草苫等覆盖物要适当地早揭晚盖。

（3）真叶显露（破心）至分苗前 3~4 d　茄子分苗一般在 2 叶 1 心时进行，最晚不能超过 3 叶 1 心。此阶段中大量分化叶芽，生长的重心不仅仅在于下胚轴的生长，还有叶片的分化和生长、花芽的分化及根系的生长，因此，要适当提高温度，但温度过高会造成徒长。一般白天保持在 20~25℃，夜间 15~18℃ 为宜。

（4）分苗前 3~4 d　当茄子幼苗符合分苗条件时（不分苗的除外），要及时进行分苗，以增加秧苗的营养面积，促进幼苗的生长。分苗前要进行适当的低温锻炼，以保证分苗后的快速返苗。

（5）分苗后至快速生长期　分苗后，促进幼苗快速缓苗是关键，要适当提高苗床的温度和湿度。缓苗期间温度白天要保持在 25~30℃，夜间保持在 15~20℃。缓苗后温度要适当降低，防止幼苗徒长，白天保持在 20~25℃，夜间 15~18℃。

分苗后至缓苗前，要立即采取相应的增温保温措施，棚膜要压实，只要温度不超过 38℃，尽量不通风。当观察到幼苗心叶开始生长，表明缓苗结束。此时，要适当加大通风量，防止幼苗徒长。苗床内温度过高时，不能突然通大风，以免造成"闪苗"。

（6）定植前 7 d　此期的主要任务是为定植做好准备，要在定植前 7 d 开始逐渐进行通风降温炼苗（不进行炼苗的除外），降温原则与定植场所温度条件接近或相同，以增加苗子定植后的抗性，促使幼苗成活并缩短缓苗期。炼苗期如遇恶劣天气，要及时采取保护措施，以免伤害幼苗。露地定植的，在定植前要逐渐撤去所有覆盖物，定植前 2 d，夜间要把塑料薄膜也去掉，以使幼苗充分适应外界环境。

2. 光照管理

1）子叶对幼苗生长发育的影响　子叶在苗期起着重要作用，直接影响幼苗初期的光合作用，进而影响秧苗的质量。如子叶摘除后，幼苗生育受到明显抑制，摘除叶面积越大，抑制作用也就越大。因此，育苗时应注意培育肥厚健壮的子叶，以提高秧苗质量。

2）光照条件对茄子幼苗生长发育的影响　光照是植物生命所需能量的来源。万物生长靠太阳，没有日光，植物不能生存，植物进行光合作用时，必须依靠阳光才能把空气中的二氧化碳、根系吸收的水和无机盐合成碳水化合物。光合作用愈强，制造的光合产物越多，苗子的生活力越强，生长发育越好。

（1）不同阶段对于光照需求不同　在幼苗未出土之前，不进行光合作用，这个阶段以增温保湿促进早出苗为管理目标，如果苗床内温度足够，可以昼夜不用揭苫见光。部分幼苗出土之后，要及时揭苫见光，以免造成幼苗徒长及苗期病害的发生。从子叶展平开始，苗子就已具有进行光合作用的能力，此时只要苗床内的温度不过低，就要尽可能早揭晚盖草苫，以求多见光，促进光合作用的进行，进而促进幼苗的生长。即使遇到恶劣天气，外界温度较低，为了苗子正常的光合作用，也要选择中午时段进行一定时间的揭苫。当光照不足时，幼苗就表现为叶色淡黄且薄，叶柄长，茎细弱，子叶提前发黄脱落，抗逆性降低。

增加光照的方法，除需要早揭晚盖不透明覆盖物、延长光照时间之外，还需要经常擦拭塑料薄膜，以增加塑料薄膜的透光率。遇连阴天及降水（雨、雪）天气不能揭开覆盖物时，可考虑用电灯补光。

（2）日照强度　日照强度直接影响茄子幼苗生长发育质量。光合作用的强度在一定范围内，是随着日照强度的增加而增加的。苗床的覆盖，不论是玻璃还是塑料膜，里面的光照均没外界好。阴雨天外界日照强度以 5 000~10 000 lx 计算，用玻璃的苗床为 3 500~7 000 lx，若用旧膜或聚氯乙烯膜，光照还要低。据测定，茄子苗在 40 000 lx 以内，光合作用随着光照强度的增加而提高，光照强度超过 40 000 lx 时，光合能力不能再增加，这就是所谓的光饱和点。随着光强的降低，光合作用也就相应降低，在光强降至 2 000 lx 时，光合作用所制造的有机物和呼吸作用所消耗的量相当，植株不再积累有机物质，在这样的情况下，苗子体内的养分不能积累，生长发育就不能正常进行，这就是所谓的光补偿点。

（3）日照时数　在育苗中，人们常错误地认为日光对幼苗的影响没有温度和水分重要，往往造成对光照不够重视，这是育苗中普遍存在的问题。其实茄子幼苗的生长发育不仅受日照强度的影响，而且还受日照时数的影响。实践证明，在自然光下，把日照时数调节成 4 h、8 h、12 h 及 15~16 h 来育苗时，苗的生育状态表现不同，日照时数越短，幼苗生育得越差；反之，日照时数越长，幼苗生长发育得越好。

在自然光照条件下，设日照时数为 4 h、8 h、12 h 及 15~16 h 进行育苗，在 15~16 h 的自然日照区，苗的生育从初期开始即有旺盛表现，花芽分化早，着花节位低；在 8~12 h 日照区，随着日照时数的缩短，幼苗生育状况变坏，花芽分化渐次推迟，同时花芽分化也晚，着花节位也随之上升；在 4 h 的日照区，生长发育显著推迟，花芽分化晚，着花节位明显上升。

在自然光的强光照下，日照时数越长，花芽分化越早，着花节位越低。在强光长日照条件下，植株能提前达到花芽形成的生理条件。日照时数延长，可增加植株的光合成量，使光合产物的积累量增加，促进幼苗的生育和花的形成。

（4）光照管理技术

A. 注意清洁塑料薄膜，及时揭盖覆盖物。经常擦拭膜面，保持膜面清洁。据试验，扣棚后 100 d 膜面不擦抹与每天擦拭相比，透光率可降低 10%~30%，因此，经常擦拭膜面，是增加透光率、确保室内蔬菜受光良好的必需措施，切切不可忽视。

B. 人工补光。人工补光的目的有两个，一个是补充光照时间，因此抑制或促进花芽分化，这种补光使用的光源强度较小，大约 1 000 lx 即可。另一个是作为光合作用的能源，以补充阳光的不足，这种补光要求光照强度大，一般在 4 000~5 000 lx。适用于补光的光源有氙氖灯、气体放电式灯、水银荧光灯、荧光灯、钨丝灯、高压卤灯、LD 灯、LED 灯等。

C. 及时揭开多层覆盖物。在严冬为了提高设施的保温性，在设施内加设二道幕，扣小拱棚等多层覆盖，其目的是为了阻挡夜间的长波热辐射，减缓土壤的放热进度，以保持一定的温度，防止幼苗遭受寒害。这些防寒覆盖物只能在日落前半小时盖上，日出后要及时揭开，若整日不揭，幼苗在弱光及较高空气湿度下极易徒长，或导致叶片变薄、变黄、染病等。

3. 水肥管理

1）水分条件对茄子幼苗生长发育的影响　水是构成植物细胞的重要成分，秧苗的根、茎、叶等器官的分化和生长都要利用水分。植物进行光合作用时，水是必不可少的原料，土壤中的肥料只有溶解在水中，才能被根系吸收利用。根吸收的肥料也要有水分才能输送到茎叶和芽等部位。叶片通过光合作用制造养分，也要溶解在水中才能输送到根、茎和芽等部位中。总之，植物体内的许多代谢活动都是在水的参与下完成的。

（1）空气相对湿度　秧苗的生长需要水分，这些水分是由根从土壤中吸收的，吸收的水分除了参与体内的代谢外，极大部分以蒸发的形式扩散到空气中。这种蒸发作用称为植物蒸腾，又叫蒸腾作用。蒸腾作用是促进根系吸收水分和矿质元素的动力，蒸腾作用的强弱取决于空气中的湿度，空气中的湿度高，则蒸腾作用强度降低。在盖膜密封的情况下，从秧苗蒸腾出来的水分和从苗床土表面蒸发出来的水分，使空气中的水分越来越多，随着空气中湿度的增加，蒸腾作用变小，当苗床内的空气湿度饱和时，蒸腾作用趋向停止，从而使根系对土壤水分的吸收以及水分在幼苗体内的运转受到抑制，影响幼苗的生长。但如果空气湿度过低，造成蒸腾作用过强，也会导致苗子的叶片萎蔫，造成叶片光合作用减弱。

（2）土壤湿度　土壤湿度和空气湿度是相互影响的，床土中含水量的多少，影响苗床周围空气的湿度。当空气湿度高时，土壤水分的蒸发量减少。苗床中土壤湿度的高低，不但直接影响苗床中的空气含量（水多空气少，空气多水分少），而且还影响苗床上肥料的分解及幼苗根系对肥料的吸收。当土壤中含水量大时，一方面表现在土壤间隙积满了水，空气很少，根部缺乏氧气，不能进行正常的呼吸作用，轻者阻碍水分和肥料的吸收，重者幼苗根系长期处于缺氧条件下，造成无氧呼吸，根系产生乳酸，先致使根毛坏死，继而导致株体死亡；另一方面，含水量高的土壤，温度升高也慢，同样影响根系的代谢作用。当土壤中的水分过少时，根系吸收的水分不能满足叶片的蒸腾，叶片就会萎蔫，可使光合作用下降，生长趋向停滞，促进衰老，导致僵苗出现。此种缺水现象是经常出现的。

2）水分管理技术　在分苗以前，为保持苗床温度，在播种前苗床浇透水的前提下，一般不再浇水。如果苗床土壤过于干燥，可用喷壶喷洒适量温水，千万不要大水漫灌或喷洒冷水，以免影响幼苗生长。

在分苗前1 d，要在苗床内浇水1次，以增加土壤湿度，使苗子多带土，减少移苗伤根现象的发生。分苗时浇足分苗水，缓苗前不能浇水，以增加苗床温度，促进快速缓苗。

缓苗后根据床面的干湿情况进行浇水。要保持苗床见干见湿，原则湿不积水，干不裂纹，干湿交替，要避免苗床因湿度过大造成沤根和其他苗期病害的发生。浇水一般要选择在晴天的上午进行。

在定植前15 d左右，对苗床浇1次透水，待土壤稍干后进行囤苗。如果采用营养钵（穴盘）育苗不进行分苗，或者分苗时采用营养钵进行分苗的，由于营养钵隔断了苗子与地下水的联系，保水保肥能力较差，一般要加大浇水追肥次数，一般每隔 7 d 左右就要浇水追肥 1 次。营养钵育苗者，在定植前 7 d 直接囤苗，但要保证水分供应。

3）肥料管理　在营养土内一般施有足够的基肥，足以满足幼苗生长发育对养分的需要，所以在分苗前苗床内一般不再追肥。如果发现苗子有长势弱、叶片发黄等缺肥症状时，要适时进行追肥。一般选用速效肥料进行叶面喷施。方法为：用 0.3% 磷酸二氢钾 +0.2% 尿素，或 0.2%~0.3% 过磷酸钙水溶液 +0.2% 尿素液，直接喷洒在幼苗叶片的正反两面。喷洒时注意要喷洒均匀，以促进叶片对养分的吸收。

分苗缓苗后，幼苗生长量加大，可适当进行追肥，一般可随水浇施磷酸二氢钾 500 倍液，或叶面喷施尿素 200 倍液 + 磷酸二氢钾 200 倍液的混合溶液。

4. 气体管理　茄子苗床上下常见的气体有二氧化碳、氧、氨气、二氧化氮等。

1）气体状况对茄子幼苗生长发育的影响

（1）二氧化碳　茄子幼苗从子叶展开就开始从空气中吸收二氧化碳，进行光合作用，随着幼苗的生长，需要二氧化碳的量逐渐加大。正常情况下，空气中的二氧化碳浓度按体积计为 0.000 3%，如空气中的二氧化碳浓度增加，则光合作用加强，光合速率提高；但当空气中的二氧化碳浓度增加至 0.2% 以上时，幼苗的呼吸作用就会受到抑制，幼苗本身的代谢就会受到阻碍，光合作用所需的能量就得不到保障，这种苗子不仅不会壮，反而还会弱。

土壤中的二氧化碳浓度过高，也会对根系的吸收造成危害。所以当苗床中酿热物过多，而表土板结时要及时进行中耕松土，以防根际受害。

（2）氧　幼苗进行呼吸作用需要从空气中吸收氧，地下部分也需要氧，苗床只要不是长期处在密闭的状态下，空气中的氧是不会缺乏的。但幼苗的地下部分是从土壤中吸收氧，如果土壤长期处于板结和积水的状态下，可能会导致根部缺氧，吸收肥水的能力将大幅度下降，影响幼苗的生长发育，甚至死亡。

（3）氨气　一是由未发酵腐熟的有机肥料在发酵、分解过程中所产生；二是因施用铵态氮肥产生。茄子对氨气的反应比较迟钝，只有当浓度达 0.004% 以上时，茄子才表现出受害症状，表现为叶缘组织先变褐色，后变白色，严重时枯死。为防氨气中毒，保护地栽培时不能施用未充分腐熟的有机肥，尤其不能施用未经腐熟的禽粪、饼肥等；在寒冷季节，因棚室内通气量小，不要施用易挥发气体的肥料，如碳酸氢铵等。

（4）二氧化氮　二氧化氮是氨气进一步分解氧化而产生的，一般情况下生成的二氧化氮很快变成硝酸被植物所吸收，但当施用较多的铵态氮肥时，不能完全转变，二氧化氮则在土壤中积累，当其含量达到0.000 2%，植株即可受到危害。受害初期，叶片气孔附近先受害的细胞组织不断向内扩展，使叶绿体褪色，出现白斑，严重时，除叶脉外，全部叶肉都可变白致死。造成二氧化氮气体过量的主要因素是：连续大量施用氮素化肥，使土壤中亚硝酸的转化受阻，硝酸细菌作用降低，二氧化氮不断在土壤中积累并挥发出来。

（5）塑料薄膜挥发有毒气体　塑料薄膜的增塑剂大部分为邻苯二甲酸二异丁酯，其本身不纯，含有未反应的醇、烯、烃、醚等沸点低的物质，它们挥发性很强，如乙烯、氯等，对茄子的危害很大。受害轻的茄子叶绿素解体变黄，受害重者叶缘或叶脉间变为白色而枯死。因此，使用的塑料薄膜必须是完全无毒的。

2）气体调节方法

（1）设施内施用二氧化碳　施用二氧化碳的时间要根据作物开始光合作用时的光照强度确定，一般当光照强度达到5 000 lx时，光合作用强度增大，设施内二氧化碳含量下降，这时为施用二氧化碳的最佳时间。一般晴天在揭苫后30 min施二氧化碳最好。如果在设施内施用了大量的有机肥，因肥料分解作用，土壤中释放二氧化碳较多，施二氧化碳的时间可推迟1 h。停止施用二氧化碳的时间依据温度管理而定，一般在通风换气前30 min。春秋季节，外界温度较高，设施通风的时间早且长，所以施用二氧化碳的时间较短，一般2~3 h；冬季气温较低，设施内的通风时间短，施用二氧化碳的时间要长。一般上午作物同化二氧化碳的能力强，可多施或浓度高些；下午同化能力弱，可施用较低浓度或不施。对于茄子而言，全生育期中以前期施用二氧化碳的效果较好。在育苗期，因苗子集中、面积小，施用二氧化碳简单，施用后对培育壮苗、缩短苗期等都有良好的效果。茄子其他施用二氧化碳的适期在开花结果期，因为此期植株对二氧化碳的吸收量急剧增加，及时施用二氧化碳能够促进坐果及果实膨大。如开花结果前过多施用二氧化碳，将因株体库容体积小，只能使茎叶繁茂，对果实产品（经济产量）并无明显的提高，得不到较好的效果。因此，温室内施用二氧化碳必须掌握在时间、浓度都适宜时，才能获得增产、优质的效果。

（2）防止设施内产生有害气体

A. 施用的有机肥料要经过充分发酵腐熟。为获得设施蔬菜高产，施有机肥量较大，一般亩施有机肥 20 m³ 以上。在施有机肥量如此大的情况下，之所以设施内很少产生氨气和二氧化氮等有害气体，就是因为这些有机肥料在施入设施之前 2~3 个月，已经充分发酵腐熟。

B. 设施内施用化学肥料时注意掌握三点：一是不施氨水、碳酸氢铵、硝酸铵等易挥发或淋失的化肥；二是以尿素等不易挥发的化肥作部分基肥时，要与过磷酸钙混合后沟施深埋；三是以尿素、硫酸钾等作追肥，要采取随水冲施的方法，且要适当少施勤施。若采取开穴或开沟追肥，一定要随追施随埋严，追后及时浇水。不可在密闭的设施内追施（包括冲施）未经发酵腐熟的人畜粪尿和碳酸氢铵等易挥发的肥料。

（3）采用无毒塑料薄膜　设施使用的地膜、防水膜和棚面膜都必须是安全无毒的。不可用再生塑料薄膜。

5. 覆干土　在种子开始拱土出苗时，要在苗床表面撒 1~2 cm 干营养土，以便于保墒和防止种子戴帽出土。当幼苗出齐后，再次在苗床上撒 1~2 cm 干营养土，以填补种子出土时在苗床上形成的缝隙，以减少苗床水分的散失和幼苗猝倒病的发生。随着苗子的生长，每隔 5~7 d，在苗床表面覆干土 1 次，这样做既可以保墒，又可以增加苗床温度，还可防止苗病发生。同时在每次间苗后，要及时进行覆土，厚度可适当加大，以防苗子倒伏。

覆土要均匀，必须选择晴天叶面无水珠时进行，以免土粘到植株叶片表面，如果有土黏附在植株叶片表面上，要及时清除，以免影响光合作用。

6. 间苗　采用撒播法进行播种育苗的，由于播量大，出苗多，随着苗子的不断生长，幼苗会出现拥挤，为增加幼苗的营养面积，同时增加苗床的通风透光性能，一般要进行间苗。间苗不但可促进幼苗苗壮生长，防止幼苗徒长，还可减少苗期病虫害的发生。第一次间苗在子叶展开时进行，间苗后苗距 1~2 cm；第二次间苗在第一片真叶展开后进行，苗距 2~3 cm。

在间苗时，要注意拔除过密、畸形、细弱、受伤、戴帽、感病或被虫咬的劣质苗。

7. 分苗　采用撒播法进行育苗的，在茄子幼苗长至 2 叶 1 心时要及时进行分苗。通过分苗，可以扩大苗子的营养面积，改善幼苗的通风透光条件。同时，由于分苗时的苗龄大小正是幼根分化旺盛的时期，通过分苗，可促进多发侧根。

1）营养钵分苗　根据自身条件，选择适宜类型的营养钵，有条件的最好采用 10 cm×10 cm 的营养钵。分苗时，先在营养钵内装一半配制好的营养土，而后把苗子放入营养钵中，调整苗子的高度，加入营养土封好幼苗。幼苗不要栽植过深，以不埋住子叶为佳。栽植好后，摆入分苗床中，最好是随摆钵随浇水，以免苗子失水过多，待苗床摆满后，再全床浇 1 次透水，然后在苗床上扣棚保温，促进缓苗。

2）开沟直接分苗　先把配好的分苗用营养土铺于分苗床中，整平压实，分苗床床土一般厚 15 cm，每平方米床面约需床土 200 kg。然后在苗床上开沟，沟深 3~4 cm，沟间距 10 cm 左右，摆苗前先在沟内浇水，待水稍下渗后，把起出的幼苗按 10 cm 的苗距摆入沟中（贴沟边稳苗），而后用土封沟。封沟时，如有个别苗子不正时要用手扶正。

在开沟时，可事先准备一个 10 cm 宽，长和苗床宽度相当的木板，这样开沟时容易把握沟间距，封土时，用木板推土也会更加方便。栽植时，为操作方便，最好先开一条沟，待栽好苗后，再开下一条沟。

茄子幼苗根系再生能力较弱，分苗移苗时要注意保护根系。分苗前必须浇 1 次水，这样挖苗时可以使苗子带较多的土，以减少伤根。在开沟分苗时，一要注意苗子的株距和行距，不能距离太近；二要注意分苗水一定要浇足浇透，以利快速缓苗；三要注意分苗过程中，要随起苗随分苗，起出的苗要用塑料袋包起保湿；四要注意分苗后 3 d 内，既要保证较高的温度以促进幼苗生出新根，又要进行适当的遮阴，以免幼苗失水萎蔫。

8. 囤苗　幼苗在定植之前要进行一定时间的囤苗，囤苗可结合低温锻炼同时进行。

囤苗过程中，由于土坨的含水量下降，使根系吸水减少，整个植株的生长发育速度减慢，但此时光合作用仍在进行，一方面能造成幼苗大量的光合产物积累，另一方面，由于根系吸水减少，可使细胞液浓度增加，因此能增加幼苗抵抗不良环境的能力。再者，提前切断植株与地面的联系后，通过囤苗，伤根的伤口提前愈合，并发出部分新根，可以促进幼苗定植以后的快速缓苗和苗壮生长。

开沟分苗的秧苗，在定植前 15 d 左右浇 1 次水（浇水的目的是使土壤便于切块），浇水后第二天用工具把苗子切成 10 cm 见方的土块，把土块移动后再放回原处（目的是切断植株与地面的联系），而后对苗子进行控水移钵处理，使土坨水分下降，这就是所谓的囤苗。营养钵育苗的，可以直接进行控水处理。

囤苗期间，如外界天气较好时，要进行适当的遮阴，不能让苗子失水过多，影响生长。

9. 其他管理

1）及时摘帽　在茄子幼苗出土时，如果管理不当，会有幼苗戴帽现象（种皮无法脱落）发生，此时要及时地对这些幼苗进行摘帽处理，如不及时摘帽，会造成幼苗子叶无法展开，影响其生长发育。摘帽的方法有二种：一种是趁早晨露水未干时进行；二是先用水把种皮打湿（不可干摘，以免伤害幼苗），而后用手把种皮摘去即可。摘帽时一定要注意不能伤及子叶。

2）中耕　开沟分苗的，在分苗后定植前要进行 2~3 次中耕处理，以保墒增温，促进苗子生长发育。营养钵分苗的最好也经常为营养钵表面松土，以增温保墒和增加土壤透气性。

3）回苦　在育苗期间，当天气连阴数日之后，遇晴天要及时进行回苦处理，以免苗子突遇强光造成失水萎蔫。

4）除草　在育苗期间，要及时拔除苗床上的杂草，以免杂草的生长对幼苗的生长造成影响。在除草后要及时地覆土。除草也可结合中耕进行。

5）病虫害防治　在育苗期间，易发生猝倒病、立枯病、蚜虫、白粉虱、蓟马等病虫危害，应密切观察，及时对症治疗。

10. 不同条件的相互制约与促进对茄子幼苗生长发育的影响　外界

条件对秧苗生长发育的影响是综合的。如，秧苗进行光合作用，必须要有日光、水分和二氧化碳及适宜的温度，条件缺少一个，光合作用就不能进行。秧苗进行呼吸作用，必须要有氧、碳水化合物和适宜的温度。呼吸作用虽然不需日光，但呼吸作用的对象是通过光合作用产生的，所以日光也起着间接的作用。茄子花芽分化过程与温度、光照以及体内碳水化合物等的积累有密切关系。由此可见，苗子的生长发育是由水分、温度、光照、气体、肥料（矿质营养）等条件综合决定的，只有把它们恰到好处地进行综合调节，创造出适宜茄子幼苗生长发育的环境条件，才能培育出壮苗。

（二）瓜类蔬菜苗床管理技术（以黄瓜为例）

1.黄瓜自根苗壮苗标准　一般播后4 d露土，6 d齐苗，苗子出土均匀一致，生长旺盛，吸收力强，发棵快，子叶完好、肥厚宽大，胚轴粗短、高3 cm左右；苗高12~15 cm时，4叶1心，叶片肥厚、宽大，伸展良好，不卷曲，叶色浓绿有光泽，成苗茎粗壮，节间短，花芽分化良好，根系发达，须根多，根色白嫩自然；秧苗无病虫危害，对环境适应性和抗逆性强，成苗率高，如图6-37所示。

图6-37　壮苗形态

2.黄瓜根的植物学特性　黄瓜的根由主根、侧根、须根、不定根组成，属浅根系，通常主根向地下伸长，直播的黄瓜可延伸到 1 m 深的土层中，但主要集中在 20 cm 的土壤表层。主根上分生的侧根向四周水平伸展，伸展的宽度可达 2 m 左右，但主要集中于 30~40 cm 半径范围，深度为 6~10 cm，黄瓜的上胚轴培土之后可发生不定根。

黄瓜根系好，气性较强，吸水、吸肥能力都比较弱，因此在栽培中要求定植不能深，土壤要求肥沃疏松，并保持湿润。黄瓜根系的形成层（维管束鞘）易老化，并且发生得早而快。所以幼苗期不宜过长，10 d 的苗龄不带土也可成活，30~50 d 的苗龄带土坨不伤根，也能成活，如根系老化后或断根较多，很难生出新根。所以在育苗时，苗龄不宜过长。定植时，要防止根系老化和断根，保全根系。

3.黄瓜的花芽分化

1）花芽分化的特点　黄瓜花芽分化经过无性、两性和单性三个时期。分化初期为无性时期，出现雌蕊为两性时期，后来单向发展形成单性花为单性时期。

花芽性别的决定，除与品种遗传性有关外，受外界环境条件影响很大。低温短日照利于雌花形成，不仅雌花数目增多，而且初始雌花着生节位降低，所以早春冷床培育的幼苗雌花多。

幼苗期的黄瓜植株实际上分化与生长同时进行。早熟黄瓜品种发芽后 12 d，第一片真叶展开时，主枝已分化至第七节，在 3~4 节开始花芽分化。发芽后 40 d，具有 6 片真叶时已分化到第三十节；第二十四节开始分化出花芽，已有 10~14 个雌花花芽。

黄瓜是雌雄异花同株，花分化初期同时分化雌、雄蕊。到一定阶段时，雌蕊发育正常进行而雄蕊停止发育，该花则发育成雌花；雄蕊发育正常而雌蕊停止发育，则该花发育成雄花。因此若用化学方法调节雌雄比例，应在雌雄性别尚未确定时处理，一旦雌雄性别确定，任何改变雌雄比例的方法都无济于事。

对一株黄瓜植株来说，在一定时期各个节位上的花芽分化不会处于同一发育阶段，使用化学方法调节雌雄比例对该植株进行处理，只能对某些节位上的花芽有效果，对其他节位上的花芽无效，见表 6-6。

表 6-6　黄瓜幼苗生育状态与花器分化相关性

幼苗生育状态	子叶	1片叶	2片叶	3片叶	4片叶
已分化叶片数	2	8~9	11~13	20~22	27~28
花器分化节位	0	5~6	9~14	17~18	23~25
花器性别确定节位	0	3	5~6	14~15	20~21

注：春季阳畦育苗，品种长春密刺。

　　黄瓜自出土开始花芽分化，植株形态与花芽分化速率有一定相关性。从植株形态可判断花芽分化节位，对使用化学药剂或生长调节剂，控制雌雄比例有参考价值，不同条件下的不同品种，幼苗叶片生长与花芽分化会有所不同。

　　2）影响雌雄比例的环境条件

　　（1）温度　短日照、低夜温，雌花形成早而多。昼夜高温（30℃），无论长日照（12 h 以上）或短日照（6~8 h），均不形成或很少形成雌花；昼夜低温，日照长时雌花少，日照短时可提高雌花数量；昼温低、夜温高，无论日照长短，雌花基本不形成；昼夜温度过低也很少形成雌花。地温以 18~20℃为宜。所以苗期温度管理最好采用变温法，特别是昼夜大温差育苗法能提高雌雄比例。

　　（2）湿度　土壤湿润有利于形成雌花，而干旱利于形成雄花。试验结果表明，土壤相对湿度在47%时雄花多，在80%时雌花增多1倍以上。苗床土肥沃，氮、磷、钾配合使用，多施磷肥可降低雌花节位，多形成雌花；而钾能促进形成雄花，不能多施，应适量。

　　（3）气体　在苗期增加环境中二氧化碳含量，光合作用增强，养分积累增多，有利于雌花形成。增加二氧化碳的方法有两个：在营养土中增施有机肥料；在有保护设施条件下施二氧化碳气肥。

　　（4）激素　激素对黄瓜的雌雄比例有明显影响，如乙烯利、萘乙酸、2，4-D、吲哚乙酸、氯吡脲等，都有促进雌花发育的作用，而赤霉素、亚硝酸银等则促进雄花发育，抑制雌花形成，能降低雌雄比例。用乙烯利提高雌雄比例是生产上的常用手段。在育苗条件不利于雌花形成时，用乙烯利处理效果明显，但是乙烯利有抑制生长的作用，使用时应慎重。

4. 温度管理

1）黄瓜苗期对温度的要求 黄瓜是典型的喜温植物，生育适温为15~32℃。白天适温较高，为 25~32℃；夜间适温较低，为 15~18℃。光合作用适温为 25~32℃。黄瓜所处的环境不同，生育适温也不同。有关资料显示，光照强度在 10 000~55 000 lx，每增加 3 000 lx，生育适温提高 1℃。另外，空气相对湿度和二氧化碳浓度较高条件下生育适温也会提高。所以生产上要根据不同的环境条件，采用不同的温度管理指标。光照弱应采用低温管理，增施二氧化碳应采用高温管理。

由播种到果实成熟需要的积温为 800~1 000℃。一般情况下，空气温度达到 32℃以上则黄瓜呼吸量增加，而净同化率下降；35℃左右同化产量与呼吸消耗处于平衡状态；37℃以上呼吸作用消耗高于光合产量；40℃以上光合作用急剧衰退，代谢机能受阻；45℃条件下 3 h 叶色变淡，雄花落蕾或不能开花，花粉发芽力低下，导致畸形果发生；50℃条件下 1 h 呼吸完全停止。在日光温室栽培条件下，由于有机肥施用量大，二氧化碳浓度高，湿度大，黄瓜耐热能力有所提高。

黄瓜正常生长发育的最低温度是 10~12℃。在 10℃以下时，光合作用、呼吸作用、光合产物的运转及受精等生理活动都会受到影响，甚至停止。

黄瓜植株组织柔嫩，一般 0℃为冻死温度。但是黄瓜对低温的适应能力常因降温缓急和低温锻炼程度而大不相同。未经低温锻炼的植株，5~10℃就会遭受寒害，2~3℃就会冻死；经过低温锻炼的植株，不但能忍耐 3℃的低温，甚至遇到短时期的 0℃低温也不致冻死。

黄瓜对地温要求比较严格。其最低发芽温度为 12.7℃，最适发芽温度为 28~32℃，35℃以上发芽率显著降低。黄瓜根的伸长温度最低为 8℃，最适宜为 32℃，最高为 38℃；黄瓜根毛的发生最低温度为 12~14℃，最高为 38℃。生育期间黄瓜的最适宜地温为 20~25℃，最低为 15℃左右。

黄瓜生育期间要求一定的昼夜温差。因为黄瓜白天进行光合作用，夜间呼吸消耗，白天温度高有利于光合作用，夜间温度低可减少呼吸消耗，适宜的昼夜温差能使黄瓜最大限度地积累营养物质。一般白天25~30℃，夜间 13~15℃，昼夜温差 12~15℃较为适宜。黄瓜植株同化物质的运输在夜温 16~20℃时较快，15℃以下停滞。但在 10~20℃间，温度越低，呼吸消耗越少。所以昼温和夜温固定不变是不合理的。

2）发芽期的温度管理 从播种到第一片真叶出现为发芽期，需5~7 d。胚根首先伸长，即发芽，下胚轴加长加粗生长，子叶也加大生长，并拱土直立，最后子叶由黄转绿并展平。发芽期要求较高的温度和湿度条件，要求播种土层疏松透气，以使种子早出苗且整齐。

（1）播种后至出苗（子叶微展）期的温度管理 此阶段的温度要相对较高，以利快速出苗。如果温度适宜，一般5~6 d即可出苗，如果温度较低，出苗期可长达20 d以上。此阶段适宜黄瓜出苗的温度是白天28~32℃，夜间20~22℃，地温要保持在28~32℃。

播种后，要及时在床面盖一层地膜，以利于升高地温，且地膜有保湿作用，但在有60%以上的幼苗出土时（要及时进行观察），要及时撤掉地膜，以免烧苗。棚膜要及时覆盖并盖严压实，出苗前一般不进行通风，以保温为主。棚膜外要加盖草苫等覆盖物进行保温，但要及时揭盖，以利白天升温，夜间保温。

此阶段如果发现长时间不出苗，可用手扒开苗床，取出种子用手指用力捏，如果种子仍坚实饱满，说明种子没有坏，一般就是由于温度过低造成的，不要轻易毁种，要设法提高苗床温度，促进出苗。

当观察到70%~80%的幼苗子叶微展后，要及时通风降温，草苫等覆盖物要适当早揭晚盖。

（2）出苗（子叶微展）至真叶显露（破心）的温度管理 此期苗子生长的重心是在下胚轴的伸长，如果控制不好，会造成下胚轴徒长，形成所谓的高脚苗。对于黄瓜幼苗而言，此阶段床温应保持在白天15~20℃，夜间12~15℃。如此变温管理不但可以育出下胚轴较短的壮苗，而且有防止苗期猝倒病发生的作用。这一时期需10~12 d。

（3）幼苗期的温度管理 从第一片真叶出现到具有4~6片真叶为幼苗期，需30~40 d。在形态上主要表现为叶的形成、主根的伸长及苗端各器官的分化。在栽培上称为幼苗期。此期生长较为缓慢，茎直立状，节间短，叶片小，绝对生长量小。本期以扩大叶面积和促进花芽分化为重点，管理上要求"促""控"结合，培育壮苗，预防徒长。

此期的管理重点不仅仅在于促进叶片的分化和生长，以及根系的伸长与生长，关键是花芽的分化，因此，要适当提高昼温，降低夜温，但温度也不可过高或过低，以免造成徒长或形成僵苗。对于黄瓜幼苗来说，白天要保持 25~30℃，夜间 15~18℃。

（4）定植前的温度管理　定植前 5~7 d 进行大通风降温炼苗，炼苗原则是逐渐使幼苗在苗床上的生长环境与定植场所环境条件接近或相同，促使幼苗定植后成活并缩短缓苗期。一般将苗床温度降至与外界相近或相同。炼苗期如遇恶劣天气，要及时采取保护措施，以免伤害幼苗。

5. 光照管理

1）黄瓜苗期对光照的要求　光照长短对黄瓜发育有明显的影响，研究结果表明：低温短日照促进生长发育，即 8 h 的短日照能促进黄瓜雌花分化，提高雌雄比例，光照时数越短雌花比例越高。但光照时间不能太短，光照时间短到光合产物不足以供给黄瓜植株生长需要，植株不能正常生长，也无从进行花芽分化，短日照对雌雄比例的影响也将失去意义。

2）光照的调节　苗床管理中，不同的阶段对于光照的需求是不相同的。在幼苗未出土之前，幼苗靠吸收种子中的营养进行生长，此时不进行光合作用，不用光照，这个阶段就是增温保湿促进早出苗，如果苗床内温度足够，可以昼夜不用揭苫见光。在大部分的幼苗出土之后，要及时揭苫见光，以免造成幼苗徒长以及减少苗期病害的发生。从子叶平展开始，苗子就已具有进行光合作用的能力，此时，如果在保护条件下育苗，就要尽可能地早揭晚盖草苫，以求多见光，促进光合作用的进行，进而促进幼苗的生长。一般要保证光照时间在 8~10 h，即使遇到恶劣天气，外界温度较低，也要选择中午时段进行一定时间的揭苫。

当光照不足时，幼苗就表现为叶色淡黄且薄，叶柄长，茎细高，子叶提前发黄脱落，抗逆性差的现象。

增加光照的方法，除了早揭晚盖草苫、延长光照时间之外，经常擦拭薄膜增加其透光率也是重要的方法。必要时可进行人工补光。

6. 水肥管理

1）水分管理　在播种前苗床浇透水的前提下，一般不再浇水。如果苗床土壤过于干燥，可用喷壶喷洒适量温水，千万不要大水漫灌或喷洒冷水，以免影响幼苗生长。

在分苗前 1 d，要在苗床内浇水一次，以增加土壤湿度，减少移苗伤根现象的发生，同时可以使苗子多带土。分苗时浇足分苗水，缓苗前不能浇水，以增加苗床温度，促进快速缓苗。

缓苗后根据床面的干湿情况进行喷水。喷水一般要选择在晴天的上午进行，要保持苗床见干见湿，原则为湿不积水、干不裂纹、干湿交替，以避免苗床湿度过大造成沤根和其他苗期病害的发生。

在定植前15 d左右，对苗床浇一次透水，第二天进行囤苗。

如果采用营养钵（盘）育苗不进行分苗，或者分苗时采用营养钵进行分苗的，由于营养钵隔断了苗子与地下水的联系，一般要增加浇水次数。

2）养分管理　营养土内一般施有足够的基肥，足以满足幼苗生长发育对养分的需要，所以一般在苗床内不再施肥。如果发现苗子有长势弱、叶片发黄等缺肥症状时，用0.3%磷酸二氢钾+0.2%尿素溶液进行叶面喷施。喷洒时注意要喷洒均匀，叶片正反面都要喷到，以促进叶片对养分的吸收。

第四节
基质育苗技术

基质育苗为无土育苗的一类，是指在配制育苗用营养土时不添加园土，而是利用草炭、蛭石、珍珠岩、沙子、锯末、炉渣、稻壳、花生壳、玉米秸、营养液等基质代替园土的育苗方式。

一、基质育苗的特点

目前，在营养钵育苗或穴盘育苗、工厂化育苗中基质使用较多，如图6-38、图6-39所示。

图 6-38　基质装盘

图 6-39　穴盘基质育苗

1. 取材容易　基质来源广，能就地取材，材质重量轻，透气性良好。

2. 用肥量少　追肥用配制好的营养液，不流失，用肥量少。

3. 节省种子　因为基质的保水、透气性好，所以基质育苗的出苗率、成苗率、分苗及定植的成活率都高，可大大节省种子。

4. 病害少　可避免土传病害，病害轻而少。

5. 苗壮　基质育出的苗，茎粗壮、叶片肥厚、根系发达、干物质多、幼苗品质好，可缩短苗龄、提早成熟、增加产量。

6. 成本低　综上所述，生产成本大大降低。

二、基质选用原则

基质在育苗中的作用主要有两个方面，一为固定作用，二为幼苗的生长发育提供营养。因此在选用基质时，除了要本着就地取材、经济实用的原则外，还要求基质必须质轻、透水透气性好，含有较多的营养物质，包括有机物质和矿质元素，以便于尽量简化营养液配方和降低营养液供应量，达到降低育苗成本的效果。

三、基质育苗常用配方

基质根据其成分的不同，可以分为无机基质和有机基质两类。无机基质由于所含营养成分较少，且保水、保肥能力较差，在使用时必须要定期浇灌适宜的营养液补充养分。有机基质含营养成分较多，保水、保肥能力较强，不浇营养液或只需浇少量营养液即可，但其通透性较差。这些基质既可以单用，又可以混用。在实际的使用中，往往将有机基质与无机基质配合使用。

1. 无机基质　常用的有蛭石、珍珠岩、沙子、炉渣（灰）、岩棉、碎石等。

2. 有机基质　常用的有草炭、锯末、刨花、木屑、稻壳、花生壳、玉米秸、向日葵秆、食用菌废弃培养料等。

3. 无机基质常见配方及特点

1）沙子基质　用直径 2 mm+0.6 mm 的洁净沙子作为栽培基质。通透性好，不含营养元素。

2）蛭石 + 珍珠岩　蛭石质轻，含多种微量元素，但在浸水后通透性较差，与珍珠岩按 1∶1 配合使用效果很好。

4. 有机基质常见配方及特点

1）草炭基质 草炭由植物残体腐化分解而成，富含有机质，同时草炭质轻，保水性好，透气性差。

2）木屑、锯末基质单用或二者按一定比例混合 木屑和锯末保水性好，质地轻，是很好的育苗基质，但是其分解速度较快，使用一段时间后要及时地更换新料。

3）食用菌废弃培养料基质 有机质含量丰富，透水透气性好。

4）秸秆加有机肥 稻壳、玉米秸、花生壳（粉碎）等的一种或多种与腐熟有机肥（猪粪、牛粪等）按1∶1混合。作物秸秆质轻，吸水保水性好，通透性好，加入有机肥后，可组成很好的育苗基质。

5. 有机基质+无机基质混用配方及特点

1）蛭石或珍珠岩与草炭按照1∶2或者1∶3的比例混合 蛭石和珍珠岩的良好通透性与有机质含量丰富的草炭混合，是很好的育苗基质。

2）草炭、细炉灰与细沙土按照6∶2∶2的比例混合 利用炉灰与细沙的通透性，与有机质丰富的草炭结合，组成良好的育苗基质。

3）蛭石、草炭和食用菌废弃培养料按照1∶1∶1的比例混合 此配方通透性好，保水保肥能力强，营养物质含量丰富。

4）草炭、蛭石和炉灰（渣）按照3∶3∶4的比例混合 此配方通透性好，营养较为丰富。

5）其他常见配方

草炭与炉渣4∶6。

向日葵秆粉、炉渣和锯末5∶2∶3。

沙子、锯末和向日葵秆粉8∶1∶1。

细沙、草炭、炉渣、锯末和向日葵秆粉5∶1.5∶1.5∶1∶1。

四、育苗基质的使用方法

1. 基质选择 无机基质要选用适宜大小的，有机基质中的作物秸秆在使用前要粉碎。不能选用发霉变质的有机基质。

2. 混合消毒 基质选好后，按照配比进行充分混合，混合后要进行消毒。

在有机基质和混合基质中加入膨化鸡粪或速效化肥效果更佳，一般可在每立方米基质中混入膨化鸡粪 5~10 kg，或磷酸二铵、碳酸铵、硝酸钾各 1.5 kg，过磷酸钙 5 kg，可基本满足多种蔬菜在幼苗期对营养的需求。

3. 需要配合营养液使用　基质中所含有的营养成分相对单一，特别是无机基质，不能满足蔬菜生长发育对于养分的需求，营养液可以提供蔬菜生长发育所需要的养分和水分，即使是营养成分相对较全的混合基质，浇灌营养液也能够有效地促进蔬菜的生长发育。

五、营养液配制要点

1. 养分　营养液中必须完全具备蔬菜生长发育所需的各种大量元素和微量元素，且都能溶解于水。选用的氮肥应以硝态氮为主，铵态氮用量不超过总量的 25%。

2. 浓度　营养液的浓度要适宜，理化性质要有利于作物根系的吸收和利用，不能含有有害物质。

3. 用水　要注意配制营养液所用的水质，如果水中含钠离子和氯离子过多时不能使用，最好是选用雨水或含矿质元素较少的软水。

4. 择肥　氯离子不易被作物吸收和利用，易造成积累产生拮抗作用，影响其他元素的吸收，所以一般在营养液中不选用含氯的化肥。

5. 二次稀释　为便于肥料溶解，应把肥料先配成原液，然后再把原液加入水中稀释成所需要的浓度。不要把肥料直接加入水中，以免搅拌不匀或搅拌费时费力。

6. 现配现用　钙离子、硫酸根离子和磷酸根离子易结合形成难溶的沉淀物，所以在配制高浓度的原液时，不要存放，最好现配现用。

7. pH 值　配制营养液时要注意其 pH 值，适宜蔬菜生长的 pH 呈弱酸性（pH 6~6.5），如果不合适要用磷酸、硝酸或氢氧化钾、氢氧化钠进行调节。

8. 过滤与消毒　营养液配好后要进行过滤和消毒。消毒方法常采用高温处理或紫外线处理。

9. 成本　营养液配制要尽量做到原料易购、价格低廉、配制简便、养分齐全、使用安全。

10. 作物需求　营养液要按照作物对营养元素的吸收和需要进行配制。对于无机基质要使用全营养，而对于有机基质和混合基质要根据基质的养分情况确定营养液的配比。

11. 使用温度　浇灌时最好把营养液的温度控制在 20～25℃，以免对地温造成影响。

六、蔬菜基质育苗常用营养液配方

1. 配方1　1 000 L 水中加入尿素 400～500 g、磷酸二氢钾 450～600 g、硫酸镁 500 g、硫酸钙 500 g。此配方中含有蔬菜需要的各种大量元素，用无机基质进行育苗时，必须使用此配方。但由于配制成本较高，当基质中营养成分含量较高时不必采用。

2. 配方2　1 000 L 水中加入尿素 400～500 g、磷酸二氢钾 450～500 g。此配方只为营养液中提供了氮、磷、钾三种大量元素，适用于仅含有少量营养物质的基质配方育苗。

3. 配方3　1 000 L 水加入磷酸二氢钾 400～500 g、硝酸铵 600～700 g。该配方适用范围同 "配方 2"。

4. 配方4　1 000 L 水中加入硫酸镁 500 g、硝酸铵 320 g、硝酸钾 810 g、磷酸二氢钙 550 g。该配方适用范围同 "配方 1"。

注意事项

上述 4 个配方中，均未列入微量元素。如果基质是无机基质，如蛭石、细沙、珍珠岩等，或有机质含量较低的有机基质，如稻壳等含量较高时，要加入微量元素。一般在 1 000 L 上述溶液中加入硼酸 3 g、硫酸锌 0.22 g、硫酸锰 2 g、硫酸钠 3 g、硫酸钠 0.05 g。如果所选基质中有机质含量较高，如草炭、食用菌废弃培养料等，则微量元素不用加入。

七、基质育苗苗期管理要点

由于基质的保水性相对较差，与有土育苗相比，浇水次数要相对频繁，特别是在利用营养钵和穴盘进行点播育苗时，由于其包含基质量较少，更要加大浇水次数，并且在播种前底水一定要浇透，以下部向外渗水为标准。冬春季育苗时，播种后出苗前要用地膜把营养钵（盘）覆盖，既保温还有保湿的效果，可以保证在种子出苗前不浇水；在夏季等高温季节育苗时，由于温度高，水分蒸发快，要小水勤浇，保持上层基质湿润，以利出苗，但是浇水量不可过大，防止种子腐烂。出苗后，要控制水量，防苗徒长。随着幼苗的不断生长，要加大浇水量和次数，此时不能缺水，否则易形成老化苗。其他管理措施同有土育苗。

第五节
嫁接育苗技术

嫁接栽培就是采用手术的方法，切去一棵植株的根，留下顶端（头部）或单独切掉 1 个芽利用，将另一棵植株，切去其顶端（头部），留下根系及茎（下胚轴）的一部分利用，人们习惯称顶端（头部）或芽被利用的植株为接穗，根系及茎（下胚轴）的一部分被利用的这棵植株为砧木，使砧木和接穗有机结合在一起，形成一棵完整的植株进行栽培。利用砧木根系的抗病性强，根系庞大，吸收范围广，吸收水肥能力强，耐瘠薄，耐盐碱，耐低温或高温，耐高湿或干旱的优点，利用接穗产量高、品质好、商品性好的优点，达到高产高效优质的目的。这种栽培方法通称为嫁接栽培。群众称之为"割头换向"。

嫁接栽培历史悠久，早在公元前 1 世纪后期的《氾胜之书》中就有用 10 株瓠瓜捆绑在一起，使其愈合成一个整体，去掉 9 株长势弱的茎，留 1 支生长强壮的茎，就能结出大瓠瓜的记载。20 世纪初期，日本开始大量应用于生产，20世纪30年代嫁接方法逐步得到完善；50年代嫁接栽培得以迅速发展，特别是一些园艺生产技术先进的国家，如日本、荷兰、美国、英国等，首先在西瓜、甜瓜、黄瓜上应用；70~80年代开始在茄果类作物上应用。20世纪70年代我国科研人员进行了专门的研究，嫁接栽培技术也有了新的进展；80年代初期，贵州榕江地区开始应用在西瓜生产上；80年代末期，辽宁瓦房店用于日光温室黄瓜的生产上；90年代中期，嫁接技术不但应用于西瓜、黄瓜、甜瓜等瓜类上，也已在番茄、茄子、辣椒上应用成功，并迅速推广普及。

一、砧木与接穗品种的特性与选择原则

瓜果菜嫁接能不能成功，首先取决于嫁接后能不能成活，也就是二者嫁接后能不能亲和，又称嫁接亲和力；还要考虑成活后能不能健壮地生长，即二者共生期间发生不发生矛盾，又称共生亲和力，它包括茎叶能否健壮生长，能否正常开花结果，是否提早或延迟生育期，是否影响果实品质等。因此，在选择嫁接亲本时，不但要了解它们的特性，栽培季节的冷暖，而且还要考虑品种资源是否易得，价格高低等。因此，在嫁接时选择砧木与接穗要特别注意它们的特性，做到有的放矢，以确保嫁接成功。

（一）砧木品种的特性

1.砧木与接穗的亲和力　亲和力包括嫁接亲和力和共生亲和力。嫁接亲和力的高低取决于嫁接后成活的多少和伤口愈合速度的快慢。伤口愈合越快,成活越多,说明嫁接亲和力越高(嫁接技术不成熟除外)。共生亲和力是指嫁接成活后的生长发育状况，嫁接后植株茂盛，生长健壮，发育正常，早熟高产，说明共生亲和力好；嫁接成活后砧木和接穗共生期间，生长速度减缓，或长势不正常，生长后期出现萎蔫，结果后果实品质降低等，共生期间发生不良反应，又称共生亲和力不良。只有嫁接愈合期间和共生期间生长势都正常，嫁接愈合快，生长期间不发生不良反应的砧木才能算是好砧木。研究证明，不同砧木种类和

接穗种类（品种）之间的亲和力高低与抗逆性强弱不同。如砧木种类对西瓜接穗发育的影响，见表6-7。

表 6-7　砧木种类对西瓜接穗发育的影响

砧木材料内容	瓠瓜	葫芦	笋瓜	冬瓜	南瓜
嫁接亲和性	0	0	0	0	⊗
西瓜枯萎病	0	⊗	0	⊗	⊗
初期生育	0	0	0	⊗	0
西瓜果实品质	0	0	0	⊗	⊗
急性枯萎病	0	⊗	0	0	0
耐热性	√	□	0	√	□
好耐寒性	×	□	×	√	√
耐旱性	×	□	√	×	□
差耐湿性	√	□	□	×	□

注：0 没问题；√好；□ 一般；⊗有时产生问题；× 差。

　　表6-7说明各不同种类砧木类型与西瓜接穗发育的影响是就总体而言的。在实际生产中，各砧木类型品种与各接穗品种之间差别甚大，因此在选择砧木和接穗嫁接组合时一定要慎重。在搭配砧穗组合时，一定要先做试验，以防嫁接不活或共生期间产生不良影响。

　　2. 对不良环境条件的适应性　瓜果菜的种植季节不同，所选砧木品种要求不同的外部环境适应性，如低温、高温、耐旱、耐盐、耐湿、耐瘠薄，早期生育速度快慢、生长势强弱等。例如刺茄（砧木），除具有抗病性外，耐低温的能力也较强，在早春温度较低的情况下，生长发育速度快，因此，只需比接穗提早 5~7 d 播种即可。而不死鸟、刺茄（CRP）等茄子砧木虽抗病性较刺茄强，但其早期生育速度较慢，只有长到 3~4 片叶之后，生育速度才接近正常，因此，该砧木需要比接穗提早 20~30 d 播种，方能适合嫁接。另外，通过了解砧木的生育特性，可以更好地与接穗品种配套，与栽培季节和栽培方式配套。例如，黑籽南瓜根系在低温条件下伸长性好，具有较强的耐寒性；而白菊座南瓜耐高温、高湿，适合高温多雨季节作砧木。据报道，日本保护地黄瓜越冬栽培，采用黑籽南瓜作砧木的占 70%，早春保护地栽培黑籽南瓜砧木占 60%，夏秋栽培的基本上都用白菊座南瓜砧木。据 2016 年统计，我国保护地越冬栽培的黄瓜 95% 以上的温室用黑籽南瓜做砧木，近几年有 5% 左右的温室用土佐系南瓜作砧木，且有逐年上升趋势。

一个品种的适宜性，只能因时因地而言，黑籽南瓜作为瓜类砧木在冬季低温情况下，有耐低温的特性，在低温下发挥了它的优势，比不耐低温的品种生长得好。现在我国有不少地方把黑籽南瓜作为夏秋高温多雨季节的砧木，生长势比其他南瓜品种差，其耐低温这一优势就变成劣势。同样，白菊座南瓜在夏秋季节发挥了耐高温的优势，而将其在冬季栽培，那么耐高温优势也变成了劣势。所以，了解和掌握各种砧木的生育特性，便于与适宜的栽培季节和栽培模式配套，以更能发挥其特长。在嫁接砧木品种（种类）选择方面一定要知道：若在日光温室中种植早熟西瓜，首先要考虑其植株在低温环境中的适应能力（又叫低温生长性），以及根群的扩展和吸肥能力，对土壤养分浓度、土壤三相比例等不良环境的适应能力等，这些都取决于砧木本身的特性。所以，在日光温室栽培早熟西瓜，应选择耐低温、耐高湿、耐土壤盐分浓度高、耐土壤通透性稍差的环境条件的砧木材料。在夏季和延秋栽培时要选择耐高温、干旱和暴雨环境条件的砧木材料。

3. 砧木的抗病性能　瓜果菜常见的土传病害较多。在瓜类蔬菜中主要是枯萎病，包括黄瓜枯萎病、西瓜枯萎病、甜瓜枯萎病，分别为不同的专化型，还有瓜类蔓枯病、根结线虫病等。茄果类蔬菜常见的土传病害有番茄青枯病、番茄枯萎病、番茄黄萎病、番茄褐色根腐病、番茄根腐枯萎病、番茄根线虫病，茄子黄萎病、茄子枯萎病、茄子青枯病、茄子根结线虫病、辣椒疫病、辣椒根腐病等。

不同砧木所抗的土传病害种类是不同的。如番茄砧木品种中，LS—89 和兴津 101 号主要抗青枯病和枯萎病，而耐病新交 1 号和斯库拉姆主要抗枯萎病、根腐枯萎病、黄萎病、褐色根腐病、根结线虫病。如茄子砧木中，刺茄仅抗枯萎病、黄萎病，而不死鸟则同时抗 4 种土传病害（黄萎病、枯萎病、青枯病、根线虫病）。

不同砧木之间对同一种病害的抗病程度也不同。如瓜类砧木（南瓜、冬瓜、瓠瓜、丝瓜）中，以南瓜抗枯萎病的能力最强，在南瓜中又以黑籽南瓜表现最为突出。又如刺茄和不死鸟都能抗黄萎病,但不死鸟抗黄萎病的能力达到免疫程度,而刺茄仅是中等抗病程度。

所以,栽培者在选择砧木时,首先要考虑防控什么病害,其次要根据地块的发病程度来选择适宜的砧木。如果是重茬的重病地,应该选高抗的砧木;若是发病较轻的非重茬地,可以选择一般的砧木以发挥其他方面的优势,如耐低温、耐高温、耐瘠薄、耐旱等。

以西瓜为例,抗枯萎病是西瓜嫁接的主要目的,若是连作种瓜,选择砧木时必须要求百分之百抗枯萎病。以前的研究认为:西瓜枯萎病只侵染西瓜,不侵染葫芦、冬瓜,近几年的研究及生产实践证明,西瓜枯萎病菌已分化出能侵染葫芦和冬瓜的菌株(生理小种),表现出葫芦和冬瓜不能抗枯萎病,瓠瓜砧易感染炭疽病,南瓜砧抗枯萎病,见表6-8、表6-9、表6-10。

表6-8　砧木与接穗苗期及成株期人工接种鉴定结果

供试品种	苗期接种发病情况	成株期接种发病情况
蜜宝西瓜(接穗)	+++	+++
长瓠子	-	-
磨盘南瓜	-	-
长沙肉丝瓜	-	-
粉皮冬瓜	-	-
饲用西瓜	-	-
S142(野生西瓜)		
S144(野生西瓜)		

注:菌种采自西瓜试验田,经过病理学鉴定;+++为发病严重,-为未发病。

表6-9　不同番茄砧木品种的抗病性比较

砧木品种	青枯病	褐色根腐病	根线虫病	黄萎病	枯萎病	根腐枯萎病
LS—89	○	×	×	×	○	×
兴津101号	○	×	×	×	○	×
耐病新交1号	×	○	○	○	×	○

续表

砧木品种	青枯病	褐色根腐病	根线虫病	黄萎病	枯萎病	根腐枯萎病
安克特	○	×	○	○	○	×
影武者	○	×	○	○	○	○
斯库拉姆	×	○	○	○	○	○
斯库拉姆2号	×	○	○	○	○	○

注：○表示抗病，× 表示不抗病。

表 6-10　不同茄子砧木品种的抗病性比较

砧木品种	青枯病	黄萎病	枯萎病
耐病VF	×	○	○
刺茄	×	○	○
不死鸟	○	○	○
阿西斯特	○	×	○

注：○表示抗病，× 表示不抗病。

4. 对产量和商品质量的影响　不同的砧木种类对产量和品质有着不同的影响。增加产量与提高品质是嫁接栽培的最终目的，因此要求每一种砧木必须具备增产的能力，而这种增产能力又主要是通过砧木的抗病性和抗逆性实现的。也就是说,采用高抗的砧木与栽培品种嫁接，通过砧木来阻止病原菌的侵入，诱导植株产生抗性，增强生长势，以减少或控制发病株的出现，最后达到群体产量和单株产量的共同提高。但是并不等于具备了优良砧木就能高产优质，好的砧木只是获得高产的基础，还必须掌握准确的嫁接技术和配套栽培管理技术（如施肥、灌水、耕作、植株调整等），才能发挥砧木的增产优势。所以，产量指标是各项农业技术措施的综合体现。

品质也是选择砧木的一个重要标准。不同的西瓜、甜瓜品种对同一种砧木的嫁接反应也不完全一样。西瓜、甜瓜嫁接栽培的接穗应尽量选择对商品品质（如果形、果皮厚度、果肉的质地、可溶性固形物含量高低）基本无影响或影响很小的品种或种群。即选择较适宜的砧穗组合，以保障嫁接后西瓜、甜瓜产量不能降低，品质不能下降，要根据嫁接的主要目的来确定适宜的砧木种类。因此，南瓜砧虽有时可影响果实品质，表现为果皮增厚，果肉较硬，果肉中产生黄带，食用口感及风味不好，但维生素 C 含量显著高于自根西瓜，总糖、干物质含量等均无差异。但对枯萎病发生严重的地块或重茬瓜田，极早熟、早熟栽培的瓜田，必须采用黑籽南瓜、福祺铁砧木 3 号、新土佐 F$_1$ 等南瓜类砧木。从综合性状考虑，应选用葫芦砧，但用葫芦进行早熟西瓜嫁接时还存在需要解决的问题。大量的试验资料表明，南瓜砧木不是所有西瓜品种的适宜砧木，因此在大面积推广前应做预备试验，没有做过试验的砧木，不能直接用于生产，以免带来不必要的损失。

（二）优良砧木品种介绍

1. 瓜类砧木品种介绍

1）南瓜类砧木品种

（1）西嫁强生　中国农业科学院郑州果树研究所选育的南瓜砧木杂交一代新品种。采用该品种嫁接西瓜，较普通葫芦砧木产量提高10%~20%，对西瓜品质也无不良影响。适于做早熟栽培西瓜的砧木。

（2）京欣砧 2 号　国家蔬菜工程技术研究中心育成。印度南瓜和中国南瓜杂交的白籽南瓜类型的西瓜砧木一代杂种，亲和性好，生长势强健，抗早衰，不易倒瓤。适于做保护地与露地栽培西瓜的砧木。

（3）JA-6　河南省庆发种业有限公司利用中国南瓜与西洋南瓜杂交育成。该品种与大多数西瓜、甜瓜品种嫁接都没有发生不良反应，特别是在与甜瓜嫁接时，更表现出亲和力强，嫁接成活率高，抗枯萎病能力好。该品种根系发达，幼苗生长快而健壮，吸收水肥能力强，不但表现出耐低温、高湿、耐热、抗重茬的优良性状，而且叶部病害，炭疽病、蔓枯病、疫病、霜霉病等也明显减轻，雌花出现较早，坐果易，果实品质不发生任何不良变化，瓜个增大，产量提高。如 JA-6 的根系在 8℃时，根系的吸收和生长能缓慢进行，地温在 6℃时，持续一周，当温度缓慢恢复时，仍能正常生长，是目前耐低温性最好的品种之一。可用于西（甜）瓜、黄瓜、西葫芦、瓠瓜、苦瓜、丝瓜早熟栽培使用，但该砧木与一部分少子西瓜品种进行嫁接时，需先做试验。

（4）福祺铁砧 3 号　河南省庆发种业有限公司育成。植株生长健壮，杂种优势显著，抗寒、抗病、耐湿性强，根系发达，与西瓜共生亲和力强，成活率高；高抗枯萎病，抗重茬，叶部病害也明显减轻。嫁接幼苗在低温下生长快，坐果早而稳。可以促进西瓜早熟和高产。适于做保护地与露地栽培西瓜的砧木。

（5）新土佐　引进种。新土佐是印度南瓜×中国南瓜的杂交一代种，现国内已培育出系列种。新土佐系南瓜作西瓜嫁接砧木，嫁接亲和性与共生亲和性好，幼苗低温下伸长性强，生长势强，抗枯萎病，能促进早熟，提高产量，对果实品质无明显不良影响。

新土佐并非与所有西瓜品种都有良好亲和性，特别是与二倍体西瓜表现不亲和，所以应通过试验明确土佐系作砧木亲和性以后才能推广应用。

（6）黑籽南瓜　原野生于中国云南原始森林中，现日本也有，但抗病性不如中国黑籽南瓜。与西瓜进行嫁接换根栽培100%抗枯萎病，低温生长性和低温坐果性强，在低温条件下吸肥的能力也最强。其与西瓜亲和性在品种间差异较大，若管理不善，有使西瓜果皮增厚，肉质增硬和可溶性固形物含量下降等不良影响。可用做甜瓜、西瓜、黄瓜的嫁接砧木。

2）葫芦类砧木品种　常见常用品种是超丰七号。该品种为中国农业科学院郑州果树研究所在超丰F_1的基础上改良选育的抗病葫芦杂交一代。其特点是嫁接亲和力强，高抗枯萎病，很少发生枯萎，对果实品质无不良影响。适于做保护地与露地栽培西瓜的砧木。

3）瓠瓜类砧木品种

（1）相生　引进种。嫁接优良砧木。嫁接亲和力好，共生亲和力强，植株生长健壮，抗枯萎病，根系发达，较耐瘠薄，低温下生长性好，坐果稳定，果实大，对果实品质无不良影响。可用做西瓜、西葫芦、黄瓜的砧木。

（2）京欣砧1号　国家蔬菜工程技术研究中心育成。瓠瓜与葫芦杂交的西瓜砧木一代杂种。嫁接亲和力好，共生亲和力强，成活率高。嫁接苗植株生长稳健，根系发达，吸肥力强。种子黄褐色，表面有裂刻，较其他砧木种子籽粒明显偏大，千粒重150 g左右。种皮硬，发芽整齐，发芽势好，出苗壮，不易徒长，抗早衰，不易倒瓠。适于做保护地及露地栽培西瓜的砧木。

（3）超丰8848　中国农业科学院郑州果树研究所选育的无籽西瓜

专用砧木品种。生长势弱，嫁接的西瓜抗病、易坐果、品质好。该砧木适用于同无子西瓜和长势较强的西瓜品种进行嫁接。

4）西瓜自砧品种　常用品种为勇士。该品种是利用非洲野生西瓜育成的杂交一代砧木。用勇士嫁接西瓜，抗枯萎病，生长强健，低温下生长性良好，嫁接亲和力好，坐果稳定，果实品质与风味和自根西瓜完全相同。但嫁接苗定植初期生育较缓慢，进入开花坐果期生育旺盛。可用做西瓜、甜瓜嫁接砧木。

5）葫芦与瓠瓜杂交砧木品种

（1）超丰 F_1　中国农业科学院郑州果树研究所育成。该品种作西瓜砧木，嫁接亲和力好，共生亲和力强，成活率高，杂种优势表现突出，不仅高抗枯萎病，抗重茬，而且叶部病害也明显减轻，植株生长健壮，根系发达，土壤适应性广，吸肥能力强，具有耐移栽、耐低温、耐热、耐湿、耐干旱的特点。砧木苗在苗床上不易徒长，短而粗，嫁接操作方便，嫁接西瓜在低温下生长性好，生长快，坐果早而稳，提早成熟，能大幅度提高西瓜产量，较一般葫芦砧木产量高 20%~30%，对西瓜果实品质无不良影响。适合做保护地栽培和露地地膜覆盖栽培嫁接苗的砧木。

（2）福祺铁砧 2 号　河南省庆发种业有限公司育成。该品种种子灰白色，种皮光滑，籽粒稍大，千粒重 125 g。植株生长势强。根系发达，杂种优势显著，与西瓜共生亲和力强，愈伤组织形成得快，成活率高。嫁接幼苗在低温下生长快。坐果早而稳。高抗枯萎病，抗重茬，叶部病害也明显减轻。由于其具有根系发达、生长旺盛、吸肥力强、抗病等优点，所以有力地促进了西瓜早熟和高产，而对西瓜品质无不良影响。适于做保护地及露地栽培西瓜的砧木。

（3）福祺铁砧 1 号　河南省庆发种业有限公司育成的西瓜砧木新品种。该品种种皮皱褶较多，籽粒大，千粒重 182 g，植株生长势强。根系发达，杂种优势明显，与西瓜嫁接共生亲和力强，成活率高。嫁接植株根系发达，在低温下生长快，坐果早而稳。高抗枯萎病，叶部病害也明显减轻。后期不早衰，对西瓜品质无不良影响。适于做保护地及露地栽培西瓜的砧木。

2. 茄果类砧木品种介绍

1）不死鸟　河南省高效农业发展研究中心引进推广的茄果类砧木

新品种。不死鸟的主要优点是同时对 4 种土传病害（黄萎病、枯萎病、青枯病、根线虫病）达到高抗或免疫程度。不死鸟嫁接苗与自根苗比较，植株生长势较强，根系发达，粗长根较多，呈放射状分布，吸收水分、养分能力强，如图 6-39 所示。

图 6-39　茄子自根（左）与不死鸟根（右）比较

不死鸟茎黄绿色，粗壮，节间较长，叶较大，茎及叶上少刺，花白色，每株着生花蕾较多，小果呈浅黄色，3~10 个果一簇直接着生于主干上。种子粒极小，千粒重为 1 g，种子成熟后具有极强的休眠性，因此发芽困难，幼苗出土后，初期生长慢，长出 3~4 片真叶后，生长迅速。嫁接成活率高，嫁接后除具有高度的抗病性外，还具有耐高温、低温、干旱、潮湿的特点。适合于多种栽培类型的茄子嫁接栽培。

2）刺茄　也称红茄、平茄，属野生茄类型。高抗茄子黄萎病，中抗枯萎病，低温条件下植株伸长性良好，根系发达，侧根数量多，主根粗而长，茎黑紫色、粗壮，节间短，茎及叶上有刺，果实鲜红色，呈扁圆形，每株着果较多，果实内种子较多，种子粒较大，播种时容易发芽，幼苗的生长速度同一般的茄子品种。可与各种茄子进行嫁接，嫁接亲和力高，易成活，成活后植株长势强，具较强的耐寒性和耐热性，果实品质优良，前期产量与总产量均较高。适合做多种栽培形式下的茄子砧木。

3）托鲁巴姆　国外引进品种。嫁接后，茄株粗壮，根系较发达，枝叶繁茂，生长势极强，抗病耐热、抗旱耐湿。缺点是发芽难，苗期生长极慢，需比普通茄子（接穗）提前 30~40 d 播种，给苗期管理带来了一定困难。适合茄子秋延后嫁接栽培。

4）刺茄　国外引进品种，属野生茄类型。同时抗黄萎病、枯萎病、青枯病、根结线虫病 4 种土传病害，抗病性与不死鸟相当。植株生长势极强，根系发达，植株的耐涝性能强于托鲁巴姆，茎黄绿色，较托鲁巴姆细，刺较多，节间较长，叶近圆形、鲜绿色，花白色，果实成熟后黄色，种子较托鲁巴姆大，种皮黄褐色，种子也具有一定的休眠性，但比托鲁巴姆易发芽，幼苗出土后，初期生长缓慢，2~3 片真叶后趋于正常。嫁接后植株抗病、耐旱、耐涝，延缓衰老，总产量增高，果实品质佳。适合于各种栽培模式下的茄子嫁接栽培。

5）耐病 VF　日本引进品种，属种间杂交茄类型。抗黄萎病、枯萎病性强。植株生长势强，根系发达，分布较深，茎粗壮，叶片大，节间较刺茄长。种子发芽容易，幼苗出土后，生长速度较快。嫁接容易，嫁接亲和性好。嫁接后植株生长旺盛，耐高温干旱，易成活，果实膨大快，品质优良，产量高。适合于多数茄子品种嫁接栽培，个别品种嫁接前需做亲和力测定。

6）角茄　美国引进品种，属野生茄类型。高抗枯萎病、中抗黄萎病，对青枯病也有较好的抗性。植株为一年生草本，长势强，株高约 1 m。叶片大，近心脏形，尖端有锐头，叶缘锯齿状，正背面均生有毛刺和针刺。花茎短，无刺，每个花序着生 3~4 朵，花为蓝色或浅紫色，花瓣呈线状。果实圆锥形，顶部有乳状突起，成熟后为橙黄色，有光泽。该品种种子有休眠性能，发芽缓慢。适合于多种茄子品种进行嫁接栽培。

（三）接穗品种的选择原则

1. 根据产品销售地点的消费习惯选择接穗品种　瓜果菜的品种选择应首先考虑消费地的消费习惯。如西瓜个头的大小，瓜瓤质地的软硬（脆、沙），可溶性固形物含量；瓤的颜色红、黄、白；果皮的厚薄，瓜皮的色泽如黑、黄、花、绿；瓜皮条带的小花条，宽花条；果实形状的长，圆（有人用模具生产出四方西瓜）等。再如茄果类蔬菜中茄子果皮颜色，形状大小，粗细，果实内种子含量多少等；辣椒品种的辣味浓淡，颜色青、紫、黄、红、白，形状长、方、粗、细等；都是品种选择时要考虑的内容。

2. 根据种植方式和上市季节选择接穗品种　一般早熟栽培品种要求在低温、弱光、高湿的保护地环境条件下生长正常和果实发育迅速，叶片较小，雌花节位低，易坐果，熟性早，食用品质对采收成熟度要求不严格。晚熟露地栽培要根据当地的上市季节是处于干旱条件还是多雨高湿条件，若属于前者，要选择耐旱品种，属于后者，要选择耐湿品种。

3. 根据产销地点的距离选择接穗品种　如瓜类产品就地销售，要选择可食部分多的薄果皮品种；若以外运为主，就要选择耐储运的果皮韧性较强或果皮较厚的品种；此外，还要考虑土壤酸碱及黏沙、栽培技术等。

二、嫁接用具及场地要求

1. 切削工具　在蔬菜嫁接时，由于目前市场上还没有专用的蔬菜嫁接切削工具，一般使用人用双面刮须刀片做切削工具来削切砧木和接穗。为了便于操作，可将刀片沿中线纵向折成两半，并截去两端无刀锋的部分，如图 6-40 所示。

图 6-40　切削工具

2. 接口固定物　嫁接后砧木与接穗要在接口处进行固定，以方便切口愈合。固定接口最方便的是用塑料嫁接夹，如图 6-41 所示，这是两种嫁接专用的夹子，小巧轻便，价格低廉，一次投资可多次使用。

图 6-41　两种嫁接用夹

3. 用具的消毒及去污　在使用旧塑料嫁接夹之前，应先用 1 000 倍的高锰酸钾溶液浸泡 8 h 进行消毒处理。在广口瓶中放入 75% 乙醇、棉花，用于工作人员的手指、刀片等消毒，砧木和接穗上有泥污时，在切削前要用卫生纸擦除，以防止病菌或污物从切口处带入植株体内，引起病害的发生，导致嫁接失败。

4. 嫁接场所要求

1）空气温湿度适宜　温暖的环境，不但嫁接工作人员操作灵便，而且对植株切口愈合也有利。空气湿度与接穗的失水萎蔫程度密切相关，因此，要求温度 25~28℃、空气相对湿度 95% 以上的温暖湿润环境，以防止接穗失水萎蔫，利于嫁接苗愈合后的成活生长。

2）无风　绝对无风的环境，与切口愈合速度快慢密切相关。

3）嫁接台及其他　为了提高嫁接工效，用长条凳或木板作嫁接台，专人进行嫁接，专人取苗、运苗、栽苗，连续作业，防止出现差错。

三、嫁接前砧木和接穗苗的培育

在嫁接之前，把砧木苗和接穗苗培育成适宜嫁接的大小，且能够相互协调适应所选定的嫁接方法是嫁接成败的关键。

1. 嫁接适期　蔬菜嫁接的适宜时间主要取决于茎的粗度，如瓜类，当砧木茎直径达 0.4~0.5 cm 时为适宜嫁接期。若过早嫁接，节间短、茎秆细、不便操作，影响嫁接效果；过晚嫁接，植株的木质化程度高，影响嫁接成活率。

2. 砧木和接穗苗的协调　由于选择嫁接的方法不同，嫁接所适宜的砧木苗龄和接穗苗龄也会有不同的要求。为了使砧木苗和接穗苗的最适嫁接期协调一致，应从播种期上进行调整，不同的嫁接方法对于播种期的调整方法不同。此外，嫁接时所选用的砧木品种，由于各自品种特性的不同，长成适宜嫁接时的时间也会不同，播种时也要考虑在内。

蔬菜常用的嫁接方法有劈接法、斜切接法、靠接法。其中劈接法和斜切接法，这两种方法对砧木和接穗的大小与粗细的要求基本一致。而靠接法与劈接法和斜切接法相比，只是适宜嫁接时的苗子稍大。这三者在选用相同的砧木品种时，砧木比接穗的早播天数基本相同。

在确定嫁接方法后，播种期的确定就主要取决于砧木品种的选择。不同的砧木品种，其苗期生长的快慢差别很大。如茄子砧木不死鸟其生长速度基本接近正常蔬菜，所以提早播种的时间较短，一般要求不死鸟出苗后，即可播种茄子接穗。而托鲁巴姆、刺茄、角茄等幼苗生长速度很慢，要比接穗提早很长一段时间播种，如刺茄和角茄是 20~25 d，托鲁巴姆是 25~30 d。

3. 播前种子处理　在确定砧木和接穗的播种期后，要对所选用的砧木和接穗种子进行播前处理。由于茄子砧木野生性较强，采种时间早晚、果实成熟及后熟时间的不同，种子的休眠性差别较大。对休眠性强的砧木种子，在催芽前可用赤霉素处理打破休眠。一般用 100~200 mg/L 赤霉素溶液浸泡 24 h，注意赤霉素处理时应放在 20~30℃ 温度条件下，温度低则效果较差。赤霉素的浓度不要过高，否则出芽后易徒长。处理后种子一定要用清水洗净，在变温条件下进行催芽。在正常的催芽条件下，一般需 12~14 d 才能发芽，较正常的蔬菜出芽时间长。

播前种子处理的其他问题，参照本章第一节有关内容进行。

4. 床土配制与播种　参照本章第一节、第三节、第六节有关内容进行。

5. 播种后至嫁接前管理　茄子砧木种子较小，初期生长缓慢，在温度管理上，应较接穗（茄子）高 2~3℃，以促进砧木苗子加速生长。

6. 砧穗苗床管理　嫁接前 1 d 晚上，将苗床浇透水，用 50% 甲基硫菌灵可湿性粉剂 500 倍液，最好用高研嫁接防腐灵 2 号 500 倍液，对砧木、接穗及周围环境喷雾消毒。

四、砧木、接穗楔面的切削要求

1. 砧木与接穗楔面形式　蔬菜的嫁接方法很多，但是楔面的形式主要有 3 种。

1）舌形楔　主要用于靠接法（舌靠接）。从幼苗茎部的一定位置，用刀片斜切入茎（与茎呈 30°~40°），切口深度为茎横切面的 2/3 或 3/5，形成像舌一样的楔，如图 6-42 所示。

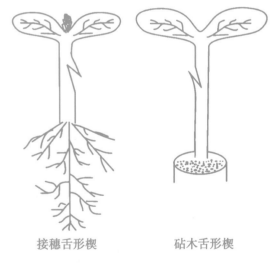

接穗舌形楔　　　　　砧木舌形楔

图 6-42　舌形楔

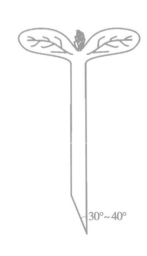

图 6-43　单面楔

2）单面楔　主要用于斜切接、芽接。斜面长因嫁接方法而异，瓜类作物的斜切接斜面长 0.8~1 cm 为宜，斜角为 30°~40°，如图 6-43 所示。

3）双面楔　主要用于劈接、斜插接（顶插接）、水平插接等方法。在幼茎上自上而下削成双斜面，瓜类作物的劈接，其斜面长 0.6~0.7 cm，斜角为 30°，如图 6-44 所示。

2. 砧木与接穗的楔面要求

1）角度　接穗楔面的角度一般为30°较适宜。斜角越大，楔面越短，插入砧木切口时接触面越小，而且不稳固，易被挤出而影响愈合成活。斜角越小，楔面越长，插入砧木切口时因楔面薄而不易插入，也会影响愈合成活，如图6-45、图6-46所示。

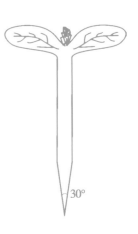

图 6-44　双面楔

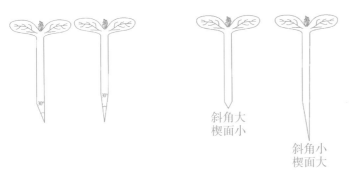

图 6-45　合适楔面角　　　图 6-46　不合适楔面角

2）楔面要求　接穗的楔面先端只有平、齐，才能与砧木的切口紧密结合。楔面不平或先端不齐，插入切口后会有空隙，也影响愈合成活，如图6-47至图6-49所示。

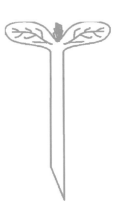

图 6-47　斜面平（侧面）

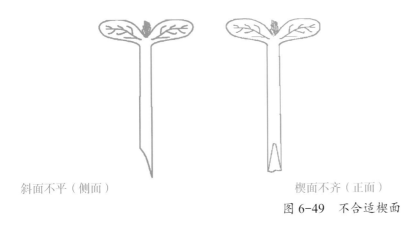

斜面不平（侧面）　　　　　楔面不齐（正面）

图 6-49　不合适楔面

3）不同楔面接合效果　双楔面的两个斜面长度不同，会出现不同的接合效果。如斜面长短不等，插入砧木的切口后，有一侧与切口相齐，另一侧必然会过长或过短，也会影响接穗与砧木的愈合成活，如图6-50所示。

图 6-48　楔面平（正面）

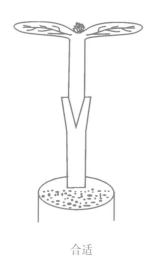
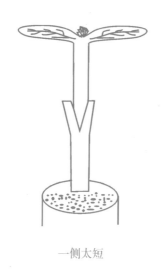
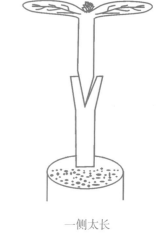

合适　　　　　　　　　　一侧太短　　　　　　　　　　一侧太长

图 6-50　接合示意图

五、人工嫁接方法

人工嫁接蔬菜的方法很多，如舌接、贴接、插接、芽接、劈接、芯长接、长筒接、直角切断接、两段接、一箭双雕接等。嫁接操作又可分为离土嫁接和不离土嫁接。

离土嫁接是把砧木和接穗幼苗从播种盘或苗床拔出进行嫁接，嫁接后定植于营养钵中。

不离土嫁接是将砧木播种或移植在容器中，当砧木幼苗适宜嫁接时，取接穗直接嫁接在砧木上。

靠接一般多采用离土嫁接，而顶插接、劈接、单叶切接法可以采用离土嫁接，也可以采用不离土嫁接。

1. 茄果类蔬菜嫁接方法（以茄子、番茄为例）

1）劈接法　先把砧木从下部 2~3 片真叶处切去，把茎从中劈开，然后把接穗上部削成楔形，插入砧木劈开的切口中，固定成嫁接苗的一种嫁接方法。

（1）砧木和接穗适宜大小　当砧木长到 5~6 片真叶，茎直径达 0.5 cm；接穗具有 3~4 片真叶，茎直径 0.2~0.4 cm 时进行嫁接。尽量选用砧木与接穗粗细一致的幼苗进行嫁接。

（2）嫁接步骤：

第一步，取砧木。将带有砧木的营养钵置于嫁接台上，如图 6-51 所示。图 6-51　砧木放在嫁接台上

第二步，切砧木。砧木保留 2 片真叶，即在第二片真叶上方，用刀片平切砧木茎，将头部去掉，如图 6-52 所示。

图 6-51　砧木放在嫁接台上　　　　　　　　　　　　　　图 6-52　切砧木

第三步，劈砧木。用刀片于茎中间垂直向下劈开，劈接时，切口的位置要处于切口深 1~1.5 cm，如图 6-53 所示。

第四步，切断接穗。左手持接穗，右手持刀片，从接穗顶端往下至 2~3 片真叶处切断，如图 6-54 所示。

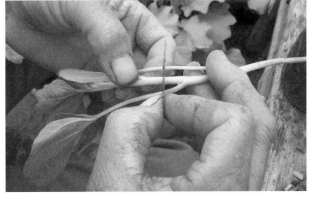

图 6-53　劈砧木　　　　　　　　　　　　　　　　　　　图 6-54　切断接穗

第五步，处理接穗成双斜面楔形。先从接穗下部斜削一刀，要求斜面 30° 左右；迅速翻转接穗，从另一侧再用同样的方法削一刀，使接穗成双斜面楔形，楔形长度在 1~1.5 cm，如图 6-55 所示。

图 6-55   处理接穗成双斜面楔形

第六步，嵌合固定成苗。随即将削好的接穗插入砧木的切口中，使双方一侧对齐，用嫁接夹固定，如图 6-56、图 6-57 所示。

图 6-56   嵌合固定   图 6-57   成苗

（3）优缺点　此方法最大的优点是接穗不论粗细均可进行嫁接。基于此，当接穗的茎较细，而砧木的茎较粗时，宜采用劈接法。此外，此方法在营养钵内嫁接，减少嫁接苗栽植工序，也不用断茎去根，操作方法简便，易掌握。嫁接苗接口牢固，成活率高。接口的位置比较高，不易再度污染和感染，防病效果好。但劈接法嫁接时工序较多，同时需用嫁接夹固定，嫁接效率较低。

2）斜切接法　又叫贴接法，嫁接时，分别把砧木和接穗苗的茎切成相反的斜面，而后把两斜面贴合在一起成嫁接苗的嫁接方法。

（1）砧木和接穗适宜大小　适宜嫁接的砧木和接穗苗大小同劈接法。

（2）嫁接步骤

第一步，处理砧木。先把带有砧木幼苗的营养钵放在操作台上，而后在砧木第二片真叶上的节间处，用刀片呈30°斜削去株顶，使切面成一斜面，斜面长1~1.5 cm，如图6-58所示。

图6-58　处理砧木

第二步，处理接穗。立即将接穗拔出，在上部保留2~3片真叶，去掉下部茎和根，在切口处用嫁接刀削成一个与砧木相反且同样大小的斜面，如图6-59所示。

图6-59　处理接穗

第三步，贴合。将砧木的斜面与接穗的斜面贴合在一起，如图6-60所示。

第四步，固定。砧木与接穗贴合后立即用嫁接夹固定，如图6-61所示。

如果斜面接口较长，一个嫁接夹夹不牢时，可以用两个嫁接夹。

（3）优缺点　在营养钵内嫁接，省去栽苗、断根等程序，操作程序简单，效率高。但此方法要选择砧木和接穗粗细相当的苗子，或者要在嫁接时根据接穗茎的粗细调整嫁接的位置，同时此法切面的接口在初期愈合程度不如劈接法牢固，如果去除嫁接夹过早，易出现问题。

图6-60　贴合

3）靠接法　靠接法是指分别在砧木和接穗的适当位置斜切一切口，两切口方向相反，大小相近，而后把砧木和接穗幼苗的两切口嵌合后固定在一起，形成嫁接苗的嫁接方法。

（1）砧木和接穗适宜大小　当接穗幼苗长出5~6真叶、砧木长出7~8片真叶时，取2株高低粗细相近的幼苗进行嫁接。

图6-61　固定成苗

图 6-62　靠接示意图

图 6-63　处理砧木

图 6-64　插入套管

图 6-65　处理接穗

（2）嫁接步骤

第一步，取大小相近的砧木苗和接穗苗，把二者都拔出苗床备用。

第二步，取一株砧木苗切去生长点，从 4~5 叶片间由上而下呈 40° 斜切一刀，深度为茎粗的 1/3（切口深度不能超过茎直径的 1/2，也不可过浅，否则会影响嫁接成活率），下刀要掌握准、稳、狠、快的原则，一刀下去，不可拐弯和回刀，切好后，把砧木苗放于操作台上。

第三步，拿起适宜的接穗苗，用同样的方法，在 4~5 片叶处由下而上呈 30° 斜切一刀，深度为茎直径的 1/2。

第四步，将两切口紧靠后用嫁接夹固定好，掌握嫁接夹的上口与砧木和接穗的切口持平，砧木处于夹子外侧。各工序操作完毕，要随即把嫁接苗栽于营养钵或苗床。栽植时，为便于以后断根，砧木和接穗根系要自然分开 1~2 cm，如图 6-62 所示。

（3）优缺点　采取接穗带根操作，嫁接成活后再将其根系切断，与其他嫁接方法相比，简单易学，成活率高，幼苗生长整齐健壮。初次嫁接者，常采用靠接法。但此方法还要进行栽植、断根等操作，嫁接效率较低。

4）套管接法（以番茄为例）　把砧木和接穗削切成和斜切接法相同、方向相反的斜面，只是砧木和接穗的斜面贴合后不用嫁接夹固定，而用一个长 1.2~1.5 cm 的 C 形塑料管套住，借助塑料管的张力，使接穗与砧木的切面紧密贴合的一种嫁接方法。

（1）砧木和接穗适宜大小　适宜嫁接砧木苗和接穗苗大小同劈接法。

（2）嫁接步骤

第一步，处理砧木。先把砧木苗放于操作台上，在第一片叶与第二片叶中间，沿茎的伸长方向呈 25°~30° 斜向切去株顶，使切面呈一斜面，斜面长 1~1.5 cm，如图 6-63 所示。

第二步，套管。把事先准备好的蔬菜嫁接专用塑料套管套在砧木切口处，要使套管上端倾斜面与砧木的斜面方向一致，以便于接穗的套接，如图 6-64 所示。

第三步，处理接穗。取接穗苗，在上部保留 2~3 片真叶，切去下部茎和根，把切口处用嫁接刀削成一个与砧木相反且同样大小的斜面，如图 6-65 所示。

第四步，插接。沿着与套管倾斜面相一致的方向把接穗苗插入嫁接套管中，使接穗与砧木接合，插入时，要尽量使砧木和接穗的切面很好地贴合在一起，使之成为一棵嫁接苗。如图 66-6、图 6-67 所示。

图 6-66　插接

图 6-67　成苗

（3）优缺点　不用栽植、断根等程序，套管随着嫁接苗的长大，苗茎加粗，塑料管的开口会逐渐变大，最后自动脱落，操作非常方便，嫁接效率高，成活率及嫁接苗质量高，适用于机械化操作和工厂化育苗。

2. 瓜类嫁接方法

1）插接法

（1）嫁接工具　剃须刀片和特制竹签，如图 6-68 所示。

（2）操作要领第一步，取砧木。取砧木一株放于操作台上，如图 6-69 所示。

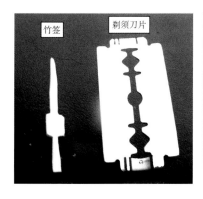

图 6-68　瓜类插接切插工具

图 6-69　砧木苗

　　第二步，剔去砧木生长点。先用左手中指和无名指夹住砧木苗下胚轴，食指从两子叶间的一侧顶住生长点。右手拿竹签，用铲形一端剔去砧木生长点，如图6-70、图6-71所示。

图6-70　剔砧木生长点　　　　　图6-71　剔除生长点后

　　第三步，插孔。用竹签锥形端在伤口处顺子叶连接方向向下斜插深0.7~1 cm的孔，不可插破下胚轴，以手感竹签似要插破下胚轴而未破最合适。操作完上述工序后，将砧木迅速稳放于操作台上，竹签先不要拔出，如图6-72所示。

　　第四步，削接穗第一刀。拿起事先已经拔起的接穗苗，用左手中指和拇指轻轻捏住子叶，食指托住下胚轴，右手持刀片呈30°将下胚

图6-72　插孔

轴上表皮削去，直至断开，如图 6-73 所示。

　　第五步，削接穗第二刀。翻转接穗，从另一侧按 30° 角斜削一刀，使其呈楔形，如图 6-74 所示。

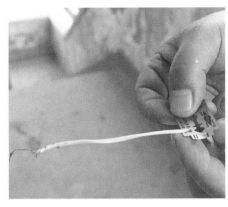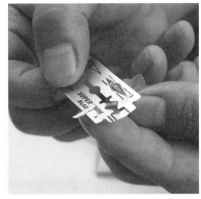

图 6-73　削接穗 Ⅰ　　　　　　图 6-74　削接穗 Ⅱ

　　第六步，插合成苗。拔出砧木上的竹签，将接穗插入砧木插孔内，并使砧木子叶与接穗子叶呈"十"字状，接穗下插要深，即将接穗有皮部分插入一点，以增加愈合面积，提高成活率，如图 6-75、图 6-76 所示。

　　2）舌接法　又叫靠接。嫁接时削去砧木一片子叶的叫单子叶靠接，保留 2 片子叶的叫双子叶靠接。此法不适于西瓜的嫁接，适于黄瓜嫁接。

　　（1）嫁接工具　刀片，塑料嫁接夹。

图 6-75　插合　　　　　　　　　　　　　　　　　　　　　图 6-76　成苗

（2）操作要领　嫁接时取大小相近的砧木和接穗，最好二者都拔出苗床。

第一步，先剔去砧木的生长点，如图 6-77 所示。

图 6-77　剔去砧木生长点

第二步，切砧木。在砧木下胚轴上端离子叶节 0.5 cm 处，用刀片作 45° 向下斜削一刀，下刀要掌握准、稳、狠、快的原则，一刀下去，不可拐弯和回刀；深度为胚轴的 1/3，长度为 1 cm。如图 6-78 所示。

第三步，切接穗。立即取接穗苗，并在其下胚轴上端 1 cm 处向上斜削一刀，深度长度与砧木切口相等，如图 6-79 所示。

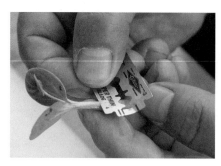

图 6-78　切砧木

图 6-79　切接穗

　　第四步，嵌合。放下刀片，右手拿接穗，左手拿砧木，用左手拇指和食指捏住砧木子叶处，中指和无名指夹住下胚轴，使切口稍微张开，右手拇指和食指捏住接穗，并用中指将接穗切口稍撑开，这一动作要快，即砧木和接穗切好后，迅速使二者嵌合，用嫁接夹固定，如图6-80、图6-81所示。为利于后来断根，砧木和接穗根系要自然分开1~2 cm。

图 6-80　嵌合

图 6-81　固定

　　嫁接夹的上口与砧木和接穗的切口持平，砧木处于夹子外侧，接穗处于夹子内侧。7~10 d后可试着切断接穗根，如图6-82所示。

　　3）劈接法

　　（1）嫁接工具　同靠接法。

　　（2）嫁接适期　砧木苗龄应稍大些，接穗苗以2片子叶刚平展为好。瓠瓜砧（含葫芦）一般提前6~8 d播种，置于苗床内培育成下胚轴粗壮的秧苗，在移栽砧木苗的同时，播种催芽的接穗。也可将砧木直播到营养钵内。当接穗子叶展开时，即可嫁接。

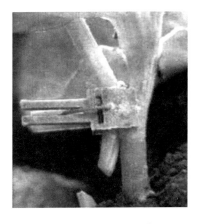

图 6-82　嫁接苗断根

（3）嫁接要领

第一步，剔砧木生长点。砧木苗保留在营养钵内，将生长点剔去，如图 6-83 所示。

第二步，劈砧木。用刀片从两子叶中间的下胚轴一侧，自上而下纵向下劈 1~1.5 cm，切口宽度约为下胚轴宽度的 1/2，不可将下胚轴两侧全劈开，如图 6-84 所示。

图 6-83　剔除砧木生长点　　　　　图 6-84　劈砧木

第三步，削接穗。紧接着将接穗下胚轴削成双面楔形，削面长 1~1.5 cm，如图 6-85、图 6-86 所示。

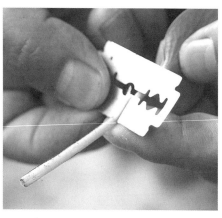 

图 6-85　削接穗 I　　　　　　　图 6-86　削接穗 II

　　第四步，嵌合。将带皮的一面插入砧木劈口内，用拇指轻轻压平，嵌合。如图 6-87 所示。

　　第五步，固定。嫁接夹固定。注意砧木固定在外侧，如图 6-88 所示。

图 6-87　嵌合　　　　　　　　　　　　　　　　　　　　图 6-88　固定

　　4）芽接法　此法最适用于西瓜的嫁接栽培。

　　播砧木于营养钵中，待砧木长出真叶后在育苗盘、木盒或沙床上播接穗，如图 6-89 所示。

图 6-89　播种

接穗刚出苗，胚轴还没有伸直时嫁接。如图 6-90 所示。

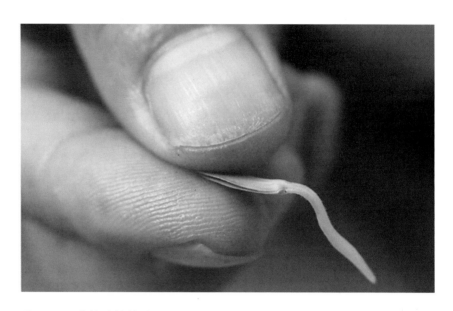

图 6-90　芽接适龄接穗

（1）嫁接工具　同劈接法。

（2）操作要领

第一步，先去掉砧木的真叶或生长点。

第二步，处理砧木。在砧木子叶下方 1 cm 处切斜口，下刀时从上往下呈 40° 切入胚轴的 1/3，如图 6-91 所示。

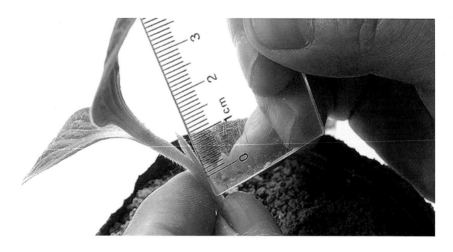

图 6-91　芽接砧木切口

第三步，处理接穗。取一个接穗芽，在贴近子叶 2 cm 处用刀削成双面平楔形，如图 6-92 所示。

图 6-92　处理接穗

第四步，嵌合。将接穗芽插于砧木切口，如图 6-93 所示。

图 6-93　嵌合

图 6-94　固定

第五步，固定。用嫁接夹固定，如图 6-94 所示。

5）贴接法　适用于西瓜的嫁接。夏秋高温季节此法也较实用。

（1）嫁接工具　同芽接法。

（2）操作要领　砧木顶土待出时播接穗，待砧木破心正好接穗出苗时为嫁接适期。

第一步，处理砧木。嫁接时自砧木顶端呈 30°角削去一片子叶和刚破心的真叶，如图 6-95 所示。

图 6-95　处理砧本

第二步，处理接穗。取接穗苗从子叶下留 2 cm 削成单面楔形，楔形长度与砧木切口长度相等，如图 6-96 所示。

第三步，贴合固定。迅速使二者的切口贴合，用嫁接夹固定即可假植，如图 6-97 所示。

图 6-96　接穗处理后呈单面楔　　图 6-97　固定与成苗

　　6）直角切断嫁接法　此法适合于机械化操作程度高大面积种植西瓜省工、省时，操作方便，成活率高。目前在日本已广泛应用于番茄、茄子、辣（甜）椒及各种瓜类的嫁接。

　　（1）嫁接工具　刀片、小毛刷、黏合剂。

　　（2）操作要领　选择下胚轴同样粗细的砧木和接穗，将二者下胚轴成直角切断，并把断面结合起来，然后在切口结合部周围涂黏合剂（2-氰基丙烯酸酯），不再使用夹子、胶带和绳子。用此法嫁接，嫁接部位完全被黏合剂密封，可防止病菌与水汽侵入。成活后黏合剂随着植株的增长加粗会自行脱落。

　　第一步，选择粗细相等的砧穗作组合。

　　第二步，处理砧木。

　　第三步，处理接穗。

　　第四步，对接。

　　第五步，涂抹黏合剂。

　　第六步，喷硬化剂。

　　第七步，成苗，如图 6-98 所示。

　　7）一箭双雕嫁接法　又叫西瓜双砧抱单穗（芽）嫁接法，通常用于培育大果型西瓜。

　　（1）嫁接工具　保险刀片，塑料嫁接夹。

　　（2）操作要领　主要是掌握嫁接适期。

　　嫁接时因所选砧木和接穗种类不同，播种时间不一样。

　　西瓜双砧抱单穗芽接法的嫁接适期，砧木以第一片真叶出现到展开为好，葫芦砧（含瓠瓜）提前接穗 4 d 播种，黑籽南瓜提前 2 d，超丰 F_1 砧木因其出苗 6 日后才现真叶，播种时间以提前 5 d 为好，适宜嫁接日期在正常情况下，南瓜砧为 2 d，葫芦砧（含葫芦）为 5 d。超丰 F_1 经特殊处理，出苗后 24 d 不但仍可进行嫁接，而且成活率不降低，这说明超丰 F_1 嫁接适期长，值得选用。一般情况下，砧木种子可直接播种在营养钵（袋）内，每钵播催芽露白种子 2 粒，注意在播种时必须将 2 粒种子的平面朝着相同的方向，以利于以后嫁接。

　　接穗苗从子叶展开至平展吐心皆可嫁接，正常情况下可维持 4 d。

　　砧木出苗后立即播接穗，接穗可直播于育苗床上（1/3 营养土，2/3

第一步　砧木和接穗

第二步　处理砧木　第三步　处理接穗

第四步　对接

第五步　涂抹黏合剂

第六步　喷硬化剂

第七步　成苗

图 6-98　直角切断嫁接法示意图

第一步　砧木

第二步　处理砧木

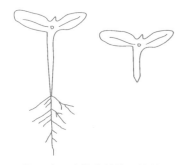

第三步　取接穗并处理接穗

第四步　嵌合

图 6-99　一箭双雕嫁接法示意图

河沙），也可直播在育苗盘上。

第一步，将营养钵放在操作台上正朝着胸口的位置。

第二步，处理砧木。用左手中指和无名指夹住一棵砧木苗下胚轴，食指从两子叶的一侧顶住生长点，右手拿刀片呈 40°角削去砧木的生长点和一片子叶，深度以刚好不露髓腔为好，若露髓腔，砧木报废。另一棵砧木的切削方法与此相同，但要注意两棵砧木所保留的子叶必须在相反方向。

第三步，处理接穗。要迅速拿起事先拔出苗床的接穗苗，用左手中指和拇指轻轻捏住子叶，食指托住下胚轴，右手持刀片从接穗的两子叶下方 2 cm 处与子叶平行的方向下刀，削去接穗的下胚轴长 1 cm 左右的表皮，再翻转接穗，从另一侧相同部位斜削一刀，将接穗削成长 0.8~1 cm 的楔形。

第四步，嵌合。右手持接穗，左手将两棵砧木稍轻靠拢，夹住接穗，并用左手将两棵砧木夹住的接穗轻轻夹住，右手拿嫁接夹，夹住即可，如图 6-99 所示。

8）芯长接法　利用西瓜发育枝的切段或生长点嫁接在子叶期的砧木上。芯长接法可以提高繁殖系数，缩短育苗期，嫁接苗的成活和生育比较稳定，管理方便，节省人工和费用。

操作要领：粗的枝条切段采用单叶切接法（贴接法），细的嫩枝则用顶插接法。

砧木应选择下胚轴较粗的种类（南瓜或葫芦），砧木苗龄以 15~20 d 为宜，培育下胚轴粗壮的砧木苗是嫁接成败的关键。

接穗应提前 30~60 d 播种，或利用早熟栽培摘除的侧枝，取充实而叶柄基部具白毛（叶腋具有侧芽切段）的发育枝，无毛老化枝或无腋芽的切段不宜取用。

通常在午后或傍晚切取接穗，傍晚或晚间进行嫁接。因午后切取的接穗同化养分多、充实，且操作时不易因失水而影响成活。

第一步，将砧木放在操作台上。

第二步，处理砧木。单叶切接时，自砧木顶端呈 30°角削去一片子叶和刚破心的真叶，插接时剔除砧木生长点后插孔。

第三步，处理接穗。取充实而叶柄基部具白毛（叶腋具有侧芽切段）

的发育枝，留 1 叶 1 芽，在芽下留 0.2~0.3 cm 处，呈 30° 角斜切一刀，斜口长度同砧木切口长度。

第四步，成苗。插合或固定，如图 6-100 所示。

第一步　砧木放在嫁接工作台上

0.5~1.5 cm

斜插接砧木处理　　单叶切接砧木处理　　顶插接砧木处理

第二步　处理砧木

斜插接成苗　　单叶切接成苗　　顶插蔬成苗

0.5~1.5 cm

第三步　处理接穗　　　第四步　固定成苗

图 6-100　芯长接法示意图

9）两段接　两段嫁接法是用南瓜作基砧，瓠瓜作中间砧，西瓜作接穗。该方法综合了两种砧木的优点。南瓜砧木抗病性强，长势较旺，耐低温，但砧木亲和力较差，易发生共生不亲和现象，果实品质较差；而瓠瓜亲和性较强，抗病性和耐低温性不如南瓜砧，但对西瓜果实品质无影响。采用二段嫁接，既提高了抗病耐低温性，又不影响果实品质。该法最适于优质西瓜及西瓜早熟栽培时的嫁接。

嫁接要领：要求瓠瓜砧木比南瓜砧木早播 5~7 d，瓠瓜苗龄 20 d，南瓜苗龄 15 d，同时进行嫁接。育苗期控制水分，使胚轴短粗。也可选取成熟枝条的充实部位切断为接穗，在晴天进行嫁接。

第一步，先把瓠瓜用顶插接或单叶贴接法嫁接在南瓜上。

第二步，把西瓜用插接或贴接法嫁接在瓠瓜上，如图 6-101 所示。

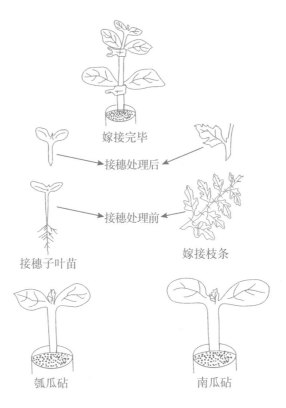

嫁接完毕

接穂处理后

接穂处理前

接穂子叶苗

嫁接枝条

瓠瓜砧

南瓜砧

图 6-101   两段接示意图

注意事项

不论采用哪种方法进行嫁接，嫁接时都要做到砧木与接穂保持干净、鲜嫩挺拔，嫁接动作要快、稳、准，嫁接后及时放入塑料小拱棚内假植，保持小棚内适宜的光照、温度和湿度。

六、适于机械化作业的嫁接方法

1. 磁力压嫁接法   机械化嫁接过程中，要解决的重要问题是胚轴或茎的切断、砧木生长点的去除和砧、穂的把持固定方法。平、斜面对接嫁接法是为机械切断接穂和砧木、去除砧木生长点，以及使切断面容易固定接合而创造的新方法，根据机械的嫁接原理不同，砧、穂的把持固定可采用套管、嫁接夹或瞬间接合剂等方法。

　　为了适应瓜菜类蔬菜嫁接苗的专业化生产，提高嫁接效率，日本群马县园艺试验场从 1989 年开始，应用连体营养钵育苗方式，尝试对幼苗进行成列嫁接，方法是用棒状胶体磁铁的柔软性和适度的吸附力作为成列嫁接的托架，研究开发出了磁力压嫁接法，1991 年在黄瓜、番茄上应用已获成功。首先将黄瓜和番茄的砧木播种于连体营养钵中，接穗播于育苗箱中。黄瓜砧木与接穗子叶展平时进行嫁接，番茄砧木和接穗展开 3 片叶时嫁接。嫁接时用 1 对胶体磁条夹嵌住接穗胚轴，沿底侧斜面切断带根系的胚轴，用另 1 对胶体磁条夹嵌住砧木胚轴，沿上侧切断带子叶胚轴，去掉幼苗顶端，然后将砧木与接穗的切断面（斜面）对齐，靠上下磁条磁力吸附在一起，嫁接完毕后将连体营养钵送至驯化设施中，促进愈合，成活后去掉磁条。如图 6-102 所示。

　　磁力压嫁接法的特点：胶体磁条吸附力适中，既不会损伤胚轴，又不易分离，对齐一点，即可使整列相对应。生育不齐造成的胚轴粗细不均、株高偏高，以及砧木发芽位置偏离营养钵中心等问题，由于胶体磁条具有适度的柔软性，不会给夹嵌造成困难。如图 6-103 所示。

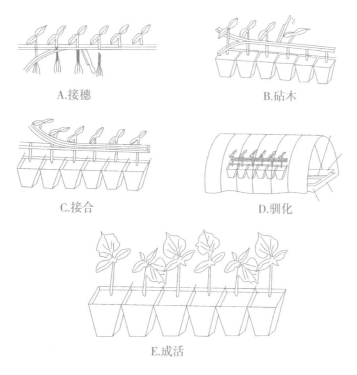

A.接穗　　　　　　　　　　B.砧木

C.接合　　　　　　　　　　D.驯化

E.成活

图 6-102　磁力压嫁接示意图

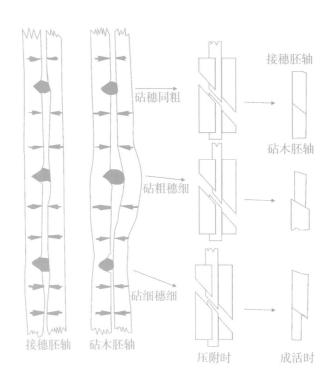

图 6-103　接穗砧木胚轴粗细与压附状况

　　再者，如果在连体营养钵上设置磁条支持架，嫁接作业就更容易。夹嵌砧木胚轴的磁条，可根据每株的高矮情况相应固定位置，各株的切断面高矮虽稍有波动，但由于胶体磁条的柔软性和吸附力，确保砧木切面与接穗切断面密切结合。砧木和接穗的胚轴即使粗细不同，但砧木和接穗用的磁条的沟底部都处于一条直线上，二者的胚轴在沟底部被压附到一块，使二者的形成层在沟底部相对接。虽然是夹嵌胚轴的方式，但磁条纵长方向的胚轴两侧仍有间隙，可使结露水滴下落，不会滞水，有利于抑制病害发生。随着胚轴切断面愈合及生长，夹嵌的磁条间隙逐渐扩大，相互的吸引力变弱，容易摘除。胶体磁条可以多次重复使用。关于作业效率，平均每列 6 株，夹嵌砧木、接穗，切断胚轴，压附等，一系列操作约需时间 60 s，平均每株 10 s。如果将一系列过程分工专项操作，效率将更加提高。

　　2. 套管式嫁接　此法适用于黄瓜、西瓜、番茄、茄子等蔬菜。首先将砧木的胚轴（瓜类）或茎（茄果类，在子叶或第一片真叶上方）沿其伸长方向呈 25°~30° 角斜向切断，在切断处套上嫁接专用支持套管，套管上端倾斜面与砧木斜面方向一致。然后，瓜类是在接穗下胚轴上部，茄果类是在子叶（或第一片真叶）上方，按照上述角度斜着切断，沿着与套管倾斜面相一致的方向把接穗插入支持套管，尽量使砧木与接穗的切面很好地压附靠近在一起。嫁接完毕后，将幼苗放入驯化设施中保持一定温度和湿度，促进伤口愈合。瓜类接穗和砧木播种时种子胚芽按纵向一致的方向排列，便于嫁接时切断、套管及接合操作。砧木、接穗子叶刚刚展开，下胚轴长度 4~5 cm 时为嫁接适宜时期。砧木接穗过大，成活率降低；接穗过小，虽不影响成活率，但以后生育迟缓，嫁接操作也困难。茄果类幼苗嫁接，砧木、接穗苗茎不相吻合时，可适当调节嫁接切口处位置，使嫁接切口处的茎粗基本一致。

套管式嫁接操作简单，嫁接效率高，驯化效率高，驯化管理方便，成活率及幼苗质量高，既适于规模化的手工嫁接，也适于机械化作业和工厂化育苗。砧木可直接播于营养钵或穴盘中，无须取出，便于移动运送。由于瓜类幼苗的嫁接部位在砧、穗下胚轴处，砧木子叶切除，因而初期生育缓慢，整个生育期延迟，故须相应提早播种。同时由于嫁接时要求幼苗处于较幼嫩时期，适宜嫁接时间短，一般仅为 1~2 d（黄瓜 1 d，西瓜 2 d），所以对播期要求严格。茄果类砧、穗可同时播种或砧木提前 1~7 d 播种，2~6 片真叶时嫁接。

采用套管式嫁接要求嫁接前使幼苗充分见光，适当控制浇水，避免徒长；嫁接时尽量扩大接合面，保持适当压力压合接面，并防止接面干燥；嫁接后保持驯化环境适温高湿，避免强光照射，合理通风管理，这样有利于提高嫁接成活率。

3. 单子叶切除式嫁接　为了提高瓜类幼苗的嫁接成活率，人们还设计出砧木单子叶切除式嫁接法。即将南瓜砧木的子叶保留 1 片，将另 1 片和生长点一起斜切掉，再与在胚轴处斜切的黄瓜接穗相接合的嫁接方法。砧、穗的固定采用嫁接夹比较牢固。亦可用瞬间黏合剂（专用）涂于砧木与接穗接合部位周围。此法适于机械化作业，亦可用手工操作。日本井关农机株式会社已制造出砧木单子叶切除智能嫁接机，由 3 人同时作业，每小时可嫁接幼苗 550~800 株，比手工嫁接工效提高 8~10 倍，如图 6-104 所示。

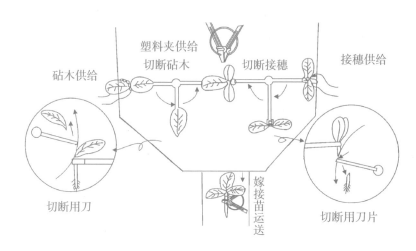

图 6-104　砧木单子叶切除智能嫁接示意图

4.半自动化嫁接机　随着设施栽培面积的急剧扩大和连作障碍日趋严重，为了有效克服土传病害，采用嫁接的方法培育黄瓜、西瓜、甜瓜、番茄、茄子耐低温且抗病性强的幼苗已是设施栽培发展的必然趋势。但是目前嫁接育苗基本全为手工作业，因作业者的技术水平和熟练程度差异较大，一般每日每人嫁接苗量400~600株，多者800株左右，效率低、成活率不高已成为嫁接苗发展的限制因素。

由长春裕丰自动化技术有限公司、中国农业大学采用日本和韩国专利技术研制开发的蔬菜半自动嫁接机，可用于黑籽南瓜与黄瓜嫁接、瓠瓜与西瓜嫁接，也可以用于茄子及番茄的嫁接，效率提高7倍，成活率可达90%以上。半自动嫁接机由电脑控制，耗电少，结构简单，易操作，可靠，耐用，工效高。

5.平面智能机嫁接　平面智能机嫁接法是由日本小松株式会社研制成功的全自动式智能嫁接机完成的嫁接方法，本嫁接机要求砧木、接穗的穴盘均为128穴。嫁接机的作业过程：首先，由1台砧木预切机将用穴盘培育的砧木从子叶以下把上部茎叶切除，育苗穴盘在行进中完成切除工作。然后，将切除了砧木上部的穴盘与接穗的穴盘同时放在全自动式智能嫁接机的传送带上，嫁接的作业由机械自动完成。砧木穴盘与接穗穴盘在嫁接机的传送带上同速成行至作业处停住，一侧伸出一机械手把砧木穴盘中的1行砧木夹住，同时，切刀在贴近机械手面处重新切 1 次，使其露出新的切口；紧接着另一侧的机械手把接穗穴盘中的 1 行接穗夹住切下，并迅速移至砧木之上将两切口平面对接，然后由从喷头喷出的黏合剂将接口包住，再喷上一层硬化剂把砧木、接穗固定。此法操作完全是智能机械化作业，嫁接效率高，每小时可嫁接 1 000 株；驯化管理方便，成活率及幼苗质量高；由于是对接固定，砧木、接穗的胚轴或茎粗度稍有差异不会影响成活率；砧木在穴盘中无须取出，便于移动运送。平面智能机嫁接法适于子叶展开的黄瓜、西瓜和 1~2 片真叶的番茄、茄子。

主要蔬菜常用的嫁接方法如表 6-11 所列。

表 6-11　主要蔬菜的传统嫁接方法

蔬菜种类	嫁接方法	砧木种类	嫁接适期
黄瓜	靠接	黑籽南瓜、杂种南瓜、多刺黄瓜	砧木接穗子叶全展至第一片真叶半展
	插接	黑籽南瓜、杂种南瓜	砧木子叶展平第一片真叶半展，接穗子叶全展，第一片真叶显露
	断根接	杂种南瓜	砧木第一片真叶半展，接穗第一片真叶显露
西瓜	插接	葫芦、杂种南瓜、中国南瓜、冬瓜	砧木第一片真叶出现至半展，接穗子叶充分展开
	靠接	南瓜、葫芦、多刺黄瓜、共砧	砧木第一片真叶显露，接穗第一片真叶显露至半展
	断根接	葫芦、杂种南瓜、冬瓜	同西瓜插接类似
	劈接	葫芦、杂种南瓜、冬瓜	砧木第一片真叶出现至半展，接穗子叶充分展平
甜瓜	靠接	中国南瓜、杂种南瓜、共砧	砧木接穗子叶全展至第一片真叶半展
	插接	中国南瓜、杂种南瓜	砧木接穗子叶全展至第一片真叶半展
	劈接	共砧	砧木第一片真叶显露，接穗第一片真叶显露至半展
番茄	靠接	兴津101、KNVF、PFN	砧木3~4片真叶，接穗3片真叶
	插接	兴津101、KNVF、PFN	砧木3叶1心，接穗2叶1心
	劈接	兴津101、KNVF、PFN	砧穗均约5片真叶
茄子	劈接	托鲁巴姆、刺茄、VF茄、不死鸟	砧木5~6片真叶，接穗4~5片真叶
	靠接	托鲁巴姆、刺茄、VF茄、不死鸟	砧穗均2~3片真叶
	插接	托鲁巴姆、刺茄、VF茄、不死鸟	砧木2~3片真叶，接穗2片真叶

七、嫁接后的管理技术

1. 嫁接成活的四个阶段　嫁接后砧木与接穗的愈合过程，根据接合部位的组织变化特征，可分为接合阶段、愈合阶段、融合阶段、成活阶段。

1）接合阶段　由砧木、接穗切削后切面组织机械接合，切面的内侧细胞开始分裂，形成接触层，接合部位的组织结构未发生任何变化，没有愈伤组织发生，至愈伤组织形成前为接合阶段，如果管理得当只需 24 h 就可进入第二阶段。此阶段较明显的外界特征是，砧穗已接合在一起，轻轻摇晃或抽拉嫁接苗二者不再分离，强制分离时，可听到轻微的撕裂声响。

2）愈合阶段　砧木与接穗切削面内侧开始分化愈伤组织，致使彼此互相靠近，至接触层开始消失之前，砧穗间细胞开始水分和养分渗透交流。此阶段需 2~3 d。愈合阶段愈伤组织发生的特点是，最初发生在砧穗紧贴的接触层内侧，表明砧穗彼此间都具有积极的渗透作用，而在砧木一侧愈伤组织发生较早、数量较多，表明嫁接苗在成活过程中砧木起着主导作用。愈伤组织的形成不仅限于维管束形成，砧穗各部位的薄壁细胞都具有发生愈伤组织的能力，在愈伤组织中多处发生无丝分裂现象。这与木本植物嫁接接合愈伤组织发生不同，也是蔬菜作物嫁接容易成活的原因之一。特别是瓜类，它们具双韧维管束，以木质部为中心，外侧内侧均有韧皮部，以同心的方式，分布于茎的四周，嫁接操作时，只要砧木与接穗的切面平滑，二者能够紧密相接，它们的形成层接触的机会就多，这也是嫁接后愈合较快的原因之一。当薄壁组织细胞受机械损伤以后，创伤面的内侧薄壁细胞恢复分生能力，以无丝分裂的方式弥补损伤。

3）融合阶段　接合部砧穗间愈伤组织旺盛分裂增殖，使接穗和砧木间愈伤组织紧密连接，二者难以区分致使接触层消失，直至新生维管束开始分化之前。此期一般需 3~10 d，但接合部与砧穗彼此间大小有关，砧穗大所需时间较长，反之则所需时间较短。

4）成活阶段　砧穗愈伤组织中发生新生维管束，至彼此连接贯通，实现真正的共生生活，嫁接后一般经 8~11 d 进入成活期，此期组织切片特征是砧穗维管束的分化，在连接过程中接穗起先导作用，接穗维管束的分化较砧木早，新生输导组织较砧木多，新生维管束在砧穗接合紧密部位，而在砧木空隙较大部位均不发生，表明砧穗接合紧密，是提高嫁接成活率的关键。

日本学者研究证明，甜瓜与葫芦愈伤组织形成较慢，数量少，砧穗间空隙较大（形成表皮毛），输导组织不发达，成活过程较慢，1~4 d 为接合期，5~9 d 为愈合期，10~13 d 为融合期，14 d 进入成活期，较长的接合期和愈合期造成嫁接成活率低，表现为亲和力低，愈合面小，输导组织不发达，影响嫁接苗的生长和共生亲和力。

2.影响嫁接成活的因素　嫁接苗成活率的高低,固然与砧木的种类、嫁接方法、嫁接时的环境、嫁接技术的熟练程度有关，但与嫁接后的环境和管理技术也有直接关系。

1）砧木的生长状况　砧木的生长状况对嫁接成活的影响，主要反映在砧木的叶片数与苗龄两个方面。

（1）砧木的叶片数　西瓜嫁接亲和性资料不多，现就甜瓜不同砧木嫁接苗有关亲和性问题加以介绍。据延藤雄次研究，以甜瓜为接穗，共生亲和力为不同种类砧木，研究留砧木叶对甜瓜生长的影响，亲和力差的葫芦砧与甜瓜进行嫁接，在砧木上保留 2~4 片叶，接穗甜瓜生育正常，结成商品果。如摘除砧木叶片（包括子叶），主蔓停止生长，1~2 d 后全株急剧枯死。而共生亲和力强的新土佐南瓜砧，砧木留叶与生长量之间的关系不明显，认为甜瓜与南瓜只存在单方面的亲和力，就是砧木上保留能供给根系同化物质的叶片时，甜瓜的接穗才能正常生长，否则嫁接苗死亡。砧木留叶可促进根系的生长，随着留叶数的增加，根系生长也增加。从砧木叶全切除区的发根数、根总长度看，是以共生亲和力强的新土佐最好，其次是白菊座南瓜，最差的是葫芦，可见根系与亲和力及嫁接成活关系密切。但砧木留叶数影响接穗的生育，叶片愈多愈抑制接穗生长。

共生亲和力基本上受砧木的根系支配，亲和力强的嫁接组合，根系发育所需的物质，由接穗叶片的同化产物提供，根系得到充分的发育；而共生亲和力差的嫁接组合，接穗叶片的同化产物不能被根系所同化，抑制了根系的生长，表现为不亲和，如果保留砧木上一定数量的叶片，则保证了根系生长所需的物质，从而克服了不亲和现象。所以，保留砧木适宜的叶片数，对提高亲和力与嫁接成活率具有重要作用。荷兰学者进行解剖学观察发现，砧木切除叶片后，首先引起筛管组织的破坏，由此推论砧木叶片的存在可能对砧木筛管部位供给一些激素与酶素物质，使其能进行正常的活动。

（2）砧木的苗龄　砧木苗龄主要影响砧木内部解剖结构变化，而掌握内部解剖结构的变化对准确使用嫁接技术有密切的关系，这一点对南瓜砧特别明显，直接关系到嫁接的质量与效果。南瓜幼苗下胚轴是一个中空的管状体，中空部分叫髓腔，四周叫下胚轴壁。下胚轴的横切面为椭圆形，直径长的一方叫长轴，短的一方叫短轴，子叶着生在短轴的两侧。嫁接时应将接穗接在轴壁上，而不能插入髓腔中，如果切口与髓腔相通，接穗长出的新根沿着髓腔延伸，接口处就不能很好地愈合。

不同苗龄南瓜（砧木）下胚轴壁厚与髓腔的变化（表6-12），从表中可以看出，南瓜的苗龄6~14 d，下胚轴壁厚的变化不明显，但髓腔的横切面无论长轴或短轴的长度，均随苗龄的增长而增大，苗龄14 d的比6 d的增加1~2倍。这说明苗龄增长，下胚轴增粗是由于髓腔的增大，而壁的厚度则无显著变化。下胚轴横切面直径与壁厚的比例数字表明，苗龄6 d为2.7：1至3.2：1，苗龄14 d则为（3.3：1）~（3.4：1），说明苗龄6 d时嫁接的切口深度按小于下胚轴直径的3.2：1，尚不会与髓腔相通；而苗龄14 d时，切口按小于3.2：1时，则会与髓腔相通。所以，苗龄不同，切口的深度也应有区别。

表6-12　不同苗龄南瓜（砧木）下胚轴壁厚与髓腔的变化
（戚春章，1985）

苗龄（d）	黑籽南瓜					
	壁厚（mm）		髓腔（mm）		长轴与壁厚之比	短轴与壁厚之比
	纵	横	纵	横		
6	1.439	1.187	1.042	0.51	2.7：1	2.4：1
8	1.535	1.355	1.506	0.804	3.0：1	2.6：1

续表

苗龄(d)	黑籽南瓜					
	壁厚（mm）		髓腔（mm）		长 轴 与 壁 厚之比	短 轴 与 壁 厚之比
	纵	横	纵	横		
10	1.376	1.098	1.628	1.216	3.2：1	3.3：1
12	1.380	1.019	1.863	1.422	3.4：1	3.4：1
14	1.733	1.245	2.297	1.779	3.3：1	3.4：1

苗龄(d)	牡丹江南瓜					
	壁厚（mm）		髓腔（mm）		长 轴 与 壁 厚之比	短 轴 与 壁 厚之比
	纵	横	纵	横		
6	1.222	1.163	1.439	0.855	3.2：1	2.7：1
8	1.470	1.289	1.894	1.229	3.3：1	3.0：1
10	1.617	1.281	1.888	1.293	3.2：1	3.0：1
12	1.663	1.373	2.413	1.577	3.5：1	3.1：1
14	1.596	1.441	2.300	2.010	3.4：1	3.4：1

（3）嫁接苗的质量　接穗苗的质量主要由接穗的苗龄和生育状况所决定。以西瓜为例，若嫁接时苗龄过小，嫁接后就容易长出无真叶（无头）苗，尤其是少籽西瓜的一些品种出现这种症状的比例常常达20%~30%；若嫁接苗龄过大，不但嫁接成活率低，而且常出现共生障碍。从生育状况来说，高脚细弱苗与感病苗也是影响嫁接亲和力与共生亲和力的主要因素。

2）嫁接方法的选用　不同的嫁接方法由于接合的方式、接口的位置及下刀的深浅均不同，必将影响到嫁接的成活与效果（表6-13）。表6-13选用五种嫁接方法（大苗串接法、斜插法、串接法、直插法、靠接法）进行黄瓜嫁接对比试验，其中靠接法虽然成活率较高，但接穗切面深度仅为胚茎直径的3/5，接口愈合面较小，不牢固，加之嫁接部位较低，接穗易插入砧木髓腔，接后要断黄瓜胚茎，去嫁接夹，操作烦琐。其他四种方法，嫁接部位呈套环状，随着接口愈伤组织的增长，与砧木孔壁结合越紧密、越牢固。嫁接部位紧靠砧木子叶节，细胞分裂旺盛，维管束集中，愈合能力强，成苗率高，而且嫁接速度快，操作简单。进一步比较该种方法发现，直插法由于插入位置离髓腔很近，接穗也易入髓腔，产生自生根，假活苗率仅次于靠接法。串接法、大苗串接法与斜插法相比，竹签扎孔端为鸭嘴形斜平面，扎的孔能很好地与接穗平面吻合，较易形成愈伤组织。大苗串接法与串接法相比，接穗较大，适应性强；胚茎较粗，接穗切面的角度、长度易掌握，插入接穗时用较大力也不损伤胚茎，易插紧，所以成活率最高，假活苗率最低，是较理想的嫁接方法。靠接法在较差环境下成苗率较高，10 d 内黄瓜苗没断胚茎，仍然有根，适应性较强，所以该法适宜于控制环境能力差的条件下采用。

表 6-13　五种嫁接方法试验结果

嫁接方法	嫁接速度 [株/(人·时)]	成活苗率 （%）	假活苗率 （%）	成苗率 （%）	成苗率LSR测验 0.01	
大苗串接法	120	95.8	3.3	92.5	a	A
斜插法	100	90.8	6.7	84.2	b	B
串接法	100	87.5	5.8	81.7	b	BC
直插法	120	88.3	10.8	77.5	c	C
靠接法	80	93.3	22.5	70.8	d	D

注：①成苗率 = 成活率 – 假活苗率。②串接法：竹签的一端削成宽、厚同西瓜胚茎粗，约为 1.5 mm，斜角为 20°，长约 5 mm 的鸭嘴形斜面，接穗削法同直插法，扎孔、插入接穗同斜插法。③大苗串接法：这种方法是综合了斜插法和串接法的优点改进而来的，接穗较串接法的大，竹签斜面较宽厚，约为 2.5 mm，嫁接程序同串接法。

此外，不同的嫁接方法也将对以后的防病效果产生影响（表 6-14），在表 6-14 中所列的四种嫁接方法中，靠接法发病重，达 16.3%，其他三种嫁接法发病轻。在发病部位上也有差异，靠接法多从接口发病，是由于接穗胚轴的切断部位容易长不定根所致；少数插接苗和劈接苗亦在接口处发病，是由于定植后接口处接触地面所致；此外，部分嫁接苗在茎部发病，主要是由于绑蔓不及时，瓜蔓接触地面长出不定根所致。

表 6-14 不同方法嫁接的西瓜发病率和发病部位

嫁接方法	发病率（%）			
	根部	接口	茎部	合计
插接法	0	5.0	2.5	7.5
斜插法	0	0	2.5	2.5
劈接法	0	1.3	5.0	6.3
靠接法	0	12.5	3.8	16.3

3）嫁接技术水平 嫁接苗的成活过程，首先是使接穗和砧木断面的形成层相互密合，随着两者愈伤组织的产生、接合、进行细胞分裂、分化使形成层连接在一起，接穗和砧木的维管束逐渐相连，互相协调输送养分，便完全成活。但有时由于嫁接技术水平的原因，有些嫁接苗接穗部分并不萎蔫，而处于不长也不死的小老苗（僵化苗）状态，为了弄清僵化苗产生的原因，本溪市农业技术推广站在姚家村、上牛村先后 3 次在菜农已准备定植的 3 500 多株嫁接苗中，对不能定植的 482 株僵化苗进行了生成原因调查（表 6-15）。从表 6-15 中可以看出，产生僵化苗的原因，主要是嫁接技术水平低，没有掌握好嫁接的要领。主要有三个方面的问题：一是切口过深与髓腔相连，接穗长出新根沿髓腔延伸，接口处不能很好愈合，这种僵化苗平均占 53.1%，主要是由于菜农很怕接不活，错误认为接口越深越好所致；二是嫁接人员多数为雇工，按嫁接株数付酬，只注重数量，不考虑质量，必然形成粗放作业，这是产生错位、对合不齐的重要因素，这种苗占 33.6%；三是切口过浅，接穗与砧木的愈合面积小，养分输送不畅，这种僵化苗只占 13.3%，比例较小。

表 6-15 黄瓜嫁接僵化苗的产生原因调查

组别	僵化苗株数	髓腔中生根苗		切口浅愈合苗		错位、不平愈合苗	
		株数	占比（%）	株数	占比（%）	株数	占比（%）
1	213	131	61.5	41	19.2	41	19.2
2	184	82	44.6	17	9.2	85	46.2
3	85	43	50.6	6	7.1	36	42.3
平均		256	53.1	64	13.3	162	33.6

从以上的分析可以看出，嫁接技术水平的高低，在很大程度上取决于嫁接切口的深浅与接合情况。从嫁接切口的深浅对嫁接苗成活及嫁接质量的影响来看（表6-16），正常切的处理成苗率最高，秧苗质量最好；浅切的成苗率次之，主要是由于部分愈合株导致僵化苗出现；深切的成苗率最低，主要是由于髓腔生根株的出现导致形成僵化苗。另外，切口的弯直、接穗楔面的匀称与否都直接影响着嫁接苗的成活率高低和共生亲和力强弱。

表6-16　砧木切口深度与成苗率

砧木	切口深度	嫁接株数（株）	成株苗数（株）	成苗率（%）	僵化苗			
					生根株数（株）	占比（%）	部分愈合株数（株）	占比（%）
黑籽南瓜	正常切	40	40	100	0	—	0	
	深切	40	27	68	8	20	5	12
	浅切	40	32	80	0	—	8	20
新土佐南瓜	正常切	40	38	95	0	—	2	5
	深切	40	32	80	5	12	3	8
	浅切	40	36	90	0	—	4	10

注：正常切，切口深度为茎粗的1/3；深切，切口深度为茎直径的1/2；浅切，切口深度为茎直径的1/6。

4）环境条件与调控技术

（1）嫁接时的环境

A. 无风。

B. 温度18~28℃。

C. 空气相对湿度85%~90%。

D. 弱光。

（2）嫁接后的环境

A. 温度。嫁接苗在适宜的温度下，有利于接口愈伤组织形成。据多次试验认为，瓜类嫁接苗愈合的适宜温度为白天25~28℃，夜间18~22℃；温度过低或过高均不利于接口愈合，并影响成活。因此，早春温度低的季节嫁接，育苗场所可配置电热线，用控温仪调节温度。也可配置火炕或火垄，用摄氏温度计测温，通过放风与关风或加热与否调温。在高温季节嫁接，要采取盖遮阳网喷水帘等办法降低温度。据河南濮阳西瓜嫁接试验，在22~25℃气温条件下2~3 d接口愈合，成活率95%；15℃低温持续10 h推迟1~2 d愈合，成活率下降5%~10%；40℃以上高温持续4 h，推迟2 d愈合，成活率降低15%以上。伤口愈合后，可逐渐降温，转入正常管理。

B.湿度。嫁接苗在愈伤组织形成之前，接穗的供水主要靠砧木与接穗间细胞的渗透，供水量很少，如果嫁接环境内的空气相对湿度低，容易引起接穗萎蔫，严重影响嫁接的成活率，因此保持湿度是嫁接成功的关键。在接口愈合之前，必须使空气相对湿度保持在90%以上，方法是：嫁接后扣上小拱棚，棚内充分浇水，盖严塑料薄膜，密闭3~4 d，使小棚内空气相对湿度接近饱和状态，外观小棚内膜面布满水珠为宜。基本愈合后，在清晨、傍晚外界空气相对湿度较高时开始少量通风换气。以后逐渐增加通风时间与通风量，但仍应保持较高的空气相对湿度，每天中午清水喷雾1~2次。直至完全成活，才转入正常的湿度管理。

C.光照。砧木的发根及砧木与接穗的融合、成活等均与光照条件关系密切。研究表明，在照度5 000 lx、12 h长日照时成活率最高，嫁接苗生长健壮；在弱光条件下，日照时间越长越好。嫁接后短期内遮光实质上是为了防止高温和保持环境内的空气湿度，避免阳光直接照射秧苗，引起接穗的凋萎。遮光的方法是在塑料小拱棚外面覆盖草帘、纸被、报纸或不透光的塑料薄膜等遮盖物。嫁接后的前3~4 d要全遮光，以后半遮光，逐渐在早晚以散射光弱照射。随着愈合过程的进行，要不断增加光照时间，10 d以后恢复到正常管理。遇阴雨天可不遮光。注意遮光时间不能过长，遮光不能过度，否则会影响嫁接苗的生长，长时间得不到阳光的幼苗，植株会因光合作用受影响、耗尽养分而死亡，所以应逐步增加光照。

D.二氧化碳。环境内施用二氧化碳可以使嫁接苗生长健壮，二氧化碳浓度达到1 mg/m³时比普通浓度0.3 mg/m³的成活率提高15%，且接穗和砧木根的干物重随二氧化碳浓度的增加而大幅度提高。施用二氧化碳后，幼苗光合作用增强，可以促进嫁接部位组织的融合，而且由于气孔关闭还能起到抑制蒸腾、防止萎蔫的效果。

E.激素。嫁接切口用激素处理可明显提高嫁接苗的成活率。东北农业大学园艺系用 3 种激素组合配成 4 个不同浓度（表 6-17）处理茄子嫁接切口，结果 A_3、A_4、B_2、B_3、C_1、C_3 等 6 个浓度处理的成活率较高，均达到 90% 以上，比对照提高了 10% 以上，说明用激素处理对成活率有较大影响，而且各激素组合，均以 20 mg / kg 浓度优于其他浓度处理。

表 6-17　激素组合及浓度（根据于广建等，1992 年数据整理）

处理　　浓度（mg /kg）　激素组合	0.2	2	20	200
NAA+KT（1∶1）	A_1	A_2	A_3	A_4
2,4-D+BA（1∶1）	B_1	B_2	B_3	B_4
2,4-D+KT（1∶1）	C_1	C_2	C_3	C_4
清水处理（CK）				

八、确保嫁接成功的技巧

1.熟练嫁接技术　嫁接实践证明，嫁接苗成活率的高低，取决于砧木、接穗切口或插孔愈合速度的快慢。切口或插孔愈合速度的快慢，除受环境条件（温、光、气、湿）及砧穗本身质量影响外，主要与嫁接工作者对砧木、接穗的切口（或插孔）的处理方法正确与否有关。对切口（或插孔）的处理包括：砧木切口或插孔的位置是否合适；接穗的楔形切削是否合适，特别是双面楔的切削是否处于水平位置；靠接用的舌形楔的舌形切口是否顺直，楔面的宽度和长度是否到位等。这些都与嫁接工作者的技术熟练程度有关。如果嫁接工作者不能正确处理砧木和接穗的切口或插孔及楔形的位置、深度及长度，或者砧、穗在嵌合过程中造成错位，都直接影响嫁接苗的成活率。为此，要求嫁接工作者在进行嫁接苗生产用苗嫁接前，一定要先进行嫁接熟练性锻炼。常用的措施是：在进行嫁接生产用苗前，可先播种一部分劣质或种价较低的砧木和接穗苗，也可采集鲜嫩的树叶叶柄、甘薯叶柄等，或近似于瓜菜下胚轴或幼茎的植物组织，练习嫁接，待练习操作熟练后，再进行嫁接生产用苗的操作，以做到下刀准、快、稳，保证嫁接成活。

2. 综合运用多种嫁接手段　砧木和接穗在播种出苗至生长到适宜嫁接的苗龄的时间里,时时刻刻都在受着环境因素(水、肥、气体、温度、光照、土壤通透性)的影响,管理稍有不慎,在生产中就会出现砧木与接穗苗龄不适嫁接的情况,具体在插接时砧穗粗细不配,在靠接时幼苗的高低不配,在切接时苗龄不配等;而嫁接工作者大多只会一种嫁接方法,一旦出现砧穗嫁接苗龄不适的情况,便表现束手无策,白白地扔掉许多苗子,因此,嫁接工作者一定要多掌握几种嫁接方法,在嫁接过程中,视接穗和砧木的单株幼苗生育状况,采用不同的嫁接方法。例如,砧粗穗细可采用插接法:砧细穗粗可采用贴接法,砧大穗小可采用插接法,穗大砧小可采用靠接法或芯长接法,砧低穗高可采用贴接法或劈接法,砧高穗低可采用直切法等。

3. 嫁接失败后及时补接　由于补接育苗期间的气温回升较快,加之砧木苗的组织结构较以前充实,韧性增强,因而补接的瓜苗比原接的接活期短、生长量大。补接苗达2叶1心至3叶1心的生理苗龄时,一般比原嫁接瓜苗仅晚6~8 d,比再播种砧木的嫁接苗要提早8~10 d,成苗率可提高到90%左右。

1)清理砧木补育接穗　瓜类蔬菜嫁接后的第五天,检查和清点嫁接未成活及不可能成活的瓜苗数量,将不能成为有效嫁接苗的砧木苗全数拣出。为方便补接,应将检出的砧木苗按2片子叶正常、1片子叶正常、生长点严重伤残(下裂1 cm左右或呈较大孔洞,但至少保持1片子叶正常生长)分别集中,整齐排放,清除遗留在砧木上的废接穗分类入畦。敞开小拱棚降温、降湿,用70%甲基硫菌灵可湿性粉剂800倍溶液加72%农用链霉素可溶性粉剂混合液喷洒砧木苗以防病菌侵染,促使砧木组织充实和伤口木栓化,以利提高补接成活率。

自嫁接后第五天,在检查嫁接成活率的同时,浸种催芽补接用的接穗种,其播种量可根据砧木未接活和可能未接活的1.5倍确定。用秧盘(规格为60 cm×40 cm)盛已消毒的沙壤土或河沙作接穗苗床,每平方米播种50~100 g。从浸种至种子80%左右露白需1~1.5 d,播种后保温保湿2~3 d,接穗露土后宜将秧盘置于育苗大棚内近入口处,降温降湿炼苗1 d后进行嫁接。

2)补接方法　接穗露土后子叶开始展开即可用于补接。根据砧木苗原接口伤害程度，通常采取下列 3 种补接方法。

（1）劈接　2 片子叶都正常生长，且生长点原接口较小、下裂较浅的砧木苗，宜选用劈接法补接。先削接穗，用刀片于子叶节下约 0.5 cm 处开刀，轻轻地自上而下削去下胚轴一层皮，再翻转接穗，在对应的另一侧用同样方法切削。要求削面长度 1~1.5 cm，切面平直，接穗削成长楔形；紧接着用刀片去除砧木再次萌发的心叶，小心不要伤着 2 片子叶，再用刀片于胚轴的光滑完好的一侧自 2 片子叶间往下垂直劈开，深达 1.5 cm，宽以不超过砧木胚轴直径的 2/3 为宜，不可将砧木子叶节两侧全切开。砧木切口劈开后，立即将削好的接穗苗迅速插入砧木切口内（削接穗时应注意使砧木与接穗的子叶在接合后互呈十字形交叉），插入深度 1~1.5 cm（以接穗削面开刀处插至平齐砧木劈开起点为限），轻轻压平至接穗与砧木的表面平齐，最后用嫁接夹夹牢，使接合面接触紧密。

（2）贴接　1 片子叶生长保持正常，另 1 片子叶残缺或子叶基部孔洞较大，但生长点原接口较小、并裂口较浅的砧木苗，可选用贴接法补接。首先，用刀片自砧木方向下呈 75° 角斜切，连同生长点与生长不正常的另 1 片子叶一起切去，切面长 0.7 cm 左右；然后拔起接穗，在其子叶下 0.5 cm 处，在胚轴的宽面向下斜削成与砧木切面长度相当的斜面，把接穗削面贴合在砧木的切面上，使砧、穗一侧表面平齐，用嫁接夹夹牢。

（3）芽接　对于砧木胚轴较长（超过 4.5 cm），且至少保持 1 片子叶正常生长，原接处致生长点接口较大而成孔洞，或原接裂口下陷较深（约 1 cm）的砧木苗，应采取芽接法补接。先切砧木，在砧木子叶节下约 1.5 cm 处，用刀片自胚轴狭面由上向下斜切，切口长度 0.8~1 cm，深及胚轴 1/4 左右，切面平直；接着切削接穗，自子叶节下约 0.5 cm 处起刀，在胚轴的狭面由上而下削去一层表皮，再翻转接穗切削对应的另一侧，接穗两侧切成削面长短不等（长削面 0.8~1 cm，短削面 0.3~0.5 cm）的楔形，接穗长削面对着砧木胚轴将接穗迅速插入砧木切口，使砧、穗切削面充分贴合紧密，一侧表面平齐，用嫁接夹夹牢。

3）补接后管理　补接后的嫁接苗，主要从防病、保湿、遮光、通气、除萌、增光、揭膜、取夹、炼苗等方面加强管理，其管理措施见嫁接后的管理。但必须注意及时切除补接接穗易发生的气生根。

九、嫁接后的管理

嫁接后幼苗能否成活或成活率的高低，在良好的砧木和接穗组合条件下，除与操作人员嫁接技术熟练程度有关外，关键还决定于嫁接后假植期间苗床上的管理。

1. 苗床处理　嫁接前首先给假植苗床浇透水，并搞好苗床消毒，同时在苗床上插拱扣薄膜。嫁接时，每嫁接1株立即摆放到苗床上浇足水盖上薄膜，并遮阴，苗床摆满后，应把薄膜封严，不得透风漏气。

2. 嫁接苗接口愈合期的管理　嫁接苗接口愈合期为9~10 d，这一阶段主要是创造适宜的温度、湿度及光照条件，促进切口快速愈合。

1）温度管理　嫁接苗接口愈合的适宜温度，白天22~30℃，夜间18~22℃。温度低于20℃或高于30℃均不利于接口愈合，并影响成活。低温季节嫁接，除架设小拱棚外，最好还要配置电热线，用控温仪调节温度。高温季节嫁接，要采取办法降低温度，如搭遮阳棚、覆盖黑色遮阳网等。

2）湿度管理　嫁接多为接穗断根接法，其成活率与环境内的空气湿度关系极为密切。嫁接后7 d内空气相对湿度要达到95%以上。环境内空气湿度的控制方法是，嫁接完成后将小拱棚内充分浇水，盖严小拱棚，使苗床密闭，3 d内不进行通风，4 d后可揭开小拱棚底脚少量通风，发现接穗萎蔫，及时喷清水后密闭拱棚。7~10 d后逐渐揭开塑料薄膜，增加通风时间与通风量，但仍应保持较高的空气湿度，每天中午清水喷雾3~4次，直至完全成活，才能转入正常的湿度管理。

3）光照管理　嫁接后需短时间遮光，目的是为了防止高温和保持环境内的湿度稳定，避免阳光直接照射秧苗，引起接穗过度失水萎蔫。遮光的方法是在塑料小拱棚外面覆盖草帘、纸被或报纸等，嫁接后的3~4 d要全部遮光，以后半遮光（两侧见光），逐渐撤掉覆盖物及小拱棚塑料薄膜，10 d以后恢复正常管理。如遇阴雨天可不用遮光。注意遮光时间不能过长、不能过度，否则会影响嫁接苗的生长。

3. 蔬菜嫁接苗接口愈合后的管理

1）除砧木侧芽　由于嫁接时切除了砧木的生长点，这样会促进砧木侧芽萌发，特别是经过一段高温、高湿、遮光的管理，侧芽生长很快，如果不及时去掉，很快就能长成新枝同接穗争夺养分，不但直接影响接穗的成活和生长发育，而且在瓜类嫁接时若除萌不及时，萌芽过长，它的同化产物还可输送到植株上去，直接影响接穗的产品品质。所以在接口愈合后，应及时彻底摘除砧木侧芽。

2）断根　采用靠接法嫁接者，嫁接后还要试着为接穗断根。其方法是：在嫁接 7~10 d 后，先用手重捏嫁接口下方 1 cm 处的接穗的下胚轴，看其是否萎蔫，若叶片萎蔫可等 1~2 d 再捏，若不萎蔫可用刀片从嫁接口下 1 cm 处割断接穗下胚轴，使其成为名副其实的嫁接苗。

3）分级管理　嫁接苗因受亲和力、嫁接技术、嫁接时砧木（接穗）苗粗细大小不一，以及接穗去留叶片不一等多方面因素的影响，秧苗的质量将会有一定差别，一般嫁接苗有 4 种情况，即完全成活、不完全成活、假成活、未成活，应进行分级管理。首先是将接口愈合牢固、恢复生长较快的大苗放到一起，将未成活的苗挑出来，对一些生长缓慢的小苗和愈合不良、不完全成活、假成活的嫁接株，一时不易区别，可以放在温度和光照条件好的位置，创造较好的环境，进行特殊管理，这样生长慢的会逐渐追赶上大苗。假成活的苗可以淘汰。

4）除去接口固定物　采用靠接、劈接及部分插接等嫁接方法嫁接者接口需要固定，如用塑料嫁接夹固定的应当解去夹子。解夹不能太早，在定植前除夹易使嫁接苗在搬动过程中从接口处折断，所以要等到定植插架后去夹最为安全。但是也不宜过晚，定植后长期不去夹，根茎部膨大后夹子不易取下，同时接口处夹得太紧，影响根茎部生长。

5）成苗期管理　温度与光照调节主要靠保温及增加光照。白天 20~25℃，夜间 13~15℃，只有当最低温度降到 10℃ 以下时，夜间再扣小拱棚。阴天温度控制要比晴天低一些。

成苗阶段水分要充足，保持土壤湿润，不能缺水。当秧苗较拥挤时，要及时将营养钵分开一定距离，以免相互遮光，影响生长。

在定植前 7~10 d 开始对秧苗进行高温锻炼，控制浇水，减小放风量。棚室气温达到白天 38℃ 左右时嫁接苗不出现萎蔫现象即可定植，在定植前要喷洒 1 次杀虫杀菌剂混合的农药，以防止病菌及害虫带入田间。

定植前嫁接苗的壮苗形态是：以茄子为例，接穗 6~7 片真叶（嫁接时去掉 2~3 片），叶大而厚，叶色较浓，茎粗壮，现大蕾，根系发达。

4. 嫁接前后应注意的问题　嫁接前要对砧木和接穗喷洒杀菌剂，以防伤口感染，导致腐烂死亡。

嫁接前砧木和接穗上都不能有水滴及杂物。

接穗苗提前拔出苗床时要注意保湿防蔫。砧木、接穗的切口要对齐，不得错位，并保持无泥土、异物，否则要用卫生纸或棉球轻轻揩除。

嫁接夹上口要与砧木和接穗的切口上边持平。

采用一箭双雕嫁接法，1 个夹若夹不牢，可并排上下用 2 个夹子。

嫁接操作要在适宜的温度、湿度及无风的环境条件下进行，并要做到随嫁接，随栽植，随浇水，随扣棚膜。

嫁接时最好每天每班次操作者嫁接 1 畦结束，以方便以后管理。

要在嫁接后苗龄 20~25 d 长出 3 片左右真叶时进行定植。

育苗嫁接场所要靠近大田，防止远距离运输损伤瓜苗。

嫁接后定植时一定要注意定植深度以嫁接口离开地面 3~4 cm 为好，以防止嫁接苗与土壤接触，产生不定根，失去嫁接意义。

第六节
育苗中常见问题与防控

一、种子催不出芽或出芽率低

1. 原因

1）种子无活力　种子超过存放年限，虫蛀和变质，失去生活能力；或种子收获后在水泥地及柏油地面上晒，高温灼伤了胚芽等。

2）催芽方法不当　烫种温度超过55℃，催芽温度超过40℃，温度过高将种子烫死；浸种时间过长，种子内部的营养物质被浸泡出来；催芽时水分过大，种子处于水浸状态，使种子腐烂；或种子量大，袋子小，使种子缺氧而影响发芽。

3）种子的成熟度不一致　新收的种子未经后熟影响发芽。

4）温度不均匀　离火近的一面温度高，远离火的一面温度低，影响发芽。

5）药剂处理不当　种子用药剂消毒，浓度超过规定范围，或浓度合适而浸泡超过了时间，或冲洗不净，造成种子中毒，影响发芽。

6）感病　种子受病菌侵害影响出苗。

7）温湿度不适　由于播种床土温过低而水分又过多，覆土过厚，使种子腐烂，或床土过干、温度过高，使种子发芽受到影响。

2.防控措施　为避免不发芽情况的发生，在烫种前先做好发芽试验，在催芽过程中严格掌握烫种温度、浸种时间、药剂浓度、催芽温度及种子的透气性。

1）选种　选用发芽率高的种子。

2）种子处理　种子要进行严格消毒处理。

3）调节温湿度　如果是因温度过低而未出苗，应把播种箱搬到温度高的地方或给育苗床采用电热线加温。因床土过干而影响出苗的，应用喷壶浇温水。床土过湿时应设法排水，也可用干燥、吸水力强的草炭、炉灰渣、炭化稻壳或蛭石等，撒在床土表面，厚度0.5 cm左右。

4）检查　在种子长时间不出土时扒开土检查，如果种子有问题，要及时补种。

二、畸形苗

播种后床土表面干硬结皮，空气流通受阻，种子呼吸不畅，不利于种子发芽。已发芽的种子被板结层压住，不能顺利长出地面，致使幼苗弯曲，子叶发黄，成为畸形苗。

1.原因　一是床土土质不好，二是浇水方法不当。如果在播后至出苗前浇水的水流量过大，不仅有可能会冲走覆土，使种子暴露在空气中，而且土壤干后会引起板结，造成种子出苗不良。

2. 防控措施

1）配好床土　在配制床土时要适当多搭配腐殖质较多的堆肥、厩肥。播种后，覆土也要用这种营养土，并可加入细沙或腐熟的圈肥。

2）科学浇水　播种后至出苗前，尽量不浇水。播前灌水要适量，待苗出齐后再适量覆土保墒。如果播种后至出苗前，床土太干非浇不可时，可用喷壶洒水，水量要小，能减轻土面板结。

三、出苗不齐

苗子出土快慢不齐，出土早的比出土晚的相差 3~4 d，甚至更长。造成幼苗大小不一，管理不便。

1. 原因

1）种子质量差　种子成熟度不一致，新子与旧子混杂、充实程度不同等；催芽时投洗和翻动不匀，已发芽的种子出苗快，而未发芽的出苗慢。

2）苗床处理不好　播种前底水浇得不匀，床土湿的地方先出苗。播种后盖土薄厚不均匀，也是出苗不整齐的重要原因。播种床高低不平也直接影响出苗。老鼠偷食了种子，出能造成出苗不齐。

2. 预防措施　选用发芽势强的种子，新旧种子分开播种。床土要肥沃、疏松、透气，并且无鼠害；播种要均匀，密度要合适。

四、戴帽出土

在种子出土后种皮不能脱落，夹住子叶，这种现象称为戴帽。由于种皮不能脱落，造成子叶不能顺利展开，妨碍了光合作用，造成幼苗营养不良，成为弱苗，这种现象在西瓜穴盘育苗过程中经常发生，对于苗子的生长影响很大，如图 6-105 所示。

图 6-105　戴帽出土

1.原因　造成种子戴帽出土的原因有两个方面,一是由于盖土过薄,种子出土时摩擦力不足,使种皮不能够顺利脱掉;二是由于苗床过干。

2.预防措施

1)浇足底墒水　苗床的底水一定要浇透。

2)注意覆土厚度　在播种之后,覆土厚度要适当,不能过薄,一般在 1 cm 左右。种子顶土时,若发现有种子戴帽出土,可再在苗床上撒一层营养土。

3)播后覆膜　外界湿度不高时,播种后一般要在苗床表面覆盖塑料薄膜,以保持土壤湿润。

4)摘帽　一旦出现戴帽出土现象,要趁露水未干时或先给戴帽幼芽喷水打湿种皮(使种皮易于脱离),而后人工摘除。

五、沤根

沤根是黄瓜在育苗时的常见病害,特别是在冬季和早春温度较低时发生尤为严重。发生沤根时,幼根表皮呈锈褐色腐烂,致使地上部叶片变黄,严重的萎蔫枯死。

1.原因

1)水分不适　营养土或基质湿度过大,通气性差,根系缺氧窒息。

在苗床上浇过多的水，造成土壤含水量过大，特别是低温条件下，水分蒸发慢，幼苗生长速度慢，吸水速度也慢，造成土壤含水量长时间不能降低，使根系长时间在无氧条件下生长，长此下去，就会出现缺氧窒息，进而沤根。

2）地温低,昼夜温差大　幼苗根系生长的适宜温度一般为20~30℃，而地温低于13℃则根系生理机能下降，地温长时间低于13℃，容易引发沤根；昼夜温差过大也会引发沤根。

2.防控措施

1）科学配制营养土　在配制营养土时，适当加大有机肥的用量，以提高营养土的透气性能，同时有机肥还可以通过自身发热，适当提高苗床温度。

2）加温育苗　温度过低时，尽量采用酿热温床或电热温床进行育苗，使苗床温度白天保持在20~25℃，夜间保持在15℃左右。

3）科学浇水　温度过低时严格控制浇水，做到地面不发白不浇水，阴雨天不浇水。浇水时要用喷壶喷洒进行补水，千万不能进行大水漫灌，以防止土壤湿度过大，透气性下降。

4）排湿　一旦发生沤根，须及时通风排湿，也可撒施细干土或草木灰吸湿，并要及时提高地温，降低土壤或穴盘基质的湿度。

5）叶面施肥　叶面喷施爱多收6 000倍液＋甲壳素8 000倍液，促进幼苗生根，增强幼苗的抗逆能力。

6）科学建床　采用穴盘育苗还应注意将穴盘排放在地表下的苗畦内，这样才能有效地避免因地温过低、昼夜温差过大而引发沤根。

六、烧根

烧根时根尖发黄,不发新根,但不烂根,地上部生长缓慢,矮小发硬,形成小老苗。

1.原因　烧根主要是由于施肥过多，土壤干燥，土壤溶液浓度过高造成的。一般情况下，若土壤EC值>1mS/cm就有可能烧根。此外，如床土中施入未充分腐熟的有机肥，当粪肥发酵时更容易烧根。

2. 预防措施　在配制营养土时，一定要按配方比例加入有机肥和化肥，有机肥一定要充分腐熟，肥料混入后，营养土要充分混匀。已经发生烧根时要多浇水，以降低土壤溶液浓度。

七、高脚苗

高脚苗就是指幼苗的下胚轴过长，正常苗指下胚轴长短合适的苗，如图 6-106-1～图 6-106-2、图 6-107 所示。

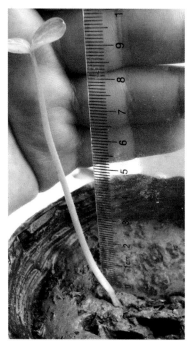

图 6-106-1　西瓜高脚苗

图 6-106-2　西瓜正常苗

1. 原因　形成高脚苗的主要原因：一是播种量过多，二是出苗前后床温过高。

2. 预防措施　适当稀播。撒播种子要均匀，及早进行间苗。苗出土后及时降低床温及气温，阴雨雪天气要适当降低室温及多见光。

八、僵化苗

出现僵化苗是蔬菜在冬季育苗中经常遇到的问题，特别是当育苗设施的保温性能较差或外界出现恶劣天气时更易出现幼苗僵化现象。僵化苗的特征是，茎细而软，叶片小而黄，根少色暗，定植后不易发

图 6-107　番茄高脚苗与正常苗

生新根，生长慢，生育期延迟，开花结果晚，容易衰老。

1.原因　造成幼苗僵化的主要原因包括温度低、光照弱。当苗床土壤长期出现水分亏缺时也会出现幼苗僵化。

2.预防措施　一旦发生幼苗僵化现象，首先要给幼苗以适宜的温度和水分条件，促使秧苗正常生长。如果采用阳畦育苗，要尽量提高苗床的气温和地温，适当浇水和保温。还可对僵化苗喷 10~30 mg/L 的赤霉素水溶液，1 m² 用稀释的药液 100 g 左右，有显著的刺激生长作用，喷后 7 d 开始见效。

九、幼苗生长不整齐

1.温度管理方面　冬春季节栽培为了促进幼苗生长，管理上采取过于提高床温的办法，从而导致幼苗徒长、影响花芽分化、病害发生等问题；阴雨低温天气，因怕幼苗受冻而不敢放风，从而造成苗床低温高湿而引发疫病；幼苗定植前未经低温锻炼致使幼苗肥而不壮，定植后返苗慢。夏季育苗时常因通风降温设施跟不上，温度过高而造成花芽分化不良，影响早熟和产量。

2.水肥管理方面　冬春季节育苗时，因施肥浇水过多，导致幼苗貌似壮大，但经不起定植后不良天气的考验；另外苗床湿度过大会引起幼苗徒长、发生沤根、诱发病害。夏季苗床易缺水干燥，但浇水方法不恰当，遇大雨时防涝措施常跟不上，导致病苗、死苗。

3.光照管理方面　冬春季节育苗时，对草苫等不透明覆盖物的揭盖管理不及时，导致苗床上光照不足，致使幼苗茎细叶小、叶片发黄、易徒长、感病。夏季育苗，则常因光照过强、温度较高时，没有遮阴物或遮阴过度而导致秧苗徒长。

4.嫁接栽培砧木的选用方面　并不是所有的葫芦子或南瓜子都可作为瓜类砧木使用。如目前我国还没有特别适合甜瓜嫁接用的专用砧木品种，有些甜瓜品种嫁接后，选用的砧木不合适时，则会造成嫁接成活率特别低或甜瓜果实发生异味。

十、死苗

1. 原因　发生死苗的原因较多，一般有以下几个方面。

1）病害死苗　由于播种前苗床土、营养土未消毒或消毒不彻底，出苗后没有及时喷药，以及苗床温度、湿度管理不当等，造成沤根或引起猝倒病、立枯病发生，引起死苗。

2）虫害死苗　苗床内蛴螬、蝼蛄、地老虎等地下害虫大量发生，引起死苗。

3）药害死苗　苗床土消毒时，用药量过大、播种后床土过干及出苗后喷药浓度过高，易造成药害死苗。

4）肥害死苗　苗床土拌入未腐熟的有机肥或化肥，拌肥不匀引起烧根死苗。

5）冻害死苗　在寒流、低温来临时，未及时采取防寒措施，导致秧苗受冻死亡，或分苗时机不当，分苗床土温过低，幼苗分到苗床后迟迟不能扎根而造成死苗。

6）风干死苗　未经通风锻炼的秧苗，长期处在湿度较大的空间，苗床通风时，冷空气直接对流，或突然揭膜放风，以及覆盖物被大风吹开，均会导致苗床内外、冷热空气变换过急过频，空气温度、湿度骤然下降，致使柔嫩的叶片失水过多，而引起萎蔫。如果萎蔫过久，叶片不能复原，则最后变成绿色干枯，此现象称为风干死苗。

7）起苗不当造成死苗　分苗时一次起苗过多，分苗不及时使幼苗失水过多，分苗后不易恢复而死苗；幼苗在分苗前发育不好，根系少；分苗过晚，造成伤根多，吸收能力衰弱而死苗。

2. 预防措施

1）病害造成的死苗　在配制营养土时要对营养土和育苗器具彻底消毒，按 1 m² 苗床用 50% 多菌灵可湿性粉剂 8~10 g 或 99% 噁霉灵原粉 1 g，与适量干细土混匀撒于畦面，翻土拌匀后播种。配制营养土时，1 m³ 营养土中加入 50% 多菌灵可湿性粉剂 80~100 g 或 99% 噁霉灵原粉 5 g，充分混匀后填装营养钵；幼苗 75% 出土后，喷施 75% 百菌清可湿性粉剂 800 倍液杀菌防病，以后 7~10 d 喷 1 次。适时通风换气，防止苗床内湿度过高诱发病害。

2）虫害引起的死苗　用 50% 辛硫磷乳油 50 倍液拌碾碎炒香的豆饼、麦麸等制毒饵，撒于苗床土面可杀蝼蛄；用 50% 克百威乳油 1 000 倍液浇灌苗床土面，可有效控制多种地下害虫危害。

3）药害引起的死苗　严格用药规程，在苗床土消毒时用药量不要过大；药剂处理后的苗床，要保持一定的湿度。

4）肥害引起的死苗　有机肥要充分发酵腐熟，并与床土拌和均匀。分苗时要将土压实、整平，营养钵要浇透。颗粒化肥粉碎或溶化后使用，并与土混匀。

5）冻害引起的死苗　在育苗期间，要注意天气变化，在寒流、低温来临时，及时增加覆盖物，并尽量保持干燥，防止被雨雪淋湿，降低保温效果。有条件的可采取临时加温措施；采用人工控温育苗，如电热线温床育苗、分苗；合理增加光照，促进光合作用和养分积累，适当控制浇水，合理增施磷、钾肥，提高苗床温度，保证秧苗对温度及营养的需求，提高抗寒能力等。

6）风吹引起的死苗　在苗床通风时，要在避风的一侧开通风口，通风量应由小到大，使秧苗有一个适应过程。大风天气，注意压严覆盖物，防止被风吹开。

7）起苗不当造成的死苗　在起苗时不要过多伤根，多带些宿土，随分随起，一次起苗不要过多；起出的苗用湿布包（盖）好，以防失水过多；起苗后分苗时，还要挑除根少、断折、感病以及畸形的幼苗；分苗宜小不宜大，利于提高成活率。分苗要选择晴天进行，如温室光线强、温度高时，可在套在日光温室内的小棚上面隔一段距离放一块草苫或顶部覆盖遮阳网遮光，以防止阳光直射刚刚分完的苗造成失水、萎蔫。

十一、鼠害

1.症状　种子在播种后出土前易被鼠类刨食。田鼠床内刨食种子时，造成坑陷；家鼠危害时，不造成坑陷。无论何种鼠害，均能造成出苗不齐或不出苗。常见害鼠如图 6-108 至图 6-113 所示。

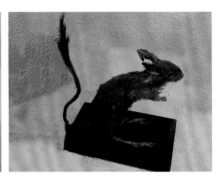

图 6-108　达乌尔黄鼠　　　　　图 6-109　五趾跳鼠

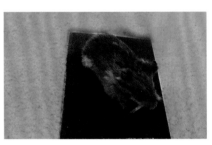

图 6-110　布氏田鼠　　　　　图 6-111　黑线仓鼠

图 6-112　长爪砂鼠　　　　　图 6-113　三趾跳鼠

2.防治措施

1）地膜覆盖　播种后将床面用地膜覆盖，一则可以预防鼠害；二则可提高地温；三则保墒好，保证一次全苗。

2）密闭或放猫　温室周围要封闭，墙上不要有洞，防止鼠类潜入。在温室内放猫捕鼠。

3）毒饵诱杀　用敌鼠钠盐或溴敌隆一份，麦粒、米饭、花生米等50 份拌匀，滴上少量香油，每隔 60～70 cm 放一小堆，使种子免受侵害。

第七章
日光温室黄瓜看苗诊断与管理技术

黄瓜作为一种老幼皆吃的大众化食品，亦菜亦果，生食熟食均可，亦可荤素搭配食用，消费量大。因此，我国不但从南至北，从东到西皆有种植，而且栽培形式多样，露地、设施均有栽培。本章重点讲述一年四季之中栽培难度较大、生产效益较好的日光温室越冬一大茬黄瓜生产技术。

第一节
高效茬口安排及对设施性能的要求

一、茬口类型

虽然黄瓜的雌花形成要求低温、短日照条件，但有一些品种在高温、长日照条件下也能形成雌花，因此，运用各种不同设施栽培黄瓜，生产上基本不受季节限制。

冬季进行日光温室黄瓜生产，从各地经验得知，北起辽宁，向南至北京、天津、河南、山东及安徽、江苏北部，自西北部的宁夏、陕西、山西、新疆、甘肃等地的部分地区均能栽培成功，且效益良好。如河南省商丘市在 1998 年日光温室越冬一大茬黄瓜亩产量达 25 318.2 kg，产值 30 385 元。

日光温室黄瓜栽培主要有三种茬口，即早春茬、秋冬茬和越冬一大茬。各栽培区域因气候条件不同而不同。一般早春茬 12 月下旬至翌年 1 月上旬播种，2 月上中旬定植，3 月上中旬开始采收，7 月上旬拉秧。秋冬茬 8 月下旬至 9 月上旬育苗，9 月下旬定植，10 月中旬始收，元旦过后拉秧。越冬茬又叫一年一大茬，是 9 月中旬播种，11 月开始采收上市，采收期跨越冬、春、夏 3 个季节，长达 200 余天的栽培模式。

二、越冬一大茬生产对日光温室性能的要求

1. 采光良好　东、西、南三面不能有障碍物遮阳。

2. 避风　不能建在风口及山谷口，以防大风吹翻草苫，吹烂农膜。

3. 坚实　要夯实地基，牢固墙体，前屋面屋架搭建坚固。

4. 科学　要有切实合理的、科学的技术参数：

（1）方位角（即朝向）　向南偏西 3°～5°。

（2）前屋面　平均角应达 23°以上。

（3）后屋面仰角　40°以上。

（4）后墙厚度　达当地冻土层厚度的 3 倍以上，或当地冻土层厚度加 75 cm。

（5）后坡厚度　达 50 cm 以上。

（6）透光保温材料　应达到外面防尘、内面防雾防水的要求。

（7）草苫厚度　达到 6 cm 以上，棉被厚度 2 cm 以上；冬季草苫上要覆盖防雪、防雨膜，夏季要有遮阳网。

（8）进出口　要有防风设施，最好建缓冲室。

（9）放风口　采取顶放风，夏季上下通风，并能采用水帘降温，以确保降温、排湿通风效果好。

为了提高日光温室生产效益，在两座日光温室中间建一座塑料大棚，用于春提前和秋延后的生产搭配，及为日光温室秋延后茬　育苗提供方便，是目前比较科学的设施搭配生产类型，如图 7-1 所示。

图 7-1　科学合理的设施配套

第二节
优良品种介绍

一、接穗品种

1. 博新 201　天津德瑞特种业有限公司育成的杂交一代黄瓜品种。

该品种属中早熟品种，耐低温弱光能力强，长势强，不歇秧，中等叶片，叶色深绿，节间稳定，株型好（图 7-2、图 7-3）。强雌性品种，主蔓结瓜为主，瓜条生长速度快，连续带瓜能力强，前中后期产量均匀，总产量高。平均瓜长 33 cm 左右，瓜色深绿，光泽度高，把短条直，中瘤密刺，稳定性好，商品瓜率高。抗烂龙头病突出；抗枯萎病能力强，兼抗霜霉病、白粉病等。

适宜于日光温室越冬一大茬栽培。

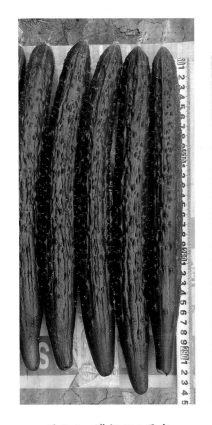

图 7-2　博新 201 果实

图 7-3　博新 201 结果中期植株

2.博新301（图7-4、图7-5）　天津德瑞特种业有限公司选育的杂交一代黄瓜品种。

该品种中早熟，耐低温、弱光能力强，长势强健，不早衰，不歇秧，叶片中等偏大，叶色深，节间短且稳定，株型好。平均3节1瓜，主蔓结瓜为主，腰瓜长35 cm左右，中把、小瘤、密刺，绿瓢、瓜色翠绿油亮，顺直度好，一致性好，商品瓜率高。侧枝也有较强结瓜能力，膨瓜速度快，带瓜能力强，中后期产量优势明显，总产量高。高抗枯萎病，兼抗霜霉病、角斑病等。

适宜于日光温室越冬一大茬栽培。

图7-4　博新301结果植株　　　图7-5　博新301瓜条

3. 博新 318（图 7-6、图 7-7）　天津德瑞特种业有限公司育成。

该品种长势强，返秧速度快，中小叶片，株型好，中早熟。主蔓结瓜为主，腰瓜长 32 cm 左右，细短把，小密刺，瓜条顺直整齐，瓜色深绿油亮，尤其温度回升后，瓜条商品性特好，单瓜重 150 g 左右。平均 10 节可结 3~4 条瓜，侧枝多，膨瓜速度快，带瓜能力强，中后期产量突出，总产量有优势。高抗枯萎病和霜霉病，兼抗白粉病。

适宜于日光温室越冬茬长季节栽培。

图 7-6　博新 318 瓜条　　　图 7-7　博新 318 结果植株

4. 博新 319 天津德瑞特种业有限公司育成的杂交一代黄瓜品种。

该品种耐低温、弱光，较早熟，长势强，中等叶片。平均 10 节可结 3~4 条瓜，以主蔓结瓜为主，膨瓜快，带瓜能力强，平均瓜长 33 cm 左右，短把密刺，瓜条棒状，亮绿色，光泽度高，腔小肉厚，绿瓤，顺直整齐，商品性好。前中期产量高，总产量有优势。抗性好，抗霜霉病、白粉病能力强，兼抗靶斑病（图 7-8、图 7-9）。

适宜于越冬一大茬及早春茬日光温室栽培。

图 7-8 博新 319 瓜条

图 7-9 博新 319 结果植株

5. 绿翠 2 号（图 7-10）　河南省农业科学院园艺研究所选育的水果型黄瓜品种。

该品种熟性较早，长势旺盛，株型好，耐低温弱光性好，中小叶片，雌性系，膨瓜快，一般瓜长 15~19 cm，横径 2.2 cm 左右，顺直整齐，一致性好，瓜色翠绿有光泽，无刺瘤，无瓜把，连续结瓜能力强，腔小肉厚，清香味浓，果实肉质细，口感脆甜。产量分布均匀，总产量优势明显。较抗霜霉病和白粉病。

适宜于越冬及早春茬日光温室栽培。

图 7-10　绿翠 2 号结果植株

6. 津优 2 号　天津黄瓜研究所育成。

植株生长势强，以主蔓结瓜为主，第一雌花着生在 3~4 节，雌花节率 30% 以上，瓜条顺直，长 35 cm，刺瘤明显，瓜色深绿。耐弱光和低温，高抗枯萎病，较抗霜霉病和白粉病。丰产性好，效益高。缺点是管理不当会出现歇秧现象。特别在春节前后，一次瓜采后间歇10~20 d 开始结瓜。因此在栽培中应加强温度调控。

适宜于早春茬栽培。

7. 津优 30 号　天津黄瓜研究所育成。

耐低温、耐弱光能力强，可在温室温度 6℃ 时正常生长发育，短时0℃ 低温不会造成植株死亡。早期产量较高，尤其是越冬日光温室栽培时，在春节前后的严寒季节能够获得较高的产量和效益。瓜条性状优良，商品性好，瓜条长 35 cm 左右，瓜把较短，瓜色深绿、有光泽，即使在严寒的冬季，瓜条长度也可达 25 cm 左右。瓜条刺密、瘤明显，便于长途运输。此外，该品种质脆、味甜、品质优。抗枯萎病、霜霉病、白粉病和角斑病能力较强。

适宜于日光温室越冬一大茬栽培和冬春茬栽培。

8. 津春 3 号　天津黄瓜研究所育成。

该品种植株生长势强，茎蔓粗壮，叶片中等大小，分枝中等，较适宜密植。主蔓结瓜为主，单性结实能力强。腰瓜长 30 cm，棒状，单瓜重 200 g 左右，瓜绿色、无花脑门，瓜条顺直，风味较佳，一般亩产5 000 kg 以上。丰产性好，抗霜霉病、白粉病能力强，同时具有较强的耐低温和耐弱光的能力。

适宜于越冬一大茬日光温室栽培。

9. 绿美 1 号　江苏绿港现代农业发展有限公司从国外引进的优秀的迷你型水果小黄瓜品种，如图 7-11 所示。

该品种生长势中等，生长期较长，开展度大。单性花，每节 1~2 个果。果实淡绿色，微有棱，采收长度 12~16 cm，果形好，品质好，味道好。抗黄瓜花叶病毒病，耐霜霉病、叶脉黄纹病毒病和白粉病。

适宜于日光温室春提前及秋延后茬口种植。

图 7-11 绿美 1 号（李文虎 供图）

10. 白美 1 号　江苏绿港现代农业发展有限公司从国外引进的黄白色黄瓜品种（图 7-12）。

水果黄瓜，耐低温弱光能力强，植株长势旺盛，早熟，瓜条顺直，节节有瓜，瓜条乳白色，表面光亮，味道鲜美，瓜长 15~20 cm, 单瓜重 130 g 左右。对霜霉病、白粉病等常见病害有较好的抗性。

适宜于山东、河北、辽宁、浙江、福建等地保护地种植。

图 7-12　白美 1 号（李文虎　供图）

二、砧木品种

1. 博强 1 号　新研制的黄瓜专用砧木——金边黄籽南瓜。根系发达，抗黄瓜土传病害能力强，与博新系列黄瓜配套嫁接甚为理想。该砧木与黄瓜的嫁接亲和力好，生长旺盛，耐低温、高湿和贫瘠能力强。嫁接后能明显改善黄瓜的外观品质，使黄瓜色泽油亮，且早熟丰产，经济效益显著提高，被称为黄瓜的"伴侣"，是传统黑籽南瓜的替代产品。

2. 博强2号　在博强1号的基础上研制的黄瓜专用砧木，小粒型，籽粒饱满，特别适合与黄瓜嫁接。根系发达，抗土传病害能力强，同嫁接黑籽南瓜相比，嫁接后黄瓜死秧明显减少；黄瓜色泽油亮，商品价值显著提高，是黑籽南瓜的替代品种。

3. 福祺铁砧3号　最新选育的大棚和温室黄瓜兼用型砧木一代杂种。杂种优势显著，植株生长健壮，根系发达，耐湿，抗病；与黄瓜进行嫁接共生亲和力强，成活率高；嫁接幼苗在低温下生长快。坐果早而稳，能促进早熟，提高产量。经多年比较试验，其具有良好的亲和性、低温适应性和低温坐果性，高抗枯萎病，抗重茬，嫁接苗的叶部病害也明显减轻。

4. 黑籽南瓜　黑籽南瓜原为中美洲及印度马拉巴尔海岸野生种，由丝绸之路传入中国，在生态环境相似的云南繁衍，日本也有，但抗病性不如我国的黑籽南瓜。黑籽南瓜是传统的黄瓜嫁接砧木品种，与黄瓜嫁接成活率高，耐低温能力强，根系发达，高抗枯萎病等多种土传病害，在低温条件下，吸肥能力也较强。嫁接后黄瓜一般无异味。每千克种子约4 500粒，嫁接黄瓜亩用量一般为1.5~2 kg。其种子有较长的休眠时期，当年采收的种子发芽率低而且发芽不整齐。种子存放1年后，发芽率反而比当年的新种子高，因此最好使用隔年陈种子进行播种嫁接。

5. 土佐系南瓜　印度南瓜和中国南瓜的一代杂交种，现已培育出系列品种，其中最具代表性的品种是新土佐南瓜。做黄瓜嫁接砧木，根系发达，生长势强，亲和力强、共生性好，幼苗低温条件下伸长性强，也比较耐高温。抗枯萎病等多种土传病害，能促进早熟，提高产量，嫁接果实无异味，品质好。

6. 相生　日本米可多公司培育的瓠瓜杂交种，是瓜类嫁接优良砧木。20世纪80年代引入我国。相生亲和力好，共生亲和力强，植株生长健壮，抗枯萎病，根系发达，较耐瘠薄，低温下生长性好，坐果稳定，果实大，对果实品质无不良影响。可用做黄瓜、西瓜、西葫芦的砧木。

第三节
越冬一大茬黄瓜看苗诊断与管理技术

秋季后期播种，冬季初期开始采收，直到翌年夏季结束的这个茬口黄瓜生产称为越冬一大茬。这茬黄瓜生产要经过一年之中日照最差、温度最低的季节，技术难度较大，要求比较严格，但也是经济效益最好的一茬。过去我国冬天黄瓜的生产主要是利用加温温室进行的，产量低，技术难度大，生产成本高。近几年，我国北方大面积推广利用不加温或基本不加温的高效节能型塑料日光温室栽培越冬一大茬黄瓜。

这茬黄瓜能否成功的关键一是设施，二是天气，三是管理水平。日光温室一要采光好，二要保温好。它的主要热源是光，如果深冬遇到连续阴天，保温性能再好的日光温室也难以维持黄瓜生长的最低条件（地温 15℃，气温 10℃ 以上）。连续低温 7 d 以上的天气，在华北南部时有出现。因此，从客观来分析这类地区冬季的温度条件，越冬一大茬生产黄瓜必须掌握一定的技术，才能生产成功。

日光温室栽培越冬一大茬黄瓜，在栽培过程中，针对冬季黄瓜生产的环境和生理障碍，把克服弱光、低温、高湿，及灰霉病和疫病作为主要对象，配套切实可行的栽培管理技术，黄瓜即可获得较高产量。如选择优良品种，嫁接换根，培育适龄壮苗；增施有机肥；高垄栽培覆盖地膜；合理密植；暗沟灌水；保温防寒；看苗管理，提高植株的抗逆性，延长生长期，在适当时期张挂反光膜，增加光照强度；增施二氧化碳，提高光合作用；科学防病治虫等先进技术措施。以达到促根控秧，协调生长与发育的目的。性能优良的设施与配套栽培技术相得益彰，是实现新年开始采、春节批量上市、6 月采收结束，亩产量超 20 000 kg 的技术措施。

一、播期安排

各地根据不同气候特点和市场需要，从既要获得高产，又要获得高效的角度，确定当地的适宜播期。

越冬茬黄瓜一般苗龄为 40 d 左右，定植后约 35 d 开始采收，从播种到采收需历时 70 d 天左右。越冬茬黄瓜一般要求在元旦前后开始采收，到春节前后进入第一个产量高峰。由此推算，暖冷不同的地区正常的播期应在 9 月中旬至 10 月上旬。此期播种，可以保证在大多数地区既有利于嫁接伤口愈合，又可在严冬到来以前搭好丰产架子。

东北及华北地区的适宜播种期为 9 月中旬至 10 月上旬，用营养钵育苗并进行嫁接换根，10 月下旬至 11 月上旬定植，12 月上旬至春节可采收第一批瓜。播种时期是否适宜对黄瓜越冬栽培非常重要，日光温室越冬栽培原则是 "春节前夺高效，春节后夺高产"，首先必须按期播种才能确保这个原则贯彻实施；此外，河南以及中原地区 11 月气温由高向低转变明显，是天气变化剧烈时期，阴雨天气多，如果在 11 月阴雨天气来临前黄瓜定植完毕并且缓苗，在阴雨天气期间可通过不浇水的简单管理措施，避免黄瓜发生病害，按期播种也是避病的有力措施。实践证明，日光温室全年一大茬黄瓜栽培，越冬期黄瓜植株愈小，抗病性及耐低温性能越强，翌年的产量愈高。因此，华北地区一大茬黄瓜生产，播期以 9 月下旬至 10 月上旬为宜。

二、嫁接育苗与培育壮苗

1. 适用品种

1）接穗品种　越冬茬黄瓜目前都是采用的嫁接苗，其中对接穗（黄瓜）品种要求非常严格，要在低温和弱光下能正常结瓜；同时还要耐高温和耐高湿，在低温和高温及高湿弱光条件下结瓜能力强，结回头瓜多。另外，还要抗病性好，对温室环境的适应能力强，对管理条件要求不严，遇不良条件后恢复能力要好，目前生产上推广面积较大、应用效果较好的是博新系列及津优系列温室黄瓜专用品种，如博新 201、博新 318、博新 319、津优 30 号、绿翠 2 号、津春 3 号等。

2）砧木品种　使用黑籽南瓜做砧木嫁接育苗时要求错期播种，靠接叶黄瓜比黑籽南瓜早播种 5 d。使用黑籽南瓜作黄瓜砧木已经将近 30

年，虽然能够很好避免感染枯萎病，但近年来却容易发生根腐病死秧。为防治根腐病，目前多用白籽南瓜作黄瓜嫁接砧木。白籽南瓜并非普通南瓜品种，而是杂交种，从种子外观上很难鉴别是否杂交种。建议购买品牌白籽南瓜种，如博强系列砧木及福祺铁砧 3 号等。

白籽南瓜作砧木是一项新技术，不能盲目推广，必须经过试验，取得经验，掌握技术后才能大面积推广。

2. 嫁接育苗与培育壮苗

1）砧木与接穗的培育

（1）播种期的确定　为了使砧木和接穗的最适嫁接期协调一致，应从播种期上进行调整。播种期的确定取决于所采用的嫁接方法，如采用靠接法，要求有较大的接穗，所以应先播种黄瓜（接穗），隔 3~4 d 再播南瓜（砧木）。如采用插接法，要求的接穗小，所以应先播南瓜（砧木），隔 3~4 d 再播黄瓜（接穗）。所播种子都应催芽，如果播种干籽，不仅苗期延长，砧木和接穗的最适嫁接期也难以达到一致。

（2）种子处理与浸种催芽

A. 砧木种子处理。生产上多用黑籽南瓜，其休眠性很强，须进行种子处理。特别是新种子，需要打破休眠，否则发芽率极低。其办法有：一是高温法，用温箱或烘干箱，先把种子置于 30℃ 下 4 h，然后 50℃ 下 4 h，再将温度调至 70℃，时间为 72 h，然后缓慢冷却。没有烘干箱可用火炕代替，参照上述温度与时间进行处理，然后浸种 24 h；二是药物浸种，先用温水泡 1~2 h，搓洗除去杂物，用 150~200 mL/L 的赤霉素水溶液浸种 24 h，或用 25% 过氧化氢溶液浸种 20 min，后再用温水浸种 12 h；三是热水烫种，先用凉水浸泡 10~20 min，再用种子量 3~5 倍的 70℃ 热水烫种，注意要不断搅拌凉后（30℃）将种子再浸种 12 h。最好将热水烫种与高温法中的火炕处理结合起来。隔年种子用温水浸泡 9 h，放在 30~35℃ 处催芽，36 h 后出芽，待芽长 0.5 cm 左右即可播种。遇不良天气应将种子放在 10℃ 处并保湿，待天好后播种。

B. 接穗种子处理。黄瓜种子表面常附有枯萎病、炭疽病、细菌性角斑病等多种病原菌，播种前进行种子消毒十分必要。较好的方法是温汤药剂浸种，不但能杀死附着于种子表面的病原菌，还能杀死侵入种子里面的病原菌。将种子放入干净的容器内（大碗或小盆），少放一点常温水泡 20 min，之后加 55℃ 热水，浸种 20 min。注意不断搅拌种子，随时观察温度计，保持浸种水温。待水温下降到 30℃ 左右时，加 50% 多菌灵可湿性粉剂 500 倍液（即 500 g 水加 1 g 多菌灵），浸种 1 h。然后捞出种子用水洗，继续用 30℃ 温水浸种 4~5 h。水温低时，浸种时间要长一些。浸种后要用清水冲洗 2~3 遍。然后将种子表面水分擦干，用干净的湿布包好，保持 25~28℃ 进行催芽。经过 12 h 左右，即可出芽，24 h 出齐，芽长 0.5 cm 时即可播种，芽不宜过长，否则播种时容易折断。

（3）播种及苗床管理

A. 播种场所。育苗播种通常在温室中进行。可选用硬质塑料育苗盘或 60 cm×40 cm×10 cm 的木盘或地面做床播种接穗（黄瓜）。每亩日光温室黄瓜需要播种原苗床面积 3~4 m²。还可以在日光温室内做架床播种，距地面 0.8~1.0 m 高处，用木杆作支架，床宽 1.2~1.3 m，上面铺秫秸帘或木板，上铺 10 cm 厚床土进行播种育苗。也可以不铺床土，直接摆放育苗盘或营养钵。为了嫁接方便，南瓜种子可直接播到营养钵里。

B. 床土配制与消毒。应选用不重茬园土，加入充分发酵好的农家肥。农家肥最好用鸡粪、草木灰等，与园土混合、混匀过筛配成床土。配合之后按每立方米体积再掺混尿素 250~300 g、过磷酸钙 1.5 kg、硫酸钾 1 kg。每平方米播种床用 8~10 g 50% 多菌灵可湿性粉剂与 70% 代森锌可湿性粉剂等量混合，加过筛床土 15 kg 拌匀制成药土，将 1/3 撒在床面上，2/3 作为盖土用。这有利于预防苗期的猝倒病、立枯病及枯萎病、菌核病、黑星病等。

C. 播种方法。将床土装入育苗盘、架床或地床，8~10 cm 厚。先向床土浇 30℃ 左右的温水，一定要浇透，等水渗完，撒上一层药土，再把催出芽的砧木（南瓜）种子均匀地播在床上，种子间距 1.0~1.5 cm，然后再覆盖药土 1 cm，营养土土厚 2 cm，然后在盘面或床面上覆盖一层地膜，以保湿、防鼠害，促进出苗。如果是播种在育苗钵中，要先将苗钵土浇透水，然后播种南瓜种子，每钵 1 粒，播后覆盖潮湿的细土，厚为 2.0 cm，播种后盖上地膜。接穗（黄瓜）种子，直接按 1 cm 间距直接播种在苗床上，播种时间视嫁接方法而定。

D. 苗床管理。播种后应保持温度白天 30℃ 左右，夜间 20℃，当有

80%幼苗出土后应及时揭去薄膜，并适当降温，白天在23~25℃，夜间15~16℃，以防止幼苗徒长，使秧苗健壮。嫁接前不宜浇水，以防止发生猝倒病和沤根。

2）嫁接适期与嫁接方法

（1）嫁接适期　无论是插接和靠接，砧木的最适合嫁接苗龄都是以出现第一片真叶时为最佳（图7-12）。过于幼嫩的苗，嫁接时不易操作。过老的苗不仅中心腔大，接口也不易愈合。而砧木下胚轴长应以6~7 cm为宜，过长则幼苗细弱。下胚轴短的砧木，虽然苗壮，但用靠接和腹接等不易操作，而且嫁接苗定植后接口易埋在土中，仍有土壤传病的机会，失去嫁接的意义。用于靠接的黄瓜幼苗，应出现1片真叶、下胚轴达到5 cm以上（图7-13），否则也难以靠接。用于插接的黄瓜幼苗，以子叶已展开而没有出真叶时为最佳时期（图7-14），因此须先播南瓜，后播黄瓜。

图 7-12　砧木（南瓜）苗嫁接适期

图 7-13　接穗（黄瓜）靠接苗嫁接适期

图 7-14　接穗（黄瓜）插接苗嫁接适期

（2）嫁接方法　前面介绍的瓜类蔬菜常用的嫁接方法，对黄瓜都适用。但目前生产上应用较多的是靠接法和插接法，特别是靠接法适于初学者。健壮的嫁接苗如图 7-15、7-16 所示。

图 7-15　健壮靠接苗

图 7-16　健壮插接苗

三、定植前的准备

1. 选地与施肥

1）选地　日光温室黄瓜一般进行嫁接栽培，所选砧木对土壤性质及质地的要求不严格，但以疏松透气，有机质含量高，保水，保肥性能强，不含有害病菌、有害昆虫及虫卵，前茬为非瓜类作物的沙壤土为好。

2）施肥

（1）施肥原则　施肥原则是以有机肥为主，化肥为辅，配方施肥，分层施肥。以地分级，以级定产，以产定氮，以氮定磷、钾，以磷、钾肥定微肥。日本资料报道：日光温室黄瓜每形成 5 000 kg 产量需要从土壤中吸收氮 14 kg，五氧化二磷 0.6 kg，氧化钾 13 kg。

（2）施肥量　现阶段北京地区施肥标准为亩施腐熟鸡粪 15 m³，山东省寿光市亩施鸡粪 20 m³，河南省扶沟县等地亩施鸡粪 10 m³ 左右，并辅以一定数量的化肥。若无鸡粪，可用棉籽饼 500 kg、草粪 10 m³ 代替。实践证明，越冬一大茬黄瓜，每基施 1 kg 纯鸡粪，就可收获 1 kg 商品黄瓜。

（3）施肥的方法　整地前先将室内地面浇一次水，墒情适宜时深翻一遍。土地深翻 30~35 cm，整平耙细，有机肥的全部（饼肥每亩可留下 30~50 kg 作种肥）和用作基肥的化肥的 70% 混匀后在整地前撒于地表，翻于地下，剩余 30% 化肥和饼肥采用集中施肥法，施在定植行上。

2. 黄瓜营养需求特点

（1）苗期　对氮、磷营养十分敏感。黄瓜苗期既要求氮营养水平高，又对氮的浓度要求比较严格。缺氮时，幼苗茎部变细，叶小褪绿。但当氮过剩时，又会表现心叶黄化，向内翻转，生长点停止生长等现象。水培试验表明，氮素为 100 mg /L 时，幼苗生长良好；当增至 400 mg /L 时，则出现氮素过剩症状。

氮营养水平还直接影响对雌花分化的质量。一般说来，当黄瓜第一片真叶展开时，生长点下已分化出 5~7 节，此时叶腋间出现了花芽，但性别尚未确定。从花芽分化到性别确定需 15 d 左右。从性别确定到开花需 15~20 d。在这一个多月的时间里，特别是临近开花前的 12 d，氮素营养状况好，虽不能影响到雌花数目，但能使雌花分化提早，同时分化出的雌花子房硕大，开花鲜艳，这种花才能在保护地无授粉条件下有着更高的单性结实率。相反，氮素营养不足，雌花分化迟缓，子房瘦小，坐瓜率低。

黄瓜幼苗要求磷的供给量高，同时也能适应较高的磷素浓度。据试验，磷浓度 500 mg /L 以下时，瓜苗表现为缺磷，子叶下垂，颜色淡而发黄；而在磷浓度 1 000~4 000 mg /L 时，黄瓜幼苗生长都正常。

全生育期需钾最多，其次是氮，再次是磷。缺钾时，养分运输受阻，根部生育受抑制，从而影响地上部的生长，易出现大肚瓜。氮多缺磷、钾，易产生苦味瓜。在黄瓜产量形成中，钾虽然没有氮、磷的效果明显，但对黄瓜的商品品质和抗病性，却非常重要。

在温室栽培时，磷、硼、钾肥都有利于促进雌花的形成，可提高早期产量。

（2）全生育期　全生育期都迫切需要氮肥。黄瓜是典型的营养生长和生殖生长并进的作物，营养生长（茎叶）和生殖生长（开花结瓜）同时进行，因此，它一生都表现出对营养的需求迫切。

黄瓜苗期虽然对养分要求比较严格，但吸收量只占一生的10%，而结瓜期吸收量却要达到一生需要量的90%。不同的栽培方式，黄瓜的吸肥特点略有差别。

黄瓜对硝态氮尤为喜欢。在只对黄瓜供给铵态氮时，黄瓜表现叶色浓，叶型小，生长缓慢，吸收钙、镁量明显下降。

试验表明，培养液中硝态氮占90%时，黄瓜茎叶鲜绿，生长量大，对钙、镁的吸收量均高；硝态氮降为50%时，黄瓜生长量下降20%，吸钙量下降35%，吸镁量下降40%；如果培养液中硝态氮只占10%，黄瓜生长量降低80%，吸钙量下降69%，吸镁量下降52%。所以目前在日光温室栽培时，特别强调施用硝酸铵，不仅仅是为了防止氨害和土壤溶液浓度过大，更主要的是满足黄瓜喜欢硝态氮这一特性。

（3）黄瓜的需肥规律　苗期对磷的需求敏感，结瓜后对钾需求量大，而一生对氮素的要求都十分迫切。所以磷肥宜作基肥，至少要在播后 20 d 前施入。结瓜后要增施钾肥，特别是进入结瓜后期更须加强。氮肥宜分期施用，苗期轻，结瓜后逐渐加大，后期再减下来。这样就使施肥过程和黄瓜的需肥规律相吻合了。对肥料需求有一定比例。黄瓜吸收氮、磷、钾、钙、镁的比例是 100∶35∶170∶120∶32。每吨产品的养分吸收量为：纯氮 2.8~3.2 kg，五氧化二磷 0.8~1.3 kg，氧化钾 3.6~4.4 kg，氧化钙 2.3~3.8 kg，氧化镁 0.6~0.8 kg。

3. 闷室消毒　一座占地 0.5 亩的日光温室用硫黄粉 750 g，75% 百菌清可湿性粉剂 200 g，80% 敌敌畏乳油 350 g，七成干锯末 1 kg，混拌制成烟雾剂，每 3 间温室放 1 堆，从里到外点燃后，人员迅速离开，5~7 d 后打开底脚、天窗和门进行通风。这样可杀灭潜伏在温室内的大部分病菌和虫只。

闷室消毒只对旧日光温室进行，新建日光温室没有必要。

4. 苗床管理　幼苗生长 4~6 片叶时，也就是指定植时的苗龄，苗床管理主要是以"控"为主的炼苗时期。这个时期的管理主要是加大通风，增强管理，在定植时达到壮苗标准。如预测幼苗生长过快，到适时定植时雌花已经开放，生长过量，要及早采取"控"的措施，即控制温度、湿度、加大通风，或采取下述的囤苗措施，控制生长；如果幼苗生长过慢，到适时定植时达不到壮苗或成龄苗的标准，就要采取"促"的措施，即提高温度，注意肥水，促进生长。

另外，如果是在沙壤土里移的苗，在定植前要浇一次水，如果是黏土一定不要灌水。一般情况这时气温较高，且因薄膜已掀起大通风，在定植前 10 d 左右灌一次透水，使床土吸水成形，切块不散土，以便进行起坨囤苗。灌水时一定要选择晴天。黏土地的苗如果灌透水，短时间不易起苗，时间长了苗易徒长。

（1）炼苗　定植时黄瓜苗由苗床到温室内，定植后小气候环境与苗床中情况不同，因而对苗床幼苗要进行锻炼，逐渐适应于定植地的栽培环境。炼苗方法是在定植前 7~10 d，幼苗达一定大小时进行由小到大的通风。将幼苗锻炼得叶色浓绿而茸毛发硬，蔓粗壮，并能承受定植地的气候条件。

（2）囤苗　幼苗在定植之前要进行一定时间的囤苗，囤苗可结合温湿度管理进行。囤苗过程中，由于土坨的含水量下降，使根系吸水减少，整个植株的生长发育速度减慢，但此时光合作用仍在进行，造成黄瓜大量的光合产物积累，由此增加了黄瓜抵抗不良环境的能力。再者，提前切断植株根系与地面的联系后，通过囤苗，使伤根的伤口提前愈合，并发出部分新根，可以减少定植后植株病害的发生，并促进植株快速缓苗和苗壮生长。

进行开沟分苗的幼苗在定植前 15 d 左右浇一次水（浇水的目的是使土壤便于切块），第二天，用锋利的土铲把苗床切成 10 cm³ 的土块，把土块移动后再放回原处（目的是切断植株与地面的联系），而后对幼苗进行控水处理，使土坨水分下降，这就是囤苗。营养钵育苗的把营养钵移动一下位置，直接进行控水处理即可。囤苗期间，如外界天气较好时，要进行适当的遮阴，不能让幼苗失水过多而影响生长。

（3）防治病虫害　定植前 7~10 d，先对苗床喷 1 次 75% 百菌清可湿性粉剂 600 倍液 + 20% 甲氰菊酯乳油 2 000 倍液的混合药液，进行防病灭虫。定植前 1 d 喷洒 50% 甲霜灵·锰锌可湿性粉剂 600 倍液、菊·马乳油 2 000 倍液、多元素营养液肥 200 倍液的混合液。做到幼苗带土、带水、带肥、带药定植。

四、幼苗期看苗诊断与管理技巧

1.壮苗标准　砧木和接穗的子叶均完好无损、全绿，叶片大小适中、肥厚，自第二片真叶开始，反复发生折角。叶色绿而有光泽，叶缘缺刻深，叶片先端较尖，叶脉粗，叶柄与茎呈 45°，叶片平展，叶柄长不超过节间长的 1.5 倍。下胚轴长度 5 cm 左右，直径 0.5 cm 以上，侧根乳白色，并显现粗胖，数量 40 条左右。如图 7-17 所示。

2.看苗诊断

（1）低温缺水　若叶色暗绿无光，叶片小，叶柄与茎夹角大，叶柄短、叶肉隆起、叶片发皱，是夜温低、水分不足的表现。

（2）高温水足　若叶柄长，叶片大而薄呈圆形而色淡，叶缘缺刻浅，叶柄与茎夹角小，手握有柔软感，是夜温高、水分多的表现。

（3）高温闪苗　子叶下垂初期萎蔫呈缺水状，继而出现叶缘干枯，是高温条件下，放风过猛所引起。

（4）冻害　子叶初期萎蔫呈水浸状，继而失去绿色，变白枯干是短

图 7-17　黄瓜壮苗

期低温造成冻害所致。

（5）弱光多肥　肥料充足日照不足，幼苗体内积累氮素过多，茎弯曲生长，叶柄与茎夹角大，节间短，茎生长受抑制。

（6）水大肥少　肥大水少时，幼苗叶色黑绿，叶片老化，手摸有"沙、沙"声响。叶柄短，茎与叶柄夹角小，叶色浅绿。叶柄短是与夜温过高，引起类似长相的主要特点。

（7）久阴骤晴闪苗　苗子见光萎蔫，或见光后叶肉失水枯焦，多是久阴骤晴，阳光过强引起的灼烧，或地温低、土壤湿度大引起的沤根所致。

（8）缺水　叶片萎蔫，浇水后立即恢复，是苗床干旱所致。在育苗过程中，要时常观察幼苗，发现不符合壮苗形态指标，应及时调节环境条件，既要避免黄瓜苗徒长，又要防止黄瓜苗老化不长。

五、定植

保护地栽培时，光照时数较短，光照强度弱，但肥力条件好，定植株数宜适当减少。单株瓜数取决于坐果率。单瓜平均重取决于净同化率和温度、水分及营养条件。所以，合理密植是取得高产的关键。

1. 合理密植　采取双行高垄栽培方式定植，大行 70~80 cm，小行 50 cm，株距 30 cm，亩定植 3 750 株左右。

2. 定植技术　摆苗和栽苗时要掌握南（温室南部）密植北（温室北部）稀植，因为温室内光照是南强北弱，这样可以使不同部位的植株获得基本相似的光照，以实现幼苗长势均匀一致。

定植宜选晴天进行，将苗子按大、中、小分级后，搬运到定植垄旁，从整个温室来看，大苗应放到东西两头和温室后部，小苗宜放到温室中间和前部。从一行来看，大苗在后，小苗在前，一般苗居中，这样有利后来生长整齐一致。

定植时，有的是按株距开穴，穴内栽苗。有的是在定植垄上开两道深沟，沟内浇水，水渗一半时将幼苗按规定的株距带土坨摆放于沟内，水渗后覆土、围苗，整平垄。注意苗子一定不要栽深，填土后苗坨与垄面持平即可，更不能把嫁接口埋到土里。

过去人们习惯先覆膜后栽黄瓜，或栽后随即覆盖地膜，这样做实际是人为地削弱了嫁接苗砧木根系深扎的优势，降低了植株抗寒、耐低温的能力，背离了嫁接育苗的意义。其实，该茬黄瓜定植时，多数地方的地温一般都不低，覆盖地膜的目的在于提高地温，定植后应该是在反复中耕的基础上，尽量促进根系深扎，等栽后 15 d 左右再覆盖地膜。为防止后期地膜下沉，影响膜下暗灌，可事先在盖地膜前用高粱秆、小竹竿等架在苗两侧的垄上再覆膜。

3. 水肥一体化及利用　有水肥一体化配套条件者可随定植在覆盖地膜前，在膜下铺设滴灌管，以利于以后应用（图 7-18）。

图 7-18　定植前在两垄瓜苗间铺一条滴灌管

六、转折期管理

日光温室黄瓜定植后到绝大多数植株第一雌花开放是黄瓜植株发育的转折期。如果定植是 10 月底或 11 月初，绝大多数植株第一雌花开放为 12 月上中旬。

1.黄瓜结果期花与果实的生育特性

（1）花的特性　雌雄异花同株，偶尔也出现两性花。低温短日照条件下雌花多，因此不同季节栽培，同一品种雌雄比例不同。侧枝比主枝雌花多。肥水条件好雌花多。不同品种雌雄比例不同。生长调节剂可以控制调节雌雄比例及生长速度。赤霉素可使雄花增多，容易造成植株徒长；乙烯利等可使雌花增多，但也容易导致植株衰老。

黄瓜为虫媒花，依靠昆虫传粉受精，品种间自然杂交率高达 53%~76%。受精后的子房生长发育迅速。

（2）花的特征　花萼绿色有刺毛，花冠为黄色，花萼与花冠均为钟状 5 裂。雌花为合生雌蕊，在子房下位，一般有 3 个心室，也有 4~5 个心室，侧膜胎座，花柱短，柱头 3 裂。

黄瓜花着生于叶腋，一般雄花比雌花出现早。雌花着生节位的高低，即出现的早晚是鉴别熟性的一个重要标志。

不同品种间有差异，与外界条件也有密切关系。

（3）果实的特性　黄瓜可以不经过授粉受精而结果，称为单性结实，但授粉能提高结实率和促进果实发育。所以在阴雨季节和保护地栽培时，人工授粉可以提高产量。黄瓜果实形状是品质固有的特性，但也受环境条件影响。黄瓜果实也容易感染病害。

（4）果实的特征　黄瓜的果实在植物学上叫假果，是子房下陷于花托之中，由子房与部分花托合并形成的。果面平滑或有棱、瘤、刺。果形为筒形至长棒状。黄瓜的食用产品器官是嫩瓜，通常开花后 8~20 d 达到商品成熟，时间长短由环境条件决定。

（5）黄瓜果实的发育特点　黄瓜果实在发育过程中，最初是果皮和胎座组织细胞数量的增加，然后是各细胞体积的膨大。在果实膨大后期，种子才迅速发育，先形成种皮，后是胚的充实。嫩果是鲜食部分，在瓜条长到一定的长度和粗度，而种皮刚开始形成时是最佳采收期。

条件适宜时果实生长很快，开花后 3~4 d 生长缓慢，5~6 d 生长很快，生长最快时每天瓜的长度能伸长 3~4 cm，适温时一般花后 7~10 d 就可采收，条件恶劣时果实生长速度非常缓慢，低温时花后 12~20 d 方能收获。黄瓜果实昼夜都在生长，日落后 4~5 h 生长量最多。

影响黄瓜果实生长速度的外界因素主要是光照、温度和水肥条件，光照和温度对果实生长影响作用大于水肥。

影响黄瓜果实生长速率的内在因素很多，开花前子房大小、开花时花的形态、植株有效光合作用叶面积、植株上坐果数量等都能影响果实的生长速度。开花前子房长大、花朝斜下方生长、挺拔有力、植株上坐果数量少等情况下，果实生长迅速，果实外观商品性状优良。

黄瓜商品质量很重要，质量主要包括两方面：外观品质和内在品质。外观品质包括瓜条形状，瓜条长度和粗度，瓜把长短、粗细，瓜皮颜色，刺瘤大小、多少等；内在品质包括营养价值（糖、淀粉、酸、水分、维生素等）以及果实老嫩程度、风味、农药残留多少等。

黄瓜品质基本由品种特性和栽培措施两者构成。本来品种特性所具备的是瓜条顺直，但栽培条件不当可能导致瓜条短小等畸形生长现象。瓜皮颜色、刺瘤的有无和大小，瓜条长短和粗细，由品种特性决定。但种植条件好坏及收获时间早晚都影响这些性状的表达。

内在品质的营养物质、风味物质及水分等均受制于品种特性，但也不可避免地受环境条件影响。唯农药残留或其他有毒物质是栽培管理的结果，黄瓜本身并不含有毒物质。

瓜条粗细和长短除与品种特性有关外，还与收获期的早晚关系很大。早收者瓜条小、细，晚收者瓜条长、粗。各地区消费习惯不同，对瓜条长、短、粗、细各有偏好，上海喜欢瓜条长大，而北京喜欢中等瓜条。

收获后随着储存时间延长，黄瓜品质逐渐降低。首先水分在不断散失，正常条件下果实收获后两天重量减少5%，这是水分散失的结果。呼吸消耗果实糖分，维生素C急剧减少。果皮颜色逐渐变淡，但变化缓慢，如果采收时果皮有损伤，储存期间还可能发生病害或其他不良变化。储存期间以保持12~13℃比较适宜。

2. 光热管理　草苫的揭盖是日光温室内光温调节的主要措施。在日光温室内部黄瓜不受低温影响的情况下，尽量缩短草苫的覆盖时间，以延长温室内光照时间。因为室内的光照时间愈长，温度愈高，黄瓜产量愈高。

（1）光照管理　管理原则一是使日光温室进入更多的光量，使光能转化为热能，维持黄瓜生命；二是使进入室内的光合理分布，使植株截获更多光能用于光合作用，使黄瓜生长发育良好，以促进其棵大、果多、发育快。为此，草苫要早揭晚盖，早晨阳光洒满室内时，应迅速将草苫揭开，傍晚落日前盖上。揭苫后应立即擦拭棚膜，将膜上吸附的灰尘及草苫上落下的碎草扫净，以增加棚膜的透光率。及时绑蔓、正确绑蔓也是改善光照的主要措施。

（2）光照调节　草苫要早揭早盖，每天8时前后揭开草苫，早揭草苫使阳光尽早进入室内；16时左右盖草苫，尽量维持夜间温度，使之不要过低。

光照的调节除及时揭开草苫外，经常擦拭棚膜，在温室后墙和两山墙内侧部位张挂反光幕，对室内光温的改善作用也不可低估。尤其日光温室建在靠近公路的地方尘埃较多，擦膜的作用更明显，实践证明，经常擦拭棚膜一般可增产5%~30%。

（3）大温差变温管理　大温差变温管理，能促进作物光合作用，抑制呼吸作用，防止早衰，减轻病害，改善品质，提高作物产量。黄瓜的四段变温管理技术为：8~14时室内气温保持28~30℃；14~17时温度为29~25℃；17~24时温度为20~13℃；0~8时温度为13~10℃。定植后白天温度维持在25~30℃，夜间17~20℃，白天温度过高时应适当通风降温。缓苗后白天温度应维持28~32℃，夜间13℃左右。白天温度过高时应放风降温，夜间温度过低时，应在下午及早封闭风口，当外界日平均温度降到14~12℃时，夜晚要覆盖草苫或棉被。当外界日平均气温降到5~3℃时，要覆盖二层膜或双层草苫等保温覆盖物。

（4）温度调节　温度的管理主要依黄瓜植株长势而定，旺长株尽量加大昼夜温差，白天掌握在22~25℃，控制营养生长，只要揭苫时室内气温不低于6℃即可。弱株要尽量缩小昼夜温差，白天27~30℃，夜间25~22℃，并注意地温的变化，保证地温白天不低于20℃，夜间不低于18℃，促弱转壮后纳入正常的四段变温管理。

一般情况下室内29℃时开始放风，放风时，风口不可一次开得过大，防止室内骤然降温，要分3~4次放完，使室内温度始终保持27℃±2℃。25℃时开始闭风，也要分3~4次，至20℃时关严，以防一次关严, 室内温度猛然回升。日光温室放风如图 7-19、图 7-20 所示。

图 7-19　外界气温低时从日光温室顶部放风

图 7-20　外界气温高时从日光温室前沿底部放风, 放风口罩防虫网

　　为提高室温, 可在日光温室入口内沿后排中柱挂一幅旧薄膜作为挡风幕, 防止寒风由入口处直接冲入。在日光温室入口处, 盖一间小屋,

既可防止冷风直接进入室内损伤黄瓜，又可作为操作者的休息室和黄瓜及农具的储藏室，值得推广，如图 7-21 所示。

图 7-21　日光温室配备储藏室（休息室）

3. 日光温室内的气体调节　在黄瓜光合作用高峰期，提高室温，减少放风量，及时补充二氧化碳，将有利于光合产物的积累，但也要重视有害气体的排出。

1）人工施用二氧化碳的时间　日光温室内施用二氧化碳的时间要根据日光温室内作物开始光合作用时的光照强度确定。一般当光照强度达到 5 000 lx 时，光合作用强度增大，日光温室内二氧化碳含量下降，这时为施用二氧化碳的时间。晴天在揭苫后 30 min 施二氧化碳。如果在日光温室内施用了大量的有机肥，因肥料分解，土壤中释放二氧化碳较多，施二氧化碳的时间可推迟 1 h。停止施用二氧化碳的时间依据温度管理而定。一般在通风换气前 30 min 停止使用。春秋季节，外界温度较高，日光温室通风的时间早且长，所以施用二氧化碳的时间较短，一般 2~3 h；冬季气温较低，日光温室内通风的时间短，施用二氧化碳的时间长。一般上午黄瓜同化二氧化碳的能力强，可多施或浓度大些；下午同化能力弱，可施用较低浓度或不施。就黄瓜而言，整个生育周期中以前期施用二氧化碳的效果较好。在育苗期，因苗子集中、面积小，施用二氧化碳设施简单，施用后对培育壮苗、短缩苗龄等都有良好的效果。日光温室内定植的黄瓜宜于结果期施用二氧化碳，因为此期植株对二氧化碳的吸收量急剧增加，及时施用二氧化碳能够促进果实膨大。如开花结果前过多过早施用二氧化碳，将因株体库容体积小，只能使茎叶繁茂，对果实产品经济产量并无明显提高，得不到较好的效果。因此，日光温室内施用二氧化碳必须时间、浓度都适宜，才能获得增产、优质的效果。

2）人工施用二氧化碳的方法

（1）施用固体二氧化碳颗粒气肥　从市场上购回固体二氧化碳颗粒气肥，施用时将 1 kg 固体气肥，倒入容积为 10 L 左右的塑料桶（盆）内，用木棍捣碎。再称取 1 kg 碳酸氢铵（辅剂），将其捣碎后也倒入桶（盆）内，搅拌均匀，然后加入 100 g 左右清水，并加以搅拌，随即就会产生大量的二氧化碳气体，等反应减慢后，再加 300~400 g 水，用木棍间断搅拌，此时要注意，防止泡沫溢出。通常加水后 10 min 将有 85% 二氧化碳释放出来，余下的在 1 h 左右释放完。反应完后的残余物含有 0.75 kg 左右的硫酸铵，可回收当作肥料使用。每天每亩设 10 个气体释放点，使用 3 kg 气肥，3 kg 碳酸氢铵，可释放出二氧化碳 1.5 kg，可使室内二氧化碳浓度达到 1 000~1 100 mg/m³。此方法释放二氧化碳不需要任何设备，操作简便安全，只是释放时间较短。

（2）燃烧法产生二氧化碳　采用天然气、煤油等，用二氧化碳发生装置补施气肥。一般 1 L 煤油（0.82 kg）可产生约 2.5 kg（1.27 m³）的二氧化碳气体；1 kg 的天然气可产生 3 kg 的二氧化碳。

（3）化学反应法产生二氧化碳　目前主要采用碳酸氢铵和硫酸反应产生二氧化碳。1 亩的日光温室，均匀悬挂 12~15 个塑料容器，高度与植株生长点持平。使用前要先将浓硫酸按水∶酸 =3∶1 进行稀释。稀释时将预先定好量的浓硫酸沿容器壁慢慢倒入水中，边倒边缓慢搅拌，切勿将水往盛硫酸的容器中倾倒，否则会发生事故。

将已稀释的硫酸分盛于容器中，每日将 1 d 所需的碳酸氢铵在 9~12 时，分 2~3 次投入。碳酸氢铵的用量可比参考用量略多些。待容器内所盛的稀硫酸中不再冒气泡时，该反应结束。可将剩余液加水 50 倍稀释作追肥用，或废弃不用。气肥原料用量见表 7-1。

表 7-1　1 亩日光温室增施 CO_2 配料表

室内二氧化碳浓度达到量（mg/m³）		400	550	850	1 050	1 300
原料（kg）	浓硫酸	0.275	0.685	1.480	2.040	2.750
	碳酸氢铵	0.465	1.165	2.515	3.470	4.650

（4）液态二氧化碳直接释放法　把液态二氧化碳经压缩装在钢瓶等容器内，在保护地内打开钢瓶阀门直接释放。

（5）用二氧化碳发生器施用二氧化碳（图 7-22）　该系统的气源部分由二氧化碳液化气钢瓶和减压阀组成，气体输送部分由气路组成，气路由带有小孔的塑料管组成二氧化碳气体扩散管（造价每米 3 元），管外径 20 mm，管内径 16 mm，小孔间距 1.2 m，小孔直径 1 mm。电气控制部分包括气体检测器、光度检测器、电磁阀和控制电路。气体和光度所检测的信号综合参数达到所设定值时，控制电路给出开启信号，电磁阀吸合，打开气源向气路充气，气路工作压力在 0~6 MPa。

图 7-22　CO_2 发生器补充 CO_2

二氧化碳施肥关键是在上午。二氧化碳施肥期间切勿放风，防止二氧化碳散逸到日光温室外，这与将日光温室严密封闭提高室温措施相一致。晴天光照充足要重视二氧化碳施肥，阴天寡照可以不施用。

3）防止日光温室内产生有害气体　有机肥料在施入日光温室前2~3个月，要充分进行发酵腐熟，以杀灭有机肥料中带有的病菌和虫卵，减少蔬菜病虫害发生和防止施入日光温室后产生氨气、二氧化氮等有害气体。使用的地膜、防水膜和棚面膜都必须是安全无毒的。不可用再生塑料薄膜。不冲施氨水、碳酸氢铵、硝酸铵等易挥发或淋失的化肥。以尿素、碳酸氢铵等化肥作基肥时，要与过磷酸钙混合后沟施深埋。以尿素、硝酸钾等作追肥时，要采取随水冲施的方法，且要适当少施勤施。若采取开穴或开沟追肥，一定要随追施，随埋严，追后及时浇水。不可在日光温室内追施未经发酵腐熟的畜、禽粪便等易挥发气体的肥料。及时放风。不能因施用了二氧化碳，就不再放风。

4. 水肥管理　转折期内应使植株顺利地由营养生长为主转到以生殖生长为主的开花结果期，必须在栽培技术上采取一定的调控措施，这段时间内绝不能追肥，也不能浇水。否则，不仅对生长转折不利，反而更容易使病害发生。如果此期阴天过程少，日照时数多，日光温室内温度高，植株极易徒长，供应水分则更加重了植株徒长趋势，因此这段时间更要控制水分。为平衡植株长势，做到整体丰产，可在此期为弱小苗浇偏心水，施偏心肥，促弱转水。

1）水分管理　主要管理对象是土壤浇水和降低室内空气湿度。结果期植株耗水量大，植株对水分供应不足有明显反应，但不能等到植株缺水症状明显时才浇水。另外，切记该阶段内即使诊断出黄瓜缺水，阴天及下午也不能浇水，要选择冷尾暖头的晴天 8~11 时进行浇水。土壤浇水要看天、看地、看作物长势，并严禁浇灌沟渠水、河水、坑塘水及远距离井水、含有害矿物质的水。

（1）看天　浇水当天及前后两天都应是晴天，浇水要在 11 时前结束，以免浇水后不能及时放风排湿，致使室内湿度过大，引发和加重病害的发生及浇水后地温不能及时回升，造成沤根现象。

（2）看地　主要是看土壤的墒情、地温的高低来决定浇水次数、浇水时间及浇水量。值得注意的是，日光温室内由于蒸发力较强，且地面覆有地膜，地下水分受空气引力的影响，多集中于地表0~5 cm土层中，但黄瓜的主要根群都在5~20 cm，以10 cm左右最多。因此，不能光看地表面有墒就不给黄瓜浇水，看地时要依地表以下10 cm深处的墒情足、缺进行水分管理。

（3）看作物长势　在日光温室内黄瓜的叶色及卷须最能表现出水分丰缺状况。正常情况下黄瓜倒5叶表现为第一叶嫩绿、第二叶黄绿、第三叶浅绿、第四叶油绿接近第五叶叶色。若倒3叶与下部叶颜色一致，倒2叶的卷须出生后呈弧状下垂，便是缺水的象征，此时要及时浇水。土壤缺水，植株长势较弱，影响根瓜膨大。植株长势旺，土壤不缺水，可推迟到根瓜收获后，但一定要做到此期即使植株长势较旺，也不能控水，此期缺水，会严重影响后期产量。

（4）放风管理　降低空气湿度的主要措施是放风。放风主要有四种作用：降温、降湿、增加室内二氧化碳和排出室内有害气体，而通常又以降温为主。为降温的放风多于晴天中午高温时进行。为降低空气湿度的放风宜在早、晚低温时进行。

具体做法是：夜间温度在12℃以下，叶面易结露水。为防止夜间低温，应适当早盖草苫。晴天夜间室内外有气温逆转现象，即使不存在气温逆转现象，也是拂晓时温度降至最低点，湿度达到饱和时放风，日出后关闭风口，使温度升到29℃，植株在高温、高湿条件下进行光合作用。下午适当通风，使室温降低到20~23℃，夜间12~15℃，最高不超过17℃。当夜间室外最低温度在12℃以上时，可昼夜通风。

2）肥料管理

（1）追肥原则　肥料管理的措施主要是追肥，追肥与否要依据黄瓜基肥施用量的多少、种类、性质、质量和黄瓜植株长势而定，此期由于形成产量较少，在一般水平的基肥条件下，一般不会缺肥。但黄瓜果实生长快，对肥料特别敏感，经验证明，黄瓜吃"荤"不吃"素"。"素"水（清水）浇后易出现畸形果，因此，每次浇水都要追肥，同时要注意将腐熟的禽畜粪尿或饼肥与化肥交替冲施（即化肥水—有机肥水—化肥水交替施用）。施肥时严禁施用含有害物质或易产生有害物质的化肥（如碳酸氢铵、氯化铵）。

（2）追肥种类与数量　在按要求施足基肥的日光温室内，每次追尿素 20 kg/ 亩。若基肥不足可适当加大用量或改变追肥种类。追肥品种可用尿素、磷酸二铵、硝酸钾、硝酸磷肥、鸡粪等，其中硝酸磷肥及腐熟鸡粪是比较理想的追肥品种。由于日光温室内化肥利用率比露地高，因此要适量少用化肥。生产实践表明，过量施用化学肥料，会出现肥害，这不但是当前越冬茬黄瓜低产的重要原因之一，而且也是日光温室黄瓜品质较差的主要原因。农业化学研究结果已对不同土壤每次最大施肥量做了限定，见表 7-2。

表 7-2　各种肥料一次施用最大量（kg／亩）

数据　肥料种类　＼　土壤种类	沙土	沙壤土	壤土	黏壤土
硫酸铵	—	18~36	24~48	24~48
尿素	6~10	10 ~18	12~24	12~24
复合肥	18~30	24~36	36~40	36~50
过磷酸钙	24	36	48	48
硫酸钾	3~9	6~12	9~18	9~18

一般情况下，黄河冲积土形成的土壤内和有机肥料中所含的钾元素基本能满足黄瓜植株的需要，但为了促进植株体内物质运输和产量形成，可以少量追施钾肥或叶面喷施磷酸二氢钾，浓度不超过 0.2%，要注意磷酸二氢钾的纯度，杂质过多对叶片有危害。氯化钾慎用或最好不用，氯化钾中的氯会导致叶片老化变脆。

其他元素一般情况下不缺乏。有些棚室有时会出现缺钙。大多数情况下是由浇水不及时引起的干旱或土壤溶液浓度过大或温度骤变等导致的土壤中有钙而植株不能吸收，这种情况称为生理性缺钙。可增加浇水量改善植株对钙的吸收，或向植株喷 0.4% 氯化钙＋萘乙酸 20 mL/L。

黄瓜追肥一般是在浇水时随水冲施相应的化学肥料，若是沙质土壤还要采取少量多次的原则。

5. 植株管理　主要是对黄瓜茎、叶、卷须、花蕾、果实的管理。

1）茎、叶、卷须的生物学特性

（1）茎　茎蔓生，中空，4棱或5棱，生有刚毛。5~6节后开始伸长，不能直立生长。茎蔓脆弱，易折断，叶大柄长，叶片不能自然在茎蔓上合理分布，故需人工搭架整理。第三片真叶展开后，每一叶腋均产生卷须。

茎在环境条件适宜时，具无限生长习性，其长度取决于类型、品种和栽培条件。露地春黄瓜茎较短，一般茎长1.5~3 m；保护地黄瓜茎较长，可长达5 m以上。茎的粗细、颜色深浅和刚毛强度是植株长势强弱和产量高低的标志之一。茎蔓细弱、刚毛不发达，很难获得高产；茎蔓过分粗壮，属于营养过旺，会影响生育。一般茎粗0.6~1.2 cm，节间长8~12 cm为宜。

黄瓜具有不同程度的顶端优势。顶端优势强的品种，以主茎结瓜为主，顶端优势弱的品种，以侧蔓结瓜为主。

（2）叶　黄瓜的叶分为子叶和真叶。子叶储藏和制造的养分是秧苗早期的主要营养来源。子叶大小、形状、颜色与环境条件有直接关系。在发芽期可以用子叶来诊断苗床的温、光、水、气、肥等条件是否适宜。

真叶为单叶互生，呈5角形，长有刺毛，叶缘无缺刻，叶面积较大，一般200~500 cm²。叶片的寿命一般为50~80 d，光合同化率最高的叶龄为展开后10~40 d。

叶片肥大，叶柄长，为掌状全缘长柄大叶。

叶片薄，叶片大小与品种有关，更与栽培环境有关；叶腋有腋芽或花芽原基。

叶片容易感染病害，主要是叶片保卫组织和薄壁组织弱所致，叶片容易吐水；日光温室内空气湿度大，叶片也容易凝结露水；不同品种抗病性不同；高产植株长相未必茎秆粗壮，叶片肥大。

黄瓜之所以常浇水，不仅因为根浅，而且也和叶面积大，蒸腾系数高有密切关系。

就一片叶而言，未展开时呼吸作用旺盛，光合成酶的活性弱。从叶片展开起，净同化率逐渐增加，展开10 d左右发展到叶面积最大的壮龄叶，净同化率最高，呼吸作用最低。壮龄叶是光合作用的中心叶，应格外用心加以保护。叶片达到壮龄以后净同化率逐渐减少，直到光合作用制造的养分不够呼吸消耗，失去了存在的价值，应及时摘除，以减轻壮龄叶的负担。

叶的形状、大小、厚薄、颜色、缺刻深浅、刺毛强度和叶柄长短，因品种和环境条件的差异而不同。生产上可以用叶的形态表现来诊断植株所处的环境条件是否适宜，以指导生产。

（3）卷须　卷须是茎、叶的变态器官，在自然条件下，靠攀缘别的物体支撑瓜蔓，日光温室内种植黄瓜，有人工绑蔓，卷须就"无用武之地"，但它能消耗大量养分。为防止其消耗营养，易及早掐去卷须，以便于集中养分向果实和植株运输。一般应在卷须长至3~4 cm时掐去，再早还看不到，晚了掐不动，同时也消耗养分过多。

2）茎叶的管理

（1）搭架　黄瓜蔓生，茎细长，木质纤维少，无论是什么季节栽培的品种都需要搭架。即使是地爬黄瓜品种搭起架来，也可提高产量。

（2）搭架的好处　充分利用光能和地力。黄瓜秧蔓很长，日光温室栽培能长到5 m以上。这么长的秧蔓让其匍匐生长，势必栽培很稀。不但浪费大量土地，不能充分利用空间和光能，而且降低产量，果实贴地易被虫蛀，感病腐烂，搭架可避免以上缺欠，利于合理密植，提高产量。

利于各项操作管理，如追肥、灌水、喷药、中耕、拔草、整枝、摘心、采收、选种等，不进行搭架是无法进行的。

（3）搭架的时期　秧蔓长25 cm以上时进行。搭晚了操作不便，容易伤秧，影响植株生长。

（4）架材　在日光温室内，可用布条、细尼龙丝、聚丙烯绳皮、麻绳等吊蔓材料均可，省工、投资少。

（5）剪老叶　黄瓜生长后期大量采果后，或因发生病害，下部叶片黄化干枯，失去光合机能，影响通风透光。可将黄叶、重病叶、个别内膛互相遮阴的密生叶剪去，深埋或烧掉。但摘叶必须合理。

在生产中可以看到有些田块当植株1 m多高，由于叶片大些就将下部老叶和绿叶一齐剪去，下部光剩果实。这样摘叶会因果实周围无足够的叶片制造养分而使产量和品质降低。

有试验证明，瓜蔓上的功能叶（绿叶）光合强度中部的是下部的5

倍，是上部幼嫩叶片的 20 倍。因此剪除老化叶、重病叶、伤残叶，减少病虫害的传播蔓延及其对株体营养的消耗，意义重大。剪叶一次以 2~3 片为好，不可一次剪叶过多。一般每株黄瓜在坐果期保留 20 片展开叶，就可满足个体高产生长的需要。生长 60 d 以上的叶片外观即使是一片绿色，也已失去同化功能，要及时剪除，以减少营养消耗，保证黄瓜群体间透光良好。

（6）整枝打杈　日光温室栽培的以主蔓结瓜为主的早熟黄瓜品种，在根瓜未坐住之前萌发出来，几乎与叶片生长的同时，侧芽萌发生成侧枝。侧枝具有速熟性，一般长出 1~4 叶即出现雌花，能开花结实。如果放任不管，就会消耗大量养分，主蔓结果减少，摘瓜推迟，品质下降，产量降低；同时侧蔓互相遮蔽，影响通风透光，病虫害加重，因而栽培上必须对瓜蔓进行整理，保证主蔓结瓜，及时打去侧枝、卷须、雄花、顶芽和老叶，使养分除能保证瓜蔓正常旺盛生长外，并能大量运往果实中，使主蔓上的瓜条迅速长大，积累充分的营养，提高产量和品质。故瓜蔓整理是一项极其重要的增产技术。

根据栽培需要，黄瓜主蔓上的侧枝要及时除去。为了促进根系生长和发秧，最初打杈期可适当推迟，一般长足 3 片叶时先将头打去，主蔓旺盛生长时再将全部杈摘除。晴天打杈伤口愈合快，不要在阴天或露水未干时打杈，以免引起伤口腐烂，传染病害。

6. 果实管理

1）花果管理

（1）疏果　为了获得优质果实和提高产量，疏雌花是一项重要措施，尤其是日光温室栽培，不要因为管理工作忙而忽略。日光温室黄瓜在低温短日照时期，雌花很多，有的整个植株节节有瓜，甚至 1 节有多个雌花，坐果过多，由于茎叶养分供应能力所限，化瓜率大大增加，或畸形果增加，影响品质和经济效益，所以雌花在开放前进行疏果。一般每株瓜留 1 条即将成熟的瓜、1 条半成品瓜、1 条正在开花的瓜，1~2 叶留一雌花。

（2）抹除雄花蕾　雄花本能地起授粉作用，但它必须借助于昆虫传粉。在日光温室栽培黄瓜的越冬期，由于温度低昆虫还未出来活动，即便是温度适合昆虫迁飞，但由于日光温室密封较严，昆虫无法进入，不能帮助授粉。再者，由于日光温室栽培黄瓜，常采用外源激素处理，促使黄瓜迅速生长。雄花在发育过程中也消耗不少养分，特别是钾素营养，消耗的最多，人工去雄花，有助于黄瓜的生长发育。去雄花应在看到花蕾时进行，晚了花已开放，植株制造的养分已经消耗。

2）化瓜的生理机制　黄瓜果实在没有授粉的情况下，虽然子房内能生成植物生长素形成果实，但幼果与壮年果实竞争养分的能力有限，养分向幼果供应不足的时候，幼果内的植物生长素含量减少，会导致化瓜（图7-23）。

图 7-23　化瓜

通常单性结实的黄瓜，更容易受到环境条件和营养状态的影响。由于环境不良和营养不足，或者与果实和植株的竞争、养分向花的供应不足时，子房内植物生长的浓度比授粉受精的更低，会使化瓜增多。

3）化瓜的原因　化瓜是黄瓜栽培中普遍存在的问题，直接影响着黄瓜的产量，特别是前期更为突出，如果管理不当，化瓜率可高达50%～60%，甚至更高。出现化瓜的原因很多，诸如品种的差异、温度的高低、光照的强弱、气体浓度的大小、密度的大小、植株的瘦弱或徒长、水肥的不足或过剩、病虫害的发生等。品种不同，化瓜的多少也不一样。

单性结实能力强，苗期内源激素产生的多，化瓜就少，相反化瓜就多。

（1）温度不适引起的化瓜　温度过高，白天超过35℃，夜间高于20℃，光合作用降低，呼吸消耗增强，碳水化合物大量向茎叶输送，瓜蔓明显徒长，造成营养不良而化瓜。温度过低，白天低于20℃，夜晚低于10℃，根系吸收能力受到影响，光合作用不能正常进行，造成营养饥饿而引起化瓜。

连阴寡照低温和骤然降温，以及夜温过高，都可能使黄瓜生长发育失调，营养状况恶化，呼吸消耗多而光合产物积累少，从而引起化瓜。秋冬茬黄瓜如在10月、11月间天气一直晴好，偶遇强寒流侵入并伴有连阴天，此时多出现室外温骤降，室内白天温度也不高。但晚间加盖草苫、纸被后，未经散失的土中储热会使温室夜温彻夜保持在20℃以上，或与白天气温相差无几。这样，白天制造养分不多，夜间呼吸消耗却很高，势必造成大量化瓜。越冬一大茬黄瓜在进入高温管理时，若夜温掌握不当，也会出现大量化瓜。进入春季后，遇倒春寒骤然降温也会引起大量化瓜。由于前期温度回升快，一些温室把草帘撤下，当强寒流袭来后无法进行保护，致使这些温室的黄瓜结瓜停止，并出现大量化瓜。

（2）天气不佳造成的化瓜　黄瓜定植后，雌花大量出现，有的正在开放，或在结瓜盛期，连续阴天，或阴雨连绵，昼夜温差小，加之光合作用受到影响，养分的消耗多于制造，造成营养不良而化瓜。

（3）气体对化瓜的影响　气体中的二氧化碳、二氧化硫、氨气、乙烯等对化瓜的影响最大。

A．二氧化碳对化瓜的影响。黄瓜植株周围的二氧化碳浓度低于300 mg/m³、高于2 000 mg/m³，植株的光合作用受到影响，植物体内积累的碳水化合物减少，雌花发育不良，就会引起化瓜。

B．二氧化硫对化瓜的影响。城市近郊，有的工厂产生的二氧化硫气体随风飘荡，可以飘浮到瓜田；保护地里用煤火加温，常常由于含有硫质的煤，经过燃烧产生二氧化硫气体，未经腐熟的畜禽粪及油饼等有机肥料在分解过程中，也能释放少量的二氧化硫气体。二氧化硫气体遇水（或空气湿度较高时）生成亚硫酸（H_2SO_3），能直接破坏叶绿体而使植株受害，同时影响光合作用的进行。

当空气中二氧化硫含量达到 0.1~0.2 mg /m³ 时，经 3~4 d，黄瓜表现出受害症状而化瓜，达到 1 mg /m³ 左右时，4~5 h 后，敏感的黄瓜表现出受害症状而相继出现化瓜，当含量达到 1~2 mg /m³，并遇上足够的湿度（如阴雨天，雾天或保护地里通风不良等）时，黄瓜植株受害，甚至死亡。

C. 氨气对化瓜的影响。在露地或保护地里，氨气主要来源于有机肥料的分解，在高温时铵态氮肥的气化等。

在一般情况下，氨气是可以被土壤水分所吸收，并被作物吸收利用。但高温使氨气逸散到空气中，当含量达到 5 mg /m³ 时，可使黄瓜受到不同程度的危害，黄瓜对氨气最敏感。当含量达到 40 mg /m³，经 24 h 不仅化瓜，甚至植株枯死。

D. 乙稀对化瓜的影响。聚氯乙烯薄膜在使用过程中也可挥发出一定数量的乙烯气体，从而危害黄瓜。煤气厂、聚乙烯厂、石油化工厂和汽车等都能排放大量的乙稀气体危害黄瓜。当空气中乙稀浓度达到 0.1 mg /m³ 时，敏感的黄瓜叶片表现下垂、弯曲，进而失绿变成黄色或白色，严重时死亡。乙稀由气孔进入植物体内，而且很快扩散到整个植株，进而引起植株生理失调，化瓜十分严重。

E. 光照对化瓜的影响。光照的强弱、植株密度的大小、架形的合理与否都对化瓜有一定的影响。

黄瓜雌花对光反应敏感，光照不足，子房发育不良，开花时成为小子房，单性结实能力降低而化瓜。正常生育需要 4 万~5 万 lx 的光照，如出现 3~5 d 每天只有 1 000~3 000 lx 光照的情况，就会化瓜。

密度大，田间郁闭，光照不足。行距小，如等行距种植，行距小于 0.9 m、大小行平均行距不足 0.9 m 或小行距小于 0.7 m、主副行栽培副行拔除不及时、采用人字架架蔓等，都会造成行间遮阴，光合产物少，植株易徒长，小瓜长期不长，因而发生大量化瓜和霉烂。

黄瓜定植密度的大小，直接影响光能利用率的高低。密度大，根系竞争土壤中的养分，而地上部茎叶竞争空间，当叶面积指数达到 4 以上时，透光透气性降低，光合效率不高，消耗增加。密度超过 4 000 株 / 亩时，叶子互相嵌合，遮阴严重，化瓜率提高。

F. 水肥对化瓜的影响。光合作用与根吸收土壤中的水肥有关，同化物质的运输也是以水分为介质进行的，吸收养分同样是以水分为载体进行的。如果水肥供应不足，土壤含水量低于20%，根系不能很好发育，植株瘦弱，叶片小而发黄，叶绿素含量减少，光合作用受到影响，光合产物下降，同化物质的积累减少，雌花营养供应不足，就会引起化瓜。如果水肥过多，土壤含水量高于27%，特别是氮肥过多，植株徒长；空气湿度过大，容易引起病害，也会使化瓜增加。

土壤干旱缺水，或灌水过大，湿度大，根系吸收功能受阻，不仅会出现化瓜，而且还会出现弯曲、大肚和尖嘴畸形瓜。塑料日光温室土壤缺水往往不易察觉，由于棚膜滴水常使地表出现潮湿泥泞，但此时地下部有时会严重缺水。如果只看地表的泥泞而忽视了土壤深层缺水干旱，往往会使黄瓜长期处于干旱状态，化瓜就不可避免。灌水过大虽然可能是由于浇水次数过于频繁，但就大多数情况而言，浇水过大通常是在把垄作改为畦作，在平畦内浇水而造成的。

追用速效氮肥过早，水肥和温度管理不当引起茎叶徒长时，也会造成雌花减少，化瓜严重。一些农户求早心切，盲目地提前追肥浇水，秧苗徒长，坐瓜少。

G.病虫害对化瓜的影响。黄瓜病害甚多，如霜霉病、角斑病、白粉病、灰霉病、炭疽病、黑星病等叶部病害直接危害叶片，造成叶片坏死，使得光合作用无法进行而导致化瓜。蚜虫、茶黄螨、白粉虱、红蜘蛛等害虫，通过吸取叶片汁液，造成黄瓜生长不良而引起化瓜。

H.不合理的采瓜对化瓜的影响。当商品瓜成熟以后，或有畸形瓜、坠秧瓜，如果不及时采收，就会吸收大量的同化物质，使刚开放的雌花因养分供应不足而造成化瓜；当蔓上的半成品瓜也全部采收，植株上全剩下刚开放或未开的雌花的情况下，这时由于顶端生长优势的原因，营养物质集中供给植株生长所需，造成徒长，导致严重化瓜。

植株生长瘦弱，大瓜不能及时采摘，瓜胎不能及时得到充足的养分和水分而化掉。

I.外源激素对化瓜的影响。黄瓜育苗时，特别是冬春茬、春提早育苗时，当时的环境条件特别有利于雌花的分化，如果再多次使用乙烯利、增瓜灵等来促进雌花分化，就会造成雌花过多，几乎表现为接近雌性系的品种，也会有大量的雌花瓜胎化掉。

J. 施药对化瓜的影响。喷用不适宜农药、喷药浓度过高时，轻度危害可能使叶片正常的生理活动被破坏，而药害严重时就会使叶片受到伤害，特别是使一部分功能叶凋萎干枯，以及病虫危害造成的功能叶干枯等。植株体所制造的养分无法满足结瓜需要时，化瓜就不可避免。

4）化瓜的防治　化瓜是一种生理表现。要使化瓜减少或将化瓜降低到最低水平，必须人为地协调环境因子，科学管理，采取化控栽培。日光温室栽培一定选择耐弱光、耐短日照、抗严寒的品种。这样就可减少化瓜。假如品种选择不对路，就容易出现化瓜。

在黄瓜栽培过程中，调控良好的生长发育环境很重要。黄瓜的生育要有合适的温度，栽培时一定要给予满足。低温时注意加温，高温时及时放风，切不可疏忽大意。总之，白天温度在 20~32℃，夜晚在 15~18℃，有利于碳水化合物的制造、运输和积累，化瓜可大大减少。

日光温室栽培过程中，当遇到连续阴雨天，采取叶面喷施糖氮液（1% 磷酸二氢钾 +1% 葡萄糖 +1% 尿素），使植株的营养状况得到一定的改善，可以减少化瓜。

黄瓜日光温室栽培，容易出现二氧化碳浓度过低，常低于大气中的浓度（300 mg /m³），有时会低到植物难以忍受的程度（100 mg /m³ 以下）。通过放风、空气对流，增加日光温室内二氧化碳浓度，或补充二氧化碳施肥，或在日光温室内增加有机肥施用量，加强光合作用，减少化瓜，增加产量，所以日光温室放风是很重要的技术环节。同时在追施二氧化碳气肥时，其浓度不要超过 2 000 mg /m³。

为减轻或避免二氧化硫气体的危害，减少化瓜率，日光温室加温的烟道必须畅通，不漏烟；加温炉灶一定要设在日光温室外；有机肥料要充分腐熟后再施用，管理上要加强通风。

为避免氨气对黄瓜造成化瓜，在施用厩肥、鸡粪、油饼、豆饼等有机肥时，必须充分腐熟之后再用；氮素化肥最好和过磷酸钙混合使用或深施到土壤里；少用尿素；追肥后要加强通风。

为避免乙烯造成化瓜，使用聚氯乙烯薄膜作为覆盖材料时，扣膜初期要特别注意通风换气。在距煤气厂、聚乙烯厂、石油化工厂比较近的日光温室，要避免种植黄瓜等对乙烯比较敏感的蔬菜。

在黄瓜日光温室栽培管理过程中，要求采用先进的灌水方法，科学灌水；合理施肥，不是施用肥料越多越好，过去那种"粪大水勤不用问人"的管理方法是不科学的。在黄瓜生长发育期间，应密切注意病虫害发展动态，对病害首先是防，其次是治。虫害防治的策略是治早、治小、治少。采收瓜时，及时多收商品成熟瓜、畸形瓜和坠秧瓜，但绝不要抢摘半成熟的小商品瓜，以便把化瓜的危害降低到最低限度。在搞好环境调控的基础上，黄瓜要搞好化控栽培。

化瓜的原因很多，要正确分析是属于正常的化瓜，还是由于环境不适或管理不当造成的化瓜，以便采取相应的措施加以克服。通常，通过适当的稀植，加强通风透光，培育壮根，适时早摘根瓜，防止过于干旱和一次浇水过大，防止温度忽高忽低，特别要注意连阴天和骤然降温的不利影响，注意保温和适度的昼夜温差，防止补温过度，特别是防止夜温过高，充分利用阴天下的散射光，同时注意加强肥水管理和病虫害防治，就可以大大减少非正常的化瓜。

在植株生长正常，管理也比较好，出现大量非正常化瓜时，使用促进坐果的坐果灵等药剂涂或喷瓜胎（不能整株喷洒）也有一定效果。

7. 黄瓜化控栽培　所谓黄瓜化控栽培，就是利用植物生长调节剂作为一项常规措施导入种植业，使它与良种、环境管理等多种要素组成新的黄瓜种植体系，使黄瓜更接近于按目标设计的可控制流程生长。

黄瓜化控栽培的特点之一是具有可调控性。黄瓜在传统栽培方法中，由于缺乏影响器官形成的手段，所以对黄瓜遗传特性无法进行"修饰"，从而难以提高黄瓜对肥、水、光、热的转化能力，黄瓜传统栽培方法也缺乏改善环境的条件，不能使黄瓜生长发育有更好的物质保证和安全保障，故化瓜较多，产量很低。黄瓜化控栽培工程可以弥补传统栽培方法中的缺陷。通过植物生长调节剂，可控制黄瓜的激素水平，修饰基因表达，使基因能够在一定程度上超越原有外界条件的限制，而塑造出一个在常规条件下不能实现的、较为理想的个体造型和群体发育进程，如促进花芽分化，长蔓矮化，中晚熟种变早熟，早熟种更早熟，促进细胞伸长，减少化瓜，抑制和促进雌雄花的出现，从而突破速生、密植、早熟的极限，创造高产与稳产相兼的新水平。

黄瓜化控栽培的特点之二是具有技术的综合性。使用植物生长调节剂，既能使瓜蔓节间缩短，又能改变黄瓜的生长、开花、结果等生理现象。但是，这些直接效应既不能代替合理的施肥、灌溉、病虫害防治等常规栽培管理中的任一环节，也不能弥补某一环节的失误。相反，这种技术要求实施综合设计，要求将化学调节剂与黄瓜品种、株行配置、肥水管理结合起来使用，使诸多因素融为一体，形成新的技术体系，才能达到预期目标。

目前，世界上一些先进国家非常重视并采用了农作物化控栽培工程，迄今全世界大约有100种植物生长调节剂问世。国外有人认为，植物生长调节剂的出现及成功的应用，是第二次绿色革命的开始。

我国的农作物化控栽培技术，还处于发展阶段，和先进国家相比还处于落后地位。为了改变这种状况，国家十分重视有关农作物化控栽培工程项目的安排、实施和推广，并强调在实施和推广中要建立健全社会化服务体系。

黄瓜是高产作物，实行化控栽培技术，不仅可以解决化瓜问题，同时，是取得黄瓜生产高产、稳产、优质的一项技术保证。

七、采收

1. 黄瓜果实的发育周期　　黄瓜果实从开花到商品瓜成熟（也称技术成熟）需要的天数与品种、栽培季节、栽培方式、温度的变化有关。果实在正常的生长发育情况下，膨大生长曲线呈硫形。开花后3~4 d瓜的生长量比较小，从开花后5~6 d起迅速膨大，果实重量大约每天增加1倍，到10 d左右稍稍变缓，但每天也增重30%。黄瓜果实成熟的速度在有光照的情况下与温度的关系特别密切。日平均温度13℃时，瓜条生长天数为20 d，16℃时为16 d，18℃时为14 d，23℃时为6~8 d。以上生长天数为商品瓜成熟期。采种瓜从开花到成熟需45~50 d。

2. 黄瓜果实在一天内生长的规律　　据调查，黄瓜果实在一天内每小时的生长量都不同。从13~17时，果实生长量显著的少，平均每小时只长0.3~0.6 mm；从17~18时的1 h内，突然增至最大值，平均每小时伸长2.7 mm，是果实生长最旺盛时期。此后，生长量随时间的推移逐渐减少，到翌日6时几乎停止生长。

3. 采摘期的确定　黄瓜的采摘应根据产品处理方法不同灵活掌握。如果进行采种，应在果实完熟期采收，或者在果实成熟期收后经后熟再采种。

如果作为商品上市，应在商品成熟期采摘，随摘随上市。黄瓜采收的过程，从一定意义上说，也是调整营养生长和生殖生长的过程。如适当早摘根瓜和矮小植株的瓜，可以促进植株的生长；空节较多的生长过旺植株，要少摘瓜，晚点摘可控制植株徒长。要达到以上目的和产量的提高不受影响，必须了解果实生育规律和掌握采摘时期与方法。

4. 采摘时间的确定　根据以上黄瓜果实日发育的规律，以及商品瓜和采种瓜的不同成熟期，为了提高产量，一般应在早晨摘瓜，而不应在下午摘瓜。如果下午摘瓜，由于温度高，果柄的伤口失水多，不仅影响品质，产量降低、经济效益差，而且病菌也易从伤口侵入。日光温室黄瓜采瓜的时间以早晨揭苫后至 10 时为好。

5. 商品瓜采收标准　商品瓜应按产品销售点的消费习惯进行，一般采摘商品成熟瓜，同时也摘掉畸形瓜、坠秧瓜和疏果瓜。商品成熟瓜在各地有不同标准，在各个不同生育阶段又有各自的标准，采收初期，由于植株矮小，叶片的营养面积小，商品瓜的果实小，一般 1 条瓜 100 g 左右，早采收可促进营养生长旺盛，使采瓜盛期早日到来。结瓜盛期，商品瓜的果实大些，一般 1 条瓜 200 g 左右，这时植株生长旺盛，有条件将果实长得大些，同时，不会因为采瓜后导致植株旺长。结瓜后期，植株逐渐衰老，根系吸收能力减退，叶子同化作用降低，采收的商品瓜果实小些，一般 1 条瓜重 150 g 左右。无论什么时期采收，商品瓜的统一标准应是果实表皮鲜嫩，瓜条顺直，未形成种子并有一定重量。

科学采收是调整植株营养生长和生殖生长的有力措施，所以采收黄瓜绝不是见瓜就摘，也不是养成大瓜才摘。而是幼果长到一定的大小时，根据植株长势适时采摘。过早过晚采摘，都会影响产量和品质的提高。

（1）采瓜原则　采摘黄瓜要依植株的长势和日光温室内环境条件而定。旺株采大瓜，弱株采小瓜；环境条件好采大瓜，反之采小瓜。

（2）采瓜方法　采收黄瓜的方法是一手抓住黄瓜，一手扶稳黄瓜植株，抓住黄瓜的手轻轻一转，黄瓜就与瓜柄脱离了。幼果采摘后，要轻拿轻放，为防止顶花带刺的幼果创伤，最好随采瓜随放在可装

20~30 kg 重的竹筐、木箱或塑料箱中，箱周围垫蒲席和薄膜，这样可以长途运输。

6. 保鲜增值　接近春节期间采收的瓜，可通过储藏延后上市，以增加种瓜的经济效益。

（1）硅窗保鲜袋储藏　贴有橡胶硅窗的塑料保鲜袋，实际上是硅窗气调袋。它是通过硅窗能透过适量的氧、二氧化碳和乙烯，保持湿度，使新鲜黄瓜既处于一个微氧呼吸，又不产生二氧化碳毒害，又不急速失水的状况下，因而可以延长黄瓜的寿命，保持原有色泽和风味不变，起到保鲜的作用。但保鲜袋本身不具备防病的作用，受病害侵染过的黄瓜在储藏期间仍然可能腐烂。

保鲜袋上部贴有一块按限定储藏量计算出来的橡胶硅窗。但新购进保鲜袋上硅窗常是由塑料袋上的薄膜封闭着，称为护膜。护膜需在使用中自己动手剪开。

黄瓜在采收前一夜，最好结合防病用百菌清烟剂熏一次，杀死黏附在黄瓜表面的病原菌，起到消毒杀菌作用。装袋时不宜太满，袋上部留有 1/3 的空间。装袋后扎口时，在袋口上放置一段可以连通袋内外的细塑料管，以帮助换气排湿。保鲜袋宜站立置放，使顶部呈屋脊状，看到袋壁上附有大量的水珠时，需搞一次开口放湿，并剪去硅窗上的护膜，把硅窗全部暴露出来，开始利用硅窗的调气作用。储藏黄瓜的适温是 10~13℃，储藏 20 d 左右问题不大。在储藏中温度稳定很重要，即使温度低一些，只要不忽高忽低，也可达到预期目的。

（2）日光温室内挖坑储藏　在生产黄瓜的日光温室的后坡下，挖一个深 50~60 cm 的长条土坑，将黄瓜摆入其中，上盖塑料布，再覆盖纸板、麻袋等，利用土壤中的水分保持储藏湿度，一般可存放 10~15 d。

八、越冬期（12月中下旬至翌年2月上旬）的看苗诊断与管理技巧

1. 植株形态诊断指标　植株节间长短均匀一致，节间长度 10~12 cm，叶片平展，植株有功能绿叶 15 片以上，叶柄长为节间的 1.5~2 倍，叶柄与茎的夹角呈 45°±2°，雌花开放的节间距离龙头

40 cm±5 cm。雌花色艳，花瓣大，子房较长，且朝下开放，瓜条顺直、表现刺瘤满而且表面有光。卷须嫩绿粗壮，长而无弯，与茎呈45°。此长势长相直到拉秧均可作为看苗管理的参考指标。

2. 看叶诊断

（1）药害　本阶段黄瓜生长慢，病害多，施药也多，稍有不慎，极易发生药害。叶片边缘呈墨绿色萎缩，叶片或幼嫩茎尖、叶柄呈水烫状斑点、斑块，进而青枯坏死，形成干枯病斑，病部与健部分明，且多发生在中上部幼嫩组织的叶片或生长点，原因是施药浓度大或施药时间不当，如气温高时施药，药物没来得及被叶片吸收而稀释药液的水分已被大气蒸发完，造成局部离子浓度过高，叶片细胞水分外渗或被药物灼烧引起（图7-24）。

图 7-24　药害

叶片上卷、畸形、发皱、黄化或萎蔫。严重时叶片卷而不展，老化发脆，茸毛变黑，生长停止等，多属于施用含铜离子、锰离子的药物浓度过高或次数较多，施用植物激素用量、用法不当，浓度配比过高或药液滴到叶片上所造成。

（2）肥害　植株中部叶缘出现镶金边状（图7-25），组织一般不坏死，上部叶片变小，部分叶片呈降落伞状，生长点紧缩，刨根观察见

图 7-25　肥害

根呈锈色，根尖齐钝。多属因施肥过多，地温低，土壤溶液浓度过大造成的生理病害，如铵盐毒害、缺钙等。

心叶烂边干枯。多因地温低，土壤水分过多造成沤根或受生粪烧根引起。一侧叶片部分干枯，另一侧正常，多因相应部位地下根系受地下大块有机肥分解时产生的毒素或热量损害所致。

（3）温度、湿度不适　中下部叶片正常，上部叶片边缘向上卷曲，稍呈萎蔫状，是因夜温较高，提早放风、气温陡然下降引起。严重时可影响叶片的正常生长，以致叶片不能正常展开。

中部叶片边缘似水烫，叶面上出现多角或圆点状小渍斑，太阳出来后，随着温度升高，空气相对湿度降低而消失，是水分过多所引起。

中下部叶有徒长现象，上部茎变细，叶变小，卷须很弱，龙头出现燕麦状弯曲，或小叶片紧聚，出现花打顶，甚至生长点消失，这是定植后转折期内追肥浇水过早未能很好地促根控秧，遇到长期低温根系活力减弱、营养生长削弱所引起。

（4）气害　黄瓜的中部叶片，最初叶片和叶脉间有水浸状斑纹，2~3 d 后变干枯，这是有毒气体危害所致。

当出现氨气危害时，组织变褐色，叶片边缘和叶脉间黄化，叶脉仍绿，后逐渐干枯。

作物叶片的气孔处先呈白色斑点，然后危害叶肉，病部凹陷后全部变漂白致死，但叶脉仍呈绿色，是受亚硝酸气体危害所致。

明火加温出现二氧化硫危害的症状是，轻者叶片组织失绿白化，重者组织灼伤。二氧化硫主要危害功能叶和上部嫩叶。

（5）缺气　在设施内栽培的黄瓜，各种条件皆适宜，但黄瓜的果实生长较慢，植株各部位形态皆正常，既不见虫又不见病，这是通风时间过短室内缺乏二氧化碳所致。

无论发生何种气害，都表现为受害部位与健壮部位界限分明，从叶被看受害部位凹陷，在高湿条件下，病斑上既不溢出菌脓也不长出菌丝。

以上介绍的只是黄瓜的生理性病害，病理引起的植株长相失常，见病害防治部分。

3.看卷须诊断

（1）缺水　早晨揭开草苫时，日光温室内黄瓜的卷须呈弧状下垂，说明植株缺水。缺水的原因一是土壤干旱；二是地温过低，根系失去吸水功能所致。

（2）营养不良　卷须细而长，卷须刚出生，尖端便显现老化变黄，表示植株营养状况欠佳，为生病的先兆。

卷须呈钩状或圆圈状卷曲，这是黄瓜植株细胞液浓度低的反应，表示植株营养状况不良或植株已经老化。

卷须前端色深，但整个卷须看起来色淡发黄，表示全株衰弱，这些症状预示病害即将发生。

4. 看茎诊断

（1）水肥充足光照不足　植株茎弯曲，节间短，叶片小，颜色浅。

（2）缺肥多水　在肥料不足，仅靠水分进行生长发育时，主茎细而直，叶色很淡。

（3）徒长　茎过长、过细是生长势弱、徒长的表现。

（4）老化　茎过粗、过短是生殖生长过旺、老化的表现。

（5）其他　茎叶生长繁茂，节间伸长，开花节位下降，距顶端距离大于 50 cm，下部化瓜严重。可能与高夜温、高地温、行距小、植株互相遮挡光照、光照不良、氮肥或水分过多等原因形成的徒长型植株有关。育苗期温度高，雌花分化形成晚且数量少，仍按正常苗进行温度和肥水管理时，也会出现上述情况。

5. 看花诊断

（1）正常花　幼小瓜胎果柄直径大于 3 mm，雌花鲜黄色，瓜胎长大，花向下开放，是植株生长正常的表现。

（2）弱花　幼小瓜胎果柄直径小于 3 mm，雌花浅黄色，瓜胎短小，花向上或横向开放，是植株长势衰弱的表现。

（3）雌花开放节位高　雌花节位与顶端距离少于 30 cm，甚至形成簇状"花打顶"，可能是由于低地温、过低夜温、干燥或水过多、肥多或缺肥、结瓜过多未能及时采摘等，一个或多个因素造成的植株老化型或结果疲劳型。

6. 看瓜诊断

（1）瓜胎生长慢　茎叶繁茂，瓜胎多而稠满，雄花簇生，雌花竞相开放，但迟迟见不到甩瓜。常因水肥充足，引起营养生长过盛而使生殖生长受到抑制所致。

（2）高温危害　瓜码稠密，但瓜胎瘦小多上举，下部幼瓜先端细而弯曲，或瓜秧生长正常，虽有少量正常瓜，但多数瓜先端细而弯曲，结瓜数量不多，可能是品种不适于日光温室的高温环境或高温管理所致。

（3）畸形瓜　进入采瓜期，外界条件是否适宜，植株生育是否正常，除了可按结瓜及根瓜膨大期植株长相判断之外，主要是从瓜条形状上进行识别。外界条件适宜，植株生育正常时，植株早期结出的瓜瓜条顺直，呈细圆筒形，先端稍细。甩瓜速度快，瓜色正常。结瓜后期植株衰老时产生各种畸形瓜不足为奇，但若在结瓜初期和盛瓜期大量出现弯曲、大肚、尖嘴、细腰、苦味瓜时，则属于生育异常。

（1）弯曲瓜　茎叶过密，特别是行距窄，植株郁闭，通风透光不良，或肥料不足，干旱缺水引起植株生长衰弱、营养不良时都易产生弯曲瓜（图7-26）。但有些瓜条弯曲可能是由于卷须缠绕、架材和茎蔓阻挡等机械原因造成的，应予区别。

图7-26　弯曲瓜

（2）大肚瓜　授粉受精不完全时可能形成大肚瓜，不经受精单性结出的瓜若形成大肚瓜时，多是由于植株长势衰弱，营养不良，特别是缺钾等原因造成的。但在同一条瓜膨大过程中，前期与后期缺水，而中期不缺水时也可能形成大肚瓜。如图7-27所示。

（3）尖嘴瓜　保护地里单性结实的时候，在连续高温、干旱的条件下，植株长势衰弱，营养不良，使得瓜条从中部到顶端部分膨大伸长不好，果实长度也小得多，由此而形成尖嘴瓜。如图7-28所示。

（4）蜂腰瓜　瓜条中部细如蜂腰（图 7-29），纵切瓜条可见变细部分果肉已经龟裂，而在心部产生空洞，整个果实变得发脆。高温干旱，长势一旦衰弱，很易产生这种畸形瓜。但也有人认为，缺钾或生育波动也常常发生蜂腰瓜，其具体原因目前尚不完全清楚。

图 7-27　大肚瓜

图 7-28　尖嘴瓜　　　　　　　　图 7-29　蜂腰瓜

（5）瘦肩瓜　果梗变得特短，而肩部变得瘦而长如瓶状。一般认为夜温低，过分偏向于结瓜生长的生理状态易引起此类瓜的产生。这种生理情况在摘心后更容易发生。

（6）苦味瓜　黄瓜植株体内，包括瓜内都有苦味，绝对没有苦味的品种目前还没有。但若苦味增加到使人可以明显品尝到时，就要严重影响品质。目前日光温室栽培的黄瓜经常产生苦味瓜。从栽培方法来看，一般认为，氮素过多，水分不足，低温，光照不足，肥料不足和生育后期植株衰弱时，容易产生苦味瓜。所以，秋冬茬和冬春茬栽培的后期往往苦味瓜就多，但生产上也发现冬春茬一大茬栽培的黄瓜还正在结瓜中期就大量出现苦味瓜，这多是由于栽植密度过大，夜温过高或氮肥过多引起的，生产上应予注意。

2. 黄瓜植株长相与水分调控

1）缺水　出苗慢，下胚轴短，子叶下垂、不开展、颜色深，严重缺水时，子叶先端发黄。幼苗生长迟缓，叶片平伸或下垂，叶色黑绿，小而厚，不开展，叶面往往出现萎蔫现象，组织粗硬，茸毛也硬，节间短，形成"花压顶"。若晚上不能解除萎蔫现象，说明缺水严重。

叶片和根系发黄，子叶厚、真叶叶脉皱缩，这是由于土壤溶液浓度过高，造成烧根所致。

2）水过足　子叶薄，尖端或全叶叶缘上带水珠，幼苗生长点开展，表现小而直立，茎细弱，节间长，叶片和茎的夹角小，叶柄长，叶片大而薄，颜色淡，茸毛纤细柔弱，太阳出来以前，能看到叶缘吐水现象。生长点发黄，中午高温期间，叶片有萎蔫现象，叶片下午恢复正常形态。

<hr />

注意事项

此阶段是一年中外界温度最低、光照时间最短，气候条件最差的季节，本阶段温、光、气、肥、水管理参照上阶段进行。此期养好秧，下期拿产量，是该茬黄瓜管理的科学总结。

九、天气逐渐变暖阶段（2 月中旬至 4 月中下旬）的看苗诊断与管理技巧

随着天气转暖，日照时数增加和日照强度的提高，日光温室内的温光条件有了明显改善，黄瓜植株也进入盛果期，因而这一阶段是黄瓜高产时期。围绕温、光、水、肥为中心的管理原则，一是各种措施必须维持持续的高产；二是严格控制病虫害，防止病虫危害对产量造成重大损失。

1. 正常植株形态诊断　从植株外部形态看，节间长度 10~12 cm，正在开放的雌花距离龙头 30~50 cm，且朝下开放，商品成熟瓜距离龙头 70 cm，且长相顺直，有 4~5 片展开叶，可采收的瓜距生长点 1.4 m 左右。植株有功能绿叶 20 片左右，是正常长相。此长势、长相直到拉秧均可作为看苗管理的参考指标。（图 7-30 至图 7-31）

图 7-30　结果期正常植株长势长相

图 7-31 丰产期正常植株长势长相

2. 温度管理　要求白天最高温度不超过 32℃，夜间最低温度在 15℃左右。在晴朗无风的白天，可适当提前开放风口，不要等到室内温度超过 30℃时突然放风，以免对叶片造成伤害。夜间最低温度近于 15℃，有利于果实生长。夜间温度过低，果实生长不良；温度过高，植株易徒长，易化瓜。因此，到了这个阶段须改变前一阶段"高温养瓜"的做法。草苫要早揭晚盖。白天视天气情况适当放风，午后温度下降时及时关闭风口。

3. 光照管理　光照的管理与前一阶段相同。

4. 水肥管理　水肥管理是持续高产的关键。此时植株所吸肥量有 1/2 左右被果实携走，因此必须持续、及时地追肥浇水。

具体施肥方法参照前一阶段进行，但浇水和追肥的次数要增加。

十、天气转热阶段（4月中下旬至6月上旬）的看苗诊断与管理技巧

管理原则主要是继续抓持续高产，同时抓紧虫害防治，病害在这个阶段内危害明显减轻。随着天气转热，外界最低温度在 12℃以上，日光温室的放风口昼夜开放，后期草苫也全部撤除，室内空气湿度自然降低，各种病害也随之减轻，而随天气转热各种虫害滋生，因此，及时追肥、浇水、合理防治虫害成为持续高产的关键。

为获得持续高产，应及时追肥浇水，要依据黄瓜"吃荤不吃素"的特性，不浇清水，以防止产生畸形瓜。随浇水追肥时，一定要坚持有机肥和化肥交替使用。由于气温升高、风口昼夜不闭，黄瓜植株蒸腾量和土壤水分蒸散量加大，因而浇水次数要相应增多，浇水间隔时间相应缩短。

植株管理上注重疏去老叶，及时落秧，达到老株更新和田间群体通风透光好，可延长高产期，管理得当，采收可延续到 6 月下旬。

十一、越冬一大茬黄瓜复根壮秧技巧

一般的黄瓜栽培，采收期只有 2 个月左右，而越冬一大茬栽培的结瓜期长达 5~7 个月。正常条件下黄瓜的茎、叶、根都会自然衰老，而且在日光温室的低温寡照时期，特别是在遭遇低温连阴（雾）及降水（雪）天气的情况下，根系极易遭到低温的影响而受到损伤。因此，在越冬一大茬黄瓜栽培过程中，有计划地进行复根壮秧处理，是保证越冬一大茬黄瓜持续稳产高产所必需的。

1. 复根壮秧的时间可因情况而定　正常情况下，每结瓜 50 d 左右进行一次，共需 2~3 次。第一次宜在春节期间。因为正常栽培的越冬一大茬黄瓜在 1 月 1 日前后上市，多数年份年前已实现了第一个产量高峰，性能好的日光温室，此间的产量要达到总产量的 30% 左右，产值达到 40% 左右，此时也需要有个休整期。第二次是春节之后的一段时间，市场对黄瓜的需求量不大，因此，利用这一时间进行植株调整比较有利。第三次在低温寡照的 1 月往往有利于瓜胎的生出，植株多表现为生殖生长过盛，营养生长下衰。第四次春节时往往当地的低温寡照期已过去，受到低温伤害的根系也需要进行修复。用采光保温性能差的日光温室进行越冬一大茬黄瓜栽培的，不论是提早播种的，还是适期播种的，低温寡照时期根系损伤更为严重，营养生长更显不足，春节期间搞好植株的休整更显必要。第二次调整可在 3 月下旬到 4 月上旬进行。第三次调整在 6 月初进行。

2. 复根壮秧关键是复根　复根就是恢复根系的旺盛生命活动。主要是利用刺激生根的生长调节剂，如萘乙酸（5 mg / kg），或用强力生根剂、肥宝强力生根剂灌根。在用萘乙酸或强力生根剂灌根时，同时加入爱多收，效果更好。用 300 倍的食醋浸泡过磷酸钙的浸提液灌根，也有较好的促根效果。

3. 壮秧　壮秧是在复根的基础上进行的，如果开花节位明显上移，及至生长点部，应将其上基本长成的瓜提早采收，同时疏掉一部分或大部分瓜胎，茎叶上喷洒生长调节剂，如碧护、富磁、天达 2116、891、动力 2003 等。同时每亩随水冲入硝酸铵 10 kg，提高管理温度，特别是提高夜间的管理温度和湿度，达到促根、促茎叶的目的，可以使植株的营养生长和生殖生长达到平衡，迎接下一个产量高峰的到来。

十二、环境异常造成的植株异常的典型症状与防治

1. 低温冷害　天气转冷后，如不能及时加盖棚膜、草苫、纸被等保温材料，冬季或连阴天引起室温过度下降，或早春撤除不透明覆盖物过早而受低温伤害时，黄瓜植株会表现出如下生理异常：

（1）叶尖下垂，出现枫树叶状　夜温有15℃以上时，叶片呈水平状展开；在15℃以下时，叶尖下垂，周缘起皱纹。低温下发育的叶子缺刻深，叶身长，像枫树叶状。

（2）虎斑叶　低温下叶面呈现虎斑状，即主脉间叶肉褪绿变黄。瓜条膨大受抑制。这是由于光合作用制造的碳水化合物不能及时向外部运转而在叶内沉积下来所造成的，严重时整个叶片会随之黄化。如果温度回升且能维持一段时间，碳水化合物能够顺利充分地转换，瓜条便可顺利膨大，叶片也能慢慢恢复转黑。但此种机会常不易见到。

（3）水浸症　低温危害严重且持续时间长，日光温室内空气湿度大而较少通风时，叶被面会出现水浸症。水浸症是由于夜间气温低，尤其在低温高湿时，叶片细胞里的水分流到细胞间隙中而引起的。植株长势好时，水浸状可在太阳出来后消失。但若植株衰弱或完全衰弱时，白天温度升高，水浸状也不消失。叶片这样几经反复，细胞死亡，叶子枯死，或因染上霜霉病、角斑病而死亡。

（4）龙头呈"开花型"　生长发育和温度正常时，从侧面看龙头呈棉花蕾状，两片嫩叶围着顶芽。若夜温低、地温低时，龙头呈开花状，即两片围着顶芽的嫩叶展开，顶芽凹陷。龙头呈开花型时，开花节位距顶端仅20～30 cm，有时开花好像在顶端。

（5）出现缺硼或缺镁症　夜温降到生物学零度时，由于植株体素质变弱，也会因连作缺素，过多施用化肥或有机肥少，地力下降等，使根对硼吸收力下降，引起缺硼症。其主要症状是生长点生长停止。

土壤多铵、多钾、多钙、多磷均可阻碍对镁的吸收，而低温则可助长缺镁症状的发生。缺镁时，叶脉间叶肉完全褪绿、黄化或白化，

与叶脉保存的绿色呈现鲜明对比。

（6）上部叶片焦边　连阴时间长，室温下降剧烈，如土壤水分过大时，植株出现沤根现象。沤根后发生的新叶会出现焦边，高湿则叶边腐烂。出现这种情况时，若骤晴后处理不当，又会造成"闪死"苗的现象。

（7）冻伤　除了日光温室前部或贴到棚膜上的叶片以及破洞或放风口下会发生冻伤使部分或大部分叶面出现白化大斑外，在风鼓毁膜时，由于冷风侵入，会使叶面出现一层镀铝膜状冻伤，叶片随之凋萎青枯。这种冻伤一般极难挽救。

2. 泡泡叶病

（1）症状　中下部叶片叶脉之间叶肉普遍或大部分隆起，在某一层次叶片隆起的顶部呈现出灰褐色到白色圆形或近圆形斑点，背光透视可见病点中央有一不规则的棕色斑纹。病斑在受害叶分布普遍较均匀，而且只在相邻几片叶上发生，外观似癞蛤蟆皮样。其上部叶偶有零散斑点，但多为正常叶。

（2）发生规律　本病多见于越冬一大茬及秋冬茬黄瓜上。本病发生与品种和管理有密切关系。扣膜或盖苫晚的温室，黄瓜叶面皱缩，叶脉间叶肉隆起，随后遇有连阴天时，隆起部顶端数日连续出现水浸状斑点。天晴后水浸点消失，水浸处褪绿变成白褐色点。

（3）病因分析　本病多在扣膜晚、盖苫晚或保温性能差的日光温室里发生。病症是在连阴数日放晴后突然出现，而且病点分布普遍且均匀。本病为生理病害，扣膜、盖苫晚或保温性能差的温室，由于夜温低，白天光合产物不能正常运转出去成为组织结构物质，而以初级产物形式残留在功能叶里，逐日积累造成叶脉叶肉隆起，叶片增厚老化。遇有连阴天且保温又不好时，室内温度低，湿度大，细胞内水分流入细胞间，形成了生理充水性水浸状斑点。水浸斑点连续多日出现，使这一部分组织出现坏死，一旦天晴，坏死斑迅速褪绿白化，形成圆形或近圆形斑点。本病所以在中下部几个叶片出现，可能与这些叶正是光合旺盛叶和组织开始衰老有关。

本病发生除与日光温室保温性能差有关外，还与品种有关。不耐低温又不耐高温的品种发生尤重。由于多肥、多水、高温、虫害、病毒病等原因造成植株长势弱时，本病发生较重。

（4）预防措施　按技术要求改进日光温室结构与性能，适时扣膜和加盖草苫，因品种进行温度管理，及时防病除虫，科学运用肥水，可从根本上杜绝本病发生。

3. 褐色小斑病

（1）症状　沿叶脉出现褐色小斑点，或者叶脉出现油浸状，叶面出现小斑点。病症轻时叶片仍可生长发育。症状严重时，叶脉间出现黄褐色条斑。果实多生育不良，果形短，不整齐，但果面上无斑点。

（2）发生条件　较长时间夜间气温在10℃以下，地温在15℃以下，或冬季浇水多，地温低时，本病会在一些品种上发生。

（3）预防对策　要从日光温室设计、建造和管理上，使日光温室具有尽量高的增温保温能力。黄瓜定植前深翻土地，平衡施肥，选择适宜品种。遇低温和连阴天时，尽量采取一切可利用措施，避免气温和地温过低。严冬时节要依光照、天气合理用水，在不良天气时要严格控制浇水。

4. 急性萎蔫症

（1）症状　收获初期至盛瓜期，植株一直生育健壮，在晴天中午出现急剧枯萎症状，傍晚又恢复，反复数日不能再恢复而枯死。茎上无病斑，切断茎无菌脓挤出，撕裂茎导管无褐变。多发生在生长旺盛植株，土壤不缺水萎蔫。

（2）发生条件　多发生在通风量过大的日光温室。原因很多，如地上部和地下部生长不平衡，地下吸水满足不了地上蒸腾需要，或导管阻塞，虽可吸水但供应不足。从嫁接苗来看，接口愈合不好，维管束连通性差，或砧木与接穗亲和力低等。

（3）预防对策　要从护根育苗、深翻施肥、促根深扎和保护根系上做文章，促进根系发达和具有旺盛生命力，保持地上部与地下部生长的平衡协调。

在晴天温度高放风量大时，注意增加浇水量。

嫁接时既要使砧木和接穗具有较好的亲和力，又要保证嫁接质量。

5. 黄化叶

（1）症状　秋冬茬栽培的中后期，中上部叶片急剧黄化。早晨叶背有水渍状斑点，中午水渍斑小些。反复数日后，水渍状部位逐渐黄化，导致全叶黄化。

（2）发生条件　低温期又遇持续的连阴天，光照不足，管理上多肥多水时，根量明显少，品种本身长势弱的，极易出现此种症状。据采样分析，已黄化叶片中，通常碳素偏高，而氮、钙、镁、锰又显不足，营养元素之间不平衡。

（3）预防对策　注意培养和保护根系，平衡施肥。

6. 无瓜现象　黄瓜植株生长正常，但植株上瓜胎很少。造成这种情况有三个方面的原因：

（1）肥水不当，瓜秧徒长　这种情况在越冬一大茬黄瓜栽培中的春节后较多见。

（2）品种不当　品种不当分两种情况，首先是品种不适于日光温室的条件；其次在日光温室里管理不当，如种植津杂二号在日光温室内种植，如果管理的温度高了就很少有瓜，必须按照常温严格控制温度不能过高。

（3）天气　1998~1999 年的冬天，是 20 世纪 80 年代天气最好的一个年份，该冬季温度高，光照好，日光温室的黄瓜却瓜胎明显地少。一些人说是瓜种的问题，实际是天气所为。黄瓜是短日照作物，温度低、日照短、光照弱有利于雌花的出现。遇到了特殊天气的暖冬，造就了一个"温度高、光照强"的条件，不利于雌花的发生。遇到这样的情况，采用人工控制调节的方法，造就一个"温度低、日照短、光照弱"的环境，几日后瓜胎就会大量发生。

十三、黄瓜病害的正确诊断与防治

对黄瓜病理性病害，要做到正确诊断病情，对症下药、合理用药、轮换用药、预防为主、治疗为辅。施药方式最好不用喷雾法，而采用粉尘和烟雾法施药，以降低室内湿度，减少和避免药害的发生。新型杀菌剂翠贝（醚菌酯）、阿米西达（嘧菌酯）及抗生素春雷霉素、武夷菌素、多氧霉素等防治作物病害既不产生药害，病菌又不对其产生抗性，对所有真菌性、细菌性病害均有效，由于其独特的杀菌机制（营养竞争），故持续施药不但不产生抗性，而且施药次数愈多，防病治病效果愈明显，应优先选用。

日光温室病害是影响产量的主要因素，防治病害的正确方法是，首先通过培育壮苗，提高株体本身的抗病性；其次是注意通风，降低日光温室内空气湿度，防止病害发生；同时经常检查，发现中心病源重点防治，做到2~3d喷药1次，连喷2~3次，其他的普遍喷药保护。但一定要注意用药浓度，严防药害的发生。一般苗床要用土壤消毒液消毒，出苗后及真叶展开后要用保护性药剂，如百菌清、代森锰锌、多菌灵等，各喷洒1遍，防止病菌感染。

1. 低温寡照期以防治细菌性病害为主　进入低温寡照期或突遭低温连阴天之后，病害会突然加重。低温时期往往是以细菌性病害为主导病害，兼有灰霉病、疫病、霜霉病、炭疽病和黑斑病等病害发生。防治时，可将防真菌和细菌病害的药剂混合使用。

2. 中温阶段以防治霜霉病为主　在前期有效控制病害的基础上，开春以后第一个发生猖獗的病害是霜霉病。它是在外界日平均气温6~8℃，日光温室内日平均气温15~20℃期间的主导病害；当外界日平均温度达到12℃左右，室内日平均气温达到23~25℃时，这一病害会自动减退，转入以炭疽病为主导病害的时期。掌握这一规律就可以提早用药进行预防，并准备好特效农药，一旦发病，立即予以扑灭。

中温阶段气候干燥可能发生白粉病和蔓枯病。白粉病多是在地面覆盖地膜、温度高、放风量大、日光温室内出现干燥环境时发展成为猖獗病害。气候湿润可能会引起灰霉病、黑星病、疫病大流行。

3. 高温阶段以防治炭疽病为主　黄淮海地区日光温室一般3月下旬就进入了高温阶段，此时黄瓜灰霉病往往不治自退，继之而来的主导病害是黄瓜炭疽病和黄枯病。

4. 霜霉病与角斑病的区别与预防　二者都以危害叶片为主，但角斑病属细菌性病害，霜霉病属真菌性病害。最简单的区别方法是，取一片病叶，在有光条件下观察，透光者为角斑病，反之为霜霉病。或者把病叶浸湿，装入洁净的聚乙烯袋内，扎紧口置28℃条件下24h后取出观察，病部有灰黑色菌丝产生者为霜霉病，有黄褐色菌脓流出者为角斑病。霜霉病病斑大，在日光温室内不受叶脉限制，病斑大小约

1 cm^2；角斑病病斑小，约 0.3 cm^2。

5. 灰霉病与菌核病和疫病的正确诊断与预防　此 3 种病都危害花、瓜、叶片、茎蔓和叶柄。但灰霉病以花、瓜、叶片受害较重，肉眼看到灰色霉层侵染后，被侵染源已明显腐烂，以花和幼瓜受害最重。菌核病以侵染花和茎基部为主，受菌核病菌侵染后，病部先呈水浸状腐烂，长白色菌丝，后变黑色菌丝纠结成黑色菌核。疫病既侵染瓜、花，又侵染叶片，瓜条感病病部缢缩凹陷，病菌菌丝体稀疏，呈白色，病瓜腐烂有腥臭味。

6. 黄瓜常见病害诊断与防治歌诀

黄瓜病害多，分类有两个：

一个病理病，一个生理病；

各类症不一，听我说详细。

生理病害多，管理不善生；

只有分清类，才能诊准病。

病理病传染，常见种类三：

一是细菌病，斑烂流菌脓；

二是真菌病，病斑菌丝萌；

三是病毒病，侵染株异形。

先说"霜霉病"，病斑叶片生；

初染针尖大，看似水渍形；

正面叶色黄，底面黑毛生；

多角形病斑，干枯不穿孔；

俗称跑马干，治疗"抑快净"；

还有"银法利""克绝""露速净"。

二说"角斑病"，底面角斑生；

正面斑色黄，状似霜霉病；

但若仔细看，症状实不同；

此病细菌染，病斑流菌脓；

重时病斑枯，斑枯穿窟窿；

治疗也有药，"靠山""加瑞农"；

"DT""百菌通"，"青链霉素"中。

三说"灰霉病"，病菌侵花重；

高湿阴雨天，此菌最适繁；

染病先烂花，接着便烂瓜；

脐顶见灰毛，病瓜便烂掉；

烂花脱落处，茎叶可变腐；

温室种黄瓜，灰霉害处大；

一旦见发生，要快控病情；

人工放湿气，药物准时用；

首选"施佳乐"，此乃特效药；

"爱苗""扑海因"，也可控病情。

四说"炭疽病"，蔓叶均可生；

病斑圆色褐，边有黄圈生；

中部有黑点，湿溢粉红脓；

干燥穿窟窿，此为叶生症；

蔓上染病后，形与叶不同；

褐色长圆斑，凹陷裂当中；

"BO-10"，"汉生""施宝功"；

"炭克""噻菌灵"，皆可治此病。

五说"枯萎病"，原为真菌性；

现代新报道，病原有多种；

感病生长慢，叶片渐萎蔫；

维管束变褐，腐烂地中茎；

地上茎开裂，粉红色霉生；

还有萎蔫棵，剖茎不变褐；

挤压流菌脓，便为细菌性；

农药"恩益碧"，病轻有作用；

"农链""P磷粉"，也可缓病情；

黑籽南瓜根，能抗枯萎菌；

二者将根换，枯萎病少见。

六说"蔓枯病"，茎叶均发生；

区别于炭疽，病斑"V"字形；

茎生麻状裂，症状流菌脓；

染源属细菌，治疗选药准；

"加瑞农"与"DTM"，"靠山""可杀得"。

第七讲"疫病"，发生三类型：

高湿生长点，嫩叶先变形；

大叶紧叶边，"龙头"秃了尖；

沿叶斑梳形，黄褐边不清；

还有黑圆斑，形态似透明；

茎染病腐烂，不与萎枯同；

病斑长白毛，剖茎没有病。

治疗抓要诀，药选"福帅得"；

还有"霜霉威"，"安克""疫霜灵"。

第八说"白粉"，病生叶瓜茎。

灰白粉状点，后期黑点生；

看着似雪絮，"醚菌酯"可清；

喷"阿米西达"，"粉必清"治病；

"粉锈宁""福星"，瓜上慎使用。

九说"菌核病"，危害瓜、叶、茎；

病部呈褐腐，并有"白毛"生；

有黑色菌核，将疫病区别；

"汉生""菌核净"，"必备""扑海因"。

十说"黑星病"，近来发生重；

种子能传播，棚室易发生；

子叶染病枯，斑黄白圆形；

嫩茎把病染，梭形水浸斑；

卷须病侵染，顶尖变褐烂；

叶片染了病，症重斑穿孔；

星状圆形斑，周期病出现；

菌染生长点，必定把头烂；

瓜条也染病，长痂先流脓；

降湿减病情，随即将药用；

"世高""露速净"，"汉生"加"福星"。

后说"病毒病"，黄化或畸形；

叶片斑驳状，蚜螨能传病；

治疗药效差，预防可免病；

"NS-83"，耐病毒诱导；

"N14"与"S52"较好，施药要求早；

还有"菌毒清"，及"吗啉胍铜"；

施"病毒酰胺"，加入"硫酸锌"；

每周喷一遍，用药要轮换。

黄瓜常见病，以上皆说明；

若想疗效好，用药需要巧：

一巧诊透病，二巧药对症；

三巧量适宜，四巧及时用；

五巧药混合，六巧好剂型。

温棚瓜治病，喷雾法少用；

烟雾、粉尘剂，隐蔽把药用；

少用喷雾法，省力又省工。

最后说七巧，无病预防早；

农业和生态，物理与化学；

综合运用好，争取瓜无病；

高产又高效，年年把瓜种。

第八章
日光温室西葫芦看苗诊断与管理技术

西葫芦是人们餐桌上常见到的蔬菜品种。消费决定市场，由于消费者的广泛性，带来了需求量大、需求时间长的销售市场，需求为生产打下较好的基础。再加上西葫芦种植技术简单，经济效益好，因此，在我国，不论是大江南北，还是长城内外都有较大面积的栽培。

第一节
概述

一、西葫芦的起源

西葫芦原产北美洲，又名美洲南瓜、茭瓜、云南小瓜、白瓜、夏瓜等，是葫芦科南瓜属南瓜的一个变种。一年生植物，有长蔓、中蔓和无蔓多个变种。叶片呈扇形，大多数品种叶片具有较少的白色叶斑。19 世纪从东南亚传入中国。

二、我国西葫芦的生产地位

我国幅员辽阔，南北跨度达到 37 个纬度，由于地球侧身自转的原因，同一时期南北气候相差两个季节。东西每天达到 3 个多小时的时差。正是这样的地理环境，造成了气候的多样化。种植的蔬菜品种繁多，据不完全统计蔬菜的种植种类多达 1 000 多种。据有关部门粗略的统计，每年我国西葫芦种植的面积多达 10 万 hm^2（加仁用品种），实际种植面积远大于黄瓜的栽培面积。山东陵县是蔬菜种植大县，其中日光温室西葫芦基地 1 000 hm^2，总产量达到 16 万 t，占全国日光温室总产量的 1/10，成为国内西葫芦种植最集中、种植效益较高的县。

三、西葫芦的营养价值与保健功能

1. 西葫芦的营养成分含量　西葫芦肉质鲜嫩，爽口细腻，清香诱人。西葫芦嫩果营养十分丰富，含有较多维生素 C、葡萄糖等营养物质，尤其是钙的含量极高。经测定，每 100 g 可食部分（鲜重），含水分 93~95 g，蛋白质 0.6~0.9 g，脂肪 0.1~0.2 g，膳食纤维 0.8~0.9 g，碳水化合物 2.5~3.3 g，胡萝卜素 20~40 μg，维生素 C 2.5~9 mg，维生素 E 0.23 mg，维生素 A 20 μg，维生素 B_2 0.01 mg，维生素 PP 0.2 mg，钾 132 mg，钙 22~29 mg，镁 13 mg，铁 0.2 mg，锰 0.03 mg，锌 0.1 mg，钼 21 mg，磷 0.07 mg。还含有其他蔬菜不含的硒元素、葫芦素、花青素等。

西葫芦种子的营养成分更为丰富，脂肪含量最高可达 33%，其他营养元素的含量也比较高，适口性强，男女老少都很喜欢，是居家的休闲小食品之一。每到节假日前，市场销量大增，目前市场上销售的 90% 的白南瓜子，都是西葫芦种子。

2. 西葫芦的保健功能　西葫芦不但营养丰富，还有很好的保健作用。中医认为西葫芦入肺、胃、肾，其具有很好的清热利尿，润肺止咳，除烦止渴，消肿散结等功能。还可以用作辅助治疗糖尿病及水肿腹胀、疮毒、肾炎、肝硬化腹水等症。

据有关报道，西葫芦含有一种干扰素的诱生剂，可刺激机体产生干扰素，提高免疫力，发挥抗病毒和肿瘤的作用。西葫芦富含和人体一致的水分，有润泽肌肤的作用。

西葫芦的蔓煎水当茶喝，具有明显的软坚和血功效，是胆结石、肾结石的排石良方。经民间传承几百年，对结石的排除效果非常明显。

西葫芦种子，带皮嚼碎吃下，一次 30 g，有祛除肠胃寄生虫的作用。

注意事项

脾胃虚寒的人应少吃西葫芦。

四、高效茬口安排

在冬季最低温度 −15℃ 以上或短时间 −20℃ 左右的地区，利用日光温室在不加温或进行短时加温情况下生产西葫芦，成本低，产品质量好，已成为我国北方西葫芦生产的主要栽培模式。

西葫芦适应性很强，它虽是喜温性速生瓜菜，但能耐较低的温度，经过锻炼的幼苗,可忍受短期0℃左右的低温,只要在开花授粉时处于15℃以上条件下,夜温8~10℃与16~20℃都能长成大瓜。西葫芦既喜欢比较干燥的环境,又较能耐湿;既喜欢强光,又能够在日光温室里较弱的光照条件下种植。但近年来西葫芦嫁接换根后病毒病和白粉病发生严重,为了减轻病害的发生,应严格实行轮作制度,在同一日光温室(地块)至少隔1~2年再行栽培。前茬可种菠菜或白菜、青菜、萝卜、胡萝卜、芫荽、芹菜等,以降低土壤传病机会。

在生产上,常依据西葫芦开花结果期所处的季节不同,将日光温室西葫芦栽培分为越冬一大茬、冬春茬和秋冬茬三种类型。

第二节
日光温室越冬一大茬看苗诊断与管理技术

日光温室越冬一大茬生产,是指在日光温室内,秋季播种,春节前后开始供应市场,一直采收至翌年6月的生产模式。因为其栽培容易,风险小,所以种植面积较大。

一、越冬茬西葫芦生产对设施的要求

越冬一大茬生产,处于严寒季节,要求日光温室具备良好的采光和保温性能。西葫芦越冬一大茬生产,结果前期正处于严寒季节,要求日光温室具备良好的采光和保温性能,一般要求墙体厚度大于当地最大冻土层厚度的2~3倍;后屋面长1.2~1.5 m,厚度0.3~0.5 m;草苫厚度5 cm以上,外层保温覆盖采取草苫+双层塑料薄膜覆盖,或采取无纺布+草苫+塑料薄膜、夜间增设保温幕、二道膜等内层保温覆盖的多层覆盖形式。日光温室的前屋面采用透光率较高的圆弧形坡面,

前屋面与地面的夹角一般不小于当地地理纬度 10°，冬季光照明显不足的地方，还需配备补光设施及反光膜。应优先选择无色聚氯乙烯（PVC）多功能复合膜做前屋面采光保温覆盖材料。由于冬季多雪以及需要覆盖草苫保温，还要求温室的骨架比较牢固，负荷能力强。

二、播种期的确定

掌握适宜的播种期是日光温室越冬西葫芦栽培成败的关键。日光温室越冬一大茬西葫芦播种时间必须安排合理。播期过早植株在越冬前生长量过大，虽然前期产量较高，但是，在低温期植株越大，它的耐寒能力相对越弱。植株容易早衰，产量很低，总体效益不会很高。另外，播种过早，如遇到意外的原因不能按时定植，苗子要么徒长，要么形成老化苗。播种太晚，到定植时达不到壮苗标准，成熟期被推迟，小苗定植过晚，植株在越冬前很小，虽然产量很容易达到高峰，但是在春节期间，市场需求量最大，价格最好的时期没有产量，会显著影响种植效益。根据多年来的栽培经验，一般能在元旦前开始上市，就可以在春节前进入西葫芦盛果期。育苗时间需要 40 d，定植后冬季需要 15~20 d 才能结瓜。多年实践认为，日光温室越冬一大茬栽培，以 9 月下旬或 10 月上旬播种较好。

三、主要品种及其特性

1. 接穗品种

（1）新青 F₁　河南省鼎优农业有限公司用进口材料育成。

极早熟，定植 10~15 d，可采摘 250 g 以上的嫩瓜，是我国目前较早熟的西葫芦品种之一。雌花多，瓜码密，如图 8-1 所示。第四节开始结瓜。单株同时可结 2~3 个瓜。植株清秀，叶片小，叶柄短，易密植。瓜长圆柱形，嫩瓜微绿白花皮，瓜形上下对称，抗病毒病和霜霉病。

适宜于露地和保护地种植。

图 8-1　新青 F₁

（2）鼎优早 30F₁　河南省鼎优农业有限公司用进口材料选育的早熟杂交种。

连续坐果性好，抗病性强。瓜条顺直，皮色嫩绿（图 8-2），商品性佳，丰产性好。

适宜于保护地及早春露地种植。

图 8-2　鼎优早 30F₁

（3）盛润冬福　河南盛润种业有限公司选育的保护地专用西葫芦品种（图 8-3）。

中早熟，瓜色油绿发亮，瓜长棒形，植株生长势强，耐低温弱光，冬春季节种植，表现瓜码密、连续坐瓜能力强且膨瓜速度快，不宜早衰，亩产 10 000 kg。

适宜于日光温室越冬一大茬、早春茬及早春大棚栽培。

图 8-3　盛润东福

（4）冬玉　是法国 Tezier 公司继纤手西葫芦品种后推出的极耐寒西葫芦品种。

长势旺盛，雌性高，每叶 1 个瓜。瓜长 22 cm，直径 5~6 cm，颜色嫩绿，光泽度特好，品质佳；瓜条粗细均匀，商品性好。中偏早熟，抗病性强，采收期长。

适宜于日光温室及其他保护地长季节栽培。

（5）绿湖 2 号　沈阳爱绿土公司用法国品种选育杂交而成。

瓜条长柱形，长 25~27 cm，商品瓜采收适期直径 5~6 cm，瓜色浅绿油亮。秋季平均单株结瓜 4~5 个，坐瓜后膨果速度快，肉质紧实，中间腔小。适宜长途运输和短期存放，货架期长。植株根系发达，生长势较强。有较强的抗热能力，抗灰霉病能力好于一般品种。

适宜于日光温室栽培。

（6）宝冠　国外引进品种。

瓜条长柱形，长 25~28 cm，商品瓜采收适期直径 6 cm，瓜色浅绿油亮。平均单株结瓜 4~5 个，坐瓜后膨果速度快，肉质紧密，瓜皮韧性好。货架期长。植株根系发达，生长势较强。有较强的抗疫病能力，抗病能力好于一般品种。

适宜于日光温室栽培。

（7）碧玉　从法国引进品种。

瓜条长柱形，长 25 cm，商品瓜采收适期直径 5~6 cm，瓜色翠绿油亮。日光温室越冬一大茬栽培平均单株结瓜 15 个，坐瓜后膨果速度快，肉质紧密，瓜皮韧性好。适宜长途运输和短期存放，货架期长。植株根系发达，生长势较强。有较强的抗寒能力，抗疫病能力好于一般品种。

适宜于日光温室栽培。

（8）汉城早　从韩国引进的温室专用品种。瓜条多棱，果长 27~32 cm，商品瓜采收适期直径 5~6 cm，瓜色翠绿油亮。单瓜重 500~550 g。日光温室越冬一大茬平均单株结瓜 15 个，坐瓜后膨果速度快，肉质紧密，瓜皮韧性好。适宜长途运输和短期存放，货架期长。植株根系发达，生长势较强。有较强的抗寒和抗病能力。

（9）黑美丽　从美国引进的黑皮西葫芦。

瓜条颜色黑油绿色，有多条明显的棱角，瓜条直径 3 cm。肉质细腻，口感极好。坐果能力极强，温室栽培可以达到一叶一瓜。货架期最长可以达到25 d。在超市蔬菜专柜比较多见，是节日蔬菜礼品箱的高档品种。

适宜于日光温室栽培。

（10）金皮 从美国引进的黄皮西葫芦品种。

果实形状像香蕉，又称香蕉西葫芦（图8-4）。一般作为观赏品种种植，近年来我国中原地区，在蔬菜集装箱里作为花色品种，开始在日光温室种植。由于金皮西葫芦果实含水量少，肉质非常紧实。货架期可达30 d以上。有很好的观赏和食用价值。瓜条直径3 cm，长25 cm。

图8-4 金皮

适宜于日光温室栽培。

（11）珍珠 从韩国引进的温室专用品种。

品质好，有很好的观赏性，结果多，每株同时坐果5~7个，果实基本正圆形，果皮浅绿色（图8-5）。其他同金皮西葫芦。

图 8-5　珍珠

适宜于日光温室栽培。

（12）黑玉珠　从韩国引进的温室专用品种。

品质好，有很好的观赏性，结果多，每株同时坐果 5~7 个，果实基本正圆形，果皮黑油绿色。其他同金皮西葫芦。

适宜于日光温室栽培。

（13）黄皮　从韩国引进的温室专用品种。

和金皮西葫芦一样，只是果形是圆的。在一起进行观赏，有很好的对比性。

适宜于日光温室栽培。

（14）早青　山西省农业科学院培育。

瓜条长柱形，长 25~27 cm，商品瓜采收适期直径 5~6 cm，瓜色翠绿油亮。日光温室越冬一大茬平均单株结瓜 15 个，坐瓜后膨果速度快，肉质紧密，瓜皮韧性好。适宜长途运输和短期存放，货架期长。植株根系发达，生长势较强。有较强的抗寒能力，抗病毒病能力好于一般品种。

适宜于日光温室栽培。

2. 砧木品种 西葫芦嫁接的砧木选择是否对路，能否达到高度的亲和性是很重要的。由于西葫芦品种的不同，同一种砧木嫁接，其效果也会有较大的差别。据试验，黑籽南瓜和早青西葫芦品种的亲和力较强。一般达到 97% 左右。进口品种的法拉利、碧玉、4094 的亲和效果只有 84%~87%。就远远不如早青西葫芦。进口品种的西葫芦，选择印度南瓜的效果要好于黑籽南瓜，如福祺铁砧等，一般都可以达到 95% 以上的亲和效果。可根据栽培需要进行选择使用。

四、嫁接育苗技术

1. 播种前的准备 主要是施基肥、整地、高温闷棚和设置苗床等。

1）施基肥整地 日光温室栽培嫁接西葫芦，要获得高产，必须施足基肥。高产栽培的亩施基肥量为优质圈肥 10 m³ 左右，鸡粪 2~3 m³，磷酸二铵 50~60 kg，硫酸钾 40~50 kg，有条件的可增施腐熟的大豆饼肥 250 kg。将这些肥料均匀撒施于地面，捣碎砸细，然后深翻 30 cm，把肥料翻施入耕作层中，耙细搂平地面。

2）施药消毒和高温闷棚灭菌 播种前 10~15 d，于室内每亩地面撒 90% 敌磺钠可湿性粉剂 1 kg，翻拌在地面以下 0~5 cm，然后闭棚用 45% 百菌清烟剂 1 kg 熏烟，熏烟后，继续严闭日光温室 5~7 d 高温闷棚，8 月的晴天中午前后，室内最高温度可达 60~70℃，能有效地杀灭病菌和虫卵。

3）设置苗床 共设置 3 个苗床：西葫芦接穗苗床、JA-6 南瓜砧木苗床、栽植嫁接西葫芦苗的苗床。

2. 砧木与接穗苗的培育

1）种子处理 以 JA-6 南瓜作砧木嫁接西葫芦，应错开时间浸种催芽，同期播种。先将砧木种子在阳光下暴晒几小时，然后放入 65℃ 的热水中浸种，随即不停地搅动，直到水温降到 25℃ 时，搓去种皮上的黏液，再换上 35℃ 的温水，浸泡 8~12 h，捞出后放在消过毒的湿纱布袋里，外包一层地膜，置于 28~30℃ 的环境中进行催出芽。当砧木种子有 50% 的芽呈现"芝麻白"时，立即浸西葫芦（接穗）种子。

先将晒过的接穗（西葫芦）种子放入 55~60℃ 的温水中，随即不停地搅动，直至水温降到 25℃ 时，搓去种皮上的黏液，再换上 35℃ 的温水浸泡 8 h 后捞出，不催芽。与已催出芽的砧木种子同时播入各自的苗床。

2）播种方法　先将苗床灌透水，当水即将渗完时，将种子逐个摆在苗床上。砧木的播种距离约为 1.5 cm，接穗 3 cm。播种后覆湿润细土 2~2.5 cm，然后把覆土整平，喷 50% 辛硫磷乳油 800 倍液，防治地下害虫。盖上地膜后再盖小拱棚。接穗小拱棚内的气温控制在 28~31℃ 为宜，砧木苗床小拱棚内的气温掌握在 33~37℃。要特别注意经常观察，视出苗情况进行温度调节，以使两种苗同时出齐。

3. 西葫芦嫁接育苗技术　当砧木和接穗的种子都出苗 2/3 时，撤去小拱棚，揭去地膜，日光温室适当通风炼苗。等到两种苗子的子叶接近平展呈 "V" 形、真叶未露时，正是靠接的最佳时机。如果错过这个时机，因西葫芦的幼茎（下胚轴）形成空心，嫁接成活率低。在培育幼苗的过程中，因气温高，苗床水分蒸发很快，如果发现有 "落干" 现象，应在清晨用喷雾器或喷壶洒水，保持苗床土壤湿润。临到嫁接时，要提前准备好嫁接所需工具和栽植嫁接苗的苗床、小拱棚等设施。

以南瓜为砧木嫁接西葫芦，嫁接时机要求特别严格。在嫁接时要掌握最佳时机，无论苗子多少，要求 1 d 嫁接完，假若等到第二天，西葫芦幼茎可能会空心，造成嫁接成活率低。嫁接时应注意边栽植嫁接苗边盖小拱棚保湿，边放草苫遮阳。

五、嫁接苗看苗诊断与管理技术

1. 苗床管理　西葫芦嫁接苗栽植于苗床后，既需要接受阳光制造营养，保证幼苗生长和嫁接伤口愈合，同时又因为茎部（下胚轴）被切断一半，营养运输不畅通，致使水分和营养物质不能及时供给植株顶部生长的需要，所以嫁接后 1~6 d 内最怕强光和高温，如果光照强、温度高，伤口容易干燥，不但不易愈合，而且极易蔫头而死亡。这段时间日光温室内的气温控制在白天 25~28℃，夜间 13~18℃。要认真按阳光强弱和嫁接苗的状况拉放草苫。掌握阳光强时放苫，阳光弱时拉开草苫；看到嫁接苗蔫头时，立即放草苫遮阳；如果不蔫头，即拉起草苫，接受光照。此期因苗床湿度较大，小拱棚膜内表面上的水滴较多，不要用手拍拱棚膜，防止水滴落在苗子的嫁接伤口处，造成感染病害。嫁接苗嫁接 3 d 后，逐步撤去小拱棚；嫁接 9~10 d 后，伤口已愈合，嫁接苗已成活时，用刀片割断西葫芦的根（接口下边的幼茎），并随手拔出。断根 3~5 d，苗子长到 4~6 片真叶时，早熟品种已开始现蕾，这时可于日光温室内定植。

2. 看苗诊断　苗龄 20~30 d，真叶 4~5 片，株高 12~15 cm，茎直径 0.4~0.5 cm，叶片较小，叶色浓绿，叶柄长度与叶片长度相当，叶柄与地面呈 15° 角。砧木和接穗子叶完好无损，青绿有光。叶腋处长出许多雌花子房及雄花蕾，并有明显的雌花子房显露，属壮苗。个别品种能看到连续出现几朵雌花而雄花很少，这也是正常现象，原因是低温短日照条件下雌花发育多，雄花发育少。以后只要激素处理幼瓜果柄或花蕊，不受精也能坐瓜。

3. 幼苗异常现象与解决方法　西葫芦育苗期的子叶担负着发芽期的自养向他养转化的关键任务，能否顺利通过子叶的光合作用，制造足够的营养来完成真叶的生成所需是培育壮苗的基础。为此保持子叶良好的形态，达到子叶的光和能力最大化，非常重要。

1）子叶上举　西葫芦幼苗出土后，子叶平行地面呈 15° 夹角为正常，子叶上举时，直接影响幼苗的光合作用能力，就会形成弱苗。原因是空气温度偏高，湿度偏大。解决的方法是降低空气温度，特别要注意的是夜间温度。白天加大通风量，通风口要逐步加大，不能过大过猛，以免造成伤害。夜间也要留有排湿的天窗。

2）子叶下垂　西葫芦子叶下垂的原因是空气温度偏低，或降温过快所致。一般西葫芦子叶第一天遇到低温时，子叶的叶尖开始下垂，2~3 d 低温时间，子叶下垂的面积会达到半截，连续 7 d 低温时间，子叶就会全部下垂。一旦下垂以后，很难恢复原状。影响子叶的光和能力，西葫芦幼苗生长速度就会降下来。解决的方法是，发现子叶叶尖下垂时，就要提高日光温室温度 2~3℃，以便修正幼苗的形态指标。

3）子叶向上卷边　据测定，西葫芦幼苗期出现子叶卷边的现象，向上卷边的原因是日光温室空气中有害气体超标所致。有害气体超标后，叶边缘的气孔受害局部细胞死亡，子叶中间继续生长后造成的不协调现象。据测定有害气体超过 5 mg/L 以后，西葫芦子叶就会受害。预防的方法是，保持正常的通风量。特别是阴雨天气也要通风，保持空气新鲜，减少日光温室空气中的有害气体。

4）子叶向下卷边　西葫芦育苗期管理不慎，就会出现子叶向下卷边的现象。究其原因是日光温室进入冷风或短时低温造成的。遇到冷风或暂时低温时，下部的气孔就会随时闭合，由于子叶边缘气孔远离中心大叶脉，恢复速度非常慢，连续出现反复现象后，边缘细胞不能复原，造成气孔僵直后形成向下卷边，预防的方法是，幼苗期通风口要高于地面 150 cm，放风量由小到大，逐步放开，让苗子有一个适应过程。

5）子叶边缘褪绿发黄　西葫芦幼苗期的子叶光和功能必须保护好，不能有任何不良影响。出现的原因一般是用药过量所致，经试验，西葫芦幼苗期的耐药能力比较差，超过正常使用倍数，就会在叶片边缘出现药害。代森类杀菌剂低于 500 倍液，硫菌灵低于 600 倍液，就会出现不同程度的药害。这种药害比较轻微，当天不能反映出来，过 4~5 d 后边缘开始褪绿发黄。预防的方法是，准确使用农药的安全量，不要盲目加大使用倍量。

6）子叶边缘发白坏死　正常的西葫芦子叶平展，颜色鲜绿均匀。育苗过程中，子叶边缘发白，甚至坏死的现象经常出现，这种症状究其原因，多为日光温室内的烟雾浓度过高造成的烟害所致。育苗期为防病害发生，喷洒药水防治又嫌麻烦，多使用烟雾剂。一般在生长期烟雾浓度高一点，由于叶片较老，忍受力强，会有影响但问题不大。子叶对烟雾的忍受力极低，烟雾一旦超出安全使用浓度，子叶边缘最为敏感，造成边缘气孔受伤或坏死。预防的方法是，烟雾剂使用的剂量一定要准确，严格按照烟雾剂使用说明书要求的使用量。使用后感觉浓度超标时，要随机向外排放一点，要求烟雾浓度标准是人在日光温室内，能够基本忍受得了（杀虫剂烟剂除外），因为，植物和人对外界环境的要求基本一致。出现危害以后，要及时用 1∶1∶200 的糖醋液喷雾，可以缓解烟害损伤。

7）幼苗真叶异常现象　幼苗子叶期一般 5~6 d 后真叶开始生长，真叶的叶色有黄绿逐渐变为绿色，叶片边缘的锯齿状刻裂明显，刻裂的尖端颜色和叶片一致，一旦出现异常现象，就会影响幼苗生长。常见的异常现象有真叶残缺不全，真叶失绿发白，真叶发黑发硬，真叶叶脉弯曲，真叶的叶面凸凹不平等。

（1）真叶残缺不全　西葫芦生成真叶的时间是比较早的，和子叶基本同时生成，第一至第三片真叶生长时靠子叶提供营养。真叶残缺不全的原因，一直困扰着科研工作者，一致认为是陈种子或者是生长点滴进冷水所致。直到 1990 年贾普选发现是一种黑褐色活动在潮湿地带弹跳力很强的小虫，经昆虫学家鉴定叫弹尾虫造成的危害。弹尾虫怕强光，喜潮湿，趋黄绿色。在西葫芦子叶还没有展开之前，苗床上的弹尾虫就会跳进两片子叶中间，啃食幼嫩的生长点，弹尾虫由于食量很小，数量少时不足以造成危害。每株有弹尾虫 8~10 头，就会造成真叶残缺不全及破洞现象，或没有生长点真叶出现很多破洞，就是初期啃食的只有针尖大小的小孔随着真叶变绿、变硬，弹尾虫就停止危害。

预防的方法是，幼苗出土时，结合防治猝倒病加入菊酯类杀虫剂防虫。由于弹尾虫喜暗怕光，放下草苫后 20 min 后开始出来活动，在这时，把草苫掀开露出一点透亮的地方，进行喷雾，应用效果非常理想。该项技术研究，得到绝大多数活动在生产一线的同仁一致赞赏，还荣获郑州市科技进步奖二等奖。

（2）真叶失绿发白　西葫芦育苗时，真叶失绿发白数量多少不一的现象经常出现，目前为止还没有定论。在生产中出现该现象的多因营养土配制后，未经存放随即使用。为此，预防这种现象的主要办法就是，把配制好的营养土放置 10 d 以上再用，有很好的效果。

（3）真叶发黑发硬　西葫芦真叶开始生长时，有时小量出现，有时全部出现发黑发硬。这种现象有两种可疑因素，一是营养土的营养浓度偏高。这种现象的营养土没有达到烧根烧苗的程度，但是由于营养浓度过高，超过西葫芦根系的压力差，使西葫芦根系不能平衡吸收水分和营养。遇到这种现象，解决的办法是加大浇水量和浇水次数，冲淡营养土的高浓度营养，会得到很快缓解。二是营养土的杀菌药使用量过大。营养土配制使用适量杀菌药的作用是消灭土壤里有害病原菌，用量过大会产生药害。经过大量实验证明，西葫芦营养土使用50%多菌灵可湿性粉剂的安全用药量是每 1 000 kg 营养土使用农药 300 g。（大约 1 m²，按苗床铺土 10 cm，可铺 100 m²，每平方米常规施药量 2 g，极量 4 g。实践证明每平方米超过 4 g，就会产生药害。）计算方法是：农药使用量（g）＝营养土体积 ÷10×（2~4）g。

（4）真叶叶脉弯曲　西葫芦苗期真叶叶色深绿，叶脉弯曲的原因大多是外来因素所致，导致这种现象的因子目前总结有两个，其一是农药中毒，瓜类蔬菜对唑类农药特别敏感，即使少量使用，也会产生叶脉弯曲的中毒现象。有的发现是营养土消毒药里复合有唑类农药。出现这种现象以后，要针对使用的农药品种，选择拮抗剂进行解毒，不能盲目用药。其二是激素中毒。这种现象多出现在生产室内育苗。番茄或西葫芦生产过程中，使用的坐果激素，在密闭的日光温室内，温度达到28℃以上时，坐果激素就会挥发，幼嫩的西葫芦真叶，在空气中吸收一定的浓度后，就会出现中毒现象。预防的方法是，育苗室内有使用激素的需要时，一定要扒开一些棚缝，让蒸发的有害气体排放到室外边。

（5）真叶叶面凸凹不平　西葫芦幼苗正常情况下，真叶平整舒展。皱凹不平的叶子，直接影响西葫芦的光合作用，减少光合产物的积累，会自然形成弱苗。这种现象形成的原因经调查认为，多于使用一种叫"克露"的农药有关。"克露"使用以后在第二天就会出现这种现象，连续 10 d 以后才会好转。说明西葫芦对"克露"比较敏感，必须慎重使用。遇有这种现象，不要采取任何措施，只要停止使用敏感农药，就会逐渐好转。

六、定植期看苗诊断与管理技术

1.平衡施肥与科学整地　西葫芦是高产蔬菜，由于越冬期的地温低，营养吸收能力受到限制，必须多施有机肥来增加土壤的透气性和储热保温能力。有经验的菜农总结说：日光温室使用植物秸秆堆肥、鸡粪、牛马粪混合沤制的充分腐熟的效果较好，一般不用猪粪、鸭粪，原因是猪粪、鸭粪性寒，分解产生热量较少，适宜在春季和夏季使用。鸡粪、马粪属于热性肥料，每亩使用量达到 25 m^3 时，在土壤分解过程中，能释放较多的二氧化碳及热量，会增强西葫芦光合作用能力。一般化肥的每亩使用量为硫酸钾 40 kg，过磷酸钙 25 kg，尿素 40 kg，硫酸镁 3 kg，硼砂 3 kg。施肥的方法是，普施和埂下施结合。具体操作是在整地前把 80% 的基肥撒在地面上，深耕 20 cm 以上，充分耙细耙匀，再把地面刮平后，准备起垄定植。

　　起垄前把剩下的肥料集中均匀地撒在埂下，每亩再用 2 kg 的 90% 敌磺钠可湿性粉剂拌在 20 kg 的细土中撒在埂下。

　　需要指出的是，埂下施的化肥量要准确，不能盲目加大使用量。稍不注意超量使用就会延迟缓苗，影响前期生长。目前保护地埂下施肥出现这种现象的屡见不鲜。西葫芦定植后，缓苗时间长，叶片发黑发硬，生长速度慢，大多是由于化肥超量，造成的烧根现象。建议埂下肥使用量控制在每株 5 g 为好。

　　2.定植　定植前一天把西葫芦苗移到日光温室里，进行适应性锻炼。按大行距 80 cm、小行距 50 cm 的标准定点画线，用锄头顺线锄出 5 cm 深的沟，浇足水，把嫁接苗从营养钵中取出，按株距 40~50 cm 摆放在沟内。待水渗完后用锄头起垄，垄高 25~30 cm，垄底宽 30~35 cm。封垄时切忌埋住嫁接夹。定植时小心操作，避免伤根，不要把营养土块弄烂，不能用力挤压苗坨。定植完毕，立即覆盖幅宽 1.3 m 的地膜，膜两边拉紧压实。盖地膜从一头开始，盖住 2 行西葫芦苗，用刀片按东西向对准苗处将地膜割开 5 cm 长的口，把苗子从口内取出，露出嫁接夹子。盖完地膜后随即拉好吊苗铁丝，拴好吊绳（塑料绳），每垄苗子上面拉 1 根铁丝，每棵苗子拴 1 根吊绳。

　　为使嫁接西葫芦前期获得优质高产，可采取"窝里放炮"施饼肥，即在扶垄栽苗之前，于每棵苗坨周围撒施腐熟的豆饼 0.1~0.15 kg。

　　为达到垄高 25~30 cm，要把苗坨放高一些。

　　扶垄栽苗时切忌埋住嫁接夹，盖地膜时一定把嫁接夹露出地膜以上。

　　地膜拉紧、压严，苗基部处的膜孔也要堵严，全田不露地面，以利增温、保墒、减少土壤水分蒸发和降低室内空气相对湿度。

在定植和盖地膜过程中，要尽量不损伤叶片。

七、缓苗期至开始坐瓜期的管理

西葫芦定植后 7 d 内是缓苗期，要创造适宜于缓苗的环境条件，以促其尽快生根。此时，日光温室内的气温应控制在白天 25~30℃，夜间 18~20℃。在缓苗期内一般不浇水，若定植时底水不足，缓苗期带有旱象时，可选晴天的上午轻浇 1 次缓苗水，以有利保持土壤湿度和室内空气湿度。缓苗期过后，当单株长出 1 片新叶之后，未浇缓苗水的，应及时浇水，但宜轻浇，不必随水冲施化肥。同时要开天窗放风，降低室温，到白天 20~25℃，夜间 11~14℃，以降低室温来防止秧苗发生徒长，促进雌花的分化形成，多现雌花，早坐瓜。

植株坐住瓜后，室内气温应控制在白天 25~28℃，最高不可超过30℃；夜间 15~18℃，最低不可低于 10℃。坐瓜后适当提高室温的目的是加速植株生长发育，尽早搭起丰产架子，为提高产量奠定基础，同时加速根瓜膨大，提早采收上市。

八、从采收始期至采收高峰期的看苗诊断与管理

西葫芦日光温室栽培，春节前后处在采收商品瓜高峰期。此期上市的西葫芦价格高，经济效益好。但此时正是一年四季中最寒冷的季节，雨雪和强寒流等恶劣气候条件，给日光温室保护地栽培西葫芦的管理带来一定难度。

1. 光照管理　光照是西葫芦生长发育的主要能源，日光温室西葫芦产量的高低，与光合效率有直接关系。西葫芦原产于中美洲，它的生长发育特性决定了对光照的要求比较高，因此，要使它正常生长发育，必须给予一定时间的光照和一定的光照强度。在 12 月上旬至翌年1 月，光照时间短，光照强度低。此时该茬西葫芦已进入结瓜盛期，营

养生长和生殖生长同时并进，大量投产后的西葫芦植株所需要的光照条件已不能满足，因此，在管理上应特别注意日光温室的采光时间问题。要早揭草苫，晚盖草苫，尽量延长光照时间。掌握在上午揭草苫后 1 h室温可明显升高的时间揭草苫，下午放草苫后 4 h 室温不低于 16℃的时间放草苫。如遇特殊天气而光照时间过短和光照强度过弱时，可在室内安装电灯补充光照。阴雨天气时，要及时清扫棚面积雪，争取散光照。在后墙挂镀铝反光幕，争取在晴天增加室内反射光照。为提高西葫芦的光合效率，还可叶面喷施光合微肥等光合促进剂。

（1）草苫要早揭晚盖　在冬天的光照时间本来就不多，好多人为了怕外界冷，早揭苫会降低温度，一直等到 10 时左右再揭苫。人工操作的时间很长，50 m 左右的日光温室，揭草苫就需要 1 h 左右。15 时左右天气温度下降，就急急忙忙把草苫盖上。每天见光时间不足 5 h，冬季的光线又比较弱，郑州地区冬季一般太阳出来时间在 7 时 30 分左右，正常情况应该在 8 时揭草苫。根据实际观察，早上揭草苫后温度确实下降了 2℃左右，但是在 25 min 后就会很快回升。经过对比早揭苫 1 h的日光温室，14 时左右的温度要比晚揭苫的高出 4~5℃。

下午尽量晚盖草苫。大部分农户管理日光温室的习惯是看见有人盖苫就盖苫，不管自己温室温度的高低。一般要根据温室的保温性能来决定盖苫时间。比如，第二天早上要求的温度是 12℃，温室夜间温度损失 6℃（损失太多的温度就要采取保温措施处理了）。下午盖苫时间的温度在 16~18℃比较合适（盖苫以后的棚室温度要回升 2℃）盖苫太早，夜温太高，西葫芦在干物质制造不多的情况下，高温只能是徒长茎叶，减少结果数量。

（2）经常清扫薄膜上的灰尘　日光温室使用的薄膜，越冬茬的一般选择聚氯乙烯品种，这种薄膜的优点是强度高、韧性大、透光性能好，保温性能较高。但是，有一个致命的缺点是容易污染。聚氯乙烯薄膜的增塑剂，容易在大自然温度高低变化的情况下析出一层黏性比较大的物质，黏附空气中的灰尘，影响光线的透过。最好每天揭开草苫以后，对室面上的灰尘进行一次清扫。7 d 左右，用高压水枪对薄膜进行一次冲刷，养成一种光照管理的好习惯。有经验的菜农总结说：薄膜扫一扫，室温就升高；薄膜刷一刷，明显多结瓜；扫棚像洗脸，天天都要干；刷棚像泡澡，每周都要搞。

（3）阴雨天尽量揭苦　阴雨天气到日光温室的生产基地进行调查，有90%以上的日光温室草苦都盖得严严实实。和菜农交谈，他们都知道光的作用。有的为了补光，架设了电线，安装了电灯。其实阴雨天气的光照强度也有2万～3万lx。现场把有灯的日光温室草苦揭开几块以后，日光温室的电灯就黯然失光了。也就是说阴雨天气揭开几块草苦就比补光好得多。要知道有光就有温度，日光温室的温度就会缓慢上升。

（4）久阴猛晴少揭苦　连续阴雨天气的地温散失的较多，天气转晴以后，空气温度上升很快，如果全部揭开日光温室上的草苦室内温度在短时间内会升高到30℃以上，植株在高温强光的条件下，蒸腾作用加强，需要大量的水分，这时地温不会升高多少，根系还在休眠状态，没有工作，植株供水能力不足，就会出现叶片失水的（闪苗）现象。天气晴好以后，必须控制光照的进入，让日光温室缓慢升温，在地温和空气温度基本协调以后，再进行正常的光照管理。

2. 温度管理　西葫芦不同生育阶段对温度的要求有较大差别，植株生长发育的适宜温度为16℃，以昼温20～25℃、夜温10～13℃最有利于雌花分化。瓜果生长膨大的适宜温度为10～30℃。在夜温8～10℃下的受精果实也能和夜温16～20℃下的受精果实同时长成大瓜。但32℃以上的高温下，花器官发育不正常。40℃以上的高温使植株停止生长。因此，我们把29℃作为温度管理上限，11℃作为温度管理下限。如遇日光温室内30℃以上高温，应立刻通风降温。西葫芦根系生长的最低温度为9℃，最适宜温度为15～25℃，根毛和毛细根生长的最低温度为12℃，最高为38℃。但经过嫁接的西葫芦，忍耐低温能力有所增强，在地温降至6℃时根系不受冻害，在室温3℃不超过2 h时，植株不发生冻害。依据西葫芦对温度的适应性能和结瓜期所要求的适宜温度指标，在日光温室一大茬的冬季管理上，要将室内气温控制在：日出前至9时由10～12℃上升到16～18℃；9～13时由16～18℃升至27～28℃，13～16时由27～28℃降到22～24℃，16～20时由22～24℃降到18～20℃；上半夜由18～20℃降到14～16℃，下半夜由14～16℃降至日出之前的10～12℃。要实现上述温度指标，除了在晴天坚持早拉草苦和晚放草苦，尽量延长采光增温时间增加室温外，还应严格按照要求放风调温。当中午气温达到28℃时，即应开天窗放风降温；当温度降到24℃时即迅速关闭天窗停止放风。当天气多云，中午室内气温达不到28℃时，要于午后放风，并要缩短放风时间。一般情况下，阴天室温达不到24℃不放风。但遇长时间阴天时，要注意短时通风换气，以降低室内空气湿度，及防止发生有害气体危害。为使上午室温升得快，要坚持每2~3 d擦拭一遍棚膜，清除膜上的染尘、草屑等遮光物，以保持其良好的透光性能。并在后墙张挂反光幕，利用反射光增温。如遇寒流严寒气候时，为加强夜间保温，在覆盖草苫后，再在草苫上面及后坡面覆盖一层整体塑料薄膜。

日光温室越冬茬西葫芦定植以后，经过大温差的锻炼，抗逆能力加强，再加上日光温室有良好的保温性能，很少出现超低温的危害。要想取得比较高的产量，在管理上不能拘泥在适温范围，必须根据西葫芦的形态指标进行温度调控。西葫芦正常的形态指标是叶柄的长度比叶片长度要长10%左右。叶柄的开张角度与地面水平夹角呈30°~35°，产量处于高峰值。小于30°时，叶片基本平铺地面，生长速度缓慢。大于45°时基本形成直立，营养生长速度过快，产量开始下降。西葫芦形态指标的观察在11时前后，温度在28~30℃的情况下比较准确。具体调控的方法阴天、晴天不太一样。

（1）晴天的温度调控　连续晴好的天气，西葫芦在28℃左右的情况下，叶柄出现直立现象时，说明温度比较高了，白天最高温度不要高于30℃。如果白天气温>30℃，可加长白天的通风时间，或适当降低夜间温度，下午可以晚一点关闭通风口。叶柄与地面夹角小，是植株受寒的表现，要适当提高温度，白天可以使用33~35℃的高温。下午及早关闭通风口，把日光温室在傍晚的温度基数提高，掌握好时间，一般经过2~3 d的调控就会好转过来。每天都要到室内进行观察，防止矫枉过正，造成从一个极端到另一个极端。据观察，出现高温反应时，第一天高温，第二天就会发现叶柄拉长比例，出现不协调的现象。控制时，使用3 d降温措施，才能出现好转的迹象。但是，植株会停止1 d生长。为此建议调控时间确定为降温时间2 d，提温时间1 d，就恢复常温管理为好。

（2）阴雨天温度调控　阴雨天日光温室的管理是要一定技巧的。由于阴雨天一般的气温都比较低，目前大部分管理是偏重以保温为主。其实阴雨天，西葫芦不会有多大的生长量，也不能温度太高，温度越高，在光照不足的情况下，植株自身的营养消耗就会越多。一般在白天阴天时，温度维持在15℃左右就行，夜间最低温度不低于8℃。相对要尽量加强通风，没有在阴雨天冻死的西葫芦，不要只管温度不通风，造成不应有的危害。当出现连续阴雨天气转晴的迹象时，反而要加强保温措施。天晴以后第一天不能让棚温上升过快，提前拉开通风口，让温度缓慢上升。

3. 水肥管理

1）空气湿度管理　日光温室空气湿度的管理是围绕生长适宜湿度为中心，结合防病的空气湿度要求进行调控。特别是阴雨天气的空气湿度管理，更是关系着侵染性病害的发病轻重问题，更要特别小心。

（1）晴天的空气湿度调控　空气湿度调控在日光温室生产上非常重要。西葫芦生长适宜的空气相对湿度一般是75%左右，在大田生长一般不去考虑。由于日光温室在密闭状态下，土壤的蒸发与叶片蒸腾的水分，都集中在日光温室的空间，使空间的空气湿度很快升高，经常处于饱和状态。在空气温度适宜，湿度较大的情况下，植株生长很快，但是，由于植株自身细胞含水分量大，干物质含量降低，对侵染性病害的抵抗能力下降，极易产生病害，必须进行人工调控。在日光温室管理上，空气湿度的调控方法很有讲究。目前有人主张在太阳升起以后，日光温室雾气蒸腾时先拉开风口排一会儿湿度再关上升温。从表面看来雾气是消散了，实际上空气湿度并没有减少，空间的雾气是室内的水珠刚刚在太阳光照射下开始的蒸发，这时打开通风口以后，温度又降了回去，一部分水蒸气是排到室外了。但是，有很大一部分又在降温时重新结露，恢复原状了。另外，日光温室在密闭的状态下，土壤和植株在夜间释放出大量的二氧化碳，在温度没有达到植株进行光合作用时，就拉开通风口排湿，没有排出多少空气湿气，却把有用的二氧化碳排放到室外了，造成了二氧化碳气体的浪费，这种排湿方法是非常不正确的。

正确的排湿方法是，日光温室温度上升到28℃时再拉开通风口，这时日光温室内植株上的水珠全部蒸发，空气中的二氧化碳基本消耗到大气含量的正常值以下，再加上室内外有较大的温度差别，日光温室空气压力很大，这时进行排湿的速度最快，效果也最好。这种操作方法不但能正确排放出湿气，还能及时补充二氧化碳。

（2）阴雨天的通风及空气湿度调控　越冬一大茬西葫芦栽培，阴雨天也必须通风。通风的目的一是为了排湿，二是要把日光温室内的有害气体排出室外。保护地使用的大量有机肥，在土壤微生物的作用下，会分解产生很多矿物质和气体成分，其气体成分中除了二氧化碳气体以外，还有氨气、亚硝酸、乙烯等一大部分有害气体。在晴好天气时，夜间释放的这些有害气体，白天随着通风能顺利排到室外，在阴雨天气时，日光温室的地温相对较高，在日光温室空气湿度下降以后，就会出现空气湿度和地温的不协调现象。大自然的规律是保持相对平衡的，这时的地温开始向外释放。由于土壤会以长波辐射的方式向外散温，同时带出来更多的有害气体。这种情况下不通风，有害气体就会聚集在室内，据测定，有害气体浓度超过 50 mg /m³ 时，西葫芦叶片就会受到危害。边缘开始失绿变黄，浓度在 100 mg /m³ 时，叶片就会严重受害，边缘出现青枯。达到 150 mg /m³ 时，整个叶片就会干枯。这些现象，很多人又当成病害去防治，造成很大的浪费和损失。为此阴雨天气的通风换气更为重要。

2）浇水　浇水既关系到西葫芦的健壮生长和能否发生徒长，又关系到室内土壤和空气湿度，因此，日光温室内给西葫芦浇水，不仅要看土壤墒情和植株生长发育状况，同时还应注意天气变化。当植株无徒长趋势、土壤中水分含量偏低，天气预报后几天是晴朗天气时，可浇 1 次足水，大沟小沟同时浇；如果要变阴雪天气，即使西葫芦很需要补充水分，也只可浇小沟，不能浇大沟灌大水。西葫芦适宜的空气相对湿度为白天 75% 左右，夜间 90% 左右。如果浇水过勤或浇水量过大，易造成高湿低温的现象，很容易使西葫芦出现沤根和病害。并且因室内空气湿度过大，叶片表面挂上一层水膜，这层水膜能干扰气体的交换，阻碍光合作用，并可使叶片蒸腾作用出现障碍，进而影响到整个植株养分和水分的吸收，出现长势减弱、发育不良等现象。因此，此期一般选择晴天的上午浇水，10~15 d 浇 1 次，下午或阴天不能浇水。浇水后在室温升至 28℃ 时开放风口排湿。如遇阴天或雪（雨）天或室内湿度过大时发生病虫害，为避免喷药水增加室内空气湿度，可采用粉尘剂或烟雾剂防治病虫害。

此期随着西葫芦的生长发育进程和株体增大，产瓜量陆续增加，植株需水量也逐渐增加；与此同时，随着时间推移，光照时间延长，外界温度逐渐回升。因此，浇水间隔时间应逐渐缩短，浇水量逐次增大，一般 10~12 d 采收 1 茬嫩瓜，在采收每茬嫩瓜前要浇 1 次水。

3）浇水原则

（1）看植株浇水　日光温室内的温度条件虽然比较高，土壤和叶片的蒸发量相对都较大。但是，由于空间有棚膜的保护，地面覆盖地膜，形成一个小的气候循环系统，水分总的消耗量相对大田要小得多。定植以后，一般要浇足第一次的压根水。第二次浇水时，一定要等到西葫芦生长点的三个新叶片出现层次分明的黄绿色、绿色和深绿色，说明植株已经完成了营养生长向生殖生长转化的过程。如果浇水过早，这个过程没有完成，就会出现营养生长的快速发展。生殖生长相对就会滞后，虽然总体产量也比较高，但前期产量会明显下降。目前在实际生产中，不少人习惯按照露地种植西葫芦的浇水方法，浇完定植时的压根水以后，在很短时间内又浇一次"缓苗水"，致使植株徒长，再使用矮壮素类物质进行化控，结果造成植株的激素残留，影响西葫芦的正常结瓜和植株的正常生长。

（2）看瓜浇水　西葫芦在日光温室越冬一大茬栽培，前期浇水看秧，中期外界环境条件日益好转，西葫芦有同时进入产量高峰，浇水就要看瓜了。盛瓜期的水分需求量比较大，是否应该浇水，必须观察西葫芦果实的发育情况。根据各地高产情况的浇水总结，西葫芦浇水的诊断指标是，用手去轻握一下采收前两天的幼瓜，瓜体有粘手和松软感觉时，说明该浇水了。不缺水时，用手握幼瓜的感觉是光滑并有顶手的感觉。

（3）观察时间　在晴天的中午，温度在 28℃ 以上，通风口已经拉开的情况下进行观察。早晨或阴雨天植株不出现缺水现象。不能作为观察时间。在 15~17 时，由于植株经过一天的蒸腾作用，正处于水分含量最低状态，观察的指标也不准确。

（4）观察地点　要选择 3 个以上的诊断点，一般认为最有代表性的地点是，把日光温室分成 4 小段，去除两头，选择等分的 3 个结合点，在结合点的栽培行中间部位，作为观察点最为科学。

（5）看天浇水　日光温室浇水必须选择适当的天气和时间。早春外界气温不稳定，经常有很大的变化。需要浇水时，首先注意天气预报，选择在未来 3 d 内是晴好的天气，无大的寒流经过本地区的天气状况下浇水，在一天的浇水时间最好选择在 11~15 时。外界环境温度在 10℃以上时，一天内浇水的时间可以放宽。如果春天已过，进入初夏以后，外界环境温度升高以后，浇水的时间又要放在傍晚或夜间了。

每次浇水的量不要太大，每次一般控制在 20 m³/ 亩比较合适。

不论在那一段时间，阴雨天气不能浇水，以防空间湿度过大，诱发侵染性病害的发生。

4）追肥　西葫芦对肥料需求的顺序是钾、氮、钙、镁、磷和部分微量元素。据有关资料报道，每生产 1 000 kg 西葫芦嫩瓜，需吸收氧化钾 5~6 kg，纯氮 4~5 kg，氧化钙 3~4 kg，氧化镁 2~3 kg，五氧化二磷 2.1~3.0 kg。在全生育期的前 1/3 时间内对钾、氮、钙、镁、磷五要素的吸收量增加缓慢，中间 1/3 时间内增长迅速，而在最后 1/3 时间里吸收钾、氮、钙、镁、磷五要素量更为显著。产量的增加和吸收钾、氮、钙、镁、磷五要素的总趋势完全一致。因此，在坐果盛期之前，基肥中的营养完全能满足植株正常生长需要，一般不需要追肥。进入结果盛期之后，随着植株增大和果实产量增加，养分消耗量也增加，需要靠追肥补充营养。追肥以钾肥、氮肥为主，一般浇 2 次水随水冲施 1 次钾、氮速效化肥。每次亩施硫酸钾 10~15 kg+ 尿素 8~10 kg。随着植株生长量加大和产出果实增多，植株需水、需肥量增大，因此，浇水和追肥的间隔时间要短，盛果前半期，隔 1 水追 1 次肥，盛果后半期至产量高峰期 10~12 d 浇 1 次水，随水冲施速效的钾、氮化肥。

（1）追肥原则

A. 看叶色追肥。日光温室越冬一大茬栽培，要求有足够的土壤肥力，再不断追施化学肥料，才能保证西葫芦高产。但是，追肥必须是适量安全的，一次追肥过多，导致土壤养分浓度过高，不但不会增产，还会影响植株的正常生长。最好是施肥前进行土壤养分检测。西葫芦在土壤养分总含量高于 1 200 mg / kg 时，不能再追化肥。否则，就会有抑制生长的可能。一般速效的氮、磷、钾在 450 mg / kg 总含量时，追肥的利用率最高，效果也最明显。在没有化验设备的情况下，要观察植株的叶色变化情况确定追肥与否。这个变化是微弱的，稍不注意就分辨不清。情况在叶的边缘刻裂处比较明显。缺乏养分时，锯齿状的刻裂绿色变淡，颜色透黄是缺钾的显示指标，氮缺乏会有浅绿症状。用来做养分指示指标的植株，不要造成叶片上有药害。以便观察准确。

B. 看产量追肥。西葫芦在观察叶片色泽不清，或吃不准是否缺肥时，可以根据西葫芦采收的产量把握追肥量。根据检测时间的产量记录，一般是采收 1 600 kg/ 亩就需要追一次肥料。每次每亩一般使用尿素 15 kg。现在使用的西葫芦冲施肥，每亩每次使用 15 kg 比较合适。

C. 关于二氧化碳施肥。西葫芦二氧化碳施肥技术可参照本书"第七章黄瓜看苗诊断与管理技术"的有关内容进行。

4. 保花保果　西葫芦为雌雄同株异花授粉植物，雌花不能单性结果，必须经过授粉受精子房才能膨大成果实，否则即导致化瓜。日光温室内栽培西葫芦，因长时间封闭，室内没有昆虫帮助授粉，所以必须依赖人工授粉或进行激素处理，才能坐瓜。人工授粉的方法是：在每天 8~9 时，采下刚刚开放的雄花，去掉花瓣，把雄蕊的花粉轻轻地涂在雌花的柱头上即可。激素处理是用 20 mL/L 的 2,4-D 加 20 mL/L 的赤霉素溶液涂抹雌花柱头或果柄。在水、肥、气、温等条件都较好的情况下，为了能同时坐住多个瓜，可调整 2,4-D 的浓度，第一个瓜为 20 mL/L，第二个瓜为 40 mL/L，第三个瓜为 60 mL/L。为了促果快长和减轻药害，无论使用哪种浓度，都要加入 20 mL/L 的赤霉素溶液，这样可同时结 3 个瓜。在蘸花液中加入 40% 嘧霉胺可湿性粉剂 50 倍液，可防止灰霉病引起的烂瓜。

（1）抹花时一定要打开通风口　不管使用哪种坐瓜激素，都有一定的挥发性，日光温室内的激素气体达到一定浓度后，西葫芦生长点就会受害。在实际生产中西葫芦生长点发黑发皱，诊断一般都是激素气体中毒的情况，并不是激素滴在生长点上了。

（2）抹花时间要安排在 11~16 时　日光温室在 11 时以前的温度比较低，特别是西葫芦幼果在自身温度低的情况下，吸收能力很差，这时抹激素会随着空间温度的升高而挥发。坐果的作用反而不大。日光温室温度提高以后，西葫芦幼果表皮开始干燥，抹花以后会很快吸收，挥发掉的气体相对较少。

（3）抹花激素要均匀　西葫芦抹花时，一般要求按照日光温室操作要领进行。

（4）阴雨天不能抹花　日光温室西葫芦在阴雨天不要抹花，因为阴雨天植株的吸收能力很弱，抹花后的坐果作用不大。反而更容易挥发有害气体，造成激素中毒。

（5）使用坐果激素的品种要结合植株长势决定　目前坐果激素有 2,4-D 和坐果灵两类，它们的作用大致相同，但是，性能有很大的差异。在西葫芦植株生长不均衡的情况下，两种坐果激素分开使用。弱株使用坐果灵抹花，壮株使用 2,4-D 抹花，在很短的时间内，把植株群体调整得整齐一致。

（6）采用人工授粉　西葫芦在前期没有雄花的情况下使用坐果激素，如果开始有雄花开放式，最好采用人工授粉。为了提高西葫芦的雄花比例，便于授粉期的雌雄数量协调，育苗时期的夜间温度提高 1℃ 左右，就会增加 15% 左右的雄花数量。对产量没有影响。

（7）采用熊蜂辅助授粉　500 m² 日光温室释放 100 只左右熊蜂就完全可以满足授粉需要。经中国农业科学院测试，采用熊蜂授粉的西葫芦果实，比使用激素坐果的营养价值有明显提高。西葫芦用熊蜂授粉以后产量提高 18%，畸形瓜减少 80% 以上。使用熊蜂授粉的投入和产出比达到 1:7.8，是农业项目中投入和产出比最高的一项实用技术。

5. 植株调理

（1）理蔓　即使是矮性或半蔓性类型的西葫芦品种，嫁接后，因生育期延长也能伸长成长蔓，因此，对嫁接西葫芦采用吊绳架蔓的措施，能最大限度地利用室内空间，使植株充分接受阳光，加速生长，提高产量。但是西葫芦植株之间长势不尽一致，有高有矮，需要通过整蔓，把较高的植株落至与整个群体一致，做到互不遮光。当主蔓爬到距离日光温室盖膜 20 cm 时进行落蔓。在理蔓中应注意以下 3 个问题：一是每次落蔓，一定把底部已衰老的叶片打去并带出室外，因其已老化，对光的敏感程度降低，光合功能弱，既影响通风，又消耗营养；二是要注意打老叶的方法，西葫芦植株内含有大量水分，打老叶或采摘瓜条时，要使伤口离主蔓稍远一些，否则极易造成流汁感染病害，甚至烂断主蔓；三是发现老蔓上生出次生根，应随即抹去，以避免落蔓后次生根穿透地膜扎入土壤中，致使西葫芦感染枯萎病等病害，失去嫁接意义。

（2）剪叶　根据西葫芦高产田的实际调查，叶面积指数在 3.5~4 时比较合适。叶片平均 25 cm×30 cm 时，每株不要超过 12 片功能叶。多余的叶片，要及时剪掉。一般功能叶的叶龄最多不超过 60 d，超龄叶在剪叶时都要首先去掉。如果前期施用了矮化激素，使叶片变小，叶柄变粗，则春节以前没有必要去老叶。春节以后根据长势及叶片老化程度再决定是否去叶。若前期没有用矮化激素处理，此时叶片已大，叶柄已长，株间光照条件恶化，严重影响坐瓜时，就要适当去掉一部分老叶。去老叶时要注意以下问题：一是晴天上午去叶，去叶后加强放风排湿，使伤口干燥早愈合；二是只去叶片，保留叶柄，使叶柄中空部分不暴露在空气中，待其自然干燥后自然变黄枯萎；三是每次去老叶数量一般为 1~3 片，一次性去掉过多会影响长势和产量；四是去掉老叶后的单株最少应保持 8 片展开叶以上，否则缓秧困难，瓜条畸形；五是采瓜或去叶造成茎上有伤口时，应用多菌灵、防腐 1 号杀菌剂及时涂抹防治，阻止病菌侵入危害；六是将去掉的老叶清出室外深埋，防止病菌的传染。

（3）吊秧　吊秧是调节长势、增加生长空间、合理利用光能、增产增收的一种栽培措施。在吊秧栽培中应注意以下几点：一是铁丝架设要高，要求离开棚膜 20 cm，架设矮了空间利用率降低；二是所用吊绳必须选择抗老化的聚氯乙烯高密度塑料皮儿，保证全生育期不老化，否则，一旦因老化而折断，将造成损秧毁叶而影响产量。

6. 结果期看苗诊断　正常生长的植株，结果期节间长度为 3~5 cm，单株可看到 1 个商品成熟瓜，1 个接近商品瓜，2 个已授粉瓜，2~3 个瓜胎。若节间超过 5 cm，为营养生长过旺所致，要控制水肥。达不到 3 cm 时要加大肥水管理，促进营养生长。

西葫芦叶片大，叶色深，叶柄粗，茸毛硬，雌花小，化瓜多，化掉的瓜中间空，植株 10 片叶以后，明显表现茎尖变细，发病迅速，是肥料配比不合理，氮肥多，磷、钾肥少造成的。

九、西葫芦采收技巧

通过保瓜与采瓜手段可调节植株长势。瓜秧特别旺时，可同时单株留瓜 3~4 条，并适当推迟采收（采大瓜）；如果瓜秧生长偏弱，可留单瓜生长，并及时采收。遇特殊情况出现花打顶现象时，应及早将顶端幼瓜去掉，保证正常的生长优势。

1.西葫芦果实采收的标准　西葫芦一般以食用嫩瓜为主。采收的标准不但要结合市场需求，还要根据植株的生长状况。必须先以植株的生长情况为依据确定采瓜的大小。要求是，在同一座日光温室内，若植株大小不一，植株有壮有弱，弱株采小瓜，壮株采大瓜。让西葫芦植株的群体生长达到一致后，就能按统一标准采瓜了。

2.西葫芦果实在一天内采收的最佳时间　西葫芦果实的发育非常快，单瓜 1 天可增重 100~140 g。据观测，西葫芦果实在夜间生长速度最快，可以完成 1 天生长量的 80%。白天的生长是以 10 时以前为主，夜间是在 23 时以后开始加快。采收的时间最好是在早晨。经试验，早晨采收的西葫芦在上市或运输过程中，损耗最小，24 h 50 kg 损耗 600 g 左右。下午采收的损耗最大，一昼夜 50 kg 损耗可以达到 2 kg 以上。据研究，早晨 8 时以前采的西葫芦果实温度最低，自身呼吸量最小。下午采收后，由于温度原因西葫芦自身呼吸量最大。由此推断西葫芦果实的损耗就是利用呼吸释放了自身的水分。保鲜效果就会急剧下降。

3.采收瓜的方法　西葫芦采收一般在早晨，瓜的各个生长器官都很脆嫩，不需要用剪刀和其他工具。用手握住瓜条，向上一提，就能顺利拿掉。不过西葫芦植株除了瓜条，其他地方均长有尖刺，要十分小心，不要碰到叶柄和茎，以免手掌受伤。在冬季由于市场对西葫芦的鲜嫩程度非常敏感，采收时用光滑的容器盛放果实，以免碰伤或划伤果皮后造成伤流，西葫芦受损后，不但影响商品的外观，还会加大损耗。

十、储藏保鲜增值技术

到了春节时期，西葫芦价格就会成倍增长，有经验的菜农根据这个市场的价格规律，采用简易储藏保鲜的方法，延迟上市 20~30 d，再加上有计划地延迟采摘，生产效益可以提高 30% 左右。储存的方法很多，少量储藏可以用大缸、红薯窖等。储藏量比较大时，可以在日光温室后墙下挖一个窖洞，大小根据西葫芦量的多少决定。把采摘的西葫芦用草纸单个包装，挨个摆放在窖洞内，摆放高度以 10 层为宜，每平方米可摆放 200 kg 左右。一般储藏 1 个月到春节上市不影响品质。

1. 采摘前的处理　由于西葫芦采摘以后，有很长一段储藏期，果实表面不能带菌，不然在湿度大的情况下容易感染病原菌烂果。对采后用于储藏的西葫芦在采瓜前 1 天的下午，最好用硫酸铜 2 000 倍液，或 72% 硫酸链霉素可湿性粉剂 10 000 倍液喷洒一遍。

2. 采收时间　储藏的西葫芦一定要在 7 时以前光线不强时采摘结束。只要光线比较强时，西葫芦果实的呼吸作用就会大幅度加强，不利于储藏。采摘时，最好随采摘随用草纸包住，以防碰伤或果实见光受损。

3. 小心轻放　从采摘到排放的每一个环节都要轻拿轻放，操作人员要把指甲剪得短一点，防止西葫芦的表皮在任何一个环节被划破，只有严密的操作过程，才能得到好的效果。

4. 注意观察储藏温度和湿度　西葫芦的储存温度一般要求 9~13℃，8℃ 以下就会受到寒害，表皮细胞死亡以后的症状是脱皮，高于 11℃ 呼吸量加大西葫芦就会失水变软发黄。储藏温度低时要考虑加温，注意加温不能用明火，温度高时也要进行降温处理。要求空气相对湿度 90%，饱和的湿度容易腐烂，湿度过低西葫芦失水就会变质，干燥时要及时加水增湿。储藏窖四壁结水珠时，要拉开进口排气。

5. 及时翻堆检查　西葫芦储藏时，一般是要求每天观察温度和湿度的变化，出现问题要及时进行调整，在存储 10~15 d 时，要进行一次翻堆检查，把烂的、软的、发黄的挑拣出来，剩下的继续储藏。

十一、产瓜中后期的栽培管理

西葫芦越冬一大茬生产的中后期已经进入 2~5 月。此阶段所产瓜量一般占总产瓜量的 60% 左右。此期日照时间逐渐增长，光照强度逐渐增强，自然温度逐渐回升。但要注意不定期寒流或低温天气。这段时间管理的重点是，继续调节好室温和室内空气湿度，增加肥水供应，及时防治病虫害，使植株壮而不旺，尽可能发挥嫁接西葫芦的增产潜力，实现高产。

1.搞好室内温度、湿度调节　2~3月，越冬茬西葫芦处于产瓜中后期，西葫芦进行光合作用所需的温度也有所提高。要求温度控制在日出前至9时室内气温由12~14℃上升到16~18℃；10~14时控制在20~28℃，当中午前后达到28℃时，及时放风降温，使室内最高气温不超过28℃；日落盖草苫时，室内气温为20~24℃，上半夜由20~24℃降至16~18℃，下半夜由16~18℃降至日出前的12~14℃。若遇寒流天气，夜间最低温度不可低于8℃。

调节温度的措施主要是揭盖草苫的早晚和通风口的大小、通风时间的长短。进入4月之后，晴天白天外界自然气温条件已比较适宜西葫芦结果期的需求，所以除开天窗通风外，还要将前窗底脚膜撩起通底风。若遇低温或寒流天气，仍需于日落之前放下底脚膜，关闭天窗，夜间覆盖草苫。华北地区有"清明断雪不断雪，谷雨断霜不断霜"、"三月（阴历）还下桃花雪"的农谚，因此日光温室草苫的撤掉时间最早在5月上旬。

此期虽然浇水量增大，植株蒸腾量也加大，但由于通风时间加长和通风量增大，在正常天气时室内空气湿度并不会过大。但在遇到特殊天气时，应特别注意通风排湿与封闭保温适当兼顾。在夜间温度不低于10℃、昼温不低于18℃的情况下，就应放风排湿，使室内空气相对湿度控制在白天不超过70%，夜间不超过85%，以防止和减轻白粉病、灰霉病等病害的发生蔓延。

2.增加肥水供应　此期要勤于浇水，以水带肥，肥水齐供。一般每采收一茬嫩瓜，就浇一次水，每次浇水都要以水带肥。具体方法是按每亩每次追施硫酸钾10~14 kg+尿素8~10 kg，在浇水前3~5 d，将肥料放入容器中加清水溶化，浇水时随水冲施。此期西葫芦果实膨大速度加快，一般坐果10~12 d就可采摘嫩瓜，每隔12 d左右浇水并随水追肥一次。

此期仍需追施二氧化碳气肥，追施二氧化碳气肥一般于8时30分开始至10时即可。应注意防止因施二氧化碳气肥而闭棚时间过长，造成室温过高而影响西葫芦生长发育。

注意事项

根据植株长势、长相，断定对微量元素的需求，酌情喷洒光合微肥、叶面宝、螯合微肥等，对减缓叶片衰老，延长光合作用时间，提高光合速率，增加西葫芦产量，至关重要。

3. 适时早收嫩瓜　适当提前采收嫩瓜能有效地缩短和减轻结果间歇现象，减少化瓜。嫁接的西葫芦植株长势壮旺，结瓜盛期瓜条膨大速度快，一般1 d横径增大1 cm左右，开花受精后7~10 d，瓜条横径达7~10 cm时便可采收。

第三节
病虫害无公害综合防治技术

日光温室西葫芦易发生的虫害有瓜蚜、白粉虱、茶黄螨等，易发生的病害主要是白粉病、灰霉病，并且常因白粉虱和蚜虫危害，传染病毒性花叶病及煤污病。日光温室常见病虫害将在本书第十八章介绍，此处只介绍西葫芦特有病害。

一、病毒病

群众称为"疯病"，是西葫芦生产上的一种毁灭性病害。

1. 症状　发病后嫩叶上出现浓绿和淡黄相间的花斑，或整叶黄化、皱缩，比正常叶小，叶柄变短。严重时植株萎缩，节间短粗。发病后期叶片变黄，甚至枯死。病果畸形，果皮有黄绿相间的斑驳，果面有明显的瘤状突起。

2. 发病条件　本病病原为黄瓜花叶病毒。除了寄主之外，尚有种子带病之说。主要传播媒介为蚜虫和飞虱等刺吸式口器害虫，通过接触也可传播。自然条件下，天气干旱、气温偏高、蚜虫严重时，病毒病发生严重。日光温室内有多种蔬菜或杂草等病毒的寄主植物，且在蚜虫发生时，本病的发病机会多。缺水缺肥，发病植株的症状表现尤为严重。

3. 防治方法

1）农业防治　清除日光温室内的杂草，减少病毒寄生。彻底治虫，消除传毒媒介。科学进行肥水管理及植株调理，培育健株，提高抗病和耐病能力。

2）药剂防治　发病期喷药防治，主要用药可选下列其中之一，或交替使用。发病前 2~4 叶期用卫星病毒 N14 进行接种，或用 NS-83 增抗剂进行耐病毒诱导。发病初期用病毒酰胺、病毒 A、医用利巴韦林对水 300~600 倍喷雾或灌根防治。用抗毒剂 1 号 300~400 倍液喷雾结合灌根。

3）几个效果较好的病毒病治疗配方

（1）两合剂　5 mL/L 的萘乙酸 + 0.2% 硫酸锌溶液，7~10 d 喷 1 次，连喷 2~3 次。

（2）三合剂　菌毒清（400 倍）+ 磷酸二氢钾（300 倍）+ 硫酸锌（500 倍），在水量一定后，按上述规定的浓度分别加入各药剂。5~7 d 喷 1 次，连喷 3 次。

（3）四合剂　医用病毒灵 10 支 + 硫酸锌 40 g+ 高锰酸钾 12.5 g+ 农用链霉素 2.5 g。上述药剂碾碎后，先溶解在少量冷水里（用热水可能引起容器爆裂），然后加足 12.5 kg 冷水，再按 0.5~1 mL/L 的浓度加入三十烷醇。5~7 d 喷 1 次，连喷 3 次。

（4）五合剂　高锰酸钾（1 000 倍）+ 磷酸二氢钾（300 倍）+ 食用醋（100 倍）+ 尿素（200 倍）+ 红糖（200 倍），7~10 d 喷 1 次，连喷 3 次。第一次用药时喷洒量要大些。

二、炭疽病

西葫芦的炭疽病是多发病，日光温室覆盖薄膜以后的高温高湿，炭疽病就会很快发展。主要以农业防治、环境调控预防为主。如选择抗病品种，多施农家肥，增加钾元素来提高西葫芦的抗病能力。及早打掉西葫芦下部的老叶。加大通风量及时排湿。小水勤浇，不大水漫灌等综合防治措施。

三、褐腐病

西葫芦褐腐病简称"烂蛋"，主要危害雌花和幼瓜。近年来多数人当灰霉病进行防治。除了感染病原菌外，主要发病诱因是环境湿度过大。选择抗病品种，培养强壮植株，提高西葫芦的抗病能力。预防以加强通风为主，农药防治为辅。

四、银叶病

最新发现的一种只危害叶片的病害。西葫芦在感染这种病害以后，植株停止生长，果实膨大很慢。目前的发病原因不明。据2007~2010年调查，最早发现在进口西葫芦的品种上。以荷兰、美国、法国的西葫芦品种发生最多、最严重。现在一些用进口品种做父母本的国产品种也有比较高的发病率。由于病因不明，防治方法众说不一。无特效药物进行防治。

五、细菌性叶枯病

西葫芦在日光温室栽培，容易发生的一种细菌性病害，以危害叶片为主，很少危害果实。发病速度很快，几乎没有潜伏期症状，特别是阴雨天过后，先从叶缘发病，容易在日光温室最里面的走道处先发，2~3 d会发展到整座日光温室。预防方法是，注意天气预报，阴雨前不要浇水，阴雨天要通风排湿。

六、根蛆

主要是迟眼蕈蚊和果蝇的幼虫，危害西葫芦的根系。多在2月上旬大量发生。植株开始症状显示为生理性干旱，逐渐发展成全株枯萎，连片发生，最后死亡。可参照根结线虫病害防治方法进行防治。

第九章
日光温室苦瓜丝瓜看苗诊断与管理技术

  随着科学技术研究的不断深入，人们对苦瓜、丝瓜的营养价值和保健功效的认识愈来愈深刻，因此，我国不论是南方地区，还是北方地区的人民群众，对苦瓜、丝瓜的消费量均愈来愈大。有消费就有市场需求，市场需求大，种植效益就好。由于苦瓜、丝瓜是喜温型瓜菜，其生长发育对环境温度条件要求高，所以在低温季节，苦瓜、丝瓜只有利用日光温室才能栽培成功。

第一节
苦瓜丝瓜的营养成分与保健功效

一、苦瓜的营养成分与保健功效

苦瓜，别名凉瓜。属于葫芦科苦瓜属的一年生攀缘性草本植物。日本、东南亚栽培历史悠久，17世纪传入欧洲，仅供观赏，不作食用。我国早有栽培，除供观赏外，还供菜用。广东、广西、福建、台湾、湖南、四川等地栽培较普遍。

1. 苦瓜的营养成分　见表9-1。

表 9-1　100 g 苦瓜果实中的营养成分

成分名称	含量	成分名称	含量	成分名称	含量
可食部分（%）	81	水分（g）	93.4	谷氨酸（μg）	97
能量（KJ）	79	蛋白质（g）	1	丝氨酸（μg）	43
碳水化合物（g）	4.9	膳食纤维（g）	1.4	脂肪（g）	0.1
灰分（g）	0.6	维生素A（mg）	17	胆固醇（mg）	0
视黄醇（mg）	0	维生素B$_1$（μg）	0.03	维生素B$_2$（mg）	0.03
维生素B$_3$（mg）	0.4	维生素C（mg）	56	维生素E（mg）	0.85
a-E（mg）	0.61	（β-γ）-E	0.24	K（mg）	256
Ca（mg）	14	P（mg）	35	Fe（mg）	0.7
Na（mg）	2.5	Mg（mg）	18	Cu（mg）	0.06
Zn（mg）	0.36	Se（μg）	0.36	赖氨酸（μg）	70
Mg（mg）	0.16	I（mg）	0	胱氨酸（μg）	0
异亮氨酸（μg）	29	亮氨酸（μg）	50	酪氨酸（μg）	40
苏氨酸（μg）	68	蛋氨酸（μg）	9	缬氨酸（μg）	56
精氨酸（μg）	90	苯丙氨酸（μg）	60	丙氨酸（μg）	49
天冬氨酸（μg）	43	色氨酸（μg）	13	甘氨酸（μg）	39
脯氨酸（μg）	88	组氨酸（μg）	23		

2.苦瓜的保健功效　苦瓜性味苦、寒，主要含有苦瓜苷、类蛋白活性物质（即 α－苦瓜素，β－苦瓜素、MAP30）、类胰岛素活性物质（即多肽－P）及 18 种氨基酸。

苦瓜具有清热消暑、养血益气、补肾健脾、滋肝明目的功效，对治疗痢疾、疮肿、中暑发热、痱子过多、结膜炎等病有一定的作用。

苦瓜的维生素 C 含量很高，具有预防坏血病、保护细胞膜、防止动脉粥样硬化、提高机体应激能力、保护心脏等作用。

苦瓜中的有效成分可以抑制正常细胞的癌变和促进突变细胞的复原，具有一定的抗癌作用。

苦瓜素（RPA），被誉为"脂肪杀手"，能使摄取的脂肪和多糖减少 40%~60%。

二、丝瓜的营养成分与保健功效

丝瓜，又称天罗、蛮瓜、吊瓜、布瓜，为葫芦科一年生攀缘性草本植物。原产于南洋，明代引种到我国，是人们喜爱的日常蔬菜之一。

1.丝瓜的营养成分　每 100 g 丝瓜果肉含水分 92.9 g、蛋白质 1.5 g、碳水化合物 4.5 g、脂肪 0.1 g、粗纤维 0.5 g、维生素 C 8.0 mg、胡萝卜素 0.32 mg、钾 156.0 mg、钠 3.7 mg、钙 28.0 mg、镁 11.0 mg、磷 45.0 mg、铁 0.8 mg。丝瓜其富含多种营养成分，仅蛋白质的含量就比黄瓜、冬瓜高出 1 倍 ~2 倍，钙的含量也比其他瓜类高出 1 倍 ~2 倍。

2.丝瓜的保健功效　丝瓜浑身全是宝，其种子、瓜叶、瓜花、瓜藤、瓜根、瓜络均可利用。丝瓜络常用于治疗气血阻滞的胸肋疼痛、乳痛肿等症。丝瓜藤常用于通筋活络、祛痰镇咳。专家研究发现，丝瓜藤茎的汁液具有美容去皱的特殊功能。丝瓜籽粒则可用于治疗月经不调、腰痛不止、润肠通便、食积黄疸等症。丝瓜皮主治疮、疖。丝瓜花清热解毒。丝瓜叶内服清暑解热，外用消炎杀菌，治痱毒痈疮。丝瓜根也有消炎杀菌、去腐生肌之效。老丝瓜瓤干后制成药材称为丝瓜络，以通络见长，用于治疗胸肋痛、筋骨酸痛等症。

丝瓜中含防止皮肤老化的维生素 B_1，增白皮肤的维生素 C 等成分，能保护皮肤、消除斑块，使皮肤洁白、细嫩，是不可多得的美容佳品，故丝瓜汁有"美人水"之称。丝瓜独有的干扰素诱生剂，可起到刺激肌体产生干扰素，起到抗病毒及防癌抗癌的作用。丝瓜还含有皂苷类物质，具有一定的强心作用。经研究证明，丝瓜汁还有清洁护肤、美容的功效，对于治疗皮肤色素沉着可起到一定作用。所含皂苷类物质、丝瓜苦味质、黏液质、木胶、瓜氨酸、木聚糖等物质对人体具有一定的保健作用。

丝瓜果实也具有很高的药用价值，祖国传统医学认为，丝瓜性凉、味甘，具有清热、解毒、凉血止血、通经络、行血脉、美容、抗癌等功效，并可治疗诸如痰喘咳嗽、乳汁不通、热病烦渴、筋骨酸痛、便血等病症。

第二节
适宜日光温室栽培的苦瓜、丝瓜品种介绍

一、苦瓜品种介绍

1. 奇骏　该品种为杂交一代组合，早熟、高产，中抗枯萎病。植株分枝力强，主蔓 10~14 节着生第一雌花，瓜呈纺锤形，果表瘤状突起不明显，瓜皮绿色，果长 30~35 cm，果径 8 cm 左右，单瓜重 400~500 g，一般栽培亩产量 4 500 kg。外观佳，长棒形，略弯，有纵条纹，纹间有凸瘤，瓜顶梢尖。主侧蔓均可结瓜，可单性结实，耐低温弱光，抗病、抗盐能力强。

2. 丰香　早中熟品种，茎蔓性，生长势强，节间短，分枝力强。主蔓 8~14 节着生第一朵雌花，以后每隔 3~6 节着生 1 朵雌花。瓜短圆锥形，果皮绿色，瓜长 20 cm，瓜甘苦，质优良。一般单瓜重 300~500 g。

3. 蓝山大白苦瓜　中熟丰产型品种，植株生长势旺，分枝力强，主侧蔓均可结瓜，主蔓 10~12 节着生第一雌花，叶掌状。此后每隔 2~3

节又发生一朵雌花。果实为长圆筒形，长 60~70 cm，横径 7.0~8.0 cm，果皮前期青绿色，后期逐渐转为乳白色，有光泽，瘤状突起，果肉较厚，白色，品质优良。一般单瓜重 0.7~1.5 kg，中抗枯萎病，全生育期 180 d 左右。亩产 3 500~4 500 kg。

4. 绿美 F₁ 苦瓜　早熟。植株生长旺盛、抗病性强，结瓜多、耐热、耐湿，瓜长圆筒形，长 25~30 cm，横径 6~6.5 cm，肉厚 1 cm 左右，单瓜重 400~500 g，瓜条直顺，棱粗大，皮油绿光亮，瓜味浓郁，亩产 4 000~5 000 kg。

5. 长白苦瓜　中熟，第一雌花着生于 18 节左右，主、侧、孙蔓均能结瓜。瓜呈长条形，顶端尖，长 50 cm 左右，横径约 6 cm，果皮绿白色，有明显纵瘤 8 条，单瓜重 500 g 左右。生长势强，耐高温、耐渍，丰产。

6. 穗新 2 号　早熟品种，适应性广，植株长势旺盛、抗性较强，春、夏、秋均可栽培，耐热能力强，尤其适宜夏季高温季节栽培。果实纺锤形，平均果长约 20.5 cm，果肩宽 7.5 cm，单瓜重 310~475 g。果实淡绿色有光泽。夏、秋植从播种至初收 43~49 d，全生育期 87~140 d。第一雌花着生在主蔓 11~17 节上，雌花有连节着生的习性，分枝力较强，主侧蔓均可结果，亩产 2 000~3 000 kg。

7. 碧秀　耐热，生长势强，侧蔓多，果实呈长圆柱形，长 40 cm 左右，瘤状突起较宽扁。瓜皮乳白色，肉白色，品质优良，极受消费者欢迎。

二、丝瓜品种介绍

1. 绿龙　河南省高效农业发展研究中心利用从引进的湖南丝瓜品种变异株中，系统选育而成。该品种茎蔓性，分枝力强。瓜圆筒形，长 35 cm 左右，横径 7 cm。花痕较大且突出，头尾略粗。外皮绿色，粗糙，被有蜡粉，有 10 条深绿色的纵向条纹，如图 9-1 所示。单瓜重 250~500 g。肉质肥嫩，纤维少，品质优良。晚熟，耐肥、耐涝，但不耐旱，适应性强。

图 9-1　绿龙丝瓜

2.玉女　河南省高效农业发展研究中心育成。植株生长健壮，分蘖力强，保护地栽培，节节显雌，果实长圆柱形，瓜长 60 cm，横径 4~5 cm。瓜皮淡绿色，肉乳白色，单瓜重 300~500 g。肉质柔嫩，品种上乘。耐热，耐涝、耐老，但耐旱力差，亩产 5 000 kg 左右。

3.浙江棒丝瓜　主蔓长 3~4 m，节间 10 cm 左右，耐寒、抗病，连续结瓜性强，成瓜速度快，瓜长 30~50 cm，单瓜重 200 g 左右，瓜表面无棱，长棒形或短棒形，喜肥，生长势强，亩产 2 000 kg 左右。适于塑料温室、日光温室冬春保护地栽培。

4.棱角丝瓜（碧玉春）　早熟、蔓生、雌性强。春种 3~4 节开始连续着生雌花，秋种 8~10 节开始着生雌花，果实长棒形，基部细，先端较粗。嫩瓜深绿色，无茸毛，有明显棱角 9~11 条，嫩瓜肉淡绿白色，肉质柔嫩多汁，商品瓜长 60~70 cm，横径 4~5 cm，单瓜重 250~400 g，亩产 2 000~3 000 kg，对霜毒病抗性强。

5.蛇形丝瓜　从南京市雨花台区地方品种中经系统选育而成的优良品种。主蔓长 7.38 m，直径 0.76 cm，绿色，五棱形，附生白色刺毛，分枝数8.8，分枝节位第三节。叶片深绿色，掌状五角形，有稀短刺毛，叶缘波状。叶柄浅绿色，圆形，正面有沟。花黄色，3~5节出现第一雄花。果实绿色,细长条似蛇状,果面有黑色棱纹,附生密集的白色茸毛。果肉浅绿色，长147.2 cm，横径6.5 cm，果柄绿色，单瓜重109.6 g。该品种瓜条细长、肉质厚、纤维少、耐热、抗病、丰产、优质。

6.四川成都肉丝瓜　植株蔓生，分枝性强，主蔓长约15 m，节间长15 cm。叶片掌状深裂，绿色。第一雌花着生于主蔓7~8节。瓜短圆柱形，长20~30 cm，横径5 cm，皮绿色，有深绿色条纹，瓜面微皱，果实两端较平，横截面圆形，肉白色。单瓜重350 g。中熟，可连续结瓜。抗病能力较强。肉质疏松，味微甜，品质好。

7.七星　农友种苗选育，品质风味特佳，早生，生长强健，茎蔓较粗壮，结果力强。果实短筒型，适收时长约18 cm，直径约7 cm，重约500 g，果皮淡绿色，脐较大，品质风味良好，且炒后不变色。本品种不适宜于夏季长日照期播种栽培。

第三节
日光温室苦瓜丝瓜高效栽培关键技术

一、地块选择与茬口安排

苦瓜、丝瓜忌连作，最好实行2~3年的轮作。日光温室苦瓜、丝瓜栽培要想效益高，必须反季节安排茬次，否则就失去了日光温室栽培的意义。

我国北方无霜期短，苦瓜、丝瓜多作春、夏栽培，南方特别是华南地区，可作春、夏、秋栽培，市场大部分商品上市时间集中在夏、秋两季，冬春市场苦瓜、丝瓜上市量少、缺口大。日光温室栽培，主要把上市时间安排在缺口大的冬春季节里，才能达到周年供应，取得良好的经济效益。日光温室苦瓜、丝瓜在北方各地生产一般安排越冬茬生产。

这一茬是在一年中最寒冷的季节生长，除在海南、台湾、云南的部分地区因气候温暖，可进行露地栽培，其他地区则主要在温室内栽培，种植难度大。一般在10月上旬开始在日光温室内育苗，11月中下旬定植，1月或2月采收，9~10月罢园，整个生长季节经历冬、春两季。因这一时期苦瓜、丝瓜上市量少，又经历元旦、春节市场需求量大价格高的时期，所以这一茬是经济效益最好的茬口。

二、育苗

1. 制作苗床　为了培育壮苗，要求具有一定的育苗面积。根据茬次不同，要求的苗龄大小不一样。一般越冬茬定植苗小时，每棵苗占地面积应不少于10 cm²，早春茬育大苗移栽，育苗面积每棵不少于12 cm²，按需苗面积量的20%增加育苗量，每亩地育苗面积越冬茬需30 m²，早春茬36 m²。育苗面积适当增加后，育苗面积数量多，及时淘汰弱小病苗，不断把苗与苗之间距离拉大，让苗全株可以见到光照，可有效地防止幼苗徒长。育苗面积过小，幼苗比较拥挤，不能全株见到光照，容易徒长，育出弱苗的比例较大，很难高产。

2. 种子处理

1）温度处理　主要包括干热处理、低温处理和变温处理等。干热处理时是把种子放在较高的温度（50~60℃）环境中经过10~20 min，再进行催芽，可提高种子的发芽率。低温处理是把浸涨后将要发芽的种子放置在0℃左右的冷冻环境中1~2 d可促进种子发芽，增强幼苗的抗寒性。变温处理是把将要发芽的种子每天在1~5℃的低温条件下放置12~18 h，接着再移到20℃左右的温度条件下6~12 h，反复进行数天。这样能增强幼苗的抗寒性，并可加快幼苗生长发育速度。

2）热水烫种　热水烫种消毒法是利用高温杀灭病菌，能杀死附着在种子表面和潜伏在种子内部的病菌。这种消毒方法，不需要任何药剂，只需要用50℃左右的热水，且可与浸种催芽结合进行。消毒时水的温度和烫种时间必须严格掌握，才能达到既杀死病菌又不伤害种子的目的。一般用 50℃ 左右的热水烫种，烫种持续时间 15~30 min。烫种时，可把种子装在纱布袋里或直接放到盆子等容器中，烫种前先把种子放在凉水中浸泡一下，使病菌活化，然后再用热水烫种。烫种时在盛热水的容器中应放入一根棒状温度计以观察温度，然后放入适量的 50℃ 左右的热水，并不断搅动，使种子受热均匀，当温度下降至 45℃ 时，再倒入热水至 50℃，直到达到要求的烫种时间为止。烫种后把种子捞出放入 30℃ 左右的温水中冷却后，就可进行浸种处理。

3）药剂处理　苦瓜种子播种前应用化学药剂处理，可以杀死种子表面或潜伏在种子内部的病原菌，减轻苗期病害，有些药剂还可以促进种子的发芽，影响幼苗或植株的新陈代谢，达到早熟或增产的目的。常用的处理方法有药剂拌种和药剂浸种。

（1）药剂拌种　此法比较安全和简便，药剂用量一般为种子量的 0.1%~0.5%。拌种时要注意药粉和种子充分拌匀，使所有的种子表面均附有药粉。拌种后的种子播种以后，药粉遇到水分便溶解发挥药效，不仅能杀死种子带的病菌，还能杀死种子周围土壤里的病菌。如用生物菌剂拌种如益微菌剂，每 200 g 种子用 20 g 益微菌剂拌种，可防治多种苗期病害，如立枯病、猝倒病、枯萎病、根腐病等。

（2）药剂浸种　此法是把种子浸入药水中保持一定时间，以杀死种子上的病原菌，或是改善种子发芽环境，是行之有效的防病虫并提高种子发芽率的重要措施。生产上通常使用的方法有以下几种：

A. 植物生长调节剂浸种。目前多使用赤霉素和芸薹素内酯（BR）。

赤霉素浸种：通常使用的浓度为 40 mg/kg，可有效提高种子的芽率和芽势。但要严格掌握使用浓度，不要因使用浓度低而致苦瓜的雄花分化减少，影响的正常授粉结果。

芸薹素内酯浸种：一般使用 1 500 倍液，能促进细胞伸长和分裂，提高种子的芽率和芽势。

B. 过氧化氢浸种。可提高种子的通透性，改善发芽环境，提高种子的发芽率及整齐度。通常使用浓度是 0.15% 过氧化氢，浸种时间 3 h，浸种后应把种子用清水冲洗干净再催芽。

C. 高锰酸钾浸种。高锰酸钾溶液具有很强的杀菌消毒作用，用于防治苦瓜苗期病害效果良好。使用 800~1 000 倍液浸种 2~3 h，用清水冲洗干净后催芽或晾干后播种。

D. 化学药剂浸种。常用杀菌剂主要有 50% 多菌灵可湿性粉剂 500 倍液，70% 甲基硫菌灵可湿性粉剂 1 000 倍液，1 000 万单位的硫酸链霉素 300~500 倍液，4% 氯化钠晶体 30 倍液浸种 20 min 左右。

4）机械处理　可人工破壳露出种胚根，有利于种胚吸水发芽，提高苦瓜、丝瓜的发芽率和发芽势。

5）催芽　主要有恒温催芽、变温催芽、低温或变温处理等。

（1）恒温催芽　苦瓜种子浸泡取出后，用潮湿的纱布或毛巾将种子包好，放置在适宜温度（30℃左右）条件下（如恒温箱或自制恒温罐等）让其发芽。催芽时应每天检查一次，注意保持适宜的湿度和通风条件，以满足苦瓜种子发芽的需要。

（2）磕籽与变温催芽　由于苦瓜种皮较厚，吸水困难，常规催芽时容易出现发芽慢，芽势、芽率较低的现象。如通过采取变温催芽法，可显著提高苦瓜种子的发芽率和发芽势。具体做法是：先将浸种处理后的苦瓜种子晾干，用尖嘴钳子把苦瓜种子的尖嘴处磕开，以利于种子吸水发芽。然后把磕开后的种子放入小纱布袋内，置于塑料袋中并扎紧口，塑料袋内要充满空气，以满足种子新陈代谢时对氧气的需求。再把种子放在热源处进行催芽，白天保持 33~35℃ 的高温 10~12 h，夜间保持 25~28℃ 的温度 12~14 h。每次调温时要松开种子袋口进行换气，并检查种子是否缺水，保持塑料袋内壁有露珠。这样经 3~4 d 的催芽，苦瓜种子的发芽率可达到 80% 以上，6~7 d 发芽率能达到 90% 以上。丝瓜不需要磕籽及变温催芽。

3. 播种

（1）条播法　是指播种行呈条带状的播种方式。选用人工条播时，先按一定行距开挖播种沟，然后按一定的株距均匀播下种子，并随即覆土，也可选用机械播种。按播种行上种子播幅宽窄不同，分等行条播和宽窄行条播两种方式。苦瓜条播的优点：种子分布均匀，出苗整齐，便于栽培管理和机械化作业等，但用种量多。

（2）穴播　又叫点播，可选用人工机器人按一定的行距和穴距挖坑，然后点播种子 2~3 粒，随后覆土。或用点播器按一定行距和穴距点播，可节省人工。穴播的优点：穴距增大，有良好的通光条件，可提高光合效率；每穴内种子集中，拱土能力强，出苗齐；便于铲趟，消灭苗眼草；节约种子。

条播法和穴播法各有利弊，应根据具体情况，灵活运用。

7. 苗床管理

（1）温度管理　播种后出苗前床温控制在30℃左右，昼夜恒温，出苗后要及时撤掉盖在苗床上的地膜，当第一对真叶显露时，土温白天控制在20~25℃，夜间控制在17~20℃，昼夜气温为室内的自然温度。覆盖塑料薄膜应使用新膜，并保证始终洁净，阳畦上的草帘等覆盖物及时揭盖，晴天无风时，尽量揭开塑料薄膜，争取阳光直接照射秧苗，不能揭膜的晴天，10~15时要经常拍打棚面薄膜，振落其上吸附的水滴，防止弱光下秧苗徒长和瘦弱发病。

在定植前8~10 d，要降温控水炼苗，将容器移动一下位置，适当扩大空间，炼苗的室内气温，白天可保持为30~35℃，夜温下降到10~12℃，定植前2~3 d进行高温锻炼，温度升到33~38℃，并喷洒一遍叶面肥和防病治虫的农药，定植前1 d给苗床浇透水，促使新根萌发，做到使幼苗带肥、带药、带水、带土"四带"定植。这样有利于定植后的缓苗与成活。

（2）水肥管理　由于已施足有机肥，苗龄又短，苗期一般不追肥，提倡喷2~3次磷酸二氢钾（根外追肥），浓度为0.2%~0.3%。如果叶色黄绿，叶肉薄，可加入0.1%~0.2%尿素混合喷。有条件的也可加入少量微量元素，如铜、锌、硼等，对促进幼苗苗壮生长有良好的作用。需要注意的是受容积底部的阻隔，切断了苗床土壤与容器内营养土的水分传导，要及时为秧苗补充水分。

（3）光照管理　幼苗期光照管理非常重要，一般情况下，苗期要求尽量延长光照时间，进入2叶1心时，已值花芽分化关键时期，根据分化花芽时，低温短日照可增加雌花分化数量、降低雌花节位的原理，2叶1心期以给予白天7~8时的光照时间为宜，其他时期应尽量减少光照时间。在温度条件许可的情况下，早上早揭苫，下午晚盖苫，阴雨天气要尽量揭苫，让室内进入一些散射光。不能只为保温盖上草苫不揭，造成幼苗光饥饿而死棵。

育苗期间覆盖的农膜要经常清扫、刷洗，减少灰尘污染，以免减少弱光照度。一般要求棚膜每天揭苫后清扫 1 次，每周冲洗 1 次灰尘，保持棚膜光亮如新。

三、定植

1. 整地施肥　日光温室栽培苦瓜、丝瓜，一般要求每亩施充分腐熟的优质农家肥 15 000 kg 以上，或充分腐熟的鸡粪 5 000~7 000 kg，或充分腐熟的饼肥 2 000~3 000 kg。大量使用优质有机肥，不但可以提供全量的营养，还可提高地温，增加土壤的透气性，减缓化肥肥害，有利于根系的生长发育。有机肥分解时，产生大量二氧化碳，又补充了日光温室内二氧化碳的不足，促使光合作用的进行，有利于茎叶和果实的生长。结合整地亩施磷酸二铵 15 kg、尿素 40 kg、硫酸钾 15 kg，均匀撒施后深翻 25~30 cm，整平耙细，不留上茬作物根茬。

2. 旧日光温室消毒　旧日光温室必须安排好茬口，不能重茬或迎茬栽植，并清除室内前茬作物及杂草残留物，洗刷室内支架、棚顶内壁及四周墙面，再用波尔多液全面喷洒消毒。100 m² 地面用 50% 甲霜铜可湿性粉剂 50 g 加细沙 3 kg 拌成药沙，均匀撒施后翻入土中，同时 100 m³ 空间用 45% 百菌清烟雾剂和硫黄粉各 50 g 点燃熏蒸，然后密闭温室 24 h。

3. 做畦　种植规格采用宽窄行、等宽行均可，可采用高畦和平畦两种栽培方式，以高畦栽培较为理想，有条件的地方要采取地膜覆盖。平畦栽培可将畦面做成宽 1.5 m、畦长以设施为限。高畦栽培把畦做成龟背式畦埂，高畦宽 80 cm，高度为 10~15 cm，畦面畦沟均应做平。

4. 定植方法

（1）适时定植　设施内 10 月播种育苗的苦瓜、丝瓜，苗龄 45 d 左右，瓜苗长至 3 叶 1 心时，选择晴天的 9~13 时定植于日光温室中。栽植密度掌握薄地密、精细管理密，肥地稀、粗放管理稀的原则。苦瓜一般每亩定植 1 000~1 200 株，丝瓜每亩定植 2 000~2 500 株。

（2）定植方式　根据盖地膜的先后可分为两种方式。其一，定植前 5~7 d 铺上地膜。每畦两行，打线定植，株距根据密度而定。挖坑不要太深，定植后能稍扫点水为宜。为防止地温下降，一般采用蹲水定植法，待坑内水渗后，用土把坑封好压严，以防漏风。其二，定植时先浇水以提高地温，起垄或做小高畦栽植，采用开孔掏苗的办法覆盖地膜。

定植时选择晴天中午，阴雨天气不利于定植后的缓苗。

定植时要把幼苗的大小、高低分级定植，不宜大小苗混栽，以防大苗遮挡小苗光线，影响小苗生长。

定植苗龄不宜过大，小苗定植为好，大苗定植后结果早、易坠秧，造成植株老化，不利于越冬。定植适宜苗龄以 3 叶 1 心为好。

定植易浅不宜深。根据日光温室生产观察，冬季低温期日光温室地温主要靠空气温度变化的影响，地表以下 10 cm 以上的平均温度高于 10 cm 以下的温度，通气性好，根系生长表现活力强，因此浅定植比深定植产量高。

四、定植后的管理

1. 环境调控

（1）温度管理　苦瓜和丝瓜对温度条件要求较高，温度低于 13℃，苦瓜和丝瓜就不能生长，5℃时就会受害，长期低温，必然影响生长发育。返苗后，白天气温维持 28~30℃，夜间 15~17℃，随着外界气温逐渐下降，白天温度维持 25~28℃，夜间 13~15℃；阴雨天气，白天 20℃，夜间 12~14℃。前期不宜使用高温管理，让其缓慢生长。在低温期应增加日光温室保温覆盖材料，如草苫上加盖防雨膜。在室温降至 7~8℃时，就应采取临时加温的方法补充温度，加温可采取多种形式，如空气电热线加温、炭火盆熏烤或临时的煤炉加温。采取加温设备，要严防一氧化碳，不可因大意造成人、菜中毒。为加强植株抵御低温的能力，应增施抗冻剂，使用方法为每 100 mL 抗冻剂对水 10~15 kg，于缓苗期、花期、幼果期各喷 1~2 次。

（2）空气湿度管理　苦瓜和丝瓜虽然耐湿润气候，但在日光温室通风不良的情况下，连续高湿环境，植株嫩弱，抗病能力下降，易引发病害，如疫病、灰霉病等。加强通风排湿，降低室内空气湿度对瓜类生长有利。

空气相对湿度以维持在65%~75%为比较适宜。另外,日光温室空间小,施肥量大,在有机肥分解过程中,释放出大量有害气体,可通风排湿来排出有害气体,换入新鲜空气,防止有害气体对植株的危害。

（3）光照调控　苦瓜和丝瓜需长日照,光照时数越长,对生长发育越有利。特别进入结果期,光照时间长,光照强,植株生长快,化瓜少,结瓜多,瓜条长,产量高。连续阴雨,光照弱时,化瓜严重,坐瓜很少。越冬茬栽培,低温和寡照经常出现,要加强日光温室光照的管理。为了让光照时间延长和进入日光温室的光量大,在温度条件许可的情况下,早上早揭开草苫,下午晚盖草苫,每天揭开草苫后清扫棚膜,隔5~7 d刷一次棚膜,始终保持棚膜面清洁,以利于透光。阴雨、下雪天气也要强行揭开几条草苫,进入一些散射光。越冬茬栽培时没有经验的菜农,在低温阴雨天气,只顾保温,日光温室草苫5~7 d不揭,天气转晴后,拉开草苫时则全部死棵的现象屡见不鲜。

有条件的日光温室可以进行人工补光,在日光温室内每隔8~10 m吊挂灯泡或碘钨灯,也可在日光温室后墙内悬吊反光幕。

另外,在连阴雨、雪后,天气骤晴,切不可全部揭开草苫,应陆续间隔揭开。中午阳光强时,可将部分草苫放下,下午阳光稍弱时再揭开。当温度提高后,中午适当通风,同时可排出室内积累的有害气体。南方夏季防雨栽培可以在膜上加遮阳网或在膜上泼石灰水,减少光强。

2. 水肥管理　水肥管理是提高产量的关键措施,早春在各种条件比较适宜的情况下,苦瓜、丝瓜植株的生长量加大,水分蒸腾作用强,营养需求量大,只有满足苦瓜和丝瓜对肥水条件的要求,才能争取更高的产量。

（1）浇水　浇水要"三看",即看天、看地、看苦瓜的长势长相。看天,主要是结合收看天气预报,掌握浇水前后1 d及浇水当天都要是晴天,以防止浇水后地温降低和加大日光温室内空气相对湿度,诱发病害。看地主要是看地下10~15 cm的土壤湿度（墒情）高低来定。看苦瓜、丝瓜长势就是苦瓜、丝瓜结瓜少,长势强,不浇或少浇水;苦瓜长势弱,结果多,要适当多浇水。苦瓜及丝瓜生长前期对水分需求量较少,一般以保持土壤不干为原则,缺水时则小水灌溉,地膜覆盖者采取小垄膜下暗灌法，只浇小垄。结瓜期每 7~10 d 浇 1 次水，每次浇水应于摘瓜前进行。随天气变暖，通风量增大，苦瓜、丝瓜需水量不断增加，可适当缩短浇水时间，并增加浇水量。

（2）追肥　定植后结合浇稳苗水，每亩施尿素 5 kg、生物钾肥 2 kg 或磷酸二氢钾 5 kg，以后视苗情适量追施提苗肥或对弱小苗重点施"偏心"肥。苦瓜、丝瓜进入大量结瓜期，茎蔓生长与开花结果均处于旺盛期，是需要水肥最多的时期，应当追施一些氮磷钾速效肥，以补充其生长结果的需要。苦瓜、丝瓜对氮、磷、钾的需求比例为 2∶0.8∶3.4，追肥时以氮、钾元素为主，隔 3~5 次，加施 1 次磷肥。有的菜农采用发酵后的鸡粪，每次每亩顺水冲施 0.2~0.3 m³，效果也很好。苦瓜、丝瓜进入大量结瓜期，还应当追施一些氮磷钾速效肥，以补充其生长结果的需要。后期注意进行根外追肥，以防早衰。

（3）气体调节技术　参照第七章黄瓜看苗诊断与管理技术的有关部分进行。

3. 植株调整

1）茎叶管理　苦瓜和丝瓜的茎叶繁茂，分枝力强，几乎每一叶节都能产生侧蔓、卷须与花。分枝（侧蔓、子蔓）同样如此。定植后要及时搭架，日光温室内可用尼龙绳皮儿吊蔓成架，及时吊蔓还可改善田间小气候，有利于幼苗迅速均匀生长。

（1）吊蔓及搭棚架　吊蔓一般采用尼龙绳皮儿这种方法优于竹竿支架法便于操作。以尼龙绳皮儿做牵引，绑蔓供苦瓜茎叶攀缘生长结瓜。棚架高度在离棚顶 50 cm 处为宜。

（2）吊蔓技术　日光温室栽培的整蔓方法是，首先保持主茎的生长，主茎 0.6~1.5 m 高度以下的侧蔓全部去掉。日光温室内栽培的苦瓜，南北留主茎的高度不一样，北端留高限 1.5 m，南端留低限 60 cm。主茎伸长到一定高度后，留下 2~3 个健壮的侧枝与主茎一起上棚架。其后再产生的侧枝（包括多级分枝），有瓜即为留枝（蔓），并当节打顶，无瓜则将整个分枝从基部剪掉。这样整枝可增加前中期的产量，并有利于控制茎叶过多影响通风透光，控制过旺的营养生长。

（3）剪叶技巧　在结果盛期，叶蔓繁茂，架内通风透光差，常引起落花落果，要及时摘除过密的老叶。

2）疏花理瓜

（1）疏花　苦瓜、丝瓜的雄花多而密，花梗长而粗，为了减少营养的消耗，除留一部分作为授粉外，多余的应及时剪除。各级分枝上如出现2朵雌花时，可去掉第一雌花，而留第二雌花。第二雌花一般比第一雌花长的瓜果质量好。在低温弱光条件下栽培的苦瓜和丝瓜，往往出现雌花较多的现象，一定要下狠心疏除一部分瓜胎。

（2）理瓜　是苦瓜、丝瓜栽培中常用的一项技术措施。当发现雌花或幼瓜搁在棚架上或被龙卷须缠绕，妨碍幼瓜生长时需加以调整，让幼瓜垂挂生长，理瓜的同时将发育不正常的畸形瓜摘除。

4. 保花保果　日光温室内栽培苦瓜、丝瓜，昆虫活动较少，为保证坐果，必须进行人工授粉，一般在10时前后，摘取新开的雄花，进行花对花授粉。具体做法是，取雄花去掉花冠，将花药轻轻地涂抹在雌花柱头上，1朵雄花可用于3朵雌花的授粉，授粉不要伤及雌花柱头。

五、采收

苦瓜和丝瓜采收的原则是：低温期采小瓜，温度适宜采大瓜；弱株采小瓜，壮株采大瓜。采瓜要及时。越冬茬苦瓜和丝瓜在冬季生长速度慢，不易老化，为了争取更高的效益，采瓜时机应向后拖延，目的是越向后延，气候条件越差，瓜生长得慢，市场价格越高，特别是春节前后，瓜类更为紧缺，价格更高。根据这一规律，有经验的菜农采瓜标准是一看市场、二看瓜、三赶节。一看市场，市场价格合理时，采的瓜小一点也行；市场价格不高时，大一点的也不采。二看瓜，瓜的生长速度快时，说明天气条件好，上市的蔬菜量大，应采小瓜抢占市场；瓜的生长速度慢时采大瓜，道理是瓜生长与外界环境关系密切，证明气候条件不适宜，不注意的菜农已经把瓜卖出去了，市场开始出现缺口，价格自然回升，晚采又能卖上好价钱。三是赶节，在生产季节中元旦、春节，是市场价格高的时期，节前尽量集中采收，或者节前10~15 d采收后，通过短期储藏集中上市，效益可成倍增长。丝瓜易萎蔫，不耐储，采收后应立即出售。

苦瓜和丝瓜的幼瓜与老瓜食味均不好，以中度成熟的瓜条食味好，且耐储运，好销售。苦瓜采收的标准是果实充分长成，瘤状突起明显，饱满而有光泽，顶部花冠脱落。白皮苦瓜表皮由绿变白色，有光亮感时即可。丝瓜的采收佳期是瓜条基本长成，手摸瓜条中部与两端，感觉中部软时。一般自雌花开花至采收 12~18 d 的时间。苦瓜或丝瓜的柄长且牢固，可用剪刀从基部剪下，不能用手扯摘，防止扯断茎蔓。采摘过晚，则苦瓜顶端表皮变色，无法出售。采收一般选在清晨，用剪刀从果柄处剪下，整理包装上市。

第十章
日光温室西瓜甜瓜看苗诊断与管理技术

西瓜甜瓜人人爱吃，因此，我国大部分地区均有栽培。但由于其生长发育特性对环境条件要求较强的光照强度及较长的光照时间、较高的温度、较大的昼夜温差、喜湿而不能涝水的条件，致使不同地区生产出的西瓜甜瓜品质差别很大。而利用日光温室生产西瓜甜瓜，只要播种期选好，或能做到人为调整温、光、气、湿环境，便可生产出脍炙人口的西瓜甜瓜来。

第一节
日光温室西瓜栽培

西瓜又称水瓜、寒瓜，属于葫芦科西瓜属一年生蔓生草本植物。西瓜具有很高的营养价值，是鲜果中含水量最高的种类之一，富含葡萄糖、蔗糖、维生素 A、维生素 B_1、维生素 B_2、维生素 C 及多种有机酸、氨基酸和钙、磷、铁等矿物质。我国是世界上栽培西瓜面积最大的国家，特别是近年来设施西瓜栽培面积不断增大，实现了西瓜的周年供应。

一、日光温室西瓜栽培茬口类型

日光温室西瓜栽培的茬次主要有冬春茬、早春茬和秋延后茬，茬次安排和生育期见表 10-1。

表 10-1   日光温室西瓜栽培茬次

栽培茬次	播种期	定植期	采收期
冬春茬	12月上中旬	1月中下旬	4月上中旬
早春茬	2月下旬	4月上中旬	6月上旬
秋延后茬	7月下旬至8月上旬	8月中下旬	10月上中旬

二、品种选择

日光温室西瓜冬春茬栽培多选用小型的早熟品种，同时应考虑到日光温室性能和地区消费习惯等因素。小型早熟品种易坐瓜，生长快，瓜发育期短，果实成熟期 25~35 d。单瓜重 4~5 kg。

1. 京颖　北京市农林科学院蔬菜研究中心育成的小型西瓜品种。果实发育期 28 d 左右，全生育期 89 d 左右。植株生长势中，果实椭圆形，绿底色，锯齿形显窄条带，果实周正美观。平均单果重1.62 kg。果肉红色，肉质脆嫩，口感好，风味佳；中心可溶性固形物含量11.7%，中边糖差2.3%，可适当提早上市。耐长途运输。

适宜于保护地和露地早熟栽培。

2. 京彩　北京市农林科学院蔬菜研究中心育成的高档精品小型特色西瓜。

易坐果，果实椭圆形，绿底色，富含β–胡萝卜素，瓤色橙黄，剖面彩色，肉质脆嫩。单瓜重2 kg左右，皮薄，皮中硬，口感脆，高糖，可溶性固形物含量高达14%。耐长途运输。

适宜于保护地和露地早熟栽培。

3. 京玲　北京市农林科学院蔬菜研究中心育成的花皮圆果、红肉小型无籽西瓜杂种一代。

果实周正美观。早熟，果实发育期26 d左右，全生育期85 d左右。植株生长势中等，易坐果，耐裂，无籽性能好。果实剖面均一，不易空心，无白筋等。果肉红色，口感脆爽，风味佳。中心可溶性固形物含量12~13%，糖度梯度小，皮薄。单瓜重2~2.5 kg，1株可结果2~3个。耐长途运输。

适宜于保护地搭架早熟栽培。

4. 京珑　北京市农林科学院蔬菜研究中心育成的可与美国先正达公司的墨童类型无籽小瓜媲美的高档西瓜品种。

果实外观更黑、皮更硬、抗裂，高糖，脆肉，单瓜重3 kg左右。由于其亲本易坐果，产籽量高，种子价格成本低于墨童近1/3。耐裂果，耐长途运输。

适宜于全国保护地和露地早熟栽培。

5. 越秀　河南鼎优农业科技有限公司自主研发的绿皮黄肉清香型礼品西瓜品种。

耐低温弱光，果皮青绿色，果肉亮黄色，味道清香，中心可溶性固形物含量高达13.3%，单瓜重1.5~2.5 g。

适宜于日光温室栽培。

6. 黄中皇　河南鼎优农业科技有限公司自主研发的黄皮黄肉奶油味西瓜品种。

该品种早熟，耐低温弱光；4~6 片叶可现第一雌花，膨果速度快，果皮黄色，果肉黄色，有奶油风味，中心可溶性固形物含量 12.8%，高糖栽培可达 13.5%，单瓜重 1.5~2.2 g。

适宜于日光温室栽培。

7. 福祺早抗 3 号　河南省庆发种业有限公司著名西瓜育种专家史宣杰育成的花皮、大果型新品种。

早熟品种，全生育期 95 d，从开花到果实成熟 28~30 d。植株生长稳健，抗病能力强，易坐果。果实椭圆形，深绿色果皮上覆墨绿色条带，外观美。果肉红沙，中心可溶性固形物含量为 12% 以上，品质优良。果皮薄而韧，耐储运。单瓜重 8~10 kg，稳产高产。

适宜于保护地种植。

8. 福祺福星 3 号（大果京欣类品种）　河南省庆发种业有限公司育成。

早熟品种，全生育期 85 d 左右，自开花至果实成熟 30 d 左右。植株生长稳健，适应性广，抗病性强，易坐果，膨瓜快，耐低温、弱光，果实圆形，端正美观，果皮深绿色覆黑色均匀宽条纹，条带清晰，皮薄、果皮坚韧不裂果。果肉大红，细甜脆爽、不倒瓤，中心可溶性固形物含量在 13%，品质极佳，极耐储运。单瓜重 8~10 kg，稳产高产，亩产可达 5 000 kg。

适宜于保护地栽培。

9. 福祺超级大果黑美人　河南省庆发种业有限公司育成。

早熟品种，生长势强，产量丰高，瓜大而丰满，单果重 7~8 kg。不易裂果。果实长椭圆形，果皮为深墨绿色，有隐暗条纹。果肉深红，肉质细嫩多汁，可溶性固形物含量在 13% 左右。果皮薄而坚韧，特别耐储运，品质好，产量比黑美人增产 30%~50%。该品种经过相关专家评比，是目前国内综合性状表现较好的品种之一。

适宜于保护地栽培。

10. 福祺少籽富抗 2 号　河南省庆发种业有限公司育成的少籽、绿皮、抗病新品种。

早熟品种，全生育期 90 d 左右，从开花到果实成熟约 28 d。植株生长强健，适应性广，抗病性强，易坐果，耐重茬。果实椭圆形，单瓜重 7~8 kg，瓜型整齐，果皮绿色，薄而韧，耐储运。果肉大红，少籽沙瓤，中心可溶性固形物含量在 12% 以上，纤维少，品质极佳。稳产高产，亩产可达 5 000 kg。

适宜于保护地栽培。

11. 福祺早红蜜　该品种是由河南省庆发种业有限公司著名西瓜育种专家史宣杰育成的花皮红肉礼品西瓜优良品种。

早熟品种，小果型杂交一代种，全生育期 85 d 左右，坐果后 22~26 d 成熟。耐低温，易坐果。肉质好，中心可溶性固形物含量 14%。单瓜重 1.5~2.0 kg，亩产量在 4 000 kg 左右。

适宜于保护地种植。

12. 福祺墨橙香　河南省庆发种业有限公司育成的新一代高档礼品西瓜新品种。

早熟性好，开花后 26 d 左右成熟。抗病性强。果实圆球形，果皮深绿隐有暗条纹。果肉橙黄，质脆味甜，中心可溶性固形物含量在 14%，一般单果重 3~4 kg，亩产 3 000 kg。膨瓜快，不易裂瓜，抗性好，适应性广。

适宜于保护地种植。

13. 福祺麒麟　河南省庆发种业有限公司育成的礼品西瓜优良品种。

早熟品种，从开花到果实成熟 24~26 d，果实高圆形，外观美，果皮墨绿黑色条纹。果肉橙黄，脆甜多汁，中心可溶性固形物含量 13%。皮薄且韧，产量高，耐储运。光照佳、肥水足、管理好的条件下，单果重可达 4~6 kg。

适宜于保护地及早春地膜覆盖种植。

14. 福祺怡园五号　该品种为目前表现最好的中小果正圆形西瓜，

从坐果到果实成熟 28 d 左右，果实圆形，绿色果皮上着生清晰的深绿色条带，外形极为美观，单瓜重平均 3 kg 左右，果肉鲜红，中心可溶性固形物含量 13% 左右，汁多味美，品质特佳，极易坐果。

适宜于保护地种植。

三、日光温室西瓜冬春茬栽培技术要点

日光温室西瓜冬春茬栽培一般在 12 月上中旬播种，1 月中下旬定植，

4 月上中旬开始收获。

（一）嫁接育苗

西瓜的嫁接砧木主要有瓠瓜、南瓜、冬瓜和野生西瓜等。其中瓠瓜作砧木对西瓜果实品质无明显影响，目前普遍应用。主要品种有超丰 F_1、相生、勇士、长颈葫芦、圆葫芦等。西瓜嫁接的方法主要有插接、靠接及大苗带根顶插接等，以插接法最简单常用。

嫁接后 3 d 是嫁接苗成活的关键时期，在此期间一定要保证小拱棚内空气相对湿度达 95% 以上，湿度不够可以向小拱棚中喷雾增加湿度。昼温保持在 25~28℃、夜温 18~20℃，全面遮阳。嫁接后 4~6 d 昼温可降至 25℃、夜温 16~18℃，可见弱光，每天通顶风 1~2 h，棚内空气相对湿度降低至 90% 左右，早晚可揭开遮阳覆盖物，使苗床见弱光。嫁接后 7~10 d，进行通风排湿，空气相对湿度降至 85%，一般不再进行遮阳。嫁接后 10~15 d，嫁接苗基本成活。嫁接苗长出 3~4 片真叶时即可定植。

（二）定植

定植前先进行土壤和日光温室空间消毒，消毒方法参见黄瓜一大茬生产。亩可施腐熟的优质农家肥 5 000 kg，黏土地选钙镁磷肥、沙土地选普通过磷酸钙，硫酸钾肥 10 kg。南北向起垄做畦，畦高 20 cm，底宽 90 cm，畦间沟宽 40 cm。按株距 50~60 cm 栽苗，亩保苗 800~1 000 株。

（三）田间管理

1. 温度　日光温室冬春茬西瓜定植后正处在外界温度不断下降的时期，应密闭日光温室，在高温高湿条件下促进缓苗。如果夜间最低温度不能保持在 10℃ 以上时，可在日光温室内扣小拱棚保温。缓苗后白天把温度控制在 22~25℃，夜间 15℃ 左右，若需放风可打开日光温室上风口。当茎蔓开始伸长时，白天保持在 25~30℃，夜间 15℃ 左右。茎蔓伸长到一定程度时，把温度控制在白天 20~25℃，前半夜 15℃，后半夜 13℃ 左右，适当抑制茎叶生长，促进坐瓜，即进行"蹲瓜"。西瓜从雌花开放到果实生长到鸡蛋大小，幼瓜上的茸毛明显稀少时，俗称"退毛期"，需 4~6 d，温度控制在 25~30℃ 比较适宜。当果实进入膨大期，白天温度控制在 30~35℃，夜间 15~20℃ 为宜。

2. 光照　西瓜要求较长的日照时数，较高的光照度，每天都需要 10~12 h 的日照时间，才能满足西瓜正常生长发育的要求。光照不足容易造成植株徒长，所以有必要进行人工补光，另外，最好覆盖无滴性好、透光率高的塑料薄膜及张挂镀铝反光膜以改善日光温室内光照环境。

3. 肥水管理　西瓜定植后浇足定植水，7 d 后浇缓苗水。从缓苗后到团棵期间，原则上不浇水，以防止水分过大引起植株徒长，造成植株生长过旺而落花、化瓜。土壤墒情不好的情况下，可使用滴灌、渗灌浇一次小水，幼瓜坐住后长到鸡蛋大小时，果实进入迅速膨大期开始浇水，并且水量要充足，以浇透为宜。进入结瓜期，一般 5~7 d 浇 1 次水；进入膨瓜期，西瓜需水量较大，一般 3~5 d 浇 1 次水，始终保持地表湿润对减少裂瓜和畸形瓜有益。采收前 3~5 d 停止浇水。西瓜进入结瓜期，一般需追肥两次：第一次在果实鸡蛋大小时，亩施入尿素 10~15 kg、磷酸二氢钾 5~8 kg、硫酸钾 5~7.5 kg；第二次施肥在西瓜长到碗口大小时，每亩追施尿素 5~7 kg，硫酸钾 4~5 kg，随水冲施。

4. 整枝吊蔓　日光温室冬春茬西瓜栽培多用尼龙绳吊蔓来固定瓜蔓，当株高 25 cm，4~6 片叶时进行吊蔓。当果实长到拳头大小时把幼瓜用丝网兜住，固定在顶端铁丝绳上，以防坠秧。冬春茬西瓜以主蔓结瓜为主，所以一般保留主蔓坐瓜。要及时摘除侧蔓与卷须，节省养分。

5. 授粉　选取充分开放的雄花粉，在雌花开放后柱头开始分泌黏液时进行授粉，此时是授粉的最佳时间。一般西瓜花在 5~6 时开始萌动开放，7 时以后花开最旺盛。阴雨天气开花时间稍晚，授粉时间应该相应推迟至 8~11 时，低温季节西瓜也有下午开花的。授粉方式通常采用花对花和毛笔蘸粉法，每株授粉 2 个瓜胎。另外，也可使用植物生长调节剂进行蘸花。

6. 留瓜吊瓜　西瓜理想的留瓜节位因品种、栽培方式、整枝方式和生育条件而不同。主蔓第一雌花因节位低、结瓜小、皮厚，一般放弃不要。生产上一般选用距主蔓根部 1 m 或 10 个叶片以上的第二个或第三个雌花留瓜，通常在 13~18 节位。当授粉后的幼瓜长到鸡蛋大小时，果形端正无畸形即可选留。果实选留好后，摘除其他已授粉的果实，并将结瓜蔓在瓜前 5~7 片叶处摘心，以保证营养集中供应。

西瓜果实膨大期生长速度较快，随着果实总量的增加，需要及时吊瓜。吊瓜可将果实装入网眼较细密的纱网袋中吊起。不可只吊果柄，也不能用网眼较大的网袋装瓜，否则会影响果实的形状。

（四）采收

西瓜对采收期要求较为严格，未熟时果肉颜色淡、甜味差；过熟采收会造成果肉变软、倒瓤等，同时也会影响下茬瓜的坐果和膨大。一般以八至九成熟采收为宜。

1. 西瓜成熟度判断

（1）目测法　果实成熟后，果实坚硬光滑并有一定光泽，皮色鲜亮，花纹清晰，果实脐部和果蒂处略向里收缩和凹陷。

（2）标记法　开花授粉后，将同一批授粉坐瓜的幼果做好标记（通常以授粉日期为标记），根据品种的理论成熟期，结合单瓜取样切瓜检查，可以保证采收的同一批商品瓜达到一致的果实成熟度。

（3）生育期推测法　一般来说，同一成熟类型的西瓜品种，其雌花开放到果实成熟的时间基本一致。因此，可根据雌花开放日期估算果实成熟时间。

2. 采收注意事项　采摘时，留 2~3 cm 瓜柄用剪刀剪断，不能用手硬拽，以免拽断或扭伤瓜秧。瓜柄要留在瓜上，一方面有利于通过瓜柄的干枯状态来鉴别西瓜的新鲜程度；另一方面采收伤口直接留在瓜上，可减少因伤口感染引起的果实腐烂，同时也能延长果实货架期。

避免在日光温室内温度较高时采收，应在温度较低的早晨或傍晚采收。高温时采收，瓜腔内温度高，呼吸作用较强，运输或储存易发生变质、腐烂。若早晨果实上有露水珠，应待稍落干后再采收。

四、不同生育时期长势长相成因诊断与管理策略

田间诊断就是根据植株的长势长相，判断其生长发育是否正常。西瓜的植株，在各个生育期都表现出一定的形态特征。在不良环境条件的影响下，植株的外部形态会表现出反常现象，根据这些形态特征

即可判断出是什么原因引起的，从而采取相应措施加以解决。

（一）育苗期间植株形态诊断

1. 徒长苗　瓜苗在前期生长快，子叶或真叶薄大、色淡，下胚轴细长、根系小而细弱，主要是由于高温、高湿、光照不足、氮肥过多、通风时间短等因素所致。此时要增光、排湿、降温。

2. 弱苗、僵苗　育苗时间很长，但瓜苗出叶慢，苗小叶少，叶发黄，下胚轴纤细，根系小而少，呈黄色或褐色。主要是由于低温、床土干燥、缺肥或嫁接不成功等所致。此时要增温、补水、剔除假成活嫁接苗。

3. 戴帽苗　西瓜种子在发芽过程中，时常出现外壳不易脱落的戴帽现象，需人工剥除，否则影响子叶的发育和瓜苗的生长。形成的原因是覆土较浅，泥土干、松。

4. 子叶色浅、尖端下垂　其原因是苗床湿度过大、温度过低。应提高床温，控制浇水。

5. 两片子叶向上翘起　主要是由于苗床湿度过高，受烟害、药害、煤气害所致。因此，要注意苗床的通风降温管理，出现高温及时通风降温。

6. 子叶边缘出现白边，干燥后收缩，使子叶呈勺状　主要是外界气温过低时突然揭开苗床覆盖物，受冷空气伤害所致。日光温室栽培的西瓜，在室内外温差较大的情况下放风时，通风口要由小变大。

7. 叶片小而色浅、发黄　这是缺肥的表现。此时要及时追肥。

8. 子叶色浅，下胚轴细长　这是水分过多，出苗时床温高，光照不足的表现。此时要停止给苗床浇水，加强光照，适当追肥，促进幼苗发育。

9. 子叶下垂　子叶下垂呈萎蔫状，主要是苗床放风过猛所致。防治措施是注意不可放风过猛。

10. 西瓜苗期受冻后的表现　轻者子叶、真叶边缘发白，造成短暂的生长停顿和缓苗；稍重者，真叶干枯只保住生长点，使壮苗变为弱苗，导致较长时间缓苗，甚至成为僵苗，推迟了生育期，影响西瓜产量和品质；严重者，全株受冻，即子叶、真叶、生长点全部受冻，全株黑干枯死。

预防西瓜苗期冻害的主要措施有：根据天气预报，做好寒流前的应急防冻措施。并根据天气预报，在寒流即将过去时抓紧栽植，使栽植后有连续 5~6 个晴天。宁等雨后，不抢雨前，促使幼苗早发根，以免栽植后遇寒流而造成沤根死苗，力争一栽全苗。日光温室内育苗时，也要根据日光温室性能合理确定适播期。

注意幼苗低温锻炼，培育壮苗，提高幼苗抗寒能力。一般地膜覆盖的只要不是寒流或降水天气，出苗后立即破膜放风。小拱棚温度升到 30℃ 时，立即开始放风。通风原则是：通风口从背风向阳面开始，由小到大，高温时可开相对的通风口使空气对流通风，遇阴雨天也要在中午适当通风。

11. 有毒气体的危害与诊断　最初叶片和叶脉间有水浸状斑纹，2~3 d 后变干枯，这是有毒气体危害所致。当出现氨气危害时，组织变褐色，叶片边缘和叶脉间黄化，叶脉仍绿，后逐渐干枯。作物叶片的气孔处先呈白色斑点，然后危害叶肉，病部凹陷后全部漂白致死，但叶脉仍呈绿色，是受亚硝酸危害所致。形成上述两种气害的主要原因是：有机肥料的分解和铵态氮肥的气化等。一般情况下，铵态氮大部分可以被土壤胶粒所吸附，并被作物吸收作用，但也有少部分转化成氨气散逸到空气中，另外在一次性施入土壤铵态氮肥（如尿素、硫酸铵、碳酸氢铵等）较多，土壤和作物不能及时全部吸附或转化吸收，剩余的铵可通过硝酸菌和亚硝酸菌的作用变成硝态氮被根系吸收利用。一次施肥过多，在土壤呈碱性反应情况下，微生物强烈活动，可导致氨气产生，育苗设施内土壤湿度小时便挥发到土壤外面来，一旦氨气浓度达到 5 mg /m³ 时，就可产生毒害。当土壤呈酸性时，氮肥分解的过程就在中途受阻，而有氨气和亚硝酸产生。当亚硝酸在室内达到 0.2 mg /m³ 时就可产生气害。

二氧化硫的危害症状是，轻者使作物组织失绿白化，重者组织灼伤。当空气中二氧化硫含量达到 0.1 mg /m³ 时，二氧化硫与水就会结合形成亚硫酸来危害西瓜。

无论发生何种气害，都表现为受害部位与健壮部位界限分明，从叶被看受害部位凹陷。在高湿条件下，病斑既不溢出菌脓，也不长出菌丝。二氧化硫的产生主要与室内明火加温不设排烟系统有关。此外明火加温，不加强通风还可导致管理人员煤气中毒。

（二）定植到开花期的植株形态诊断

健壮苗子定植后第三天心叶就开始生长。其特征是心叶黄绿、鲜嫩。以后每隔 4~5 d 长出一片叶子。此期叶片姿态是：中午稍向内卷；傍晚舒展，叶柄长度明显短于叶片长度。若此期叶片硕大、叶色浓绿并带有光泽，或叶柄较长（大于叶长）、蔓梢较粗、茸毛较长，则说明已经发生徒长。挽救办法是揭开薄膜深中耕，控制浇水进行蹲苗。也可将蔓稍捏扁。如果定植后 4~5 d 心叶仍未生长，其原因是伤根太多或土温太低，或在苗床上就育成了"小老苗"。这时应努力提高地温，如果土壤水分不足则应适当多浇水。幼苗成活后叶片灰暗、缺乏生气，一般是由低温造成的。如果气温不低，则是因土壤干旱使根系过早木质化，吸收能力降低所致，应抓紧浇灌 0.5% 尿素水。另外，瓜苗定植后，心叶叶缘先变黄，逐渐心叶也变黄，是地温低土壤湿度大所致，要抓紧中耕散墒，提高土壤温度。甩蔓后植株茎叶发黄且瘦小，则是缺乏肥水的症状应及时追肥浇水；叶片小而浓绿，则说明土壤养分浓度太大应适当多浇水，以降低土壤养分浓度。如果植株叶缘发黄，是浇水过多、地温低所致，要扒土晾根提高地温。

如果植株株心不开展，呈棕褐色细条状，则是茶黄螨危害的结果，应及时喷哒螨灵进行防治。如果植株株心皱缩，大叶片正面发暗且有油状污点，则可能是受蚜虫侵害所致，要及时检查，发现有蚜虫要喷蚜虱净杀灭。

（三）开花坐瓜期的植株形态诊断

开花期的正常植株叶色深绿，雌花离蔓顶 40 cm 左右，花前部有 3~4 个展开叶片，花梗粗长和子房肥大、密生茸毛。

若在花的形成及发育期间外界环境较差，植株较小，光合产物供应不足，可导致第一雌花花梗短、花冠小、子房呈小圆豆粒状。该雌花不易坐瓜，即使坐住，其发育成的果实也往往皮厚个小。有时也会遇到第二雌花子房较小的情况，其原因：一是移栽时苗龄过大，如栽 5~6 叶的大龄苗时伤根严重，栽后长时间不能缓苗，使植株生长缓慢而影响了子房发育；二是在育苗期间苗床温度低，或床土干燥影响了植株养分的吸收，使花芽在分化过程中营养不良。

正开放的雌花离蔓顶超过 40 cm 而难以坐住瓜，是植株徒长所致，避免的办法是一旦发现有徒长现象，即及早摘心或扭曲蔓梢，以抑制营养生长，必要时也可喷洒调节剂，进行化学调控。若正开放的雌花离顶端少于 30 cm，说明植株生长不良（病毒严重危害时也有类似现象），需加强肥水管理。

（四）果实膨大期植株形态诊断

此期茎蔓长势虽因果实发育而有所减弱，但整个植株应生长健壮，叶色深绿。此时必须有 40~50 片健壮无病的功能叶，才能使果实正常膨大，并长成 5~6 kg 重的优质瓜。如此期叶片发黄，则表明养分不足。果实迅速膨大需要大量营养，因而根系相对营养不足，如此时缺肥或干旱，即会导致叶片变黄。因此，在果实膨大期要保证土壤有良好的透气性，应避免长时间积水，保证充足的肥水供应。一旦发现叶色变黄，即应进行土壤追肥和叶面喷肥。

一般来说，此期不会发生徒长现象。但是，如果土壤肥料充足，浇水太多，也有可能引起徒长。果实在拳头大小时，若肥水过大，仍会导致其皱缩、脱落，日光温室冬春茬生产中常出现这种现象。

（五）果实发育状况的形态诊断

生长正常的子房（瓜胎），授粉后第二天就可看出果柄开始伸长，子房颜色变浅，色泽鲜艳，子房由水平生长变为垂直向下生长，这说明胚珠已受精并开始发育。膨大期正常的果实，应具有本品种的特征，即果形端正，色泽光亮。

1. 出现畸形果的原因

（1）授粉不充分　授粉时三瓣柱头上只有一瓣或两瓣授上了花粉，结果是只使子房内相应的胚珠受精，在果实发育中只有胚珠受精的部分子房发育正常，未受精的那部分则发育较差，因而出现了"偏瓜"。

（2）机械损伤或病虫危害　受伤害部位发育不良。

（3）室内旱涝不均　在膨瓜期肥水供应不均匀，即忽旱忽涝，使果实膨大不一致。

（4）肥水供应不足　对于一些需要肥水的品种来说，膨瓜期肥水不充足时易出现"葫芦把瓜"或瘪肚瓜。

（5）坐瓜节位过高或偏晚　坐瓜节位过高时，营养向果实运输受阻，使果实得不到足够的养分而发育不良；坐瓜偏晚，植株衰退严重，因而也会产生畸形瓜。

2. 果实膨大缓慢的原因　果实长到碗口大小时停止膨大或膨大很慢，其原因是多方面的，如土壤干旱、肥水不足、遇到低温、病虫害严重，使叶片不能进行正常的光合作用；植株营养体较小；坐瓜部位离根或茎蔓顶端较近。预防策略是查明原因，区别对待。实践证明，凡是从西瓜开花坐瓜后的 20 d，出现阴雨天气较多的年份，该年西瓜一定长不大，该年就是西瓜的歉年；若西瓜开花坐瓜后，连续出现 20 个晴天，该年不但西瓜长得大，而且味甜，品质优。

（六）影响果实发育和膨大的因素

1. 雌花素质　雌花子房的大小和质量直接影响将来果实的大小和质量。如果开花时子房像一个小圆豆粒，那么授粉后肯定长不成大瓜，故不能选这样的雌花留果。理想的子房呈椭圆形，约有花生米大小，并密生茸毛。

2. 叶片数　西瓜的发育和成熟主要依靠叶片制造的碳水化合物。叶片制造的碳水化合物越多，运送到果实中的也越多，果实自然长得大。一般来说，1 个 5~6 kg 的果实需要有 40~50 片功能叶来提供营养，叶片数不够，或遭受病虫危害，则果实长得就小。

3. 营养条件　西瓜果实不仅是储藏养分的主要器官，也是种子发育的场所。因此，必须给果实的发育提供充足的养分。

4. 单瓜种子数量　在相同条件下，单瓜种子数多，瓜发育得就好，品质也好。种子数少，瓜就小。例如，果实内一半有种子，一半没有种子，没种子的部位发育得慢，最终成为偏瓜。因此，在开花坐瓜期内要做好辅助授粉工作，因为只有授粉彻底，才能保证果实内各部位的胚珠受精而长成种子。在缺少昆虫的情况下，必须人工辅助授粉。

5. 激素　坐果期用激素处理瓜胎或果柄不均匀，也可以造成果实畸形。

五、日光温室早春茬西瓜栽培技术要点

日光温室西瓜早春茬栽培一般在2月下旬开始播种，4月上中旬定植，6月上旬开始采收。

（一）嫁接育苗

可参考日光温室冬春茬西瓜嫁接育苗。

（二）整地施肥

定植前，日光温室内土壤深翻40 cm，按1.6 m行距开深度、宽度均为40 cm的施肥沟，亩施入腐熟的优质农家肥3 000 kg，将沟内土回填一部分（约2/3），上面再撒施氮磷钾三元素复合肥25 kg，然后再将沟内土回填满，逐沟灌水造底墒。待表土见干后，在原施肥沟的正上方起垄，垄高15 cm，行距60 cm，此垄为窄行，宽行距100 cm。垄做好后，双垄上覆地膜增温。

（三）定植

定植时要求10 cm土壤温度稳定在14℃以上，日出前气温不低于10℃，短时间最低温度也能保持在5℃以上。定植应选择在晴天上午进行，且保证定植后有3 d的晴天，以利于缓苗。定植株距为45～50 cm。亩定植800～1 800株。

（四）田间管理

1.温度调节　定植后密闭不通风，如遇寒流天气，凌晨最低气温不能保持在10℃以上时，可扣小拱棚保温。伸蔓期日温控制在25～30℃，夜温15℃左右。当茎蔓伸长到一定程度时，要适当将温度降低2～5℃，以"控秧蹲瓜"。西瓜从开花到"退毛"，白天温度控制在25～30℃。进入果实膨大期，白天温度控制在30～35℃，夜温15～20℃。果实停止膨大进入成熟期（变瓤期），以保证较大的昼夜温差，促进果实糖分积累，增加果实甜度。

2.光照调节　日光温室应在保证室内温度不降低的前提下，尽量

早揭晚盖保温覆盖材料。保持棚膜清洁。在日光温室的北墙上可以张挂反光幕，以改善日光温室中后部的光照条件。

3. 水肥管理

（1）伸蔓期　西瓜进入伸蔓期时，结合浇催蔓水，可追施一次催蔓肥。每亩可追施尿素 10 kg。直至膨瓜前不再进行浇水，适当控温蹲苗。

（2）膨瓜期　幼瓜开始迅速膨大时，需水需肥量是西瓜整个生育期中最多的。需浇催瓜水、追催瓜肥。亩结合浇水施入发酵的饼肥 30~40 kg，或氮磷钾三元素复合肥 15 kg，以后可根据植株长势和土壤墒情均匀供水。

（3）成熟期　果实停止膨大，俗称"定个"，果实渐渐成熟，不再追肥浇水。管理上主要以保护叶片，延长功能叶寿命为主。可适当喷施叶面肥（如 0.3% 磷酸二氢钾）。

4. 整枝吊蔓　植株"团棵"后，及时用尼龙绳吊蔓并引蔓。采用双蔓整枝，除主蔓外，在主蔓基部 3~5 节选留一条健壮的子蔓。引蔓时将主蔓缠于吊绳上作为结果蔓，保留的子蔓作为营养蔓整齐地摆放在双垄中间的地膜上，始终不摘心，以保证有足够的营养面积，并可防止茎蔓吊起过多而影响通风透光。

5. 其他管理　可参考本节"三、日光温室冬春西瓜茬栽培技术要点"进行。

第二节
日光温室甜瓜栽培

甜瓜又名香瓜，属于葫芦科甜瓜属一年生蔓性草本植物。甜瓜在我国的栽培历史悠久，据文献记载，我国栽培甜瓜至少 2 000 年以上，古代的农书中多有甜瓜栽培的记载。甜瓜果实香甜可口、富含糖类、淀粉和蛋白质、矿物质及维生素等，多以鲜食为主，也可制作果干、果脯、果汁、果酱和腌渍品等。目前，我国是世界上甜瓜栽培面积最大的国家，近年来设施甜瓜栽培类型和面积不断发展，实现了甜瓜的周年供应。

一、日光温室冬春茬薄皮甜瓜栽培技术要点

日光温室薄皮甜瓜冬春茬栽培一般在 12 月中下旬播种，1 月中下旬定植，3 月下旬、4 月上旬开始收获。

（一）品种选择

选用耐低温弱光、株型紧凑、结果集中、抗病性强、早熟、高产优质的品种。同时要考虑地区消费习惯等。

1. 青蝶　河南鼎优农业科技有限公司自主研发的薄皮苹果形绿皮甜瓜品种，如图 10-1 所示。该品种耐低温弱光，子蔓和孙蔓均可结果。果皮青绿色，肉厚 2.6 cm，心瓤浅黄色，中心可溶性固形物含量 17%，单株坐瓜 4~6 个，单瓜重 400~600 g。

适宜于日光温室栽培。

图 10-1　青蝶吊蔓栽培

2. 博洋 9　天津德瑞特种业有限公司育成，河南省庆发种业有限公司推广（图 10-2）。

羊角脆系列中熟品种，植株生长势强，坐果能力强，果实发育期35 d左右，全生育期95 d。果实粗棒状，单果重500~900 g，灰白色绿斑条，花纹清晰，中大型果，外观新颖独特。果长18~20 cm，果肉厚，种腔小，果肉黄绿色，口感脆酥，成熟后可溶性固形物含量12%~14%，风味好，商品果率高。中抗霜霉病、白粉病和枯萎病。

适宜于河南、山东、河北、安徽等地早春日光温室、春秋季大棚栽培。

图 10-2　博洋 9

3.博洋91　天津德瑞特种业有限公司育成，河南省庆发种业有限公司推广（图10-3）。

羊角脆系列中熟品种，植株生长势强，叶片大小中等，叶色深绿，茎蔓粗壮。果实发育期35 d左右，全生育期95 d。坐果能力强，果实粗棒状，单果重500~900 g，成熟后呈黄皮绿斑条，花纹清晰，中大型果，外观新颖独特。果长18~20 cm，果肉厚，种腔小，商品果率高。果肉黄绿色，橘色果瓤，口感脆酥，成熟后可溶性固形物含量14%~17%，风味好。中抗霜霉病、白粉病和枯萎病。

适宜于河南、山东、河北、安徽等地早春日光温室、春秋季大棚栽培。

图10-3　博洋91

4. 博洋 8　天津德瑞特种业有限公司育成，河南省庆发种业有限公司推广（图 10-4）。

晚熟品种，羊角脆系列，植株生长势强，叶片大小中等，叶色深绿，茎蔓粗壮。果实发育期 40 d 左右，全生育期 110 d。坐果能力强，商品果率高。果实短棒状，长 16~19 cm，单果重 600~900 g，果皮墨绿色有光泽，种腔小，果肉绿色，成熟后可溶性固形物含量 14%~16%，口感极其脆酥，香甜可口，风味佳。中抗霜霉病、白粉病和枯萎病。

适宜于河南、山东、河北、安徽等地早春日光温室、春秋季大棚栽培。

图 10-4　博洋 8

5.博洋71　天津德瑞特种业有限公司育成，河南省庆发种业有限公司推广（图10-5）。

羊角脆系列中熟品种，植株生长势强，叶片大小中等，叶色深绿，茎蔓粗壮。果实发育期35 d左右，全生育期95 d。果实棒状，单瓜重500~750 g，匀称，果长15~18 cm，果皮灰白绿色，带有绿肩，种腔小，果肉黄绿色，成熟后可溶性固形物含量14%~16%，口感极其脆酥，香甜可口。中抗霜霉病、白粉病和枯萎病，适应性强。

适宜于河南、山东、河北、安徽等地早春日光温室、春秋季大棚栽培。

图10-5　博洋71

6. 博洋 6　天津德瑞特种业有限公司育成，河南省庆发种业有限公司推广（图 10-6）。

羊角脆系列早熟品种，植株生长势强，叶片大小中等，叶色深绿，茎蔓粗壮。坐果能力强，商品果率高。果实发育期 30 d 左右，全生育期 90 d。果实棒状，单果重 400~600 g，较普通羊角脆把短粗，果形更匀称。果皮通体灰白色，外观漂亮。果长 20~24 cm，种腔小，果肉黄绿色，口感脆酥，成熟后可溶性固形物含量 13% 左右，较普通羊角脆品种上糖早，风味好。中抗霜霉病、白粉病和枯萎病。

适宜于河南、山东、河北、安徽等地早春日光温室、春秋季大棚栽培。

图 10-6　博洋 6

7. 博洋61　天津德瑞特种业有限公司育成，河南省庆发种业有限公司推广（图10-7）。

羊角脆系列中熟品种，植株生长势强，叶片大小中等，叶色深绿，茎蔓粗壮。坐果能力强，商品果率高。果实发育期35 d左右，全生育期95 d。果实近棒状，单果重500~800 g，果皮灰白色，果长21~26 cm，种腔小，果肉黄绿色，口感脆酥，成熟后可溶性固形物含量13%~16%，较普通羊角脆品种把短粗、果形匀称、上糖早、风味好。中抗霜霉病、白粉病和枯萎病。每茬留瓜2~3个。

适宜于河南、山东、河北、安徽等地早春日光温室、春秋季大棚栽培。

图10-7　博洋61

8. 博洋 62　天津德瑞特种业有限公司育成，河南省庆发种业有限公司推广。

羊角脆系列中熟品种，植株生长势强，株型紧凑，叶片中等，瓜码密，坐果率高。果实发育期 35 d 左右，全生育期 100 d。果实为近棒状，单瓜重 700~1 000 g，果皮灰白色，有轻微绿肩，成熟充分时果面有黄晕，果肉黄绿色，黄瓤，肉质脆酥，成熟后可溶性固形物含量 12%~14%，口感极佳。中抗霜霉病、白粉病和枯萎病。与普通羊角脆相比把粗、果形匀称。单株坐果 2~3 个。

适宜于河南、山东、河北、安徽等地早春日光温室、春秋季大棚栽培。

9. 福祺羊角酥　河南省庆发种业有限公司育成。

羊角脆系列中熟品种。植株长势强，子蔓结果，雌花密。果实发育期 35 d 左右，全生育期 95 d。果实长锥形，单果重 600 g，一端大，一端稍细而尖，似羊角，故名羊角酥。果皮灰绿，肉色淡绿，肉厚 2 cm，成熟后可溶性固形物含量 11.7%，质地松脆，汁多清甜，品质优。亩产 3 000 kg 以上。

适宜于河南、山东、河北、安徽等地早春日光温室、春秋季大棚栽培。

10. 福祺清甜 18　河南省庆发种业有限公司育成。

极早熟品种，耐低温弱光，果实发育期 23 d，全生育期 80 d。果实阔梨形，果形端正，成熟瓜皮白色，皮薄且韧，果肉白色，肉质细腻爽脆，果肉厚约 2.5 cm，单果重可达 350~450 g，耐储运，亩产可达 6 000 kg 以上。

适宜于河南、山东、河北、安徽、江苏、湖北、湖南、广西等地保护地、露地栽培。

11. 福祺清甜 20　河南省庆发种业有限公司育成。

早熟品种，外观美，瓜码密，易坐果，子蔓、孙蔓均可坐果，连续结果能力强。果实发育期 25 d，全生育期 85 d。果实矮梨形，单果重 400~500 g，成熟后顶部有黄晕，跟普通白瓜区别明显。皮薄肉脆，含糖量高，甜而不腻，清香爽口。抗病性强，高抗各种叶部病害。亩产 6 000 kg 以上。

适宜于河南、山东、河北、安徽、江苏、湖北、湖南、广西等地保护地、露地栽培。

12. 福祺虞美人　河南省庆发种业有限公司育成。

极早熟品种，植株长势稳健，耐低温弱光，易管理，结果早，坐果率强，主蔓、子蔓、孙蔓均可结果，膨瓜快。果实发育期 22 d，全生育期 80 d。果实圆整，标准单果重约 500 g，外观美，白皮白肉，口感好。抗白粉病、霜霉病能力强，亩产可达 4 000 kg 以上。

适宜于河南、山东、河北、安徽、江苏、湖北、湖南、广西等地保护地、露地栽培。

13. 福祺青玉 1 号　河南省庆发种业有限公司育成。

早熟品种，产量高，结果早，易管理，九成熟采摘风味最佳。果实发育期 25 d，全生育期 85 d。果形似苹果，单果重一般 500 g 左右，大果可达 750 g 以上，成熟果呈黄绿色，果肉青翠，质地酥脆，果味清香，皮薄，味甜。成熟后可溶性固形物含量 15%，一般亩产 3 000 kg 左右。

适宜于河南、山东、河北、安徽、江苏、湖北、湖南、广西等地露地栽培。

14. 福祺清甜 1 号　河南省庆发种业有限公司育成。

早熟品种，植株生长势中等，子蔓、孙蔓均可结果，易坐果，果实发育期 25 d，全生育期 85 d。果实梨形，单果重 500 g 左右，果皮白色，完全成熟时稍有浅黄，外观美，肉厚，腔小，质地酥脆，口感极佳。成熟后可溶性固形物含量 13% 左右，亩产量可达 3 000 kg 以上。抗白粉病及霜霉病。单株结果 4~6 个，

适宜于河南、山东、河北、安徽、江苏、湖北、湖南、广西等地保护地、露地栽培。

15. 超甜白玉 1 号　河南省庆发种业有限公司育成。

早熟品种，生长势中等，易坐果，子蔓、孙蔓均可结果，果实发育期 25 d，全生育期 80 d。果实圆形，单果重 500 g，成熟后可溶性固形物含量 14%，果皮白色，白瓤白籽，质脆爽口，味香甜。亩产量可达 3 000 kg 左右。抗白粉病和霜霉病。单株结果 4~6 个。

适宜于河南、山东、河北、安徽、江苏、湖北、湖南、广西等地露地栽培。

16. 博洋 5-1　天津德瑞特种业有限公司育成，河南省庆发种业有限公司推广（图 10-8 ）。

中熟品种，植株生长健壮，子蔓、孙蔓均可结瓜，果实发育期 35 d 左右，全生育期 85 d。果实阔梨形，单果重 500~800 g，果面光滑无棱沟、深绿色，果肉翠绿、肉厚、质地脆酥香甜，不易裂果、耐运输，口感风味极佳，成熟后可溶性固形物含量 16%~18%。抗逆性及抗病性强。单株可坐果 5~8 个。

适宜于河南、山东、河北、安徽、江苏、湖北、湖南、广西等地保护地及露地栽培。

图 10-8　博洋 5-1

17. 博洋 10　天津德瑞特种业有限公司育成，河南省庆发种业有限公司推广（图 10-9）。

中熟品种，植株长势强，株型紧凑，叶片中等，茎蔓粗壮，子蔓、孙蔓均可结果，瓜码密，坐果率高，果实发育期 35 d 左右，全生育期 100 d。果实苹果形，单果重 600 g 左右，果皮为黄绿色花皮，花纹清晰，果肉白绿色，肉质脆，成熟后可溶性固形物含量 14%~16%，口感极佳。中抗霜霉病、白粉病和枯萎病。单株坐果 3~5 个。

适宜于河南、山东、河北、安徽、江苏、湖北、湖南、广西等地保护地、露地栽培。

图 10-9　博洋 10

18. 福祺青玉 2 号　河南省庆发种业有限公司育成（图 10-10）。

植株生长稳健，根系发达，茎粗壮，抗病性强，九成熟采摘风味最佳。既早熟又丰产，适应性广。果实发育期 25 d，全生育期 85 d。果形似苹果，标准单果重 500~550 g，成熟果呈黄绿色，果肉青翠，质地酥脆，口感极佳。成熟后可溶性固形物含量 16%，一般亩产 3 000 kg 左右。

适宜于河南、山东、河北、安徽、江苏、湖北、湖南、广西等地保护地、露地栽培。

图 10-10　福祺青玉 2 号

19. 超甜白玉 2 号　河南省庆发种业有限公司育成。

早熟品种，植株生长势中等，子蔓、孙蔓均可结果。果实发育期 30 d，全生育期 80 d。果实圆形，平均单果重 750 g，果皮白色，外观美丽，成熟后可溶性固形物含量 13% 左右，亩产量可达 3 500 kg 左右。抗白粉病和霜霉病。单株结果 3~5 个。

适宜于河南、山东、河北、安徽、江苏、湖北、湖南、广西等地露地栽培。

20 福祺青玉 3 号　河南省庆发种业有限公司育成（图 10-11 ）。

早熟品种，果实发育期 28 d 左右，全生育期 85 d。果实苹果形，一般单果重 400~500 g，果皮深绿色，果面光滑，果肉翠绿，肉质松脆爽口，香味浓郁，成熟后可溶性固形物含量 18% 左右。亩产 3 000 kg 左右。抗病性好，不易裂果，耐热耐湿。

适宜于河南、山东、河北、安徽、江苏、湖北、湖南、广西等地保护地、露地栽培。

图 10-11　福祺青玉 3 号

21. 福祺清甜 2 号　河南省庆发种业有限公司育成（图 10-12 ）。

早熟品种，主蔓、子蔓、孙蔓均可结果，九成熟采摘风味最佳，既能早熟又可丰产。果实发育期 25 d，全生育期 85 d。果实梨形，单果重 500 g 左右，大果可达 750 g 以上，果皮雪白，果肉白色。成熟后可溶性固形物含量 16%，亩产可达 4 000 kg。该品种抗病能力强，易管理。

适宜于河南、山东、河北、安徽、江苏、湖北、湖南、广西等地保护地、露地栽培。

图 10-12　福祺清甜 2 号

22. 福祺清甜 3 号　河南省庆发种业有限公司育成（图 10-13）。

早熟品种，植株生长稳健，根系发达，茎粗壮，子蔓、孙蔓均可结果，果实发育期 25 d，全生育期 85 d。果实梨形，标准单果重350~400 g，大小整齐一致，白皮成熟后稍有黄晕，果面光滑，外观鲜艳。果肉白色，成熟后可溶性固形物含量 16%，肉厚腔小，耐储运，适合长途运输及超市存放。亩产在 3 000 kg 以上。抗病性强。每株可结 4~5 个果。

适宜于河南、山东、河北、安徽、江苏、湖北、湖南、广西等地保护地、露地栽培。

图 10-13　福祺清甜 3 号

23. 福祺天甜 3 号　河南省庆发种业有限公司育成的薄皮型厚皮甜瓜优良品种（图 10-14）。

早熟品种，丰产稳产。果实发育期 26 d 左右，全生育期 85 d。果实椭圆形，单果重 1 500 g 左右，果皮绿色，果肉翠绿，肉厚 3.5cm 左右，成熟后可溶性固形物含量 16.8%，品质优，口感好，耐储运。高抗病，抗逆性强。

适宜于河南、山东、河北、安徽、江苏、湖北、湖南等地保护地、露地栽培。

图 10-14　福祺天甜 3 号

24. 福祺翠玉　河南省庆发种业有限公司育成的薄皮型厚皮甜瓜优良品种（图 10-15）。

中熟品种，果实发育期 35 d，全生育期 95 d。果实椭圆形，单果重 1 500～2 000 g，果皮亮白，果肉雪白，肉厚 3.5 cm 左右，成熟后可溶性固形物含量 16%，品质优。高抗病、抗逆，丰产稳产，耐储运。

适宜于河南、山东、河北、安徽、江苏、湖北、湖南等地保护地、露地栽培。

图 10-15　福祺翠玉

25.福祺天甜 2 号　河南省庆发种业有限公司育成的薄皮型厚皮甜瓜优良品种（图 10-16）。

极早熟，果实发育期 23 d，全生育期 85~88 d。果实长椭圆形，果重 1 500 g 左右，果皮黄色，上有银白色纵沟，果肉白色，肉质细脆爽口，肉厚 3.1 cm 左右，耐储运。成熟后可溶性固形物含量 13.5%~15.5%，亩产在 3 500 kg 以上。

适宜于河南、山东、河北、安徽、江苏、湖北、湖南等地保护地、露地栽培。

图 10-16　福祺天甜 2 号

（二）嫁接育苗

嫁接方法有靠接和插接。可在日光温室内采用电热温床进行穴盘育苗或购买商品苗。苗龄 35~40 d，4 叶 1 心，叶色浓绿、节间短，根系发达，无病虫害者为壮苗。

（三）整地施肥与定植

定植前 7~10 d 清除残茬，施入基肥，旋耕耙细、整平。一般亩施入充分腐熟的有机肥 2 500 kg，氮磷钾复合肥 20 kg。日光温室薄皮甜瓜冬春茬栽培宜用高畦地膜覆盖或小高垄。高畦栽培一般畦宽 1.0~1.2 m，沟宽 50 cm，畦高 20~30 cm，畦上双行定植，株距 40~50 cm，亩定植 1 600~2 200 株。定植时确保日光温室内 10 cm 地温稳定在 12℃以上。

（四）定植后的管理

1. 吊蔓与整枝　整枝方式有单蔓整枝和双蔓整枝两种。采用单蔓整枝，当主蔓长出 4~5 片叶时开始吊蔓，留主蔓 8~11 节上的子蔓结瓜，每个子蔓选留 1 个瓜，每株结 2~3 个瓜，留瓜子蔓在瓜前 3 片叶摘心，其余子蔓全部打掉，主蔓长到 20~25 片叶时掐尖。采用双蔓整枝，当主蔓 3~4 片叶时摘心，选留 2 个健壮子蔓，利用子蔓上的孙蔓结瓜，一般选留 4 个孙蔓结瓜，每株结瓜 3~4 个，留瓜孙蔓在瓜前 2 片叶摘心，子蔓长到 13~14 片叶时摘心。

2. 肥水管理　定植后 7~10 d，顺沟浇一次缓苗水；苗期追肥以氮肥为主，伸蔓期要及时浇水和追肥，结合浇水每亩施入尿素 8~10 kg。雌花出现后应控制浇水，以促进坐瓜，开花授粉 2 周后，为薄皮甜瓜需肥高峰期，应注重氮肥施用，结合浇水，每亩追施尿素 5 kg；当瓜长到乒乓球大小时，果实进入迅速膨大期，应注重磷钾肥的施用，每亩可追施钾肥 10 kg 和磷酸二氢钾 5 kg；采收前 1 周停止灌水，有利于提高果实品质。

3. 温度管理　定植后白天 30~35℃，夜间 15~18℃；伸蔓期应适当控制温度，防止徒长，白天 28~30℃，夜间 13~15℃；开花授粉期白天 25~30℃（不能高于 35℃），夜间 18℃（不能低于 15℃）；果实膨大期白天 25~30℃，夜间 18~20℃；果实膨大结束后，夜温降至 13~15℃，加大昼夜温差，以提高果实含糖量。

4. 保瓜及留瓜　薄皮甜瓜生长前期，正处在早春季节，气温较低，没有昆虫授粉，为了提高坐果率，可采用人工授粉或植物生长调节剂蘸花。人工授粉时间宜在每天 7~9 时进行。采用植物生长调节剂蘸花需调配好蘸花所用的浓度，高温时间段要调制低浓度蘸花，而在低温时间段可将蘸花浓度略微上调，以确保授粉效果。植物生长调节剂浓度过高会导致畸形果的产生，引起裂瓜和苦味瓜，而浓度过低效果又会不明显。

坐果 5~10 d，幼果长至鸡蛋大小时，选果形周正者留瓜，顺便把花痕部的花瓣去掉，减少病菌侵染，留果时期不能太晚，以免影响果实的发育。

5. 采收　薄皮甜瓜瓜熟大约在花后 30 d，瓜毛脱落时采收。由于瓜皮较薄，采收和运输过程中应注意轻拿轻放，防止破裂。

二、日光温室冬春茬厚皮甜瓜栽培技术要点

日光温室厚皮甜瓜冬春茬栽培一般在 12 月上中旬播种，1 月中下旬定植，4 月下旬至 5 月上旬进行收获。

（一）品种的选择

选用耐低温弱光、抗病性强、高产优质的早熟或中早熟的品种。

1. 博洋 S6　天津德瑞特种业有限公司育成，河南省庆发种业有限公司推广（图 10-17）。

中晚熟品种，丰产性好。果实发育期 35~38 d，全生育期 110 d。果实圆形，平均单果重 1 800 g，果面光滑平整，果皮金黄泛红，转色早，着色深，成熟后不落蒂，极耐储运。果肉白色，脆软多汁，肉厚腔小，成熟后可溶性固形物含量可达 15%~17%，香味纯正，品质优良且十分稳定。

适宜于河南、山东、河北、安徽等地日光温室、春秋季大棚栽培

图 10-17　博洋 S6

　　2.福祺翠蜜天宝　河南省庆发种业有限公司育成（图 10-18）。

　　晚熟品种，植株长势强健，果实从开花到成熟 50 d，全生育期 110 d 左右。果实椭圆形，平均单果重 2 000 g，果皮底色灰绿，上覆白色细密网纹，外形美观，不易裂果，耐储运。果肉橘红，肉质酥脆，香甜可口，成熟后可溶性固形物含量 15.6%~18%，品质极佳，亩产可达 4 000 kg。抗枯萎病。

　　适宜于河南、山东、河北、安徽等地日光温室、春秋季大棚栽培。

图 10-18 福祺翠蜜天宝

3. 福祺宝玉　河南省庆发种业有限公司育成（图 10-19）。

早熟品种，幼苗健壮，生长势中等，雌花一般在侧蔓前 2 节发生，易坐果，整齐度好。果实发育期 33 d，春季栽培全生育期 95 d。果实高圆形，幼瓜浅绿色，成熟后乳白色，单瓜重 1 500~2 000 g，果面光滑，果肉浅绿色，厚 4 cm，腔小，成熟后可溶性固形物含量 15%~17%。亩产可达 4 000 kg。抗病、耐湿性强。瓜成熟不落蒂，货架期长，瓜皮硬，耐储运。

适宜于河南、山东、河北、安徽等地日光温室、春秋季大棚栽培。

图 10-19　福祺宝玉

4. 福祺翠蜜天香　河南省庆发种业有限公司育成。

晚熟品种，果实从开花到成熟 50 d，全生育期 110 d。果实椭圆形，平均单果重 2 000 g，灰绿皮上覆全网纹，外观美，不易裂果，耐储运。肉色橘红，质地脆甜，成熟后可溶性固形物含量 16%~18%。抗病性强。

适宜于河南、山东、河北、安徽等地日光温室、春秋季大棚栽培。

5. 新皇后　新疆葡萄瓜果开发研究中心育成。

中熟品种，一般在孙蔓第四至第十节着生第一雌花。果实发育期35 d 左右，全生育期 85~100 d。果实椭圆形，单果重 3 000 g，最大达5 000 g，皮金黄色，全网纹。果肉橘红色，品质好，具果酸味，成熟后可溶性固形物含量 15%。

适宜于西北地区露地及保护地栽培。

6. 天蜜 2 号　河南省庆发种业有限公司育成。

中早熟品种，该品种适应性广，易坐果，易栽培，是大棚保护地种植最具潜力的优良品种。果实自开花至成熟 33 d，全生育期 95 d。果实圆形，单果重 800~1 100 g，果皮黄色艳丽，果肉红色，肉厚 3 cm，成熟后可溶性固形物含量 16%~18%，果肉松脆可口。

适宜河南、山东、河北、安徽等地日光温室、春秋季大棚栽培。

7. 天蜜 3 号　河南省庆发种业有限公司育成。

中早熟品种，果实自开花至成熟 33 d，全生育期 95 d。果实圆形，单果重 800~1 000 g，果皮黄白色，果肉白色，口感细腻，可溶性固形物含量 16%，亩产 2 000~3 000 kg。适应性广，抗病性强。

适宜于河南、山东、河北、安徽等地日光温室、春秋季大棚栽培。

8. 一品红　中国农业科学院郑州果树研究所育成。

中晚熟品种，果实发育期 30~38 d，全生育期 105 d。果实高圆形，单果重 1 500~2 500 g，果皮黄色，光皮，偶有稀网纹，果肉橙红色，腔小，果肉厚 4 cm 以上，果实成熟后不易落蒂，可溶性固形物含量 13.5%~17%，有哈密瓜风味，耐储运，货架期长，常温下存放 15 d 外观与品质不变。土壤肥力较高时其品质和产量能得到充分表现。

适宜于华北地区日光温室和大棚栽培。

9. 中甜二号　中国农业科学院郑州果树研究所育成。

中晚熟品种，坐果整齐一致，果实发育期 37~42 d，全生育期 110 d。果实椭圆形，单果重 1 500 g 左右，果皮光亮金黄，果肉浅红色，肉厚 3.1~3.4 cm，肉质松脆爽口，可溶性固形物含量 14%~17%，香味浓郁，耐储运。抗病性强。

适宜于华北地区日光温室和大棚栽培。

10. 众天雪红　中国农业科学院郑州果树研究所育成。

早熟品种，果实发育期32 d左右，全生育期90~100 d。果实为椭圆形，单果重1 500~2 300 g，果皮晶莹细白，果肉红色，口感松脆甜美，可溶性固形物含量14%~16%，成熟后蒂部白里透粉，不落蒂，成熟标志明显，不易导致生瓜上市。耐储运。

适宜于华北地区日光温室和大棚栽培。

11. 网络时代　中国农业科学院郑州果树研究所育成。

晚熟品种，果实发育期40 d左右，全生育期110~115 d。果实高圆形，单果重1 500~2 300 g，果皮深灰绿色，上网早，网纹细密美观，果肉绿色，腔小，肉厚4 cm以上，成熟后可溶性固形物含量在15%以上，口感好，有清香味。不落蒂，货架期长。

适宜于西北地区露地及保护地栽培。

（二）培育壮苗

同薄皮甜瓜，一般采用嫁接育苗。

（三）整地、施肥、做畦

整地是厚皮甜瓜土壤管理的主要内容。甜瓜要求疏松而深厚的耕作层，因而翻耕深度以30~35 cm为宜。一般土壤肥力条件下，要求亩施优质腐熟有机肥5 000~10 000 kg，尿素10 kg，磷酸二铵20 kg，硫酸钾20 kg过，磷酸钙30~50 kg，或氮磷钾三元素复合肥50 kg作基肥。一般将有机肥均匀撒施地面，人工深翻30 cm左右。瓜苗定植前10 d，做成南北向宽高畦。畦宽180 cm，畦高30 cm，搂平畦面，在畦面上刨沟，沟内条施化肥，忌用含氯化肥。施肥后搂平畦面，铺设滴灌带，覆盖120 cm宽的地膜，以利增温保墒。

（四）定植前日光温室消毒与定植

日光温室消毒要在定植前10~15 d完成，具体做法参照薄皮甜瓜。当厚皮甜瓜苗龄为30~35 d，生理苗龄为3~4片真叶时定植。定植时，日光温室内10 cm深的土层温度要稳定在12℃以上。因为12℃是甜瓜根系根毛发生的最低温度。定植要在晴天的上午进行，定植后连续晴天最好。定植时，在宽高畦上栽植2行，株距40~45 cm。每亩密度为

1 600~1 800 株。浇透定植水。

（五）定植后管理

1. 定植至坐瓜前的管理

1）温度　定植后 1 周内的地温最好控制在 20℃ 左右，不应低于 15℃，气温白天控制在 27~30℃，以利缓苗。缓苗后到坐瓜前是营养器官旺盛生长，花器进一步分化、发育的时期。此期管理的主攻目标是促进根、茎、叶迅速而合理的生长，保持营养生长与生殖生长之间的平衡，保持根、茎、叶之间的平衡。白天气温保持在 28~30℃，最高不超过 33℃，夜间气温 18~20℃ 为宜，这样有利于叶片中光合产物的运转。甜瓜对地温的要求较高，以 25℃ 左右为宜。

2）湿度管理　包括土壤湿度和空气湿度。

（1）土壤湿度　土壤水分过大，容易造成植株徒长，定植至缓苗维持田间最大持水量的 70%~80%；缓苗后至坐果维持田间最大持水量的 65%~70%；到膨瓜前无须再浇水。

（2）空气湿度　甜瓜不耐高湿，适宜的空气相对湿度白天为 60%，夜间最大为 80%。开花前甜瓜较耐较高的空气相对湿度，果实发育开始之后对高湿的忍耐力降低。

3）整枝、摘心和吊蔓　日光温室内厚皮甜瓜栽培多采用立架或吊蔓栽培。常用的整枝方式有单蔓整枝和双蔓整枝。

单蔓整枝为主蔓先不摘心，下部子蔓及早摘除，以节省养分，促使雌花生长充实。选留中部 12~15 节的子蔓作结果预备蔓，15 节以上子蔓也摘除，仅留最顶部 2~3 个子蔓。主蔓 23~28 节摘心。单株留瓜 1~2 个。结果预备蔓在雌花开花授粉前留 2~3 叶摘心。特点是瓜早熟，但产量低。

双蔓整枝在主蔓 3~4 节摘心，选留 2 条健壮子蔓，分别牵引绑蔓，在子蔓中部 11~12 节选留结果预备蔓，每 1 子蔓留 1 个瓜。其余子蔓全部摘除，仅留最顶部 2~3 个子蔓。

整枝应选择晴天进行，无论采用哪种整枝方式，都应及时摘除子蔓和对主蔓、子蔓摘心。摘除子蔓宜在幼蔓长 2~3 cm 时进行。坐果后及时将雌、雄花和卷须摘除。阴雨天和有露水的时候不进行整枝，因不利于伤口的干燥和愈合，容易感染病菌。整枝摘下的茎叶应及时清除并带出日光温室。整枝的同时，注意绑蔓或及时吊蔓，使植株直立生长，以利于采光和通风。

2.结瓜期的管理　该期的管理以坐瓜和确保瓜的产量、品质为目的。

（1）温度管理　开花授粉期白天气温保持在25～30℃，夜间18℃。15℃以下和35℃以上都会造成开花、散粉、授粉等方面的障碍，导致落花落果和果实畸形。果实膨大期的温度与开花授粉期相同，32℃以上或10℃以下对坐果与果实膨大都不利。坐果初期如遇低温，会导致生理性落果。成熟期白天28～30℃，夜间15～18℃，昼夜温差应达12℃以上。

网纹甜瓜在网纹发生期（坐果后18～30 d），需夜温18～20℃，13℃以下不能形成网纹。

（2）湿度管理　甜瓜怕高湿，一般要求空气相对湿度不超过70%。生于后期为增大昼夜温差和防病更应避免空气相对湿度过高。网纹甜瓜较为特殊，为使网纹发生良好，在网纹发生期空气湿度应维持在80%左右，待网纹发生期过后再降低空气湿度。为保持局部高湿，可用纸袋或报纸将瓜短期罩住。开花授粉坐果期不浇水，否则易引起茎叶旺长，对坐瓜不利。植株大部分坐果后7～8 d（膨瓜期），幼瓜鸡蛋大小时要浇1次透水，促使果实充分膨大。因为水分充足可刺激细胞的分裂和膨大；水分不足影响细胞分裂，并严重影响果肉细胞的膨大和产量。果实膨大期是甜瓜一生中需水最多的时期，要求土壤水分充足（最大持水量的80%～85%），所以膨瓜水要浇足。如土壤保水力差，可适当补浇，防止果实因缺水而造成瓜小、低产、果皮增厚硬化，后期出现裂果或发酵果的现象。

网纹甜瓜在果实膨大初期（坐果后7～16 d）水分要足；果皮开始褪绿、果皮硬化时（坐果后17～23 d），要控制浇水。水分过大会形成纵纹粗大、粗细不均的网纹，影响瓜的美观。网纹形成期（坐果23～30 d）又应充分供水，使网纹形成良好。果实停止膨大到收获要控制浇水，维持较低的土壤湿度，以增进瓜的品质。若成熟期土壤水分过多，会因茎叶继续生长减少养分向果实的运输；使体内糖分转化缓慢，果实含糖量降低，储运性降低，并延迟成熟。同时，还易造成裂果、烂果和植株感病。一般只要茎叶无缺水表现，应尽可能不浇水。

日光温室浇水，一般应在晴天的上午进行，切忌在晴天的下午和阴雨天浇水。结瓜期温度和湿度的管理，可通过放风口开放的早晚和开放的大小来控制。

（3）开花授粉与生长调节剂的应用　厚皮甜瓜的花也是典型的虫媒花，由于日光温室内没有传授花粉的昆虫，所以要靠人工授粉和激素处理来保证坐果。人工授粉的最佳时间是8~10时。在异株上选择健壮雄花，掰去花瓣，露出花药，在当天开放的结实花柱头上轻轻涂抹几下即可。也可以采用激素进行蘸花。常用的坐果激素有2,4-D、防落素、坐瓜灵等。激素蘸花时间同授粉时间，选择当天开放的健壮结实花，用药液喷施花冠或涂抹花柄，注意不要将药涂抹到子房上，不要重复用药，以防产生裂果和畸形果。人工授粉或激素蘸花后要挂上标签，写明日期，以方便掌握成熟和采收期。一般蘸花后3 d子房可膨大。

（4）留瓜节位的确定与选留瓜　坐果预备蔓的选留应根据栽培季节、环境条件、管理、品种与植株生长势而定。厚皮甜瓜开花后子房开始迅速膨大，10~15 d体积增大快，20 d后果的增长速度开始减慢，但果实的重量仍继续增加。甜瓜的果实先是纵向生长，后是横向生长。结果蔓节位的高低直接影响到果实的品质与产量：节位低时，果小、扁平，网纹细密，果肉厚且致密，含糖量高；节位高时，果实大，果形变长（圆形品种成高圆形），网纹粗，果肉薄且粗，含糖量低，味淡。因此，栽培上要合理选留结果蔓的节位。一般以植株中部10~15节较为合理。

选瓜好坏对以后果实膨大和形状有很大影响。选瓜需在幼瓜鸡蛋大小时，在浇膨瓜水之前进行。过早，看不准优劣；过晚，浪费养分。选留幼瓜的标准：幼瓜颜色鲜嫩、肥大、椭圆、周正、匀称、果柄粗而长、花脐小、无病虫害和损伤。选留幼瓜分次进行，一般第一、第二次未被选中的瓜全部摘除。甜瓜植株坐瓜节位上下的几片叶，在果实发育中起着重要的作用。这几片叶的同化产物绝大部分运往果实，生产上要注意保护坐瓜节位附近的几片叶。

一般在选瓜定瓜后将结瓜枝用宽软的塑料袋吊起，向水平方向牵引，使结瓜枝与果梗呈"T"字形，或稍向上倾斜，以免果实下坠。对于一些网纹甜瓜品种,选瓜吊瓜后,还应用报纸等做成纸筒将瓜罩住,以增强网纹甜瓜果实外观的灰白对比度,使网纹突出良好,并且能有效防止各种药剂危害,直至采收前才撤除报纸。

(5)追肥　甜瓜吸收矿质元素最旺盛的时期是从开花到果实停止膨大,前后历时 20~25 d。土壤肥力好,基肥充足,栽培早熟或中早熟品种时可不追肥;肥力较差,基肥不足,栽培中晚熟品种的,则需要适当追肥。

通常在果实膨大前随浇膨瓜水追施速效磷钾肥或含磷钾为主的复合肥(甜瓜专用肥),每次每亩 15~20 kg。在基肥较充足的情况下,一般不追速效氮肥,在膨瓜期可每隔 7 d 进行 1 次叶面喷肥,以 0.3% 磷酸二氢钾等为主。喷施叶面肥也要选择在晴天上午进行,防止空气湿度过高引发病害。

(六)采收

厚皮甜瓜果实充分成熟后含糖量最高,风味最佳。过早采收影响品质,过晚采收风味、品质很快下降,且储运性下降,因此,必须适时采收。外运销售的瓜应在完全成熟前 3~4 d,即八九成熟时采收。

1.成熟标准　同一品种自开花到成熟所需天数,因栽培季节、栽培条件不同而有所不同,但可以依据植株的一些综合表现综合判断:

(1)植株特征　坐果节卷须干枯,叶片叶肉失绿,叶片变黄,此可作为果实成熟的特征。

(2)离层　果实成熟时,果柄与果实连接处形成离层,呈半透明状。

(3)香气　有香气的品种,果实成熟时香气开始产生,成熟越充分,香气越浓。

(4)果实外表　成熟时,果实显现出本品种固有特征,如颜色、网纹、棱沟等成熟果的特征。

(5)硬度　成熟果实硬度已有变化,果皮有一定弹性,尤其花脐部分。

(6)品尝　为了准确判断,大量采收前,可在确定标准后试尝。

总之,只要有一定的栽培经验,掌握厚皮甜瓜的成熟度并不难。根据销地远近、时间长短决定恰当的采收时间。

2. 摘瓜技术　摘瓜应在温度较低，瓜面没有露水时进行。采收时瓜柄剪成"T"字形，以延长保鲜期。采收后随即装箱或装筐运走。暂时储存，应在温度较低、背阴、通风、干燥的室内存放。

3. 摘瓜注意事项　在采收时要注意以下几点：①采收前 10~15 d 停止浇水以减少腐烂损耗；②采收的成熟度要一致；③采摘及装运过程中要轻拿轻放，尽量减少机械损伤。

第十一章
日光温室番茄看苗诊断与管理技术

番茄自 17 世纪被法国人证明可食用以来，由于其果实大小不一、形态各异的体型、色泽娇艳的颜色、酸甜可口的味道，不但已成为各国市场的消费量较大的蔬菜品种之一，而且要求市场周年供应。这就要求生产者只有四季生产才能做到。但是由于番茄是喜温作物，因此，在温度较低的地区和季节，就必须利用日光温室进行栽培。

第一节
概述

一、番茄的认知历程

番茄又叫番李子、金橘、红色果、金苹果、红宝石、爱情果、情人果；又因其形似红柿，来自西方而得名西红柿，属茄科植物。番茄起源于美洲安第斯山地带，是在秘鲁、厄瓜多尔、玻利维亚等地森林里生长的一种野生植物，原名狼桃。当地误传狼桃有毒，吃了狼桃全身就会起疙瘩、长瘤子。虽然它的成熟果实鲜红欲滴，红果配绿叶，十分美丽诱人，但正如色泽娇艳的蘑菇有剧毒一样，人们还是对它敬而远之，未曾有人敢吃上一口，只是把它作为一种观赏植物来对待。

16世纪，英国有位名叫俄罗达拉的公爵在南美洲旅游，很喜欢番茄这种观赏植物，于是如获至宝一般将之带回英国，作为爱情的礼物献给了情人伊丽莎白女王以表达爱意，随后，人们都把番茄种在庄园里，并作为象征爱情的礼品赠送给爱人。从此，"爱情果""情人果"之名就广为流传了。到了17世纪，有一位法国画家曾多次描绘番茄，面对番茄这样美丽可爱而"有毒"的浆果，实在抵挡不住它的诱惑，于是产生了亲口尝一尝它是什么味道的念头，因此，他冒着生命危险吃了一个，觉得甜甜的、酸酸的。然后，他躺到床上等着死神的光临。但一天过去了，他还躺在床上，鼓着眼睛对着天花板发愣。怎么吃了一个像毒蘑菇一样鲜红的番茄居然没死！他咂巴咂巴嘴唇，回想起咀嚼番茄那味道好极了的感觉，满面春风地把"番茄无毒可以吃"的消息告诉了朋友们，他们都惊呆了。不久，番茄无毒的新闻震动了西方，并迅速传遍了世界，从此，人们均安心地享受了这位"敢为天下先"的勇士冒死而带来的口福。后来有人分析了番茄的成分，证实了它含有多种营养成分，是营养极为丰富的食品，于是便把它从公园里挪出来，移进了菜园。到了18世纪，意大利厨师用番茄做成佳肴，色艳、味美，客人赞不绝口，番茄终于登上了餐桌。

二、番茄的发展

世界番茄产量以美国为最高，中国、俄罗斯、日本、埃及、墨西哥、意大利、西班牙等都大量生产。番茄从南美洲（秘鲁）传入中美洲的时间无法考证，而食用番茄的可考时间却是 17 世纪。

王象晋的《群芳谱》记载："番柿一名六月柿，茎似蒿，高四五尺，叶似艾，花似榴，一枝结五实，或三四实，一数二三十实。缚作架，最堪观……草本也，来自西番，故名。"因为番茄酷似柿子，颜色是红色的，又来自西方，所以有"西红柿"的名号。而在历史上，中国人对于境外传入的事物都习惯加"番"字，于是又叫它为"番茄"。在台湾北部俗称"臭柿"，南部叫做"柑仔蜜"。清代末年，中国人才开始食用番茄，它逐渐成为居民餐桌上的美味。

樱桃番茄，别称小西红柿、小番茄等，其外形有的像红樱桃，有的为李子形、梨形、枣形等。成熟后的小果，除鲜红色外，还有粉红色、橙色、黄色、紫色、褐（黑）色等，为茄科番茄属中番茄的小果型品种。

三、番茄的营养价值与保健功能

1. 番茄的营养价值　番茄，性微寒，味甘酸。不但是营养丰富的食物，而且是维生素 A、维生素 D 和维生素 C 的优质来源，其维生素 A 的含量则是人体每日所需的 1/3。据测定，每 100 g 番茄含水分 93~96 g，约含蛋白质 1.2 g、脂肪 0.2 g、碳水化合物 4 g、膳食纤维 0.6 mg、钙 23 mg、磷 26 mg、铁 0.5 mg、钾 163 mg、钠 5 mg、硒 0.15 mg、锌 0.15 mg、维生素 A 92 mg、胡萝卜素 55 μg、维生素 B_1 0.05 mg、维生素 B_2 0.01 mg、维生素 B_3 0.5 mg、维生素 C 19 mg、维生素 E 0.57 mg、可供热量 71 J；此外还含有谷胱甘肽等。

2. 番茄的保健功能　番茄有很强的保健功能，每人每日只需食用 100~200 g 番茄，就可以满足人体对维生素与矿物质的需求。它含有的维生素 P，能促进血管的通透性，可预防毛细血管出血症。它本身特有的利尿作用，可止渴生津、健胃消食，能够防治胃热口苦、发热烦渴、中暑等症；所含维生素 A，是眼睛视网膜细胞内视紫红质的组成成分；亦有增强皮肤弹性之功效。

番茄中含有丰富的维生素 C。维生素 C 能够维持牙齿、骨骼、血管、肌肉的正常生理功能，有利于体内抗体的生成，增加机体抗感染的能力，能够改进脂质代谢，保护心血管功能，防止动脉硬化，有抗脂质氧化和消除自由基的功能，防止体内透明质酸酶的释放。因此，维生素 C 有抗衰老及抵抗、预防癌症的作用。

番茄所含的果糖与葡萄糖，容易被人体消化与吸收，可起到营养心肌与保护肝脏的功效；番茄内所含的细纤维素，能助消化、通大便，对增进肠道里腐败饮食的排泄、降低胆固醇有不可低估的功效。番茄特有的番茄素是一种类胡萝卜素，可提高机体免疫力，抑制肿瘤的增长。番茄红素还是一种高抗氧化剂，其抗氧化作用是维生素 E 的 100 倍、β - 胡萝卜素的 32 倍，从而延缓细胞衰老，故有抗衰老作用。另外，番茄红素可以降低体内低密度脂蛋白（坏胆固醇）作用，防止胆固醇在血管里积累。对前列腺癌、肺癌、胃癌、口腔癌、乳腺癌等有预防的功效。番茄里的苹果酸与柠檬酸可以帮助胃液对蛋白质、脂肪的消化与吸收，可以抑制多类细菌与真菌，有助于口腔炎症的恢复。番茄含有丰富的钾，有利于维持体内水、酸碱平衡与渗透压，达到降低血压作用。而钾离子又能维持正常心肌兴奋性，故医学界认为，多吃番茄或番茄制品可以减少患心脏病的风险。

另外，它含有的铁、钙、镁等元素，有益于补血。所以，多食番茄或者配有番茄的饮食有利于增强记忆能力、解除大脑疲劳、推迟衰老、预防癌症。

近年来，新育成的樱桃番茄颜色有红、黄、绿相间，绿色等，其颜色迥异于常规品种，为广大消费者所惊叹不已。樱桃番茄由于果实小巧玲珑可爱，颜色有紫、黄、红、朱红、橙色等，果形有枣形、球形、洋梨形、灯笼形等，富含蛋白质、钾、钙等多种矿物质和微量元素硒及胡萝卜素、多种维生素、柠檬酸、苹果酸等。其果皮中还含芦丁（即芸香苷，与维生素 P 磷具有相似的作用，可降血压，有预防动脉硬化和解毒等功效）。樱桃番茄中维生素 P 磷的含量居果蔬之首。它可保护皮肤、维护胃液的正常分泌，促进红细胞的形成，对肝病有辅助治疗作用。

近年的研究还发现番茄中还含有一种抗癌、防衰老的物质——谷胱甘肽，以及 P- 香豆酸和氯原酸，都有消除致癌物质亚硝胺的作用。

第二节
日光温室番茄的栽培与培育壮苗

一、日光温室番茄的栽培茬口

在生产上，常依据番茄开花结果期所处的季节不同，将日光温室番茄栽培茬口分为越冬一大茬、冬春茬和秋冬茬三种类型。

日光温室番茄越冬一大茬生产，是茄果类蔬菜管理技术简单，较费劳动力，经济效益相对比较稳定的栽培方式。在郑州及周边地区是中秋节前后播种育苗，初冬定植，春节前开始上市的一种栽培方式。它的供应期为 1~6 月，是我国北方地区最大的果菜供应淡季，市场的需求量很大，社会效益和经济效益十分显著。目前我国大部地区越冬一大茬番茄栽培时间见表 11-1。

表 11-1　不同地区日光温室越冬一大茬番茄播种定植收获时间表

地区	育苗形式	播种期（日/月）	定植期（旬/月）	收获期（月）
哈尔滨	露地防雨棚	1 / 8	上 / 9	8个月
长春	露地防雨棚	5 / 8	上 / 9	8个月
沈阳	露地防雨棚	5 / 8	中 / 9	8个月
乌鲁木齐	露地防雨棚	10 / 8	中 / 9	8个月
西宁	露地防雨棚	10 / 8	中 / 9	8个月
兰州	露地防雨棚	15 / 8	中 / 9	8个月
银川	露地防雨棚	15 / 8	中 / 9	8个月

续表

地区	育苗形式	播种期 （日/月）	定植期 （旬/月）	收获期 （月）
呼和浩特	露地防雨棚	20/8	下/9	8个月
太原	露地防雨棚	25/8	下/9	8个月
北京	露地防雨棚	30/8	下/9	6个月
天津	露地防雨棚	30/8	下/9	6个月
石家庄	露地防雨棚	30/8	下/9	6个月
西安	露地防雨棚	30/8	下/9	6个月
郑州	露地防雨棚	25/8	上/10	6个月
济南	露地防雨棚	20/8	上/10	6个月

二、砧木与接穗品种介绍

1. 砧木优良品种

（1）开拓者 F_1　河南省高效农业发展研究中心同国外合作育成的番茄砧木。

主要抗番茄青枯病和枯萎病。早期幼苗生长速度中等，若采用劈接法，须比接穗提前播种 3~5 d。茎较粗，易嫁接。根系发达，吸肥力和生长势强。

适宜于保护地及露地各种栽培形式的番茄砧木。

（2）前进 F_1　河南省高效农业发展研究中心同国外合作育成的番茄砧木。

抗枯萎病、青枯病、黄萎病、根结线虫以及烟草花叶病毒病。幼苗生长速度快，劈接时可与接穗同时播种或早播 3 d。幼苗茎较粗，易嫁接。吸肥力中等，生长势较强。

适宜于露地及保护地各种栽培型的番茄砧木。

（3）胜利 F_1　河南省高效农业发展研究中心同国外合作育成的番茄砧木。

抗枯萎病、黄萎病、褐色根腐病、根线虫以及烟草花叶病毒病。幼苗早期生长速度较慢，幼苗茎较细。采用劈接须比接穗提早 7 d 播种。

吸肥力和生长势均较强。

适宜作保护地专用型番茄砧木品种。

（4）不死鸟　河南省高效农业发展研究中心引进推广的茄果类砧木新品种。自 1998 年以来，连续推广面积已达数万亩，在安徽省阜阳市、河南省洛阳市、濮阳市等重茬种植 10 年茄子地块上，同绿油油青茄进行嫁接栽培，均产生过亩产 20 000 kg 以上的高产纪录。

该品种的主要优点是同时抗 4 种土传病害（黄萎病、枯萎病、青枯病、根线虫病），达到高抗或免疫程度，植株生长势较强。根系发达，粗长根较多，呈放射状分布，吸收水分、养分能力强。茎黄绿色，粗壮，节间较长。叶较大，茎及叶上少刺。花白色，每株着生花蕾较多，小果呈浅黄色，2~3 个果 1 簇直接着生于粗干上。种子粒极小，千粒重为 1 g，种子成熟后具有极强的休眠性，因此发芽困难。幼苗出土后，初期生长极慢，特别是低温条件下生长迟缓，长出 3~4 片真叶后，生长迅速接近正常，因此嫁接时须比接穗提早 25~30 d 播种。该砧木用于多种栽培形式下的嫁接栽培，嫁接成活率高，嫁接后除具有高度的抗病性外，还具有耐高温干旱、耐湿的特点，果实总产量高，品质优。

适宜于露地及保护地各种栽培型的茄子、番茄及辣椒砧木。

（5）红茄（刺茄）　该砧木属于野生茄类型，应用较多，应用时间长。

其与番茄的嫁接亲和性较好，对番茄的生长势无明显影响；对茄科的青枯病、线虫和根腐病的抗性较强，也较耐热，但对枯萎病的抗性一般。耐寒能力一般，用于冬季栽培时，效果不理想。

适宜于南方露地茄子嫁接栽培。

（6）刺茄　野生种。

嫁接亲和性好。茎、叶刺较多，高抗茄子黄萎病，苗期抗猝倒病，较耐低温。

是我国北方普遍推广应用的优良砧木品种，但易感染立枯病。

（7）耐病 VF　该砧木属种间杂交茄。

与番茄的嫁接亲和性较强，对茄科黄萎病和根腐病的抗性较好；嫁接植株初期生长较快，长势比红茄强，早期的产量也较高，丰产性能好；耐热耐低温，但对茄科的青枯病和根线虫病抗性一般。

适宜于新建日光温室嫁接辣椒使用。

（8）其他　适合番茄嫁接的其他砧木品种还有 PFR-K64、PFR-S64、LS279 等。

2. 接穗品种

（1）粉果棚冠 F_1　河南省高效农业发展研究中心育成（图 11-1、图 11-2）。

耐低温弱光性好，是温室栽培效果更好的一代杂交新品种。无限生长类型，叶量适中，长势中庸。中熟，果实高圆形，粉红色，果肉厚，耐储运。品质优良，果菜兼用。抗烟草花叶病毒病，抗番茄叶霉病，中抗黄瓜花叶病毒病，高抗枯萎病。丰产性好，单果重 200 g 左右，最大 800 g，亩产 6 000～10 000 kg。

图 11-1　粉果棚冠 F_1 日光温室早春茬生产

图 11-2　粉果棚冠 F_1 日光温室秋冬茬生产

适宜于保护地生产

（2）粉果将军 F_1　河南省高效农业发展研究中心同国外合作育成（图 11-3、图 11-4、图 11-5）。

耐热性好，无限生长类型，植株生长势强。普通叶，叶色深绿，茎粗壮，一般不易徒长。中熟，粉红果，呈圆形，果面光滑圆整，基本无畸形果，商品率高，优果率95%以上。果肉厚，果实硬，耐储运。易坐果，品质优良，甜酸适口，果菜兼用。抗病毒病，对青枯病也具有较强的抗性。丰产性好，单果重200~250 g。一般亩产5 000 kg，高者达10 000 kg以上。

适宜于春季露地和保护地栽培，也宜作高山栽培。

图 11-3　粉果将军 F_1 日光温室一大茬生产

图 11-4 粉果将军 F₁ 日光温室冬春茬生产

图 11-5 粉果将军 F₁ 日光温室秋冬茬生产

（3）大红明星 F₁　河南省高效农业发展研究中心同外国专家合作，采用远缘杂交技术育成的早熟无限生长型番茄新品种。

果色鲜红，单果重 300 g 左右，最大果重 600 g 以上。果实圆形，肉厚不易裂果，耐储运。高抗病毒病，抗逆性强，抗寒耐热，异常条件下也可丰产。亩产 6 000 kg 左右，最高达 8 000 kg。全国各地试种均反映良好。

适宜于日光温室夏秋高温季节栽培。

（4）金棚一号　西安皇冠蔬菜研究所育成的杂交种。

属无限生长型粉果类番茄，植株生长势中等，开展度小，叶片较稀，茎秆细，节间短，主茎第七节着生第一花穗，以后每隔 3 叶或 2 叶着生 1 个花穗。果实硬度好，果肉厚，心室多，果心大，耐挤压，货架寿命长，长途运输损耗率低，深受菜商喜爱。果形好，果实高圆，似苹果形，大小均匀，单果重 200~250 g。幼果无绿肩，成熟果粉红色，均匀一般，亮度高，畸形果、裂果、空洞果极少，口感比较好。高抗番茄花叶病毒病，中抗黄瓜花叶病毒病，高抗叶霉病和枯萎病，灰霉病、晚疫病发病率低，极少发现筋腐病，抗热性好。

适宜于日光温室各茬口栽培。

（5）爱莱克拉 FA-516　浙江省农业科学院蔬菜研究所从以色列海泽拉优质种子公司引进。

无限生长型，植株生长势较强，连续结果性佳。第一花序着生于第九叶左右，花序间隔节位 3~4 叶。果实圆形，单果重 160~240 g；未成熟果实有青肩，成熟果红色，着色均匀，硬度高，耐储运；可溶性固形物含量较高。田间表现较抗黄萎病、枯萎病、烟草花叶病毒病。

适宜于日光温室各茬口栽培。

（6）沈粉 3 号　番茄辽宁省沈阳市农业科学研究院育成的杂交种。

无限生长类型中熟品种。株高 90~100 cm，株幅 40~50 cm，普通花叶型，叶色浓绿。第一花序着生在 9~10 节，每花序间隔 3 片叶，每花序着生 5~6 朵花。果实粉红色，果面光滑，扁圆形，纵径 6 cm 左右，横径 8 cm 左右，心室 8 个，平均单果重 200 g 左右。单株产 1.7~2 kg，亩产 6 000~7 000 kg。果肉厚，品质好，甜酸可口。耐肥，且耐热性较强。较抗叶霉病和耐其他病害，耐运输。

适宜于日光温室各茬口栽培。

（7）沈农大粉　沈阳农业大学育成的杂交种。

无限生长型，生长势较强。第一花序着生于 9~10 节位，每隔 3 片叶着生 1 个花序。果实深粉色，近圆形，稍带绿果肩。单果重 200 g 左右。果脐小，果面光滑，品质佳，商品性好。抗叶霉病和病毒病，耐灰霉病，耐低温寡照。

适宜于日光温室各茬口栽培。

（8）浙粉 202　浙江省农业科学院园艺研究所育成的无限生长类型粉红果杂交品种。

该品种耐低温和弱光性好，中熟，7 叶着生第一花序，长势中等；叶子稀疏，叶片较小；果实高圆形，果皮厚而坚韧，果肉厚，裂果和畸形果极少；青果无果肩，成熟果粉红色，着色一致；特大果型，单果重 300 g 左右，大果可达 450 g 以上。高抗番茄花叶病毒病和叶霉病，耐黄瓜花叶病毒病和枯萎病。

适宜于冬春季节南方大棚和北方日光温室栽培。

（9）浙杂 806　浙江省农业科学院园艺研究所育成的无限生长类型杂交品种。

生长势强，中熟偏晚，果实高圆，果重 220~250 g，单穗结果 3~4 个，连续收获 6~7 个穗果，亩产可达 10 000 kg 左右。

适宜于日光温室各茬口栽培。

（10）中杂 12 号　中国农业科学院蔬菜花卉研究所育成的杂交番茄品种。

早熟，果实红色，圆形，青果有绿果肩。单果重 200~240 g。品质好，耐储运，酸甜适度。抗病毒病、叶霉病和枯萎病。

适宜于春季日光温室、塑料大棚以及露地栽培。

（11）中杂 102　中国农业科学院蔬菜花卉研究所育成的杂交番茄品种。

中熟，红色，圆形。果色鲜艳，着色均匀。单果重 130~150 g，果面光滑，每穗可坐果 5~7 个，果实大小均匀，可整穗采收上市。耐储运性较好。连续坐果能力强，抗番茄花叶病毒病和枯萎病。

适宜于日光温室栽培。

（12）中杂 105　中国农业科学院蔬菜花卉研究所育成的杂交番茄品种。

无限生长型，中早熟，丰产性好，粉红色，圆形，商品果率高，品质优，口味酸甜适中。单果重 180~220 g，果实硬度高，耐储运。抗番茄花叶病毒病、叶霉病和枯萎病。

适宜于日光温室和大棚栽培。

（13）中杂 106　中国农业科学院蔬菜花卉研究所育成的杂交番茄品种。

无限生长类型，生长势较强，早熟性好，产量高。近圆形，幼果有绿果肩，粉红色。单果重 180~220 g，果形整齐、光滑，品质优良，商品性佳。抗叶霉病、番茄花叶病毒病、枯萎病，耐黄瓜花叶病毒病。

适宜于日光温室和塑料大棚以及露地栽培。

（14）西方佳丽　河南省庆发种业有限公司引进国外材料选配的硬果早熟番茄杂交种。

无限生长型。叶片稀少。果实粉红色，高圆形，果形极整齐，果皮厚，果肉坚实，耐储运，果脐及果蒂小，果皮光滑有光泽、商品性好。高抗叶霉病、灰霉病、病毒病、溃疡病、筋腐病、脐腐病等病害，单果重 200~250 g，连续坐果能力强。

适宜于保护地及露地种植。

（15）希茜　河南省庆发种业有限公司引进国外材料选配的硬果型、大红色、无限生长型、长货架期番茄新品种。

高抗病害，耐低温弱光，红色，果实整齐，可整穗采收，单果重 180 g，果肉厚达 1 cm，肉多汁浓，耐储运，常温储藏达 1 个月之久，长季节栽培亩产量可达 20 000 kg 以上。

适宜于日光温室各茬中栽培。

（16）多美一号　河南省庆发种业有限公司引进国外材料选配的中早熟番茄杂交种。

无限生长型，生长势强，在低温弱光条件下，叶片深绿，坐果良好，果实膨大快，前期产量高。果实深粉红色高圆形，单果重 300 g 左右，果形整齐，果皮厚，耐压及耐长途运输，商品性极佳。高抗叶霉病、病毒病、抗枯萎病及斑点病等病害。

适宜于日光温室冬春茬、早春茬栽培。

（17）串珠樱桃番茄　中国农业科学院蔬菜花卉研究所选育的樱桃番茄品种。

属自封顶生长型，叶片深绿色。主茎5~6片叶开始着生花序，以后每间隔1~2片叶着生1个花序，每序着花8~12朵。坐果率高达90%以上，每株可结果100个以上。果穗上着生的果实排列整齐。果实椭圆形，果面光滑，果形美观，单果重10~15 g，大小均匀，幼果有浅绿色果肩，成熟果鲜红色，色泽鲜艳。果肉脆嫩，风味浓郁，不裂果，耐储运。

适宜于保护地栽培。

（18）韩国黑珍珠　该品种由日本公司开发韩国品种资源而来，2006年即进入我国内地市场推广。紫褐色，南方表现棕褐色，西北表现深紫色；正圆形果，单果重18 g，成熟后果肩部黑褐色，一般果穗成果7~13个果，口味浓郁；无限生长型，植株生长势强，平均每个生产季节可采收7穗果；抗病性一般，应当加强病害预防。

适宜于全国各地保护地栽培。

（19）京丹粉玉2号　北京蔬菜中心育成的特色樱桃番茄新品种。

植株为有限生长型，主茎6~7片着生第一花序，熟性早。果实长椭圆形或椭圆形，单果重15 g左右，幼果有绿色果肩，成熟果粉红色，品质上乘，口感风味佳，耐储运性好。是保护地特菜生产中的珍品。

（20）浙杂210　浙江省农业科学院蔬菜研究所育成的杂交种。

无限生长型，生长势旺，中早熟；始花节位6~7叶，花序间隔3叶，坐果性好；果实枣形，果表光滑，大小均匀，单果重40 g左右，一般每花序结果10个左右，排列整齐，成串采收；幼果白绿色，果肩淡绿色，成熟果大红色，着色均匀一致，色泽鲜艳。果实可溶性固形物含量7%左右，肉质脆爽，口感酸甜，适合鲜食。田间表现抗枯萎病、病毒病，中抗叶霉病。

适宜于保护地栽培。

（21）爱吉163　江苏绿港现代农业发展有限公司从国外引进品种（图11-6）。

粉果，中早熟，果色深粉，长势旺盛，节间中等，果实圆形，单果重220～250 g，硬度好。抗TY病毒，对灰霉病、叶斑病、叶霉病等番茄常见病害有较好抗性。

适宜于山东、河北、河南、山西、辽宁、内蒙、甘肃、宁夏等地保护地种植。

图11-6　爱吉163（李文虎　供图）

（22）爱吉115　江苏绿港现代农业发展有限公司从国外引进品种（图11-7）。

粉果，早熟，长势中等，节间短，果实圆形，单果重220~250 g。抗TY病毒，对灰霉病、叶斑病、叶霉病等番茄常见病害有较好抗性。

适宜于山东、河北、河南、山西、辽宁、内蒙、甘肃、宁夏等地保护地种植。

图11-7　爱吉115（李文虎　供图）

（23）爱吉 156　江苏绿港现代农业发展有限公司从国外引进品种（图 11-8）。

粉果，早熟，果色深粉，长势旺盛，叶片大，覆盖性好，节间中等，果实圆形，单果重 220~250 g。抗 TY 病毒，耐热性好，对灰霉病、叶斑病、叶霉病等番茄常见病害有较好抗性。

适宜于山东、河北、河南、山西、辽宁、内蒙、甘肃、宁夏等地保护地种植。

图 11-8　爱吉 156（李文虎　供图）

（24）爱吉 112　江苏绿港现代农业发展有限公司从国外引进品种（图 11-9）。

粉果，中熟，长势中等，节间中等，果实圆形，单果重 220~250 g。抗 TY 病毒，对灰霉病、叶斑病、叶霉病等番茄常见病害有较好抗性。

适宜于山东、河北、河南、山西、辽宁、内蒙、甘肃、宁夏等地保护地种植。

图 11-9　爱吉 112（李文虎　供图）

（25）爱吉 301　江苏绿港现代农业发展有限公司从国外引进品种（图 11-10）。

黄色樱桃口感小番茄，早熟，果色亮黄，长势旺盛，节间中等，果实圆形，单果重 15~20 g，品质好、口感佳。对灰霉病、叶斑病、叶霉病等番茄常见病害有较好抗性。

适宜于各地保护地种植。

图 11-10　爱吉 301（李文虎　供图）

（26）爱吉俏丽　江苏绿港现代农业发展有限公司从国外引进品种（图11-11）。

粉色樱桃番茄，早熟，果色深粉，长势旺盛，节间中等，果实圆形，单果重25~30g，品质好、口感佳。对灰霉病、叶斑病、叶霉病等番茄常见病害有较好抗性。

适宜于各地保护地种植。

图11-11　爱吉俏丽（李文虎　供图）

（27）爱吉佳丽　江苏绿港现代农业发展有限公司从国外引进品种（图11-12）。

红色樱桃番茄，早熟，果色大红，长势中等，节间短，果实圆形，穗型整齐美观，单采、串收均可，单果重25 g左右，口感酸甜。对灰霉病、叶斑病、叶霉病等番茄常见病害有较好抗性。

适宜于各地保护地种植。

图11-12　爱吉佳丽（李文虎　供图）

（28）美国黑樱桃　该品种来自于美国缅因州，习惯叫做黑樱桃番茄。

植株生长葱郁，叶色浅绿，果形正圆，红褐色，色泽靓丽，口味酸甜适口，平均单果重17 g，商品性状好，卖相优越。无限生长，果穗结果一般9~14个果；此品种对低温很敏感，不耐低温，抗病性一般，应当加强病原性病害和生理性病害预防。

适宜我国南北方地区早春季节及秋延后栽培，西北、东北地区春夏季节栽培，以及南方地区越冬栽培，北方地区越冬设施栽培需严格掌控温度条件，温差大、光照不足畸形果多。

（29）黄珍珠　中国农业科学院蔬菜花卉研究所选育的樱桃番茄品种。

无限生长型，生长势中等。在主茎7~8节着生第一花序，以后每间隔3片叶着生1个花序，每花序着花8~12朵。果实圆球形，果形美观，单果重8~12 g，大小均匀，幼果有浅绿色果肩，成熟果黄色，色泽鲜艳，味浓质脆，抗裂耐压。

适宜于保护地栽培。

（30）小皇后　中国农业科学院蔬菜花卉研究所选育的樱桃番茄品种。

自封顶生长型，生长势中等。主茎5~6片叶开始着生花序，以后每间隔1~2片叶着生1个花序，每序着花10朵以上，坐果率高，果穗上着生的果实排列整齐。果实椭圆形，幼果有浅绿色果肩，成熟果鲜黄色，着色均匀，果实光滑，果形美观，单果重10~15 g，大小一致。抗裂，耐储运。

适宜于保护地栽培。

（31）缤纷番茄　由美国引进。

植株生长较旺盛，叶片开放。果实圆球形，表皮有红、黄、绿的宽条纹相间及色彩鲜艳的斑点。单果重100~150 g。

适宜于保护地栽培。

（32）绿番茄　由美国引进。

植株生长势中等。果实圆球形，成熟果表皮淡绿色。单果重100~150 g。适宜于保护地栽培。

（33）圣女　我国台湾省育成。

植株高大，1个花穗可结60余果，双干整枝时，一株可结500个果以上。果实枣形，果色红亮，单果重14 g左右，可溶性固形物含量10%以上。该品种耐热、早熟，不易裂果，特耐储运。由于其果实嫩脆，风味优美，清凉可口，品质优良，亩产量 10 000～15 000 kg。

适宜于保护地栽培。

（34）樱桃红　由荷兰引进。

中早熟，较耐热，抗病。无限生长型，第一花序着生在第七节至第九节。每 1 花序着果 10 个以上，果圆球形，红色，单果重 10～15 g。

适宜于保护地栽培。

（35）珍珠　我国台湾省育成。

无限生长类型，长势旺，结果力强，第一花穗可结果 24～38 个。单果重 6 g，果实圆球形，红色，质硬脆。

适宜于保护地栽培。

（36）朱云　我国台湾省育成。

果实红色，圆球形，单果重 13～18 g，酸甜适中。极早熟，耐高温，耐温。

适宜于保护地栽培。

（37）美味　中国农业科学院蔬菜花卉研究所从日本樱桃番茄中选育出的新品种。

极早熟，无限生长型，生长势强。果实圆球形，红色，着色均匀，色泽艳丽。坐果能力强，每穗可结 30～60 粒果，单果重 12～15 g，大小整齐均匀，甜酸可口，风味浓郁。该种抗病毒病。

适宜于日光温室栽培。

（38）粉多纳（图 11-13）　河南鼎优农业科技有限公司自主研发的粉红大果番茄品种。

中熟，果实硬度好，单果 260 g 左右，单穗留果 3～5 个，穗内果均匀；无限生长型，根据当地种植习惯，可选择单头或者双头整枝栽培。抗病抗逆性强，抗 TY，抗根线虫，耐低温弱光。

适宜于日光温室栽培。

（39）绿贝（图 11-14）　河南鼎优农业科技有限公司自主研发的绿色樱桃小番茄品种。

中熟，圆球形，翠绿色，成熟后依然翠绿色，单果 26 g 左右，单穗留果 20～40 个不等，穗内果均匀；为保证风味和运输，建议八九成熟时采收，无限生长型，根据当地种植习惯，可选择单枝或者双枝栽培。

适宜于日光温室栽培。

图 11-13　粉多纳（朱伟领　供图）

图 11-14　绿贝（朱伟领　供图）

三、嫁接苗的培育及看苗诊断与管理技术

1. 砧木和接穗的培育

（1）播种期的确定　该茬番茄播种早，年前产量高，但不利于越冬和年后持续高产；播种晚，春节期间产量低，效益差。综合考虑，一大茬番茄以 8 月上中旬播种为宜。为了使砧木和接穗的最适宜嫁接期协调一致，应从播种期上进行调整。例如在同样采取靠接的情况下，若选用"前进"砧木，由于幼苗早期生长速度慢，要比接穗提早 5~7 d 播种；若选用"胜利"砧木，要比接穗提早 3~5 d；若选用"开拓者"，要求比接穗提早 3 d。因此，掌握每一种砧木生长发育特性，对确定适宜播种期非常重要。

在嫁接之前，把砧木苗和接穗苗培育成适宜嫁接的大小，且能够相互协调适应所选定的嫁接方法是成功的关键。

（2）嫁接适期　番茄嫁接的适宜时间，主要取决于砧木苗茎的粗度，当砧木苗茎直径达 0.4~0.5 cm 时为嫁接的适宜时间。若过早嫁接，节间短，茎秆细，不便操作，影响嫁接效果；过晚，砧木植株的木质化程度高，影响嫁接成活率。

（3）砧木和接穗苗的协调　嫁接育苗中最关键的问题之一就是砧木苗与接穗苗的协调一致问题。由于选择嫁接的方法不同，适宜嫁接的砧木苗和接穗苗的大小也不同。为了使砧木苗和接穗苗的最适嫁接期协调一致，应从播种期上进行调整，不同的嫁接方法对于播种期的调整方法也不同。此外，嫁接时所选用的砧木品种，由于各自品种特性的不同，长成适宜嫁接时的时间也会不同，播种时也要考虑在内。

2. 播前种子处理

（1）砧木种子处理　番茄砧木野生性较强，由于采种时间早晚、果实成熟及后熟时间的不同，种子的休眠性差别较大。对休眠性强的砧木种子，在催芽前可用 100~200 mg/kg 的赤霉素，放在 20~30 ℃ 温度条件下处理打破休眠，温度低则效果较差。一般不死鸟用 200 mg/kg 浓度的赤霉素浸泡 24 h。注意赤霉素的浓度不宜过高，否则出芽后幼苗易徒长。处理后种子一定要用清水洗净。

（2）砧木苗的培育　播种后出苗前应保持苗床较高的温度，促其及

早出苗。苗床白天温度保持在 25~30℃，夜间温度保持在 20℃以上。用不死鸟作砧木时，由于该砧木生长需要较高的温度，其苗床的温度要比番茄苗适当提高 2~3℃。出苗后降低温度，延缓苗茎的生长速度，使苗茎变得粗壮，此期苗床白天的温度应保持在 25~28℃，夜间 12℃左右，使昼夜保持 10℃以上的温差。砧木苗分栽于育苗钵或分苗床内后，要适当提高温度，促苗生根，尽快恢复生长。通常栽苗后的 7 d 内，白天温度要保持在 28℃以上，夜间温度应不低于 20℃。砧木苗恢复生长后把夜温降低到 15℃左右。为了防止蚜虫传播病毒病，可用纱网扣育苗床。

3. 嫁接技巧与嫁接方法　参照本书第六章第五节的相关内容进行。

4. 壮苗标准与看苗诊断技术

（1）壮苗标准　苗龄 30~70 d，株高 20 cm，茎直径 0.7 cm，视品种不同有 7~12 片无病、无破损叶片；80% 植株开始现蕾；株形呈长方形；第五节以后节间开始伸长，茎上下粗细一致；叶片肥厚呈手掌形，小叶片较大，叶柄短粗，下部叶茎呈紫绿色。番茄弱苗与壮苗见图 11-15。

图 11-15　番茄弱苗与壮苗（左弱苗，右壮苗）

图 11-16　徒长苗

（2）诊断　如果定植前秧苗茎细高，柔弱，下细上粗，节间长，叶片窄而薄，心叶黄绿色，株形呈倒三角形（上位叶幅宽，下位叶幅渐窄），为徒长苗（图 11-16）。主要是由于光照不足，高温多湿特别是夜温高所造成的。

如果定植前秧苗茎上细下粗，有一定程度硬化，少弹性，节间短，叶小又无光泽，叶色暗绿，植株矮小，为老化苗。主要是由于缺肥、干旱等原因造成。

如果叶柄又长又粗，小叶片比较小，株形呈倒三角形，茎上粗下细，节间长，顶端中心颜色呈浅绿色，是旺长苗。其原因多属氮肥多，夜温高，光照不足。

如果叶色绿，叶片呈手掌状为正常。若株形呈正方形，是夜温低、土壤缺水或施肥过多引起的。

第一片真叶距子叶距离过长，是出苗后高温弱光，特别是夜温高所致。

第一至第二片真叶过小，是温度、水分不适宜，长势弱，可造成第一花序推迟，花数减少。

第三节
日光温室越冬一大茬番茄看苗诊断与管理技术

一、对设施的要求

越冬一大茬生产处于严寒季节，要求日光温室具备良好的采光和保温性能。目前，各地适应越冬栽培的日光温室结构很多，像东北的矮后墙长后坡日光温室，山东的半地下式大跨度日光温室，河北永年式日光温室，河南农业大学推广的黄淮改良式日光温室，西北地区的高后墙日光温室等。不论采用哪种模式的日光温室结构，都要结合当地的实际情况和种植品种的要求。如半地下式日光温室冬季的保温性能虽然很好，在地下水位比较浅的地区，就无法实施。矮后墙、长后坡的日光温室保温性能也不错，在人多地少的地区，无法弄到大量的玉米秸秆来搭建。一般要求日光温室建造的原则是，保温性能好，采光合理，坚固耐用，能就地取材，投资低廉。

二、精细整地，施足农家肥，平衡施化肥

1. 施肥原则　施肥原则是以有机肥为主，化肥为辅，配方施肥，分层施肥。以地分级以级定产，以产定氮，以氮定磷、钾，以磷、钾肥定微肥。日本资料报道：番茄每形成 10 000 kg 产量需要从土壤中吸收纯氮 25 kg，五氧化二磷 6 kg，氧化钾 48 kg。

2. 各地经验施肥方法　实践认为日光温室越冬一大茬番茄基肥的施用量以每亩施氮 20 kg，五氧化二磷 50 kg，氧化钾 50 kg、硼 1 kg、硫酸锌 1 kg，现阶段北京地区施肥标准为亩施腐熟鸡粪 15 m³、山东省寿光市 20 m³ 左右，并辅以一定数量的化肥。若无鸡粪，可用棉籽饼 500 kg、草粪 10 m³ 代替，基本可满足亩产 10 000 kg 番茄对基肥的需求。结合整地全田全耕层均匀施入。实践证明，越冬一大茬番茄，每基施 1 kg 纯鸡粪，就可收获 1 kg 商品番茄。

实践证明：这些肥料大量施入土壤后，首先，可明显增加土壤有机质含量及土壤的透气性能，避免和减轻作物沤根，起到改良土壤的作用。其次，有机物分解时产生大量的二氧化碳和热量，不仅能补充温室内二氧化碳的不足，还可增加温室内的温度。另外，由于土壤中有机质含量增高，在一次较大量施入化学肥料后，有机质中的腐殖质具有较强的缓冲能力，它产生的腐殖酸，能保护作物免受代谢毒害，并且因为有机质中的胶粒能吸附化肥中的金属阳离子，或与其发生代换作用，从而减少或降低肥害的发生。

3. 整地原则　畦面平坦，上虚下实，无明暗土坷垃。深度为 35 cm 左右。

三、闷室消毒

在准备工作做完以后，可高温闷室处理，将日光温室闭严，使其自然升温。晴天的中午，室温可升至60℃以上，能消灭部分病菌，闷室可结合熏烟消毒进行。一座占地333 m² 的日光温室，用硫黄粉750 g、75%百菌清可湿性粉剂200 g、80%敌敌畏乳油350 g、七成干锯末1 kg，混拌制成烟雾剂，每3间日光温室放一堆，从里到外点燃后，人员迅速离开，48 h后打开底脚、天窗和门进行通风。这样可杀灭潜伏在日光温室内的大部分病菌和虫体。

四、定植前的苗床管理

进行开沟分苗的秧苗，在定植前15 d左右浇1次水（浇水的目的是使土壤便于切块），第二天，用工具把苗子切成10 cm见方的土块，把土块移动后再放回原处（目的是切断植株与地面的联系），而后对苗子进行控水处理，使土坨水分下降，这就是所谓的囤苗。营养钵分苗的可以直接移动钵体位置进行控水处理。

囤苗期间，如外界天气较好时，要适当遮阳，不能让苗子失水过多，影响生长。囤苗过程中，由于土坨的含水量下降，使根系吸水减少，整个植株的生长发育速度减慢，但此时光合作用仍在进行，一方面能造成作物大量的光合产物积累，另一方面，由于植株吸水减少，可使细胞液浓度增加，因此能增加作物抵抗不良环境的能力。再者，通过囤苗，提前切断植株与地面的联系，使伤根的伤口提前愈合，并发出大量新根，有利于植株定植后的快速缓苗和苗壮生长。

定植前1 d先喷药1次，药液为75%百菌清可湿性粉剂600倍液和20%甲氰菊酯乳油2 000倍液的混合液，进行防病灭虫，然后浇水，做到带土、带水、带肥、带药定植。

五、适时定植，合理密植

1.适时定植　一是时间适时，在 9 月下旬，这时地温、气温高，定植后缓苗快。二是苗龄适时，凡在 8 月上旬育苗，管理无误的苗床，到 9 月下旬均可达到 80% 苗子现蕾的标准。

2.合理密植　普通番茄亩定植密度为 2 500 株左右。采取宽窄行瓦垄畦定植法，行株距配比为宽行 80 cm，窄行 50 cm，株距 40 cm。彩色番茄定植密度同普通番茄。樱桃番茄定植密度为早熟品种株距 30 cm，宽行 60 cm；中晚熟品种株距 35 cm，宽行 80c m，窄行 40 cm。移栽后立即浇水，并覆盖地膜。

六、温度管理

定植后，尽量保持较高的温度，以利缓苗。不超过 30℃ 不放风。缓苗后白天控制在 20~25℃，夜间 15℃。进入结果期，白天 25~30℃，尽量延长 26℃ 时间，夜间 13~22℃，尽量延长 18℃ 的时间，减少呼吸消耗，增强光促作用与同化功能，促使果实快速生长。

在 12 月至翌年 1 月，外界温度极低的情况下，应采取一切措施，如加厚保温覆盖物；适当早盖、晚揭草苫；改善光照条件，提高室内温度；室内加设二道幕；临时增设火炉等，来尽量提高日光温室内的温度。保证室内夜间最低温度不低于 8℃。

进入初春，随着外界气温的升高，逐渐加大通风量。夜间防冻，日间防高温灼伤。为了增加番茄单位面积，在进入春天后，可实行三段变温管理。

8~17 时为光合作用时间，平均温度应控制在 26.5℃，17~24 时为光合物质运转时间，平均温度应控制在 18℃，0~8 时为抑制呼吸消耗时间，平均温度应控制在 7℃。按上述指标进行温度管理，既有利于促进光合作用，抑制呼吸消耗，又能防止作物早衰，减轻病害，从而实现优质高产与高效益的目的。

七、光照管理

番茄对光照强度和光周期都非常敏感。光照强度不足时，光合作用的同化物质不能满足自身的消耗，只长秧子不结果。该茬番茄定植后正处于一年中光照最弱、光照时间最短的季节，光照时间短时，由于营养不良，减产严重。因此，日光温室的光照管理非常重要，改善光照条件是关键的管理技术措施。

1. 日光温室内墙涂白　用石灰水把日光温室内北、东、西三侧墙面涂白，把照到墙上的无效光线反射到附近的番茄植株上。

2. 张挂反光薄膜　在日光温室的后立柱上和东、西山墙上，张挂镀铝反光薄膜，把部分无效光线反射到植株上。

3. 张挂双层薄膜透光保温幕　在日光温室棚膜下张挂双层透光塑料薄膜，或再设小拱棚。这些措施有利于提高番茄植株的温度环境，能在植株不受冻、冷害的前提下，早揭或晚盖草苫，从而延长了光照时间。

4. 及时清扫塑料薄膜　日光温室主要靠透过的太阳光来提高室内温度。塑料薄膜的透光能力关系到室内温度的高低，一般新塑料薄膜透光率90%左右。冬季的光照强度本来就不高，再加上大风天气多，扬沙天气经常出现，目前绝大部分覆盖的又是草苫，加上草苫经常脱毛，塑料薄膜的表面污染十分严重。经测试，本来透光率有90%的塑料薄膜，污染后透光率只有58%左右，很难满足番茄对光照的要求，必须定期进行清扫。方法是用一个拖把绑上一个长把，每天在揭开草苫以后，进行一次清扫。也可以用高压水枪，冲洗一遍。经过清扫或冲洗的塑料薄膜，可增加日光温室内的进光量，减少反射损失。

5. 利用无滴塑料薄膜　避免薄膜凝结水滴反射光线，可增加日光温室内的透光率7%~10%。

6. 适时揭、盖草苫等不透光覆盖物　进入冬天以后，本来日照的时间就比较短，再加上天冷，很多人为了保温，在早上迟迟不拉草苫，下午很早就把草苫放下来。这种管理方法，会造成番茄出现严重的徒长现象。在太阳升起以后，第一项工作就是先把草苫拉起来。虽然刚拉起来的时候室内温度会有所下降，但是那是短暂的现象，在草苫拉起 15 min 左右就会回升。经过测试，在晴好的天气时，早上太阳出来就拉开草苫的与晚 1 h 拉草苫的日光温室比较，14 时空间温度要高 4℃。下午草苫子要尽量晚盖，一般在能保证第二天早晨的最低温度基数时，覆盖草苫为最合适时间。

适时揭、盖草苫等不透光覆盖物，可有效延长光照时间。11 月上旬加盖草苫后，在勉强能达到番茄生育下限温度范围内，草苫尽量早揭晚盖，最大限度地延长光照时间和提高光照强度；多放风促进室内气体循环，降低室内空气湿度和尽可能多地补充室内二氧化碳含量，以提高光合强度，增加有机物质积累。

7. 阴雨天气也要拉开草苫　遇到阴雨天气，很多人不揭草苫，主要原因是天冷怕散温。据测试，阴天的光照强度也在 20 000 lx 左右，在番茄的光补偿点之上。假若连续阴雨天气，总是不揭草苫，造成光饥饿现象，天气转晴以后，就会出现大量植株死亡。

8. 久阴猛晴要回苫　我国华北平原以北，在冬春季节的连续阴雨天气时间长，有时会多到 20 d 左右，番茄的根系在保温条件好的时候虽然没受冻害或寒害，但是功能基本处于停滞状态，活性很低，天气猛晴以后，室温急剧升高，植株叶片在高温条件下，蒸腾能力加强，这时的地温没有升起来，根系活性很低。不能吸收和提供上部需要的营养和水分，植株上部就会出现失水现象。遇到天气猛晴的情况以后，早上揭开草苫子，在温室的空气温度上升到 20℃时，植株叶片就会开始萎蔫，这时就要把草苫子放下来，遮住太阳光。过 1 h 后，再把草苫子拉开，叶片再度萎蔫时，再回放草苫子。如此反复进行多次，直至植株在强光下不出现萎蔫后停止回苫。在揭开草苫子叶片萎蔫时，也可以在叶片上喷清水补偿叶片失水现象。

9. 剪老叶　当下部第一穗果果实长足时，剪去坐果部位的下部叶片，以利下部通风透光，促进果实着色均匀，可减轻或避免病害发生。

八、水肥管理

在施足基肥和浇透定植水的日光温室，第一穗上的第二个果果长至桃核大小时开始追肥浇水，浇水要采用膜下暗浇。结合浇水每亩追尿素 15 kg 为膨果肥。并每 15 d 叶面喷磷酸二氢钾 300 倍液 1 次。以后每坐稳 1 穗果追肥 1 次，追肥种类和数量为，12 月至翌年 3 月，每次每亩追硝酸磷钾 20 kg+ 尿素 10 kg，4 月以后气温、地温升高，植株长势及根系吸肥能力加强，室内土壤中积累的迟效磷钾肥，在较高温度下，可转化为速效磷钾肥，因此，只追氮肥，不再追磷钾肥，一般每次追尿素 15~20 kg 即可。每坐稳 1 穗果浇水 1~2 次，进入 5 月以后，空气蒸发力加强，应视土壤墒性，及植株需水状况，加大浇水量，并缩短浇水周期。

　　在地下水位较浅，水质符合国家优质蔬菜生产标准的日光温室内可配置小土井及小型水肥一体化设备，如图 11-17 所示，方便实用。连栋温室或日光温室群可配置大型水肥一体化设备，如图 11-18 所示。

图 11-17　小型水肥一体化设备

图 11-18　大型水肥一体化设备

九、室内气体调节

二氧化碳是番茄进行光合作用必不可少的物质之一。日光温室封闭性好，冬季通风少，通风量小，特别是在有机肥施用量小的情况下，更易引起室内二氧化碳缺乏。在适宜温度和光照条件下，番茄在 1 000～1 500 mg/m³ 的二氧化碳浓度条件下，光合作用旺盛，而一般情况下温室内二氧化碳浓度远远低于这个浓度（大气中二氧化碳含量为 300 mg/m³，生长有番茄的密闭日光温室内，晴天二氧化碳含量更低），所以人工增施二氧化碳气肥是一项很实用的增产措施。但应注意：低温弱光或阴雨天气不可施用二氧化碳气肥，否则会促使功能叶老化。

十、植株调整

在番茄栽培中通过植株调整来控制茎叶营养生长，促进花及果实发育，是获得高产高效益的关键技术之一，也是挖掘植株内在增产潜力的有效方法。对番茄植株进行适宜的调整，可以提高坐果率，提早成熟，增加单果重，提高果实整齐度，果实发育及着色良好，可以明显增加产量和改善品质。番茄植株调整主要是通过打杈、摘心等操作来进行，不同的打杈、摘心方式形成了各种不同的整枝方法。

1. 整枝

1）单干整枝　单干整枝法是目前番茄生产上普遍采用的一种整枝方法。单干整枝每株只留一个主干，把所有侧枝都陆续摘掉，主干也留一定果穗数摘心。第一穗果实以下部位打杈时一般应留 1~3 片叶，不宜从基部掰掉，以防损伤主干，留叶打杈还可以增加植株营养面积，促进生长发育。摘心时一般在最后一穗果的上部留 2~3 片叶，否则，这一果穗的生长发育将受到很大影响，甚至引起落花、落果或果实发育不良，产量、品质显著下降。单干整枝的优点是适合密植栽培，早熟性好，技术简单易掌握。缺点是用苗量增加，提高了用种成本，植株易早衰，总产量不高。

2）双干整枝　双干整枝是在单干整枝的基础上，除保留主干外，再选留一个侧枝作为第二主干结果枝。一般应留第一花序下的第一侧枝。因为根据营养运输由"源"到"库"的原则和营养同侧运输，这个主枝比较健壮，生长发育快，很快就可以与第一主干平行生长、发育。双干整枝的管理与单干整枝的管理相同。

双干整枝的优点是节省种子和育苗费用，植株生长期长，长势旺，结果期长，产量高。缺点是早期产量低，早熟性差。

3）改良式单干整枝（一干半整枝法）　在主干进行单干整枝的同时，保留第一花序下的第一侧枝，待其结 1~2 穗果后留 2~3 片叶摘心。改良整枝法兼有单干和双干整枝法的优点，既可早熟又能高产，生产上值得推广。

4）三干整枝法　在双干整枝的基础上，再留第一主干第二花序下的第一侧枝或第二主干第一花序下的第一侧枝作第三主干，这样每株番茄就有了 3 个大的结果枝。这种整枝法在栽培上很少采用，但在番茄制种中有所应用。

5）连续摘心换头整枝法

（1）两穗摘心换头整枝　当主干第二花序开花后，在其上留 2~3 个叶片摘心。主干就叫第一结果枝。保留第一结果枝第一花序下的第一侧枝做第二结果枝。第二结果枝第二花序开花后，再其上留 2~3 个叶片进行摘心，再留第二结果枝上第一花序下的第一侧枝作第三结果枝，依此类推。每株番茄可留 4~5 个甚至更多的结果枝，对于樱桃番茄和迷你番茄等小果型品种，也可采用三穗摘心换头整枝法。应用这种整枝法要求肥水充足，以防早衰。

（2）从基部换头再生　最后一穗果采收完以后，在靠近地面 10 cm 左右处，剪掉大部分茎，然后加强肥水管理，经 10 d 左右即可发新枝，选留 1 个健壮的枝条，采用单干整枝法继续生产。这种方法前后两次果的采收时间相隔 70 d 左右，可用于各种温室或大棚春提早及越夏栽培。缺点是两次果采收间隔太长，后茬果上市晚，售价偏低。

（3）从中部换头再生　生产上也叫留枝等果法。具体做法是当主干上第三花序现蕾以后，留 2 片功能叶摘心。同时选留第二或第三花序（果穗）下部的侧枝进行培养，并对这两条长势强壮的侧枝实行摘心等果的控制措施，即侧枝长出后留 1 片叶摘心；侧枝再发生侧枝以后，再留 1 片叶摘心，一般情况下如此进行 2~3 次即可。待主枝果实采收 50%~60% 时，引放侧枝，不再摘心，让其尽快生长，开花结果。此时，所留两条侧枝共留 4~5 穗果后摘心，将其余侧枝打掉。此法整枝可根据当地气候条件及保护地设施的保温性能，灵活掌握侧枝留果数，一般要求所留果穗到上冻前达到青熟程度。保温好的日光温室可以进行全年生产。

（4）从上部换头再生　在主干上留 3 穗果后，留 2 片叶摘心。其余侧枝留 1 片叶摘心。侧枝再发生侧枝再留 1 片叶摘心。当第一穗果开始采收时或植株长势衰弱时，同时引放所有侧枝，并暂时停止摘心和打杈，一般引放 3~4 个侧枝，并主要分布在第二穗果以上，中下部侧枝一般不作为结果枝，但上部侧枝引放不出来时，下部侧枝也可作为结果枝，留枝不宜太低，否则会通风透光不良，侧枝影响主干生长发育，主干也影响侧枝生长发育。一般要求主干和侧枝互不遮挡，以利于主干果实发育和侧枝开花结果。当几乎所有番茄植株都已引放出侧枝时，每个植株选留1~2个长势强壮、整齐、花序发育良好的侧枝，作为新结果枝继续生产，其余侧枝留1片叶摘心。随着新结果枝的生长发育，逐渐摘除下部的老叶、病叶，以利于通风受光。新结果枝一般留2~3穗果，顶部留2片叶摘心。新结果枝再发生侧枝则应及时打杈。该整枝法第三穗果和第四穗果的采收间隔期一般为12 d左右，第四穗果采收后，还可培养侧枝作为结果枝继续生产。日光温室番茄越冬一大茬生产采用此法整枝，可显著提高产量和经济效益。

2.吊秧　第一果穗开花时进行吊秧防倒。不可插架，以防止架材遮光。吊秧方法是每株番茄用一根白色尼龙绳皮儿，下头绑在番茄茎基部，上头绑在日光温室原来设计好的拉丝上。吊绳既不能使用有颜色绳皮儿，以防遮光，又不能使用易损害或易老化、含有挥发性有害物质的绳皮儿，以防幼苗前期受毒害及生长中后期绳断落架，造成不应有的损失。

3.打老叶　番茄在越冬日光温室内栽培，在薄膜覆盖以后，植株相对生长速度较快。要及时打掉下部的老叶和病叶。一是减少老叶的遮光，二是可以减少老叶上存留的病菌染病，三是喷药方便。日光温室内栽培的番茄，在果实膨大后（进入绿熟期）下部叶片已经衰老，本身所制造的养分已经没有剩余，甚至不够消耗，应及时摘除，增加通风透光，促进果实发育。一般打老叶的时期是在第一穗果放白（进入绿熟期）时，就应把果穗下的老叶全部去掉。摘除的老叶应及时予以深埋和烧毁。

为了减少番茄植株的伤流，尽快愈合伤口，打老叶工作必须在晴天的11~16时，植株本身营养回流时段进行。

4.打杈　在番茄的栽培中，除应保留的侧枝外，将其余侧枝全都摘除的操作过程，叫打杈。番茄的每一个叶腋都会萌发侧芽，并且生长速度还比较快，几天后就会和主蔓生长点平齐，要尽早拿掉。侧芽生长得越大，营养浪费就会越多，造成不必要的营养消耗。

科学打杈是番茄高产栽培中非常重要的一环。然而，很多的菜农对这一环节缺乏足够的重视，认为无关紧要，从而引起一系列的不良后果。

注意杈的生长速度，做到适时打杈。菜农的做法往往是杈无论大小，见了就打。当然，打杈过晚，消耗养分过多，会影响坐果及果实膨大。但是，在番茄生长前期，植株营养同化体积较小，打杈过早，影响根系的生长发育，造成生长缓慢，结果力下降。尤其是早熟品种及生长势弱的品种愈加明显。

正确的做法应该是，待杈长到 7 cm 左右时，分期、分次地摘除。对于植株生长势弱的，必要时应在杈上保留 1~2 片叶再去打杈，以保障植株生长健壮。

把握好打杈的时间。在一天中，最好选择晴天高温时刻进行打杈。早晨打杈产生伤流过大，造成养分的流失；中午温度高，打杈后伤口愈合快，且伤流少；如果 16 时以后打杈，夜间结露易使伤口受到病菌侵染。

打杈前做好消毒工作，防止交叉感染。因人手特别是吸烟者的手往往带有烟草花叶病毒及其他有害菌，如消毒不彻底极易引起大面积感染。所以，在进行操作前，人手、剪刀要用肥皂水或消毒剂充分清洗。

打杈要有选择性。即先打健壮无病的植株，后打感病的植株，打下来的杈要集中堆放，然后清理深埋，切忌随手乱扔。

适当留茬。很多菜农在打杈时将杈从基部全部抹去。这种做法的缺点在于，一旦发生病菌侵染，病菌很快沿伤口传至主干，且创伤面大，不利伤口愈合。正确的做法应该是打杈时在杈基部留 1~2 cm 高的茬，既有效地阻止病菌从伤口侵入主干，又能使创面小，有利伤口愈合。

5. 掐尖　也叫摘心，就是说当番茄植株生长到一定高度时，将其顶端摘除。它是与整枝相配合的田间管理措施。通过摘心可以减少养分的消耗，使养分集中到果实上。摘心的早晚应根据番茄植株的生长势而定。如植株生长健壮可延迟摘心，生长瘦弱可提早摘心。一般在拔秧前 40 d，顶端第一花序开花时进行。对早熟品种或早熟栽培，一般有 4~5 个花序后可摘心，而晚熟品种要 5~6 个花序才可摘心。摘心时，顶端花序上面应留 2 片真叶，以防果实发生日灼病。

十一、果实管理

1. 果实管理　番茄为聚伞花序或总状花序，每穗花数较多，如气候适宜，授粉受精良好，番茄的一穗花序，正常可以同时坐果 4 个以上，多的可达 10 多个，由于结果数太多而养分不足，常使单果重减轻，碎果、畸形果增多，影响商品品质和经济效益。要想得到均匀大小的果实，必须进行疏果。根据试验，一般一穗番茄的重量在 500 g 左右，假如留果 2 个时，每果单重是 250 g；留果 3 个，每果单重只有 150 g；留果 4 个每果单重只剩 100 g；如此进行 12 个重复，其结果规律基本不变。据分析，番茄果实表皮的干物质含量最多，果实数量越多，表皮面积越大。在同等大小面积的情况下，个体数量越多，体积反而越小。市场对番茄的商品要求一般是 150 g 最为抢手，一般大果型品种留果 2~3 个，中果型品种 3~5 个，小果型品种 5~10 个即可。但如果是加工品种或者是樱桃番茄，因果型较小，每个果实都能长成，大小比较均匀，就可以不疏果。

番茄一般不疏花。有人做过实验，疏果不如疏花的营养浪费少，实际上，疏花后的坐果情况很难掌握，有些品种在早春低温状态下，第一花序的第一朵花常畸形，表现出萼片多，花瓣多，花柱短而扁，子房畸形，这样的花坐果发育后容易形成大脐果、畸形果、僵果或空洞果实。

2. 其他管理　根据番茄长势、长相，科学使用植物生长素类、细胞分裂素类、生长延缓素类物质，协调好作物营养生长与生殖生长的矛盾，促使二者平衡生长，以减轻病害，增加产量。主要是发生旺长时，用 PBO 200 mL/L 控旺。植株遇不良气候出现生长衰弱时用赤霉素、细胞分裂素、吲哚乙酸促进生长，或用 2,4-D 抹花，防落花落果，并促进果实快长。

第四节
采收与增值技巧

一、番茄果实成熟的五个时期

1. 未熟期　果实正在发育膨大，果面全都是绿色。

2. 绿熟期　果实已经充分长大，为绿色，顶部由绿变白。这时候果实含糖量低，风味也较差。早熟栽培的番茄，可在这个时期采收，经催熟后上市。

3. 变色期　果实顶部开始挂点红色。这时期采收的果实经短期储藏就可大部着色。果实内的种子已经基本成熟，口感脆甜风味好。运输距离 1 000 km 以内销售的产品，可在这一时期采收。

4. 成熟期　果实从顶部变红发展到整个果实的 3/4 变红，果实还坚硬，果实内的种子已经成熟，外观色泽鲜艳。这时的果实营养价值高，风味好，最适合生食或熟食。但不耐储运，采收 3 d 后就完全变红。就地供应的番茄可在这一时期采收。

5. 完熟期　果实全部着色，色泽鲜艳，甜度大，含酸量低，品质好，种子也已经饱满。但不耐储放。一般用于留种或加工成番茄酱。

二、适时采收

采收番茄时，应根据采后不同的用途选择不同的成熟度。用于长期储藏或长距离运输的番茄应选择在绿熟期采收。因为这种成熟度的果实抗病性和抗机械损伤的能力较强，而且需要较长一段时间才能完成后熟，达到上市标准，即食用的最佳时期，短期储藏或近距离运输可选用变色期至半熟期的果实。立即上市出售的果实则以变色期至成熟期为好，因为这时果实即将或开始进入生理衰老阶段，已不耐储藏，但营养和风味较好，故宜鲜食。而完熟期的果实含糖量较高，适宜作加工原料。

1. 番茄果实采收的标准　当地市场销售，一般要求果实全着色比较适宜。假如长途外运，采收时着色的标准就要低一些。

2. 采收的最佳时间　采收的时间最好是在早晨。试验表明，早晨采收的番茄在上市或运输过程中，损耗最小，24 h 50 kg 损耗 600 g 左右。下午采收的损耗最大，可以达到 2 000 g 以上。据研究，8 时以前采的番茄果实温度最低，自身呼吸量最小。下午采收后，由于温度原因番茄自身呼吸量最大。由此推断番茄果实的损耗就是呼吸作用释放了自身的水分或分解了自己储存的有机物。

3. 其他　为降低劳动强度，日光温室内采收的果实，可配置室内运输机械，如图 11-19、图 11-20 所示。

图 11-19　设施内简易运输机械　　图 11-20　设施内电动运输机械

三、番茄催熟措施

1. 植株用药催熟　在果实进入绿熟期以后，可用 200 倍的过磷酸钙浸出液喷果实及整个植株，能促进果实早熟 2~4 d。用 40% 乙烯利水剂 500~1 000 mg/kg 喷或浸蘸进入绿熟期的果实，可早熟 7~10 d，但不能把药液喷到细嫩的茎、叶上。

2. 拢秧增加光照　当第一果穗进入绿熟期，第二果穗也接近进入绿熟期时，可把秧子拧拢在一个垄沟，让秧子充分受到光照。这样，第一穗果可提前 3~4 d 成熟，第二穗果也可提前更多时间。此法适于早熟有限生长类型品种，或复种秋菜的番茄地。

3. 采摘后催熟　果实采收后放到温度较高的室内或温床、温室、大棚内，可加速成熟。也可将 1 000~4 000 mg/kg 的乙烯利溶液放在大容器内，把果实浸蘸一下取出，放到 20~30℃ 条件下经 2~4 d，能提前成熟 3~6 d。

4. 番茄催红四不宜　番茄因气温达不到番茄红素生长的要求迟迟不能转红，采用株上药剂催红可促进番茄提前上市。在催红过程中，处理不当可抑制植株的生长，有的还会造成药害。因此，使用药剂催红应注意。

（1）催红不宜过早　一般要求果实充分长大、果色发白变成炒米色时，催红效果最好。若果实处于绿熟期、未充分长大便急于催红，易出现着色不匀的僵果现象。

（2）药剂浓度不宜过高　番茄催红药液浓度过高会伤害基部叶片，使叶片发黄。通常用40%乙烯利水剂50 mL加水4 kg，充分混合均匀后使用。

（3）催红果实数量一次不宜太多　单株催红的果实一般每次1~2个为好。因为单株催红果实太多，受药量过大，易产生药害。

（4）催红药液不能沾染叶片　在催红过程中用药要仔细操作，可用小块海绵浸取药液，涂抹果实表面。也可用棉纱手套浸药液后，套在手上均匀轻抹果面。注意乙烯利有腐蚀性，不能用手直接接触，切记一定要在棉纱手套内戴橡胶手套，以防烧伤。

四、番茄的储运与保鲜

1. 选择耐储藏的品种　番茄储藏期的长短和损耗率与品种的关系极为密切。不同番茄品种的储藏性、抗病性有很大差异，以储运为目的的番茄应选用抗病性强、果皮较厚、果肉致密、果实硬度较高、水分较少、干物质含量高、心室少或心室多而肉较硬的品种。一般加工型品种、一些微型番茄品种（樱桃番茄）比鲜食大果型品种较耐储藏，晚熟品种比早熟品种耐藏，呼吸强度低的品种较耐藏。目前国内较耐运藏的品种有西方佳丽、粉果棚冠 F_1 等。

2. 采前管理　同一品种不同栽培季节、不同栽培地区、不同栽培管理措施，其果实耐藏性也有差异。用于储藏的番茄生产田，应适当控制氮肥用量，增加磷、钾、钙肥比例。后期控制灌水，以增加干物质含量和防止裂果。注意及时整枝打杈、疏果，防止果实过小和空果。雨后或灌水后不能立即采收，否则储藏期间易腐烂。晚秋要随时注意天气变化，防止突然降温，造成冻害和冷害。

3. 采前防病虫　对蛀果害虫如棉铃虫等以及造成果面煤污的白粉虱等要提前防治。对早疫病、晚疫病，应坚持定期喷药，采前7~10 d喷

25% 多菌灵可湿性粉剂加 40% 乙膦铝可湿性粉剂（简称多乙合剂），其储后病害可降低 38%。

4. 使用代谢调节剂　据江苏省农业科学院试验，田间喷施 0.4% 氯化钙和 0.6% 硝酸钙各 4 次，储后同期好果率较对照提高 2.5%~13.96%，而且亩产量也提高 6.29%~15.59%，其中以硝酸钙的效果最佳，可明显推迟后熟和延长储藏寿命。

5. 采收　用于保鲜储藏的番茄，在采收前 1~2 d 灌 1 次水，使番茄果实充分吸水充实，不致经过储藏而失水。采收宜在清晨温度低时进行。选择无病虫害，色泽新鲜，大小整齐一致，成熟度（绿熟期）适中的番茄，采摘过早会影响产量，过晚又会影响储藏的寿命和质量。作为长期储藏的番茄最好自己采摘，用剪刀剪下，用烙铁将果柄伤口烫焦或涂上凡士林油。采摘和储藏时都应轻拿轻放，避免机械损伤，为防止运输途中的机械伤，用筐装番茄，并在筐内衬垫柔软的包装纸，并注意保温。

6. 高温季节番茄保鲜技术　首选果肉厚实、果形周正、无病害、无开裂、无损伤的青熟果。在采摘、装箱和运输装卸过程中，都应轻拿轻放。最好从植株上采摘下来就直运仓库打冷降温，以减少运输和中间环节，避免不必要的机械损伤。

（1）简易储藏　夏秋季节利用地窖、通风库、地下室等阴凉场所储藏番茄，箱或筐存时，应内衬干净纸或 0.5% 漂白粉消毒的蒲包，防止果实碰伤。番茄在容器中一般只装 4~5 层，包装箱码成 4 个高，箱底垫砧木或空筐，要留空隙，以利通风。入储后，夜间应经常通风换气，以降低库温。储藏期间，应 7~10 d 检查 1 次，挑出腐烂的果实。此方法 20~30 d 后果实全部转红。秋季如果将温度控制在 10~13℃，可储藏 1 个月。

（2）盖草灰土储藏法　在储藏室或窖内，铺一层筛细的草灰土，摆一层番茄，撒一层草灰土，堆 5~6 层，最顶上和四周用草灰土盖住，再用塑料薄膜封严实。如用箱或筐装番茄，一层果一层草灰土装好，再用塑料薄膜封严实，每 7~10 d 放气 1 次。

（3）塑料帐气调储藏　利用气调法储藏可以较好地保持番茄的品质。利用这种方法储藏，需要创造一个密闭环境，有塑料袋和硅窗塑料袋，储量大的还可用塑料薄膜焊接成密封帐子。这种储藏方法是利用番茄自身呼吸作用自然降氧的原理进行储藏。装袋不宜装得太满，在袋口部位留有一定空间，轻扎袋口或在袋口放置一段可以连通袋内外的塑料管，以便自行排湿换气。同时在袋内放入适量的仲丁胺熏蒸剂，以便防病，一般可储 30 d 左右。利用密封帐子的均是先装篓，然后用帐子将篓罩住，放到气温适宜的环境储藏。

（4）薄膜袋储藏　将青番茄轻轻装入厚度为 0.04 mm 的聚乙烯薄膜袋（食品袋）中，一般每袋装 5 kg 左右，装后随即扎紧袋口，放存阴凉处。储藏初期，每隔 2~3 d，在清晨或傍晚，将袋口拧开 15 min 左右，排出番茄呼吸产生的二氧化碳，补入新鲜空气，同时将袋壁上的小水珠擦掉，然后再装入袋中，扎好密封。一般储藏 7~15 d，番茄将逐渐转红。如需继续储藏，则应减少袋内番茄的数量，只平放 1~2 层，以免压伤。番茄红熟后，将袋口散开。另外，在袋口插入一根两端开通的竹管，固定扎紧后，可使袋口气体与外界空气自动调节，不需经常打开袋口进行通风透气。

6. 低温季节番茄保鲜技术

（1）室内储存　在果实红熟前，可用普通地膜、报纸、塑料框包装后，置 8~13℃ 环境条件下储存，等果实红熟后再把温度降到 5~7℃ 保存。此方法简便、经济、实用，尤其适合中小规模储存。

（2）活体储藏　保鲜当温度不适宜番茄生长时，不采收，仍使番茄果实在植株上挂着不受冻害，称为"活体储藏保鲜"。这种储藏方法不用增添新的设备和场所，只要最低温度不低于 5℃，番茄既不变色，又不会遭受冻害。根据市场需要，待价格较高时采收上市。

但注意温度不能太低，如室内气温长期（20 d）低于 5℃，番茄会因受寒害而腐烂。在管理上，每天清晨、下午及夜晚用不透明的覆盖物进行覆盖，上午将不透明覆盖物揭开。华北地区可储藏到元旦上市。

（3）土窖储藏　秋延后茬番茄，宜采用此法进行较大数量的储藏。初霜前后，在背阴处沿东西向挖沟，沟宽 1.7~2 m，深 1.3 m，长度可根据番茄数量的多少而定。挖出的土筑高 1 m、厚 0.7~1 m 的土墙，在南、北、西三面墙上设 40 cm×40 cm 的通气孔，东墙设门。沟顶可放木杆，搭盖 20~30 cm 厚的玉米秸，上盖 20 cm 厚的土；沟顶留出通气的天窗。在窖内沿窖壁用砖和竹竿搭成架子，可间隔成 3~4 层。早晨摘番茄入窖，码放在架子上，每层番茄的厚度不超过 20 cm，以免压伤。

入窖初期，白天将天窗、通气孔及门都堵严，日落后打开天窗、通气孔和门，通风降温。随天气转凉，可减少通风时间或通风量，白天适当通风，夜间关闭并加强保温。为避免番茄萎蔫，可于番茄上覆盖湿蒲席或湿麻袋保湿。储藏期间，每隔10~15 d检查翻动1次，将变红、变软、生病和腐烂的番茄拣出。

（4）水窖储藏　该法适于地下水位较高的地区使用。窖的规格一般是宽3 m、长5~6 m、深2 m（地面下挖1 m，地面上筑1 m），窖顶覆土厚0.5 m以上。储量为500~1 000 kg，窖顶设通风口两个，每个通风口的大小为长5 cm、宽3 cm，出入口设在顶部或窖壁北侧。窖底贴四周墙壁挖水沟，水沟与地下水相通，沟深20 cm，宽1 m，中间留人行道，水沟上设木架，架分三层，架略窄于水沟，可直接将番茄纵横码于架上。也可将番茄装筐或装袋置于架上。这种水窖储藏湿度大，温度稳定，储藏20~30 d，好果率80%~90%。

地下水位较低的地区，可在水井附近挖窖，需每天早、晚顺沟向窖内灌水。有条件的生产者，要自建气调库进行番茄的储藏与周转。虽然一次性投资较大，但操作管理方便，实用性强。

第五节
番茄不同生育时期植株长势、长相成因诊断与调节措施

一、正常植株

在温度、光照、水分、肥料、空气等环境条件都适合番茄的生长发育时，打顶前植株开花位置距顶端20 cm左右，开花的花序以上还有现蕾花序，从顶部向下看呈等边三角形，叶身大，叶脉清晰，叶先端较尖，花梗节突起。正常株同一花序内开花整齐，花器官大小中等，花瓣黄色，子房大小适中。

二、旺苗

如果茎粗，节间长，开花花序位置低，多因肥多、水多、日照不足、夜温高等造成，容易出现畸形果、空洞果。轻微的徒长，也易造成果实生长慢。果小、叶片浓绿、叶片小，是土壤干燥或地温低，或移植时伤根重的表现，容易导致花序节位下降，花数增加，质量降低。徒长植株，花序内开花不整齐，往往花器官及子房特别大，花瓣浓黄色。

三、弱苗

开花节位上移，距顶端近，茎细，植株顶端呈水平型，表明顶端伸长受抑制，多因夜温低，土壤干燥、缺肥或结果过多造成，容易落果。老化植株开花延迟，花器官小，花瓣浅黄色，子房小。花瓣数多、柱头粗扁的花，是在8℃以下低温形成的，以后必然发育成畸形果，应及早疏除。顶端黄化、坏死是缺钙所致。顶端变粗，顶芽坏死，顶端幼茎开裂，是缺硼的表现。

四、花器诊断

1.正常株　正常株同一花序内开花整齐，花器官大小中等，花瓣黄色，子房大小适中。

2.旺长株　徒长植株，花序内开花不整齐，往往花器官及子房特别大，花瓣浓黄色。

3.老化弱株　老化植株开花延迟，花器官小，花瓣浅黄色，子房小。

4.低温障碍　花瓣数多、柱头粗扁的花，是在8℃以下低温形成的，以后必然发育成畸形果，应及早疏除。

五、过早封顶的原因及补救

1. 原因

（1）温度不适　高温或低温所致，若气温长期低于10℃或高于36℃就可能出现过早封顶。

（2）农药使用不当　农药、激素及一些叶面肥用法用量不当，也会使植株顶端生长点受害，从而导致自封顶，另外还有一部分植株可能受除草剂危害而产生自封顶。

（3）虫害　虫类如蓟马、黄跳甲等危害顶端也会产生自封顶现象。

（4）病害　芽枯病也会导致自封顶，在室内温度过高或光照过强的情况下，会产生植株顶端发黑的症状即为芽枯病。

（5）缺水　过度干旱也会导致自封顶。

2. 补救措施　对于早封顶植株，要及时选留侧枝，进行变秆换头方式管理，对生产影响不大。有经验、技术水平好的生产者，应有观察田间番茄生长情况，采取不同管理措施，随机应变的能力。

第六节
番茄非侵染性病害的发生与防治技术

一、番茄12种常见营养元素缺乏症的诊断与防治技术

1. 缺氮症的表现、成因、诊断与防治

（1）症状　植株矮小，茎细长，叶淡绿色，小而瘦长，上部叶更小。下部叶片先失绿黄化，并逐渐向上部扩展。黄化从叶脉开始，而后扩展到全叶，严重时下部叶片全部黄化，茎秆发紫，花芽变黄而脱落，植株未老先衰。果实膨大慢，坐果率低。

（2）发生原因　在前茬施用有机肥和氮肥少造成土壤中氮含量低；

施用作物秸秆或未腐熟的有机肥太多；沙土、沙壤土的阳离子代换量小等情况下容易发生缺氮症。氮肥施用不足或施用不均匀、灌水过量等也是造成缺氮的主要因素。

（3）诊断　在一般栽培条件下，番茄明显缺氮的情况不多，要注意下部叶片颜色的变化情况，以便尽早发现缺氮症。有时其他原因也能产生类似缺氮症状。如下部叶片色深，上部茎较细、叶小，可能是阴天的关系；尽管茎细叶小，但叶片不黄化，叶呈紫红色，可能是缺磷症；下部叶的叶脉、叶缘为绿色，黄化仅限于叶脉上，可能是缺镁症；整株在中午出现萎蔫、黄化现象，可能是土壤传染性病害，而不是缺氮症。

（4）防治方法　施用氮肥，温度低时施用硝态氮化肥效果好；施入腐熟堆肥及有机肥。叶面喷施氮素化肥，每亩每次随水追施尿素7~8 kg浇施。也可用0.3%尿素或志信叶丰1 000倍液进行叶面喷肥，7~10 d喷1次，连续喷2~3次。

2.缺磷症的表现、成因、诊断与防治

（1）症状　番茄缺磷初期茎细小，严重时叶片僵硬，并向后卷曲。叶正面呈蓝绿色，背面和叶脉呈紫色。如图11-21所示。老叶逐渐变黄，并产生不规则紫褐色枯斑。幼苗缺磷时，下部叶变绿紫色，并逐渐向上部叶扩展。结果期缺磷时，果实小、成熟晚、产量低。

（2）发生原因　土壤中磷含量低，磷肥施用量少；低温影响磷的吸收。

（3）诊断　番茄生育初期往往容易缺磷，在地温较低、根系吸收磷能力较弱的时候容易缺磷；中期至后期可能是因土壤磷素不足或土壤酸化，磷素的有效性低引起的土壤供磷不足使番茄缺磷；移栽时如果伤根严重时容易缺磷。有时药害能产生类似缺磷的症状，要注意区分。

（4）防治方法　缺磷土壤要补施磷肥。在育苗时要注意施足磷肥，每100 kg营养土加过磷酸钙3~4 kg，在定植时亩施用磷酸二铵20~30 kg，腐熟厩肥3 000~4 000 kg，对发生酸化的土壤，亩施用生石灰粉30~40 kg，并结合整地均匀地把石灰耙入耕层。定植后要保持地温不低于15℃。叶面喷施志信花丰1 000倍液，7 d喷1次，连续2~3 d。

图 11-21　番茄缺磷

3. 缺钾症的表现、成因、诊断与防治

（1）症状　生育初期根系发育不良，植株生长受阻，中部和上部的叶片叶缘黄化，以后向叶肉扩展，最后褐变、枯死，并扩展到其他部位的叶片，严重时下部叶枯死脱落。茎较细弱木质化，不再增粗。果实成熟不均匀，果形不规整，果实中空，与正常果实相比变软，缺乏应有的酸度，果味变差。

（2）发生原因　土壤中钾含量低，特别是沙土往往容易缺钾。在番茄生育盛期，果实发育需钾多，此时如果钾的供应不充足就容易发生；当使用碱性肥料较多时，影响植株对钾的吸收，也易发生缺钾；日照不足，温度低时易发生，地温低时番茄对钾吸收减弱，容易发生钾素缺乏；含有钾的有机物及钾肥施用量少，容易造成缺钾症状。

（3）诊断　钾肥用量不足的土壤，钾素的供应量满足不了吸收量时，容易出现缺钾症状。番茄生育初期除土壤极度缺钾外，一般不发生缺钾症，但在果实膨大期则容易出现缺钾症。如果植株只在中部叶片发生叶缘黄化褐变，可能是缺镁。如果上部叶叶缘黄化褐变，可能是缺铁或缺钙。

（4）防治方法　首先应多施有机肥，在化肥施用上，应保证钾肥的用量不低于氮肥用量的1／2。提倡分次施用，尤其是在沙土地上要充足供应钾肥，特别在生育中后期更不能缺少钾肥；保护地冬春季栽培时，日照不足，地温低时往往容易发生缺钾，要注意增施钾肥。

4.缺钙症的表现、成因、诊断与防治

（1）症状　番茄缺钙初期叶正面除叶缘为浅绿色外，其余部分均呈深绿色，叶背呈紫色。叶小、硬化，叶面褶皱。如图11-22所示。后期幼芽变小、黄化；距生长点近的幼叶周围变为褐色，有部分枯死或萎缩，叶尖和叶缘枯萎，叶柄向后弯曲死亡，生长点停止生长至坏死。这时老叶的小叶脉间失绿，并出现坏死斑点，叶片很快坏死。果脐处变黑，形成脐腐；在生长后期发生缺钙时，茎叶健全，仅有脐腐果发生；在第一穗果附近出现的脐腐果比其他果实着色早。根系发育不良并呈褐色。

（2）发生原因　当土壤中钙不足时易发生；虽然土壤中钙多，但土壤盐类浓度高时也会发生缺钙的，如施用氮肥过多时容易发生缺钙；当施用钾肥过多时会出现缺钙情况；空气相对湿度低，连续高温时容易发生缺钙症；土壤干燥时易出现缺钙症状。

（3）诊断　缺钙植株生长点停止生长，下部叶正常，上部叶异常，叶全部硬化。如果在生育后期缺钙，茎、叶健全，仅有脐腐果发生。脐腐果比其他果实着色早。如果植株出现类似缺钙症，但叶柄部分有木栓状龟裂，这种情况可能是缺硼。如果生长点附近的叶片黄化，但叶脉不黄化，呈花叶状，这种情况可能是病毒病。如果脐腐果生有霉菌，则可能为灰霉病，而不是缺钙症。

（4）防治方法　在沙性较大的土壤上每茬都应多施有机肥，如果土壤出现酸化现象，应施用一定量的生石灰，避免一次性大量施用铵态氮肥。并要适当灌溉，保证土壤水分适宜，使钙处于容易被吸收的状态；土壤诊断为缺钙时，要充足供应钙肥；实行深耕，多浇水；叶面喷洒志信高钙或番茄钙1 000倍液，5~7 d喷1次，共喷2~3次。

图 11-22　番茄缺钙

5. 缺镁症的表现、成因、诊断与防治

（1）症状　番茄缺镁时植株中下部叶片从主脉附近开始变黄失绿，在果实膨大盛期靠果实近的叶片先发生；叶脉间有模糊的黄化现象出现，慢慢扩展到上部叶片；生育后期老叶只有主脉保持绿色，其他部分黄化，而小叶周围常有一窄条绿边。初期植株体形和叶片体积均正常，叶柄不弯曲。后期严重时，老叶死亡，全株黄化。果实无特别症状。

（2）发生原因　低温影响了根对镁的吸收；土壤中镁含量虽然多，但由于施钾过多影响了番茄对镁的吸收时也易发生；当植株对镁的需要量大而根不能满足需要时也会发生。

（3）诊断　缺镁症状一般是从下部叶片开始发生，在果实膨大盛期靠近果实的叶先发生。叶片黄化先从叶中部开始，以后扩展到整株叶片。但有时叶缘仍为绿色。诊断时需要注意的是：如果黄化从叶缘开始，则可能是缺钾。如果叶脉间黄化斑不规则，后期长霉，可能是叶霉病。长期低温，光线不足，也可出现黄化叶，而不是缺镁。

（4）防治方法　提高地温,在番茄果实膨大期保持地温在15℃以上；增施有机肥；测定土壤,如土壤中镁不足时要补充镁肥；如果发现第一穗果附近叶片出现缺镁症状时,可用志信高镁1 000倍液,5~7 d喷洒茎叶1次,共喷2~3次。

6. 缺硫症的表现、成因与防治

（1）症状　整个植株生长基本无异常,只是中上部叶的颜色比下部颜色淡,严重时中上部叶变成淡黄色；硫在植株体内移动性差,缺硫症状往往发生在上部叶；缺硫植株下部叶生长正常。

（2）发生原因　日光温室等保护地栽培长期连续用无硫酸根肥料时易发生。

（3）防治方法　施用硫酸铵、过磷酸钙和含硫肥料。

7. 缺硼症的表现、成因、诊断与防治

（1）症状　新叶停止生长,幼苗顶部的第一花序或第二花序上出现封顶,植株呈萎缩状态；茎弯曲,茎内侧有褐色木栓状龟裂（图11-23）；果实表皮木栓化,且有褐色侵蚀斑（图11-24）；植株是从同节位的叶片开始发病,其前端急剧变细,停止伸长,叶色变成浓绿色。小叶失绿呈黄色或枯黄色,叶片细小,向内卷曲,畸形。叶柄上形成不定芽,茎、叶柄和小叶叶柄很脆弱,易使叶片突然脱落。根生长不良,并呈褐色。果实畸形。

（2）发生原因　土壤酸化,硼被淋失掉,或石灰施用过量都易引起硼的缺乏；土壤干燥,有机肥施用量少容易发生缺硼；施用钾肥过量容易发生缺硼。

（3）诊断　生长点变黑,停止生长,在叶柄的周围看到不定芽,茎木栓化,有可能是缺硼。但在地温低于5℃的条件下也可出现顶端停止生长现象。另外,番茄病毒病也表现顶端缩叶和停止生长,应注意二者之间的区别。番茄在摘心的情况下,也能造成同化物质输送不良,并产生不定芽,也不要混淆。

（4）防治方法　增施有机肥,提高土壤肥力,注意不要过多地施用石灰肥料和钾肥。提前基施含硼的肥料。及时浇水,防止土壤干燥,预防土壤缺硼。在沙土上建设的保护地,应注意施用硼肥,每亩用硼砂0.5~1.0 kg与有机肥充分混合后施用。发现番茄缺硼症状时,叶面喷施 21% 志信高硼 1 000 倍液，5~7 d 喷 1 次，连续 2~3 次。

图 11-23   番茄缺硼植株

图 11-24   番茄果实缺硼引起果面横裂

8. 缺铁症的表现、成因与防治

（1）症状　新叶叶片褪绿黄化，但叶脉包括小分枝的叶脉仍为绿色。在腋芽上也长出叶脉间黄化的叶。

（2）发生原因　土壤含磷多、土壤呈碱性时易发生缺铁；如磷肥用量太多，将影响对铁的吸收，容易发生缺铁；当土壤过干、过湿、低温时，根的活力受到影响会发生缺铁；铜、锰太多时，容易与铁产生拮抗作用，从而出现缺铁症状。

（3）防治方法　当 pH 6.5~6.7 时，要禁止使用碱性肥料而改用生理酸性肥料。当土壤中磷过多时可采用深耕、客土等方法降低其含量。如果缺铁症状已经出现，可用 0.5%~0.1% 硫酸亚铁水溶液或 0.01% 柠檬酸铁水溶液喷雾防治，5~7 d 喷 1 次，共喷 2~3 次。

9. 缺锌症的表现、成因与防治

（1）症状　从中部叶开始褪色，与健康叶比较，叶脉清晰可见；随着叶脉间逐渐褪色，叶缘由黄化变成黑色斑点或变紫；因叶缘枯死，叶片向外侧稍卷曲；缺锌严重，生长点附近的节间缩短。

（2）发生原因　光照过强易发生缺锌；若吸收磷过多，植株即使吸收了锌，也表现缺锌症状；土壤 pH 高，即使土壤中有足够的锌，但其不溶解，也不能被番茄所吸收利用。

（3）防治方法　不要过量施用磷肥，缺锌土壤每亩施用硫酸锌 1.5 kg。植株出现缺锌症状时，可用 25% 志信高锌或思纳锌 800~1 000 倍液喷洒叶面，5~7 d 喷 1 次，连续 2~3 次。

10. 缺铜症的表现、成因与防治

（1）症状　节间变短，全株呈丛生枝；初期幼叶变小，老叶脉间失绿。严重缺铜时，叶片呈褐色，叶片枯萎，幼叶失绿。

（2）发生原因　碱性土壤易缺铜。

（3）防治方法　增施酸性肥料。植株出现缺铜症状时，用 0.3% 硫酸铜水溶液叶面喷雾。

11. 缺锰症的表现、成因与防治

（1）症状　植株幼叶叶脉间失绿呈浅黄色斑纹，严重时叶片均呈黄白色，植株蔓变短、细弱，花芽常呈黄色。

（2）发生原因　碱性土壤容易缺锰。检测土壤 pH，出现症状的植株根际土壤呈碱性，有可能缺锰。土壤有机质含量低也易缺锰。如肥料一次施用量过多，土壤盐类浓度过高时，将影响锰的吸收，就会发生缺锰症。

（3）防治方法　增施有机肥；科学施用化肥，勿使肥料在土壤中造成高浓度。植株出现缺锰症状时，叶面喷施 0.2% 硫酸锰水溶液。

12. 缺钼症的表现、成因与防治

（1）症状　植株生长势差，幼叶褪绿；叶缘和叶脉间的叶肉呈黄色斑状，叶缘向内部卷曲，叶尖萎缩，常造成植株开花不结果。

（2）发生原因　酸性土壤易缺钼。

（3）防治方法　改良土壤，防止土壤酸化。植株出现缺钼症状时，叶面喷施 0.05%~0.1% 钼酸铵水溶液，间隔 7~10 d 再喷 1 次。

二、番茄 6 种常见营养元素过剩症的诊断与防治技术

1. 氮过剩的表现、成因及防治

（1）症状　植株长势过旺，呈倒三角形，节间长，茎上出现褐色斑点；叶片呈墨绿色而且大，下部叶片有明显的卷叶现象，叶脉间有部分黄化。根系变褐色。果实发育不正常，常有脐腐病果发生。

（2）发生原因　氮肥或有机肥施用量过大。

（3）防治方法　控制追肥；降低夜温，防止长势过旺；当脐腐果较多时要增加浇水量。

2. 磷过剩的危害及防治

（1）危害　磷过剩不但影响对微量元素和镁的吸收利用，而且对番茄体内的硝酸同化作用也产生不利影响。

（2）防治措施　土壤中磷富集是土壤熟化程度的重要标志，往往熟化程度越高的老菜田，土壤中磷的富集量也越高。应当通过控制磷肥的用量，防止土壤中磷的过剩。同时，通过调节土壤环境，提高土壤中磷的有效性，促进番茄根系对磷的吸收，改善番茄生长发育状况。

3. 钾过剩的表现、成因及防治

（1）症状　番茄钾过剩时，叶片颜色变深，叶缘上卷；叶的中脉凸

起，叶片高低不平；叶脉间有部分失绿；叶全部轻度硬化。

（2）发生原因　钾过剩在露地栽培发生少，保护地栽培的发生较多；连年大量施用家畜粪尿易发生；施用钾肥多时也会发生。

（3）防治方法　发生钾过剩症状后要增加灌水，以降低土壤中钾的浓度。农家肥施用量较大时，要注意减少钾肥的施用量。

4. 硼过剩的表现、成因及防治

（1）症状　番茄植株在硼过多时，叶片初期和正常叶片一样，后来顶部叶片卷曲，老叶和小叶的叶脉灼伤卷缩，后期下部叶缘变白，下陷干燥，叶脉间出现不规则的白斑，斑点发展，有时形成褐色同心圆。卷曲的小叶变干呈纸状，最后脱落。症状逐渐从老叶向幼叶发展。

（2）发生原因　硼肥施用量过大，或用含硼废水灌溉。

（3）防治方法　由于番茄需硼适量和过多之间的差异较小，要严格控制硼肥施用量，以免施用过量造成毒害。用硼砂作基肥，亩用量为0.25~0.5 kg，施用时避免与种子直接接触。一般3~5年施用1次即可。在沙质土壤中，用量应适当减少。如果土壤有效硼含量过多或由于施用硼肥不当而引起对作物毒害时，适当施用石灰可以减轻毒害。此外，可加大灌水量使硼流失。不用含硼废水灌溉番茄田。

5. 锰过剩的表现、成因及防治

（1）症状　番茄植株锰过剩时稍有徒长现象，生长受抑制，顶部叶片细小，小叶叶脉间组织失绿。老叶叶脉间发生许多黑褐色的小斑点，后期中肋及叶脉死亡，老叶首先脱落。上部叶与缺铁症状一样。

（2）发生原因　土壤酸化、黏重，浇水过多和土壤通气不良；使用过量未腐熟的有机肥时，容易使锰的有效性增大而发生锰中毒。过多施用含锰的农药也会发生锰过剩。

（3）防治方法　适量施用锰肥，酸性土壤出现锰中毒可用石灰进行改良、化解；土壤黏重可用掺沙的办法改良；注意控制浇水量；防止过量施用化肥和未腐熟的有机肥。在还原性强的土壤中，要加强排水，使土壤变成氧化状态。

6. 锌过剩的表现及防治

（1）症状　番茄植株当锌过多时，生长矮小，有徒长现象，幼叶极小，叶脉失绿，叶背变紫；老叶则向下弯曲，以后叶片变黄脱落。

（2）防治措施　锌过剩应调节土壤的酸碱度，土壤酸性时易产生锌过剩。适当地调整适合于番茄生长的酸碱度尤为重要。亩施用生石灰50 kg左右，配成石灰乳状态流入畦的中央。另外，磷的施用可抑制锌的吸收，可适当增加磷的施用量。

三、番茄嫩茎穿孔病的发生原因与防治

1.发病症状　主要发生在番茄生长点以下8~12 cm处的幼嫩茎部和果实。嫩茎受害初为针刺状小孔，并且茎部逐渐由圆形变为扁圆状，继而由针孔处开裂并不断变大，最后形成蚕豆粒大小的穿孔状，下部至茎与上部生长点仅靠两边表皮的极少部分组织相连。穿孔部位表皮开裂，韧皮部外露。受害株初穿孔部位的嫩茎横截面输导组织及髓变黄，继而发黑呈木栓化（图11-25）。植株受害后，开始生长点部位生长缓慢，开花延迟，严重时植株上部变黄发干而死亡，形成秃顶植株。

图11-25　番茄幼茎穿孔病

果实受害后，果面上有孔洞，从外面可看到果肉内胶状物质，果实失去商品和食用价值。

2. 病因及发病条件　属生理性病害，主要是由植株缺钙和硼引起，或因环境条件不良使植株在生育盛期对钙和硼的吸收受阻而引起体内元素失衡产生；其次为花芽分化阶段遇有低温、日照不足，尤其是夜间温度低，造成花芽发育不良，易形成穿孔果。部分樱桃番茄品种在育苗阶段花芽分化期遇有连续 3~4 d 夜温低于 8℃ 或昼温低于 16℃ 持续 5~7 d 的条件，极易发生嫩茎或果实穿孔病。此外，在保护地栽培期间遇有连续 3~5 d 的阴雨低温天气与骤晴天交替进行时，也易发生嫩茎穿孔病。

3. 防治措施

（1）增施有机肥和钙肥、硼肥　首先，定植前应多施腐熟有机肥，其中以施鸡粪为好；其次，随整地每亩施入含钙的肥料 60 kg、硼砂 1~1.5 kg，可有效补充营养并预防发病。

（2）采用高畦双高垄栽培　整地时做成高 15~20 cm 的小高畦，中间开沟将两边培成高垄并覆盖地膜增加受光面积，以利于提高夜间地温。

（3）加强室内管理　番茄植株在遭受不良环境如低地温及低气温较长时间时，容易形成土壤中钙、硼、铁等元素的移动缓慢和吸收困难，较易发生此病。应注意加强保温管理，严寒时期晚揭早盖草苫，使最低气温不低于 10℃，地温不低于 14℃。同时在定植后随喷药每隔 7~10 d 喷 1 次含硼、钙的叶面肥进行补肥。对于已发病植株，及早用钙硼钙 1 000 倍液喷雾，重点喷中上部茎叶，每隔 7~10 d 喷 1 次，共喷 2~3 次，可有效控制嫩茎或果穿孔病的加重和扩展。

四、番茄 2,4-D 药害的发生症状与防治

近年来，番茄 2,4-D 药害导致的畸形果数量越来越多，严重影响了番茄的产量和品质。2,4-D 是一种植物生长调节剂，可以有效地防止番茄因温度及光照不适宜番茄生长发育而引起的落花。但如果施用过量，或附近施用 2,4-D 造成飘移危害，或施用含有 2,4-D 的农药化肥等，番茄就会出现 2,4-D 药害。

1.发生症状　　受害番茄叶片或生长点向下弯曲，新生叶不能正常展开，且叶多、细长，叶缘扭曲成畸形，茎蔓凸起，颜色变浅，果实畸形。如图11-26、图11-27所示。

图11-26　2,4-D药害引起叶片畸形

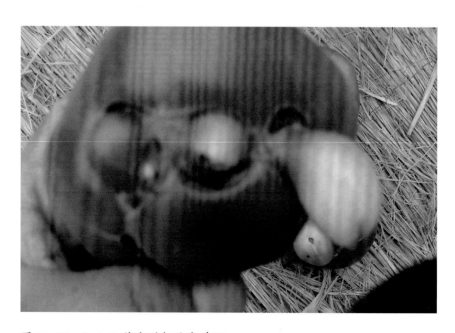

图11-27　2,4-D药害引起果实畸形

2. 防治方法

1）适时处理　开花当天用 2,4-D 抹花，在刚开花或半开花时抹花最好。未开花时不能处理，否则，将抑制其生长而形成僵果；开过的花也不能处理，否则，易形成裂果。若气温低，花数少，应每隔 2~3 d 抹 1 次；盛花期每天或隔 1 d 抹花 1 次。

2）浓度要适当　若 2,4-D 使用浓度过低时保花效果不明显，浓度过高易导致僵果和畸形果。2,4-D 在番茄上的使用浓度一般为 10~20 mg/kg，应根据室内温度、湿度的变化配制对应浓度。温度低、湿度大则加大浓度。冬春季温度低时，浓度为 15~20 mg/kg；温度高、湿度小则降低浓度为 10~15 mg/kg。抹花前可先做小片试验，再做大面积处理。

（1）降低使用浓度　采用浸蘸法做 2,4-D 处理，浸花的浓度应比涂花的浓度（10~20 mg/kg）稍低。浸蘸法是把基本开放的花序（已开放 3~4 朵花）放入盛有药液的容器中，浸没花柄后，立即取出，并将留在花上的多余药液在容器口刮掉，以防止发生畸形果或裂果。

（2）防止重复抹花　每朵花只可处理 1 次，如重复处理易造成浓度过高，从而导致僵果和畸形果。在配制药液时，加入少量红色广告色做标记，即可避免重复抹花。

（3）避免在炎热中午抹花　在强光、高温下，番茄植株耐药力弱，药剂活性增强，易产生药害。一般在 10 时前与 16 时后抹花。

（4）严禁喷洒　2,4-D 是一种对双子叶植物有效的除草剂，在操作时，严禁喷洒，要避免触碰嫩茎叶和生长点，以免发生药害，使叶片皱缩变小。如果室内花的数量很多，可改用 25~40 mg / kg 防落素溶液喷花。

（5）结合肥水管理　2,4-D 是一种植物生长调节剂，而非营养物质，因此必须结合肥水管理，以保障充分供给果实生长发育所需的养分。必要时，可喷洒植物增产调节剂或叶面肥，以利于植株尽快恢复正常生长。

五、番茄激素中毒与番茄蕨叶病毒的区别

保护地内栽培的番茄为了防止落花、落果，促进早熟，经常使用

植物生长调节剂，如 2,4-D 和番茄灵等。如果使用方法不当，就容易产生危害。其症状为叶片下弯、发硬，小叶不舒展，叶脉扭曲畸形。果实药害表现为果实畸形，脐部产生乳头状凸起。2,4-D 浓度达到一定程度时，在番茄的茎叶上会产生明显的肿瘤。要防止生长激素的危害，就应该掌握其合理的使用方法。

1. 发生时间　激素中毒是一渐进症状，常表现叶片向上卷曲僵硬，纹理（叶脉）较粗重、发硬；蕨叶病毒叶片不是渐进式，得病后即表现出来，叶片卷曲，细如针、丝。激素中毒往往在保护地中表现弱株叶片卷曲突出，点花越多，卷曲越重。病毒病则表现不出点花越多卷曲越重的特征。秋延迟番茄定植越早，气温越高，激素中毒的可能性越大，为防止植株徒长，菜农往往在苗期使用过矮壮素、助壮素、矮丰灵或多效唑，植株体内已经积累了很多激素，一旦做点花处理，中毒症状马上表现出来。

2. 发生部位　激素中毒表现在叶片皱缩卷曲时，其颜色不变或更绿，而蕨叶病毒病的叶片一般颜色比正常株要淡。

六、番茄发生畸形花的症状、原因与防治

1. 主要症状　畸形花又称为"鬼花"，表现多种多样，有的畸形花表现为 2~4 个雌蕊，具有多个柱头。有的畸形花雌蕊更多，且排列成扁柱状或带状，这种现象通常称为雌蕊"带化"。如畸形花不及时摘除，往往会结出畸形果。

2. 发生原因　主要是花芽分化期间夜温过低所致。花芽分化，尤其第一花穗分化时如夜温低于 15℃，容易形成畸形花。苗床管理不当，出现连续数天的 35℃ 高温，而且水分不足，使秧苗萎蔫，其生长锥的花芽不健全，也易出现畸形花。

此外，土壤干湿不当，氮肥过足，以及有害气体等影响花芽的正常分化，也会形成畸形花。

3. 防止措施

（1）环境调控　在花芽分化期苗床白天温度应控制在 24~25℃，夜

间在 15~17℃。在生长期间保证光照充足，湿度适宜，避免土壤过干或过湿。

（2）抑制植株徒长　不应采取降低夜温的办法抑制幼苗徒长，这样会产生大量畸形花。应采用少控温、多控水的办法进行抑制。

（3）科学施肥　确保苗床氮肥充足，但不可过多；磷肥、钾肥及钙、硼等中微量元素肥料要适量。

七、番茄筋腐病的症状、成因与防治

番茄筋腐病又叫条腐病、条斑病，是一种发生比较普遍的生理病害，尤其是保护地番茄，发病率较高，是保护地番茄生产中亟待解决的问题。

1. 主要症状　筋腐病的症状有两种类型：一种是褐色筋腐病，又叫褐变型筋腐病；一种是白变型筋腐病。褐色筋腐病的病症主要是在果面上出现局部变褐，凹凸不平，果肉僵硬，甚至有坏死的病斑，切开果实，可以看到果皮内的维管束出现变褐坏死，有时果肉也出现褐色坏死症状。有的果实发病较轻，外形上看不出明显的绿色或淡绿色斑，伴有果肉变硬，果实中常呈空腔，商品价值大幅度降低。褐色筋腐病大多发生于果实的背光面，通常下位花序果实发病多于上位花序。白变型筋腐病多发生于果皮部的组织上，病部有蜡样的光泽，质硬，果肉似糠心状，与褐变型筋腐病一样，病部着色不良。

2. 发病原因　目前一般认为褐色筋腐病是多种环境条件不良，如光照不足，低温，高湿，空气不流通，二氧化碳不足，高夜温，缺钾，氮素过剩（如施肥过多），以及病毒病等病害所产生的毒素等均与褐色筋腐病的发生有关。哪一个单独因素都很难导致发病，发病是上述多种因素综合作用的结果。至于白变型筋腐病则一般认为是烟草花叶病毒感染所致。

（1）褐色筋腐病　多发生于低温弱光的冬季及春季栽培期间。番茄生长繁茂更有利于该病发生。该病的发生与土壤水分关系密切。灌水多或地下水位上升的土壤中因氧供应不足而发生较多。施肥量大，特别是铵态氮肥施用过多，或者钾肥不足或钾的吸收受抑制时，发病较多。施用未腐熟农家肥，密植，小苗定植，强摘心等，都很容易发病。同时，发病与品种有关。

（2）白变型筋腐病和烟草花叶病毒的感染关系密切，且品种间抗病力差异很大　一般不具备抗烟草花叶病毒基因的感病性品种易发生白变型筋腐病，具有抗烟草花叶病毒基因的品种，抗病性强，基本上不发生白变型筋腐。

3. 防治措施

（1）品种选择　选用不易发生番茄筋腐病的品种。

（2）加强管理　在栽培期间要避免日照不足、多肥，土壤供氧不足等现象。尽量增强光照，合理稀植，控制氮肥施用量，特别是铵态氮肥的施用量要适当，不可盲目多施。同时做到不缺钾肥。设施内白天温度应保持在 23~28℃，28℃ 以上应通风降温排湿。6~9 月保护设施上应覆盖遮阳网降低温度。冬季夜间温度低于 13℃ 时，可在草苫上覆盖塑料薄膜，增加保温能力。在秋冬季节的连阴天，即使保护设施内气温降低也应拉开草苫见光，以促进生长，减轻筋腐危害。水分管理要保持土壤含水量适宜。在低洼地上的日光温室要注意排水，实行高垄（畦）栽培，即使是排水良好的日光温室，一次灌水过多，也会引起褐变型筋腐病的发生，所以灌水量不宜过多。

已出现上述病状的可以喷番茄专用肥。番茄专用肥是腐殖酸型复合喷淋肥中的一种，它除具有普通肥料的特性外，还添加了一种能使番茄个大、光滑、均匀的微量元素铜，又含水溶性腐殖酸和多种植物营养素，无毒、无害、无污染。将它用于喷施，吸收率高，土壤不板结，具有促芽、促根、促叶、保果、增实、提质、抗病、早熟等作用。

及时治虫也是栽培中的关键环节。白变型筋腐病与昆虫传播烟草花叶病毒有关，在整个生长期内要及时选用 2.5% 噻虫嗪可湿性粉剂 2 500 倍液，40% 百威特可湿性粉剂 6 000 倍液，10% 吡虫啉可湿性粉剂 2 000 倍液，及时杀灭蚜虫、飞虱等传播媒介，同时用病毒 A 500 倍液或 1.5% 植病灵水剂 1 500 倍液喷雾预防。

八、番茄脐腐病的症状、成因与防治

脐腐病又叫顶腐病、蒂腐病、黑膏药等，是由于水分失调，或因施肥不当引起土壤中钙的缺少，造成果顶部位缺钙，使得组织坏死的一种生理性病害。

1. 主要症状　该病的症状在番茄落花后或呈乒乓球大小至鸡蛋大小的幼果期均可发生。果实脐部先形成暗绿色水渍状斑，接着有黑褐色小点，果顶变成黑褐色，后逐渐变成黑色（图 11-28），严重时病斑扩展至半个果面，果肉组织干腐，组织破坏凹陷。因腐生菌寄生而形成黑色霉状物。幼果发病后，果实增大而病斑不增大，受害果实提早变色成熟，脐腐果的发生处于果实绿熟阶段。脐腐病的发生部位并不仅仅局限在脐部，有时也在脐部外侧发生。番茄脐腐病只危害果实，并且多发生在果实迅速膨大期。

图 11-28　番茄脐腐病

2. 发生原因　高温干旱或低温高湿时此病发生较多。主要原因是环境条件不适，如土壤干旱，植株果实部位缺钙。因为钙在植物体内不易移动，土壤干旱或低温高湿时根不能从土壤中吸收钙元素。或因土壤中氮含量多，营养生长旺盛，果实不能及时得到钙元素。

3.防治措施

（1）补钙　土壤缺钙时，每亩用硅肥、钙肥或碳酸钙 50~100 kg 均匀撒施于地面并翻入耕层中。在番茄坐果期，每隔 10~15 d 喷 1 次硝酸钙 1 000 倍液，要喷到果穗及上部叶。

（2）平衡施肥　避免施用氮肥过多，特别是速效氮肥不要一次施用过量。

（3）适时浇水　防止土壤忽干忽湿，特别是不要使土壤过分干旱或渍水。

（4）注意调节土壤的酸碱度　防止土壤呈酸性（可用少量石灰加以调节），导致根系吸收钙困难。

九、番茄出现网纹果的症状、成因与防治

1.主要症状　所谓网纹果就是番茄在果实膨大期透过果实的表皮可以看到网状的维管束，接近着色期更为严重，到了收获期网纹仍不消失。

2.发生原因　网纹果多出现在气温较高的夏秋季节。在土壤氮多、地温较高、土壤黏重水分多的状态下，土壤中肥料易于分解，植株对养分吸收急剧增加，果实迅速膨大，最易形成网纹果。土壤干旱，根系不能很好地吸收磷肥与钾肥，或磷、钾在体内移动困难，代谢紊乱，也易形成网纹果。

3.防治措施　选用生长势强的品种。控制氮肥的施用量，若土壤肥沃就不要施用过多的易分解的鸡粪等有机肥。在气温升高时，保护地内应加强通风，防止气温和地温急剧上升。适时浇水，避免土壤长时间干旱或土壤忽干忽湿。叶面喷施磷酸二氢钾或爱多收水剂。

十、番茄木栓化硬皮果的症状、成因与防治

1.主要症状　植株中上部容易出现木栓化硬皮果。病果小且果形

不正，表面产生块状木栓化褐色斑，严重时斑块连接成大片，并产生深浅不等的龟裂。病部果皮变硬。

2. 主要原因　因植株缺硼引发木栓化硬皮果。土壤酸化，硼被大量淋失，或使用过量石灰都容易引发硼缺乏。土壤干旱，有机肥施用少，也容易导致缺硼。钾肥使用过量，可抑制对硼的吸收。在高温情况下植株生长加快，因硼在植株体内移动性差，硼往往不能及时、充分分配到急需部位，也可造成局部缺硼。

3. 防治措施

（1）施用硼肥　在基肥中适当增施含硼肥料。出现缺硼症状时，用21% 志信高硼 1 000 倍液，或速溶硼 800 倍液喷洒叶面，每隔 7~10 d 喷 1 次，连喷 2~3 次。也可每亩随水冲施志信大地硼 0.2 kg。

（2）增施有机肥料　有机肥中营养元素较为齐全，含硼较多，可补充一定量的硼素。

（3）改良土壤　保护地要防止土壤酸化或碱化。一旦土壤出现酸碱化，要加以改良，以调整到中性或稍偏酸性为好。

（4）科学浇水　合理浇水，保证植株水分的供应。防止土壤干旱或过湿，否则会影响根系对硼的吸收。

十一、番茄斑点和裂痕症的发生原因与防治

1. 发生原因

（1）浇水不当　番茄在生长过程中，果实膨大期需水分最多。进入成熟期，需水分相对减少。有的生产者为了追求高产，一个劲地浇水，认为越到成熟期，越应多浇水，从而造成日光温室内空气湿度大，不利于果实成熟，容易出现病害。

（2）过多喷洒农药　日光温室内空气湿度过大容易引起细菌滋生，出现病害。一般的灭菌方法是用喷雾器喷洒农药，喷洒次数过多，也会造成保护地内湿度过大。

（3）不恰当地施肥　番茄进入成熟期，对肥料和水的需要量已减少，部分生产者习惯以水带肥（依靠浇水把肥料冲入日光温室内），追肥后

又连续浇水。由于植株不能吸收这么多水分，造成日光温室内空气相对湿度增大。

（4）不能适时放风排湿　当日光温室内空气湿度过大时，应当做好放风排湿工作。但有的生产者为了在光照不好的情况下保持保护地内温度，而不注意降低日光温室内的湿度。因此，要使番茄果实在成熟期不产生裂痕和斑点，必须合理浇水、施肥，以降低日光温室内的湿度。

2. 防治措施

（1）施足基肥　在移栽前，以有机肥为主。每亩施基肥不少于 6 000~7 500 kg。这样可适当减少番茄生长期追肥的次数。

（2）合理追肥　追肥应在果实膨大期，因为这时番茄果实迅速膨大，对肥料的需要量大，追肥要尽量使用氮肥。要采取多种方法施肥（如喷洒叶面肥等），减少用水冲肥的次数，尽量不造成日光温室内空气相对湿度过大。

（3）适时浇水　果实膨大期应当多浇几次水（春季 10~15 d 浇水 1 次，秋季 20~25 d 浇水 1 次）。但是，果实成熟期应少浇水，需要浇水时，也尽量不采用大水漫灌的形式，使土壤湿润即可。

（4）定时放风排湿　保持日光温室内适当的温、湿度，白天为 20~25℃，夜间为 15~18℃；空气相对湿度为 50%~65%。

（5）采用多种方法施用农药　尽量避免果实成熟期采用单一的喷洒用药法，以防人为地增大日光温室内空气湿度，可采用喷粉、烟熏等多种科学的用药方式。

十二、番茄裂果的症状、成因与防治

裂果是一种生理病害。果实发生裂纹以后，容易在裂纹处感染晚疫病，或被细菌侵染而腐烂，大幅度降低番茄的品质与产量。

1. 主要症状　番茄裂果多发生在果实成熟期，是一种常见的生理病害。主要有环状裂果、放射状裂果、顶裂果和细碎纹裂果 4 种。同心环状纹裂是以果柄为中心，在附近的果面上发生同心环状断续的微细裂纹，重时呈环状开裂。不论是哪一种裂果，果实表面失去弹性，不能抵抗果实内部强大的膨压而产生裂果。

（1）环状裂果　果实表面以果蒂为中心呈环状裂沟。果实出现裂果后不耐储运，商品性降低，还易感染杂菌，造成烂果。放射状裂果果蒂附近发生放射状裂痕，果肩部同心状龟裂。

（2）顶裂果　一般在花柱痕迹的中心处开裂，有时胚胎组织及种子随果皮外翻、裸露，严重时失去商品价值。

（3）细碎纹裂果　果实表面出现密集的细小的木栓化纹裂，纹裂宽 0.5~1 mm，长 3~10 mm，通常以果蒂为圆心，呈同心圆状排列，也有的纹裂呈不规则形，随机排列。

（4）放射状纹果　以果柄为中心，向果肩部延伸，呈放射状开裂。

2. 发生原因　裂果虽与品种有关，一般果皮薄、果实扁圆形，大果型品种易裂果，但主要原因是水分失调。特别是在高温、强光、干旱的情况下，果柄附近的果面产生木栓层，而果实内部细胞中糖分浓度提高，膨压升高，细胞吸水能力增强，这时如浇水过多或降水过多，果实内部细胞大量吸水膨大，就会将木栓化的果皮胀破开裂。在有露水或供水不均匀的情况下，果面潮湿，老化的果皮木栓层吸水膨胀，会形成细小的裂纹。产生顶裂果的直接原因是在番茄开花时，对花器供钙不足造成的。当番茄吸收钙较少时，其体内的草酸不能形成草酸钙，而使草酸呈游离状态，从而对心叶、花芽产生损害，进而导致顶裂果的产生。有时土壤中钙的含量虽然不少，但是土壤中同时又存在大量的钙离子、镁离子、钾离子，从而阻碍了植株对钙离子的吸收。在夜温过低，土壤干旱，施肥过多等情况下，也会阻碍植株对钙离子的吸收。

3. 防治措施

（1）选择品种　选择种植不易裂果的品种种植。

（2）科学整地　施肥深翻土，多施有机肥，氮、钾肥不可过多施用；促进根系生长，采取高畦深栽，缓解水分急剧变化对植株产生的不良影响。

（3）科学浇水　避免土壤忽干忽湿，特别要防止土壤久旱后过湿，果实生长盛期土壤相对湿度保持在 80% 左右。

（4）果穗套袋　有条件的可将整个果穗套袋保护，对防止环状裂果非常有效。

（5）补充钙肥和硼肥　可叶面追施21%志信高钙1 000倍液，或钙硼钙1 000倍液，或速溶硼800倍液，增强番茄果面抗裂性。

（6）通风降湿　保护地要及时通风，降低空气湿度，缩短果面结露时间。

十三、番茄成熟果实着色不良的症状、发生原因与防治

1. 大红番茄果实成熟时呈黄褐色的原因与防治

（1）主要症状　果实成熟时呈黄褐色或茶褐色，表面发乌，光泽度差，商品性明显降低。

（2）发生原因　番茄着色是由于叶绿素分解形成番茄红素的缘故，光照不足只能使果实着色缓慢，而不是着色不好。如果氮肥过多，叶绿素就会增多，分解形成番茄红素的过程就会推迟，使果实着色不好。但在缺少氮、钾肥时，叶绿素分解形成番茄红素的过程也会受到影响，使果实着色不良。温度也是影响着色不良的原因，高温还会导致着色不良，形成黄色果实。

（3）防治措施　在合理施用氮、钾肥的同时，设施内要保持适宜的温度。一般在果实膨大前期夜间温度不能低于10℃，果实着色期温度必须保持在25℃或更高。

低温期栽培，在适当提高温度的同时，要及时摘除老叶，增加采光。

2. 番茄绿肩果病的发生原因与防治

（1）主要症状　有绿肩、污斑，褐心等。绿肩是有些品种的特性，但有些品种在高温、阳光直射下易发生。污斑是果皮组织中出现黄白色或褐色斑块。褐心是果肉部分褐变，木质化。番茄萼片周围的果面呈绿色，主要是缺钾造成的，俗称"绿肩病"。其外观可见：下部叶片出现坏死干枯斑，症状从叶尖和叶缘附近开始，叶色加深，灰绿色，少光泽；小叶呈灼烧状，叶缘卷曲；果实发育缓慢，成熟不齐，着色不匀，果蒂附近转色慢。

（2）发生原因　易在偏施氮肥、番茄植株生长过旺的情况下发生，尤其在氮肥多、钾肥少、缺B、土壤干燥时发病严重。高温直射光使温

度升高，影响番茄红素形成，以及与种子密度有关，有污斑处种子密度低。缺钾果实维管束易木质化，果肩残留绿色。果实膨大盛期果肉水分缺乏，会使果皮呈网目状，果肉硬化，着色不良。

（3）防治措施　每亩施钾肥 10~20 kg，分次施用；叶面喷施志信果丰 1 000 倍液或速溶硼 800 倍液；增施有机肥料；合理轮作；土壤过分干旱时要适当浇水。选择无污斑的品种；增加有机肥料，提高土壤肥力，促进枝叶生长，合理整枝，避免果实受阳光暴晒；果实膨大期加强肥水管理。

十四、番茄发生畸形果的症状、原因与防治

1. 主要症状　主要发生在第一穗果，也有少数发生在第二穗果的个别果实上，主要形成各种奇形怪状的多心皮果实。

常见的畸形果形状有凹顶、歪扭、桃形、瘤状、扁圆、尖顶、多棱、椭圆、指形果、多室双体果、空心果等（图 11-29）。

2. 发生原因　除和品种的特性、播期过早有关系外，低温、营养不良和激素处理不当，也是畸形果发生的主要原因。

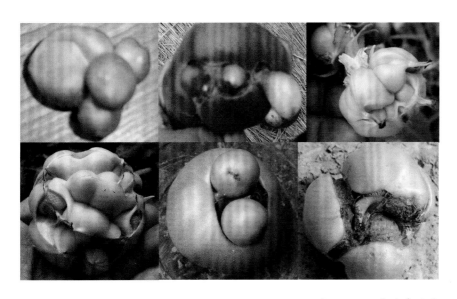

图 11-29　番茄畸形果

花芽分化不正常，形成多心室的子房是导致畸形果出现的根本原因。冬季和早春育苗时，如果从花芽分化开始，连续遇到7 d左右低于8℃的夜温，低于20℃的昼温，则第一个花序的第一个果会发生畸形；如果直至第七片真叶展开，一直处于不良环境，则前3穗果都会发生畸形。氮肥过多，根冠比例失调，定植时苗质量不够壮苗标准，营养物质形成少，遇低温、日照不足，使花器及果实不能充分发育。低温、偏氮肥、水肥、光照不足，养分过剩使生殖生长过旺，也能产生畸形果。根据实际生产观察，生长激素的使用浓度与畸形果率有较大的关系。

使用激素时，如气温高、使用浓度低，不仅不影响果实形状，而且可提高坐果率；相反，在使用激素时，如气温高，使用浓度也高，尽管坐果率有提高，但畸形果率也提高，使番茄果实失去商品价值。

3. 防止措施　①选择对低温不敏感且商品性好的高产品种。②育苗期白天温度应保持20℃、夜间温度保持在10℃左右，使植株花芽分化、生长发育正常。③加强管理，适当控制肥水，营养元素配合适当，防止偏施氮肥。④适期播种、定植，为植株生长发育创造一个稳定的良好环境。⑤用2,4-D、防落素、番茄灵等激素蘸花，要注意蘸花的时间、温度，并掌握好使用浓度。

十五、番茄果实日灼病的症状与防治

1. 主要症状　日灼病又名日伤病、日烧病，主要危害果实。

果实向阳面有光泽，似透明的薄纸状，后变黄褐色斑块，有的出现皱纹，干缩变硬而凹陷，果肉变成褐色状。当日灼部位受病菌侵染或寄生时，长出黑霉或腐烂。一般天气干旱，土壤缺肥，处在转色期前后的果实，受强烈日光照射，致使向阳果面温度过高而引起灼伤。

2. 防治措施　增施有机肥料，增强土壤保水力。在绑蔓时应把果实隐蔽在叶片间，减弱阳光直射。摘心时，要在最顶层花序上面留2~3片叶子，以利覆盖果实，减少日灼。及时浇水，降低植株体温。阳光过强时，可隔畦覆盖帘子或覆盖遮阳网。喷施0.1%硫酸锌或硫酸铜，以增强番茄抗日灼能力。

十六、番茄僵果的症状与防治

1. **主要症状** 僵果又叫小豆果,是激素处理后的产物,激素处理后,果柄便不能产生脱落酸,但由于缺乏营养,果实不能充分发育,生长迟缓,尚未充分肥大就开始着色。一般坐果多,气温低,日照差,地温低,养分吸收不良等易诱发僵果的产生。

2. **防治措施** 通过提高地温、气温,以促进养分的吸收和体内的代谢;植株长势较弱时,不但不用激素保花,而且还要人工进行疏果,以防止僵果的发生。

十七、番茄大脐果的症状与防治

1. **主要症状** 大脐果也叫大疤果。主要是果实顶部的果脐变形、增大,有时产生一层坚硬黑皮,凹凸不平,黑皮还易胀破,种子向外翻卷露出(图 11-30),尽管其他部分能正常红熟,风味还好,但严重影响果实外观和商品价值。

图 11-30 番茄大脐果

2. 发病原因　产生大疤果实的原因较复杂，与品种有很大关系，特别是一些大果型品种的第一花穗上的第一个果实，容易出现畸形花，也叫"鬼花"，表现为花朵增大，柱头粗扁，子房形状不正，多心皮，这种花易形成大脐果。大脐果还与苗期外界环境条件的影响有关。幼苗 2~3 片真叶进行花芽分化时，如土壤过干或温度过低，影响花芽形成的质量，易产生畸形子房。

3. 防治措施　苗期要严格控制温度，加强管理，避免干旱和低温。同时对于个别大果型品种的第一花穗中的畸形花要及时摘除。

十八、番茄空心果的症状、成因与防治

1. 主要症状　胎座组织生长不充实，果皮部与胎座种子胶囊部分间隔空隙过大，使种子腔成为空洞。从番茄果实外表看，有棱角，横断面呈多角形。

2. 发生原因

（1）品种的心室数目少　心室数目少的品种易发生番茄空心果。一般早熟品种心室数目少，中晚熟的大果型品种心室数目多。

（2）受精不良　花粉形成时遇到 35℃ 以上的高温，且持续时间较长，授粉受精不良，会形成空洞果。果实发育中果肉组织的细胞分裂和种子成熟加快，与果实生长不协调，也会形成空洞果。

（3）激素使用不当　用激素蘸花时，激素浓度过太、重复蘸花或蘸花时花蕾幼小均易产生空洞果。

（4）光照不足　由于光合产物减少，向果实内运送的养分供不应求，造成生长不协调，也会形成空洞果。

（5）疏于管理　致使盛果期和生长后期肥水不足营养跟不上，碳水化合物积累少，也会出现空洞果。

（6）迟开花果　同一花序中迟开花朵形成的果实，如果营养物质供不上，也易形成空洞果。

3. 预防措施

（1）选种　选用心室多的品种。

（2）合理使用激素　每个花序有 2~3 朵花开放时喷施激素，防落素浓度为 15~25 mg/kg；用番茄灵蘸花时浓度为 25~40 mg/kg，2,4-D 为 10~20 mg/kg，要抹花不要蘸花，不要重复使用；在高温季节应相应地降低浓度。蘸花时，必须是开成喇叭口状的花。

（3）施足基肥　采用配方施肥技术，合理分配氮、磷、钾肥，调节好根冠比，使植株营养生长与生殖生长协调平衡发展。结果盛期，及时追足肥、浇足水，满足番茄对营养的需要，若有早衰现象应及时进行叶面喷肥。

（4）合理调控光照和温度，创造果实发育的良好环境条件　苗期和结果期温度不宜过高，特别是苗期要防止夜温过高、光照不足；开花期要避免 35℃ 以上的高温对授粉的危害。

（5）防止用小苗龄的幼苗定植　小苗定植根旺，吸收力强，氮过剩也易形成空洞果。

（6）适时摘心　摘心不宜过早，使植株营养生长和生殖生长协调发展。

十九、日光温室番茄气害的症状、成因与防治

1. 主要症状

（1）氨气害　番茄受氨气危害一般先在中位叶出现水浸状斑点，接着变成黄褐色，最后枯死，叶缘部分尤为明显（图 11-31）。高浓度氨气还会使番茄叶肉组织崩坏，叶绿素分解，叶脉间出现点块状褐黑色伤斑，与正常组织间界线较为分明，严重时叶片下垂，甚至全株死亡。

（2）亚硝酸气害　番茄亚硝酸气害也是中位叶表现最剧烈，症状为叶缘或脉间出现水浸状斑点，迅速失绿呈黄褐色或黄白色，与其周围健全组织界线清楚，严重时全叶除叶脉外均失绿，呈黄褐色或黄白色枯斑，甚至全叶枯死。

图 11-31　氨气害

2. 发生原因

（1）过量施用氮肥　氨气和亚硝酸气两者都是因过多施用氮肥造成的，其中氨气是在保护地中施过量铵态氮肥和尿素，遇高温氮肥就易分解而逸出氨，特别是中性或偏碱性土壤更易发生。当氨气积累达到一定浓度，番茄就会中毒。产生亚硝酸酸气的原因是：土壤 pH 5 左右或更低，土温较低，土壤中氮过多等。在一般土壤中，铵态氮在硝化细菌的作用下很快转变成硝酸，但当土壤温度较低、pH<5 时，硝化细菌的活性低于亚硝化细菌的活性，就会导致亚硝酸积累，此时如果土壤中留有相当数量的铵态氮，则不断生成亚硝酸，进而产生一氧化氮，后者在空气中氧化成 亚硝酸气体。

（2）土壤酸碱性　在同样的土壤质地和温度等条件下，中性和碱性条件容易产生氨气危害；而酸性条件则容易产生亚硝酸气危害。

（3）土壤质地　质地较黏重的土壤，对离子的吸附能力较强，气体不易产生和逸出；而沙质土则相反，气体容易产生和逸出。因此，沙质土上的日光温室番茄要注意防治气害。

（4）不同品种的抗性　不同的品种对气害的抗性不一样。

（5）烟熏剂药害　如图 11-32 所示。

图 11-32　烟熏剂药害

3. 诊断

（1）外观诊断　根据上述气害产生的危害症状来判别，特别注意观察气害发生的部位，以及受害部位和正常部位的界线。

（2）检测棚膜露滴的酸碱性　一般棚膜内亚硝酸气形成的露滴呈酸性，氨气形成的露滴呈碱性。因此，可以通过检测棚膜露滴的 pH 来诊断氨和亚硝酸气体的危害。露滴 pH 的检测通常在早晨换气之前用精密 pH 试纸取样进行。根据露滴 pH 的检测结果判断气体的种类及伤害的程度。

4. 防止措施

（1）选用适宜的氮肥品种，控制氮肥用量　土壤中氨气和亚硝酸气的逸出主要是土壤中过量氮的积累。因此，选用缓释性肥料和有机肥，控制肥料用量，是防治氨气和亚硝酸气毒害的关键。

（2）调节土壤 pH　土壤酸碱度直接影响到氨气和亚硝酸气的逸出，对酸性土应施用石灰和有机肥，以减少氨气的危害。

（3）其他矫治方法　一旦遭受气体危害，应及时通风换气，灌水淋洗，驱除积累的有害气体。还可以施用硝化抑制剂，以阻止亚硝酸气的产生。

二十、日光温室番茄盐害的症状、成因与防治

番茄在过量冲施复合肥或长期施肥过多后，会出现大量枯叶和花萼干尖，这是因为长期施肥过多，形成盐害所致。番茄是比较耐盐的作物，它可以在 0.5% 的盐浓度下生存。但据试验，番茄要正常生长，盐浓度不宜超过 0.3%。

在日光温室番茄生产中，多数日光温室的化肥用量偏高。若按每亩每次浇水 20 m³、施肥 50 kg 计算，其浓度为 0.25%；如施肥 75 kg，浓度即达 0.375%，而正常生长的番茄同步吸收水肥的比例仅在 0.2% 左右（这个数值因溶液的变化而变化）。这样，长时间的积累，土壤盐浓度很容易超过 0.3% 或 0.5%。

1. 主要症状　番茄在受到盐害时，表现为心叶卷曲，嫩叶及花萼部位有干尖现象；根尖及新根变褐色，植株矮化；番茄果肩部有深绿色条纹，与果实其他部位的颜色有明显区别；果实生长缓慢。

受危害严重的植株甚至会出现黑根、缺绿、枯叶，最后萎蔫、死亡。不同的品种对盐分的耐受力有差异。

2. 发生原因　在日光温室内，由于免受雨水的淋溶作用，土壤内矿质元素肥料流失少，而土壤深层的盐分受土壤毛细管的提升作用，随土壤水分上升到土壤表层。这两种作用的结果使表层土壤溶液浓度逐年加大，当达到一定浓度时，就会产生盐害。

3. 防治措施

（1）合理施肥　根据番茄对肥料吸收量的多少进行配方施肥。选择施用不带副成分的肥料，如尿素、磷酸二铵、硝酸钾等，尽量少施硫化物和氯化物。采取化肥与有机肥配合使用。高温期间应控制肥料用量。

（2）休闲时撤膜 对于 1 年覆盖 1 次棚膜的日光温室来说，撤膜的时间越长，防止盐分聚集的效果越好。

（3）灌水除盐 渗水良好的日光温室里，可以加大灌水量，反复进行 2~3 次，让水带盐渗下。或在休闲时大量灌水。

（4）换土或深翻土壤 加强中耕松土，可以切断毛细管，防止表层土壤盐分聚积。增施有机肥或其他疏松物质，如稻壳、麦草、锯木屑等，不仅能改善土壤的物理性状，而且对土壤溶液浓度变化能起缓冲作用。换去表土，可以避免或减轻盐类聚积。

二十一、番茄落花落果的原因与防控

1.番茄落花落果的原因 番茄除因发生各种病害、虫害造成落果外，一般落果现象较少，而落花现象比较普遍。

（1）体内生长激素失衡 番茄落花主要与植物体内的生长激素含量有关。如果环境条件及营养条件适宜，番茄花的发育及授粉受精正常时，果实的发育也正常，这时体内生长激素的形成量不断增加并维持较高水平，一般不产生落花现象。如果环境条件及营养条件不适宜，授粉受精不正常，花和果实的生长发育就会受到影响，这时体内生长激素水平则较低，易产生落花现象。从外部形态上看，番茄落花的部位是在叶柄中部的离层处。

（2）不良的生态条件 生态条件虽然不是造成番茄落花落果的直接原因，但在栽培上若进行严格控制，使番茄生长发育良好，则保花保果率显著提高。在不良生态条件下，采用人工辅助授粉和生长素类物质（番茄灵、2,4-D 等）处理，保花保果率可显著提高。

3）环境条件 番茄不同栽培形式及栽培季节其落花落果原因不尽相同。冬春茬番茄栽培中低温（13℃ 以下）和气温骤变是引起落花落果的主要原因。越夏番茄栽培高温（30℃ 以上）和干燥（或降水）是引起番茄落花落果的主要原因。不论哪种栽培形式，栽培技术不当，如植株徒长，栽植密度过大，整枝打杈不及时，管理粗放等都会引起落花落果。

4）品种番茄　生产中有时出现植株长得高大、粗壮，叶深绿肥厚，只开花不结果的现象。这种植株在田间的出现率很小，在杂种中的出现率比常规品种高 3~5 倍。发生这种现象的原因有两种可能，一种是多倍体，一种是不孕系。如果是不孕系有可能是生理不孕，也可能是遗传不孕。生产上一旦出现这种植株应及时拔除。育种工作者一旦发现这种现象，可进行自交、杂交，有可能发现有用的自交系。

2. 番茄落花落果对产量的影响　番茄没有花果就没有产量，一般生产上平均落花率为 15%~30%，有时高达 40%~50%。影响产量 15%~50%。落花、落果大部分出现在第一花序或第二花序及高温季节。多穗果栽培上部花序落花落果也比较严重。

3. 防止番茄落花落果的主要技术措施

1）适时定植　避免盲目早定植，防止早春低温影响花器发育。定植后白天温度应保持在 25℃，夜间在 15℃，促进花芽分化。

2）加强管理　干旱时及时浇水，积水时及时排水。保证植物有充分营养，合理整枝打杈。

3）激素处理

（1）涂抹法　应用 2,4-D 浓度为 10~20 mg/kg。高温季节取浓度低限，低温季节取浓度高限。首先根据说明将药液配制好，并加入少量的红或蓝色染料做标记，然后用毛笔蘸取少许药液涂抹花柄的离层处或柱头上。这种方法需一朵一朵地涂抹，比较费工。

2,4-D 处理的花穗果实之间生长不整齐，成熟期相差较大。使用 2,4-D 时应防止药液接触到植株茎叶和生长点上，否则将产生药害。

（2）蘸花法　应用番茄丰产剂 2 号或番茄灵时可采用此种方法。番茄丰产剂 2 号使用浓度为 20~30 mg/kg。番茄灵使用浓度为 25~50 mg/kg，生产上应用时应严格按说明书配制。

将配好的药液倒入小碗中，将开有 3~4 朵花的整个花穗在激素溶液中浸蘸一下，然后将小碗边缘轻轻触动花序，让花序上过多的激素流淌在碗里。这种方法防落花落果效果较好，同一果穗果实间生长整齐，成熟期比较一致，也省工、省力。

（3）喷雾法　应用番茄丰产剂 2 号或番茄灵也可采用喷雾法。当番茄每穗花有 3~4 朵开放时，用装有药液的小喷雾器或喷枪对准花穗喷洒,使雾滴布满花朵又不下滴。此法激素使用浓度及效果与蘸花法相同,但用药量较大。

　　使用番茄坐果激素注意事项:①配制药液时不要用金属容器。②溶液最好是当天用当天配,剩下的药液要在阴凉处密闭保存;③配药时必须严格掌握使用浓度,浓度过低效果较差,浓度过高易产生畸形果;④蘸花时应避免重复处理;⑤药液应避免喷到植株上,否则将产生药害;⑥坐果激素处理花序的时期最好是花朵半开至全开时期,从开花前3 d到开花后3 d内激素处理均有效,过早或过晚处理效果都降低;⑦在使用坐果激素时,应加强生态条件的管理。

　　4)番茄人工辅助授粉　番茄花粉在夜温低于12℃时,日温低于20℃时,没有生活力或不能自由地从花粉囊里扩散出去。如果夜温高于22℃,日温高于32℃,也造成花药死亡情况。有些品种花柱过长,在开花时因柱头外露,而不能授粉。番茄植株有活力的、发育良好的花药,通过摇动或振动花序能促进花药从花粉囊里散出,并落到柱头上,从而达到人工辅助授粉的目的。摇动花序的适宜时间为9~10时。当花器发育不良,花粉粒发育很少时,同时采用振动花序和激素的方法,比单独使用激素处理,保花保果效果更好。激素要在振动花序2 d后处理,否则会干扰花粉管的生长。如果植株没有有生命力的花药产生,那就必须采用激素处理。

　　5)加强番茄花期栽培管理　番茄保花保果除了培育壮苗,花期人工辅助授粉,使用坐果激素等措施外,还要加强花期的栽培管理。开花期的适温为25~28℃,一般在15~30℃时均能正常开花结果。如果温度低于15℃或高于33℃就容易发生落花落果。番茄是强光植物,光照不足也会造成落花落果。开花期土壤要湿润,不能干燥,空气相对湿度也不能过高或过低。高温干燥或低温高湿及降水易引起落花落果。开花期一般不灌大水。番茄是喜肥作物,要保证营养充足。番茄从第一果穗坐果始,营养生长和生殖生长同时进行,如果植株体内营养供应不足,器官之间就会引起养分的竞争,易使花序之间坐果率不均衡。栽培上可通过疏花疏果、整枝打杈、摘叶摘心等措施,人为调整其生长发育平衡,以促进保花保果,开花期除上述栽培管理外,根外喷施磷酸二氢钾或植保素等叶面肥也有利于保花保果。花期二氧化碳施肥,也可提高坐果率。开花期还应注意病虫害防治。

二十二、番茄植株早衰的症状、原因与防控

1.番茄植株早衰的症状　植株叶片薄而且小，色淡绿，上部茎细弱，且色淡，下部叶片黄化，花器小，即使使用生长调节剂处理，也不能坐果或坐果少，且果实小。

2.发生的原因　品种不适宜，前期徒长，施肥方法不合理，整枝留果不合理，对病害轻防重治导致病害蔓延或发生药害。

3.预防措施

（1）选择适宜品种　选择生长势强、适应性广、抗病、无限生长类型的中晚熟品种。

（2）挖定植沟深施基肥　做法是大小行定植，在计划定植小行距的两行位置上，挖80 cm宽、90 cm深的定植沟。挖沟时，两边放土以防乱层。将总施肥量的1/3施入沟底，拌匀后回填下层土至60 cm深处，再将总施肥量的1/2施入沟内，与下层土拌匀，最后将上层土和余下的肥料混匀填入沟内，拍平压实。

（3）定植前墒情重时　应耕翻土地晒垡散湿，并防再度雨淋。直至土壤墒情适宜时定植。苗床上可移动营养钵，加大株间距离，囤苗待栽。未用营养钵的，应切块、移块囤苗。

（4）土壤墒情很低时　应结合定植沟回填土及施肥，浇水造墒。一般与回填土相应浇2次造墒水，浇水量宜少。

适墒定植，浇足定植水，缓苗后逐步起垄盖地膜。基本能保证第一穗果在鸡蛋大小之前不用浇水，对于防止前期徒长非常有利。

（5）换头整枝，计划留果　整枝时，将第二穗果下部的1个侧枝留2片叶摘心（主侧枝），如其叶腋再生侧枝，同样留2片叶摘心，其余侧枝全部摘除。主蔓留3穗果，第三果穗开花时，留2片叶摘心。待主蔓的第三穗果基本成形时，所留侧枝放开生长，并将主蔓基部叶片摘去，促进侧枝生长和主蔓果着色。主侧枝开花坐果后，再在第二穗果下部留侧枝（次侧枝），主侧蔓留2~3穗果后打顶。以后每隔2~3穗

果换 1 次头。每穗留 3~4 个果，多余的花特别是畸形花和果全部摘除。

使用生长调节剂处理计划留的花，保证每朵花都坐果，每个果都形正个大，商品性好。

（6）采取综合措施预防病害　防病为主，及时治病。种子进行消毒处理；育苗用营养土要用至少 3 年未种过茄科作物的土壤，有机肥要经过堆沤腐熟；苗床撒药土防病；定植沟内及垄面撒药土，一般亩用 1.5%~2.0% 百菌清或甲基硫菌灵混合干细土 15~20 kg；定植后，每隔 15~20 d 用 1 次药，代森锰锌、百菌清、杀毒矾等几种药剂交替使用。阴雨天或浇水后，要用百菌清烟雾剂熏蒸。注意放风排湿，及时处理病残体，蘸花用药配好后加入 0.2% 异菌脲等杀菌剂。

二十三、番茄植株卷叶的症状、原因与防控

番茄出现卷叶，不利于叶片进行正常的光合作用，从而影响番茄产量和品质的提高。所以在生产过程中，应及时根据番茄卷叶症状及其并发症状，找出卷叶原因，采取适当管理措施，对减少产量损失，增加经济效益具有重要意义。一般情况下番茄卷叶除与品种特性有关外，可以分为生理性卷叶和病毒性卷叶两种。

1. 生理性卷叶

（1）水分与温度不适　在土壤严重缺水或土壤湿度过大，根部被水浸泡，气温突然升高或降低情况下，都能引起卷叶。为防止因水分供应不适引起的卷叶，应为番茄生长发育创造一个旱能浇、涝能排的栽培环境，尤其是进入结果期，必须保持土壤相对湿度在 80%~85%。

（2）营养元素缺乏　由于土壤中缺乏磷、钾、硼、钼等营养元素，不能满足番茄正常生长发育需要时，也会使番茄发生卷叶症状。一般土壤缺磷时，植株生长迟缓、纤弱，严重缺磷时，叶小、僵硬，向下弯曲，叶表面呈蓝绿色，叶背面呈紫色，且落叶早。土壤缺钾时，老叶的小叶片枯焦，叶缘卷曲，中脉及最小叶脉褪绿。后期褪绿和坏死斑发展到幼叶，导致黄化和卷缩，并脱落。在断定番茄卷叶由缺乏营养元素所引起的原因后，可采用叶面喷施相应肥料的方法予以补救。

（3）肥水运筹不当　在番茄早熟栽培中，如果整枝、摘心过重和肥水过剩，会引起全株大部分叶片上卷，甚至卷成筒状。此外，一般大中型果番茄品种在摘心后进入果实膨大期，也会出现叶片向上反卷的现象。防治措施是在栽培管理时，最后一个花序后再留2~3片叶，以增加光合作用面积，可减轻卷叶现象的发生。同时，还应实施配方施肥，以提高肥料的有效利用率，促进番茄植株的健壮生长。

（4）药害　使用除草剂或2,4-D不当。在使用2,4-D时严禁浓度过高或滴落在叶片上，以防引起叶片皱缩、黄叶、小叶等中毒症状。为防止使用除草剂药害，应根据前茬施药情况、施药时天气情况，进行科学用药。

2.病毒性卷叶　番茄植株感染黄瓜花叶病毒后，植株矮化，顶芽幼叶细长，呈螺旋形下卷，中下部叶片向上卷，尤其是下部叶片常卷成筒状，叶脉呈紫色，叶面灰白。鉴于番茄一旦被病毒感染，药物防治基本无效的实际状况，所以应从下列几个方面进行综合防治。

（1）选种及种子处理　选用抗病性强的杂交品种。用10%磷酸三钠溶液浸种30 min进行种子消毒，以消灭部分病原体。

（2）适期播种　试验证明，适期播种的大龄壮苗，在适时早栽、合理密植的前提下，通过加强肥水管理等措施，均能起到促进植株的生长发育和提高植株的抗病毒病能力。

（3）防虫　蚜虫、飞虱、蓟马等刺吸式口器害虫是病毒病的传播媒介，从苗期开始就应着手做好防治工作，对减少植株病毒感染有决定性作用。

（4）精细操作　在番茄分苗、定植、打杈、摘心及采收过程中，尽量避免机械损伤，减少病原体侵入机会。

（5）处理发病株　一旦田间发现重病株后及时拔除，并在地头地边挖坑深埋。

（6）应用植病灵进行防治　植病灵是一种新型激素型农药，苗期及初花期按该药说明书配制后喷施，对防治病毒病有较好效果。但喷施时，要做到番茄植株各部位都能均匀着药，不能出现漏喷。一般于16时后喷施全株，7~10 d喷1次，连续2~3次。

第七节
番茄病虫草害的安全防治

一、病虫害防治

病虫害防治参照本书第十八章的相关内容进行。

二、草害防治

杂草的生长严重地影响日光温室番茄的产量与质量，它们与番茄竞争光照、水分与养分，有些还是番茄病虫害的中间寄主，起到帮助病虫蔓延与传播的作用，因此从番茄播种到收获要不断地进行除草，以确保番茄的高产。番茄田杂草种类很多，有一年生的，也有多年生的，有单子叶的，也有双子叶的，有禾本科的，也有菊科、十字花科的等。

防除杂草的方法很多，有农艺措施除草法（人工拔除或中耕）、机械除草法（耕地深翻等）、生物除草法（利用病原菌使杂草得病而死）以及化学除草法等。这里重点介绍化学除草与农艺措施除草。

1. 化学除草　化学除草法，是指用化学药剂来杀灭杂草或抑制杂草种子萌发或杂草生长。这种化学药剂就是我们常说的化学除草剂，也叫除草剂或杀草剂，其具有高效、省工、增产等优点，可以大幅度地提高劳动生产效率，在大田作物生产上已经普遍使用。近年来，随着农药研发水平的不断提高，番茄专用除草剂在生产中开始应用，并且取得了较好的防除效果，获得了较好的经济效益。但是，除草剂的使用具有一定的危险性，由于除草剂的使用不当造成损失的情况在生产中，特别是在番茄生产中时有发生，给生产带来了很大的损失。因此，只有科学合理地使用除草剂，才能避免药害的发生，并达到最佳的防除效果。

（1）常用除草剂与配方

配方1　48%氟乐灵乳油每亩100~150 mL。

配方2　48%地乐胺乳油每亩150~300 mL。

配方3　33%二甲戊灵乳油每亩150~300 mL。

配方4　70%嗪草酮可湿性粉剂每亩40~50 g或50%甲草嗪可湿性粉剂每亩50~80 g。

配方5　10%喹禾灵乳油每亩50~60 mL。

配方6　35%吡氟禾草灵乳油每亩50~75 mL。

配方7　20%烯禾啶乳油每亩75~100 mL。

配方8　12.5%吡氟禾草灵乳油每亩40~60 mL。

配方9　20%豆科威水剂每亩700~1 000 mL。

配方10　72%异丙甲草胺乳油每亩100~150 mL，或48%甲草胺乳油每亩150~200 mL，或60%丁草胺乳油每亩100~150 mL，或50%乙草胺乳油每亩75~150 mL。

上述配方的用药量是日光温室覆膜前的用药量，若先覆膜后栽苗的日光温室，用药量请酌减20%~30%。

（2）防除适期　配方1、配方2、配方3于番茄秧苗移栽前用喷雾法土壤处理，施药后立即混土3~5 cm。配方4于番茄秧苗移栽前或定植缓苗后（栽后10 d左右）进行土壤处理。配方5、配方6、配方7、配方8于番茄苗后，禾本科（俗称尖叶、单叶等）杂草3~5叶期喷雾。配方9可于番茄播后苗前施药。配方10于番茄秧苗移栽前或定植缓苗后、杂草出苗以前对地面喷雾，苗床于播种覆土后盖膜之前施药。

（3）技术要点　配方1、配方2、配方3主要用于防除禾本科杂草，对部分小粒种阔叶（俗称圆叶、双叶等）杂草也有一定效果。要在移栽（播）前进行土壤处理并混入土中。由于番茄幼芽对氟乐灵等敏感，因此，不宜作播前处理。配方3也可于播后苗前施药，不必混土，安全高效。配方4可防除多种阔叶杂草和部分一年生禾本科杂草，马唐、狗尾草等，主要对阔叶杂草效果好。为提高对禾本科杂草的效果，并增加安全性，常与异丙甲草胺、乙草胺、甲草胺、敌草胺等混用。配方5、配方6、配方7、配方8对禾本科杂草有特效，对阔叶杂草无效。配方9可防除多种禾本科杂草和部分阔叶杂草。露地番茄田土表干燥时，施药后要进行浅混土。施药后地面忌积水。番茄出苗后施用，只宜定向喷雾。配方 10 防除一年生禾本科杂草效果好，对部分阔叶杂草也有效。

（4）提高除草效果的关键　一是要注意施药适期。酰胺类除草剂对已出土杂草效果差。二是要墒情好。在干旱情况下，施药后浅混土有利于药效的发挥。

（5）关于化学除草　化学除草剂对杂草的杀除作用非常明显，但由于其施用效果受气候因子、土壤条件、施药方法等多方面因素的影响，而番茄本身对除草剂非常敏感，在使用过程中稍有不慎，轻者影响除草效果，重者便会产生药害。药害轻者短时影响番茄生长，严重者导致大幅度减产，甚至会引起绝收。因此尽量不使用化学除草剂。对各种除草剂的用量、用法，有条件者，可先做小面积试验，待试验出最佳用量、用法后再使用。

2. 农艺措施除草　用农艺措施防除杂草，是番茄田杂草综合防除体系中不可缺少的措施之一，在番茄栽培过程中，应该贯穿于每个生产环节。

（1）翻地　翻地能有效地接纳冬春雨水，加快土壤熟化过程，提高土壤肥力，并具有消灭杂草的作用。翻地能使部分土壤表面的杂草种子较长时间埋入地下，使其当年不能发芽或丧失生活能力，如禾本科杂草马唐的种子，埋入土内 5 cm，5 个月完全丧失活力；菊科中的三叶鬼针草的种子，埋入土内 5 cm 深 1 个月内即丧失活力。多年生杂草地下繁殖部分，经过翻到地上拣出日光温室，可减少 90% 的危害。

（2）适当深耕（翻）　适当深耕（翻）可减少表层土壤杂草种子的萌发率，较多地破坏多年生杂草的地下繁殖部分。耕深 20 cm、30 cm 和 50 cm，1 m² 有草株数随深度的增加杂草株数减少。因此有条件的地方可适当深耕（翻），配合增施肥料，既除草又增产。

（3）施用腐熟农家肥　农家肥（食草动物粪便）中往往带有很多的杂草种子，如不腐熟运到田间，农家肥中的杂草种子就会得到传播，蔓延危害。农家肥腐熟后，其中的杂草种子经过高温氨化，大部分丧失了生活力，可减轻危害。

（4）轮作换茬　轮作换茬可以从根本上改变杂草的生态环境，有利于改变杂草群体，减少伴随性杂草种群密度，特别是水旱轮作，对杂草的防除效果非常好。

（5）地面覆盖 利用碎草、麦糠、黑色地膜等覆盖番茄田地面，既有良好的除草效果，又能起到保水增肥作用。特别是用番茄田专用除草地膜覆盖，除草效果可达100%。

（6）中耕或拔除 番茄封垄前进行中耕，封垄后人工拔除。

3. 番茄除草剂危害及安全防除

1）番茄除草剂危害的症状 番茄发生除草剂危害时，植株顶部的生长点变畸形，生长停止，茎秆、枝条发育受阻，扭曲、畸形，幼叶皱缩、僵小，不再生长；植株下部的根毛锐减，根尖膨大，丧失吸收能力，影响输导作用。危害发生严重时，会造成番茄整株死亡，给生产带来不可估量的损失。

2）番茄发生除草剂危害的原因

（1）除草剂种类选择有误 除草剂的种类很多，按照其作用方式可以分为选择性的除草剂和灭生性的除草剂。选择性的除草剂是指在不同的植物间具有选择性，既能毒害或杀死杂草而又不伤害番茄，甚至只毒杀某一种或某类杂草，如喹禾灵、吡氟氯禾灵、二甲戊灵等；而灭生性的除草剂是指对植物缺乏选择性或选择性小，草苗不分，见绿就杀。

此外，选择性的除草剂也不是对所有作物都适用的，有些是针对单子叶作物使用的，如小麦等；有些是针对双子叶作物使用的，如棉花等。特别是在蔬菜生产中，因为很多除草剂的无害试验都是针对大田作物做出的，而对于蔬菜作物的专用除草剂还相对较少。

（2）除草剂的使用方法和时期有误 除草剂根据使用方法的不同可以分为土壤处理剂与茎叶处理剂。一般在使用过程中，土壤处理剂不能用于茎叶处理；茎叶处理剂要注意用药时间，用药时间不当会造成药害发生。

（3）浓度施用有误 每一种除草剂的使用都是有一定的安全浓度的，即使是对某一种作物经过药性试验显示是安全的，也是在一定浓度内是安全的，如果在使用中不按照安全浓度进行使用就很易产生药害。

（4）使用环境不当产生药害 使用除草剂时要注意环境因素的影响。影响除草剂药效的环境因素主要有温度、水分、光照、土壤有机质含量、酸碱度和风力大小等，如果使用时不注意，不仅会降低药效，还会产生药害。

A. 温度。温度对除草剂有明显影响，低温或高温使用除草剂均易发生药害，特别是在高温时，番茄对除草剂的吸收速度快，降解速度不及吸收速度，极易发生药害。

B. 水分。水分对除草剂药效发挥有很大影响，大多数土壤处理的除草剂必须在土壤湿润的条件才能发挥良好的药效。

C. 土壤条件。土壤的质地、有机质含量、酸碱度等因子对除草剂的药效都有一定的影响。一般沙性土壤、有机质含量低的土壤吸附除草剂量少，除草剂用量也少；黏重土壤或有机质含量高的土壤吸附除草剂的能力强，用量应适当增加；有机质含量过高的土壤，一般不使用土壤处理的除草剂。土壤酸碱度对除草剂活性有一定影响。一般除草剂当土壤 pH 为 5.5~7.5 时能较好地发挥作用，酸性（pH < 5）或碱性强（pH > 8）的土壤，对除草剂影响较大。

D. 光照。光照对某些除草剂的影响十分明显。光合作用抑制剂类除草剂，需在有光的情况下才能抑制杂草光合作用，发挥除草效果。氟乐灵等施于土表易挥发，见光易分解，使用时应及时与表层土混拌。

E. 风。除草剂要在无风或微风时施用，风大喷洒除草剂容易发生雾滴飘移，危害周围敏感作物。

（5）施药不均匀　除草剂不论喷雾或撒施，都要力求均匀。施药不均匀，容易产生药害或除草效果不好。

（6）施药间隔过短　施用除草剂时，两次施药的间隔时间不能过短，否则易造成药剂浓度加大，作物分解不及时而产生药害。此外，除草剂与一般杀虫剂农药之间也要掌握适当的间隔期，间隔期太短也会产生药害。

（7）不恰当混用　除草剂与防病治虫农药混用，可以提高施药效率，减少生产用工，达到一次施药，病、虫、草兼治，具有省工、省时的优点。但如果盲目混用，不但无增效作用，反而会使药效降低，甚至造成药害。

（8）前茬使用除草剂的影响　有些除草剂在前茬作物上使用后，会在土壤中残留，如果番茄对此药物比较敏感，会产生一定的药害。

（9）飘移药害　在有风的情况下对其他作物使用除草剂，除草剂会随风飘移到番茄上，对番茄产生药害。

（10）药桶乱用　打过除草剂的药桶，再用来喷洒一般的杀菌、杀虫剂，由于药桶上黏附有除草剂，可对番茄产生药害。

3）番茄除草剂危害的防治措施

（1）选准除草剂　根据当地番茄田间易发生的杂草种类选择用药。除草剂的品种很多，不同除草剂品种对作物和杂草的作用是不同的，选择除草剂时一定要仔细阅读产品标签或说明书，保证所选择的除草剂对番茄安全，对番茄田的杂草铲除高效，并尽量做到不对邻近作物产生飘移毒害和对下茬无残毒。

A. 根据番茄和杂草的不同生育期选择适当的除草剂。除草剂使用时期可分为播前土壤处理、播后苗前土壤处理和苗后茎叶处理，应根据施药时期选择适当的除草剂。

B. 兼顾前后茬作物选择适当的除草剂。在选择除草剂时要根据茬口安排确定，前茬使用的除草剂不能对后茬作物造成影响。

C. 使用除草剂应遵循先试验示范、后推广使用的原则。除草剂新品种尽管已获得农业部的登记，也要在当地试验、示范的基础上，取得使用经验后再推广应用。特别是对于番茄，专用的除草剂较少，在没有专用除草剂时，更要做好使用前的试验工作。

（2）适时科学用药　要根据所选除草剂的特性适时用药。按使用方法，除草剂分为土壤处理剂和茎叶处理剂，土壤处理可分为播前土壤处理、播后苗前土壤处理，出苗后不能使用。

根据气候因子确定使用时期。前已叙述，气候因素不但会对除草剂的使用效果产生影响，使用不当，还会产生药害。其中温度和风影响较大。高温时很容易引起药害的发生，在使用时最好避开高温时期施药。为了防止药液的飘移对其他作物造成影响，最好在无风或微风时施药。沙质土壤用药量要少些，土壤过于干旱时不能施药。

（3）适量用药　在进行杂草防除时，要严格控制用药剂量，如果使用剂量过大，会产生药害。日光温室等设施内的土壤温度高、湿度大、药效高，所以用药量应较露地番茄田减少20%～30%，以免番茄发生药害。

A. 严格控制用药浓度。在进行杂草防除时，要严格按照除草剂的安全浓度进行施药，如果环境温度较高，土壤较干旱时，要适当降低施药浓度。施药时要有足够的喷液量，一般不使用低容量弥雾机进行喷雾。

B. 严格控制用药间隔期和次数。有些除草剂不能多次使用，两次使用之间的间隔期不能过短，要在使用前仔细阅读说明书，掌握药剂的特性。

C. 施药要均匀周到。在施药时均匀周到，不但增加防除效果，还可避免药害的发生。

（4）使用单独的器械　在喷除草剂时，最好不要和其他农药进行混用，以免降低药效和产生药害；施用除草剂的器械与施用一般农药的器械要区分开，千万不能混用。如果使用一个器械，一定要保证器械清洗干净，无除草剂残留。

（5）前、后茬使用除草剂　要协调好前茬作物使用除草剂，要考虑后茬作物的安全性，要选用对后茬作物安全的除草剂。

（6）日光温室施药后要加强通风　在日光温室中施药后，要及时进行通风换气，以免药害的产生。

（7）发生药害后的防治　使用除草剂一旦发生药害，应积极采取有效措施进行补救，把可能造成的损失降到最低。

A. 若植株上除草剂残留较多时，可喷水淋洗，以减少叶上的药物量。

B. 当日光温室局部发生药害时，先放水冲洗，后补苗，再增施速效化肥。

C. 对残毒严重的日光温室，应揭膜暴晒、淋洗后深翻，无影响后再定植番茄。也可播（栽）种少量敏感作物，观察 10~15 d 进行鉴别。

D. 加强田间管理。药害轻时，及时打顶或摘除受害部分，增施尿素等速效氮肥提苗，并合理灌溉；严重时，翻耕土地，补种或改种。

E. 应用植物生长调节剂。喷施碧护 5 000 倍液、细胞分裂素 800 倍液，促进番茄生长。

F. 喷施液肥。可喷施含氮、含氨基酸型液肥，既可解毒，又可修复被损害的细胞，起到缓解或解除药害的作用。

番茄一旦产生除草剂药害，首先要对其进行科学诊断，分辨药害的类型，分析产生药害的原因，根据药害类型、药害可能发展的趋势，估测药害的严重程度，再采取相应措施，妥善处理。否则，不但不能挽回损失，还会增加损失。

如果番茄药害较轻，为 1 级，仅仅叶片产生暂时性、接触性药害斑，一般不必采取措施，番茄会很快恢复正常生长发育。如果番茄药害比较重，为 2 级或 3 级，叶片出现褪绿、皱缩、畸形，生长明显受到抑制，那么就需要采取一些补救措施。如果药害严重，达到了 4 级，生长点死亡，甚至部分植株死亡，一般都会导致大幅度减产，这就要补种或毁种。

对于除草剂药害，目前还没有十分有效的治疗药剂。所谓除草剂解毒剂，大部分用于种子处理或与除草剂同时使用，只具有预防和保护作用，不具备治疗作用。对于一些所谓有治疗药害作用的药剂，多数为化肥加植物生长调节剂或氨基酸，其作用也是促进番茄生长，增强自身恢复生育能力而已。切不可相信一些夸大其词的广告宣传，要以科学的态度去对待除草剂的解毒剂。

第十二章
日光温室辣（甜）椒看苗诊断与管理技术

我国辣（甜）椒种植已有 400 多年的历史。2000 年以来，我国辣（甜）椒生产继续保持快速发展势头，2003 年种植面积增加到 130 万 hm²，辣（甜）椒总产量达到 2 800 万 t，分别占世界辣（甜）椒种植面积和总产量的 35% 和辣（甜）椒总产的 46%。之后，辣（甜）椒种植面积趋于稳定，2020 年为 135 万 hm²，年产鲜椒 2 700 万 t，年产干椒 25 万 t 左右。辣（甜）椒已发展成为我国仅次于大白菜的第二大蔬菜作物，产量和效益则雄踞蔬菜作物之首。全国各地栽培辣椒的类型及品种很多，这里仅介绍鲜食及以鲜品为加工用途的类型与品种。

第一节
概述

一、辣（甜）椒的起源

辣（甜）椒系茄科辣椒属，在温带地区为一年生草本植物，在热带地区为多年生灌木。起源于中美洲和南美洲的热带和亚热带地区。

1493 年哥伦布发现新大陆后，将辣（甜）椒从美洲带到西班牙，1548 年传入英国，16 世纪中叶传遍中欧各国，1542 年传入印度和日本，相继传入东南亚各国。16~17 世纪分两路传入我国，一路经东南亚海道传入，在广东、广西、云南等地栽培，故有"海椒"之称；另一路经丝绸之路传入，在甘肃、陕西等地栽培，故有"番椒"、"秦椒"之称。

二、辣（甜）椒产业的发展

我国辣（甜）椒加工企业数以千计，规模较大的有 200 多家，开发了油辣椒、剁辣椒、辣椒酱、辣椒油等 200 多个产品，涌现出了不少国内外知名的辣椒品牌，如"辣德鲜""望鲜楼""老干妈""老干爹""坛坛香""辣妹子"等。产品除畅销国内外，还出口美国、墨西哥、日本、俄罗斯等 40 多个国家和地区，年产值超过 15 亿元。我国辣椒深加工也取得了明显进展，如辣（甜）椒红色素、辣椒碱的提取等，为推动辣（甜）椒产业的进一步发展奠定了良好的基础，现已成为全球辣（甜）椒及其制品出口第一大国。

三、辣（甜）椒的营养价值与保健功能

1. 辣（甜）椒的营养价值　辣（甜）椒果实含有丰富的营养成分，

如表 12-1。此外,还含有挥发油、苹果酸、柠檬酸等。辣(甜)椒中维生素 C 的含量,在蔬菜中居首位,相当于番茄中维生素 C 含量的 6~30 倍。

表 12-1 辣(甜)椒的营养成分(每 100 g 食用部分)

营养成分	种 类			备 注
	辣椒	青甜椒	红甜椒	
水分(g)	92.4	93.9	91.5	
蛋白质(g)	1.6	0.9	1.3	
脂肪(g)	0.2	0.2	0.4	
碳水化合物(g)	4.5	3.8	5.3	
热量(KJ)	108.8	87.9	125.9	
粗纤维(g)	0.7	0.8	0.9	表中数据为平均值,栽培季节、栽培品种、栽培管理措施不同,含量有所差别
灰分(g)	0.6	0.4	0.6	
Ca(mg)	12	11	13	
P(mg)	40	27	36	
Fe(mg)	0.8	0.7	0.8	
维生素A(mg)	0.73	0.36	1.6	
维生素B_1(mg)	0.04	0.04	0.06	
维生素B_2(mg)	0.03	0.04	0.08	
维生素B_3(mg)	0.3	0.7	1.5	
维生素C(mg)	185	89	159	

2. 辣(甜)椒的保健功能 辣(甜)椒不但营养价值高,而且还具有较强的保健功能。

辣(甜)椒含有较多的辣椒素及抗氧化物质,食用后可预防癌症及慢性病。维生素 C 不但能促进人体内骨胶原、酪氨酸和色氨酸等的合成与代谢,有利于组织创伤的更快愈合,而且能改善铁、钙的利用和胆固醇的代谢,预防心血管疾病;同时还具有提高人体免疫力,延缓衰老,延年益寿的作用。青椒中丰富的维生素 C,可使体内多余的胆固醇转变为胆汁酸,从而预防胆结石,已患胆结石者多吃富含维生素 C 的青椒,对缓解病情有一定作用。红辣(甜)椒有淡化血液的功效,多食能预防心脏病发作和中风。

辣（甜）椒果实中含有的 β - 胡萝卜素，也是强力抗氧化剂，可防止动脉中的低密度脂蛋白（坏胆固醇）被氧化成有害物质，预防动脉阻塞，因此常吃辣（甜）椒的人，不易罹患癌症及心脏病；此外，胡萝卜素在人体内可转化为维生素 A，能预防夜盲症，促进儿童生长和发育。

在辣椒果实中还有一种特有的成分——辣椒碱，具有消炎、镇痛的作用。可用于风湿性关节炎、咳嗽、感冒、鼻窦炎和支气管炎及神经痛的治疗，效果显著。此外，牙买加学者研究发现，辣椒碱还能显著降低血糖水平，对预防糖尿病具有积极的保健作用。日本学者研究发现，辣椒碱通过促使血管扩张，能够增进血液循环，加速血液净化，及时清除血液中的各种毒素，从而降低胆固醇、控制血压、防止血栓形成，对防治高血压和心脑血管疾病能起到很好的疗效。印度学者研究发现，辣椒碱具有很好的防辐射功能，保护细胞的 DNA 免遭辐射破坏。

传统医学认为，辣椒有温中散寒、开胃除湿、疏通血脉、抗病、提神等作用，常食辣椒可治疗胃寒、风湿等症。如用少许辣椒煎汤内服，可治因受寒引起的胃口不好、腹胀、腹痛；用辣椒和生姜熬汤喝，能治疗风寒感冒；在寒冷季节吃辣椒，可使皮肤血管扩张，发挥提神止痛和保暖作用。在中医临床上，将辣椒制成辣椒酊，治胃肠积食；用其涂擦皮肤，能使皮肤血管扩张，血液循环加快，并能刺激神经末梢产生温热感。所以辣椒外用，可治疗冻疮及风湿、风寒引起的腰腿痛，也可治疗感冒或皮下瘀血积聚肿痛。红辣椒还能增加血浆中游离的氢化可的松含量和尿的排泄量，降低纤维蛋白的溶解活性。

将辣椒制成辣椒油，可治龋齿；以酒泡辣椒外搽，还可助毛发再生、治秃顶等。

但辣椒辛热，过食可使体内湿从热化，表现为皮肤痤疮、血压升高或下降、痔疮加重、鼻出血、胃脘灼热感、腹痛、腹胀、头晕、恶心、呕吐，甚至呕血、尿血、衄血、心跳减慢或呼吸困难等。

辣（甜）椒在适宜其生长发育的环境条件下，通过栽培新技术的综合运用，完全可做到周年生产，连续采收。

第二节
高效茬口安排与培育壮苗

一、辣（甜、彩）椒高效茬口安排

1. 辣椒　日光温室辣椒栽培，投资大，生产成本高，在茬口安排上，播种适期因地而异，应按照既能获得高产又能获得高效的原则。只有尽量避开大中棚辣椒的上市高峰，才能发挥日光温室的优势，获得高产高效。实践认为，京津地区，河北省中南部，河南省，安徽省北部，江苏省西北部，陕西省西安市为 8 月中旬至 9 月上旬，辽南地区为 8 月中下旬，兰州为 7 月中旬栽植，这样"八面风"部位青椒能在春节上市，产量盛期在 3~4 月市场价格最高时上市，以获得最佳效益。

2. 甜（彩）椒　在茬口安排上一定要保证元旦、春节期间，甜（彩）椒的果正、色艳。根据甜（彩）椒开花坐果期的适宜温度（白天 22~25℃，夜晚 15~18℃）和果实成熟的天数计算，开花坐果后到果实定个的时间需 25~30 d。需把甜（彩）椒的播种育苗时间安排在 7 月，使坐果时间赶在 10~11 月，转色时间在 11~12 月。元旦到春节为头茬果集中采收上市时间。3~4 月为第二茬采收上市时间。要求需转色品种 7 月上旬播种，不需转色品种在 7 月下旬播种。

二、辣（甜、彩）椒、优良品种介绍

（一）辣椒品种

1. 农大 99-23　中国农业大学园艺学院育成的中早熟丰产型一代杂种，是"牛角椒"很好的替代品种。

大牛角形，微辣，绿果，肉厚，一般单果重 70 g 左右，最大果可达 130 g。抗病性强，适应性广。

适宜于保护地栽培。

2. 玉秀 303F₁　河南高效农业发展研究中心采用现代细胞工程技术与传统遗传育种技术相结合，培育出的新一代辣椒杂交种（图 12-1）。

该品种克服了辣椒育种和栽培史上很难解决的"早熟与大果的"问题，实属育种史上的突破性革命。该品种属早熟、特大果、微辣味、牛角椒杂交种。耐低湿、高湿能力强，低湿易坐果，基本无空节，上下部果实大小基本一致，膨果速度极快，"四母斗"椒落花后 15 d，椒果可重达 150 g 以上，幼果绿色，成熟果大红色，单果重 100~150 g，大果可达 350 g 以上，一般亩产量 5 000 kg。

适宜于全国各地春秋茬日光温室、塑料大棚、中棚及小拱棚栽培。

图 12-1　玉秀 303F₁

3. 黄皮 06-1F₁（黄金条）　河南省高效农业发展研究中心最新选育的早熟特大果黄皮尖椒品种（图 12-2），可与美国品种比抗逆性，可与日本、韩国品种比产量。

果色黄绿，粗长牛角形，果长 25~32 cm，直径 2.5 cm，单果重 110 g。空腔小，肉极厚，耐热耐湿性强，高抗病毒病、炭疽病、疫病。

适宜于日光温室等保护地栽培。

图 12-2 黄皮 06-1F

4. 螺椒二号（图 12-3）　是河南鼎优农业科技有限公司自主研发的螺丝椒品种。

果长 30 cm、果肩部宽 3~4 cm、单果重 100~120 g；果面螺旋褶皱较多，果色浓绿有光泽；果肉较薄，果皮角质层较薄，辣味香浓，食后无渣；建议亩栽 2 200 株左右，双蔓或者三蔓整枝。耐寒性好、低温下连续坐果能力较好。

适宜于日光温室栽培。

图 12-3　螺椒二号（朱伟领　供图）

5. 绿箭 656（图 12-4）　江苏绿港现代农业发展有限公司从国外引进品种。

粗羊角形，植株长势旺盛，连续坐果性强，中早熟，耐寒性好；浅绿果皮，外表光亮，顺直度好，商品性好，辣味中等，果长 25~30 cm。综合抗病能力强。

适宜于山东、河北、河南、山东、辽宁、内蒙古、福建等在保护地种植。

图 12-4　绿箭 656（李文虎　供图）

6. 绿箭 111（图 12-5） 江苏绿港现代农业发展有限公司从国外引进品种。

大果羊角椒，早熟，植株长势中等，集中坐果性好，果形顺直，皮黄绿色，表皮光滑，果长 32~35 cm，商品性好，辣味中等，产量高。综合抗病能力强

适宜于山东、河北、河南、山东、辽宁、内蒙古、福建等地保护地种植。

图 12-5　绿箭 111（李文虎　供图）

（二）甜（彩）椒品种

彩色甜椒，简称彩椒，又称水果甜椒，有红、黄、橙、紫、褐、白等多种颜色。从成熟性来分，可分为绿转红、绿转黄、绿转紫、绿转橙等晚熟品种和直接转为紫、白、黑等早熟品种。按其果实形状可分长灯笼形和方灯笼形两种。一般单果重在 300~500 g，大果重可达 1 000 g。食用方法多为生食，可采用切丝后加盐、味精、香油、醋等凉拌生食，清脆爽口、开胃。如果将几种颜色的彩椒丝拌在一起，则颜色更加艳丽多彩，诱人食欲。

1. 黄天使　引进品种。

中早熟品种，植株生长健壮，株型开放，果肉厚实硬挺，果实长 11 cm，宽 9 cm，平均单果重 150 g。成熟时颜色由深绿色转变成金黄色，抗烟草花叶病毒病。在冷凉条件下坐果良好。

适宜于保护地栽培。

2. 白天使　引进品种。

属早熟品种，植株生长茂盛，株型中等，果实初为奶白色，后转为金黄色，完全成熟时转为粉红色或深红色。果实匀称，果肉厚实，单果重 160 g 以上。抗烟草花叶病毒病。

适宜于露地和保护地栽培。

3. 紫天使　引进品种。

早熟，为方形紫色甜椒标准品种。植株健壮，生长势强，株型中等，平均单果重 200 g。果实整齐度好，果肉厚实，坐果后果实即为紫色，完全成熟时转为红色，抗烟草花叶病毒病。品质好，产量高。果实长成后要抓紧采摘，否则椒色会变成红色。

适宜于保护地栽培。

4. 鸿福（图 12-6）　江苏绿港现代农业发展有限公司从国外引进品种。

早熟方椒，植株长势中等，连续坐果性好，果皮乳黄色，成熟后转橘红色，果面光泽度好，单果重 120~150 g，商品性好，产量高，综合抗病能力强。

适宜于华北、东北、西北、华中、华南等地保护地种植。

图 12-6　鸿福（李文虎　供图）

5. 金玉（图 12-7）　江苏绿港现代农业发展有限公司从国外引进品种。

方椒，植株长势健壮，开展度大，抗病性强，尤其对椒类病害有较强的抗性。果实成熟后亮黄色，绿转黄，果实饱满度好，单果重 280~300 g，三四心室占果 80% 以上，品质好，耐运输。

适宜于华北、东北、西北、华中、华南等地保护地种植。

图 12-7　金玉（李文虎　供图）

6. 皇莉（图 12-8）　江苏绿港现代农业发展有限公司从国外引进品种。

方椒，植株健壮，生长旺盛，开展度好，果型大、方正，抗病性强，连续坐果能力强，耐运输。单果重 260~300 g，果实成熟后颜色鲜红亮丽、硬度高、肉质厚、饱满度好。

适宜于华北、东北、西北、华中、华南等地保护地种植。

图 12-8 皇莉（李文虎 供图）

7. 紫隆（图 12-9）　江苏绿港现代农业发展有限公司从国外引进品种。

早熟方椒，植株长势中等，集中坐果性好，果皮紫黑色，成熟后转绿色，再转红色，果面光泽度好，单果重 120～150 g，商品性好，产量高，综合抗病能力强。

适宜于华北、东北、西北、华中、华南等地保护地种植。

图 12-9　紫隆（李文虎　供图）

（三）培育壮苗

1. 苗床建造　在提前建好的日光温室内建苗床，四周 1 m 高范围内搭防虫网，为防止棚室内高温，棚室上面最好加盖遮阳网或稀草帘，也可在棚室内膜上刷泥浆，以减弱太阳辐射。

苗床长度以棚室长为限，宽度以1.3 m为宜。苗床整齐整平，用充分腐熟的有机肥与近两年没种过茄科作物的肥沃园土按4∶6的比例、配好过筛后装入10 cm×10 cm的营养钵待用。每栽植1亩辣（甜）椒，需育苗5 000钵，甜（彩）椒需育苗3 000钵。需净苗床面积30~50 m²。

2. 播种　播种前用55 ℃温水浸种20 min，迅速将水温降至25~27 ℃，继续浸泡8 h，捞出浮子，再用10倍的磷酸三钠浸种15 min，然后用清水洗净，再置25 ℃左右条件下催芽，有70%的芽尖见露时即可挑出播种。

播种前，将苗床及钵体都浇透水，待水刚刚渗完时，摆播种芽，每钵一个种芽，并随即在种芽上盖一撮细土。为了保墒降温，上面最好盖一层草帘。

3. 苗床管理　播种催芽后的种芽3 d左右即可出土，要注意傍晚或阴天的早晨撤掉草帘炼苗。待子叶展开露出心叶时，为防止苗子徒长和发生猝倒病、立枯病，可在钵上撒0.5 cm厚的干细土保墒，严格控制浇水，若秧苗出现旱象，浇水要一次浇透，但也不可过大，发现杂草时要及时趁早拔除。对病虫害及时选用代森锰锌、露速净、霜疫清、爱福丁、氯氰菊酯等杀菌、杀虫农药，因症施治。无论病毒病发生与否，都要用健植宝、病毒A、菌毒清、植病灵或NS－83增抗剂加硫酸锌，进行防治2~3次。苗龄35~45 d，80%以上的植株达到显蕾标准时进行定植。

第三节
定植及定植后的管理

一、定植

辣（甜）椒幼苗期对环境条件要求比较严格，适应高温、强光的能力较差，特别是在遮阴苗床培育的秧苗，定植后的环境条件发生较大的变化，对生长必然产生不利影响，容易引起生理障碍和发生病害。

1.定植时间　该茬辣（甜）椒一般在9月上中旬定植，新建日光温室或夏季休闲的日光温室，必须在定植前覆盖薄膜，卷起前底脚围裙，在昼夜大通风的条件下定植。在定植前遮阴苗床也要承受着光照强度的下降，逐渐减少遮光，定植前3~5d撤下遮阴物，以利于定植后适应新环境。

2.定植方法　定植应在早晨、傍晚或阴雨天进行。定植水要浇足，定植后不立即封埯，过2~3d，表土见干时再中耕培垄。在定植前要清除日光温室内及周边的杂草，消灭虫源，减少蚜虫危害。

定植前从日光温室内东方或西方的一头做垄，甜（彩）椒按宽行70cm，窄行50cm，株距45cm栽苗，亩保苗2500株左右；辣（甜）椒按宽行距60cm，窄行距40cm，株距30cm栽苗，亩保苗4500株左右。为提高移栽质量，一定要做到带药、带肥、带水、带土"四带"定植，以促使其缩短缓苗期，否则将会引起"三落"。在定植的前天下午，苗床灌透水，并叶面喷洒一遍用磷酸二氢钾＋尿素＋辣椒壮苗素＋生根剂的肥药混合液，取苗、栽苗时做到轻拿、轻放。

3.地膜覆盖　覆盖地膜不仅可提高地温，而且可有效控制地表水分蒸发，降低日光温室内的空气湿度。

（1）先定植后覆膜　在日光温室生产中覆盖地膜，可采用"苗侧套盖"的方法，即把地膜顺畦放在小高垄上2行苗之间，然后2人1组在畦的两侧横向拉开地膜，对准苗的基部用剪子剪开地膜，顺膜缝套住苗，向畦两侧抻紧，然后用土压严地膜边缘和剪开的地膜缝。

（2）先覆膜后定植　先在两垄上铺地膜，定植时在地膜上用定植打孔器打孔，把苗坨置入所打孔中，浇足定植水。栽苗深度以苗坨上表面略低于垄面或畦面地膜为宜。

二、定植后的管理

1.扣棚及保温覆盖管理　该茬辣（甜）椒，随定植随扣棚膜，膜上盖遮阳网，或撒土撒草遮阳。棚前沿 1.2 m 以下和天窗不扣膜，有条件者扣 60 目防虫网，后墙风洞全部打开，后墙无风洞（要罩防虫网）可掀去后坡，以降低室内温度。这时盖膜的目的是防暴雨淋苗。9 月下旬外界温度下降时，可将棚前沿放下，但不可封严，并扣住天窗，晚上盖，白天掀。11 月中旬上草苫，昼揭夜盖。春节以后，日光温室要加强通风，按辣（甜）椒生育的要求调节温度。当外界最低气温达到 15℃ 以上时，撤下底脚围膜，进行昼夜通风。日光温室覆盖的草苫，在日出前室内气温能保持 15℃ 时，就可以撤下来，晒干入库。

定植初期白天通风，夜间闭棚，保持白天气温不超过 30℃，夜间不低于 15℃，夜间气温降到 15℃ 以下时，开始覆盖草苫。北纬 40° 以北地区需要覆盖双层草苫，或在草苫下增加 4 层牛皮纸被。随着外界气温的下降，尽量延长白天高温时间，逐渐缩小通风口，最后密闭不通风，尽量延长生育期。

2. 水肥管理　日光温室一大茬辣（甜）椒，定植初期光照较强，温度较高，日光温室昼夜大通风，土壤水分蒸发快，蒸发量大，对水分需要量大，定植 2~3 d 后浇缓苗水，基肥不足地块，水渗下后每亩在株间穴施磷酸二铵 30 kg，硫酸钾 15 kg，然后进行中耕松土封垄覆膜。门椒坐果并开始膨大时，亩追施尿素 10 kg，撒于沟中立即灌水。结果期还要追肥 2~3 次，追肥的时间、数量，根据植株的长势进行。

在浇透缓苗水施足基肥的情况下，"四门斗"坐果前一般不追肥。"四门斗"果露出花苞时水肥齐攻，水分保持地表见干见湿，即白天中午见干，早晚及夜间见湿；追肥以速效氮肥为主，亩追尿素 15 kg。定植后在缓苗期间，喷洒叶面肥，对加速缓苗有良好的作用，如果用 0.3% 磷酸二氢钾 +10 000 萘乙酸进行叶面喷肥，更有利于发根。在生育期间发现叶色淡，可用尿素与磷酸二氢钾按 1：1 混合的 500 倍液喷洒叶面。

3. 光照调节　严冬时节光照时间短，光照强度弱，室内光照往往难以满足辣（甜）椒生长的需要，所以增加光照强度是增产的重要措施。

（1）选择棚膜　要选择透光率高的聚氯乙烯无滴膜覆盖温室，每天揭苫后及时清扫膜面的草屑和灰尘。在日光温室后墙处张挂反光幕，并不断调整张挂高度和角度，保持最好的反光效果。如无反光幕，也可用石灰将温室后墙及东西墙涂白，同样具有反光作用。

（2）光照管理　在保证温度的前提下，尽可能早揭晚盖草苫，以延长光照时间。雪天要及时扫除膜上积雪，外界温度低的阴天，要掀开日光温室前沿见光。遇连阴天可进行人工补光。

4. 温度管理　定植后 5~6 d，白天温度不超过 35℃ 不放风，以利缓苗。超过 35℃ 时从屋脊部开始打开放风口。心叶开始生长表明已缓苗，应开始通风降温。白天温度维持在 25~28℃，夜间 17℃ 左右，以利花芽分化。以后随着外界温度降低，逐步减少放风量，缩短放风时间。外界气温低于 0℃ 时，日光温室上部夜间应加盖草苫保温，使温度白天保持 25℃、夜间 15℃ 左右为宜。

进入 12 月后，外界气温更低，一般只在中午短时放风，晚上应注意临时加温防冻。

1 月应采取升温增温措施，室内加一层保温幕（或叫二道幕），恶劣天气可采取临时加温设备加温，使室内温度不低于 13℃。

3 月中旬以后，要注意放风严防高温，特别是夜间高温会使植株早衰，病害加重，造成减产。视日光温室内外温度高低决定是否覆盖草苫。

5. 放风管理　定植后返苗前的一段时间里，要封闭日光温室，保证湿度，提高温度，促进缓苗；返苗后要根据调整温度和交换气体的需要进行放风。但随着天气变冷，放风要逐渐减少。冬季为排除室内湿气、有害气体和调整温度时，也需要放风。但冬季外温低，冷风直吹到植株上或放风量过大时，都容易使植株受到冷害甚至冻害。所以，冬季放风一般只开启屋脊上的放风口。放风中要经常检查室温变化，防止温度下降过低。春季天气逐渐变暖，温度越来越高，室内有害气体的积累会越来越多，调整温度和交换空气要求逐渐地加大通风量。春季的通风一定要与防治疫病结合起来。首先，只能从日光温室的高处（原则不低于 1.7 m）开口放风，不能放底风，棚膜的破损口要随时修补，下雨时要立即封闭放风口，以防止疫霉孢子进入室内。超过 35℃ 的高气温有抑制疫霉病孢子萌发的作用，这也是在放风时需要考虑到的问题。再者春季蚜虫、飞虱、斑潜蝇等害虫繁殖活动加快，为了防止这些害虫进入室内危害，可在放风口处设置防虫网。

当白天外界温度稳定在 16℃ 以上时，可以从日光温室上、下部进行放风。当外界夜温稳定在 13℃ 时，日光温室可彻夜放风，但要防降水入室。日光温室的辣（甜）椒一直是在覆盖下生长的，一旦揭去塑料棚膜，生产即告结束。

6. 化学调控　日光温室限于其结构性能和高科技含量不足，往往不可能满足辣（甜）椒正常生长发育的需要，内源激素就不可能与自然条件下的一样。传统的方法只靠调节环境条件，没有从体内调节或控制作物生育过程的手段。近年随着科学技术的发展，对植物内源激素的种类、作用已经充分了解，并在模拟天然激素的研究中，用化学合成的方法，生产出了许多与天然植物激素有类似分子结构和效能的生理活性物质，即植物生长调节剂，它们是植物的外源激素。

在一定的条件下合理地应用植物生长调节剂（外源激素），甚至比调控环境条件更容易获得成效。这项技术称为化控技术。

（1）控制徒长　定植初期或坐果前，发现植株徒长，可喷浓度为500 mg/L 矮壮素，或 5 mg/L 缩节胺溶液。

（2）促进生长　对老化苗和弱苗喷 10~30 mg/L 赤霉素加 5 mg/L 萘乙酸溶液，可明显促进地上与地下部的生长。

（3）控落花落果　用浓度为 50 mg/L 萘乙酸溶液喷蕾、喷花效果明显，防落效果高达 84.9%，而且减轻病毒病。此外，用 2,4-D 15~20 mg/L，或番茄灵 25~30 mg/L，在开花时涂抹花器，都有防止落花落果的效果。

（4）降低呼吸消耗　在高温强光季节，在植株上喷光呼吸抑制剂，有明显的增产效果。

在 20 世纪 60 年代后期，植物生理学家揭示了在光照条件下的光呼吸过程，并指出它将消耗当日光合产物的 10%~20%。控制光呼吸可减少养分消耗，使净同化率得到提高，从而达到增产的效果。亚硫酸氢钠是一种廉价又容易买到的间接性光呼吸抑制剂。据试验亩每次用量 4~8 g，成本只有 0.2 元左右，增产效果为 10%~30%。

亚硫酸氢钠一般浓度为 120~240 mg/L，一般不超过 300 mg/L，在门椒结果后开始喷洒，5~7 d 喷 1 次，共需喷 4 次，前期浓度为120 mg/L，后期相继增加到 240~300 mg/L。当浓度增大到 400 mg/L时，光合产物的分配比例发生变化，结果数和果实平均重量略有减少，减产 2.8% 以上。

光呼吸抑制剂的应用，必须和肥水管理相结合才能发挥作用，单靠喷亚硫酸氢钠，肥水管理跟不上，无增产效果。

7.科学整枝　日光温室越冬一大茬辣椒生育期长，植株高大，若按传统的不整枝管理，不易保持植株长期旺盛的生长势，果实也不能充分生长，影响产量和质量。生产过程中要及时打去门椒以下的侧枝和老叶；对相互拥挤的枝条及时疏剪，徒长枝（节间超过 6 cm）应尽早剪掉；由于植株高大，为防止倒伏，可用塑料绳牵引枝条。

（1）捋裤腿　门椒以下的侧枝长到 2~4 cm 时要全部抹除，称捋裤腿。

（2）整枝　为提高前期产量常采用双干整枝方式进行整枝。方法是当门椒坐住果，对椒开花后，在对椒上部选两条长势强壮的枝条做结果枝，其余两条长势相对较弱的次一级侧枝在果实的上部留两片叶摘心，以后在选留的两条侧枝上，见杈即抹，始终保持整枝有两条壮枝结果。

（3）疏花疏果　辣椒在平均每株坐果 8~12 个果时，甜（彩）椒在每株坐果 4~6 个时，视植株长势清除上部小果和花蕾，不可摘心，原因是摘心后在主茎上易发生新梢，增加管理难度。待这些果实定个基本形成产量时，不再疏花疏果，以形成第二次结果高峰。但这时要注意剪去内膛的横生枝和弱枝。

（4）果枝更新　收完八面风部位的椒果后，结果部位已远离主茎，植株养分输送困难，生长量减少，营养状况变劣，因此，要及时进行果枝更新，对老枝进行修剪，以促使持续保持辣（甜、彩）椒的高产优质。修剪前 15 d 左右，要对植株进行多次打顶，不让其再形成新梢、花蕾，并促使下部侧枝及早萌动。修剪的方法是在四门斗果枝的第二节前 5~7 cm 处剪截，弱枝重剪、壮枝轻剪。修剪后要及时在伤口涂抹用 72% 农用链霉素可溶性粉剂 1 g+80 万单位青霉素可溶性粉剂 1 g+75% 百菌清可湿性粉剂 30 g+ 水 25~30 g 和成的稀药糊，以防伤口感染。并结合施肥、浇水等管理。4~5 d 后有大量侧枝萌发时，选留 4 条长势较壮的侧枝，其余全部抹去，15~20 d 就可现蕾，30 d 后小果形成，40~50 d 可收第二茬果，以后转入正常管理。同时这层果也要视品种及长势强弱进行确定留果数量。以便形成均匀一致的大果，提高产品的档次。防止薄皮小果、畸形果的出现，做到高产优质。

三、采收技术

生产中通过对果实的采摘，结合肥、水促控来调节分枝数目和分枝的长短，效果很好。在足够的水肥供应条件下，初期果实要及时采收，以促进新枝的分生。中后期则应注意增加采收次数，每次采摘要"摘老留嫩""摘多留少"，使分枝不断抽生而长，形成一个分枝均匀，节长适度，树形紧凑的树冠，永葆稳长健壮的丰产株型。

1. 辣（甜）椒　辣（甜）椒是多次开花，多次结果的蔬菜，及时采摘有利于提高辣（甜）椒的产量；采收过迟，不利于植株将养分往植株上部果实转送，影响上一层果实的膨大。但也不能采摘过嫩，使果实的果肉太薄，色泽不光亮，影响果实的商品性，青椒的采收标准是果实充分长成，表面的皱褶减少或果皮色泽较深、光洁发亮。采摘时间宜掌握在早晚进行，中午因水分蒸发多，果柄不易脱落，容易伤棵。摘时应抓住辣（甜）椒果实成90°往上掰开果柄与枝条的连接，不可左右翻动植株。

2. 彩椒　彩椒采收时必须充分完成转色。彩椒也不宜过熟，转色就摘，过熟水分散发过多，品质和产量也相应降低，不耐储藏运输。但如果市场需要，也可采摘青椒上市。

四、储藏增值技巧

1. 活体储藏保鲜　当温度不适宜辣（甜、彩）椒生长时，不采收，仍使辣（甜、彩）椒在植株上挂着不受冻害，称为"活体储藏保鲜"。这种储藏方法不用增添新的设备和场所，只要最低温度不低于5℃，辣椒既不变色，又不会遭受冻害。根据市场需要，待价格较高时采收上市。

但注意温度不能太低，如室内气温长期（20 d）低于5℃，辣（甜、彩）椒会因受寒害而腐烂。在管理上，每天清晨、下午及夜晚用不透明的覆盖物进行覆盖，上午将不透明覆盖物揭开。

2. 采收储藏与保鲜

（1）采收　这是储藏辣椒极为重要的一环，在采收前 1~2 d 灌 1 次水，使辣（甜）椒充分吸水充实，不致经过储藏而失水。采收宜在清晨温度低时进行。选择无病虫害，色泽新鲜，大小整齐一致，成熟度（商品成熟期）适中的辣（甜）椒，采摘过早会影响产量，过晚又会影响储藏的寿命和质量。作为长期储藏的辣（甜）椒最好自己采摘，用剪刀剪下，用烙铁将果柄伤口烫焦或涂上凡士林油。采摘和储藏时都应轻拿轻放，避免机械损伤，为防止运输途中的机械伤，用筐装辣（甜）椒，并在筐内衬垫柔软的包装纸，并注意保温。

（2）储藏方法　参考本书"第十一章第四节"的有关内容进行。

第四节
看苗诊断技术

一、植株在不同环境条件下的形态表现与看苗管理技术

在辣（甜）椒形态生长发育的整个过程中，出现形态异常（人为或自然因素作用下）在所难免。可以通过观察植株的形态，分析出现异常的原因，及时采取正确的处理方法，是辣（甜）椒生产获得高产高效的保证。

1. 苗期

（1）子叶的形态表现与成因诊断　催芽播种的种子，播后 5 d 全苗。叶幅宽大肥厚，叶脉明显，颜色深绿，胚轴长 3 cm 左右，大温差下可形成健壮苗。若日照不足，夜温偏高，或昼夜温差小，子叶小而细长，下胚轴长，甚至早期子叶黄化脱落。子叶与真叶的间距大于 2 cm，即是徒长的表现。两片子叶瘦小，下胚轴短，子叶色深绿，是高温缺水的表现。在低温季节育苗，床温低或土壤板结也会出现类似症状。

（2）真叶的形态表现与成因　温度高，叶柄长。温度低，叶柄短，叶下垂。若墒情好时叶柄撑开，整个叶片下垂。当氮、磷、钾肥配比

合理时，叶片尖端呈三角形，钾肥效力充足时，叶片呈宽幅的带圆形状。植株生长不良时，叶片从下部黄化。叶色淡，叶肉薄，节间长，叶片与茎夹角小，是徒长的表现。温度高，特别是夜温高，水分足，光照弱，叶片大而薄，叶柄长。如果夜温偏高，氮肥偏多并干旱，叶柄基部与茎的夹角约呈 40°而弯曲、下垂。叶柄长，叶片大，茎与叶柄夹角小于 40°，是夜温高，氮肥多，水分足的表现。心叶变白，功能叶叶缘变白，叶片皱缩或干枯是喷洒杀虫脒、辛硫磷等农药造成药害所致。

（3）壮苗标准　定植时两片子叶完好，真叶大小适中，叶片厚实而有光泽，节间长短均一，根色洁白，花蕾较大，无畸形。由于品种熟性不同，现蕾的叶片数为 6~19 片，株高 15~25 cm 均属于壮苗。

2. 结果期

1）正常植株　生长发育正常植株结果部位距顶梢约 25 cm，开花处距顶梢 10 cm，其间并生有 1~2 个较大的花蕾，开花节距结果节之间有 3 片充分平展的叶片，节间长 4~5 cm，叶片尖端呈长三角形。如图 12-10、图 12-11 所示。

图 12-10　正常植株 A

图 12-11　正常植株 B

2）徒长型植株　开花节位（含侧枝）距顶端超过15 cm，枝条竖直，节间较长，次级分枝粗，花小而素质差。光照不足，夜温偏高，氮肥和水分充足条件下，会使植株徒长。氮肥施用过量时，植株顶部幼叶出现凹凸不平，叶片有皱缩现象，叶片向内卷（蚜螨类害虫危害也会出现类似症状），植株中部叶中肋突出，形成盖状，再往下叶片出现扭曲。如图12-13、图12-14所示。

图12-13　徒长植株A

图 12-14　徒长植株 B

3）生长受抑制植株　节间短，节部有弯曲，次级分枝小而短，开花节位距顶端2~3 cm，或花压顶，花器小，短柱花增多；或果压顶，枝条顶端叶片小，色发暗；甚至果前无叶无花，枝条停止生长。这种现象除因结果过多外，夜温低，特别是地温低，土壤缺墒，空气干燥，施用氮肥少，也是导致因素。如图12-15所示。

图 12-15　生长受抑制植株

4）七种营养元素缺乏的表现形态及防治

（1）缺氮

A.症状识别。缺氮时，植株生长发育不良，瘦小，叶片由深绿变为淡绿到黄绿，叶柄和叶基部变为红色，特别是下部叶片变黄。

B.防治。出现缺氮症状时，在根部随水追速效氮肥，同时在叶面喷洒含氮叶面肥，如志信叶丰或尿素300~500倍液。

（2）缺磷

A.症状识别。缺磷时，叶片呈暗绿，并有褐斑，老叶变褐色，叶片薄，下部叶片的叶脉发红。

B. 防治方法。根部追施速效磷肥 + 叶面喷洒 0.2% 磷酸二氢钾溶液。

（3）缺钾

A. 症状识别。缺钾时，植株叶片尖端变黄，有较大的不规则斑点，叶尖和边缘坏死干枯，叶片小，卷曲，节间变短。有的品种叶缘与叶脉间有斑纹，叶片皱缩。

B. 防治方法。根部追施速效钾肥，叶面喷施 0.2% 磷酸二氢钾溶液，或 10% 草木灰浸提液。

（4）缺钙

A. 症状识别

a. 植株表现。植株生长点畸形或坏死，停止生长或萎缩。

b. 果实表现。主要是脐腐，因此又称为脐腐病。在高温干旱时易发生，水分供应失常或生理性缺钙（含钙量在 0.2% 以下）是其发生的主要原因。此外，氮肥过多，营养生长过旺，果实不能及时补充钙也会发生。被害果实于花器残余部及其附近，初现暗绿色水浸状斑点，后迅速扩大，直径 2~3 cm，有时可扩大到半个果实。患部组织皱缩，表面凹陷，常伴随弱寄生菌侵染而呈黑褐色或黑色，内部果肉也变黑，但仍较坚实，如被软腐细菌侵染引起软腐。

B. 防治办法。栽培时采用地膜覆盖可保持土壤水分相对稳定，并能减少土壤中钙质养分的淋失；栽培中要适时浇水，特别是在结果后要及时均匀浇水，防止高温危害；根外施肥，补钙。可叶面喷施 0.1% 氯化钙，或 0.1% 硝酸钙或流体钙等，每隔 5~10 d 喷施 1 次，连续防治 2~3 次。

（5）缺铁

A. 症状识别。叶片黄化、白化，且首先在嫩叶上出现。土壤酸碱度不合适，常是造成缺铁症的间接原因，在碱性土壤中溶解态的铁较少，只有在酸性土壤中才有较多的可溶性铁。

B. 防治方法。用 0.02%~0.1% 硫酸亚铁溶液叶面喷施，7 d 喷 1 次，连喷 2~3 次可见效。

（6）缺硼

A. 症状识别。缺硼时，植株生长点畸形或坏死，停止生长或萎缩，花而不实。

B.防治方法。叶面喷施硼砂 400 倍液，每次间隔 7~10 d，连喷 2~3 次可见效。

（7）缺镁

A.症状识别。叶片呈灰绿色,叶脉间黄化,基部叶片脱离,植株矮小,坐果少。

B.防治方法。在植株两侧根部追施钙肥、镁肥、磷肥，同时叶面喷施 1%~2% 硫酸镁溶液，7 d 喷 1 次，连喷 2~3 次可见效。

5）环境条件不适的植株形态表现

（1）水分不适

A.症状识别。当水分供应不足时，叶片暗绿、无光泽，叶片狭小，叶脉弯曲，叶柄弯曲，叶片下垂。当水分过多时，整个叶片下垂，是根系吸收能力弱的表现，大多是土壤湿度过大致使根系缺氧，或根系受伤（如施肥过多或根系病害）吸收差引起的生理性缺水。

B.防治方法。水分供应不足时，应及时补水，浇水时间，露地栽培选阴天或晴天的 17 时以后进行；温室（棚）宜选晴天的 10 时以前进行。土壤湿度过大，或发现积水，应及时排掉，并及时通风排湿。

（2）温度不适

A.症状识别。高温时，表现叶柄长；低温时，叶柄短，叶片下垂。

B.防治方法。发生高温障碍时，日光温室栽培要注意浇水，遮阴和放风降温，露地栽培要合理密植；或与玉米等高秆作物间作；有条件者，在夏季的高温强光季节，利用遮阳网覆盖栽培。外界气温较低时，应注意通过加盖草苫等措施加强保温或临时加温。

（3）光照不适（日灼病）

A.症状识别。日灼是强光照射果实引起的生理性病害，主要发生在果实向阳面上。发病初期被太阳晒成灰白色或浅白色革质状，病部表面变薄，组织坏死发硬。后期易受腐生菌侵染，长出灰黑色霉层而腐烂。

B.发病原因。主要是果实局部受热，灼伤表皮细胞引起。在叶片遮阴不好，土壤缺水或天气干热过度、雨后暴热，易引发此病。

C.防治方法。选用叶量较大,互相能遮阴的抗日灼品种。合理密植,采用双株定植，使叶片互相遮阴。与玉米等高秆作物间作，减少太阳直射光，避免果实暴露在直射太阳光下。加强田间管理，促进植株生长，在 6 月中旬前封垄。防止"三落"，特别避免早期落叶。栽培中要及时防止植株倒伏，以免植株倒伏使果实露出，遇阳光暴晒发生日灼。采用遮阳网或纱网等覆盖栽培。

二、"三落"的发生及防治

"三落"，即落叶、落花、落果。"三落"是辣（甜）椒在栽培过程中经常出现的现象，一旦发生，很难治愈，对产量和种植效益影响极大。其发生机制是首先在叶柄、花柄或果柄的基部形成一种离层，与着生组织自然分离脱落，而不是机械损伤（机械损伤虽可造成"三落"，但这种现象不在本部分商讨之列）。造成"三落"既有生理方面的原因，也有病理方面的因素。生理方面的原因，如花器官缺陷（雌、雄蕊发育不良等），开花期的强光、干旱、弱光、多雨、畦面积水、土壤透性差、低温（14℃以下）、高温（35℃以上）、缺肥、施肥或施药不当、栽培密度不合理、植株徒长、田间郁闭等。病理方面，如辣（甜）椒感染疮痂病、炭疽病、白星病，遭受蚜虫及螨类、蓟马、菜青虫、棉铃虫等害虫及病毒病危害等，均可引起大量落花、落果。

1. 定植初期落叶的发生原因及防治

1）发生原因

（1）移栽时苗龄较大　移栽后 3~10 d 叶片逐渐脱落，几乎成为光秆。育苗移栽时没有采取护根措施或措施不妥当，致使伤根过多过重。

（2）苗床地离大田较远　幼苗出圃后较长时间没栽上，引起根系风干失水或叶片失水萎蔫。

（3）环境不适　炼苗不好，定植时温度不适，影响根系生长，缓苗时间长。

2）防治措施

（1）培育适龄壮苗　采用营养钵或穴盘育苗技术，并做到轻拿、轻放，尽量避免移栽时伤根。尽量在田间地头育苗，并做到随起苗，随定植。定植起苗前 1~2 d 给苗床浇水、施肥、喷药并给叶片施肥，增加叶片内含物，提高其抗逆性能。

（2）炼苗 在移栽前7~10 d，搞好幼苗锻炼，让幼苗在移栽前的苗床环境接近或趋同于大田自然环境条件时再定植。

（3）适时定植 春茬辣（甜）椒一定要等到地温高于14℃和当地晚霜过后，选择晴好天气的上午进行定植，"宁等雨后，不抢雨前"。并注意浇水量不能过大，有条件的一定要覆盖地膜。夏茬辣（甜）椒尽量选阴天或晴天的17时以后进行定植，"争抢雨前，莫等雨后"，并注意浇足水，有条件一定要用作物秸秆或杂草等覆盖物盖田降低地温。

（4）带肥定植 定植前1~2 d叶面喷洒0.2%尿素 + 0.3%磷酸二氢钾 +6 000倍萘乙酸水溶液，提高幼苗体内营养物质和激素物质含量，增强株体抗性，促使其移栽后早发根、快缓苗。

2. 结果期"三落"的发生原因及防治

1）发生原因

（1）土壤湿度过大 辣（甜）椒根系生长的土壤是由空气、水分、固体颗粒三大成分组成的，一般情况下，固体颗粒成分相对稳定，但水分和空气经常处于一种动态平衡之中，土壤中水分多即空气少，空气多即水分少。在连续阴雨和1次灌水量过大的情况下，土壤处于饱和状态，空气被水分排挤出土壤，或降水、灌水后土壤表面板结时，土壤透气性变差，导致辣（甜）椒根系缺氧死亡后，地上部得不到根系提供的营养物质而造成大量的落叶、落花、落果。

（2）用药不当 辣（甜）椒对杀虫剂辛硫磷等敏感，即使按常规用量使用时，害虫杀不死，辣（甜）椒就会中毒引起落叶、落花。

辣（甜）椒对多种除草剂也特别敏感，在日光温室栽培辣（甜）椒时，日光温室附近地块施用除草剂随风飘移，就可引起辣（甜）椒栽后落叶和生长不正常。据观察，在离辣（甜）椒田200 m内的上风口施药时，就会对辣（甜）椒产生飘移毒害。给辣（甜）椒喷药时，用喷过乙草胺类除草剂的药械，清洗不干净，也会引起辣（甜）椒"三落"。

（3）干旱缺肥 在辣（甜）椒生长发育过程中，水能调肥，肥能调水，水和肥往往共同作用于辣（甜）椒的生长与发育。辣（甜）椒虽然耐旱，但缺水时往往会引起缺肥，致使植株发生落花、落果。

（4）通风透光不良 植株长势郁郁葱葱，叶色嫩绿发光，只见花蕾开花不见坐果，多是植株徒长，田间郁闭所造成。

（5）温度不适　日光温室栽培的辣（甜）椒，在 8~9 月、11~12 月，及翌年的 1~3 月，辣（甜）椒只见开花不见坐果，是温度超过 35℃ 或低于 14℃，花粉败育不能受精而引起的。

2）防治措施

（1）地面覆盖　覆盖地膜或作物秸秆，防止辣（甜）椒根际土壤忽干忽湿。

（2）合理施药　防病、治虫、除草时，选用洁净药械，慎重选择农药品种，严格操作规程，准确配对农药浓度、用量，掌握最佳施药时间与施药方法，尽量避免药害的发生。

（3）及时浇水追肥　发生旱象和缺肥现象前，未造成落花、落果时，及时浇水追肥。

（4）科学化调　发现有徒长现象时，及时用 33% 多效唑可湿性粉剂 3 000 倍液，40% 助壮素水剂 2 000 倍液，20% 矮壮素水剂 6 000 倍液，芸薹素内酯 2 500 倍液等植物生长调节剂进行化学调控，促进辣（甜）椒单性结实。对已经造成田间郁闭的田块，剪除一部分枝条，以保持株间通风透光。严禁采取深中耕损伤根系的办法，因为辣（甜）椒根系易木栓化，而且根系生长较弱，根系损伤后，虽然能较好地控制徒长，但对产量影响很大。

3. 病虫害造成辣（甜）椒"三落"的症状、发生原因及防治措施　参照本书第十八章的内容，查明原因，因症施治。

4. 肥料不适造成辣（甜）椒"三落"的症状、发生原因及防治措施　参照本书第四章第五节的有关内容进行。

三、辣（甜）椒周期性结果的原因与防治

辣（甜）椒属于无限分枝型，当植株顶端现蕾后开始分枝，以后每隔 1 片叶分枝 1 次，分枝的叶节可达 20~25 个。由于枝叶多，结果也多，并且不断结果，陆续采收，由于种种原因，常造成果实的整齐度较差，采收的均衡性很差。这种现象在辣（甜）椒生产上普遍存在，称为结果

的周期性。

1. 原因　辣（甜）椒进入结果期以后，植株上着生果实数量增加，这些在植株上不断膨大的果实，可视为植株的结果负担量。正在膨大的果实，有优先占有同化产物的特性。因此，当植株结果负担增加时，新分化和发育起来的花芽素质表现不良，开花、坐果率下降。至结果负担量达到最大时，坐果率也变得最低。唯一的途径是培养素质良好的花，特别是单株结果负担量的增加和减少是关键的一环。单株结果负担量的大小，决定着花素质的好坏，花素质的好坏又决定下一轮单株结果负担量的大小，这样就形成了结果的周期性波动。这个周期性波动的波峰和波谷，大体是 1 个月出现 1 次。结果负担量的波峰和波谷恰好与坐果率的波峰和波谷相反；开花的波峰和波谷比结果负担量的波峰和波谷稍提早一些，是在结果负担量达到最大之前变成最大，之后变成最小。

2. 防治　防治辣椒结果周期性，首先要协调营养生长和生殖生长的关系，调节好温度、光照、空气湿度和肥水条件，科学进行植株调整。

在栽培技术措施上，光照强度和氮肥的浓度对结果的周期性影响很大。氮肥浓度大，日照不良时，波峰（结果高峰）显著降低，和波谷（结果低峰）的高差也很小。而且从坐果周期波相来看，比光照条件好，氮浓度适当的波相，无论是波峰和波谷都要低。在这两个影响因素中，光照不良比氮肥浓度过高的影响度要更大一些。

结果期发现植株上有向内伸长的较弱副枝，应及早摘除，在主枝上的次一级侧枝所结的幼果，直径达到 1 cm 以上时，在果前留 4~6 片叶摘心，可起到减弱顶端优势，把养分集中到果实上的作用，避免幼果因营养不良而脱落。

第十三章
日光温室茄子看苗诊断与管理技术

如今全国各地具有当地特色，适宜茄子周年生产的体系已经形成。长江中下游及其以南地区形成了塑料棚、地膜、遮阳网等多元覆盖型周年系列化保护栽培体系；黄淮海平原地区形成了高效节能型日光温室、塑料棚、地膜、遮阳网等多元覆盖型周年系列化保护栽培体系；东北、西北、内蒙古及山西的大部分地区，形成了高效节能型日光温室、塑料棚、地膜等多元覆盖型周年系列化保护栽培体系。

第一节
概述

茄子，别名伽、桥酪酥、落苏、昆仑瓜、矮瓜，属茄科茄属，以食用鲜嫩果实为主的一年生草本植物。

一、茄子的起源与分布

茄子起源于亚洲东南热带地区，古印度为最早驯化地，至今在印度、缅甸以及我国的海南岛、云南、广东和广西等地仍有大量的野生种和近缘种。中世纪时传入非洲，13 世纪时传入欧洲，后又传入美洲，18 世纪时由我国传入日本。

茄子在中国的栽培历史非常悠久，一说在 4 世纪至 5 世纪传入中国，一说中国也是茄子的原产地之一，现一般认为中国是茄子的第二原产地。《齐民要术》中就有关于茄子栽培的记载。

目前，茄子在全世界都有分布，在亚洲、非洲、地中海沿岸、欧洲中南部、中美洲等地种植尤为广泛。但在欧美等地，茄子品种资源较为单一，种植面积不大。在世界各国中以中国茄子栽培面积最大，产量最高。

二、中国茄子生产概况

茄子为喜温作物，对温度和光照条件要求很高，正常情况下，我国北方地区只能在无霜期内进行茄子生产，每年的 7~10 月供应市场，而在漫长的冬春季节，受当时生产及运输条件制约，北方地区的人们吃不到新鲜茄子。

20 世纪 50 年代后期，塑料大棚在我国北方地区开始应用于蔬菜生产，并迅速在全国各地发展。塑料大棚应用于茄子生产，使茄子可以在春季提前1个多月采收上市，秋季可以延长1个多月上市，有效填补了冬春季节茄子市场的供应空当，茄子生产效益也得到大幅提升。

20世纪80年代中后期，随着高效节能型日光温室和功能型塑料薄膜的发展，加之内外保温配套设施和先进栽培技术的应用，使茄子周年栽培与供应变成了现实。

如今全国各地具有当地特色，适宜茄子周年生产的体系已经形成。长江中下游及其以南地区形成了塑料棚、地膜、遮阳网等多元覆盖型周年系列化保护栽培体系；黄淮海平原地区形成了高效节能型日光温室、塑料棚、地膜、遮阳网等多元覆盖型周年系列化保护栽培体系；东北、西北、内蒙古及山西的大部分地区，形成了高效节能型日光温室、塑料棚、地膜等多元覆盖型周年系列化保护栽培体系。

随着保护设施不断发展，茄子生产得到很大促进。特别是在1994~2003年，我国茄子种植面积提升了97.7%。目前，我国茄子种植面积比较稳定，较大的省份为山东、河南、河北、四川、湖北、江苏6省，年种植面积均在60万亩以上。

特别是近年来，随着科学技术的不断发展和我国蔬菜育种工作者的不懈努力，茄子的品种改良速度不断加快，出现了许多抗病性强、产量高、品质好、适宜特殊栽培条件的优良茄子品种。为满足嫁接栽培的需要，许多抗病能力强、配合力好的茄子砧木品种应运而生，使嫁接栽培技术逐步完善，茄子嫁接栽培面积逐渐扩大。由于新品种和新技术在茄子栽培中的推广应用，有效提高了茄子品质及单位面积产量，有力推动了茄子生产的快速发展。

三、茄子的营养成分与保健功能

1. 营养成分　茄子营养丰富，经现代科学分析发现，茄子果实中富含蛋白质、脂肪、碳水化合物、维生素以及矿物质等多种营养成分。据测定，每100 g茄子果实中含蛋白质1.2~2.3 g，脂肪0.1~0.4 g，碳水化合物2.2~3.1 g，粗纤维0.6~0.8 g，钙22~25 mg，磷19~31 mg，钾

152 mg, 钠 11.3 mg, 铜 0.1 mg, 铁 0.4 mg, 胡萝卜素 0.04 mg, 维生素 B_1 0.03 mg, 维生素 B_2 0.04 mg, 维生素 B_6 0.06 mg, 维生素 K 9 μg, 维生素 B_3 0.5 mg, 维生素 C 3 mg 及其维生素 P、维生素 D 等。特别是存在于紫色茄子品种果皮中的维生素 P, 每 100 g 果实中可含 750 mg, 这是许多蔬菜水果望尘莫及的。

2. 保健功能　现代医学研究表明，由于茄子中含有丰富的维生素 P, 可增强人体细胞间的黏着能力以及毛细血管的弹性，减低毛细血管的脆性及渗透性，可防止血管硬化和破裂。茄子中特有维生素 D 与维生素 K, 常吃茄子可以降低血液中的胆固醇含量，可防治脑出血、高血压、动脉硬化、咯血、紫癜（皮下出血、瘀血）、坏血病、内痔出血等病症，可促进伤口愈合，对慢性胃炎及肾炎水肿等也有一定治疗作用。国外研究表明，茄子的抗癌性能是其他有同样作用蔬菜的好几倍，是抗癌强手。目前，印度药理学家已从茄子中成功地提取出龙葵素，在临床中用来治疗胃癌、唇癌及子宫颈癌等癌症，疗效明显。

茄子属凉性食物，夏天食用可清热解暑，对于易长痱子、生疮病的人尤宜。但脾胃虚寒，容易腹泻的人，不宜食用。

第二节
越冬一大茬栽培对设施及品种的要求

一、对设施的要求

由于茄子日光温室越冬一大茬栽培要在日光温室中度过严寒冬季，所以对设施要求比较严格。一般要求日光温室要具有良好的保温和采光性能。紫茄子的果皮颜色是由花青苷系列的色素形成，果实着色时，需接受紫外线的充分照射，才能形成紫色，但目前市场上销售的聚氯乙烯无滴农膜，透过紫外线的能力差，因此在准备栽植紫茄子的日光温室，严禁使用聚氯乙烯农膜，否则，茄子果实会出现整个果实颜色变浅或斑驳着色等不良现象，因此，对温室透明覆盖物也有特殊要求。

二、对栽培品种的要求

1. 砧木品种选择原则

（1）要有良好的亲和力　选择适宜的茄子砧木品种，是进行茄子嫁接栽培的关键。不同砧木和接穗品种之间的亲和力高低与抗逆性强弱不同。

（2）具有较强的抗病性能　进行嫁接栽培最根本的目的就是要利用砧木的抗病性，防止或者减轻由于连作造成的土传病害对茄子生产的影响。主要是防止茄子黄萎病、枯萎病、青枯病、根线虫病等土传病害的发生。因此，所选择的砧木必须要具有优良的抗病性能。但是不同的茄子砧木所抗的土传病害种类是不同的，如刺茄仅抗枯萎病、黄萎病，而不死鸟则同时抗4种土传病害（黄萎病、枯萎病、青枯病、根线虫病）。另一方面，不同茄子砧木之间对同一种病害的抗病程度也不同，如刺茄和不死鸟都能抗黄萎病，但刺茄抗黄萎病的能力达到免疫程度，而不死鸟仅是中等抗病程度。所以，在选择砧木时，首先要考虑主要为了解决什么病害；其次要根据地块的发病程度来选择适宜的砧木。如果是连作的重病地，应该选高抗的砧木；若是发病较轻的非重茬地，可以选择一般的砧木，以发挥其耐低温、高温、瘠薄或干旱等其他方面的优势。

（3）对不良环境条件要有良好的适应性　由于种植季节不同，栽培时会遇到不同的外部环境，如低温、高温、高湿、干旱、盐渍、瘠薄等。所选的茄子砧木品种除了要具有良好的抗病性能之外，还要求对外部不良环境条件具有良好的适应性，以使嫁接植株生长发育良好。但是不同茄子砧木品种对不良环境条件的适应性是不同的，在进行茄子嫁接栽培时要根据种植季节的不同选择适宜的砧木品种，如在进行日光温室越冬一大茬栽培、多层覆盖塑料大棚春提前嫁接栽培时，应选择耐低温、高湿、耐土壤盐分浓度高、土壤通透性稍差等环境条件的砧木材料；在夏季和秋延栽培时要选择耐高温、干旱和暴雨等环境条件的砧木材料。

（4）不能对产量和商品品质产生不良影响　不同的砧木品种对产量和品质有着不同的影响。增加产量、改善品质是嫁接栽培的最终目的，因此要求所选砧木必须具备增产的能力，而这种增产能力又主要是通过砧木的抗病性和抗逆性实现的。也就是说，采用高抗的砧木与栽培品种嫁接，通过砧木来阻止病原菌的侵入，诱导植株产生抗性，增强生长势，以减少或控制发病株的出现，最后达到群体产量和单株产量的共同提高。品质也是选择砧木的一项重要标准，好的砧木品种要求嫁接后果实的品质不能下降。不同的砧木品种与不同的接穗组合反应是不同的，因此在嫁接之前，特别是在推广应用新的砧穗组合之前应做预备试验，没有做过试验的砧木，不能直接用于生产，以免带来不必要的损失。

2. 茄子（接穗）优良品种介绍

（1）新乡糙青茄　河南省新乡市农民长期栽培的优良青茄品种。

早熟，生长势强，植株高大，始花节位6~7节，果实呈卵圆形，果皮绿色，光滑，果肉绿白色，致密，有甜味，品质好，单果重达350 g左右，亩产量3 500~4 000 kg，喜高温，有较强的抗病性能。

适宜于露地越夏栽培。

（2）西安绿茄　陕西省西安市地方品种。

中早熟，植株长势较强，始花节位7~8节，果实呈卵圆形，皮色淡绿，果皮较厚，果肉白色，较紧密，耐运输，单果重300~500 g，亩产量10 000 kg以上，抗病性一般，较耐低温，在保护地内着色好，遇高温果皮颜色易变浅白。

适宜于露地和保护地栽培。

（3）绿杂二号　陕西省西安世阳种苗公司选育。

早熟，茎、叶绿色，果实呈卵圆形，单果重500~800 g，皮色油绿光亮，肉淡绿色，肉质细密，硬度适中，耐储运，果实发育快，连续坐果好，商品性佳，抗逆性强，产量突出，亩产量7 000 kg以上，抗病性强。

适宜于春秋露地和保护地栽培。

（4）绿油油 F_1　河南省高效农业发展研究中心选育（图 13-1）。

早中熟，植株长势强，始花节位 8~10 节，果实长卵圆形，皮色嫩绿，果肉白色，高温季节果皮颜色不变白，商品性好，单果重 500~750 g，大果 1 000 g 以上，亩产可达 20 000 kg，抗病性强，嫁接亲和性好，既耐低温又能适应高温，重茬田块可用不死鸟进行嫁接换根栽培。

适宜于露地和保护地栽培。

图 13-1　绿油油 F_1

（5）河南新青茄　河南省高效农业发展研究中心选育（图13-2）。

特早熟，株形清秀，株势中庸，不弱不旺，耐低温弱光性好，抗病性强，适宜密植，一般单果重500 g，大果750 g以上。

适宜于全国各地春秋露地及各类型保护地栽培。

图13-2　河南新青茄

（6）特早油青茄　河南省高效农业发展研究中心选育（图 13-3）。

植株长势强壮，早熟，门茄、对茄、四门斗茄可同时生长。正常情况下，一叶一果，果实呈卵圆形，激素蘸花后呈长筒形或圆形，平均单果重 500 g，大果 1 500 g 以上。果皮青绿油亮，商品性好，产量高。在保护地重茬田块，用不死鸟嫁接换根栽培，产量更高，效益更好。

适宜于全国青茄产区各茬口栽培。

图 13-3　特早油青茄

（7）青丰1号　天津市农业科学院蔬菜研究所选育。

早熟，株高约75 cm，开展度65 cm，始花节位7~8节，果实卵圆形，果皮鲜绿色、有明亮光泽，肉质细嫩，风味佳，单果重350~400 g，亩产量6 500~7 000 kg，较抗黄萎病、枯萎病，耐绵疫病。

适宜于早春塑料大棚、日光温室和春露地栽培。

（8）绿罐　陕西省西安天美种苗研究开发有限公司选育。

早熟，植株长势健壮。果实高桩长圆形，皮色浓绿，果肉白色。单果重300 g以上，亩产量可达5 000 kg以上，抗逆性好。

适宜于保护地栽培。

（9）西农绿茄1号　西北农林科技大学园艺学院选育。

早熟，长势中等，株高80~90 cm，开展度70 cm，茎叶均为绿色，叶片较小，始花节位6~7节，果实呈椭圆形，果皮绿色，果肉白色，坐果能力强，采果数多，耐冷，对黄萎病抗性较差。

适宜于冬春保护地栽培。

（10）真绿茄　辽宁省农业科学院园艺研究所选育。

中早熟，茎秆直立，株高71.6 cm，开展度70.2 cm，茎秆、叶片和叶脉均为绿色，叶片肥大，叶缘波状，果实呈长椭圆形，长18 cm，直径7 cm，单果重350 g，果皮鲜绿色且有光泽，果肉白色，松软细嫩，味甜质优，商品性状好，丰产性和稳产性好，适应性较强。

适宜于露地和保护地栽培。

（11）辽茄七号　辽宁省农业科学院园艺研究所选育。

早熟，植株直立，叶片上冲，适于密植栽培。果实长20 cm，直径5 cm，单果重120~150 g，果皮紫黑色，有光泽，果实肉质紧密，品质佳，口感好，亩产量5 000 kg左右。耐运输，商品性好，耐低温、弱光，在保护地内果实着色良好。

适宜于越冬和春早熟保护地栽培。

（12）绿油油2号　河南省高效农业发展研究中心选育（图13-4）。

早熟，植株开展度中等，生长势强，始花节位6~7节，果实罐形，长约20 cm，直径约8 cm，果皮嫩绿色、有光泽，果肉白色，肉质细软，品质好，单果重400~500 g，亩产量5 000 kg以上。

适宜于露地和保护地栽培。

图 13-4　绿油油 2 号

（13）尼罗　国外引进品种。

中熟，植株开展角度大，株形直立，始花节位 8~9 节，花萼小，叶片小，无刺，生长势中等，平均果长 28~35 cm，直径 5~7 cm。果皮紫黑色，光滑油亮，果柄与萼片绿色，外形美观，单果重 250~300 g，坐果率极高，连续结实能力极强，丰产性好，采收期长，味道鲜美，货架寿命长，商业价值高。耐低温性较强，在弱光条件下着色良好，抗病性强，对多种病害都有较强的抗性。

适宜于日光温室越冬茬和塑料大棚早春茬栽培。

（14）京长茄 10 号　北京市农林科学院蔬菜研究中心选育。

中早熟，植株生长势强，株形直立，叶色浓绿，叶片大，始花节位 8~9 节，果实长棒形，长 30~40 cm、直径 6~7 cm，果皮紫黑色，有光泽。果肉浅绿白色，肉质细嫩，品质佳，商品性好。单果重 400 g 左右，单株结果数多，亩产量 4 000 kg 以上，抗病性好，适应性强。

适宜于保护地和露地栽培。

（15）黑龙王　国外引进品种。

中熟，生长势强。叶片狭长，叶量较稀，透光性好，叶脉及茎脉紫黑色。始花节位 8~9 节，果实细直、棒状，平均果长 30 cm 左右，直径 5 cm 左右，平均单果重 300 g。坐果能力强，亩产量可达 5 000 kg 以上。萼片紫色，果皮黑亮，着色均匀，品质极佳，畸形果少。极耐储运，商品性好，极耐弱光、低温，高抗灰霉病、黄萎病。

适宜于保护地栽培。

（16）翠铃（公斤青茄）　河南省高效农业发展研究中心选育（图 13-5）。

晚熟，生长势强。花乳白色。果实罐形，果皮青绿色，有光泽，单果重 600~1 000 g，果面光滑，肉质细腻，硬度适中，籽少，味甜，适口性好。亩产量 7 500~10 000 kg。抗逆性强，抗黄萎病、猝倒病和绵疫病。

适宜于露地、保护地春秋茬和越冬茬栽培。

图 13-5 翠铃

（17）农城紫长茄1号　西北农林科技大学园艺学院选育。

中早熟，生长势强，株高1~1.1 m，植株开展度0.9 m。茎和叶脉呈紫色，叶片绿色，始花节位8~9节。果实长棒状，长22~25 cm，直径6~8 cm。果皮紫色发亮，果肉白绿色，籽少，质地软，耐老，单果重150~220 g，坐果多，亩产量5 000~6 000 kg。抗逆性强，耐冷、抗热。

适宜于保护地及露地栽培。

（18）长丰1号　山东省农业科学院蔬菜研究所选育。

中熟，植株长势中等。茎较细，茎及叶柄紫色。叶片呈长卵圆形，叶柄细长。果实长棒状，长可达30 cm以上，直径可达6.8 cm，果皮及萼片黑紫色，果面有光泽，果肉白绿色，绵甜细嫩，纤维少，风味好，适收期长，不易衰老，商品性极佳，单果重300 g左右。抗病抗逆性强。

适宜于保护地栽培。

（19）农城紫长茄2号　西北农林科技大学园艺学院选育。

早熟，生长势强，株高1 m左右，植株开展度0.8 m。茎和叶脉呈紫色。叶色深绿略带浅紫色，始花节位6~7节。果实呈长棒状，果长25 cm，直径6.5 cm左右，果皮深紫色发亮，果肉白绿色，子少，质地软，耐老，单果重160~200 g。坐果早而多，亩产量5 000~6 000 kg。抗逆性强。

适宜于保护地早熟栽培。

（20）沈茄一号　辽宁省沈阳市农业科学研究所选育。

晚熟，生长势较强，株高65 cm，开展度50 cm，株形紧凑，茎秆紫色，叶深绿色，叶脉紫色。始花节位9~10节，果实长25 cm，直径4 cm，果皮紫黑色，有光泽，果肉白色，籽少，果实品质好，单果重200 g，一般亩产4 000 kg。

适宜于保护地和露地栽培。

（21）引进一号　河南省高效农业发展研究中心从国外引进品种（图13-6）。

该品种植株生长旺盛，开展度大，花萼小，叶片中等大小，无刺，果实罐形，直径6~8 cm，长19~22 cm，平均单果重350 g，连续坐果能力强。萼片绿色，果皮紫黑色，光滑油亮，果肉密度大，味道鲜美，丰产性好，采收期长。货架寿命长，商业价值高。

适宜于保护地及露地栽培。

图13-6 引进二号

（22）引进二号　河南省高效农业发展研究中心从国外引进品种（图13-7）。中熟，植株长势强，耐低温、弱光、高湿，适应性强，抗病性强。茎秆粗壮，始花节位8~9节，果实长卵圆形，果长20~25 cm，直径10~12 cm，单果重500~700 g，果皮紫黑油亮，萼片绿色，果肉致密，味甜，耐储运，品质佳，亩产量可达10 000 kg以上。

适宜于春秋露地及保护地栽培。

图 13-7　引进二号

（23）紫罐　河南省高效农业发展研究中心选育（图 13-8）。

早中熟，植株生长势中庸，耐低温、弱光。直立性好。果实呈长椭圆形，果长 24~26 cm，果皮紫红色，有光泽，肉质嫩，种子少，质地细密，品质好，单果重 400~500 g，坐果能力强，亩产量可达 5 000 kg，抗病力强。

适宜于越冬和春早熟保护地栽培。

图 13-8　紫罐

（24）布利塔　国外引进品种（图 13-9）。早熟，植株开展度大。花萼小，叶片中等大小，无刺，始花节位 6~7 节。果实长棒形，平均果长 25~35 cm，直径 6~8 cm，单果重 400~450 g，果皮紫黑色，果柄绿色，绿萼片味道鲜美，丰产性好，生长速度快，采收期长，亩产量 10 000 kg 以上，货架期长，商业价值高。抗病抗逆性强。

适宜于保护地越冬茬和早春茬种植。

图 13-9　布利塔

（25）早茄 2 号　湖南省农业科学院蔬菜研究所选育。

早熟，抗枯萎病能力较强。株高 69 cm，开展度 79 cm。果实长 25.8 cm，直径 4.4 cm，果皮紫红色，有光泽，果肉细嫩，品质好，单果重 140~180 g，亩产量 2 500~3 000 kg。

适宜春保护地及露地栽培。

（26）紫将军 F_1　河南省高效农业发展研究中心选育。

早熟，植株长势强，果实呈长圆形，果皮黑紫色，果面光滑亮丽，不易花皮。果肉细嫩，软硬适中，味甜，籽少，品质上等，单果重 750 g，连续坐果能力强，抗逆性较强，较抗寒，抗黄萎病，耐绵疫病。

适宜于露地或保护地栽培。

第三节
适期播种与嫁接苗培育技术

一、适期播种

进行茄子栽培，重视产量，更应重视经济效益。进行茄子日光温室越冬一大茬栽培时，其产品要在露地茄子拉秧后的生产淡季供应市场，特别是要保证元旦、春节两大重要节日的市场供应，从而获得最大的经济效益。如果播种定植过早，尽管产品可以提前上市，但市场价格低，经济效益差，而且由于播种定植过早，往往会导致生长后期植株长势衰弱，影响总体产量；播种定植过晚，尽管保证了植株的后期长势，但是会错过元旦、春节前后的市场高价时期，造成总体经济效益下降。从有利于越冬和追求总体栽培效益最大化的方面考虑，该茬茄子适宜的播种期在黄河中下游以南地区为 8 月中旬，以北地区往前顺延。

二、砧木和接穗苗的培育

为了使砧木和接穗的最适嫁接期协调一致，应从播种期上进行调整。

1. 砧木　茄子砧木野生性较强，特别是不死鸟，由于采种时间早晚、果实成熟及后熟时间的不同，种子的休眠性差别较大。对休眠性强的砧木种子在催芽前可用赤霉素处理，以打破休眠。一般是用浓度100~200 mg /L 的赤霉素浸泡 24 h，赤霉素处理时应放在 20~30℃ 温度条件下，温度低则效果较差。注意赤霉素的浓度不要过高，否则出芽后易徒长。处理后的种子一定要用清水洗净，在变温条件下进行催芽。一般需 12~14 d 才能发芽。催芽期间，每天要投洗种子 1 次，使种子湿润、透气、温度均匀，出芽后可适当地降低温度。如选用刺茄等休眠程度轻的种子不用进行任何处理，可直接浸种催芽。

对于易发芽的砧木种子如刺茄，可直接进行温汤浸种，即用 55℃ 热水浸种 30 min 并不断搅拌。然后用 20~30℃ 清水浸泡 12~14 h。在 25~30℃ 条件下催芽，1 周左右可以出芽，若采用每天 16 h 30℃ 和 8 h 20℃ 变温催芽，出芽整齐度可明显提高。

2. 接穗　浸种前 2~3 d，将种子晒一晒，可提高发芽势和发芽率。由于茄子种子表面易带多种病菌，一般须进行种子消毒，可用 0.2% 高锰酸钾浸 30 min，捞出后反复清洗，然后用 55℃ 热水浸种 30 min，再用 20~30℃ 清水浸泡 10~20 h，将种子放在 25~30℃ 条件下催芽，5~6 d 可以出芽。变温处理效果更好，可提前出芽。芽刚发出时将其放在 0~2℃ 环境条件下，低温处理一段时间，可提高秧苗的抗寒性。若不能低温处理也要将温度降至 18~20℃，使芽粗壮。当大部分种子发芽长度达 1 mm 时可进行播种。

3. 嫁接技术　详见本书第六章第五节。

第四节
日光温室茄子看苗诊断与管理技术

一、茄子壮苗标准

定植前嫁接苗的壮苗形态是，接穗具 6~7 片真叶（嫁接时去掉 2~3 片），叶大而厚，叶色较浓，茎粗壮，现大蕾，根系发达。

二、定植前准备

新建或改建日光温室在定植前 1 个月就要扣好薄膜、盖上草苫，促进室内温度提高，同时清理日光温室内外环境。如有前茬作物应尽早倒茬腾地，腾地后清除残株杂草。有条件的可多次翻地及开沟晒土，以提高土温。日光温室在定植前 3~5 周扣好棚膜。旧日光温室定植前 1 周，最好进行 1 次熏蒸消毒，每 100 m³ 空间用硫黄粉 150 g，掺拌锯末 500 g 和 90% 敌百虫晶体 50 g，分放数处，放在铁片上点燃后密闭日光温室熏一夜，可以消灭部分地上害虫和病菌。

三、科学整地，配方施肥

由于嫁接茄子根系发达，吸肥力强，应施足有机肥，同时茄子又具有喜氮肥的特点，在有机肥中要有足够的鸡粪、猪粪，配上一些草木灰，亩施农家肥 10 000~20 000 kg。农家肥的 2/3 撒施于地面，深翻入土壤中，粪土掺和均匀。其余的 1/3 开沟后同化肥一起施入定植沟中，化肥的亩施用量为尿素 20 kg，过磷酸钙 75 kg，硫酸钾 15 kg。整地时做成 70 cm 宽的大垄，中间开沟，或做成 1.2 m 宽、15~20 cm 高的高畦，在畦上开 2 条相距 50 cm 的沟。垄作可采用普通地膜覆盖，畦作可在畦面中间开 1 条沟，以便膜下灌水。覆膜时间尽量早一些。

四、适时定植，合理密植

1. 适时定植

1）苗龄适时　80% 植株现大蕾。

2）季节适时　在 9 月中下旬气温较高时定植，以利缓苗，并促使以后健壮生长。

2. 合理密植

1）依品种熟性　依据接穗（茄子）品种熟性早晚，叶片大小，株型松紧等定植。

2）依整枝方式　依栽培整枝方式进行定植。单干整枝亩栽苗 4 000 株，双干整枝亩栽苗 2 000 株。

五、定植至缓苗期的管理

定植后密闭日光温室保湿、保温，温度不超过 38℃，地温不超过 28℃ 不放风，湿度要求土壤湿润、空气相对湿度在 85% 以上。一般不用浇缓苗水，1 周即可缓苗。缓苗后，上午保持 25~30℃，超过 30℃ 时适当放风；下午 28~20℃，低于 25℃ 时闭风，保持 20℃ 以上；夜间 15℃ 左右。缓苗后坐果前要尽量少浇水。

六、开花结果期管理

1. 保花保果

1）落花落果原因　造成该茬茄子落花落果的原因很多，如土壤干燥、营养不良、温度偏低（15℃ 以下）或过高（35℃ 以上）等原因造成花器构造缺陷所致。一般南方多由于早春持续阴雨，土壤含水量过高，空气湿度过大等原因造成；北方多由于早春大风，空气干燥等原因造成。一般情况下，长柱头花或中柱头花，易坐果，短柱头花难坐果，多柱头花坐果后成为畸形果。

2）保花保果方法　使用番茄灵或防落素 30~50 mg/kg、2,4-D 20~30 mg/kg，抹果柄或用小喷壶喷花。

此外，也可选择沈农丰产剂 2 号、果霉宁（保果宁 2 号）、黄金保果素等药剂使用。

进行化学处理时一定要严格注意所配药液浓度，不能超过安全有效的浓度范围，以避免药害发生。

施药时严禁让药液洒落到枝叶上，以免引起药害。特别是进行喷施时，最好用带手套的手护住枝叶。

2,4-D 严禁喷施，以防止产生激素毒害。

为避免重复施药，可在配药时掺入警示色做标记。

在配药时 1 kg 药液中加入 1 g 50% 速克灵可湿性粉剂或 50% 异菌脲可湿性粉剂，可防灰霉病引起的烂果发生。在每 10 kg 药液中加入 1 g 赤霉素原粉，可减轻或避免激素毒害的发生。

2. 整枝　嫁接茄子生长势强、生长期长，多采用双干整枝，有利于后期群体受光，即保留门茄下第一侧枝，形成双干，其他侧枝除掉。上面的摘心要晚些，根据植株的生长状况而定。在生长过程中及时摘掉病叶、老叶，可通风、透光、防病、防烂果，尤其到了后期结果位置升高，下部的老叶要及时处理，同时也要去掉砧木上生出的叶片。另外，日光温室嫁接茄子由于栽培期长，植株比较高大，所以需要采用吊枝生长，以防果实压断果枝并防止植株倒伏，保证良好的群体结构。

1）整枝　嫁接茄子植株生长旺盛，分枝力强，生长期长，如不及时进行整枝打杈，在日光温室光照弱，通风差的环境中，不但植株易徒长，难坐果，而且易造成病害的流行。

2）整枝打杈　本茬茄子多选用中晚熟品种，植株生长势强，应及早进行整枝。茄子植株门茄以下的叶腋内都会萌发出侧枝，特别是线茄品种萌生侧枝更多，如果不及时抹除，不但影响主枝的生长，而且影响通风透光，还会消耗大量的养分。茄子整枝方式很多，常见的有以下几种。

（1）单干整枝法　只保留一个主干，抹去全部侧枝的整枝方式（图13-10）。

图 13-10　单干整枝

（2）双干整枝法　保留门茄以下的第一个侧枝，每株保留两个主干，以后发现侧枝全部抹除的整枝方式（图13-11）。

图 13-11　双干整枝法

（3）三干整枝法　是除保留主枝外，在主茎上第一花序下的第一和第二叶腋内抽生的 2 个较大的侧枝都加以保留，共 3 个杈，基部的其他侧枝全部去除的整枝方法（图 13-12）。

图 13-12　三干整枝

（4）四干整枝法　抹去门茄以下全部侧枝，保留对茄以上的 2 条侧枝，全株共保留 4 条主干的整枝方式（图 13-13）。

图 13-13　四干整枝

（5）不整枝法　抹去门茄以下全部侧枝，以后不再打杈的整枝方式。日光温室生产不应用此法（图 13-14）。

图 13-14　不整枝

3）及时摘叶　在生长过程中及时摘叶，可通风、透光、防病、防烂果、防光合产物损耗，尤其到了中后期结果位置升高，下部的老叶要及时处理，同时也要及时抹掉砧木上发生的侧芽。

（1）看品种摘叶　对分枝能力强、枝叶繁茂的品种可多摘；对分枝能力差、枝叶稀少的品种应少摘叶或者不摘叶。

（2）看长势摘叶　密度过大、生长繁茂、枝叶荫蔽严重的植株可多摘，以保持叶片稀疏均匀，便于通风、透光；栽培较稀、生长正常、通风透光良好的植株可少摘或者不摘。

（3）看叶片摘叶　在进行茄子摘叶时要做到：只摘下部苋边叶，保留中上部叶，摘去病虫危害叶，保留生长正常叶，摘去枯黄烂叶，保留健壮绿叶。

（4）看天气摘叶　阴雨天气不摘叶。

（5）看肥力摘叶　土壤肥沃或施肥量大，且多为氮肥的应多摘叶；土壤薄或施肥量不足，且多为有机肥或磷钾肥搭配适当的应少摘叶。

3. 水肥管理　定植时浇透缓苗水后直到门茄瞪眼前不浇水施肥。门茄瞪眼后，每亩用硝酸磷肥 30 kg+ 硫酸钾 7.5 kg 混合穴施，结合施肥进行浇水。此期浇水量不宜偏大。为控制室内湿度，要实行膜下浇水。浇水时间以 10 时前为好，浇水后封闭日光温室 1 h 再放风排湿。第二次追肥在对茄开始膨大时，追肥数量、种类及方法同第一次。以后追肥浇水的周期视植株生长状态决定。

春节后，外界气温开始回升，光照条件也得到改善，植株开始进入旺盛生长期，对水肥的需求加大。此时浇水量可以加大，可以明沟浇水，但要在浇水后大放风，降低室内空气相对湿度，以防止病虫害的发生。上午浇水，中午放风排湿。

随着外界温度的不断升高，浇水的周期也要缩短，一般 7 d 浇水 1 次。施肥种类和数量也要不断变化和加大，一般每亩每次随水冲施尿素 15~20 kg + 氮磷钾三元素复合肥 30 kg，每隔 10~15 d，喷 1 次叶面肥。

4. 温光管理

1）温度管理

（1）缓苗期　定植后 2~3 d，如果室内温度不超过 38℃不进行放风，夜间要及时加盖草苫等覆盖物保温，以促进茄子快速缓苗。

（2）缓苗后　室内保持较高的温度，一般上午保持在 25~30℃，下午保持在 20~28℃，室温超过 30℃ 时要适当放风，低于 25℃ 时要及时关闭风口，夜间保持在 15~18℃，以促进茄子植株能够快速健康生长，尽快形成丰产株形。

（3）越冬期　此期正处于开花结果期，温度不可过低，以免形成畸形果和造成落花落果。在低温期间，要在中午天气晴好时及时进行放风，既可降低室内空气相对湿度，又可补充室内的二氧化碳，促进光合作用，还可以排出室内的有害气体。

（4）春节以后　随着外界温度的升高，要逐渐加大日光温室的放风量，以免室内温度过高，影响植株正常生长。

2）光照管理

（1）使用新塑料薄膜做棚膜　最好使用新塑料薄膜做棚膜，使用旧塑料薄膜的年限不要超过 2 年，同时要保证塑料薄膜有足够的清洁度。

（2）每天清洁棚膜　及时清除薄膜表面上的草屑、灰尘等杂质，尽可增加塑料薄膜的透光性。

（3）适时揭盖草苫　在寒冷季节，即使遇到阴天或降水（雪）天气，也要尽可能揭开草苫见光，可晚揭早盖。如遇大雪，要及时清扫日光温室前屋面上的积雪。

（4）人工补光　在 12 月至翌年 1 月的严冬季节，此时太阳高度角最低，进入日光温室内的有效光照是 1 年中最少的，为增加室内光照，可在日光温室内张挂反光幕等，必要时可用白炽灯补光。

反光幕上端固定在日光温室中柱的上方，下端距地面 20 cm 左右。反光幕一般选择在晴天早、晚和阴天光线较弱时张挂，光线较强时和夜间收起，以使白天后墙多吸收热量，增加日光温室的储热，夜间多释放热量。

（5）及时去苫　当外界最低温度达到 15℃ 以上时去除草苫。

5. 日光温室内的气体调节　参照本书"第三章第四节"的有关内容进行。

七、适时采收

茄子果实达到商品成熟度时采收，不但品质好，而且不影响上部果实发育，能提高产量。果实萼片（有的称茄盖）下面有一段果实颜色特别浅的部分，这段浅色果皮大，表明果实正在生长，未达到采收标准。以后逐渐缩短，当颜色不显著时应立即采收，此时采收产量与品质最佳。采收过早影响产量；采收过晚则果实内种子发育耗掉养分较多，不但品质下降，还影响上部果实生长发育。但茄子植株长势过旺时应适当晚采，长势弱时早采。

采收时间一般选择刚浇水后的早晨或傍晚。上午枝条脆易折断，中午果实含水量低，品质差。采收时要特别注意，既不要拉断果柄，又要防止折断枝条，最好用修剪果树的剪刀贴茎部剪断果柄。

最佳采收时间是浇水后一天的 6~10 时。

第五节
不同生育时期植株长势长相诊断

诊断就是根据植株的长势长相，判断其生长发育是否正常。茄子的植株，在各个生育期都表现出一定的形态特征，在不良环境条件的影响下，植株的外部形态会表现出反常现象，根据这些形态即可判断出是由什么原因引起的，从而采取相应措施加以解决。

一、苗期

（一）出苗障碍

1.土壤板结　播种后床土表面干硬结皮，空气流通受阻，种子呼吸不畅，不利于种子发芽。已发芽的种子被板结层压住，不能顺利出土，致使幼苗弯曲，子叶发黄，成为畸形苗。

（1）原因 综合分析，引起土壤表面板结往往有两方面原因：一是床土土质不好，二是浇水方法不当。如果在播后苗前浇水量过大，不仅有可能会冲走覆土，使种子暴露在空气中，或者引起土壤板结，造成种子出苗难。

（2）防措施 在配制床土时要适当多搭配腐殖质较多的堆肥、厩肥。播种后，覆土也要用这种营养土，并可加入细沙或腐熟的圈肥，可防止土壤板结。

要求播前浇足底水，播种后至出苗前，尽量不浇水也是防止土壤板结的措施之一。苗出齐后，再适量覆土保墒。如果播后苗前，床土太干必须浇水时，可用喷壶洒水，以减轻土面板结。

2. 出苗少 播种之后长时间不能出苗，即使有部分出苗，出苗也非常少，且非常分散，苗子弱。

（1）原因 一是种子质量不好，如种子在播种前已失去发芽能力，或种子受病菌侵害影响出苗；二是播种床土温过低而水分又过多，使种子腐烂，或床土过干使种子发芽受到影响。

（2）预防措施 选用发芽率高的种子，并进行消毒处理。如果是温度过低而未出苗，应设法为苗床加温；床土过干而影响出苗的，应用喷壶洒浇温水；床土过湿时，可撒厚度 0.5 cm 左右的草炭、炉灰渣、炭化稻壳或蛭石等，在床土表面吸湿。

种子长时间不出土时，扒开覆土检查种子，如果种子有发霉、烂掉或回芽等现象，要及时补种。

3. 出苗不齐 苗子出土的快慢不齐，出土早的比出土晚的相差 3~4 d，甚至更长。造成幼苗大小不一，管理不便。

（1）原因 一是种子质量差，如成熟度不一致、新种子与旧种子混杂、充实程度不同等；催芽时投洗和翻动不匀，已发芽的种子出苗快，而未发芽的出苗慢。二是播种技术和苗床管理不好造成的，如播种前底水浇得不匀，床土湿的地方先出苗；播种后盖土薄厚不均匀，也是出苗不整齐的重要原因；播种床高低不平也直接影响出苗早晚。

（2）预防措施 选用发芽率高的种子，新旧种子分开播种。床土要肥沃、疏松、透气，并且无鼠害；播种要均匀，密度要合适。

4. 戴帽出土　在种子出土后种皮不能够脱落，夹住子叶，这种现象称为戴帽。由于种皮不能脱落，造成子叶不能顺利展开，妨碍了光合作用，造成幼苗营养不良，成为弱苗，这种现象在茄子育苗过程中经常发生，对苗子的影响很大。

（1）原因　造成种子戴帽出土的原因有两个方面：一是盖土过薄，种子出土时摩擦力不足，使种皮不能够顺利脱掉；二是由于苗床过干。

（2）防治措施　苗床的底水一定要浇透；在播种之后，覆土厚度要适当，不能过薄，一般在 1 cm 左右，种子顶土时，若发现有种子戴帽出土，可再在苗床上撒一层营养土；外界湿度不高时，播种后一般要在苗床表面覆盖塑料薄膜，以保持土壤湿润；一旦出现戴帽出土现象，要先喷水打湿种皮（使种皮易于脱离），而后人工摘除种皮。

（二）苗相异常

1. 叶色过深　苗床氮肥充足、夜间温度稍低的条件下，幼苗叶片展开不久就形成花青素，叶片颜色较深。

2. 叶色过淡　氮肥少、夜温高、光照不足的情况下，叶色变淡。

3. 顶芽弯　曲低温、氮肥过多条件下顶芽弯曲，可能是根系受到吸硼障碍所致。

4. 沤根　发生沤根时，幼根表皮呈锈褐色腐烂，致使地上部叶片变黄，严重的萎蔫枯死。

1）原因

（1）土壤湿度过大，通气性差，根系缺氧窒息　在苗床上浇过多的水分，造成土壤含水量过大，特别是低温条件下，水分蒸发慢，作物生长速度慢，吸水速度也慢，造成土壤含水量长时间不能降低，使根系长时间在无氧条件下生长，造成缺氧窒息而死。

（2）地温低　茄子根系生长的适宜温度一般为 20~30℃，而地温低于 13℃ 则根系生理机能下降，地温长时间低于 13℃，根系受伤容易引发沤根。

2）预防措施

（1）增温　低温季节，尽量采用酿热温床或电热温床进行育苗，使苗床温度白天保持在 20~25℃，夜间保持在 15℃ 左右。

（2）控水　温度过低时严格控制浇水，做到地面不发白不浇水，阴雨天不浇水。浇水时要用喷壶喷洒，千万不能进行大水漫灌，以防止土壤湿度过大，透气性下降。

（3）排湿　一旦发生沤根，须及时通风排湿，也可撒施细干土或草木灰吸湿。并要及时提高地温，降低土壤或穴盘基质中的湿度。

（4）化肥　叶面喷施爱多收 6 000 倍液 + 甲壳素 8 000 倍液，或喷洒碧护 6 000 倍液，促进幼苗生根，增强幼苗的抗逆能力。

5.烧根　烧根时根尖发黄，不发新根，但不烂根，地上部生长缓慢，矮小发硬，形成小老苗。此类症状一般不死苗，但严重发生时幼苗失去利用价值。

（1）原因　烧根主要是由于营养土配肥过多或苗床追肥过多，土壤干燥，土壤溶液浓度过高造成的。一般情况下，若土壤溶液浓度超过 0.5% 就会烧根。此外，如床土中施入未充分腐熟的大块有机肥，当大块有机肥发酵时也能引起烧根。

（2）预防措施　在配制营养土时，一定要按配方比例加入有机肥和化肥，有机肥一定要充分腐熟，肥料混入后，营养土要充分混匀。已经发生烧根时要多浇水，以降低土壤溶液浓度。

6.高脚苗　高脚苗是指幼苗下胚轴过长的苗。

（1）原因　形成高脚苗的主要原因：一是播种量过大，二是出苗时床温过高。

（2）预防措施　适当稀播，撒种要均匀；及早进行间苗；及时降低出苗时床温及气温，拉大昼夜温差；阴天及降水（雨、雪）天气要适当降低室温。

7.僵化苗　出现僵化苗是茄子在冬季育苗中经常遇到的问题，特别是当育苗设施的保温性能较差，或外界出现恶劣天气时，更易出现幼苗僵化现象。

僵化苗的特征是：茎细而软，叶片小而黄，根少色暗，定植后不易发生新根，生长慢，生育期延迟，开花结果晚，结果期短，容易早衰。

（1）原因　温度低、光照弱、苗床土壤干燥等。

（2）预防措施　一旦发生幼苗僵化现象，首先要给幼苗适宜的温度和水分条件，促使秧苗正常生长。要尽量提高苗床的气温和地温，适当浇水。对僵化苗，喷赤霉素 10~30 mg / kg、碧护 6 000 倍液 100 g / m²，喷后 7 d 开始见效，有显著的促进生长作用。

8. 叶片异常

（1）茶黄螨　植株顶部叶片变小、变窄、皱缩、生长缓慢、畸形，叶背面呈现茶褐色，且有光泽，是受茶黄螨危害所引起。

（2）蓟马　幼苗长势慢，叶片粗糙无光，且有小型坏死斑，是蓟马危害所造成。

（3）蚜虫　蚜虫危害是顶叶卷曲，下部叶面呈涮油状。

（4）红蜘蛛　红蜘蛛危害是先见黄白色小点，继而变红斑干枯。

（三）死苗

1. 原因　发生死苗的原因较多，一般有以下几个方面：

（1）病害死苗　由于播种前苗床土、营养土未消毒或消毒不彻底，出苗后没有及时喷药防病，以及苗床温度、湿度管理不当等，引起猝倒病、立枯病发生。

（2）虫害死苗　苗床内蛴螬、蝼蛄、蚯蚓等地下害虫大量发生时，造成危害，引起死苗。

（3）药害死苗　苗床土消毒时用药量过大，播种后床土过干及出苗后喷药浓度过高，易造成药害死苗。

（4）肥害死苗　苗床土拌入未腐熟的有机肥，或拌化肥不匀，引起烧根死苗。

（5）冻害死苗　在寒流、低温来临时，未及时采取防寒措施，导致秧苗受冻死亡，或分苗时机不当，分苗床土温过低，幼苗分到苗床后迟迟不能扎根而造成死苗。

（6）风干死苗　未经通风锻炼的幼苗，长期处在湿度较大的空间，苗床通风时，冷空气直接对流，或突然揭膜放风，以及覆盖物被大风吹开，均会导致苗床内外冷热空气变换过猛过频，空气温度、湿度骤然下降，致使柔嫩的叶片失水过多而引起萎蔫。如果萎蔫过久，叶片不能复原，则最后变成绿色干枯，此现象称为风干。

（7）起苗不当造成死苗　分苗时一次起苗过多，一时栽不完的苗失水过多，分苗后不易恢复而死苗；幼苗在分苗前发育不好，根系少；分苗过晚，造成伤根过重，吸收能力衰弱而死苗。

2. 预防措施

（1）病害造成的死苗　在配制营养土时要对营养土和育苗器具做彻底的消毒，按每平方米苗床用50%多菌灵可湿性粉剂8~10 g或30%噁霉灵可湿性粉剂1 g，与适量干细土混匀撒于畦面，翻土拌匀后播种。配制营养土时，每立方米营养土中加入50%多菌灵可湿性粉剂80~100 g或30%噁霉灵可湿性粉剂5 g，充分混匀后填装营养钵。幼苗75%出土后，喷施72.2%霜霉威盐酸盐水剂400倍液杀菌防病。适时通风换气，防止苗床内温度、湿度过高诱发病害。

（2）虫害引起的死苗　用80%敌敌畏乳油1 000倍液浇灌苗床土面，防治蛴螬；用50%辛硫磷乳油50倍液拌碾碎炒香的豆饼、麦麸等制毒饵，撒于苗床四周杀蝼蛄；用2.5%溴氰菊酯乳油1 000倍液浇灌苗床土面，可有效控制蚯蚓危害。

（3）药害引起的死苗　在苗床土消毒时用药量不要过大；药剂处理后的苗床，要保持一定的湿度，但每次浇水量不宜过多，避免苗床湿度过大；一旦发生沤根，要及时通风排湿，促进水分蒸发；阴雨天可在苗床上撒施干细土或草木灰吸湿。

（4）肥害引起的死苗　有机肥要充分发酵腐熟，并与床土拌和均匀。分苗时要将土压实、整平，营养钵要浇透。

（5）冻害引起的死苗　在育苗期间，要注意天气变化，在寒流、低温来临时，及时增加覆盖物，并尽量保持干燥，防止被雨、雪淋湿，降低保温效果。有条件的可采取临时加温措施提高苗床土温；采用人工控温育苗，保证秧苗对温度的要求，如电热线温床育苗、分苗。合理增加光照，促进光合作用和养分积累，适当控制浇水，合理增施磷、钾肥等提高抗寒能力。

（6）风吹引起的死苗　在苗床通风时，要在避风的一侧开通风口，通风量应由小到大，使幼苗有一个适应过程。大风天气，注意压严覆盖物，防止被风吹开。

（7）起苗不当造成的死苗　在起苗时不要过多伤根，多带些宿土，苗要随分随起，一次起苗不要过多；起出的苗用湿布盖住，以防失水过多；起苗后，挑除根少、断折、染病以及畸形的幼苗；分苗宜小不宜大，以利于提高成活率。

　　一般茄子幼苗在 2 叶 1 心时分苗为好。分苗要选择晴天进行，如日光温室光线强、温度高时，可在日光温室顶部覆盖遮阳网或草帘遮光，以防止阳光直射刚刚分完的苗，造成失水、萎蔫或死苗缺棵现象的发生。

二、结果期

　　据段敬杰观察，茄子品种不同，结果期的各种苗态（壮苗、弱苗、旺苗）不一样，下面以绿油油 F_1 为例，讲述茄子结果期不同苗态的外部特征，供参考。

　　（一）植株长势弱（图 13-15）

图 13-15　植株长势弱

植株最上面的花将开放时，顶梢部分应有已展开的幼叶 2~3 片，但只有 1~2 片展开叶，甚至花压顶，侧枝明显细小，是长势弱的表现，可能是营养生长不良、地温低、肥水不足、果子坠秧、病虫危害所致。

从上向下看，已开花的部位距顶端应有 10~15 cm，如果不足 10 cm，是长势弱的表现。

靠近顶端的幼叶在夜间直立向上，表明根系机能正常，反之则可能是根部受到损伤，浇水不足或地温偏低。

植株上部叶片无光泽，是根系受伤或缺水造成的。

植株衰弱则花小色淡，并发育成短柱花。

叶尖的生长点和上部最大叶平直，表明需要浇水。

（二）植株长势旺（图 13-16）

图 13-16　植株长势旺

　　长势旺的植株，花大色深，开花节位上部有展开叶 5 片以上，节间长度 5 cm 以上。主茎和第一侧枝的分杈处如果粗度相等也是长势旺的表现。要及时通过对光照、温度、水分、肥料、气体的调节，使植株由旺转壮。

（三）植株长势壮（图 13-17）

图 13-17　植株长势壮

营养生长和生殖生长协调较好的植株，开花节位上部有 3~4 片叶展开，节间长度 5 cm 左右，表明生育良好；植株上部叶片有光泽，说明根系机能正常；顶部心叶的颜色在下午或傍晚变淡，说明土壤湿度适宜。

（四）果实着色不好

1.紫茄品种　主要是受光不良或昼夜温差小，摘除部分叶片可能有所改善，但摘叶过重会影响果实膨大生长，植株长势变弱。

果实无光泽的原因是土壤水分不足，根系在低温条件下机能受到影响。激素处理浓度过高，或使用激素后温度高，会使果实发皱或裂果。

在日光温室内出现紫茄品种不着色或着色很差的原因是受覆盖材料的影响所致。如厚度在 0.1 mm 的聚氯乙烯膜覆盖初期，对 280 nm 以下的紫外线透过率为 0，对 320 nm 以下的紫外线的透过率只有 25%，因此，在日光温室内种植茄子，如棚面覆盖聚氯乙烯膜作保温透光覆盖材料，不会着色，或着色很差。

这是因为 280~440 nm 的波长，是植物形成色素的主要光质，此范围光质是促进维生素的合成和干物质的积累、防止徒长、防止病害、使植株老化并提高产量的波长。在日光温室覆盖物受污染后，日光温室内作物产量低、易徒长都是与此范围的光质透过少有关。

2.青茄品种　高温呼吸作用强，强光可导致叶绿素分解，因此高温强光可导致青茄品种的果皮变白。

白粉虱、蓟马、茶黄螨的严重危害，也可使茄子果实失去光泽或色泽，严重者导致果实生长锈斑或开裂等。

第六节
嫁接茄子再生栽培

茄子再生栽培又叫更新栽培，它是对长势强壮的植株，剪去结果部位远离主干的分枝，促进其萌发靠近主干的新枝并开花结果的一种栽培新技术。有以下几方面的优点：一是节省了育苗所耗费的大量人工和费用。二是具有明显的更新复壮作用，更新后的茄子根系发达，植株长势强，坐果性好，产量高。三是经济效益好，通过加强栽培管理，再生茄子可以出现第二个产量高峰期，且是淡季上市，可明显增加种植者的经济收入。四是解决了夏季高温多雨季节育苗的困难，减少了病虫害的发生。

茄子再生栽培技术，不仅可以应用在日光温室茄子的栽培上，塑料大棚、露地等在植株结果部位远离主干的情况下，都可以采用该技术。

一、方法

茄子再生栽培一般在 7 月后，茄子商品市场供应盛期，也就是市场售价最低时进行植株剪截。各地剪截的方法有所不同，常用的有以下 2 种：一种是在四门斗茄子采收完后，在对茄以下 2 个一级分枝处，用镰刀或修枝剪把一级分枝割（剪）断，留下 Y 形主干。另一种是从茄子主干离地面 10~15 cm 处剪截，只留下主干。

剪截时要保持切面为斜面，以防切面周围腐烂。

不要在阴天及连阴雨天进行剪截，最好在晴天上午剪截植株。

剪下的枝条要全部带出田外进行集中处理，同时要清除杂草及枯枝残叶，以减少病虫害的发生。

剪截完成后可用伤口防腐灵溶液涂抹伤口，或用农用链霉素 1 g+80 万单位青霉素 1 g+75% 百菌清可湿性粉剂 30 g+ 水调成糊状，涂于剪口防止病菌侵入。

二、剪截后的管理

1. 肥水管理　剪截后正值雨季，要注意防雨排涝。前茬茄子经过几个月的生长，消耗了土壤中大量养分，因此，施足发棵肥是获得再生栽培高产的关键。剪枝后，为了加速发出健壮的新枝，要及时追肥浇水。一般每亩随水追施沼液 3 000~4 000 kg，或追施氮磷钾三元素复合肥 30 kg+ 饼肥 50 kg+ 尿素 10~15 kg。新株结果初期，要再次补充肥料，每亩可埋施氮磷钾三元素复合肥 15~20 kg 或经发酵的饼肥 80~100 kg，施后浇水，促进新株生长。新枝大部分坐果（瞪眼）时，及时浇水。茄子采收第一茬果后，亩随水施入尿素 15 kg 或沼液 1 000 kg，促秧促果。

由于茄子的根系扎得较深，施肥时要在行间开沟，埋入肥料。也可在根附近扎孔追肥或用追肥枪追肥，然后浇透水。

2. 植株调整　剪枝后 7 d 左右，即有幼芽萌发，并形成再生茄的新芽、嫩梢。此时要进行整枝，这是再生栽培成功的关键环节之一。新枝伸长 10 cm 左右时，选择 2~4 个健壮、长势好的侧枝作为新结果枝，其余的侧枝和腋芽要全部打掉。以后的整枝摘叶按常规进行。

3. 病虫害防治　前期温度较高，易发生蚜虫、红蜘蛛、棉铃虫等虫害及疫病、褐纹病等病害，要加强田间管理，及时进行防治。

4. 适时采收　再生茄子剪截后，一般 8 月下旬至 9 月上旬即可采收上市。

第七节
茄子常见生理性病害与防治

茄子生理性病害是指由水分、光照、温度不适宜，营养元素缺乏或过剩，有害物质积聚引起中毒和农药使用不当等引起的茄子病害，而不是由细菌、真菌、病毒等微生物侵染引起，此类病害没有侵染过程，不能引起相互之间的交叉感染。生理性病害一般表现为在一定程度上均匀发生，发病程度由轻到重，且通常表现为全株性发病。

一、营养不良引起的病害与安全防治

1.缺氮　氮是构成蛋白质的主要元素，而蛋白质是细胞质、细胞核和酶的主要成分，植物体内含有蛋白质的器官都含有氮。此外，叶绿素、植物激素、多种维生素和生物碱中也都含有氮。可以说氮是生命元素。

1）症状　茄子缺氮时植株矮小，生长缓慢，叶片小，叶色变淡，叶片均匀褪绿黄化，下部老叶尤甚。一般从叶尖沿主脉逐渐黄化、干枯。病株根量少，色白而细长，严重时根系停止生长，呈褐色。在开花期虽也能形成少量花蕾，但由于没有足够的养分供应，花蕾停止发育变黄脱落。少量果实表现果小、畸形。

2）防治方法　为避免植株缺氮一定要施足基肥，且在温度低时施用硝态氮肥料效果更好。茄子需肥量较大的初果期和盛果期，易缺乏氮，若发现缺氮，可立即亩追施碳酸氢铵 50 kg 或尿素 15 kg，追肥结合浇水。缺氮严重时，可叶面喷洒 0.1% 尿素溶液。

2.缺磷　磷是植物细胞的组成成分，在植物的新陈代谢中起着非常重要的作用。

1）症状　茄子缺磷时，生长初期其生长势就差，茎秆细长，纤维发达，植株难于分化形成花芽，或花芽分化和结果期延长，果实着生节位明显上升，叶片变小，下部叶变黄褐色，严重时从下部开始逐渐脱落，叶色变深，叶脉发红。

2）防治方法　育苗时要在营养土中施入磷肥，定植前要在大田中施过磷酸钙等磷肥作为基肥。一般碱性土壤易缺磷，可通过施用酸性肥料或大量增施有机肥改良土壤性质。依据茄子生育规律，除施足基肥外，对连续采摘期长的栽培茬口，还要追施过磷酸钙、硝酸磷肥、磷酸二氢钾等速效性磷肥。必要时或盛果期可叶面喷施 0.2%～0.3% 磷酸二氢钾或 0.5%～1.0% 过磷酸钙溶液。

3.缺钾　钾不但能促进植物体内蛋白质的合成，而且对于碳水化合物的合成和运输，也有很大的促进作用。

1）症状　茄子缺钾初期心叶变小，生长慢，叶色变淡；后期叶脉间失绿，出现黄白色斑块，叶尖叶缘渐干枯，老叶易黄化干枯脱落。果实小，且果实顶部、维管束、种子变褐。缺钾叶片黄化与缺氮十分相似，但不同的是，缺钾老叶黄化干枯是从叶片的边缘开始往里逐渐干枯。

2）防治方法　多施有机肥作基肥；钾肥易流失，要防止土壤积水。发现缺钾时在多施有机肥的基础上，土壤追施硫酸钾20 kg或硝酸钾10 kg，或草木灰200 kg。盛果期用0.2%~0.3%磷酸二氢钾溶液或10%草木灰浸出液进行叶面喷施，7~10 d喷1次。

4. 缺钙　钙是构成细胞壁的成分，对于细胞壁的形成起着关键的作用。同时钙元素对于植物体的抗病性也起着一定的作用。

1）症状　茄子缺钙时植株生长缓慢，生长点畸形，幼叶叶缘失绿，叶片的网状叶脉变褐，呈铁锈状。严重时叶片干枯脱落，同时使植株顶部生长受阻，造成植株顶芽坏死脱落，降低植株抗病力，加速其老化，易导致落花，果实易发生脐部细胞坏死或腐烂。

施用氮、钾肥过多，土壤盐分浓度过高，土壤干旱或空气干燥遇高温时，或土壤过湿遇低温后气温突然升高时易缺钙。

2）防治方法　多施有机肥，及时调节好日光温室内的温度、湿度，遇不良天气时及时叶面补充速效钙肥，如钙宝、氯化钙等。发现植株缺钙时，要根据土壤诊断，施用适量的石灰，也可叶面喷洒0.3%~0.5%钙硼钙等速效微肥水溶液，每4 d左右喷洒1次，连喷2~3次。

5. 缺镁　镁是植物体中叶绿素的成分之一，具有促进呼吸作用和植物对磷的吸收作用。

1）症状　茄子缺镁时叶脉附近，特别是主叶脉附近变黄，叶缘仍为绿色；严重缺镁时，叶片失绿，叶脉间会出现褐色或紫红色的坏死斑。这些症状一般从下部老叶开始发生，在果实膨大盛期，距离果实近的叶片易发生。果实除膨大速度变缓、果实变小、发育不良外，无特别症状。

2）防治方法　防止一次性或过量施用氮肥、钾肥，特别是要减少钾肥用量，增施磷肥。在土壤追施大量氮肥、钾肥后，及时叶面喷施硫酸镁300倍液可有效避免或减轻缺镁症状的发生。栽培中发现缺镁时，可施钙镁磷肥或用0.2%硫酸镁水溶液叶面喷施，7 d喷1次，连续2~3次。

6. 缺硼　硼影响着植物的生殖过程，对于花器官的发育和受精作用的进行起着重要的作用。另外，硼还可以抑制植物体内有毒酚类物质的合成。

1）症状　茄子缺硼时茎叶变硬，叶硬邦邦的，上部叶扭曲畸形，新叶停止生长，幼芽弯曲，植株呈萎缩状态，严重者顶端变粗，顶叶芽坏死。茎内侧有褐色木栓状龟裂，子房不膨大，花蕾紧缩不开放，果实表面有木栓状龟裂。果实内部和靠近花萼处的果皮变褐，易落果。土壤干燥、有机肥施用少、土壤酸化或过量施用石灰，一次性追施速效钾肥过量都有可能造成缺硼。

2）防治方法　重施有机肥。有机肥不足时，亩施硼砂 1 kg 加饼肥 10 kg 混匀作基肥。出现缺硼时，用硼砂 800~1 000 倍液进行茎叶喷雾，5~7 d 喷 1 次，连续 2~3 次。

注意事项

茄子缺硼症容易与下列症状相混，诊断时加以注意：

根据症状出现在上部叶还是下部叶来确诊，发生在下部叶不是缺硼症。

缺钙也表现为生长点附近发生萎缩，但缺硼的特征是茎的内侧木栓化。

害虫（蚜虫、茶黄螨等）危害也可造成新叶畸形，要仔细观察分析症状发生原因。

病毒病、除草剂飘移危害、杀虫剂过量使用也会出现顶叶皱缩现象，要认真观察、分析、区分。

7. 缺铁　铁是植物体内酶的重要组成成分，是叶绿素合成所必需的元素之一。

1）症状　茄子缺铁时，幼嫩新叶除叶脉外均变为鲜黄色，黄化现象均匀，不出现斑状黄化或坏死斑。在侧芽及腋芽上也出现主茎顶尖类似症状。

一般情况下，沙质及盐碱土壤上易缺铁；一次性施用磷肥过多也易缺铁；日光温室内土壤过干、过湿、地温低时，根系对矿质养分和水分吸收受阻时也易缺铁；铜、锰元素过多与铁产生拮抗作用也能引起缺铁。

2）防治方法　多施有机肥，碱性土壤每2~3年基施硫酸亚铁5 kg。避免一次性大量施入磷肥。发现缺铁症状时用硫酸亚铁200~300倍液或100 mL/L柠檬酸铁溶液进行茎叶喷施，5~7 d喷1次，连续2~3次。

8. 缺锌　锌是植物体内吲哚乙酸合成所必需的元素，及一些酶的组成成分或活化剂。

（1）症状　茎尖幼嫩部位叶片中间隆起，叶肉黄白化，畸形，茎叶发硬，生长点附近节间缩短，叶片变小。

土壤呈碱性；植株吸收磷过多抑制锌的吸收；在遮阳网下育的苗，猛然移入光照较强的大田；露地栽培夏季雨后骤晴，都可能导致茄子缺锌。

2）防治方法　土壤中避免过量施用氮肥、磷肥。出现缺锌状时，用硫酸锌800倍液进行茎叶喷雾，5~7 d喷1次，连续2~3次。

9. 缺锰　植物的光合作用需要锰的参与。同时锰也是叶绿体的构成元素之一。此外，锰还是植物体内某些酶的活化剂，在锰的参与下，能提高植物体的呼吸效率。

1）症状　茄子缺锰时植株叶脉间失绿，呈浅黄色斑纹，或出现不明显的黄斑或褐色斑点。严重时，上部嫩叶均呈黄白色，花芽呈黄色，植株节间变短，茎细弱，幼叶不萎蔫。

如果是缺铜，除表现上述症状外，幼叶会萎蔫。

缺钙、硼，顶尖幼芽易枯死，而缺锰无顶芽枯死现象。

2）防治方法　整地时，亩施硫酸锰2~4 kg作基肥。平衡施肥，重施有机肥，勿使肥料在土壤中呈高浓度。发现缺锰时，用硫酸锰500~600倍液进行茎叶喷雾，2~3 d喷1次，连续2~3次。

10. 茄子幼芽弯曲

1）症状　茄子苗顶端茎芽发生弯曲，秆变细，仅为正常茎粗的1/5~1/3；植株生长暂时停止或缓慢生长，继而侧枝增多增粗。主要是由于低温、施用氮肥过多引起的钾、硼元素吸收障碍。

2）防治方法　定植时注意增施有机肥，低温弱光期，每亩追施硫酸钾15 kg和硼砂1 kg。出现症状时，可在叶面上喷高钾营养液和硼砂1 000倍液，以促进植株恢复正常生长。

11. 茄子嫩叶黄化

1）症状　幼叶呈鲜黄白色，叶尖残留绿色，中下部叶片出现铁锈色条斑，嫩叶黄化。

多肥、高湿、土壤偏酸、锰素过剩，抑制了植株对铁元素的吸收，导致新叶黄化。

2）防治方法　发病后，叶面喷施硫酸亚铁 500 倍液，田间施入氢氧化镁和石灰，以调整土壤酸碱度，补充钾肥，平衡营养，可满足或促进植株对铁的吸收。

二、环境条件不适宜或管理不当引起的病害与安全防治

1. 茄子僵果与萼下龟裂果

1）症状　僵果又称石果，是单性结实的畸形果。果实个小，果皮发白，有的表面隆起，果肉发硬，致萼下龟裂，适口性差，环境适宜后僵果也不发育。

2）原因　苗的品质不好；花芽分化不充分，形成多心皮果实；激素使用量大，开花结果期温度过高或过低，致使花授粉不完全；夜温过高，昼夜温差小；铵态氮和钾肥施用过多；苗期干燥、弱光、低温、苗龄小、根系少、主根浅、根受冻等造成茄子吸收水分和养分量小等情况都易引起僵果。

3）防治方法　选择适宜品种，采用配方施肥技术，结果期叶面喷施 1% 尿素 +0.5% 磷酸二氢钾 +0.1% 膨果素混合溶液，可有效促进果实膨大。温度控制在 30℃ 以下，及时通风换气防止高温危害，昼夜温差不能小于 5℃。进行人工授粉或用 10~15 mg /L 坐果灵溶液涂抹花柄，也可用 30~50 mg /L 防落素溶液喷花，促进果实膨大。有条件的可以用蜜蜂或熊蜂辅助授粉。选用聚乙烯紫光膜，增加冬季日光温室内紫外光谱透光率，可提高室内温度 2~3℃，控秧促根。及时摘取僵化老果，避免其与上层果争夺营养。

2. 茄子落蕾、落花

1）症状　茄子的蕾在开花前后脱落，坐不住果。

2）原因　温度过高或过低；花发育不良，中短柱花多；缺肥少水，营养不良；植株旺长；光照弱，植株生长不良等都可导致落蕾、落花。

3）防治方法　培育壮株，加强温、湿度调控，及时适量供给肥水。注意促长柱花生长，减少短柱花的比例，以利于提高坐果率。生产中采用的关键措施是加强花果期的温度管理，白天控制在25℃以上，夜间控制在15~20℃，使花芽分化较迟缓，以利于长柱花的形成。要做好日光温室内温度调控，使结果期白天温度在25℃以上，夜间在15~20℃；夏季高温期应注意浇水降温，如遇连续高温天气，可架遮阳网降低温度，以提高坐果率。注意即使在寒冷的冬季，也绝对不可在夜间为日光温室加温，否则会使夜温过高，导致大量落花，但加温可在白天进行。

在茄子花蕾含苞待放到刚开放这段时间，用2,4-D 20~30 mg/L溶液，涂抹果柄或柱头，温度低时抹药浓度为30 mg/L，温度高时抹药浓度为20 mg/L。注意不能重复涂抹，为防止重复，可用广告色做标记。

采用配方施肥技术，合理施用有机肥，提倡每亩施用绿丰生物肥50~80 kg，或叶面喷施植物生长调节剂芸薹素内酯3 000~4 000倍液、或碧护2 000~4 000倍液。

3. 茄子畸形花

1）症状　正常的茄子花大而色深，花柱长，开花时雌蕊的柱头突出，高于雄蕊花药之上，柱头顶端边缘部位大，呈星状花，即长柱花。生产上有时遇到花朵小、颜色浅、花柱细、花柱短，开花时雌蕊柱头被雄蕊花药覆盖起来，形成短柱花或中柱花。当花柱太短，柱头低于花药开裂孔时，花粉不易落到雌蕊柱头上，不易授粉，即使勉强授粉也易形成畸形花，或开花后3~4 d，幼果从离层处脱落，坐不住果。

2）原因　温度过高，光照弱，氮、磷元素不足，都易产生畸形花。

3）防治方法

（1）培育壮苗　配制肥沃的营养土，气温白天控制在20~30℃，夜间20℃以上，地温不低于20℃。冬季育苗要选用温床，早春注意防止低温，后期气温逐渐升高，防止高温多湿。昼夜温差不要小于5℃，保持土壤湿润。苗龄不可过长，要求茎粗壮，节间短，叶大肥厚，叶色深绿，须根多。注意要经常擦去棚膜上的灰尘，增强光照。

（2）尽量延长日照时间　促进花芽分化及长柱花形成。

（3）提高移植质量 定植前1~2 d浇透苗床，喷1遍杀菌杀虫剂＋营养液的复合溶液，移植时尽量少伤根。随取苗，随栽苗，随浇水。

（4）加强温度管理 日光温室茄子进入5月，棚膜应逐渐揭开，防止高温危害，避免产生畸形花。

4. 茄子裂果

1）症状 日光温室茄子生育前期，出现茄子果实形状不正，产生双子果或开裂，主要发生在门茄上，开裂部位一般在花萼下端。另外，在日光温室茄子的生育后期，发生茶黄螨、异星瓢虫等危害时，也可产生裂果，但多从果脐部开裂，露出种子和果肉。

2）原因 温度低、氮肥施用过量、浇水过多造成花芽分化和发育不充分而形成多心皮果实，或由雄蕊基部开裂而发育成裂果。此外，果面伤疤、有害气体危害、虫害等都易造成裂果的发生。

3）防治方法 移植前提前浇水，带土移栽，尽量少伤根；采用配方施肥技术，进行平衡施肥；防止过量施用氮肥，合理浇水，果实膨大期不要过量浇水。日光温室茄子定植后，将茄子专用防裂素配制成30 mg /L水溶液喷雾，可有效防止保护地茄子裂果。保持适宜的田间湿度，防止干旱后大量浇水而造成土壤水分剧烈变化。及时防治害虫。

5. 茄子低温寒害和冷害

1）症状 发生寒害时，茄子叶片叶绿素减少，出现黄白色花斑，植株生长缓慢。发生冷害时，叶尖、叶缘乃至整个叶片呈水浸状，叶组织先褪绿呈灰白色，后病叶脱水呈青枯状。

2）原因 茄子日光温室栽培时，如果日光温室的保温性能不佳或管理不当，易造成茄子低温寒害和冷害。

3）防治方法 进行日光温室茄子栽培时，要选择耐低温品种。根据自身保护设施的保温性能，合理地安排栽培茬次。低温季节育苗时，最好选择温床进行育苗，定植前做好低温炼苗工作，增加苗子的抗寒性能。做好日光温室内的防寒保温工作，特别当出现降雪等恶劣天气时，不要使日光温室内温度长期处于10℃以下。一旦发生寒害，特别是冻害，不要升温过快，要上午早放风，下午晚闭风，尽量加大通风量，并用农用链霉素可溶性粉剂2 000倍液进行茎叶喷雾，可大大减轻受冻程度。

6. 茄子 2,4-D 药害

1）症状

（1）植株顶部　生长点变畸形，生长停止，茎秆、枝条发育受阻，扭曲、畸形，幼叶皱缩，僵小，不再生长。

（2）植株下部　根部根毛锐减，根尖膨大，丧失吸收能力，影响输导，严重时造成茄子整株死亡。

2）原因　主要由于 2,4-D 使用不当引起。

3）防治方法　利用 2,4-D 进行保花保果时，要严格按照操作规程进行，特别要注意药液的使用浓度；施药时不能让药液碰到枝叶；2,4-D 使用时不能进行喷施；使用时要根据温度调整用药的浓度，温度高时，适当降低用药浓度；避免重复施药。

7. 茄子枯叶

1）症状　中下部叶枯干，心叶无光泽，黑厚，叶片尖端至中脉间黄化，并逐渐扩大至整叶；折断茎秆，可看到维管束无黑筋。在日光温室中多发生在 1~2 月的低温弱光期内。

2）原因　因土壤缺水造成空间干冷，或由于施肥过多，造成植株脱水引起生理缺镁症。

3）防治方法　冬前选晴天（20℃以上）浇足水，因水分持热能力比空气高，可提高地温，避免冻伤根系。随水每亩施硫、镁肥 15 kg，以增强光合强度，缓解症状。

8. 茄子顶叶凋萎

1）症状　顶端茎皮木栓化龟裂；叶色青绿，边缘干焦黄化；果实顶部下凹，易染绵疫病而烂果。

2）原因　在碱性土壤条件下，植株由低温弱光转入高温强光，导致植株地上部蒸腾作用大，同时根系吸收能力变弱，造成顶叶因缺钙、缺硼而凋萎。

3）防治方法　注意叶面补充钙肥与硼肥。高温强光天气的中午要注意降温防脱水，前半夜保温促长根，3~5 d 后地上地下部生长平衡后，再进行高温强光管理，可防止闪苗和顶叶脱水凋萎。

9. 茄子着色不匀

1）症状　深紫色品种的茄子在日光温室、塑料大棚栽培时，呈淡紫色或红紫色，个别果实甚至呈现绿色。着色不良果分为整个果实颜色变浅和斑驳着色不良两种类型。在日光温室栽培时，多发生半面着色不良果实。

2）原因　农膜选用不当，果实受光弱，色素形成受到影响。坐果后持续阴雨天气，或果实被叶片遮盖，都会引起着色不良。

3）防治方法　尽量选择透光性好的塑料薄膜进行覆盖，并定期清除膜上的灰尘及水珠，增加透光率。早揭晚盖草苫，延长光照时间，必要时可采取补光措施。合理密植，适当整枝，及时抹去多余腋芽。随着果实的采收，摘除下部老叶、病叶，改善通风透光条件。坐果后清除附在果实上的花瓣，既有利于果实着色，又可预防灰霉病的发生。

10. 茄子果形异常

1）症状　茄子植株所结的果实为矮胖果、下部膨胀果、凹凸果等果形不正常的果实，也称"劣果"。

2）原因　茄子劣果与植株的营养状态有着密切的关系。植物激素、土壤、肥料等均会对果形异常造成明显的影响。

3）防治方法　使用植物生长调节剂，应注意在不同的温度条件下，使用不同的浓度，要注意保持土壤湿度适中，合理施用氮肥，供给足够的钾肥。

11. 茄子疯长

1）症状　茄子疯长，指在生长期间的非正常徒长。疯长会造成枝叶过旺，通风透光不良，植株开花少，落果多，产量低，品质差等。

2）原因　湿度过大，光照不足，氮肥施用过多均会造成疯长。

3）防治方法　控制苗龄，及时定植。控制氮肥的用量，采用深沟高畦栽培，促进根系生长。发现有疯长迹象时，采用深中耕的方法切断部分根系，控制生长。适时适量整枝打叶，搭架，使通风透光良好。用生长调节剂，如 PBO、助壮素等进行喷施抑制植株生长。采用手捏蹲苗法防治。确认疯长植株，从苗顶上往下数，在第二叶下的节间处用两个手指轻轻一捏，使其发"响"出水，以减少植株向上的水分和养分的输送，抑制植株生长，待 3~5 d 后捏过的伤口部分愈合成一个"疙瘩"后，再恢复正常生长。使用这种方法，可以有效地控制植株疯长，同时可以使植株之间生长整齐一致。

第八节
茄子病害科学防治技术

日光温室内蔬菜发生的共性病虫害，详见本书第十八章。此处仅介绍茄子独有病害。

一、茄子褐纹病

1.病症 苗期与成株期均可发病，主要危害茄子叶片、茎基及果实。

幼苗发病，在近地表幼茎上出现梭形褐色病斑，稍凹陷收缩，并有小黑点，条件适宜时病斑迅速发展，造成幼苗猝倒、立枯。

成株期下部叶先受害，叶子出现灰白色水浸状圆形斑点，逐渐变褐色，其上轮生许多小黑点，后期病斑扩大连片，常常造成干裂、穿孔、脱落。茎秆受害多在基部，病斑扩大，环茎一周时常造成整株枯死。

果实受害最严重，产生褐色圆形凹陷斑，上有许多小粒点，排列成轮纹状。最后病果腐烂落地或成僵果悬留枝头。

2.防治方法 发病初期及时摘除病果并用药剂防治。可喷布 75%百菌清可湿性粉剂 600 倍液，或 40% 腈菌唑可湿性粉剂 1 000 倍液，或 80% 代森锰锌可湿性粉剂 800 倍液，或 64% 杀毒矾可湿性粉剂 500倍液，或 58% 甲霜灵锰锌可湿性粉剂 500 倍液，视天气和病情隔 10 d喷 1 次，连喷 2~3 次。

二、茄子绵疫病

1.病症 主要危害果实，初似近圆形小斑点，后迅速扩展延及整个果实。病果病部黄褐色或暗褐色，逐渐收缩、变软，表面出现皱纹，湿度大时病部长满茂密的白色絮状霉层。内部果肉变褐腐烂，后期多脱落，在潮湿地面上迅速全部烂完。

叶片受害产生近圆形或不规则形水浸状淡褐色或蓝褐色病斑，有明显的轮纹，潮湿时病斑上生稀疏白色霉状物。茎部染病，初呈水浸状，后变暗绿色或紫绿色，病部僵缩，湿度大时生稀疏白色霉状物，病部以上枝叶萎蔫。

2. 防治方法　发病初期用百菌清烟剂或粉尘剂。还可用 75% 百菌清可湿性粉剂 500 倍液，或 40% 乙膦铝可湿性粉剂 200~300 倍液，或 64% 杀毒矾可湿性粉剂 400 倍液，或 58% 甲霜灵锰锌可湿性粉剂 400~500 倍液，或 72.2% 霜霉威盐酸盐水剂 300~400 倍液，或 14% 络氨铜水剂 300 倍液，交替使用，重点喷果，隔 7~10 d 喷 1 次，连防 2~3 次。

三、茄子病毒病

茄子病毒病各地均有发生，近年病情有加重的趋势，应引起注意。

1. 病症　主要在成株期显症，为系统性侵染发病，病株稍矮化，上部叶片出现深绿与浅绿相间的斑驳花叶，重时呈疱斑花叶。中下部叶片有时出现不规则形暗绿色斑纹。花芽分化能力减退，花少、果少，果实往往小而畸形。

2. 防治方法　早期要加强防治蚜虫、截形叶螨（红蜘蛛）。2~4 叶期喷施 NS-83 增抗剂 100 倍液各 1 次，提高植株耐病力。发病初期及时喷施 20% 病毒 A 可湿性粉剂 500 倍液，或 1.5% 植病灵乳剂 1 000 倍液，掺入硫酸锌和高锰酸钾各 0.1%，或抗毒剂 1 号 300 倍液，隔 10 d 喷 1 次，连喷 2~3 次。

第十四章
日光温室豆类蔬菜生产

豆类蔬菜主要包括菜豆、豇豆、扁豆、豌豆、刀豆等，均属豆科植物，是蔬菜中营养较为丰富的种类之一，含有丰富的维生素和植物蛋白质，可为食用者提供易于消化吸收且富含赖氨酸的优质蛋白、碳水化合物、多种维生素及微量元素等。豆类蔬菜不仅在全国各地的露地广泛栽培，也是设施蔬菜栽培中的重要蔬菜种类。本章主要对近年来日光温室中栽培较多的菜豆、豌豆及豇豆做以简要介绍。

第一节
日光温室菜豆生产

菜豆又称芸豆、架豆、四季豆、豆角、玉豆、凉豆等，属于豆科菜豆属一年生草本植物。菜豆原产美洲的墨西哥和阿根廷，我国在16世纪末才开始引种栽培。近年来，随着人民生活水平的提高以及设施园艺的迅速发展，菜豆的设施栽培面积逐步扩大，尤其是日光温室菜豆栽培，使菜豆不仅可以春夏秋季生产，而且可以冬季生产，实现了四季生产和周年供应，既丰富了居民餐桌，也使广大菜农取得了良好的经济效益。

一、生物学特性

（一）植物学特征

1.根　菜豆根系较为发达，吸收能力较强，主根与侧根上都具有根瘤，有一定固氮能力。开花结荚期是形成根瘤的高峰期，且植株生长越旺盛，根瘤形成越多，固氮能力越强。在生产中仍需增加一定量的氮肥，以达到高产的目的。但其根系容易本栓化，再生能力比较弱，育苗时尤其要注意保护根系，苗龄宜小不宜大。如在进行日光温室越冬一大茬栽培，可采取直播，以减少育苗对根系造成伤害。

2.茎　菜豆按生长习性分为蔓生和矮生两类。蔓生菜豆属无限生长类型，茎蔓呈左旋性缠绕向上，顶芽为叶芽，各节叶腋可形成侧蔓或花序，需搭架栽培。矮生菜豆一般主茎生长4~8节后顶芽形成，花序不再伸长，株高30~50 cm，茎直立，不需支架。栽培中可根据栽培期的长短及预期的供货期，选择不同类型的品种。

3.叶　菜豆子叶出土。初生真叶为单叶、对生，其后真叶为三出复叶、互生，具长叶柄，基部着生一对托叶，小叶片近心脏形，全缘，叶绿色，叶面和叶柄具茸毛。

4.花 菜豆为蝶形花，总状花序，着生在叶腋或茎顶的花梗上。根据品种不同花色有浅红、紫、黄、白之分。自花授粉，天然杂交率极低，仅为 0.2%～10%。菜豆花极易受环境影响而发生大量落花现象，生产中应多加注意。

5.果实与种子 菜豆为条形荚果，直或弯曲，长 10～20 cm。多为白绿或绿色，也有少数品种的背腹线带有色花纹。授粉受精后先是果荚发育，种子不发育，待果荚停止伸长后种子开始发育，因此嫩荚的采收应在种子发育之前。种子肾形，有纯白、纯黑、茶褐、豆沙色、浅黄色、紫红色、蓝色和花色等，千粒重 300～700 g。发芽年限一般为 2～3 年，2 年以上的种子发芽率下降。

（二）生长发育周期

菜豆自播种至嫩豆荚或豆粒成熟的生育过程分为发芽期、幼苗期、抽蔓期和开花结荚期四个时期。

1.发芽期 从播种至出现第一对真叶。种子完成吸水作用后，在 1～2 d 内出现幼根，7～9 d 子叶露出地面，再过 3～5 d 第一对真叶出现时结束发芽期。这一阶段幼苗生长所需营养主要来自种子，所以应选择颗粒大而饱满的种子，并注意播种深度。

2.幼苗期 第一对真叶出现至第四片、第五片复叶展开，历时 20～25 d。在第一片复叶展开时开始花芽分化。地下部的生长快于地上部，根开始木栓化，有根瘤发生，但属寄生阶段。该阶段主要是保护幼苗叶片的完整，适量浇水，培育健壮幼苗。

3.抽蔓期 从第四片至第五片复叶展开至植株现蕾，蔓生菜豆约需 15 d。矮生菜豆约 10 d。茎叶迅速生长，花芽不断分化发育。根瘤的固氮能力逐渐增强。该阶段应防止施肥过量而引起茎蔓生长过旺，从而影响开花结荚。

4.开花结荚期 矮生种一般播种后 30～50 d 便进入开花结荚期，而蔓生种一般播后 50～70 d 进入开花结荚期。肉眼能看到菜豆花蕾后经 5～6 d 开始开花，开花 5～10 d 豆荚显著伸长，15 d 基本长足，25～30 d 完成种子发育。此时，应加强肥水管理，以取得更高的产量。

（三）对环境条件的基本要求

1. 对温度的基本要求　菜豆属喜温蔬菜作物，喜温暖，不耐霜冻，矮生菜豆耐低温的能力要比蔓生菜豆略强。菜豆生长发育的适宜温度为15~29℃。其中种子发芽适温为20~30℃，35℃以上和8℃以下不易发芽；幼苗生育的适宜温度为18~20℃，界限地温为13℃，在2~3℃低气温下失绿，0℃发生冻害；花芽分化的适宜温度为20~25℃，30℃以上高温、干旱或低于15℃对花芽分化不利；开花结荚期的适温为18~25℃，低于10℃和高于30℃对结荚不利及荚的发育不良。

2. 对光照的基本要求　菜豆喜中等光强，光饱和点为35 000 lx，光补偿点为1 500 lx。光照过强，特别是加之高温干旱，或者光照过弱，均会引起落花落荚。另外，虽然目前多数品种对光照时间的要求不是特别严格，但光照时间在6 h以下时，极易引起落花、落荚现象。

3. 对湿度的基本要求　菜豆生长适宜的土壤湿度为田间最大持水量的60%~70%，过于干旱，根系发育不良，开花数减少，且结荚率降低。土壤湿度过大或地面积水，会由于土壤中氧不足而造成根系发育受阻，吸收能力减弱，从而使植株基部叶片黄化脱落、结荚率降低，严重者可使茎叶和豆荚腐烂，以至全株死亡。菜豆要求空气相对湿度80%左右为宜，空气湿度过低或过高均会造成严重落花。

4. 对土壤的基本要求　菜豆对土壤的要求较为严格，在富含腐殖质、排水良好和土层深厚的壤土中有利于根系生长和根瘤菌的活动，而在黏重土或低湿土壤中不利于根系伸展及吸收养分。菜豆耐盐碱能力较弱，适宜pH 6.2~7.0。菜豆忌连作，由于其根瘤菌分泌出一种有机酸，使土壤呈酸性，影响根瘤的生长，而且易使土壤中的磷转化为植物难以利用的不溶性磷。另外，连作还使前茬的病菌和害虫留在土壤中，继续种菜豆则病虫害加剧。其他豆类蔬菜也有此问题。

5. 对营养元素的基本要求　菜豆虽具有根瘤，其本身可以固氮，但根瘤菌不很发达，为了高产的需要，仍然需要人为补充氮肥。菜豆对氮、钾肥吸收较多，而对磷肥吸收较少，但缺少磷肥会使植株和根瘤菌生育不良，从而造成减产。

此外，微量元素中的钼能促进根瘤固氮，同时增加地上部叶绿素含量，提高光合强度，而硼是根系维管束与根瘤之间维管丝形成与发育必需的物质，并有促进结荚的重要作用。因此施用钼肥与硼肥可促进菜豆生育和根瘤菌的活动，提高菜豆产量。

二、主要品种

菜豆按其蔓生特性可分为矮生型和蔓生型两类，一般矮生型品种早熟，结荚集中，占地时间短，特别适合间作和日光温室春提早或秋延后栽培，但产量低，品质较差，而蔓生型品种的耐寒性通常不及矮生型品种，同时生长期长，熟性也较晚，但结荚多，产量高，品质较好，是菜豆的主要栽培类型。

春茬栽培应以选择早熟、耐寒性较强的蔓生型品种为主，而秋茬和秋冬茬栽培应以选择耐热、优质、抗病的蔓生型品种为主。当然选择何种品种，各地还应根据市场情况具体确定。目前生产上应用较多的菜豆品种主要有如下一些。

1. 矮生型品种　沙克沙、供给者、优胜者、推广者、嫩荚菜豆、法国地芸豆、地点王等。

2. 蔓生型品种　架豆王、芸丰（623）、春丰 2 号、春丰 4 号、超长四季豆、春秋紫架豆、老来少、丰收 1 号、秋抗 19 号、哈菜豆 1 号等。

三、栽培茬口

大体可归纳为春茬栽培、秋茬栽培、秋冬茬栽培和冬春茬栽培等类型，具体栽培季节见表 14-1。在日光温室的栽培类型中，目前主要以春茬、秋茬和秋冬茬的栽培类型居多。

表 14-1　日光温室菜豆的栽培茬口（旬／月）

栽培类型	育苗期或播种期	定植期	始收期
春茬栽培	下/12～上/2	中/2～下/3	下/3～上/5
秋茬栽培	中/7～上/8	—	中/9～上/10

续表

栽培类型	育苗期或播种期	定植期	始收期
秋冬茬栽培	中/8～中/9	—	下/10～中/11
冬春茬栽培	下/10～上/11	—	上/2～下/2

四、主要栽培技术要点

（一）春茬栽培的技术要点

1.培育壮苗　菜豆虽属深根性作物，但木栓化早，育苗过程中应注意保护根系，培育壮苗。

1）播前准备及播种　精选粒大、饱满、无虫害的种子，播种前晒种1～2 d可促使其发芽整齐。

育苗营养土可用未种植过豆类作物的园土和腐熟的有机肥按6∶4的比例均匀混合配制，也可加入20%炉灰或锯末，以及0.05%硝酸铵、1%过磷酸钙和0.1%氯化钾，营养土可装入塑料育苗钵或纸钵，或用水调后做成10 cm见方的营养土方。浇透水后在土块上扎3～4个1 cm深小孔，然后每孔播1粒精选的种子，播后上盖细沙或营养土，保证室内温度20～25℃，苗床温度15℃以上，为提高地温促进出苗，可覆盖一层地膜，既可起到保温增温作用，又可起到保湿作用，待幼苗出土时及时揭掉地膜，以免烤伤幼苗子叶。

2）苗期的环境管理　菜豆在育苗期间主要是温度和水分管理，其中温度管理最为重要。菜豆播种后在水分适宜条件下，保证20～25℃时，2～3 d就可齐苗；7 d左右子叶便可展开，此时应适当降低温度，白天以20℃、夜间以10～15℃为宜；当对生叶充分展开，第一片复叶出现后，为了促进根、茎、叶的生长和花芽分化，此时应适当提高温度，白天以20～25℃、夜间以15～20℃为宜；定植前7 d左右降低温度，进行幼苗锻炼，白天以15～20℃、夜间以10～15℃、定植前2 d夜间5～10℃为宜。

菜豆幼苗比较耐旱，应适当蹲苗，以确保根系发达，植株矮壮，为定植后旺盛生长和保证高产做好准备。

3）苗龄　菜豆苗龄通常根据菜豆品种类型及生长发育速度不同而

异，一般矮生菜豆苗龄以 25 d 左右，其生理苗龄为 3 片真叶左右为宜；蔓生菜豆苗龄以 35~45 d，生理苗龄为 6~8 片真叶为宜。根据菜豆苗龄及日光温室安全定植期，可确定菜豆的适宜播种时期。

2. 定植

1）定植前的准备　定植之前应先进行整地施肥。一般亩撒施腐熟有机肥 5 000 kg 左右，然后进行深翻，翻后做畦或垄，一般蔓生菜豆以畦栽为主，矮生菜豆以垄栽为主。畦栽通常以每畦栽两行，畦宽 1.0~1.2 m，也可采用每畦一行密植；垄栽通常以垄宽 50 cm 为宜。做好畦后，覆盖地膜，待地温稳定超过 10℃、夜间最低气温稳定超过 5℃ 时定植。

2）定植　一般株距以 20~25 cm 为宜，单行密植株距可采用 15 cm。定植时要注意不要把苗坨或土方碰碎以保护根系。先在栽培畦或垄上按株距打定植孔，然后灌水，待水渗后定植，再覆土，也可采用先定植后灌水的方法，但一般早春不宜灌大水。

3. 定植后管理

1）温度管理　定植后应加强温度管理，以促进秧苗缓苗。在定植前期由于外界气温低，因此，日光温室应以保温为主。为促进缓苗和缓苗后生长，白天温度以 25~28℃、夜间以 15~20℃ 为宜；当白天温度超过 32℃ 时应适当通风降温。当菜豆进入开花期时，应适当降低白天温度，以促进结荚，通常白天温度以 22~25℃ 为宜，夜间温度仍以 15~20℃ 为宜。进入结荚盛期，由于外界气温不断升高，因此应加大放风量，防止日光温室内出现高温而造成落花。

2）肥水管理　在肥水管理上，应注意定植前期少灌水施肥，结荚盛期多灌水施肥。一般定植后至开花前以控为主，土壤不过于干旱不进行灌水；结荚后应开始追肥灌水，蔓生菜豆每隔 10~15 d 灌 1 次水，每隔 20~30 d 追 1 次肥，每亩每次追施尿素 15~20 kg。

3）植株管理　蔓生型菜豆在伸蔓时，应及时吊蔓。此外，在菜豆生育后期，还应及时打去植株下部病老黄叶，以利于改善通风透光条件。

4）防止落花落荚　菜豆花量较多，通常能正常开放的花仅有 20%~30%，而且能结荚的花又仅有开放花的 20%~30%，因此，菜豆的结荚率相当低，具有较大的增加潜力。造成落花落荚的原因很多，其中包括菜豆本身的遗传原因和外部环境原因两个方面。遗传原因受品种本身限定。就外部环境原因而言，主要可归纳如下两个方面：一是由于环境条件不适宜而造成授粉受精不良，如温度过高或过低，空气湿度过大或过小等都会造成这种现象，从而引起落花；二是植株内部营养供应不足，从而造成各器官间激烈的营养竞争，弱的花芽就会变为潜伏芽或开花时脱落，如肥水不足，光照较弱，同化物质减少等都会出现这种现象。

防止落花落荚的措施：一是加强温光及空气湿度的管理，创造有利于菜豆开花结荚的环境条件；二是加强肥水管理，维持营养生长和生殖生长平衡，并注意植株群体通风透光；三是适时采收，防止结荚过量而坠秧。

4. 采收　菜豆为嫩荚采收，采收过早会影响产量，采收过晚又会影响品质，因此，应掌握好采收时期。一般落花后 10~15 d 为采收时期，蔓生型菜豆播种到采收需要 60~70 d，而矮生型菜豆可比蔓生菜豆提早 10 d 左右。盛荚期可 2~3 d 采收 1 次。

（二）秋茬栽培的技术要点

秋茬菜豆栽培时，外界环境变化与春季正好相反，育苗期处于高温季节，而开花结荚期处于低温季节，对于菜豆的生长发育均有不利影响，在生产中应加强调控管理。

1. 整地施肥与播种　前茬作物结束后，应及时清理残株烂叶，一般亩施优质农家肥 3 000~3 500 kg，过磷酸钙 30~40 kg，硫酸钾 20 kg，然后进行深翻，耙平后起垄或做畦。

秋茬菜豆栽培既可直播，也可育苗，采用何种方法主要依据前茬作物拉秧早晚而定。若前茬作物拉秧早，可采用直播；若前茬作物拉秧晚，可采用育苗移栽。直播通常以 25 cm 左右穴距开穴，然后每穴点播 3~4 粒精选种子，上部覆土 3 cm 左右。育苗则与春茬栽培基本相同，可采用育苗钵或营养土方。但此时育苗应注意防雨、防高温，避免出现 35℃ 高温。另外，此时苗龄应适当缩短，一般以 20 d 为宜。幼苗定植的穴行距与春茬相同。

2. 播后管理

1）环境管理　在播种之后的生育前期，由于气温偏高，应尽量降温和控制灌水，防止植株徒长；在开花结荚后，由于外界气温逐渐降低，此时应适当缩小放风量，白天不超过 25℃ 不放风；植株生育后期应及时加盖多层保温覆盖材料进行保温。

2）肥水管理　应掌握"苗期少，抽蔓期控，结荚期促"的原则。幼苗出土后，可根据土壤湿度情况浇 1 次齐苗水，此后直到抽蔓应适当控水，植株抽蔓后随灌水追施 1 次化肥，追肥种类和亩用量为尿素 15~20 kg，以促进植株生长。缓苗至开花前应进行适当蹲苗，以促进植株营养生长和生殖生长平衡。菜豆开花以后，应加强肥水管理，土壤相对湿度宜保持 60%~70%，每隔 7~10 d 灌 1 次水，每灌两次水还应追施尿素 15~20 kg。

3）其他管理　播后幼苗生育前期应加强宽行间的中耕，一般每周中耕 1 次，以促进根系生长，但至植株现蕾后应停止中耕，避免伤根。植株伸蔓后应及时吊蔓，吊蔓方法与春茬栽培相同。

3. 采收　秋茬菜豆栽培的采收期长短主要依日光温室的保温情况不同而异。一般采收期可达 3 个月以上。豆荚的采收适期与春茬栽培相同。

五、主要病虫害及其防治

（一）炭疽病

1. 症状　此病除植株根部外，其他各部均可受害。幼苗发病，子叶出现红褐色至褐色近圆形病斑，凹陷呈溃烂状；茎部出现凹陷病斑，有时病斑汇合，环切茎基部，使幼苗倒伏枯死。成株发病，叶片背部叶脉上呈红褐色或黑褐色病斑；叶柄或茎部出现与苗期茎部相同病斑，叶柄受害常导致全叶萎蔫；豆荚出现灰白色至暗褐色晕斑，边缘深红色，圆形，凹陷，湿度大时病斑上分泌出粉红色黏液。

本病发病的主要条件是温凉多湿、多雨、多露、多雾等，发病温度为 17~20℃，空气相对湿度为 100%。当温度低于 13℃ 或高于 27℃，空气相对湿度低于 92% 时很少发病。

2. 防治措施

（1）农业措施　选用抗病品种；使用无病种子或进行种子消毒；实

行 2~3 年轮作；适时早播、浅播；田间及时清除病苗；注意肥水管理。

（2）药剂防治　用 75% 百菌清可湿性粉剂 600 倍液，或 50% 甲基硫菌灵可湿性粉剂 500 倍液，或 25% 炭特灵可湿性粉剂 500 倍液，或农抗 120 水剂 100 倍液，或 1∶1∶200 波尔多液，每 5~7 d 喷 1 次，连喷 2 次。

（二）锈病

1. 症状　主要危害叶片、豆荚，叶柄及茎发病较少。发病初期为小黄白点，后变黄褐色，有晕圈，逐渐隆起黄褐色疱斑，破裂后散出铁锈色粉末；发病后期生出许多黑褐色疱斑，破裂后散出黑褐色粉末。发病严重时病斑密集，叶片大量枯死。

本病发病条件为高温高湿，湿度更为重要，空气相对湿度在 95% 以上易于发生。日光温室通风不良，栽培密度过大以及阴雨、多雾、多露天气本病易于流行。

2. 防治措施

（1）农业措施　选择抗病品种；避免连作；合理密植；加强肥水管理；加强通风；避免室内空气湿度过大等。

（2）药剂防治　用 25% 硅唑咪鲜胺可溶性液剂 800~1 000 倍液，或 50% 硫黄悬浮剂 200~300 倍液，或 15% 三唑酮可湿性粉剂 2 000 倍液，或 40% 敌唑酮可湿性粉剂 4 000 倍液，或 25% 丙环唑乳油 4 000 倍液，每 7 d 左右喷 1 次，连喷 3 次。

（三）病毒病

1. 症状　发病初期嫩叶呈明脉，缺绿或皱缩，继而长出的嫩叶呈浓淡相间的花叶，时有深绿斑块形成疮斑，叶变畸形。

本病主要由三种病毒侵染所致，其一为菜豆普通花叶病毒，该病毒致死温度为 60℃；其二为菜豆黄色花叶病毒，致死温度为 55~65℃；其三为黄瓜花叶病毒，致死温度为 60~70℃。本病在 26℃、干旱条件下易于发生，气温超过 28℃ 或低于 18℃ 不易发病。

2. 防治措施

（1）农业措施　选择抗病品种；使用无毒种子；加强肥水管理，提高植株抗性；及时防治蚜虫等。

（2）药剂防治　发病初期用磷酸二氢钾 250 倍，或 20% 病毒 A 可湿性粉剂 500 倍液，或 1.5% 植病灵乳油 1 000 倍液，或抗毒剂一号 300 倍液，每 7 d 左右喷 1 次，连喷 2 次。

（四）其他

菜豆还有枯萎病、角斑病、菌核病、褐斑病等，可对症治疗。

第二节
日光温室豌豆栽培

豌豆又名青豆、荷兰豆、青小豆、小寒豆等，属于豆科豌豆属一年生蔓性草本植物。起源于数千年前的亚洲西部、地中海地区、埃塞俄比亚、小亚细亚西部和外高加索等地区。豌豆类型多样，按用途可分为粮用与菜用豌豆，后者为日光温室栽培的主要类型，根据食用部位又可分为嫩荚、嫩豆粒、嫩茎叶等类型。嫩荚用类型，也称为软荚类型，其中的宽扁荚品种人们习惯称为"荷兰豆"；嫩豆粒用类型，豆荚内果皮革质化，不能食用，以嫩豆粒为食用部分，也被称为硬荚种；嫩茎叶用类型，以嫩茎叶梢供食用。

我国栽培豌豆的历史可以追溯到汉朝。目前，豌豆栽培已遍布全国各地，尤其是在四川、河南、湖北、江苏、青海、江西等地栽培广泛。近年来，日光温室豌豆栽培发展迅速。

一、生物学特性

（一）植物学特征

1.根　豌豆为直根系，主根发达，侧根少，较多分布在 20 cm 土层内。

根瘤发达，能在较贫瘠的土壤生长。

2.茎　近四棱形，中空，脆嫩。分为矮生、半蔓生和蔓生三种类型。矮生类型一般节间较短、植株直立，分枝性较弱。蔓生类型节间较长，株高一般为 1.5~2.0 m，分枝性较强，侧枝均能开花结荚。半蔓生类型介于上述两者之间。茎蔓与其他豆类蔬菜不同，茎本身不具有缠绕特性，为获得高产和利于田间操作，宜采用吊蔓栽培。

3.叶　子叶不出土。基部 1~2 节为单生叶，以后叶为偶数羽状复叶，互生，有小叶 1~3 对，叶面略有蜡质或白粉。顶端小叶 1~2 对变成了卷须。

4.花　蝶形花，短总状花序，单生或对生于叶腋处，有白、紫和紫红色三种。矮生类型与蔓生类型始花节位差异较大，矮生种一般为主茎的 3~5 节，而蔓生种为 10~12 节。始花后一般每节都有花，每花梗着生 1~2 朵花。豌豆为较严格的自花授粉作物，天然杂交率仅为 3%~4%。

5.荚果与种子　荚长 5~10 cm，扁形或圆棍形，浓绿色或黄绿色，一般内含种子 4~5 粒，最多 7~10 粒，呈不规则圆形，表皮无或多皱缩。种子千粒重 150~800 g，寿命 2~3 年。

（二）对环境条件的要求

1.温度　豌豆是所有豆类蔬菜中耐寒性最强的蔬菜。喜温暖湿润气候，不耐炎热干燥。生长发育适温范围在 9~23℃。发芽期适温为 18~20℃，温度在 4℃ 时，发芽时间长，出苗率低，温度在 25℃ 时，发芽虽快，但出苗率下降至 80% 左右。幼苗期可以忍耐 -5~-4℃ 低温；抽蔓期适温为 9~23℃；开花结荚期适温为 15~20℃，温度超过 25℃，对开花结荚不利。

2.光照　要求较强的光照，结荚期光照度以 40 000 lx 为宜，多数品种属长日照植物。

3.湿度　要求较湿润的空气和土壤湿度。湿度过小，会影响产品品质，引起落花落荚，从而影响产量。湿度过大，又会引起烂根，引起病害。

4.土壤　对土质要求不严格，但在疏松肥沃富含有机质的中性壤土中生长最为适宜，pH 值以 6.0~7.2 为宜。

需要供应充足的矿质营养元素。

（三）生长发育周期

豌豆分为发芽期、幼苗期、抽蔓发枝期和开花结荚期四个时期。

1.发芽期　从种子萌动到第一片单生叶展开后植株开始独立生活止为发芽期。发芽期中各器官的生长所需营养主要由子叶负担。在10℃左右条件下约需15 d出苗,而在高温夏季,仅需1周左右即可出苗。豌豆可在较低温度下发芽,并且可在催芽期间忍受2~5℃低温,这对高温期育苗时采用低温催芽来提高产量奠定了基础。

2.幼苗期　幼苗从第一片单生叶展开到4~6片真叶展开,适宜条件下需要15~25 d。该阶段的特点是以营养生长为主,同时开始花芽分化,幼苗茎部节间短,地下部的生长快于地上部,根开始木栓化,有根瘤发生,但属寄生阶段。该时期要求土壤营养充足,并加强光照管理,促进花芽分化,防止徒长。

3.抽蔓发枝期　植株出现6片真叶后,节间开始伸长,直到现蕾开花（蔓生种）为抽蔓期。时间因品种与温度而异,需要15~45 d。这时期茎蔓节间伸长,生长迅速,并孕育花蕾。花芽的着生与分枝有着密切的关系,通常主枝的第一花序以上节可连续着花。抽蔓期抽生的有效分枝越多,产量就越高。该时期应及时搭架、追肥、防治病虫害,有条件时进行整枝摘心,促进主、侧枝生长和花芽分化。初期根瘤固氮能力差,应施肥养蔓,但也要防止茎蔓生长过旺影响结荚。

4.开花结荚期　从开始开花到所有结荚终止为开花结荚期,一般50~60 d。同一花序上,基部的花比先端的花早开1~2 d,整株花期持续20~30 d。开花后嫩荚迅速长大,经10 d左右基本长成,之后籽粒开始膨大。这时期的特点是开花结荚与茎蔓生长同时进行,需要大量的养分、水分及充足的光照和适宜的温度。

二、主要品种

1.嫩荚用类型（荷兰豆）　如法国大荚、食荚大菜豌、大荚荷兰豆、台中11号、甜脆等。

2.嫩豆粒用类型（硬荚种）　如中豌4、中豌5、中豌6、春早等品种。

3. 嫩茎叶用类型　栽培豌豆的小苗、嫩茎、叶梢采收食用或作商品的品种，常见的嫩茎叶专用品种有，无须豌豆尖 1 号、豌豆苗等。

三、栽培茬口

设施豌豆栽培茬口主要见表 14-2，主要以秋冬茬与冬春茬两种栽培茬口为主。

表 14-2　日光温室和塑料大棚豌豆的栽培茬口（旬／月）

栽培类型	利用设施	播种期	定植期	始收期
春茬栽培	塑料大棚	上/1～上/3	中/2～上/4	下/3～下/5
	日光温室	中/11～下/12	下/12～上/2	上/2～下/3
秋茬栽培	塑料大棚	中/6～中/7	中/7～上/8	中/8～中/9
秋冬茬栽培	日光温室	中/8～下/8	中/9～下/9	下/10～上/11
冬春茬栽培	日光温室	上/10～中/10	上/11～中/11	下/12～上/1

四、主要栽培技术要点

（一）日光温室春茬嫩豆粒用豌豆栽培技术要点

1. 育苗技术　根据栽培季节与市场需要正确选择品种，并选择粒大、整齐、无病虫害的种子，一般采用干籽播种。播前晒种 3～5 d，可以明显提高种子发芽势和发芽率。

同菜豆一样，根系不易再发新根，要做好护根育苗。采用穴盘或营养钵进行育苗，注意保护根系。

播种后将温度控制在 10～18℃，幼苗期间注意控水，防止秧苗徒长。

适宜生理苗龄为 4～6 片真叶，苗期 25～30 d，低温期需要 30～40 d。

2. 定植及定植后的管理

1）定植　定植之前一般亩施有机肥 5 000 kg，过磷酸钙 50 kg，氯化钾 10～20 kg。整地后做垄或高畦。垄作栽培采用大小垄形式，大垄

　　垄距 60~80 cm，小垄垄距 50 cm；高畦栽培，单行密植多为 1 m 宽畦，双行密植为 1.5 m 宽畦。

　　在垄间或畦面铺设滴灌设施，并进行地膜覆盖。

　　定植时按行距要求打孔，深度以 10~15 cm 为宜，然后进行定植，单行密植按穴距 15~20 cm，双行密植按穴距 20~25 cm。

　　定植后浇透定植水，水渗后用土覆盖定植孔，压好地膜。

　　2）定植后管理

　　（1）温度管理　定植后至现蕾前，白天温度以 20℃ 左右为宜，夜间温度不宜低于 10℃；进入开花结荚期以后，白天温度应以 15~20℃、夜间温度以 12~16℃ 为宜。寒冷季节要注意保温，防止冷害发生。春季气温回暖后，要防止日光温室内温度过高，影响开花及结荚。

　　（2）肥水管理　定植时浇足底水，3 d 后视情况浇 1 次缓苗水，而后，一般直至现蕾前不浇水。当植株开始现蕾时，可进行一次灌水和追肥，追肥种类和数量为三元素复合肥 15~20 kg / 亩，当植株开始结荚后，必须给予充足的肥水，以促进植株结荚及幼荚迅速生长，一般每 10~15 d 灌 1 次水，20~30 d 追 1 次追肥。

　　（3）栽培管理　要及时插架，防止茎蔓倒伏。一般当植株卷须出现时开始插架，架式多采用单排直立架。因此多采用竹竿上下每半米缠绕一道绳子的办法，使植株相互攀缘。

　　3. 采收　豌豆食用部位不同，采收时期不同：以嫩豆籽为产品器官通常在开花后 28~40 d，豆荚充分肥大、籽粒充分膨大时，为嫩豆籽用豌豆荚果采收适期。

（二）日光温室冬茬荷兰豆栽培技术要点

　　日光温室冬茬荷兰豆主要供应元旦至春节以及早春市场，一般在 10 月上中旬播种育苗或直播，11 月上旬定植，12 月下旬至翌年 3 月下旬收获。

　　1. 育苗技术　育苗技术基本同日光温室春茬嫩豆粒用豌豆栽培。所不同的是，该茬口育苗时，日光温室内温度较高，宜采用遮阳网遮阴的方式对日光温室进行降温。条件允许时，可在低温下催芽，以促进幼苗花芽分化，提高产量。另外，也可直播。

2. 定植 定植前亩施优质农家肥 5 000 kg，过磷酸钙 50 kg，氯化钾 10~20 kg，均匀铺施地面，深翻耙平。南北向做畦，畦宽 1.5 m 左右，畦面开 2 行定植沟，行距 50 cm，沟深 10~15 cm 为宜。按穴距 20 cm 左右，每穴栽苗 3~4 棵，667 m² 栽 4 500 穴左右，栽后浇水覆土。

3. 定植后管理

（1）温度管理 定植后至现蕾前，这段时期气温仍较高，要注意降温，白天温度不宜超过 30℃，夜间不低于 10℃；而整个结荚期日光温室内的温度比较适宜荷兰豆生长，但低温天气要注意保温，以白天 15~18℃，夜间 12~16℃ 为宜。

（2）肥水管理 定植时浇足定植水，视温度高低控制灌水量，温度低时应少浇水，待缓苗后再浇一次缓苗水。日光温室冬茬荷兰豆栽培从缓苗后至现蕾前一般不浇水追肥。当荷兰豆第一花朵结成小荚，第二朵花刚谢时要适时浇水追肥。冬茬荷兰豆栽培时，日光温室的气温较低，每次灌水量不宜太大，每 10~15 d 浇 1 次水，并随水追施复合肥 15~20 kg / 亩。

（3）吊秧 荷兰豆苗高 20 cm 左右，出现卷须时立即吊秧。栽培此茬荷兰豆，由于外界光照时间短、光照弱，一般应以吊秧为主，以免架材遮阴。

（4）防止落花落荚 冬茬荷兰豆栽培时，低温弱光常造成开花盛期落花现象严重的问题。为此，一方面可用防落素、丰产剂等保花制剂进行喷花；另一方面，要加强环境管理，在保证温度的情况下，应注意放风，调节好温、湿度，同时应尽量加强室内光照。

4. 采收 荷兰豆以嫩荚为产品器官，通常在开花后 8~10 d，豆荚充分肥大、柔嫩而籽粒未发达时为嫩荚采收适期。

（三）日光温室芽苗菜栽培技术

芽苗菜是用种子培育出的可食用的芽苗，我国发明豆芽有两千多年的历史。随着人们生活水平的提高和饮食习惯的改变，芽苗菜这一传统蔬菜生产，作为一种富含营养、优质、无污染的绿色食品，因其风味独特和药食同源的保健功效而越来越受到人们的喜爱。豌豆芽苗菜，因形态像龙须又称龙须菜，含有丰富的蛋白质、纤维素及钙、铁等矿物质和多种维生素，有和中下气、利小便、解疮毒的功效，其肉质细嫩是人们喜欢食用的大众化芽苗菜。

然而在传统的芽苗菜生产过程中，生产环境脏乱，操作烦琐费时费工，一些对人体有害的生根粉、增白剂、增粗剂等激素类产品也在生产中大量使用，对于芽菜产品质量安全造成重大威胁。近年来，利用日光温室进行芽菜集约化生产，在提高产量与品质的同时，对产品质量安全也提供了保证。

1. 生产设施设备

（1）日光温室　生产芽苗菜的日光温室后墙高度一般不低于 2 m，具有调节温度的设备，保证芽苗菜生产中的适宜温度。室内可设置栽培架，一般采用多层立体栽培。栽培架可用角铁或钢筋制作，也可用竹木结构，上下设置 3~5 层，每层高度不超过 1.6 m。生产前，日光温室及所用设施设备均应严格消毒。

（2）菜盘　菜盘为平底有孔的塑料盘，长 50~60 cm，宽 25~30 cm，高约 5 cm。

（3）浇水设备　规模化生产的自动化浇水，可以安装微喷装置及定时器，设定时间自动喷水，为降低设施配套与建造成本，也可采用人工浇水。实践证明，人工浇水者生产成本更高。

（4）遮光设备　在日光温室生产芽苗菜，虽然光照比较弱，但是室内的光强仍高于芽苗菜需求，需要进行遮光。同时，遮光还能有效降低夏季的高温。

2. 品种选择　选用发芽率高，抗病性强，无瘪粒，产量高，纤维少，品质较佳的品种，如小粒豌豆、麻豌豆、龙须豌豆等。以千粒重在 150~180 g，颜色为灰褐色的麻豌豆为好。

3. 种子前期处理及浸种　选择发芽率高的新种，将选好品种的种子放至阳光下晾晒 1~2 d，拣出发黑干瘪以及虫蛀、破残、畸形、特小粒种子和其他杂质。

将经过晾晒和清选的种子，先用洁净水将种子淘洗 2~3 次，淘洗干净后用 55℃温水搅拌浸泡 15 min 左右，然后加上种子体积 3 倍的清水浸种，时间根据水温决定，水温较高浸泡 8 h 即可吸足，冬季水温低则浸泡最多 20 h。期间可不定时搅拌种子使其充分浸泡，换水 1~2 次，并轻轻搓洗，漂去种皮上的黏液，以提高发芽速度和发芽率，但不要损坏种皮。

4.播种　播种前清洗育苗盘，铺上基质，栽培基质可选用干净无毒的包装纸或白棉布等。

提前清洗好育苗盘，铺上基质，育苗盘要求，底面平整，形状规范且坚固耐用，通透性好。其中以 60 cm×25 cm×5 cm 规格为宜，栽培基质选用消过毒的珍珠岩、细沙、无纺布等。先铺上一层基质然后把浸泡的种子均匀平撒一层，种子之间相互不重叠，且育苗盘全部铺满。播种必须均匀，结合播种再进行一次种子清理，以保证芽苗质量。每盘播种量为 450~500 g，然后再撒薄薄一层基质，把种子盖上，接着喷 20℃ 温水，随后叠盘摆放在育苗架上，每垛高度为摆放 10 个盘左右，最上面的育苗盘上覆盖遮光保湿物，如湿布片等。育苗盘码放一定要平整，为了通风，每垛之间留 3~5 cm 的空隙。

5.苗盘上架后的管理　苗盘上架后，再用干净的黑塑料膜盖上，或者放在暗室内培养，以促进芽苗在黑暗中生长。每隔 4~6 h 揭开塑料膜喷淋 20℃ 清水 1 次，喷水的同时要检查发芽情况，淘汰霉烂变质种子。8~10 d 苗高可达 15~16 cm，子叶刚展开，此时应立即撤掉遮光物，使其逐渐适应强光照环境，2 d 后可完全撤掉遮光物，使芽苗在自然光照条件下继续生长，促使芽苗由黄绿转变为浓绿。一般培育 12~15 d，可根据市场需求及时进行采收，可整盘出售或整齐码好放在塑料盒塑料袋内上市销售。

此期是豌豆苗生产的关键时间，必须做好以下管理工作。

（1）温度管理　保持适宜的温度条件对芽苗菜的生产至关重要。过高或过低的温度，不仅影响种子的发芽，还影响芽苗菜生长的速度和质量。温度过低，发芽和生长速度慢或停滞，产量低，品质差，还延长了生长周期；温度过高，有的种子发芽受抑制，或发芽生长过快，胚轴细长，纤维增多，品质降低。

在保证温度的前提下，注意加强通风管理。生产上可通过加温、放风、强制通风、遮阳网覆盖、喷淋等措施进行温度控制。切忌出现夜高昼低的逆温差。温度低时，可在白天气温较高时进行片刻通风。注意别让风直接吹在芽苗上，以免发生冷（冻）害及干热风危害。

（2）光照管理　芽苗菜生产对光照要求不高，光照过强，产品纤维含量高，口感不佳。日光温室生产，夏秋必须覆盖遮光率在60%~80%的遮阳网。

叠盘催芽，为使芽苗从黑暗高湿的催芽环境顺利过渡到栽培环境，应在弱光区锻炼1 d。为使芽苗受光一致，生长整齐，生产中每天倒盘1次，上下前后倒，豌豆芽适应性较广，生产中应根据品种安排生产位置。

（3）水分及空气湿度管理　水分在芽苗菜生产过程主要有两个作用，一是芽苗菜生长需要大量的水分，只有充足的水分供应才能保证芽苗菜正常的生长；二是起到排污及带走过量氧和调节温度的作用。芽苗菜生产中浇水的原则是：前期少浇，中后期加大浇水量；阴雨雾天及温度低时少浇，高温空气湿度小时多浇，大菜大水，小菜小水。一般每天浇水2~4次，每次的浇水量以保证盘内基质湿润，不淹没种子，苗盘不大量滴水为宜。为保证空气相对湿度在85%左右，应经常浇湿地面。

（4）防病管理　豌豆的病害为根腐病，危害非常严重，一旦发生会造成绝收。该病害在冬季发生较少，主要发生在夏季。可将种子用0.1%高锰酸钾溶液浸泡15~20 min，然后用清水洗净。育苗盘也同样消毒。

为保证产品达到绿色食品标准，应严格预防，采用调控温湿度及生物防治手段。生产中如水分分布不均，造成局部水分太多，种子缺氧而沤根腐烂，应及时清理病区，用清水冲洗干净，如腐烂较严重，应整盘清理，并对育苗盘清洗消毒。

另外，日光温室的所有放风口均应用防虫网覆盖，防止各种害虫入内。

6. 采收　豌豆苗生长期短，采收要适时，过早采收影响产量，采收晚品质降低。采收标准是株高10 cm左右，顶部真叶展开，正是品质最佳时期。

收获后，尽量缩短和简化产品运输流通时间和活体销售环节，离体销售注意运输过程中的保温和遮阴，切割动作要轻，炎热的夏季要先进行预冷，再包装上市。

值得提出的是，除日光温室豌豆芽苗盘培育外，利用日光温室进行有土栽培豌豆苗也是不错的选择，相比苗盘栽培，土壤栽培的豌豆苗生长茁壮，可一次播种，多次采收。另外，土壤栽培采用条播即可，播种方便、简便，产量高，经济效益显著。

第三节
日光温室豇豆栽培

豇豆又名豆角、长豆角、带豆、裙带豆等，我国南北各地均有栽培，南方各省栽培面积较大。豇豆起源于热带，在豆类中属于较耐热的蔬菜。在海南、广东等地以及北方春夏季节，以露地栽培为主。随着日光温室生产的发展，豇豆也成为北方冬春季节栽培的重要蔬菜之一，为增加农民收入，丰富蔬菜供应市场，起着重要作用。

一、生物学特性

（一）植物学特征

1. 根　豇豆为深根性蔬菜，主根明显，侧根稀疏。主根入土达80 cm 左右，根群主要分布在 15~18 cm 耕层内。根系易木栓化，根瘤形成晚且不太发达。

2. 茎　植株有蔓生、半蔓生和矮生三种类型，日光温室栽培多以蔓生豇豆为主。蔓的长短与成熟性相关。早熟品种蔓短节少，晚熟品种蔓长节多。矮生豇豆株高 35~50 cm，分枝多；蔓生豇豆主蔓可达3 m 以上。

3. 叶　叶分子叶、基生叶和三出复叶（少数为掌状复叶）。叶片光滑较厚，深绿色，光合作用较强，也比较耐阴。叶片不萎蔫，较耐旱。

4. 花　花序为总状花序，腋生，着生 4~5 对花，常成对结荚。花为典型的蝶形花，花黄色或淡紫红色，通常早晨开放，中午前后闭合，是比较严格的自花授粉作物。矮生豇豆第一花序着生在第五节前后，蔓生豇豆在第九节以后。

5. 果荚与种子　果荚细长直条形。荚长 40~80 cm。种子呈长肾形或弯月形，红褐色、白色或黑色。种子无休眠期，适宜条件下播种即可发芽。

（二）生长发育周期

豇豆的生长发育过程包括发芽期、幼苗期、抽蔓期和开花结荚期。自幼苗花芽分化开始，即进入营养生长和生殖生长同时进行阶段，但开花结荚以前以营养生长为中心，坐荚以后以生殖生长为中心。

1. 发芽期　从播种至第一对真叶完全展开为发芽期，需 4~5 d。

2. 幼苗期　从第一对真叶完全展开到 4~5 片真叶展开为幼苗期，需 15~20 d。此阶段开始进行花芽分化，温度应保持在 15℃ 以上，以保证花芽分化的正常进行。

3. 抽蔓期　自第四片至第五片真叶展开至开花为抽蔓期。此阶段茎蔓生长迅速，并开始显蕾开花，应适当控制水分，促进根系生长，培养健壮植株，防止水分过多而造成茎蔓徒长，加剧落花现象的发生。

4. 开花结荚期　自开花结荚直到拉秧为开花结荚期。此阶段由于茎蔓生长迅速，同时进行大量开花结荚，需要大量的水分与营养，以及充足的光照条件。此时，如何协调营养生长与生殖生长的关系是栽培管理的重点。

（三）对环境条件的要求

1. 温度　豇豆是豆类蔬菜中比较耐热的作用，喜温耐热而不耐霜冻。种子发芽的最低温度 10~12℃，适温 25~30℃。植株生长适温 20~25℃，15℃ 以下生长缓慢，10℃ 以下生长停止，5℃ 以下受寒害，0℃ 时茎叶受冻枯死。开花结荚适温 25~30℃，35℃ 以上的高温下仍能正常结荚，但 40℃ 高温显著影响植株的生长发育。

2. 光照　豇豆喜光，开花结荚期间要求日照充足。光线不足，落花落荚严重。另外，多数豇豆品种属中光性，对日照长短要求不严格。但短日照下能降低第一花序节位，开花结荚增多。

3. 水分　豇豆叶面具蜡质，蒸腾量小，但根系较深，吸水力强，因而对水分要求不太严格。在发芽期和幼苗期不宜过湿，尤其是在低温季节，以免烂种或沤根死苗。结荚期要求适当的水分，适宜的土壤水分为田间最大持水量的 50%~80%。

4. 土壤营养　豇豆对土壤适应性广，以中性偏酸（pH 7.0~6.2）的壤土最好，稍能耐盐。豇豆植株生长旺盛，生育期长，需肥量较多，但不耐肥，应在施足基肥的基础上，进行少量多次追肥，并注意氮磷钾肥的配合使用。豇豆也不宜连作，间隔 2~3 年为好。

二、类型与品种

豇豆按果荚颜色分为青绿色、绿白色和深红色种；按茎的生长习性可分为蔓生、半蔓生和矮生三种类型。其中，日光温室栽培以蔓生类型为主，宜选用长势强、分枝性弱、熟性早、抗逆性强，优质、丰产，对光周期不敏感的品种，如之豇 28-2、青丰豇豆、三尺绿等。

三、栽培茬口

豇豆喜温耐热怕寒，主要栽培茬口为春茬栽培、秋茬栽培、秋冬茬栽培和冬春茬栽培等类型，目前主要以春茬、秋茬和秋冬茬的栽培类型居多，可参考菜豆栽培茬口安排。

四、日光温室春茬豇豆栽培技术要点

（一）培育壮苗

豇豆虽然根系较为发达，但与菜豆相似，木栓化早，育苗过程中应注意保护根系，培育壮苗。

1. 播前准备及播种　适宜播种期为 12 月中下旬。播种前晒种

1~2 d，精选粒大、饱满、无虫害的种子，可促使其发芽整齐。育苗营养土配制及播种可参考菜豆育苗。浸种用 25~30℃ 的温水，浸泡 2~4 h，25~28℃ 催芽至胚芽露出。

2. 苗期环境管理　播种后用塑料薄膜覆盖。白天温度控制在 25~30℃，夜间不低于18℃。幼苗出土后，适当降低夜间温度，白天温度控制在 23~28℃，夜间 15~18℃。定植前炼苗，白天 20~25℃，夜间 13~15℃。

3. 苗龄　播种后 25 d 左右，株高 20 cm 左右，茎直径 0.3 cm 以上，3~4 片叶展开时即可定植。根据菜豆苗龄及日光温室的安全定植期，可确定豇豆的适宜播种时期。

（二）定植

1. 定植前的准备　定植之前应先进行整地施肥。一般每亩可撒施腐熟有机肥 8 000 kg 左右，然后进行深翻，翻后做高畦或垄，覆盖地膜，闷棚 4~5 d。待地温稳定超过 10℃、夜间最低气温稳定超过 5℃ 即可准备定植。

2. 定植　选晴天栽植。穴距约 30 cm，每穴 2~3 株。高畦栽培时每畦栽两行。定植时在畦面或垄上打定植孔、浇水，等水渗后放苗，并覆土。尽量不要破坏地膜。

（三）定植后管理

1. 定植前期管理　定植前期外界气温一般较低，应以保温为主，促进缓苗。定植 3~5 d 内应密闭设施，尽可能不通风，使白天室内气温达到 25~30℃，超过 30℃ 时可短时通风，夜间 17~20℃。定植后 3~5 d 可浇一次缓苗水，以后控制浇水，促进根系生长。如果室内温度较低，可在日光温室内加小拱棚进行保温。

2. 抽蔓期管理　白天气温控制在 23~28℃，夜间 15~18℃，控制水分，防止徒长。茎蔓伸长时应及时进行吊蔓栽培。

3. 开化结荚期管理　此期间要维持白天室内气温 28~32℃，夜间 17~20℃，不低于 15℃。开始结荚后，开始进行浇水与追肥。每亩冲施尿素 10~15 kg。之后每采收两次，追施一次速效肥。一般 7 d 左右采收1次，采收后每亩追施磷酸二铵或氮磷钾三元素复合肥20 kg，或速效化肥与腐熟的有机肥交替追施。每次追肥后随即浇水。另外，结荚期叶面喷洒0.3% 磷酸二氢钾，0.1% 硼砂和0.1% 钼酸铵2~3次，均具有一定增产作用。

主蔓爬到架顶或绳顶后，及时对主蔓进行摘心，以后下部侧枝发出后留花序摘心，促进二次结果。在盛收期分期摘除植株下部老叶，以减少营养消耗，促进养分向上部秧蔓、豆荚供应。

豇豆落花落荚也相当严重，其原因与对策参考菜豆栽培。

（四）采收

豇豆开花后12~14 d，豆荚长至该品种的标准长度，荚果饱满柔软，籽粒未显露时采收。

第十五章
日光温室绿叶菜类蔬菜生产

绿叶菜类蔬菜主要以鲜嫩的叶片、嫩茎或嫩梢为食用器官，主要包括芹菜、莴苣、韭菜等。绿叶菜类蔬菜多数植株矮小，生长速度快，生长期短，采收期灵活，适应性广，在蔬菜周年生产、均衡供应、提高复种指数和单位面积产量等方面占有重要地位。常食绿叶菜类蔬菜可以增进食欲、促进胃肠蠕动、防止便秘。

第一节
日光温室芹菜生产

芹菜为伞形科芹菜属二年生草本植物。芹菜原产于地中海沿岸及瑞典等地，在我国栽培历史悠久，分布广泛，是北方主栽蔬菜种类之一。通常将在我国栽培时间较久叶柄较窄或空心的类型或品种称本芹，将现当代引进欧美国家的叶柄较宽、实心的品种称西芹。芹菜属半耐寒性蔬菜，喜肥水，耐寒、耐阴，不耐高温，抗逆性强、丰产性好，为速生绿叶蔬菜，适合日光温室生产。

芹菜营养丰富，含有蛋白质、脂肪、碳水化合物和维生素及矿物质，并含有挥发性芳香油，具有特殊的芳香和风味，能促进食欲。主要食用部分是其脆嫩的叶柄和嫩茎，可炒食、做馅、凉拌等。芹菜有调经、消炎、降血压和清肠利便等药用价值。

一、生物学特性

（一）植物学特征

1. 根　芹菜根属于直根系，直播的根深达 60 cm，主根较发达，但在移植过程中易被切断，便从发达的肉质主根上发生许多侧根，侧根向外生长，一级侧根上可密生更多的二级侧根，适于育苗移栽，育苗移栽的芹菜根系吸收能力和抗旱能力较弱。吸收根分布范围小，主要分布在深 15~30 cm 的土层内，以 7~10 cm 土层内根群最为密集，水平分布在 30 cm 区域，喜充足的水分和养分条件。

2. 茎　营养生长期为短缩茎，叶片着生在短缩茎上。当通过春化阶段后，茎端顶芽生长点分化为花芽，短缩茎伸长，成为花茎，又称花薹，花茎上发生多次分枝，每一分枝上着生小叶及花苞，顶端发育成复伞形花序。由于芹菜花茎主要是花薹，不是食用部分，不具备商品价值，在栽培实践上花薹抽生越早，抽得越多，商品价值越低，因此只有控制花薹的抽生，才能获得品质优良的芹菜。

3.叶　叶为奇数二回羽状复叶，由叶柄和小叶组成，每片小叶又由 2 对或 3 对小叶和一个顶端小叶组成。叶柄发达，尤其是西芹。叶柄是主要的食用器官，全株叶柄重占总株重的 70%～80%。叶柄中有许多维管束，包围在维管束外面的是厚壁细胞，在叶柄内表皮下分布着许多厚角细胞。这些厚壁和厚角组织，具有比维管束更强的支持力和拉力，是叶柄中的主要纤维组织。

优良品种在适宜的环境和良好的栽培条件下，叶柄的维管束、厚壁组织及厚角组织不发达，纤维少，品质好。除品种因素外，在高温干燥，肥水不足或生长时间过长、叶片老化的情况下，常因维管束间的薄壁细胞破裂，造成叶柄中空，维管束和厚角组织发达，纤维增多，品质下降。叶片中分布着一定数量的油腺，可分泌出芹菜油，具有特殊芳香味。

4.花、果实及种子　复伞形花序，花小，白色。花瓣、萼片均为 5 枚，雄蕊 5 个，雌蕊 2 个，虫媒花，靠昆虫传粉，异花授粉，但自交也能结实。果实为双悬果，褐色，2 心皮，各含 1 粒种子，果实成熟时从中缝裂开成 2 粒椭圆形种子，生产上播种用的"种子"实际上是果实。由于种子表皮含有挥发油，外表有革质，透水性差，发芽慢，浸种时要搓洗，适温下浸泡 24 h 才能吸足水分。

（二）生长发育周期

芹菜的整个生长发育周期包括营养生长和生殖生长两大阶段的八个生育周期。

1.营养生长阶段

（1）发芽期　种子萌动至子叶展开，约 5 d。芹菜种皮上有油腺，吸水困难，播种前除进行浸种外，还需揉搓种子，以促进吸水。发芽阶段要控制好苗床的温湿度，促进发芽。新种子有 2～3 个月浅休眠期，播种前可通过低温或赤霉素处理打破休眠使之萌芽。夏季栽培常用低温催芽或变温处理来提高发芽率。

（2）幼苗期　从第一片真叶出现至第三或第四片真叶展开，即幼苗形成 1 个叶序环，本芹需 40～50 d，西芹需 50～70 d。幼苗吸收根逐步形成，叶面积逐渐增大，但幼苗对不良环境的抵抗能力较弱，应根据情况加强栽培管理，保持土壤湿润，以培育壮苗。

（3）叶丛生长初期 从3或4片真叶至8或9片叶出现。新生叶由倾斜生长逐渐趋于直立，又称"立心期"。育苗移栽芹菜于此期定植。

（4）叶丛生长盛期 8或9片至12或13片真叶萌出，是地上部和地下部增长最快时期，这时叶数增加趋于缓慢，而叶面积还在不断增大，光合作用较强，同化量较大。

（5）心叶充实期 心叶大部分展出至收获，适宜环境条件下25~30 d，冬春季约50 d。此期全株重量不再增加，有时还会因外叶脱落而略有降低，但心叶叶柄加速肥大充实，可食率提高，因此心叶的重量增长最快。当心叶重量增加趋缓时，即可采收。

2. 生殖生长阶段

（1）花芽分化期 芹菜是绿体春化型作物，花芽分化与低温、日照时数和苗的大小都有直接关系。15℃以下，特别在5~13℃，苗龄超过30 d，具2片以上真叶，10 d以上的时间即通过春化分化出花芽，在12 h以上的长日照条件下抽薹开花。

（2）抽薹开花期 从开始抽薹至全株开花结束。花芽分化完成后，遇到适宜的长日照条件即抽生花薹，长出花枝。

（3）种子形成期 从开始开花至种子全部成熟，大部分时间与开花期重叠。就一朵花而言，开花后雄蕊先熟，花药开裂2~3 d后雌蕊成熟。靠蜜蜂等昆虫进行异花授粉，授粉后30 d左右果实成熟，50 d枯熟脱落。

（三）对环境条件的基本要求

1. 温度 芹菜为耐寒性蔬菜，喜冷凉湿润环境，高温干旱条件下生长不良。不同生长发育时期对温度条件的要求不尽相同。发芽适温为15~20℃，在适温下7~10 d出苗。低于15℃或高于25℃，则会延迟发芽和降低发芽率，超过30℃不发芽。幼苗期生长适温约20℃，叶丛生长初期30~40 d，最适温度为18~24℃；叶丛生长盛期和心叶充实期适温为12~22℃。日光温室生产温度超过25℃时要及时通风降温。3~5片真叶的幼苗可耐短期 -4℃的低温；成株耐低温性能降低。

2.光照　芹菜种子发芽时喜光，黑暗下发芽迟缓。生育初期充足的光照有利于培育壮苗和植株生长。营养生长盛期喜中等光强，适宜光照强度为 10 000~40 000 lx；光照过强，叶柄直立生长受抑制而促进横向发展，开展度增大，纤维增加，品质下降。生长后期光照柔和有利于形成高大肥厚的叶柄、紧凑的植株，达到高产优质的目的。夏秋高温强光照季节，常采取适当遮光措施栽培。长日照下可以促进芹菜分化花芽，促进抽薹开花；短日照可以延迟成花过程，而促进营养生长。因此，在栽培上，春芹菜适期播种，保持适宜温度和短日照处理，是防止抽薹的重要措施。

3.水分　芹菜为浅根性蔬菜，吸水能力弱，对土壤水分要求较严格。苗期缺水幼苗易老化，移栽缓苗后适当控水有利于促进根系向纵深发展，叶丛生长盛期叶柄输导组织发达，需水量较大。整个生长期要求充足的水分条件。播种后要求保持湿润，以利幼苗出土；营养生长期间要保持土壤和空气湿润状态，否则叶柄中厚壁组织加厚，纤维增多，甚至植株易空心老化，使产量及品质下降。在栽培中，要根据土壤和天气情况，控制好各环节水分供应。

4.土壤营养　芹菜对土壤养分要求严格，适于富含有机质、肥力高、通透性好、pH 6.5~7.6 的壤土或黏壤土栽培，耐碱性比较强。沙土及沙壤土易缺水缺肥，使芹菜叶柄发生空心。芹菜生长发育须施用完全性肥料，在任何时期缺乏氮、磷、钾都会影响芹菜的生长发育。对氮、磷、钾的吸收比例，本芹为 3∶1∶4，西芹为 4.7∶1.1∶1。苗期和后期需肥较多，整个生长发育过程中对氮肥的需求始终占主要地位，适宜的水肥管理可以使地上部分分蘖增多、叶数增加和叶面积增大，提高产量和品质。

二、品种类型与栽培季节

（一）品种类型

广义的芹菜包括窄（细）柄芹菜、宽（粗）柄西芹、根芹菜、香芹菜、水芹菜、三叶芹菜等品种。其中，香芹有零星栽培，水芹仅在南方有少量栽培，根芹和三叶芹近年来也有少量引种作特菜栽培。按叶柄的充实度可分为实心芹和空心芹两种。日光温室生产应选用耐低温、耐弱光、叶片小而少，叶柄粗，纤维少、长势强，产量高、抗病性强、品质优的品种。生产上常选用津南实心芹、天津马厂芹、开封玻璃脆，及意大利冬芹、美系、法系西芹品种。

（二）栽培季节

芹菜营养生长需要凉爽气候，日光温室芹菜生产面积最大的为秋冬茬，主要供应冬季和早春。不论越冬茬还是秋冬茬生产，一般都须在当地初霜期前 70~80 d 开始播种育苗，苗龄 50~60 d 开始定植。秋冬茬芹菜，应在 7 月上旬播种育苗，若下旬播种育苗，则会在元旦、春节上市时尚未长足，影响产量。日光温室早春芹菜 11 月在温室育苗，苗龄 60 多天，翌年 2 月初定植，4 月中旬上市。

三、栽培技术

（一）育苗

1. 苗床准备　苗床宜选地势高、排灌方便、土壤富含有机质、保肥保水性能好的地块，苗床面积应为定植面积的 1/10。1 亩苗床施用优质腐熟农家肥 3 000 kg，磷酸二铵 50 kg，翻耙之后搂平，做成宽 1.0~1.2 m 的育苗畦。起苗定植前 1 d，苗床浇 1 次透水。

2. 种子处理　播种前 5~7 d 把经过精选的种子先用 48℃ 的热水浸泡 30 min，消毒杀菌。然后用 15~20℃ 的清水浸泡 2 h，并多次搓洗，换水直到水清为止。然后用纱布包好，放在 15~22℃ 条件下催芽，每天用清水冲洗 1 次，再摊开晾半小时，同时不断翻动，让种子均匀受光，促进发芽。有 80% 种子露白芽时即可播种。

（二）播种

多选择 16 时以后或阴天播种。采用湿播法，播前苗床浇足底水，水渗下后撒层细土，将处理好的种子与细沙以 1∶5 混合均匀后撒播，播后覆 1 cm 厚的细沙或 0.5 cm 厚的细土。播种后在苗床上覆荫棚，进行保湿、降温、避雨。为防止草害，可在盖土后喷施 33% 二甲戊灵乳油，1 亩苗床用药 120~150 mL，对水 70~75 kg，均匀地喷洒在育苗畦上。播后每天喷水 1 次，保持畦面湿润，将土温控制在 20℃ 以下。出苗前要小水勤浇，保持土壤湿润降低地温，浇水应在早晚进行利于出苗。

（三）苗期管理

播种后 5~8 d 即可出齐苗，选午后或阴天逐渐减少遮盖物，适应正常光照。当大部分幼苗长出一片真叶时撤掉覆盖物，过晚幼苗容易徒长，定植后植株不易成活。苗期不要浇大水，否则不利于幼苗扎根。出苗至第一片真叶展开，每天喷 1 次水，2~3 片真叶展开前，保持地皮不干，3~4 d 浇 1 次小水，畦面保持见干见湿，水量以刚溢满畦面为准。幼苗要注意除草、防病虫害，用高锰酸钾 1 000 倍液防治苗期病害，同时要防治蚜虫。出苗到定植前应间苗 1~2 次，苗距 1.5~2 cm。苗期正常不追肥，如长势弱，可在 4~5 片叶时追肥 1 次，一般每平方米随水追施尿素 15 g。幼苗长到 5~6 片真叶时，即可定植，此时根系较发达，应控制水分防治徒长。

（四）整地定植

定植前先用硫黄对日光温室内的土壤、墙壁、立柱等熏蒸消毒。而后每亩施腐熟有机肥 5 000 kg、过磷酸钙 25 kg、草木灰 100 kg、尿素 10 kg 为基肥。耕翻耙平后，按宽 1.0~1.2 m 做成南北向畦。软化栽培可采用沟栽，沟距 60~66 cm，为减少培土后的植株腐烂，行间的土壤不宜施有机肥。

定植宜在下午或阴天时进行，以利于缓苗。定植前先把苗床浇透水，以利于起苗，减少伤根。连根起苗，主根留 4 cm 剪断，以促发侧根。把苗按大、小分级，分畦栽植。本芹单株栽植行株距 10 cm×10 cm，双株栽植行株距为 13 cm×13 cm；西芹单株栽培行株距 30 cm×30 cm。栽时要掌握深浅适宜，以"浅不露根，深不埋心"为度。随栽随浇水稳苗，全畦栽完后立即浇 1 次大水。移栽后的小畦要保持地面湿润，以利缓苗。

（五）定植后管理

从定植到收获，可分为缓苗期、蹲苗期、营养生长旺盛期。

1. 缓苗期　缓苗期要保持土壤湿度，小水勤浇，出生新根、新叶后缓苗期结束。缓苗期的管理重点是保持土壤湿润，当浇定植水和缓苗水后，表层土壤稍干时，进行划锄松土，增加土壤透气性和土壤氧气含量，促进新根大量发生。

2. 蹲苗期　心叶变绿后，需进行蹲苗，短期控制浇水，浅中耕，松土保墒，促进根系发育。蹲苗期需 10~15 d。当植株团棵、心叶开始直立向上和长（立心），地下长出大量根系时，标志植株已结束外叶生长期而进入心叶肥大期，应结束蹲苗。这段时间实行蹲苗，浅中耕，促进发根，防止徒长。

3. 旺盛生长期　立心以后，当日平均温度下降到 20℃ 以下，植株生长开始加快，一直到日平均气温下降到 14℃ 左右，是生长最快时期，也是产量器官形成的主要时期，持续时间约 30 d。以后的 20~30 d，随气温渐低，生长减慢，外叶的营养向心叶及根茎转移。心叶肥大期是增产的关键时期，要保证充足的水、肥。

（1）肥水管理　蹲苗结束后，立即追施速效氮肥，以随水冲施为好。一般追肥 2~3 次，每次每亩追尿素 10~15 kg，每 3~5 d 浇水 1 次，小水勤浇保持土壤湿润。

（2）温光管理　芹菜属于耐寒性蔬菜，但在低温长日照情况下，通过光周期而抽薹，因此加强光照和温度管理极为重要。芹菜生长发育的最适宜温度以白天 15~20℃，夜间 10℃ 以上为宜，超过 25℃ 芹菜生长不良，低于 10℃ 芹菜生长缓慢。日光温室芹菜冬季生产管理要采取早揭草苫、晚盖草苫，并及时清洁膜面，以利于增温保温，抢光照和提高透光率。白天日光温室内温度保持在 15~25℃，夜间 10~15℃，最低不低于 5℃。3 月天气转暖后，适当控制日光温室内温度和光照时间，采取通风降温和适当晚揭草苫，早盖草苫，人为增加膜面附着物，控制光照时间和强度。白天温度控制在 18~20℃，最高不超过 25℃，当达到 23℃ 时应放风降温，促进营养生长，控制生殖生长，推迟抽薹时间，延长采收期。芹菜冬春栽培时要加强保温，夏秋栽培时要注意降温，以满足芹菜生长发育的需要。

（3）芹菜的软化　　当植株高度达 25 cm 左右，天气已凉时开始培土。如果气温高时培土易发生病害使植株腐烂。因为培土后一般不宜再浇水，所以在培土前要充分浇水以保证培土后植株旺盛生长的需要。培土应选晴天下午，植株上无露水时进行。土要细碎，一般培 4~5 次，每次培土厚度以不埋住心叶为度，培土总厚度达 17~20 cm 即可。沟栽行距宽的，培土厚度可达 30 cm 左右。经过培土软化的叶柄白而柔嫩，品质提高。另外，培土还有防寒作用，可适当延长生长期和延迟收获期，增加产量。

（六）采收

日光温室生产一般在定植后 60 d 左右采收。前期可采取掰叶方法，每株有 7~8 片成叶时即可陆续采收，掰收 2~4 片，留 4~6 片。第一次掰收后清除黄叶、烂叶、老叶，不宜掰收太重，影响生长，避免减产。掰收后不宜马上浇水，容易引起腐烂，7 d 左右新叶开始生长，掰收伤口愈合，进行浇水追肥。每隔 1 个月掰收 1 次，一般可掰收 3~4 次，最后 1 次连根拔出或割收。也可以一次性收获。

第二节
日光温室韭菜生产

韭菜是百合科多年生宿根草本植物，以嫩叶和叶鞘组成的假茎供食，辛香鲜美。韭菜没有主根和明显的侧根，只有弦状须根，根系浅而少，分布在 10~30 cm 的耕作层，吸收能力差，栽培宜选择保肥、保水的肥沃土壤。韭菜在冷凉气候条件下生长良好，适应温度范围宽，耐低温，不耐高温。

一、生物学特性

（一）植物学特征

1.根　弦线状须根，着生在短缩茎的基部或边缘，无主侧根。韭菜的根系兼具吸收和储藏营养的功能，根系分布浅，根毛少，吸收能力较弱，不耐干旱，栽培时应保持充足的肥水。

跳根是韭菜重要的生物学特性，主要是由于不断分蘖所致。分蘖是茎的分枝习性，韭菜新的分蘖总是发生在靠近生长点的上位叶叶腋，因此新形成的分蘖总是处于原植株茎的上位。在分蘖芽逐步发育成独立的、新的分蘖时，其茎盘的边缘会长出新的须根，这些新的须根的着生位置总是在原有根系的上方。随着分蘖有层次的逐步上移，生根的位置也不断上升，这一现象称为韭菜的跳根。韭菜每分蘖1次，就必然产生一批新根，须根数量与分蘖数存在着正相关关系。

2.茎　茎分营养茎和花茎两种。一二年生韭菜的营养茎短缩，呈扁圆锥体，称为茎盘。随着韭菜不断分蘖，营养茎逐年向地表延伸生长，形成杈状分枝，称为根状茎，可储藏营养。根状茎的寿命一般为2~3年，随着植株的生长，老龄根状茎逐渐衰老，丧失生理功能。在生殖生长阶段，韭菜的顶芽发育成花芽，抽生花薹。二年生以上的韭菜在充足低温和长日照条件下，均可抽薹开花形成种子。

3.叶　簇生叶，由叶身和叶鞘两部分组成。每株有5~9片叶，叶片既是韭菜主要的产品器官，也是同化器官。叶片的宽窄、色泽和厚薄因品种而异。叶身带状，扁平而狭长，实心，是韭菜的主要食用部分。叶身表面覆有蜡粉，能减少蒸腾量，耐旱。韭菜叶身的基部为圆筒状的叶鞘。叶鞘在茎盘上分层排列，多层叶鞘抱合成圆柱状或扁圆柱状，称为"假茎"。叶鞘基部具有分生机能，可使叶鞘在培土软化栽培的情况下生长很快。上部收获后，基部能继续生长，故韭菜在生产中可以多次收割。在不见光或弱光条件下，叶片和叶鞘黄化，组织更加柔嫩，故在生产上可采取遮光、培土等措施生产韭黄。

温度、光照、水分和营养条件均可影响韭菜叶部的品质。高温、强光、干旱或缺氧均会导致叶片老化，粗纤维含量增加，降低韭菜品质。由于韭菜叶片在生长过程中不断分化、生长和衰老，致使单株有效叶数经常保持在5~7片叶时收割为宜，可保证韭菜高产、优质。

4.花　韭菜属于绿体春化型作物，植株必须长到一定大小时才能感受低温，通过春化阶段后，花芽开始分化、抽薹开花。韭菜花有可育花和不可育花两种，二者在形态和结构上具有明显差异。韭菜为异花授粉植物，虫媒花，留时不同品种应注意隔离。

5.果实和种子　蒴果，黑色，三棱形，3室，每室有2枚种子。种子黑色，呈盾形，腹面较平，背面凸出，种面皱纹多而细密，种皮坚硬并角质化，不易透水，发芽慢，千粒重4~6 g。种子休眠期极短，采取后稍加后熟，在适宜的温度和湿度下就能萌芽。韭菜种子寿命短，一般为1~2年，故播种时宜选用当年新种子。

（二）生长发育周期

韭菜为多年生宿根性蔬菜，播种一次可连续生长和收获多年。在寒冷地区，韭菜每年春季发芽生长，夏季高温时短期休眠，秋季凉爽时又旺盛生长，冬季地上部茎叶枯死，根和根茎进入休眠。从幼苗期到4~5年为健壮生长期，6年后进入衰老期。若加强栽培管理，一个栽培周期可长达十余年。韭菜的生长发育周期包括营养生长和生殖生长两个阶段。一般1年生韭菜只进行营养生长，而2年生以上的韭菜，营养生长与生殖生长重叠、交替进行。

1.营养生长期　从种子萌动到花芽分化为营养生长时期，主要是根、茎、叶等营养器官的生长期，又包括发芽期、幼苗期、营养生长盛期和越冬休眠期4个阶段。

（1）发芽期　从种子萌动到第一片真叶出现为发芽期，历时10~20 d。发芽时子叶先伸出，迫使胚轴、培根顶出种皮。韭菜子叶总是呈钩状弯曲而顶出地面，这种现象称为"弓形出土"。由于韭菜发芽缓慢，且具有弓形出土的特点，因此在育苗时应提高整地和播种的质量，浇足底水，保证韭菜苗全、苗壮。

（2）幼苗期　从第一片真叶出现到具有5片真叶，历时80~120 d。幼苗期以根系生长为主，不断长出须根，形成须根系，而地上部生长则较为缓慢。幼苗期应及时除草，并结合灌水追肥2~3次，以利幼苗苗壮生长，当幼苗长到5片真叶时即可定植。

（3）营养生长盛期　韭菜从定植（或具5片真叶）到花芽分化为营养生长盛期。定植后，韭菜营养面积扩大，经过缓苗，植株相继长出新叶，发生新根，生长量增加，进入旺盛生长阶段。当叶片数增加到5~6片时，韭菜开始形成分蘖。分蘖前以个体发育为主，植株叶片数增多，单株重明显增加。分蘖后则以群体发育为主，群体数量不断增加。因此，在营养生长盛期要加强肥水管理，促进韭菜分蘖，加大群体数量，增加物质积累，以增强植株的越冬能力。

（4）越冬休眠期　一般韭菜有明显的冬眠特性，秋末初冬，当月平均温度降到2℃以下时，营养物质开始有叶片和叶鞘回流转运到叶鞘基部、根状茎和根系之中，叶片干枯萎蔫，植株进入休眠状态。韭菜休眠期的长短因品种而异，一般为15~20 d。南方品种休眠期较短，北方品种休眠期较长。为使韭菜安全越冬，确保翌年高产，必须保证植株在越冬前体内积累充足的营养，并且在韭菜"回秧"前40 d停止收割，促进植株养分积累。另外，在越冬前应浇足底水，保持土壤适宜墒情，确保韭菜安全越冬。

2. 生殖生长期　又分为抽薹期、开花期和种子成熟期3个阶段。韭菜属于绿体春化植物，植株只有长到一定大小时，达到一定的营养积累，才能感受低温影响，顺利通过春化。除低温和长日照两个必要条件外，植株的营养状况也影响其抽薹开花。生长健壮的植株花薹健壮，抽薹率高；弱小的植株抽薹率低，甚至不能抽生花薹。

1年生韭菜一般处于幼龄期，不抽薹开花；2年生以上的植株，营养生长和生殖生长交替进行。韭菜主要以嫩叶为产品器官，也可采食花薹。在生产中除留种外，应在抽薹后及时采摘鲜嫩花薹上市，减少营养消耗，以利养根和翌年春韭的生产。

3. 多年生的特点　韭菜播种一次可以连续收获多年。在中国南方可周年生产。北方春秋两季生长旺盛，为主要上市期，冬季植株地上部干枯，以根茎越冬，夏季"息伏"。由于韭菜有较强的更新复壮能力，地上部不断发生新的分蘖，地下部不断生长新根，使韭菜的营养器官始终处于幼龄、新生阶段，保持旺盛的生活力，这是韭菜植株可以生长多年的内因。

栽培管理水平也会影响韭菜的寿命。如果栽培管理水平较高，植株可多年不衰。否则，4~5 年植株便会呈现衰老现象。

（三）对环境条件的要求

1. 温度　韭菜属于耐寒性蔬菜，且适应性广，也能耐一定程度的高温，但产品形成时要求凉爽、温和的气候。不同韭菜品种对低温的反应不同。韭菜不同生育时期对温度要求有明显差异。种子在 2~3℃时即可发芽，发芽适温为 15~18℃，温度偏低或偏高发芽缓慢。幼苗生长适温为 12℃以上，产品器官形成期的适温为 12~23℃，抽薹开花期要求较高的温度，一般为 20~26℃，种子成熟时要求较低的温度。在适温范围内，韭菜的生长速度与温度呈正相关，温度越高，生长越快。

地上部和地下部耐寒力不同，当气温降到 -2~2℃时，地上部的叶片开始枯萎，而地下根茎可忍耐 -40℃的严寒。韭菜对温度的反应也受其他环境因子的影响：在气候干燥地区，韭菜耐低温能力较弱；在湿润地区耐低温能力较强。日光温室中栽培的韭菜，温度达 28~30℃时仍可正常生长。

2. 光照　韭菜属于长日照植物，在通过低温春化阶段后，长日照下抽薹开花。韭菜叶部生长，对日照时间长短反应不敏感，在冬季日照最短季节亦能正常生长。韭菜生长发育，尤其是在春秋两季，中等强度的光照条件最为适宜。光照过程，生长受抑，叶肉粗硬，纤维素含量增加，品质变劣。光照过弱，生长缓慢，叶片瘦小，分蘖减少，产量下降。

3. 水分　韭菜为弦线状须根，根毛少，吸收力弱，要求较高的土壤湿度，适宜的土壤湿度为田间最大持水量的 80%~90%，而地上部叶片狭长，表面覆蜡质，较耐旱，要求空气相对湿度 60%~70%。

韭菜在不同发育时期和不同季节对水分的要求不同。由于韭菜种子的种皮坚硬，并覆有蜡质，水分不易渗入，发芽期要求较高的土壤湿度，且发芽缓慢。幼苗期，由于春季温度较低，幼苗绝对生长量较小，应适当控水，把提高地温、促进根系发育作为主要管理目标。在植株旺盛生长期，需水量增加，要保证土壤湿度为田间最大持水量的 80%~90%。若水分不足，不仅会使植株长势变弱而减产，同时也将使叶肉纤维增多，造成品质下降。夏季高温多雨，要减少灌水，注意排水防涝，以免田间积水造成根系缺氧、诱发病害、腐烂和生理功能失调。

4. 土壤与营养　韭菜对土壤的适应能力较强，在黏土、壤土或沙壤土上均可栽培。但由于韭菜为须根系，根毛少，吸收能力较弱，宜选择土层深厚、有机质丰富、保水保肥能力强的肥沃壤土。若在沙质土壤上栽培应增施有机肥来进行土壤改良。韭菜对盐碱土壤有一定的适应能力，但不同生长阶段，适应能力也有差异。韭菜幼苗期对盐碱的适应能力较弱，土壤含盐量以低于 1.5% 为宜。上海苏北农场试验结果表明，当土壤含盐量为 2% 时，韭菜成龄株能正常生长，并能获得相当产量。

韭菜耐肥，需肥量因植株年龄不同而异。1 年生韭菜，根系尚不发达，耗肥量较少；2~4 年生韭菜分蘖能力强，产量达到高峰期，耗肥量较多，应根据收获次数和产量增加施肥量。5 年以上的韭菜，要注意加强肥水管理，促进更新复壮，防止早衰。

韭菜在不同生育时期需肥特点不同。幼苗期生长量小，根系吸收力弱，应增施速效肥料。营养生长盛期，要以氮肥为主，配施磷肥与钾肥，促进植株生长，提高产量和品质。每生产 1 000 kg 商品韭菜，约需氮 3.69 kg、五氧化二磷 0.85 kg、氧化钾 3.13 kg。在韭菜生产中，应适量施用有机肥，改善土壤理化状况，促进根系生长。

二、品种类型与栽培季节

（一）品种类型

韭菜品种类型十分丰富，按食用部位可分为根韭、叶韭、花韭、叶花兼用韭 4 个类型。

1. 根韭　别名山韭菜、宽叶韭菜等。以根系为主要的食用器官，主要分布在云南。根韭的根系粗壮并肉质化，可腌制或煮食；花薹肥嫩，可炒食。叶片生长茂盛，分蘖力强，栽培容易，无性繁殖。

2. 叶韭　以叶片为主要的食用器官。叶韭叶片柔嫩，宽厚，分蘖力弱，抽薹率低。

3. 花韭　以花薹为主要的食用器官。花韭叶片粗硬，短小，分蘖力强，抽薹率高。主要分布在甘肃、广东和台湾等。

4.叶花兼用韭　与花韭、叶韭同属一种，栽培普遍。叶片和花薹发育良好，均可食用，以采食叶片为主。目前栽培的大部分韭菜品种属此类型。按其叶片宽度可分为宽叶韭和窄叶韭。

（1）宽叶韭　叶片宽厚，叶鞘粗壮，色泽较浅，生长势旺，产量较高，品质柔嫩，但香味稍淡，易倒伏。主要优良品种有汉中冬韭、791韭菜、豫韭菜1号、张家口马蔺韭、天津大黄苗、北京大白根、津南青韭、天津卷毛韭等。

（2）窄叶韭　叶片窄长，叶色深绿。叶鞘细高，直立性强，不易倒伏。纤维较多，香味浓，品质佳，产量较宽叶韭略低。主要优良品种有平陆青韭、保定红根韭、绍兴雪韭、哈密钩韭、日照线韭、临泽毛韭等。该类型品种日光温室栽培应用较少。

日光温室韭菜生产宜选用产量高、品质好、叶片宽、叶丛直立、回根晚、休眠期短、生长快、抗病、耐低温的品种，如天津大黄苗、791韭菜、汉中冬韭、张家口马蔺韭等。各地可根据生产和市场需要，选择2~3个具有不同休眠特性的优良品种，搭配种植。

（二）栽培季节

韭菜耐寒力强，适应性广，在我国北方春、夏、秋三季均可露地生产青韭。晚秋可利用薄膜拱棚覆盖进行延后栽培；冬季可在日光温室内进行青韭或韭黄生产；早春可用拱棚或其他简易保护栽培方式生产青韭，填补春季淡季供应。因此，韭菜在北方也可实现周年生产，均衡供应。

日光温室生产韭菜一般有三种形式：一是周年生产，在冬季利用日光温室进行保温，夏季在日光温室框架上覆盖遮阳网遮光降温，一年四季不间歇地进行生产，这种生产多需用沙培法。二是越冬一大茬生产，一般在秋末或冬初，将日光温室扣膜进行保护生产，连续收割四五刀后，揭膜转入露地养根，等待翌年继续投入生产。实际上在日光温室里只进行韭菜一大茬生产，在经济效益上是有限的。而在韭菜之后再定植一茬蔬菜则可大大增加日光温室的产出效益。三是作为日光温室前茬，即秋冬生产。因为韭菜为多年生蔬菜，春、秋季节为播种繁殖或更新季节。一般蔬菜的土地茬口都可利用，但主要与多年生蔬菜轮作倒茬。

三、栽培技术

（一）选茬整地

韭菜喜弱酸性土壤，pH 5.6~6.5 较为适宜，韭黄栽培要选用土地肥沃，土层深厚的壤土，但尽量不接重茬地或葱蒜茬地。韭菜喜肥，在播种前，必须施足基肥。一般亩施充分腐熟的优质农家肥 10 000 kg，磷酸二铵 20 kg、过磷酸钙 50 kg、尿素 20 kg，充分混拌均匀，平铺深翻 30 cm，耙平做 1 m 宽的畦，待播。

（二）种子处理

可用干籽直播，但出苗要比浸种催芽的晚一些。也可采用浸种催芽的方法，播前 4~5 d 进行浸种催芽。先在 40℃温水中洗，时间不少于 24 h，除去浮在上面的秕籽和杂质，将种子上的黏液洗净后放在 15~20℃的环境下催芽。每天用清水洗 1 次，3~5 d 可见种子露嘴，然后把种子放到较低温度的地方蹲芽，当 30% 种子露白即可播种，催芽后的种子 7 h 左右可出苗。

（三）播种

选择适宜播期，韭菜种子地发芽最适温度为 15~18℃，一般在 3 月下旬至 4 月下旬播种，亩用种量 4~5 kg。采用条播，1 m 畦子开 4~5 沟，播幅 10~15 cm，间隔 10 cm，先在苗床灌足底水，水渗后撒播种子，然后用过筛的细潮土覆土 2 cm 左右。

（四）苗期管理

1. 中耕除草　当韭菜苗出齐后，要中耕、保墒，保持土壤见干见湿，杂草应及时拔除。韭田人工除草是一件艰苦而费时的工作，采用化学除草是较理想的方法。33% 二钾戊灵乳油是新播韭菜较为理想的除草剂，亩用量 100~150 g，对水 50 g 左右，于浇完水后 2~3 d 喷洒。

2. 合理定苗　韭菜在苗高 5 cm 左右，开始定苗，苗间距 1 cm，间苗时注意选择弱苗、病苗拔除。

3. 肥水管理　苗高 5 cm 左右浇 1 次水，以后一般每隔 7~8 d 浇 1

次水。既要保持土地湿润，又要适当控制后期浇水。当苗高 10 cm 左右时，结合浇水，亩追施复合肥 20 kg、尿素 10 kg，施 2~3 次，以促茎叶生长，积累养分，促进分蘖。

（五）定植

苗龄 70~80 d，苗高 20~25 cm 达到定植标准，定植期应避免日光温室内高温高湿。多采用单行深沟栽植法，移栽前将苗畦浇透，对幼苗要进行整理和选择，先将韭菜苗从秧地连根掘起，抖去泥土，按大小株分级，整理成一丛，幼苗要随起随栽，不要长时间堆放，起苗后，将幼苗的部分须根末端剪去，保留 2~3 cm 以促发新根，同时要剪去一半叶片以降低水分蒸腾。移栽时开 15 cm 深的沟，标准为行距 20 cm，穴距 15 cm，密度为每穴 8~10 株。移栽后浇 1 次透水，将幼苗以不埋住分叶节为标准培土，但要保证沟比行间低 4~6 cm，这样可以有利于逐年培土以达到高产的目的。

（六）日常管理

1.肥水管理　定植后浇足稳根水促进缓苗，新叶长出后浇 1 次缓苗水促进发根长叶，而后中耕蹲苗。一般头刀韭菜前不浇水，待第二刀收割前 4~5 d 浇水，水量根据日光温室内温度而定：温度高水量可大些，反之要小些。浇水要在晴天的上午进行。幼苗 4 叶期要控水防徒长。6 叶期分蘖时出现跳根现象，需盖砂、压土或培土。一般每 5~7 d 浇 1 次水，每 15 d 追 1 次肥，连续 2~3 次，每次追尿素 10~15 kg/ 亩，追肥后要及通风，排除氨气，以免气害发生引起韭叶脱水烂尖。

2.温湿度管理　定植后，白天温度保持 20~24℃，夜间 12~14℃，空气相对湿度 70%~75%。株高 10 cm 以上时，白天温度保持 16~20℃，夜间 8~12℃，空气相对湿度 60%~70%，超过 24℃ 要降温排湿。韭菜在高温高湿的环境条件下易徒长烂尖，诱发灰霉病。头刀韭菜收获前 4~5 d 应适当通风，收割后闷棚升温，利于韭菜伤口愈合。每次浇水后要适时通风，防止灰霉病发生。

（七）适时收割

收割时两刀之间应间隔 1 个月左右为宜，植株达到 4~5 个叶片时。收割留茬高度要适当，一般在鳞茎以上 3~4 cm 黄色叶鞘处收割为宜，每刀留茬应较上一刀高出 1 cm 左右。深割时韭菜假茎长，商品性好，产量高，但对下一刀生长不利。"抬刀一寸等于上茬粪"，所以在不影响商品质量的前提下，应适当浅割。早晨未揭草苫前收割最好，韭菜鲜嫩不萎蔫。日光温室韭菜冬春最多可割 4~5 刀，即将淘汰换根的韭菜，可多割 1~2 刀。

第三节
日光温室莴苣生产

莴苣是菊科莴苣属一年或二年生草本植物，原产于地中海沿岸。叶用莴苣又称生菜，以叶片或叶球作为主要食用器官。茎用莴苣又称莴笋，以肥大的嫩茎作为主要食用器官，可生食、凉拌、炒食、干制或腌渍。莴苣嫩茎叶质地脆嫩、风味独特、营养丰富、含热量低。茎叶中含多种维生素和莴苣素，略带苦味，具催眠、镇痛、降低胆固醇、治疗神经衰弱之功效。同时莴苣茎叶断裂时在伤口处流出白色乳状黏液，含有橡胶、树脂、甘露醇、蛋白质、有机酸和多种矿质元素，对人体代谢有极好的调节作用。其营养丰富，生长速度快，经济效益高，已成为日光温室蔬菜中重要的绿叶菜种类。

一、生物学特性

（一）植物学特性

1. 根 直根系，主要根群分布于 20~30 cm 的表土层中，吸收深层水肥能力差，直播时主根相对较深而侧根少，水培时须根多且发达。

2. 茎　幼苗期茎短缩，莴笋随植株的旺盛生长，短缩茎逐渐伸长并加粗，形成肥大的肉质嫩茎供食。叶用莴苣的茎稍微伸长形成叶球的中心柱。

3. 叶　茎用莴苣叶互生，叶形有长披针形、椭圆形、倒卵形等，是区分品种的重要依据之一。叶面舒展或皱缩，叶缘波状或浅裂。叶色有深绿、黄绿、紫红等色。

叶用莴苣有结球型、散叶型和皱叶型。

4. 花及种子　圆锥形头状花序，每花序约 20 朵小花，花冠浅黄色，自花授粉，虫媒花，亦可异花授粉。子房单室，瘦果。花谢后 10~15 d 种子成熟，种子细小，表面呈银白色或黑褐色并附冠毛，能随风飘散，千粒重 0.8~1.2 g。

（二）生长发育周期

1. 营养生长阶段

（1）发芽期　种子萌动至真叶初现（露心），需 8~10 d。

（2）幼苗期　真叶出现至第一叶环的叶片全部展开，俗称"团棵"。直播时需 17~27 d；育苗移植者需 30 d 以上。一般初秋播种需时短，晚秋播种需时长。该时期主要表现为叶数的增加。

（3）莲座期　"团棵"至第二个叶序环的叶片完全展开，结球莴苣心叶开始内卷，散叶莴苣心叶趋于直立。莴笋嫩茎逐渐伸长肥大，但生长率不高。此期需 15~30 d，叶面积扩大、叶重及根重迅猛增加，是产品器官生长的基础。

（4）产品器官形成期　结球莴苣莲座期与结球期之前的界限不明显。从"团棵"后，叶片分化速度趋缓，外叶不断扩展，心叶加速卷抱并充实形成肥大的叶球，约需 30 d。散叶莴苣心叶进一步抽出并扩大形成叶丛。莴笋茎、叶生长齐头并进，茎迅速膨大，叶面积继续扩展，相对生长率明显提高，当达最高峰后两者的增长同时下降，此后 10 d 左右即可采收。北方越冬莴笋莲座期后气温渐降，进入 100 d 左右的越冬和返青期，嫩茎的生长变慢，返青后才迅速伸长和肥大。

2. 生殖生长阶段　从抽薹开花到果实成熟，需 1~2 个月。一般抽薹后陆续开花，花后 15 d 左右种子成熟。结球莴苣当叶球将达采收时，进行花芽分化，生长点突破叶球，并迅速抽薹开花，生殖生长期与营养生长期重叠时间较短，故叶球充实成熟要及时采收。莴笋进入莲座期后即伴随花芽分化，营养生长和生殖生长同时进行，故花茎在整个笋茎中占有一定比例。

（三）对环境条件的要求

1. 温度与光照 莴苣属半耐寒性蔬菜，不同类型各生育期所要求的温度不同。种子萌发适温 15~25℃，4~5 d 即可发芽；低于 4℃，高于 30℃ 发芽受阻，故高温季节播种常采取低温催芽措施。莴苣幼苗对温度的适应性相对较强，可耐受 -2~-1℃ 低温；29℃ 生长缓慢，但幼苗生长最适温度为 12~20℃。莲座期及产品器官形成期最适温度为 11~18℃，超过 24℃，尤其是夜温持续在 19℃ 以上，易引起未熟抽薹；夜温较低昼夜温差大时，可以减缓呼吸消耗便于茎肥大，0℃ 以下莴笋茎尖易受冻。结球莴苣此期对温度的适应性较莴笋弱，既不耐寒也不耐热，叶球形成期适温 17~20℃，超过 25℃ 不易结球。散叶莴苣全期适宜温度范围较宽。莴苣生殖生长期要求温度较高，在 22~29℃，温度愈高，从开花到种子成熟时间愈短，10℃ 左右可正常开花，但不能结实。

莴苣要求中强光照，忌阴蔽。种子发芽有需光性。光饱和点约 25 000 lx，补偿点 15 000 lx。高温强光下结球莴苣包心松散；光照不足，同化量降低，叶片较薄，品质下降。

2. 水分 莴苣茎叶组织柔嫩，蒸发量大，不耐旱。各生长期需水量不同，幼苗期应保持土壤湿润，勿过干过湿，防止老化或徒长，过度潮湿幼苗易诱发猝倒病。莲座期应适当控制水分以促进根系发展。

结球或嫩茎肥大期供水要足，否则叶球小而松散，或嫩茎瘦弱，产量低下，易产生苦味。尤其在叶球形成或嫩茎肥大的中后期供水要均匀，避免裂球或裂茎引起病害。

3. 土壤及营养 莴苣根系分布浅，吸收能力弱，且对氧气的要求较高，在黏重瘠薄的地块上栽培生长不良。缺乏有机质，叶片扩展受阻，结球莴苣叶球小而松散；莴笋茎瘦小且易木质化。喜富含有机质、保水、保肥力强、通透性好的壤土或沙壤土种植，并注意轮作。莴苣喜微酸性的土壤，pH 6.0 左右为宜，pH>7 或 <5 时产量都会受到影响。

　　氮、磷的缺乏会抑制叶片分化和外叶的扩展，幼苗期缺磷还导致根系生长不良，植株矮小，叶色变暗。结球莴苣莲座及叶球肥大期缺氮对叶球生育有明显抑制作用；钾对叶片分化影响不大，但会影响叶重，结球期缺钾，会显著减产，但追肥时必须协调氮钾的比例平衡，若氮过多，外叶徒长而叶球轻；适当增加钾可促进物质由外叶向叶球转移，提高叶球重和产品率；缺钙易产生"干烧心"。

二、品种类型与栽培茬口

（一）品种类型

1.茎用莴苣　又称莴笋，有尖叶莴笋和圆叶莴笋两大类。按嫩茎表皮色泽分为白笋、青笋和紫皮笋。尖叶莴笋叶簇较小，叶片长披针形，先端较尖，叶面平滑或略皱缩，叶色有绿色或紫色。节间较稀，茎棒状，上细下粗，较晚熟，适合秋季或越冬栽培。

　　圆叶莴笋叶簇较大，叶长倒卵形，顶部稍圆，叶面微皱，叶色淡绿。节间较密，茎粗大，中下部较粗，两端渐细。较早熟，耐寒性强，耐热性较差，品质好，多作越冬茬栽培。

2.叶用莴苣　有结球莴苣、散叶莴苣和皱叶莴苣。

（1）结球莴苣　按叶片质地有脆叶和软叶两种，是生菜中的主要类型，世界各国栽培较广泛，品种多。其顶生叶发达，叶丛较密，叶片大，近圆形，叶缘有全缘、锯齿或深裂等品系，叶面平滑或皱缩，外叶开展，心叶抱合形成叶球。脆叶品种叶片叠抱，包心较紧实，质地较脆。软叶品种叶质柔软，叶片合抱，结球较松散。

（2）散叶莴苣　又称直立莴苣、立生菜、直筒生菜、直立生菜等。叶全缘或锯齿状，外叶狭长直立或呈松散的圆筒状，开展度小，叶平滑或皱褶。欧美国家栽培较多，我国广东、四川、山东等地有栽培。

（3）皱叶莴苣　又称皱叶生菜、丛生莴苣。植株矮小，叶片较多，较肥嫩，叶片深裂，叶面皱缩，有松散叶球或不结球类型。

（二）栽培季节与茬口

叶用莴苣四季均可栽培。温暖凉爽的季节可于露地生产；寒冷季节可在设施中进行。高温季节育苗时要注意遮阴。茎用莴笋除露地栽培外，利用保护设施，冬季防寒保温和夏季遮阴、降温、防雨，可实现排开播种，分期供应。黄淮地区莴笋通常有春莴笋、夏莴笋、秋莴笋、冬莴笋等茬次。

1.春莴笋　9月上旬至中旬播种育苗，10月下旬至11月上旬定植，4月下旬至5月中旬采收。

2.夏莴笋　2月下旬至3月下旬阳畦播种育苗，4月下旬至5月上旬定植，6月下旬至7月下旬采收。

3.秋莴笋　7月下旬至8月上旬遮阴播种育苗，8月下旬至9月上旬定植，10月下旬至11月上旬采收。

4.冬莴笋　8月上旬播种育苗，8月下旬至9月上旬定植，11月上旬至翌年2月采收（日光温室）。

三、叶用莴苣（生菜）生产技术

日光温室生产多采用育苗移栽方式，其苗龄一般为30~35 d，定植后60~65 d即可收获。叶用莴苣生产技术流程为：播种育苗→整地、施基肥、做畦→定植→田间管理（设施环境调控、除草、灌水、追肥、防病虫害）→收获。

（一）品种选择

1.凯撒　从日本引进的极早熟优良品种。生育期80 d左右，从定植至采收45~50 d，株型紧凑，生长整齐，叶球高圆形，球内中心柱极短，球为包被类型，基部紧凑，浅黄绿色，品质脆嫩，叶球重约0.5 kg。该品种耐热性强，在高温下结球良好，抽薹较晚，抗病、耐肥。适合春秋日光温室生产。

2.飞马　从美国引进的早熟品，从定植至采收45~55 d。种植株外叶较多，绿色，叶缘缺刻较深，叶球中等大小，青绿色，叶球坚实，单球重约0.4 kg。该品种品质脆嫩，抗花叶病，耐顶端灼焦，夏秋季栽培表现良好，抗先期抽薹。

3. 萨林那斯　从美国引进的耐运输品种。早熟，定植后45 d可收获，外叶暗深绿色，叶缘波状粗锯齿。叶球绿白色，圆球形，结球紧实，品质脆嫩，单球重0.5 kg。抗霜霉病和顶端灼烧病，对大叶脉病忍耐力强，晚抽薹，除适于春秋季节栽培外，在高寒地区还可进行夏季栽培。

4. 皇后　从美国引进的晚熟品种，生育期85 d。生长整齐，外叶深绿色，叶缘有缺刻，叶球浅绿色，紧实，单球重0.5~0.6 kg，质脆味甘。抽薹晚，较耐生菜花叶病毒病和抗顶部灼伤。适合日光温室生产。

（二）播种育苗

结球莴苣可直播，也可催芽播种。直播时可用相当于种子重量0.3%的75%百菌清可湿性粉剂拌种，但要注意处理后应立即播种，不可放置过长时间。

结球莴苣种子发芽适宜温度是15~25℃。低于15℃种子发芽天数延长，发芽一致性较差。4℃以下种子几乎不发芽，25℃以上种子发芽率明显下降。30℃以上多数品种种子产生休眠。在高温季节播种，采用种子低温处理或赤霉素浸种都可促进种子发芽。

催芽前将种子置于20℃清水中浸泡3~4 h，适当搓洗控干水分后于20℃下催芽2~3 d，露出白色芽点后即可播种（芽子不宜长）。播前先将育苗盘浇足底水，水渗下后可撒播，覆土0.5~1 cm，上盖薄膜，出苗顶土时及时将其揭开，2~3 d后即可出齐苗。播种时可选用128孔穴盘，铺好育苗土整平后浇水，待水渗下后播种。播后适当遮阴，待子叶出土后及时去除遮阴物。如无合适育苗盘，也可于日光温室中挖土框作为育苗床，但要注意床土的配制。播种后苗床温度保持在20~25℃，出苗后可适当降低温度，白天保持在18~20℃，夜间8~10℃，等幼苗长到4叶1心时即可定植。

（三）定植

定植前，亩施入腐熟有机肥4 000 kg，氮磷钾三元素复合肥30~40 kg，深翻25 cm后做畦，畦宽1 m左右。育苗床定植前1 d停止浇水，以防散坨。开沟定植，株行距（25~35）cm×（40~45）cm。

移栽时严格选苗，淘汰徒长苗，午后带土定植。挖苗时带 6~7 cm 长的主根。夏季栽培应适当密植，使植株间能够互相遮蔽，以促进叶球形成，防止烈日照射叶片背面而引起散球。一般 1 亩植苗 6 000 株左右，定植后浇足水。

（四）日常管理

1. 温度　幼苗定植后的缓苗阶段，室内温度可稍高，白天 22~25℃，夜间 15~20℃；缓苗后到开始包心以前，室温比前一段稍低，白天 20~22℃，夜间 12~16℃；从开始包心到叶球长成，室温再低一些，白天维持在 20℃左右，夜间在 10~15℃；收获期间为延长供应期，室温宜降低，白天控制在 10~15℃，夜间控制在 5~10℃。

2. 追肥　结球莴苣需肥较多，在施足基肥的基础上，定植后追施速效肥来满足其生长需要。追肥可分 3 次进行：定植后 5~6 d 追第一次肥，追施少量速效氮肥促进叶片的增长；定植后 15~20 d 追第二次肥，以氮磷钾复合肥为好，亩追施 15~20 kg；定植后 30 d 时心叶开始包球，亩再追施 1 次氮磷钾三元素复合肥 15~20 kg，以保证叶片生长所需的养分。

3. 浇水　定植后需水量不大，浇定植水后以中耕保湿缓苗为主，保证植株的水分供应，缓苗后根据土壤墒情和生长情况，掌握浇水的次数，一般每 5~7 d 浇 1 次水，沙壤土可 3~5 d 浇 1 次水。开始结球时，浇水应注意既要保持土壤湿润，又要保持地面和空气干爽，这样有利于防止病害发生。因其根系大部分在土壤表层，中耕不宜过深，以免伤根。采收前 5 d 左右要控制浇水，以防止菌核病和软腐病的发生。

4. 采收及储藏　结球莴苣的采收要及时，根据不同的品种及不同的季节，一般定植后 40~70 d 叶球形成，用手掌轻压球面有实感，叶球充分膨大，包合紧实时即可采收。若收获太晚，花茎伸长，纤维增多，肉质变硬甚至中空，品质降低。夏季采收宜早不宜迟，因在气温高时，叶球内花薹迅速伸长，会使叶球失去商品价值。秋冬季，叶球成熟后可延迟一段时间收获。收获时选择叶球紧密的植株自地面割下，留 3~4 片外叶保护叶球；要轻拿轻放，避免挤压和揉伤叶片。

结球莴苣的含水量高，组织脆嫩，在常温下仅能保鲜 1~2 d。在 0℃

的温度，空气相对湿度95%~100%的条件下，可保鲜14 d，但重量将减少约15%。

结球生菜宜生食，也可熟食。

四、茎用莴苣（莴笋）生产技术

（一）播种育苗

莴笋采用育苗移栽方式，应注意培育壮苗。

1. 苗床准备 育苗地应选择地势高燥背风向阳、排灌方便、土壤肥沃疏松的壤土或沙壤土，且3年以上未种过菊科作物的地块。提前7~15 d 翻耕炕晒，亩施入充分腐熟优质的有机肥6 000~7 000 kg，细耙均匀做成平畦，畦宽1~1.2 m、长8~10 m，埂高20 cm，做到畦平土细。亩床面积为大田面积的1/20。

2. 播种期 各地可根据栽培茬口确定最佳播种期。东北、西北寒冷区多在立春后保护地育苗，清明前后定植，6月收获。华中、华北区的春茬莴笋多在中秋前后育苗，翌年4~5月采收。江南白露前后育苗，翌年1月收获。春莴笋秋季播种不宜过早，否则苗期高温易徒长，大苗抽薹易发生窜的现象。播晚了幼苗小越冬困难。秋莴笋华北区大暑至立秋播种，华中、华东及江南区处暑前后播种，冬前收获。

3. 播种量和种子处理 亩苗床播种量一般为1 kg，秋莴笋育苗应适当加大播种量，选择耐热长日类型的中、晚熟品种，采取低温催芽措施（方法同芹菜），当30%~40%种子露白时可播种。

4. 播种方法 干籽宜干播，催芽的种子宜湿播。要求落籽均匀，播后盖0.3~0.5 cm 的细干营养土。夏季育苗可在苗床上设遮阳、防雨措施，秋季播后在畦面上铺一层地膜，利于出苗，幼芽顶土时及时揭去。

5. 苗床管理 幼苗有2~4片真叶时间苗1~2次，最终苗床中苗距4~5 cm。同时注意苗期要适当控水，防止幼苗徒长，使叶片肥厚、平展有利于培育适龄壮苗。夏季育苗床应尽量创造温和湿润环境，可搭遮阴棚或在瓜架下育苗遮阴防暴雨。幼苗达3~4片真叶时随水浇施1次速效氮肥，每次亩用量为8~20 kg，也可用腐熟的稀薄粪肥追施提苗。

（二）整地和施基肥

前作收后及时清园，深翻炕晒 7~10 d 后打碎土块精细整地。结合整地亩施入充分腐熟优质有机肥 3 000~4 500 kg、过磷酸钙 75 kg、硫酸钾 20 kg，三者掺和后撒施入土，再均匀翻耙搂平做畦。秋莴笋多做成高畦，畦宽 1~1.5 m。春莴笋多用平畦栽植，畦宽 2~3 m。畦长以日光温室宽度为限。

（三）定植技术

1. 定植时期　南方地区春莴笋定植最晚也要在冬前进行，冬前地温高有利于根系发育。东北、西北寒冷区早春土壤解冻后及早定植。定植适宜苗龄一般为 40~50 d，秋莴笋幼苗生长快，苗龄 25~30 d 即可，定植适宜苗龄一般为 4~5 片真叶，苗龄过长则易徒长发生"窜"。

2. 定植方法　移栽前 1 d 浇透苗床，便于起苗，同时尽量多带土少伤根，随起随栽。保留 6~7 cm 长的主根，多余的可以剪除，主根过短则须根少、缓苗慢不易成活，过长易弯曲在土中影响发新根。严格选苗，淘汰徒长苗、弱苗及病残苗。定植时间应安排在阴天或傍晚进行，有利于缓苗成活。莴笋需单株定植，将根颈部分埋没土中，过浅易受冻。

3. 栽植密度　定植密度因栽培季节、土壤肥力和品种类型而异。一般秋莴笋较春莴笋稍密，植株开展度小的品种相对较密，尖叶型较园叶型密。中等肥力栽培地株行距 25 cm×30 cm。

（四）日常管理

1. 水肥管理　定植后缓苗期地温低，可浅浇、勤浇控制用水量。缓苗后施 1 次速效氮肥，并及时控水蹲苗，促进根系扩展。莲座期进行第二次速效氮追肥，加快叶片分化和叶面积扩大。封垄前叶片继续扩张，茎部逐步膨大，此时是栽培中"控"和"促"的分界线，以速效性氮、钾追肥并灌水。浇水过早则叶片徒长，养分积累少，嫩茎易"窜"；浇水过晚，则"控"过度，叶片生长量不足影响同化而产量下降，且易发生茎裂影响品质。产品器官膨大期要加大肥水均匀供给，追肥以"少吃多餐"的方式随浇随施。春季定植的和秋莴笋水肥管理原则也大致相似，只是蹲苗时间较春莴笋短些。

2. 温度管理　春莴笋初冬定植后温度渐低，注意防止幼苗受冻。通过水肥控制苗徒长，通过日光温室加温保温措施避免受冻，北方在土壤封冻前中耕培土护根，或用马粪、稻草等覆盖畦面防止根颈受冻。

3. 中耕除草　移栽成活后进行多次浅中耕松土保墒，可以增加土壤通透性、减少浇水次数和防除杂草；封垄后不再中耕，拔除杂草即可。

（五）采收

莴笋主茎顶端与最高叶片的叶尖相平时（俗称"平口"）为采收适期，此时嫩茎已充分肥大，品质脆嫩。如收获太晚，则花茎伸长，纤维增多，肉质变硬甚至中空，品质降低。

第十六章
日光温室特色蔬菜生产

特色蔬菜又称为稀有蔬菜。近几年来，随着人们生活水平的不断提高，对特色蔬菜的需求数量也在不断加大，更有些上档次的宾馆、饭店的需求量也在不断增加，同时有些特色蔬菜还是出口创汇的重要蔬菜品种。现在人们的日常膳食已从粗茶淡饭的温饱型向讲营养、讲保健、讲鲜嫩细等方面转化，使吃菜成为美与幸福的享受。

第一节
日光温室黄秋葵生产

黄秋葵又名秋葵、羊角豆、羊角菜、咖啡黄葵等，原产于非洲。目前，世界各地都有种植，以美国、日本等国较多。近年来，我国北京、上海、广州等地种植面积逐年扩大，并向日本、韩国等国出口。黄秋葵已成为人们所追捧的营养保健蔬菜，风靡全球。

黄秋葵的营养价值非常高，其主要食用部分是果荚。果荚颜色有绿色和红色两种。果荚脆嫩多汁，滑润不腻，香味独特，含有丰富的蛋白质、游离氨基酸、矿物质以及果胶和多糖组成的黏性物质等，具有助消化、增强体力、保护肝脏、预防贫血、维护视力等功效。另外，黄秋葵的钙含量也很丰富，而其草酸含量较低，更有利于钙的吸收利用，是很好的钙质来源。黄秋葵中的黏蛋白有抑制糖吸收的作用，所以近年来出现了用其治疗糖尿病的偏方。黄秋葵还含有特殊的具有药效的成分，能强肾补虚，对男性器质性疾病有辅助治疗的作用，享有"植物伟哥"之美誉。

一、日光温室黄秋葵生产茬口

日光温室黄秋葵生产的茬口主要有冬春茬和早春茬，茬口安排和生育期见表16-1。

表 16-1　日光温室黄秋葵生产茬口和生育期

栽培茬口	播种期	定植期	采收期
冬春茬	8～11月	9月至翌年1月	2～6月
早春茬	11～12月	1～2月	3～7月

二、品种选择

黄秋葵按果实外形可以分为圆果种和棱角种，按果实长度可分为长果种和短果种，按株型可分为矮株种和高株种。日光温室生产黄秋葵品种宜选择中早熟矮生型品种，如五角、新东京 5 号、五福、南洋、永福、北京黄秋葵、绿星秋葵 1 号、派丽等。

三、日光温室黄秋葵生产技术要点

（一）整地

黄秋葵忌连作，并且不宜与豆类、茄子、马铃薯等作物靠近，以避免同类害虫危害，最好选择根菜类或叶菜类作前茬。土壤以土层深厚、疏松肥沃、保水保肥能力强的壤土较适宜。亩施入腐熟的农家肥 3 500~4 500 kg，氮磷钾三元素复合肥 15~20 kg，施肥后再耕地 1 次，将肥料翻入土壤，混匀耙平。可采用大小行做畦，畦面宽 100 cm，大行距 80 cm，小行距 70 cm。

（二）播种育苗

黄秋葵的种皮较硬、厚，播种前宜将种子用 50℃温水浸泡至水凉后，用清水冲洗几遍再用常温水浸 2~3 d，换水 1~2 次 /d，然后放在 25~30℃下催芽。幼芽露出种皮后播到营养钵或 50 孔穴盘中，每钵或穴播 2 粒种子，覆土 1~1.5 cm，可覆盖地膜以保温保湿。在温度管理上，白天温度保持在 25~30℃、夜温 15~20℃，4~5 d 出苗后白天温度降到 22~25℃、夜温 13~15℃。在日光温室生产中，可通过加温设施（如热风炉）加温，以确保日光温室内温度。

（三）定植

营养钵育苗时，通常在秧苗长到 3~4 片真叶、苗龄 30~40 d 时定植；穴盘育苗时，通常在秧苗 2 叶 1 心时定植。可采用畦上双行、"拐子苗"法定植，以提高透光性。定植前 1 周可适当进行低温炼苗，以提高秧苗抗性。定植时应选择晴好天气，株距 35~40 cm。

（四）田间管理

1. 温度　定植后白天温度应保持在 28~32℃、夜温 18~20℃；营养生长期应适当降温，白天保持在 25~28℃、夜温 15~18℃，温度的调节主要靠及时揭盖草苫、纸被等保温材料和放风调节。结果期，白天温度保持在 25~30℃、夜温 13~15℃，需保证夜间最低温度不能低于 8℃。阴雨雪天要加强光、温管理。日光温室黄秋葵生产的温度管理见表 16-2。

表 16-2　日光温室黄秋葵生产的温度管理

时期	白天（℃）	夜间（℃）
定植至缓苗期	28~32	18~20
营养生长期	25~28	15~18
结果期	25~30	13~15

2. 肥水管理　整个生长发育时期应保湿，以土壤湿润为度，可采用膜下滴灌或渗灌。定植后至第一朵花开放一般不追肥，结荚后开始追肥。冬春茬和早春茬栽培时，生长前期应尽可能减少浇水次数，以免降低地温。浇水一般在晴天上午进行，可随水追施复合肥，1 亩可追施 20 kg。以后每隔 10~15 d 浇水追肥 1 次，每次浇水可结合追肥。

3. 植株调整　黄秋葵在正常条件下植株生长旺盛，主侧枝粗壮，叶片肥大，往往开花结果延迟。因此，在生产中应注意整枝、摘叶。保留基部 1~2 个侧枝，使其与主茎同时结荚。在生长发育中后期，收获嫩荚后保留荚下 1~2 片新鲜叶片，其余下部老叶应及时摘除，以改善通风、透光条件，减少养分消耗。同时，还可防止病虫蔓延。采收嫩果时应适时摘心，去掉生长点。一般在株高 1.2~1.5 m 时摘心，以促进侧枝结果。

4. 保花保果　日光温室冬春茬或早春茬黄秋葵生产时，往往在其坐果期易遇到低温天气，从而影响坐果率。生产中可采用喷施植物生长调节剂保花保果，如坐果灵、丰产剂 2 号等，喷施或涂抹在雌花柱头上，以提高坐果率。另外，在结荚期，也可喷施叶面肥提高坐果率，如每隔 10~15 d 采用 0.1% 磷酸二氢钾作为叶面肥喷施。

（五）采收

黄秋葵从播种至采收第一嫩荚一般需要 60~80 d，花谢后 4~7 d，果荚长 7~10 cm 时为采收适宜期。采收过早，果荚未完全膨大，影响产量；采收过晚，易形成革质膜，变成老荚，品质下降。采收时应用剪刀剪断梗部，避免劈伤植株。

第二节
日光温室四棱豆生产

四棱豆别名翼豆、龙豆、杨桃豆、翅豆等，是豆科蝶形花亚科四棱豆属，一年或多年生草本植物，原产东南亚及西非，被誉为"豆科之王""绿色的金子"及"奇迹植物"。四棱豆既是一种营养十分丰富的蔬菜，又是目前世界上蛋白质种类较全、含量较高的一种具有块根的豆类作物，其蛋白质、氨基酸、维生素和矿物质含量居豆类作物之冠。四棱豆具有防衰老、补血、降血压、抗癌等多种功效。四棱豆嫩荚可炒食、凉拌，或盐渍，或制酱菜，各具特殊风味。嫩叶可炒食、做汤，脆嫩爽口。块根可炒食，可制干片，或做淀粉。干豆粒可榨油或烘烤食用，也可培育嫩豆芽炒食，别具风味。老熟的茎叶是优质的饲料和绿肥。

一、日光温室四棱豆生产茬口

日光温室四棱豆生产的茬口主要有秋冬茬和冬春茬，茬口和生育期见表 16-3。

表 16-3　日光温室四棱豆生产茬口和生育期

生产茬口	播种期	定植期	采收期
秋冬茬	8月上中旬	9月上中旬	10中下旬至翌年4月
冬春茬	11月至翌年1月	1中旬至2月下旬	3月中旬至7月上旬

二、品种选择

四棱豆品种根据果荚颜色可以分为绿荚和深紫色荚两种类型，主要品种有：湘棱豆2号、翠绿、96-14-1、K0030（96-13）、K0010（85-6）、K006（833）、83871等。

三、日光温室四棱豆生产技术要点

（一）整地施肥

四棱豆忌连作，可与矮小、匍地、耐阴作物进行间套作。基肥以腐熟的农家肥为主，亩施 2 000~3 000 kg，2/3 撒施，1/3 沟施，配合施用过磷酸钙 50 kg、硫酸钾 30 kg，深翻 25~30 cm，耙细混匀。

（二）育苗

1. 种子处理　采用 55℃ 热水浸泡种子 15 min，并不断搅拌使其受热均匀。再用 30℃ 的温水浸种 10~12 h，将吸足水分的种子用湿布包好进行催芽。四棱豆的种皮较硬，在进行浸种之前，可以进行机械擦皮处理，如将种子放入粗砂中摇动 15~20 min，从而破坏种皮，促进种子吸水。催芽温度在 25~30℃，若采取变温催芽（白天 30℃ 8 h，夜间 20℃16 h）效果更好。催芽过程中应每天用清水投洗 2~3 次种子，待种子露白（胚根长 3~5 mm）时即可播种。

2. 播种　四棱豆为直根系，木质化较早，护根育苗能有效保护根系少受损伤。可采用 ≥ 6 cm×6 cm 的营养钵育苗，每个营养钵点播带芽的种子 1~2 粒，覆土厚度 1.5~2.0 cm。

3. 苗期管理

（1）温度管理　根据天气情况和秧苗需要，进行温度调节。播种至出土，昼温 25~30℃、夜温 16~20℃ 的较高温度管理，以利于尽快出苗。幼苗出土后，适当降温，白天适宜温度 20~28℃、夜间 15~18℃，避免幼苗徒长。定植前 5~7 d，加大通风量，控水降温，增大昼夜温差，白天 20~23℃，夜间 12~15℃，锻炼秧苗，提高秧苗抗逆性，加快缓苗。日光温室四棱豆苗期温度管理见表 16-4。

表 16-4　日光温室四棱豆苗期温度管理

生长发育阶段	白天适温（℃）	夜间适温（℃）	白天最低温度（℃）	夜间最低温度（℃）
播种至出土	25~30	16~20	16	12
幼苗出土后	20~28	15~18	15	12
定植前5~7 d	20~23	12~15	12	6

（2）光照管理　在保温的前提下，保温覆盖材料尽量早揭晚盖以增加日光温室内进光量，增加光照时间。也可以在后墙张挂反光幕来增加光照。

（3）肥水管理　播种时浇透水后，出苗前尽量不浇水或少浇水。出苗后如果表土发白、心叶叶色变浓、大叶萎蔫时应及时浇水；若心叶新鲜，大叶片上举则说明水多，适当控制浇水。浇水宜在晴天上午进行，以免水分过多而降低地温。

育苗期间发现秧苗长势弱、叶色浅，说明秧苗已经缺肥，可以用 0.1% 磷酸二氢钾与 0.2% 尿素混合进行叶面喷施。喷肥时间宜在 14~17 时，苗期根据秧苗长势可喷施 2~3 次。

（三）定植

当秧苗长到 4 叶 1 心或 5 叶 1 心时定植。宜选择在晴天上午定植。选择秧苗子叶完好、叶色浓绿、无病虫害的优质壮苗。一般早熟品种株行距为（40~50）cm×80 cm，晚熟品种为（50~60）cm×80 cm，除可以采用垄上栽培，也可以进行畦上双行定植。

（四）田间管理

1. 缓苗期管理　主要以防寒保温为主。白天适宜温度保持在25~38℃，夜间16℃以上。一般不超过38℃不通风。通风时间不宜过长，通风口不宜过大，以免"闪苗"。缓苗后及时查、补苗，以保证苗齐、苗壮。

2. 初花期管理　缓苗后要及时浇缓苗水，以促进生长。宜采用滴灌、渗灌等方式进行膜下浇灌，浇水量要小，最好选择在晴天上午进行，以免剧烈降低土壤温度。同时，进行吊蔓、引蔓，一般在晴天下午进行，避免折断蔓茎。另外，引蔓绳应绑在植株上部另设的固定拉线上。拉线应距离棚面30 cm左右，以防止四棱豆植株旺盛生长时枝蔓、叶片封住棚顶影响光照，同时也可避免高温危害。初花期施肥主要以氮肥、磷肥为主，亩可施用氮2.5~5.0 kg，五氧化二磷2~3 kg。

3. 开花结荚期管理　结荚期应及时浇水，保持充足的水肥有利于满足枝蔓的生长和开花结荚，保证产量和品质。但切忌田间积水。水分过多会影响根瘤的形成和生长发育，造成烂根和落叶、落花、落荚。

施肥以氮肥、钾肥为主。每采收2~3次，每亩施用氮磷钾三元素复合肥20 kg。应及时进行根外追肥和适当喷施植物生长调节剂保花保果，也可用0.3%磷酸二氢钾喷施叶面，或选用叶面宝、喷施宝等进行叶面喷施，提高结荚率，提高产量。

开花结荚期应以调整生殖生长和营养生长的矛盾，促进开花结荚和块根膨大为目的。结荚量以第一分枝为最多，因此，要在10片叶时进行摘心，以促进节位分枝。及时摘除老叶和侧蔓顶叶，减少落花，提高结荚率。

（五）采收

四棱豆以嫩荚为主要食用部位。一般在开花后10~15 d，豆荚长宽定形、尚未鼓粒、嫩荚革质膜未出现，尚未木质化时采收。

第三节
日光温室金皮西葫芦生产

金皮西葫芦由于其果实表皮呈金黄色，外形酷似香蕉，被人们亲切地称为"香蕉西葫芦"。它果肉细嫩，味道鲜美，营养丰富，比绿果皮西葫芦富含胡萝卜素，在一定程度上有促进胰岛素分泌的作用，可防止高血压、糖尿病及肝、肾病变，还能消除致癌物质亚硝胺的致突变作用，日益受到人们的青睐。果实炒食、作汤、鲜食均可。

一、日光温室金皮西葫芦生产茬口

日光温室金皮西葫芦生产的茬口主要有早春茬、秋延后茬和越冬一大茬，茬口安排和生育期见表 16-5。

表 16-5　日光温室金皮西葫芦生产茬口和生育期

生产茬口	播种期	定植期	收获期
早春茬	1月上旬	2月下旬	3月下旬至6月上旬
秋延后茬	7月下旬	8月上旬	9月上旬至12月下旬
越冬一大茬	10月下旬	11月下旬至12月上旬	1月上旬至6月上旬

二、品种选择

选用抗病性、抗逆性强，结瓜性状好，果皮金黄明亮，瓜形美观的金皮西葫芦品种，如高迪、金皮、金榜、中葫 2 号等。

三、日光温室金皮西葫芦生产技术要点

（一）整地施肥

金皮西葫芦忌连作，生产中可进行嫁接栽培或进行轮作。基肥以充分腐熟的农家肥为主，亩施 4 000~6 000 kg，配合施用磷酸二铵50 kg、硫酸钾 30 kg，2/3 在翻地前全田撒施，1/3 在定植前沟施，深翻25~30 cm，耙细混匀。

（二）种子处理

将籽粒饱满的种子用 55℃ 温水浸种 10~15 min，保持水温不断搅拌，当水温降到 30℃ 后继续浸种 4 h 左右，捞出沥干，用洁净湿纱布包好，置于 25~30℃ 环境中催芽，当芽长至 0.2~0.4 cm 时即可播种。如果在高温期育苗，用 10% 磷酸三钠溶液浸种 20 min，或用 1% 高锰酸钾溶液浸泡 10 min，捞出洗净，可预防病毒病。

（三）育苗

将已发芽种子平放在营养钵或 32 孔穴盘中间，每穴 1 粒，播后覆盖 1 cm 厚的育苗基质。播种至出土，白天温度保持在 25~30℃，夜间15~18℃ 以上，最低温度 15℃；出土后，适当降温，白天 20~25℃，夜间 12~15℃，最低温度 12℃；定植前 5~7 d，应注意放风降温炼苗，白天 20~23℃，夜间降到 7~9℃，最低温度 7℃。日光温室金皮西葫芦苗期的温度管理见表 16-6。壮苗标准：苗龄达 30 d，苗高 10 cm 左右，苗茎粗壮，子叶肥大，叶片厚而绿，3 叶 1 心或第四片真叶刚展开，叶片长相当于叶柄长，根系洁白。

表 16-6　日光温室金皮西葫芦苗期的温度管理

生长发育阶段	白天适温（℃）	夜间适温（℃）	白天最低温度（℃）	夜间最低温度（℃）
播种至出土	25~30	15~18	15	12
出土后	20~25	12~15	12	12
定植前 5~7 d	20~23	7~9	7	5

（四）定植

将耙细整平的地块做畦面宽 100 cm，畦底宽 120 cm，畦间距 60 cm，畦高 30 cm，畦上定植双行，亩栽苗 1 900 株左右。拐子苗法定值。行距 80 cm，株距 50 cm，亩栽苗 1 600 株左右。

（五）田间管理

1. 温度、光照管理　定植后的缓苗期要求高温高湿，以利于根系生长，白天不超过 30℃ 时不放风。经过 3~5 d 缓苗后，白天应适当放风、降温，防止秧苗徒长，温度白天控制在 25~28℃，夜间 10~15℃。夜温可降到 8~12℃，使植株进行低温锻炼。以后的管理恢复正常，以利植株营养生长与生殖生长并进。金皮西葫芦是喜光作物，植株生长期要经常清扫棚膜表面的灰尘、碎草，保持膜面清洁，并在后墙或中柱处张挂反光幕，以延长光照时间，促进植株健壮生长。

2. 肥水管理　金皮西葫芦对水分较为敏感，定植后应及时浇缓苗水，缓苗后要以控为主，不旱不浇，以促根、控秧、防疯长，从而达到增加雌花数，提高坐瓜率的目的。根瓜坐住时第一次追肥浇水，亩可追施氮钾二元素复合肥 20 kg，或追施硫酸钾 10~15 kg 和尿素 15 kg。以后每 7~10 d 浇水 1 次，15~20 d 按比法追肥 1 次。浇水必须在晴天上午进行，实行膜下暗灌，可采用滴灌或渗灌，浇水量要少，浇水后加强通风排湿，降低室内空气相对湿度。

3. 植株调整　根瓜采收后用吊绳将植株吊直，使其向上生长，以利通风透光。绕蔓选晴天午后进行，以防伤蔓。结瓜中后期及时摘除老叶、病叶和病瓜，并去除侧芽、雄花、残花和卷须，以减少遮光和养分消耗，防止病害传播。

4. 保花保果　金皮西葫芦花为虫媒花异花授粉蔬菜，日光温室生产无昆虫活动，雌花授粉不良，易造成落花落果。因此，必须进行人工授粉，一般在 9~11 时雌花开放后，选当天正在开放且已经散粉的雄花，去掉花冠，对准正在开放的雌花柱头轻柔均匀涂抹，每朵雄花最多对应 2~3 朵雌花授粉，授粉要均匀。前期无雄花或有雄花而无花粉时，可用坐瓜灵、丰产剂 2 号（西葫芦专用型）溶液涂抹或喷施开放的雌花柱头、果柄和果实，用时避免药液滴到茎叶上而产生药害。幼瓜坐住后及时摘掉顶端萎蔫的残花，避免由残花部位感染灰霉病而引起化瓜现象。

（六）采收

金皮西葫芦以鲜嫩、顺直的幼果为产品供应市场。一般定植后 30 d 左右开始采收，根瓜尽量早采收，以防坠秧，以后果实也应在 300 g 左右采收。采收时尽量用剪刀剪收，防止扭伤茎蔓，果实要轻拿轻放，忌损伤果皮，并用毛边纸包好。

第四节
日光温室大叶芹生产

大叶芹又名山芹菜、野芹菜、山芹、短果回芹，为伞形科多年生草本植物，株高 50~120 cm。茎基部分枝。基生叶及茎下部叶矩圆状卵形，长 5~16 cm，三出全裂或二回三出全裂，裂片矩圆披针形至倒卵形，叶柄长 5~16 cm；上部茎生叶简化成披针形，具牙齿状苞片。复伞形花序总苞片 1~3 个，线形至匙形，伞幅 9~13 个，不等长；小总苞片 1~5 个，丝状；花梗长 3~10 mm；花白色。双悬果卵形至球形，长 2~3 mm。花期 7~8 月；果熟期 8~9 月。

大叶芹主要分布于东北地区及河北、山西、河南等地。大叶芹喜湿耐阴，抗寒性极强，喜土壤肥沃，多生于山区林下、灌木丛中、山沟湿地等阴湿、腐殖质较多的地方。其嫩茎可供食用，口味鲜美，营养丰富，每 100 g 样品中含维生素 A 105 mg、维生素 E 45.3 mg、维生素 C 65.88 mg、维生素 B_2 22.3 mg、铁 30.6 mg，另外含有多种氨基酸、维生素及挥发油等，且具有降压的保健作用，是深受大众喜欢的山野菜品种。但由于大叶芹自然采收时间要主集中在 5~6 月，难以满足市场的需求，大叶芹的日光温室生产逐渐发展起来，使人们可以在春节前后吃到美味可口的大叶芹。大叶芹日光温室生产为大叶芹的产业化生产及深加工奠定了基础，已成为部分山区农民重要的收入来源，在农民增收中发挥了重要作用，为山区产业结构调整提供了一条新途径。

一、日光温室大叶芹生产茬口安排

日光温室大叶芹生产多安排头茬菜在元旦春节期间上市，以提高其经济效益。因此，苗子需要在 6 月上旬定植，自然生长至 11 月初，地上部冻死，清理田园，自然休眠 30 d 左右，11 月末至 12 月初扣棚膜，翌年 1~4 月收获。4 月末至 5 月初采收停止后，进行养根培肥。

二、品种选择

大叶芹生态型多样，按茎颜色分，主要有红秆和绿秆两种生态型：红秆类型产量低，但味道浓；绿秆的味道稍淡，但产量高。可结合当地消费习惯选择适宜的品种类型。

三、日光温室大叶芹生产技术要点

（一）种根繁育

多年生大叶芹植株呈株丛状，茎数越多，不定芽也越多，不定芽分化的数量和质量是决定大叶芹产量的重要基础。因此培育优质大叶芹健壮植株是日光温室栽培的关键。在资源丰富地区可直接采挖二年生以上的野生大叶芹根用于生产，资源不足地区就必须提早培育优质种苗。

1. 种子田建设　培育优质种苗，首先要采集种子，一般每年 8~9 月进行采种，主要选野生叶大、茎粗壮的大叶芹种株进行人工采种。但由于大叶芹结实率低，质量差，不能满足生产需要，因此大面积生产要建立种子田。一般在 4 月下旬至 5 月上旬大叶芹刚萌发时，采挖野生芽饱满大叶芹种根，采挖时应尽量少伤根多带土，以利于缓苗。定植前亩施有机肥 3 000~4 000 kg，定植株行距 30 cm×60 cm，最后浇透定植水。定植后中耕除草 2~3 次。当植株抽薹后，喷施 0.3% 磷酸二氢钾溶液 1~2 次，利于种子成熟。

2. 种子采收及处理　大叶芹种子在每年 9 月中下旬陆续成熟，应分批采收，以使种子成熟度达到一致，利于提高发芽率。

大叶芹种子具有休眠特性，需经低温层积处理才能发芽。新采收的大叶芹种子按 5 cm 左右厚度放在阴凉避雨处，摊开晾，每天早晚各翻动 1 次，当种皮变黑褐色，手握有潮湿感时，将种子与细河沙按 1∶3 的比例混拌均匀，藏种沙堆，相对湿度保持在 60% 左右，堆放在阴凉避雨处，经常翻动，干时补水。11 月初土壤封冻前，在室外选平坦处将种沙放入深 40~50 cm 坑中，使种沙低于地平面 10 cm，然后再盖 5~6 cm 厚细河沙，最后再盖 10~15 cm 厚土。大叶芹种子自采收至播种均需要湿藏，切忌将种子干燥后处理或处理后干燥。

3. 育苗　每年 3 月下旬播种前，将种沙取出堆放在室内 15~20℃ 催芽，待 60% 种子露白，地温稳定在 5℃ 以上时便可播种，露地播种期为 4 月中下旬。大叶芹对土壤要求不严，pH 5.5~7.0 的土壤即可。播前精细整地，亩施入腐熟的农家肥 4 000 kg，做宽 1~1.2 m，高 15 cm 畦。可条播，也可撒播。条播时开深 2 cm、宽 5 cm、间距 8~10 cm 浅沟，撒播时将畦面耙平后浇足底水，然后均匀撒播，覆盖 0.5 cm 细土，用种量以 10 g /m² 为宜。大叶芹幼苗喜阴，在遮阴率 60% 条件下生长良好，因此播种后及时遮阴。大叶芹播种后 10 d 左右可出齐苗。苗期必须按时浇水，每隔 15~20 d 浇 1 次。及时间苗定苗，保苗数为每平方米 500 株左右。

（二）定植

适宜定植时间为每年 6 月上旬，适宜移栽定植的株高 6~8 cm。翌年 1~3 月收获。

定植前需要整地做畦，日光温室内深翻土地 25 cm 左右，结合深翻亩施入腐熟的农家肥 3 000 kg，然后沿南北方向做畦，畦长依日光温室跨度留出足够的作业道即可，畦宽 1.2~1.5 m，畦埂高 15~20 cm。在畦内南北开沟，沟距 15~20 cm，深 10~15 cm，穴距 8~10 cm，每穴定植 3~4 株。定植后要浇透水，以利缓苗，并挂遮阳网，防止日灼，增加分蘖。水分管理以保持地表湿润为宜。及时中耕除草，松土深度为 2~3 cm，过深易伤根。8 月上旬至 9 月下旬，喷 0.3%~0.5% 磷酸二氢钾 2~3 次，促进根系发育，增加根蘖。9 月初撤掉遮阳网，以利光合产物积累。

（三）扣膜及生长期管理

大叶芹营养体也有休眠的特性，11 月上旬大叶芹地上部分枯萎后，芽处于深休眠状态。这种生理性休眠需要一定时期的低温才能解除，因此扣棚膜不宜过早，要适时扣棚膜，适时升温。如果升温过早，生理休眠难以解除，升温后不发芽或发芽不齐；升温过晚，上市时间延迟，春节无法上市。一般在 11 月末至 12 月初扣棚膜，并覆盖草苫，将草苫卷至棚底脚放风口上缘处不动，至升温前始终大开放风口，这样有利于低温解除大叶芹的休眠。土壤相对湿度控制在 50%~70%。12 月上旬开始每天卷草苫升温，白天温度控制在 25℃ 左右，夜间温度控制在 10℃ 以上，升温初期喷 1 次透水，以后保持土壤湿润。为了保持空气湿度，提高菜的品质，尽量减少放风，可利用卷放草苫来调节日光温室内温度和光照，并在日光温室内挂遮光度 50% 的遮阳网遮阴，以保证菜的脆嫩。升温后大叶芹芽便开始萌动，10 d 左右新叶展开，以后便开始抽茎生长，12 月末大叶芹株高即可达 15 cm 左右，进入翌年 1 月气温偏低，要特别注意夜间保温，白天气温不高于 30℃，夜间温度控制 10℃ 以上，不要低于 5℃，以利于大叶芹的生长。大叶芹耐寒性较强，幼苗能耐 -5~-4℃ 的低温，成株可耐 -10~-7℃ 的低温，因此偶遇恶劣天气，植株也不至于被冻死。如果想提早上市，可采用临时加温及日光温室内多层覆盖等措施以利于增温保温，但成本投入相对加大。畦面保持见干见湿，减轻植株纤维化程度，但不能过湿，以免降低地温和发生病虫害。

（四）采收及采后管理

一般 2 月上旬，当鲜菜长至 25 cm，叶柄直径 0.5 cm 以上时即可采收，用刀在距植株基部 2~3 cm 处平割，鲜菜亩产量可达 1 200~1 500 kg，鲜菜捆扎后上市销售。

采收后不能马上浇水，应晾晒两天，然后再浇 1 次透水，收割后 10 d 左右，新叶便可长出，以后仍按定植后的管理方法正常管理，3 月下旬可再收第二茬，五一前后可采第三茬菜。

（五）养根培肥

4 月末到 5 月初采收终止后，将大叶芹地上部分清理干净，每亩施腐熟农家肥 3 000 kg，撒施床面，补足土壤水分，让其萌发，此时温度、水分、光照按露地生产标准管理，终霜期过后，揭掉日光温室草苫和棚膜，留下遮阳网，定期除草，促进不定芽分化，提高不定芽质量，以利于冬季日光温室生产。

（六）病虫害防治

大叶芹在正常生产管理条件下很少发生病害，但在日光温室反季节生产中，如果日光温室内空气湿度过大、温度管理不当也会发生病害，大叶芹病害主要是叶斑病、霜霉病，可用 50% 代森锰锌可湿性粉剂 800 倍液喷雾防治。防治地老虎、蝼蛄、蛴螬可采用毒饵诱杀。防治地蛆，可采用 50% 辛硫磷乳油 2 000 倍液灌根。

第五节
日光温室苣荬菜生产

苣荬菜属菊科苦苣菜属，多年生草本植物，别名苦菜、苦荬菜、苦苣、曲麻菜等，是我国食用历史悠久的一种野生蔬菜，我国黄土高原的人民称苣荬菜为荒年的"救命菜"、丰年的"常年菜"。民谣曰"春风吹，苦菜长，荒湖野滩是粮仓""锄田不怕日头晒，就怕回家没苦菜"

等均形容特殊年代人们对苦菜的依赖和对苦菜的喜爱。苣荬菜在我国药用历史悠久，根、花、种子均可入药，其性味苦寒，具有清热解毒，消肿排脓，凉血化瘀，消食和胃，清肺止咳，益肝利尿之功效。常食含苣荬菜的食品可防治多种细菌或病毒引起的感染症以及提高人体免疫能力。

苣荬菜常见于农田、荒地或路旁，抗性强，耐寒耐热耐贫瘠，繁殖能力极强，可根茎繁殖也可种子繁殖，在我国西北、华北、东北、华中地区都有分布，遍及大半个中国，资源十分丰富。此外，在蒙古、朝鲜、日本以及俄罗斯等国也有分布。

苣荬菜具长匍匐根状茎，茎直立，株高40~110 cm，全株含白色乳汁。基生叶丛生，有柄，茎生叶互生，无柄，基部抱茎。叶片披针形，有稀疏缺刻或羽状浅裂，边缘有尖齿，两面无毛。头状花序，顶生，直径3~5 cm。总苞钟形，苞片多层，密生绵毛。花为舌状花，鲜黄色。瘦果长椭圆形，较扁，有纵棱和横皱纹，红褐色，冠毛白色。

随着人们生活水平的提高和回归自然观念的兴起，人们对野菜的需求日益提高，苣荬菜已悄然成为人们餐桌上的珍品，自然采摘已满足不了市场需要，苣荬菜日光温室生产如火如荼。

一、日光温室苣荬菜生产茬口安排

华北或东北苣荬菜适宜播种时间为5月末至6月上旬，10月中下旬将已培育好的粗壮的根状茎挖出，放置凉处遮阴保藏，促进根茎上的休眠芽解除休眠。11月中旬在日光温室内整地定植，采收期12月下旬至翌年4月。

二、品种选择

苣荬菜生态型很多，根据其生态适应性，日光温室生产苣荬菜应选择适应性广、抗逆性强、抗病性强、抗寒耐热的品种，目前已备案的品种沈农苣荬菜 1 号抗逆性强，抗寒耐热，种子 5℃ 以上即可萌芽，发芽适温 12~27℃，根茎上的芽在 10~15℃ 即可出土，生长适温 10~25℃，生长速度快，品质好，适宜日光温室生产。

三、日光温室苣荬菜生产技术要点

（一）优良品种根茎繁育

苣荬菜优良品种繁育是日光温室生产的关键，苣荬菜商品菜产量主要依赖于其地下根状茎。因此日光温室生产苣荬菜首先要繁育粗壮的地下根状茎。一般用种子进行繁育。

1. 播种　华北或东北播种时间为 5 月末至 6 月上旬，可利用露地也可利用小拱棚播种。苣荬菜适应性较强，对土壤要求不严，一般用沙质壤土较好。苣荬菜种子小而轻，千粒重 0.6~0.8 g，顶土力不强，整地时要精耕细作，整平耙细后做 1 m 的畦。苣荬菜种子具有休眠特性，可用 50 mg/kg 的赤霉素水溶液浸种 12 h，捞出阴干后再播种。条播撒播均可，亩播种量 700 g。条播在畦内南北向开浅沟，沟深 3 cm，沟宽 10 cm，间距 10~15 cm，踩实、浇透水，水渗完后，将种子与细沙拌均匀，均匀撒播于沟内，覆土 0.3~0.5 cm。为了保湿，可以覆盖一层薄稻草，种子出苗前，切忌大水漫灌。

2. 出苗后管理　播种后喷水保湿。温度 15~25℃ 条件下出苗需 7~12 d。苣荬菜种子出苗先是两片子叶同时出土，经 7~10 d 后小苗吐出真叶，当有 2~3 片真叶时，对畦中生长不均匀的植株进行间苗，株距 6~8 cm，不宜过密，并适当降低土壤湿度，以防幼苗徒长。苗高 5~6 cm 时，要进行除草和浇水，并结合浇水追施速效氮肥 2~3 次，苣荬菜对病虫害有很强的抵抗能力，一般不施用农药。经过 3 个月生长，苣荬菜抽薹但末开花，此期地下根状茎已十分粗壮，为日光温室生产做好充足准备。

（二）整地

11 月上中旬在日光温室内深翻 15~20 cm，做成南北向小低畦，畦宽 1.2 m，留出 0.1~0.2 m 做畦埂，在畦内施入腐熟的农家肥后拌匀耙平。畦面要求北高南低（落差 10 cm），以利于光照和浇水。土壤相对以手捏土不散开且不黏结为宜。

（三）定植

10 月中下旬将已培育好的粗壮的根状茎挖出，放置 5~10℃冷凉处遮阴保藏 15~20 d，促进根茎上休眠芽解除休眠。定植前将根茎剪成 8~10 cm 的段，按行距 10~15 cm 开宽 7~8 cm、深 5~8 cm 的小沟，将根茎顺沟平放 4~5 排，间隔 1~1.5 cm，盖土，轻镇压后浇水，水渗后在畦上铺 4~5 cm 厚腐熟的马粪、食用菌渣或者松软腐殖土，以利于采收鲜嫩的苣荬菜芽。一般根茎亩用量为 70~80 kg。

（四）中后期管理及采收

日光温室内温度 10~15℃时苣荬菜根状茎上芽迅速萌发，温度低于 5℃萌发明显延迟，适宜生长温度 12~27℃。苣荬菜喜光耐阴，在全光照条件下，光合速率达 17.67 μmol /（m²·s），干物质积累速快，昼夜温差大有利于干物质积累。

定植后 35~40 d 植株 5~6 片真叶时可以开始采收。在正常管理情况下，每根可采收 3~4 茬，鲜菜亩产量可达 900~1 000 kg，其中以第二、第三茬产量最高，约占总产量的 70%。头茬商品菜采收宜早不宜迟，采收深度地表下 2~3 cm，以后逐步加深。采收后 7 d 内不宜浇水，以防烂根，7 d 后结合追肥再浇水。每茬菜采收完毕后，都要结合浇水追施氮肥，一般常用尿素，施用量为 2.5 kg/亩。追肥宜在午后进行，先撒尿素，随后浇水。

头茬菜采收后要增大日光温室内昼夜温差，使夜温不低于 5℃，昼温保持 25~26℃，拉大温差可提高商品菜品质。当发现植株根系健壮而生长缓慢时，可适当施用磷酸二氢钾及微量元素复合肥等进行叶面追肥，也可明显提高产量和品质。

采收方法有采大留小和平茬采收两种方式：采大留小采收方式采收茬次不明显，每天均可采收，分散上市；平茬采收方式采收茬次明显，每 25~30 d 采收 1 茬，供应较集中。因此在生产中可根据实际情况灵活掌握。

第六节
日光温室蒲公英生产技术

　　蒲公英为菊科蒲公英属多年生草本植物，俗称婆婆丁、地丁、黄花地丁、黄花苗、奶汁草等。在我国传统的食用和药用方面的应用已有几千年的历史。

　　蒲公英是我国传统的中草药，药用价值很高，被誉为中草药的"八大金刚"之一。蒲公英全草入药，味甘平，微苦寒，无毒，具有清热解毒，利尿通淋，消肿散结的功效。

　　蒲公英含有多种营养成分。每 100 g 蒲公英嫩叶含水分 70~80 g，蛋白质 4.8 g，脂肪 1.1 g，糖类 11 g，粗纤维 2.1 g，灰分 3.1 g，钙 216 mg，磷 93 mg，铁 10.2 mg，胡萝卜素 7.35 mg，维生素 B_1 0.03 mg，维生素 B_2 0.39 mg，维生素 C 47 mg 及多种氨基酸，是天然的高钙、高铁食品。蒲公英的嫩茎、叶可直接采摘清洗干净后食用，也可在沸水中焯 1~2 min，控干水后食用。可蘸酱、凉拌，口感清爽；也可炒食、做汤、做馅、做粥，风味独特。

　　随着人们对蒲公英认识的不断加深和开发利用价值的深入研究，其市场需求量日益增加，其身价倍增，由过去的农家自食一跃成了宾馆、饭店餐桌上的美味佳肴。目前，辽宁、吉林、黑龙江、河南、河北、浙江、内蒙古等地已开始了蒲公英的人工栽培，在这些地区种植业调整中为农业增产、农民增收发挥了重要作用，特别是日光温室生产效益较高，开发前景广阔。现将蒲公英日光温室生产技术总结如下。

一、日光温室蒲公英生产茬口安排

　　在北方利用日光温室进行生产，常用种子直播法，从播种到采收需要 45~60 d。若想春节前上市，一般在 10 月播种，若想春节后上市，可于 12 月或翌年 1 月播种。

二、品种选择

蒲公英生态型很多，根据其生态适应性，日光温室蒲公英生产应选择适应性广、抗逆性强、抗病性强、抗寒耐热的品种。目前，国内多家科研与教学单位都相继选育出蒲公英品种，如华中农业大学育成的华蒲 1 号、山西农业大学育成的铭贤一号、沈阳农业大学选育的沈农蒲公英 1 号等。

三、日光温室蒲公英生产技术要点

（一）整地

整地前首先清洁日光温室，采用高温闷棚的方法消杀部分菌源，然后翻耕土壤 20~30 cm，均匀施入基肥，一般常用基肥是腐熟的优质农家肥和磷酸二铵，亩施用优质农家肥 3 000 kg，磷酸二铵 15 kg。最后将土耙细搂平，做成宽 1.2 m 南北走向的畦，畦埂宽 20 cm，高 5~8 cm，畦面要平整，以利于浇水。

（二）播种

日光温室生产播种时间一般在 10 月初或 10 月下旬，既可以条播也可以撒播，从播种到出苗需 10~12 d，播种量 2.5~3 g/m^2。以条播为例，在畦内南北向开浅沟，沟深 3 cm，沟宽 10 cm，间距 10~15 cm，踩实，浇透水，水渗完后将种子与细沙拌均匀，均匀撒播于沟内，覆土 0.3~0.5 cm。成熟的蒲公英种子没有休眠期，当日光温室内温度在 15℃ 以上时，播种 4~5 d 即可发芽，10~12 d 出苗；当日光温室温度在 10℃ 以上时 5~7 d 可发芽，12~15 d 出苗。蒲公英植株 10℃ 以上可正常生长。在北方播种时间若安排最寒冷的 12 月或翌年 1 月，为了保持地温，可在播种后覆盖地膜，并扣上小拱棚，以保证蒲公英发芽，出苗率达 70% 时，立即打开小拱棚并揭下地膜。

（三）田间管理

出苗后，当植株 2~3 片真叶时进行 1 次间苗，拔除畦中生长不均匀的小苗，日光温室内温度保持 10~15℃，以防幼苗徒长，培育壮苗。10 d 后逐步提高日光温室内的温度，控制在 15~23℃为宜，促进植株的生长。根据蒲公英的长势，可追肥 1~2 次，每次每亩可追施尿素 10~15 kg，磷酸二氢钾 5~8 kg。浇水要见干见湿，尽量选择早上或晚上浇水，中午高温时应避免直接浇地下的冷水。

蒲公英对光照强度要求不严格，但适当降低光照强度（自然光强 50% 左右）不仅有利于蒲公英地上部产量的提高，而且还可提高蒲公英叶片中维生素 C、可溶性蛋白及可溶性糖的含量，改善蒲公英的品质。因此，在生产中可通过使用遮阳网的方法降低日光温室的光照强度，提高蒲公英商品菜的产量和质量，以获得更高的经济效益。

（四）病虫害防治

蒲公英抗病力强，一般很少发生病害。但过多施用氮肥可能会诱发白粉病，主要危害叶片。初在叶面生稀疏的白粉状霉斑，一般不明显，后来粉斑扩展，霉层增大，整个叶片像撒了 1 层白粉，到后期在叶片正面生满小的黑色粒状物，即病原菌的闭囊壳，严重影响商品菜的品质。高温、高湿、空气不流动的日光温室内利于白粉病发生和流行，因此在日光温室生产时要提早预防。提倡用物理和生物的防治方法，物理防治可用 27% 高脂膜乳剂 80~100 倍液，于发病初期喷洒于叶面上，形成一层薄膜，可以防止病菌侵入，还可以形成缺氧条件使白粉病菌死亡，5~6 d 喷 1 次，连续喷 3~4 次。生物防治可喷 2% 农抗 120，7~10 d 喷 1 次。白粉病发病初期，可用氢氧化钠 500 倍液 3~4 d 喷 1 次，连续喷 3~4 次，也有很好的防治效果。化学防治可用 25% 乙嘧酚磺酸酯乳剂 1 000~1 500 倍液喷叶片。

蒲公英虫害很少，如日光温室栽培时间较长，有蝼蛄、地老虎等危害，可用糖醋液、灯光诱虫，清晨集中捕杀。

（五）采收

待叶片长到 10~15 cm 时即可采收上市。若有下茬作物安排，采收时可直接连根拔起，去除下面的老叶，按一定量捆好捆；如无下茬作物安排，采收时可沿地表下 1~2 cm 处平行下刀，保留地下根部，以长新芽，第二茬一般 20~30 d 采收。采收前 2~3 d 内不宜浇水，以防腐烂耗损，影响蒲公英商品菜的品质，采后 2~3 d 内也不宜浇水以防烂根。鲜菜亩产量可达 600~1 000 kg。

四、蒲公英软化生产技术

软化生产主要利用蒲公英营养储藏器官肉质直根，在适宜的栽培环境下直接培育成芽苗菜。

（一）肉质直根培育

1. 品种选择　软化生产蒲公英品种要求生长速度快，肉质根肥大，抗病性抗逆生强的品种，如山西农业大学育成的铭贤一号、沈阳农业大学选育的沈农蒲公英 1 号。

2. 选地与播种选择　土壤耕层深厚，地势平坦，排灌方便，无污染源的地块，在晚秋清洁田园，结合耕翻整地每亩施入腐熟的优质农家肥 4 000~5 000 kg，做宽 1.2 m 低畦，待播。春季在地温达到 10℃以上即可播种，采用条播方式，在畦内开浅沟，沟深 2~3 cm，沟宽 10 cm，沟距 10 cm、踏实浇透水，将种子与细沙拌匀后撒播于沟内，覆土 2~3 cm，盖上塑料地膜以保湿。

3. 田间管理　播种后 9~12 d 出苗。幼苗出齐后，去掉薄膜并及时浇水、中耕除草。分别于 2~3 片真叶期、5~6 片真叶期、7~9 片真叶期结合中耕除草进行 3 次间苗，最后一次株行距按 5 cm×10 cm 选壮苗定苗。间苗、定苗后一般均需及时浇水，莲座期一般不浇水，直到肉质根进入迅速膨大期。肉质根膨大期可根据植株生长状况追肥。播种当年不采叶，以促其肉质根粗大、肥壮和充实。

4. 肉质根的收获与储藏　肉质根收获于上冻前完成。将挖出的根株进行整理，摘掉老叶，保留完整的根系及顶芽。选择背阴地块挖宽 1~1.2 m、深 1.5 m（东西延长）的储藏窖。将肉质根放入窖内，码好，高不超过 50 cm。储藏前期防止高温引起肉质根腐烂或发芽，后期要防冻。该技术高产的关键是培育粗大、肥壮和充实的肉质根，并且冬季储藏合理，营养消耗少。

（二）蒲公英肉质根囤栽

利用日光温室进行囤栽，囤栽前将肉质根提前 1 d 从储藏窖内取出阴晾，按长度分级。日光温室内温度稳定在 8~25℃时，做 40~50 cm 栽培床，栽培基质用洁净的土壤或河沙均可，开沟深 10~12 cm，行距 20 cm，株距 2~3 cm，按分级一沟一沟地码埋，覆土以能盖住根头 1~2 cm 为宜。码埋完毕后立即浇透水缓苗养根，室内温度保持 15~20℃，空气相对湿度控制在 60%~75%。若囤栽后床内温度长时间低于 10℃，蒲公英易花芽分化进入春化阶段而抽薹，商品性很难保证，因此在生产中可以将储藏的肉质根生长点去掉，再囤栽，利用肉质根上的潜伏芽进行商品菜生产。

（三）软化栽培方式及采收

蒲公英软化方式可以采取黑膜覆盖或沙培方式进行。黑膜覆盖即在囤栽缓苗后 2~3 d 在畦上拱小拱棚，覆盖黑色薄膜，拱棚内温度保持 15~23℃，空气相对湿度控制在 80%~90%。当叶片达到 10~15 cm 时，用手掰或用刀割取叶片，注意带生长点采收。沙培方式即蒲公英萌发后铺 1 cm 厚的细沙，待叶片露出地面 1 cm 后，再一次进行沙培。共进行 4~5 次，于叶片长出沙面 8~10 cm 时，连根挖出，洗净，去掉须根，绑成小捆上市。

软化栽培采收一般在清晨进行。软化栽培生产周期一般在 50 d 左右。通过软化栽培，蒲公英的苦味会降低，纤维减少，脆嫩可口，商品质量大大提高。

第十七章
日光温室木本蔬菜生产

　　木本蔬菜常以木本植物的嫩叶、嫩茎、花蕾为主要食用器官，最常见的是香椿和刺龙芽，但是木本蔬菜季节性强，特别是在天寒地冻的晚冬及早春，正常情况下，想食用木本蔬菜困难巨大，因此，利用日光温室进行木本蔬菜生产，既能丰富人们的餐桌，也能增加菜农的经济收益。

第一节
日光温室香椿生产技术

　　香椿作为反季节蔬菜栽培，其嫩叶及芽供食用，深受城乡居民欢迎，栽培效益很高。

　　香椿蛋是香椿蔬菜系列中的"超级精品"。它是把刚萌发出不久的香椿芽，用空鸡蛋壳套住，让香椿芽在无光条件下受制于蛋壳的限制而生长，从而长成一个黄色的球状体。

一、香椿的营养价值

　　每 100 g 鲜香椿叶中含蛋白质 5.7 g，脂肪 0.4 g，碳水化合物 7.2 g，钙 110 mg，磷 120 mg，胡萝卜素 0.93 mg，维生素 B_1 0.21 mg，维生素 B_2 0.13 mg，维生素 PP 0.7 mg，维生素 C 58 mg。

二、香椿苗木的繁殖技术

　　香椿可用种子播种、育苗分株、根插和枝插等方法繁殖，在加速扩大优良品种时，也可用组织培养法繁殖。

　　（一）种子繁殖

　　1. 整地施肥

　　（1）选地　香椿幼苗对水分和土壤通气性要求严，育苗地应选择地势平坦，地下水位在地表 1.5~2.5 m，背风向阳，光照充足，肥沃疏松，通气性良好，能灌能排而又无病源的地段做苗圃。忌用积水地、重黏地和前茬作物是西瓜、棉花、茄子、黄瓜或番茄等易感染枯萎病的蔬菜作物的地块，也不要与香椿重茬，否则容易患根腐病。

（2）整地施肥　整地前，每亩施入充分腐熟的有机肥5 m³为基肥，撒匀翻透，深度30 cm。整平耙细，然后做畦。畦宽1.2 m，畦埂宽30 cm，高20 cm，畦长因地势宜掌握在15 m以内。结合平整畦面，每亩再撒施尿素30 kg，过磷酸钙100 kg。施肥后翻耕耙平，同时喷施50%辛硫磷乳油800倍液杀灭地下害虫。播种前4~5 d浇1次透水，2~3 d后划锄松土保墒，在土壤适耕期内将畦面整平，以待播种。

2. 种子选择

（1）选种原则　香椿种子发芽率低，一般只有60%左右，寿命短，一般只有7~8个月，且很易丧失发芽能力。因此要选用当年生新种子。

香椿品种很多，但以北方种"红油椿"最易栽培成功，且品质好，产量高。

（2）用种量确定　香椿种子千粒重8 g左右，每500 g种子有10万~12万粒，但由于其芽率低，且苗期易死亡，一般每亩需播种3 kg。

3. 种子处理　香椿种子小，生活力弱而又带有膜质长翅，直播时不易吸水，发芽困难，在苗床中易于霉烂，或易受昆虫或鼠类危害。为促进种子发芽，播种前应进行种子处理。播前经浸种催芽处理可提早5~10 d出苗，而且出苗整齐。浸种前先搓去种子上的膜翅。

1）浸种消毒

（1）温水浸种　可将种子倒入种子量两倍的35~40℃温水中，并不断搅拌，以防闷种。待水温降到30℃，轻轻揉搓种子并淘洗干净，然后重新装入盛有25℃清水的容器，保温浸泡24 h，促使种皮软化，使种子吸足水分。

（2）药物消毒　温水浸过的种子，再用0.5%高锰酸钾液浸泡1 d进行消毒，然后捞出，冲洗几次。

2）催芽　种子捞出后沥去水分，进行催芽。

把种子与河沙按1∶1的比例混匀。沙子应提前过筛灭菌，并适当洒入清水，湿度掌握在手握成团松手即散为宜。然后将掺有种子的湿沙装在草袋或麻袋中，置于温暖背风处，温度掌握在25℃左右，每日早、晚各用清水将包装袋淋水并翻动1次，注意翻倒均匀。

将浸过的种子混合等量的洁净湿细沙，摊放在簸箕（柳条编制）或其他能漏水的容器内，厚度不超过3 cm，上盖湿麻袋，放院里向阳温暖处催芽，白天喷水保湿。

把掺有与种子等量细沙的种子，放在深 15~20 cm 的向阳坑内，上盖塑料薄膜，保持 20~25℃进行催芽。

无论采用哪种方法，7 d 左右，有 50% 的种子胚根长至像小米粒大小时，即可播种。

无灌溉条件、干旱或初冬播种时，可不经浸种催芽，直接播种处理过的种子。

冬季不太严寒的地区，可于秋末初冬用干子播种，播后将覆土堆成 20~30 cm 高的土垄，保护种子过冬。翌年谷雨前，扒开垄土检查，种子已露白芽时，扒去大部分垄土，留 2~3 cm，种子开始顶土时再轻轻扒去一层土，仅留 1~1.5 cm 厚，扒土时注意切勿损伤胚芽。

在地势低洼或苗期降水多的地块，可用垄播。垄高 20 cm，垄距 40~60 cm，在垄上开沟播两行种子。播后沟里浇水，渗透到垄顶。

4. 播种

1）播种时期 春季和初冬两季均可播种香椿，北方以春播为主。当地最低地温 1~5℃时就可播种。华北地区露地播种期在 4 月上中旬。露地覆盖地膜可提前 10 d 播种。小拱棚或阳畦可提早到 2 月下旬或 3 月上中旬。

2）播种方法

（1）露地育苗播种法 在整平耙细的育苗畦内，按 30~35 cm 的行距开沟；沟深 2~3 cm，每畦 5 沟。播幅宽 6~10 cm，用锄稍平沟底，浇小水湿沟，水渗下后将拌有湿沙的萌芽种子均匀地播在沟内。控制每平方米出苗 25~30 株，每亩苗圃用干种子 3 kg。播后覆细土 1~1.5 cm，顺沟轻轻耙平覆盖。天旱时覆土可加厚些，或者土面上再加覆一层细沙，或畦面盖稻草、麦秸等保墒，以利出苗。苗圃土质较黏时，可在播种前 1 周左右，先满畦浇水洇地，等土壤稍干时再开沟播种，播时不再浇水。播种要均匀一致，以保证出苗整齐；覆土尽可能用过筛细土，不可过厚，也不可用脚踩踏，以利幼苗拱土。

（2）地膜覆盖育苗播种法 其种法与露地大同小异，只是在上述操作完成后，再在畦面上加盖一层地膜。覆盖地膜时要做到抻平绷紧，四周用土压严，以提高地膜的保温、保湿、除草功能，并增强抗风能力。播期可比露地育苗提前 10 d 左右。因地膜对土壤有较好的保温保湿效果，所以播种后出苗整齐，幼苗根系发育良好，长势强，茎秆粗壮。

（3）小拱棚育苗播种法　将床面按露地育苗畦方法整好，把种子撒播均匀，然后用过筛细土覆盖 1~2 cm，撑起拱棚，盖好薄膜，四周用泥土压严即可。

5.苗圃管理　苗床条件良好时，播种后 5~7 d 开始出苗，10~15 d 可齐苗。未经浸种催芽的种子一般 20 d 左右出苗。

1）防苗圃土壤板结　播种后出苗前严防苗圃土壤板结。刚出土的香椿幼苗，茎叶娇嫩，不耐强光暴晒，怕灼伤。播后最好在畦、垄面上架设 1 m 左右高的棚，顶部稀盖玉米秸或杂草等，适当给苗床遮阴，幼苗有 4~6 片叶或 10~15 cm 高时逐渐去掉遮阴物；也可在玉米等高秆作物间做苗床，待玉米长到 10 cm 左右高时，播种香椿，利用高秆作物为香椿幼苗御寒防晒。玉米进入旺盛生长期后，要摘去其下部叶子，以免遮住香椿幼苗。

2）破膜与放风　播种后畦面覆盖地膜的苗床，在幼苗出土时须破膜，并扶苗出膜。逐株打孔放苗，太费工，而且膜孔边如封土不严，幼苗易受孔内散出的热气灼伤。改用条状割膜放苗，既省工，又能防止热气灼伤幼苗，值得推广。

阳畦或小拱棚播种的香椿芽，棚内温度超过 37℃时，无论出芽与否都要放风降温。一般棚内温度控制在：芽苗出土前 30~35℃，幼苗出土后，25~30℃，待外界温度达到 15℃以上时，逐渐撤去棚膜，转入露地管理。

3）肥水土壤管理　4~5 月和 7 月结合降水，各追肥 1 次，如土壤干旱，要浇水，浇水结合追肥。亩用尿素 20 kg 或沼液 1 000~1 500 kg，8 月以后不再施氮肥，防止枝条徒长。进入 8 月，施 1 次磷肥，亩用过磷酸钙 50~60 kg。行间中耕，促使幼苗木质化，增强抗寒力并提早落叶，以利于转入日光温室生产。

4）矮化和发枝措施　菜用香椿的树木管理和一般林木香椿不同，菜用香椿要求培养成多侧枝、多顶芽的矮化树形，才能提高椿芽产量，也便于管理采收。

（1）摘心或短剪　苗木生长期间，6月下旬至7月上旬，苗高40~50 cm时对1年生枝进行摘心或短剪，留干15~25 cm，20 d左右后，可发出2~5个侧芽，秋季能长成10~15 cm长的充实短枝，这就是转入日光温室生产时，能收产品的椿头芽。摘心时间迟早与能否形成饱满的椿芽密切相关。摘心过早，摘心后的生长期长，生长量也较大，植株偏高，达不到矮化目的，须在8月中旬再次摘心，以后虽能形成侧枝，但时间已晚，难于形成充实饱满的顶芽；摘心过晚，树干也不能矮化。在同一个地段内，由于树木个体生长势不等，摘心时间也有差别，长势强的苗木宜晚摘心，长势弱的苗木可早些摘心。摘心后如果树势仍然很旺，叶片繁茂时，可打去基部1/3的叶片，或对心叶2~3片叶以下的叶片进行截叶，截去叶片的1/3，以控制生长。生长季节较长的地区，如果第一次摘心后，到8月中下旬以前，苗木已长到80~100 cm，而且树势很旺时，可以进行第二次摘心。

（2）平茬　平茬是一种重短剪，在离地5~8 cm或15~20 cm短截。平茬既可矮化树形，又能促发枝，或更新树体。

当年生苗木因生长基础差，一般不平茬，平茬后出芽慢。两年生或两年以上苗木，摘心后形成的侧枝少，矮化作用小。通过平茬打破香椿的顶端优势，促进隐芽萌发。一般在6月下旬，留干5~8 cm，对苗木进行平茬，促发侧枝，使苗木矮化和顶芽饱满。

此外，苗圃内生长的当年不能栽植的弱小苗，翌年春季萌芽前可平茬；经日光温室冬春季生产后的苗木，移栽到大田进行恢复栽培时要平茬，老树更新时也须平茬。通过平茬促发侧枝，从中选留壮枝代替主干伸长枝。

（3）化学矮化　通过摘心或短剪、平茬和控制施肥浇水，虽然都能使树体矮化，但不完全有利于植株制造和积累光合产物以及形成饱满的芽体。近年来，各地已采用化学药剂处理，使树体矮化。在生产实践中用PBO处理苗木，不仅可使树体矮化，而且有增强叶片光合功能、提高椿芽质量的作用。处理方法是：当年生苗木从7月中下旬开始，多年生苗木从6月底开始，用PBO 300倍液喷洒顶部枝叶，每隔10~15 d喷1次，连喷2~3次。喷三碘苯甲酸（TIBA）也能使树体矮化，多生分枝。亩用药250~300 g，配成50~70 kg药液，15~20 d喷1次，连喷 2~3 次。

矮壮素处理后的矮化作用不明显。多效唑喷后影响下茬作物。

（二）根蘖育苗

香椿树萌蘖力强，株旁经常会发出若干个根蘖苗，春季萌芽前 10 d 左右移栽蘖苗，可使其另成新株。自然萌发的根蘖数量有限，如 5 年生树每株可萌发出 4~5 株蘖苗，只适于零星栽植用。采用人工断根促生萌蘖的方法可以增加苗木数量。其方法是：在春季土壤已解冻而新叶尚未萌发前，在树冠垂直投影范围内，挖开两条对应的沟，沟深 40~50 cm，宽 30~40 cm，长 1.5~3 m。挖沟同时切断沟内见到的根系，然后填土平沟，4~5 月株旁就能萌发出大量根蘖苗，比正常萌蘖苗增加 2~4 倍。如果在填放沟土时，能加入部分土杂肥并浇水，促生萌蘖的效果会更好。

根蘖苗因发蘖期不同，苗株大小不等，而且幼小时生长比较缓慢，所以当年秋季只有 20% 左右蘖苗能长到 1 m 以上的合格壮苗标准，秋季或翌春可分株定植到大田。小苗须挖出栽到苗圃地再培育 1 年后方可定植。根蘖育苗方法简单，成本低，可保持亲本优良性状，山坡丘陵区、沟边、坑旁、河道两侧、路边、地头、村边、房前屋后，零星栽植菜用香椿时常用这种方法繁殖。

（三）根插育苗

根插育苗是利用香椿萌芽力强的特点，促使根部不定芽萌发成植株进行繁殖。

1. 根条准备和扦插　利用春季起苗定植时，从苗木上剪下的过长主侧根；或者在树冠边缘，离主干 1~2 m 处挖取 1~2 年生直径 0.5~1 cm 带须根的根段作插穗。太细的根发出的苗弱，过粗的根不定芽不易萌发常不出苗。将根截成 15~20 cm 的段，大头剪成平口，小头削成斜口。按 30~50 条扎成捆，下口对齐、催芽。催芽坑深 0.6 m，宽 1 m 左右，坑底垫 10 cm 树叶，再铺 20 cm 左右干净的湿河沙。为确保早出芽多发根，可以将根条捆放在盛有 500 mL/L 萘乙酸溶液的盆中浸一下，然后竖排在坑内沙上，上面盖沙，与坑口平，再覆薄膜，增温保湿。寒冷时夜间盖草苫，保持沟温18℃以上。当插穗上形成愈伤组织或长出2~3 mm长新芽时，即可扦插。

扦插时按行距30~40 cm开沟，有条件者在插根下端蘸些草木灰，或者ABT生根剂，可明显提早生根发芽，并利于早期形成壮苗。按株距25~30 cm，呈30°倾斜插入土中，顶端与畦面相平。然后覆盖地膜增温保墒，促进生根出苗。

2. 根插苗管理　5月下旬至6月上旬，插穗陆续发出新芽，发芽后地膜上打孔或割缝，扶芽出膜，为防灼伤，幼苗出土后要遮阴并经常喷水，根部适量培土，轻施氮肥，催苗生长。苗高10 cm时，选留壮芽作苗干培育，摘除其余的芽，苗期喷2~3次0.2%~0.3%尿素液，6月中旬至7月中旬施1~2次追肥，每亩用尿素15 kg左右。干旱时行间开沟浇水。浇水和降水后及时松土除草。进入9月，苗木生长缓慢，可喷1次0.2%~0.3%磷酸二氢钾，或1%~2%过磷酸钙浸出液，促使幼苗木质化，并须预防早霜和寒流危害。管理良好者，当年大部分树苗能长高1 m左右，可出圃定植于日光温室。

（四）香椿苗圃病虫害防治

香椿的病虫害很少，主要有立枯病、猝倒病、白粉病、叶锈病和香椿毛虫等，可抓住有利时机，对症下药，及时防治。

1. 立枯病和猝倒病

（1）发病规律与危害症状　苗期遇低温高湿易感染立枯与猝倒病，造成幼苗死亡或停止生长。

（2）防治方法　香椿出土后至3片真叶前，用72.2%霜霉威盐酸盐水剂400倍加75%百菌清可湿性粉剂600倍液喷雾2~3次。

2. 香椿白粉病

（1）发病规律与危害症状　氮肥过多，苗木拥挤，生长势弱，光照不良易发生此病。病菌孢子借风传播。空气干旱更有利于病菌孢子的侵入。叶背产生白粉状物，引起叶枯，早落叶。

（2）防治方法　清除病叶、落叶，合理灌溉和注意氮、磷、钾肥的配合使用。发病初期用醚菌酯悬浮剂4 000倍液，或30%己唑·乙嘧酚微乳剂1 000~1 500倍液，10~15 d喷1次，共喷2~3次。

3. 香椿叶锈病

（1）发病规律与症状　湿度大有利于发病，露地常从夏初开始直到晚秋均可发病。病叶两面有黄色粉状物，散生或群生，以背面为多，严重时扩至全叶。后期有暗褐色小点。受害叶片提早脱落，生长不良。

（2）防治方法　同白粉病。

4. 香椿根腐病

（1）发病规律与症状　夏秋阴雨天和排水不良时，苗圃内易发生。受害根离皮腐烂，导致植株死亡。

（2）防治方法　选择地势较高、肥沃、疏松、排水良好的土壤作栽培苗圃；选用壮苗，移栽前用 5% 石灰水或 0.5%（200 倍）的高锰酸钾溶液浸蘸苗根 15~20 min，再用清水冲洗干净后栽植；发病前行间喷 1∶2∶200 倍波尔多液预防；发病初期用 0.5% 硫酸铜液灌根，但灌后要随即用清水浇苗；及时挖出病株，并用石灰水处理土壤。

5. 香椿干枯病

（1）发病规律与症状　苗圃中幼树多发生。苗干出现病斑，严重时全株树皮干缩。

（2）防治方法　培育壮苗，枝干涂白；在病斑部打孔深达木质部，注入 10~12 倍的碱水。

6. 香椿毛虫　多在 6~8 月发生。

（1）生活习性及危害　初龄幼虫啃食叶肉，残留叶脉，受害叶片呈网状；大龄幼虫蚕食叶片后只留下叶柄和主脉。

6 月上旬成虫羽化，交配后产卵于叶背面，多数为十粒卵聚集成块，少数也有散产的，孵化出的幼虫有群集习性，白天一般集中在树下背阴处，晚间上树，在叶背面取食。

（2）药剂防治　用高效低毒低残留仿生物农药 1.8% 阿维菌素乳剂 1 000~1 200 倍液，或生物农药 BT-10 乳剂 200 倍液喷雾；也可用菊酯类农药防治。

如有黄、绿、扁刺蛾发生，可用 50% 辛硫磷乳油 800 倍液，或 80% 敌敌畏乳油 1 000 倍液喷雾。如有红蜘蛛发生，可用 10% 哒螨灵 3 000~4 000 倍液喷雾防治。

三、日光温室香椿芽生产技术

（一）优良苗木标准

用于日光温室假植栽培的优良苗木标准是：当年生的苗木，苗高0.6~1 m，苗干直径 1.5 cm 以上。组织充实，顶芽饱满，根系发达，无病虫和冻害等。

（二）日光温室香椿体芽菜生产形式

利用温室冬季进行香椿体芽菜生产目前有四种形式：一是冬季只生产一茬香椿，而后撤膜休闲，苗木转移露地继续培养。二是香椿生产结束后，将香椿苗平茬移到露地培养，腾出的日光温室定植番茄、青椒、茄子等。三是香椿生产时预留出一定的空间，以套种黄瓜、冬瓜和番茄等，实行间套作生产。四是利用温室里的边角闲散地，如利用日光温室进口处一端较低的一段或长后坡下栽植香椿。其实，由于栽植香椿耗用的苗木多，除专业化生产区，一般地方多采用这种在温室边角插空生产的方式。

（三）施肥整地

日光温室生产香椿芽，靠的是苗本自身积累的营养，因此，栽植香椿的日光温室不需要施用基肥，只需把细整平踏实，以备栽苗。

（四）苗木假植前的处理

日光温室栽培香椿主要是靠密植大群体求取产量的。就地育苗、就地建造日光温室扣膜进行生产时，往往密度相差甚远，产量低。日光温室里栽培香椿一般都从苗圃掘取苗木在日光温室里假植。在假植到日光温室里以前，还要对苗子进行一些处理。

1. 适时起苗　香椿不耐霜冻，受冻后会造成顶芽和枝干枯干，皮层冻坏。苗圃里的苗木必须按时出圃。一般认为当地初霜到来之前，当苗木开始落叶养分大部分回流到茎和芽里就要抓紧起苗。黄淮海地区在 10 月下旬至 11 月初起苗。为了防止突然降温来不及刨取苗子而受冻，可以在 10 月下旬喷洒 40% 乙烯利水剂 500 倍液，以加速养分的回流，加快脱叶。起苗时要尽量多留根，要求根长保持在 20 cm 以上。

2. 低温处理　香椿苗落叶后一般还有 15 d 左右的自然休眠期，假植到日光温室以前必须人工处理使其完成自然休眠。方法是：选通风遮阳处挖 1 条深 0.5 m、宽 1~1.5 m 的临时假植沟，将苗木稍加整理后，头朝东或南斜着摆到沟里，根部壅土并浇上水。气温骤低时，还须用柴草稍加覆盖植株的梢部，以避免冻害。经过 15~20 d 10℃ 以下的自然低温，休眠基本结束，即可假植到日光温室。不经处理或处理不好的苗木，扣膜后虽然芽子可以萌发，但因其休眠不足，常表现为芽头短而叶长，产品纤维多，香味淡，有青涩味，品质差。

（五）假植

将经过休眠期处理的香椿苗，密植到日光温室（图 17-1），香椿芽产量盛期正值元旦、春节期间，此期间市场消费量大，价格高。

图 17-1　香椿密植

1. 假植时间　河南省及相邻地区在 11 月中下旬为好。

2.假植密度及用苗量　单位面积内的树株数、每株树上的枝条数、每枝芽数及单芽质量，是形成香椿芽产量的四要素。菜用香椿只有适当密植栽培，才能提高产量。假植的密度和所用的苗木有关，用当年生苗木 1 m² 栽苗 200~300 株；多年生苗木 1 m² 栽植 100~150 株。

3.假植方法　先在日光温室内开南北向沟，沟深 40 cm，沟宽 100 cm，然后依计划栽植的密度确定株距。同时畦与畦之间要留一宽行做成大畦埂，以便于浇水和行走。栽前要对苗子进行分级，为了适应日光温室前坡下不同位置的高度，宜掌握矮苗在前，高苗在后，中等的居中。栽时要保持根系舒展，但可以重叠交叉，用下一行开沟取出的土进行覆土。栽后浇透水，喷赤霉素 10 mg /L 溶液至苗干流水为止，经过 10~15 d，使其继续完成自然休眠。

苗木不足时，也可把遭受轻度冻害的苗木剪去枯死部分利用起来。

（六）扣膜后的管理

扣膜后的主要管理是搞好温度、湿度和光照的调节，创造有利于香椿芽生长的条件，争取早上市，产量高，品质好。

1.温度调节　扣膜后 10~15 d 是缓苗期，其间应着力提高室温，白天可掌握到 30℃ 左右以气温促进地温，逐渐使地温得到恢复，为发根和根系的活动创造条件。经过 1 个多月的自然光、温的积累，地温 17~23℃ 芽子开始萌动后，白天温度控制在 15~25℃，夜间 10℃，最低不低于 5℃。

采芽期气温白天 18~25℃ 最好。温度低时芽子长得慢。据观察，日平均气温 25℃ 左右，一昼夜嫩芽可长 3~4 cm，15℃ 下长 1 cm，10℃ 时仅长 0.4 cm。所以可通过温度管理来调节采芽期。温度过高时，椿芽一般着色不良，所以温度也不宜超过 35℃。必要时还要搞好通风。

2.湿度调节　假植后要浇透水，以后视情况浇小水。空气相对湿度宜保持在 85% 以上。假植后萌芽前，晴天的中午还须向苗木上喷清水，以防苗木失水干枯。结合喷水，每 100 kg 水中加入 75% 赤霉素原粉 1 g 与 75% 乙醇 20 g 的混合液，可起到促进发芽，提高产量的作用。萌芽后的生长期间，空气宜干燥些，空气相对湿度以 70% 左右为好。湿度过大不仅生长迟缓，而且风味也要大减。还可能感染灰霉病。

降低空气湿度可从控制浇水、减少地面水分蒸发和放风排湿等方面来调节。

3.光照调节　香椿芽生长期间以保持 2 万 ~3 万 lx 的光照较好，在这样的光照条件下，椿芽梗和复叶都能呈现红褐色，品质好。严冬季节光照强度差，加上棚膜污染、水雾附着和薄膜老化等原因，光照一般不会过强，应尽量选用无滴膜。立春后光照过强时，可适当遮阴。

在日光温室里只占一部分地方假植香椿时，因为日光温室里种有其他主栽作物，香椿的生产就不能完全按它自身的要求来安排。香椿不能先假植而后扣膜，假植后不可能再继续完成休眠，所以苗木在室外囤放的时间要达到 25~30 d。其次是日光温室的温度、湿度和光照也只能按主栽作物来调节。所以，在安排香椿与其他作物同室生产时，这些问题都需要事先考虑好。

4.追肥　开始采芽后 10 多天追肥浇水 1 次，每次亩用硝酸磷铵 20 kg，加尿素 15 kg。

（七）采芽与包装

扣膜后 40~50 d，当香椿芽长到 15~20 cm（有的品种可能要求采收的早一些）且着色良好时即可采收。芽子过短产量低，过长品质差。采芽宜在早、晚或遮阴下进行，以防采下的嫩芽萎蔫。采下的芽子捆把后栽立到浅水盆里泡 12 h，可以防止萎蔫。

1.芽子的采法

（1）头茬芽　即着生在枝头顶端的芽，一般呈玉兰花状，柄端基部有托叶，品质和色泽俱佳，为椿芽中的上品。这种芽宜在 12~15 cm 时采收，要整芽掰下（图 17-2）。

（2）侧芽、隐芽　这茬芽可等其长到 20 cm 左右时再采收，采收时不要整枝掰下，而要在基部留 2~3 片叶，到了后期要留下 1/4 的芽不采，以制造养分补养恢复树势。采芽用手掰时不易掌握，时有伤及枝芽的情况，最好用刀或剪子采收。

2.采芽周期　日光温室里椿芽萌发比较一致时，每隔 7~10 d 可采 1 次，共采 4~5 次。但是，多数由于芽子萌发不一致，一般需 4~5 d 采 1 次。椿芽采收的重点是在第一、第二茬芽上，头茬芽约占总产量

图 17-2　香椿芽

的 1/3，第三茬以后的芽子产量低，且品质风味也明显下降。

每茬芽子采前 2~3 d 要进行叶面喷水。椿芽的产量会因苗木质量、假植密度、芽的数量和饱满程度以及日光温室环境调控适宜与否有很大差别。一般 1 m² 产量在 3.0~4.0 kg。

（八）适时平茬转入露地培养

清明时节，顶芽和上部侧芽全部采完，苗木中积累的养分也接近耗尽，外界的气温已经可以满足香椿露地生长的需要，此时露地的香椿已经开始上市，即可将日光温室里面的苗木平茬移栽到露地。平茬时，当年苗留茬高 10 cm，2~3 年生苗留茬高 15~25 cm。移栽前要加大放风炼苗 3 d。移栽时，按每亩 6 000 株（40 cm×25 cm）的密度定植。定植后要浇足底水，搞好中耕。隐芽萌发后，选留其中 1 个壮芽，培养成下 1 年用苗的苗干，其余全部掰掉。及时追肥浇水，防病除虫，矮化处理，培育出优良健壮的苗木，为下一年生产做好准备。

四、香椿蛋生产技术

如同日光温室香椿芽生产一样，苗木在移入日光温室之前，应该积累一定的低温量，一般是在自然季节温度降到 3℃ 时，开始扣膜保温升温。因此，日光温室生产香椿蛋，定植前的管理与香椿芽相同。

1. 香椿蛋生产技术　不同的是生产香椿蛋的植株是定植在日光温室地上，而不像生产香椿芽那样是假植。所以在日光温室期间的管理就比较简单。室内的生长温度控制在 25℃ 左右为宜，高于 28℃ 以上要及时通风，以改变空气质量。当枝杈萌发后的椿芽长到 2~3 cm 时，扣上鸡蛋壳。每次采收香椿蛋后，应及时补充水肥，或不定期实行人工雷电闪光法，高压电击日光温室内空气，一般可增产 30% 以上，缩短生长期 1/3 左右，但必须掌握安全操作，严防出现触电伤人事故。

2. 香椿蛋采收方法　一般每隔 30 d 左右，即可采收 1 茬香椿蛋，采收时应看生长发育情况，先采饱满质密、成形丰盈的香椿蛋，分次分批采收，以保证产品的良好形态和香脆新鲜质量，切忌一刀切的粗鲁采收方法。

五、香椿芽保鲜技术

（一）短期保鲜

采芽后 3~5 d 不能销售时，可将椿芽平摊在通风、凉爽的室内草席上，厚 10 cm 左右，切忌不可堆挤，以防生热后脱叶或腐烂。可按 0.5 kg 捆成把，基部齐平，竖在木盘或瓷盘中，盘内盛 3~4 cm 深清水，浸 24 h 左右，再装箱外运，可保鲜 1 周。另一种方法是按 0.25~0.5 kg 量装食品袋内，烙封死袋口，放通风凉爽室内，保持 2~5℃ 以下的温度，可存放 10~20 d。家庭少量储存时，可放冰箱内，温度控制在 0~1℃，不使香椿芽受冻。在 −3~−2℃ 时香椿芽会褪掉绛红色，冻成暗绿色；呈半透明状，冻后的香椿芽口味不佳。

（二）较长期保鲜

先将香椿芽捆放入保鲜剂中浸一下，拿出晾干，直立或平放在木板箱、多孔塑料箱中，置于 0~1℃ 的冷风恒温库中，可保存数月，仍鲜嫩清香。或者向准备存放的香椿芽上均匀地喷洒大蒜素或 6-苄基腺嘌呤保鲜剂，然后放入宽 50 cm、长 40 cm 的食品袋内，扎紧袋口，置于 0~1℃ 恒温库中储存。每隔 10~15 d 开袋换气 1 次。袋内含氧气量不低于 2%，二氧化碳含量不高于 5%。也可将装有椿芽的条板箱再装入涂刷硅氧烷混合液的尼龙纱袋中，压边密封，可保鲜 60 d。

六、日光温室香椿病虫害防治

（一）沤根和根腐病

苗圃和日光温室内皆可发生，病因为高湿低温或高湿高温及施用未熟农家肥。除采取农业防治外，用壮苗素Ⅱ号、多菌灵、农抗 120、乙蒜素等防治效果较好。

（二）灰霉病

参照本书第十八章的有关内容进行。

（三）虫害

虫害主要是蚜虫、飞虱等。可用1.8%阿维菌素乳油2 000倍液灌根或叶面喷雾。

第二节
日光温室刺龙牙生产

刺龙牙学名辽东楤木，为五加科楤木属灌木或小乔木，别名刺嫩芽、刺老芽、刺老鸦、树头菜等。株高1.5~5 m，少分枝，树皮灰色，密生坚刺，老时渐脱落，仅留刺基；小枝灰棕色，疏生细刺，刺长1~3 mm，基部膨大；嫩枝上常有长达1.5 cm的细长直刺。叶片长40~80 cm，互生，2~3回单数羽状复叶，叶柄长20~40 cm，无毛，基部有小叶1对；小叶片薄纸质或膜质，阔卵形、卵形至椭圆状卵形，长5~15 cm，宽2.5~8 cm。花序圆锥形，长30~45 cm，伞房状，花瓣5，长1.5 mm，卵状三角形，开花时反曲。果实球形，黑色，直径4 mm，有5棱。花期6~8月，果期9~10月。

刺龙牙原产于我国，主要分布在我国的东北，其中辽宁的本溪、丹东、桓仁、宽甸、抚顺、新宾、清原和吉林的柳河、通化、集安、长白、桦甸、梅河以及黑龙江的尚志、五常、海林、伊春、密山等地区分布较多，资源丰富。日本、朝鲜和俄罗斯等国也有分布。喜生长在沟谷、阳坡、土壤肥沃、潮湿或半阴的杂木林、阔叶林、混交林、次生林中或生长在林缘、灌木林、沟边等海拔1 000 m以下地区。

刺龙牙的嫩芽为主要食用部分，其营养丰富，每 100 g 新鲜的芽中含蛋白质 0.56 g、有机酸 0.68 g，并富含维生素 B_1、维生素 B_2、维生素 C、粗纤维、胡萝卜素及磷、钙、锌、铁、钾等多种矿物质，氨基酸含量也较高。野味浓郁，是著名的山野菜，可与香椿相媲美，被誉为"山野菜之王"。其食用方法多样，可以酱食、炒食、做汤，也可腌渍加工成罐头，深受广大消费者的青睐。

刺龙牙的日光温室生产效益很高，多采用枝条水培法培育嫩芽，已成为一些山区农民脱困致富的支柱产业。现将日光温室生产技术总结如下。

一、日光温室刺龙牙生产茬口安排

刺龙牙从栽植到开始萌发需 12 d 左右，从开始萌发到收获需 30 d，整个生育期需 45 d 左右，可根据采摘时间确定栽培茬口，一般菜上市时间在当年 12 月下旬至翌年 4 月，因此从 11 月下旬开始，每隔 45 d 可以安排 1 茬。如果生产量大，可多安排培植时间，以分担集中上市造成的价格下降风险。

二、品种选择

不同地区刺龙牙的生态型略有差异，根据刺的多少，分为绵龙牙和火龙牙。绵龙牙刺少、芽大、不易木质化；火龙牙刺多、芽小、易木质化。根据市场需要，少刺刺龙牙品种定向选育工作一直是科技工作者育种目标，目前已备案品种沈农绵刺龙芽就是少刺优质、嫩芽饱满肥大的刺龙牙品种，适宜日光温室生产。

三、日光温室刺龙牙生产技术要点

（一）枝条的准备
刺龙牙日光温室生产需要大量的枝条做保证，野生资源无法保证，必须有人工繁育苗木基地来维持日光温室生产所需要的枝条。刺龙牙枝条上萌蘖芽具有休眠特性，晚秋落叶后，枝条顶端、叶轴基部已形成饱满芽进入自然休眠，休眠解除需要 5℃ 以下累计 400 h 才能完成，因此采集时间是宜晚不宜早。一般在 11 月下旬以后采枝条，选择外皮完好无损、无病虫，顶芽饱满的枝条，枝条直径 1.5 cm 以上，枝条长度为 50 cm，20 根左右捆绑成一小捆待用。两端必须保持整齐一致。另外，扎捆时，应扎在离下端 1/3 处，这样，坐在水槽里之后便于顶端的松散操作，以免过分拥挤。如果枝条提前采收回家，一定要在上面盖稻草、玉米秸等覆盖物，而且要浇透水储藏，如有雪藏条件更好，以保持枝条的水分，只有枝条芽苞丰满而有活力的枝条，才能生产出优质高产的刺龙牙菜。

（二）栽培槽的修建

在日光温室内按南北走向用砖砌成宽 1.2 m、深 20 cm 的水槽，长度视日光温室跨度而定，沿日光温室后墙留 60~70 cm 步道，沿日光温室前底边留 0.5 m，挖 1 条排水沟，水槽间留 30 cm 作业道。做槽时槽床底要高于排水沟，而且平整，稍微向排水沟一侧倾斜，便于换水时把废水排出去。如果经济条件不允许，也可采用简单的土床，做好床后铺厚农膜至床沿上并固定，再铺上 1 层编织袋，以免枝条划破农膜，挖槽时在前底部与排水沟相连处开 1 个豁口，以便排水。

（三）栽培及管理

1. 枝条摆放　生产前 2~3 d 向水槽中加水，深 8~10 cm 为宜，并把刺龙牙杆移入日光温室内逐渐解冻。待槽内水温达 8~10℃ 时，将已捆成小捆的枝条芽端向上，竖直放入水槽中，捆与捆之间要紧凑，摆放密度为每平方米 800~1 000 枝。

2. 环境管理与调控　刺龙牙破除休眠的萌蘖芽在 5℃ 以上就能缓慢生长，15~20℃ 为生长适温。在适温范围内，温度偏低时芽粗壮、鲜嫩，高温时芽瘦弱。从升温到萌芽前，白天温度控制在 15~20℃，夜晚温度不能低于 10℃，日光温室内空气相对湿度保持在 60%~70%。萌芽后至采收，白天温度控制在 18~23℃，为了避免徒长，夜晚温度逐渐降低到

5℃，空气相对湿度保持在70%~80%。在商品菜生长后期，若空气湿度过大影响商品菜的品质，缩短保藏期，应及时通风降湿，空气相对湿度保持在80%左右。

刺龙牙是喜光耐阴的植物，利用枝条进行日光温室冬季生产，一般不需要遮阴。光照强度对水培法生产的嫩芽质量影响较大，随着光照强度降低，嫩芽的质量随之下降。

3. 水分管理　刺龙牙枝条日光温室水培法生产采取活水管理，当芽苞长到3 cm左右时换水。冬季换水时，水一定在日光温室中晾晒2~3 d，等水温达到8~10℃方可进行换水；春季换水时，水在日光温室内晾晒0.5~1 d后再换水。换水以换出水槽中1/3的水为原则，把水槽中的白色黏液全部放出，同时注入经过晾晒的与原水槽水温基本一致的清水，保持刺龙牙干浸入水面10 cm左右。水培过程中一般可换水2~4次。

4. 病虫害防治　日光温室刺龙牙鲜菜生产基本没有虫害。新日光温室病害不多，多年生产的老日光温室要注意灰霉病和软腐病的防治。灰霉病可用50%腐霉利可湿性粉剂600倍液喷雾，5~7 d喷1次，连喷2~3次。软腐病可用65%代森锌可湿性粉剂600倍液喷雾，7~10 d喷1次，连喷2~3次。

（四）采收

水培40~50 d，嫩芽上叶微卷末展开，茎未木质化前及时采收上市。采收一般在早晨气温低时进行，以采大留小方式进行，采收时用剪刀抹根削下。收获前应控水降湿，尤其是空气相对湿度要降到80%左右，以便降低芽的水分，延长储藏期。一般顶芽商品菜长15~20 cm，侧芽商品菜8~12 cm为宜。顶芽25~35个可达500 g，侧芽50~70个可达500 g，每平方米可采10~15 kg。将采摘的嫩芽进行挑选和整理，把长短一致的嫩芽按100~150 g捆成1把，装入扎有小孔的小塑料袋内，这样既可防止嫩芽水分过分蒸发，又可保持一定的呼吸强度，最后装入纸箱中上市。采收后将枝条清除，进行下一茬商品芽菜生产。

第十八章
日光温室病虫害的简易识别与防控技巧

日光温室不便移动，高湿、弱光、低温、高温和单一作物的连年种植等，使其中的病害发生种类多，病程短，来势猛，危害猖獗，造成的经济损失大，且有连续持久的特点。日光温室生产从某种意义上讲，是持续同病虫害斗争的过程。及时而准确地对病害做出诊断，对症下药，是一个日光温室生产和技术指导者应具备的基本技能。

第一节
日光温室病虫害识别的复杂性

蔬菜在生长发育的过程中，需要适宜的环境条件，若受不良的环境条件所影响，或者遭到寄生物的侵染，就会使蔬菜的生长和发育受到干扰和破坏，导致从生理机能到组织结构上发生一系列的变化，以至在外部形态上有反常的表现，这就是病害。如芹菜遭到软腐病菌侵染后，细菌在植物体内产生的一种酶能溶解细胞间的中胶层，使被害部分细胞组织解体、腐烂称为软腐病；黄瓜在土壤干旱的情况下，瓜条变弯称畸形瓜；番茄在干旱环境条件下而引起的落果叫果脱病（此症状1998年冬在河南省宁陵县黄岗乡曾普遍发生）。前一种病害是寄生物侵入后所致，后两种病害是由土壤缺水引起的。

日光温室内的环境复杂多变，病害的种类多，给及时准确地识别和诊断带来了困难，特别是下列一些情况的存在，使日光温室病害的识别和诊断更加复杂化。

一、环境条件特殊，常见病害的典型症状不明显

设施栽培和露地栽培环境条件不大相同。由于环境条件的改变，使得一些主要病害，在露地的正常条件下所表现的典型症状，在设施内发生变化，甚至完全不表现。例如，日光温室里黄瓜霜霉病的病斑就比露地大，因为病原菌不受叶脉的限制而对其进行侵染。在低温下，黄瓜霜霉病完全消失了它固有的多角形病斑这一典型的症状，而变成沿叶脉出现浸润状锈色小斑，并在两侧出现小的枯死斑。同样，低温下的黄瓜炭疽病在叶片上也失去了边缘比较明显的近圆形黄褐色病斑这一典型的症状，而变成了边界不清的灰白色褪绿浸润状污斑。有关这种特殊条件下各种病害的特殊表现，我国的研究和资料积累还比较缺乏，因而就使一般人很难得到有关的参考资料，这无疑给从事实际

工作的人员带来困难。

二、条件适宜，多种病害混合发生

日光温室不易克服的高湿条件，常为多种病害的发生提供了便利条件。所以，常可见到日光温室里多种病害同时发生。特别是一些症状比较接近的病害混合发生，无疑要给识别者带来困难。譬如：黄瓜上同时发生的植株枯萎类的病害就有枯萎病、疫病、青枯病、蔓枯病等；叶面发生的斑点病就有炭疽病、黑斑病、黑星病、叶枯病、靶斑病、细菌性角斑病、细菌性斑点病等，如果经验不足，技术不熟练，就难以做出判断。

三、生理性病害发生较多

日光温室错季生产蔬菜，由于设施内外环境条件相差较大，在深冬季节室内暖气融融，室外天寒地冻，稍有不慎，就有可能造成冷害和寒害，如低温造成的黄瓜叶面褪绿枯焦，植株矮缩。番茄高温干旱出现的卷叶，就可能视为病毒病，或其他叶部病害。番茄在干旱情况下灌大水后遇低温，导致对钙的吸收受阻，引起缺钙症，植株表现的顶部幼嫩叶片变色，果实从果蒂部腐烂就可能视为黄化病毒和灰霉病。黄瓜施肥过多在低温高湿条件下引起烂叶或烂顶，上部叶片皱缩，就很像黄瓜疫病和黑星病。西葫芦和番茄用 2,4-D 蘸花浓度过大或洒滴到植株上，就出现如同病毒病一样的茎叶突然变细、变小、扭曲症状；茄子和黄瓜上使用稍高浓度的三唑酮溶液，包括前茬作物使用三唑酮溶液落到地面上，都会对茄子和黄瓜产生如同病毒一样矮化不长的症状。多菌灵配药搅拌不匀或喷雾中有断续的现象时，就可能在叶面上产生如同黄瓜叶斑病和叶枯病一样的症状。上茬作物施用了多效唑，下茬瓜类和茄果类就会出现不同程度的矮化现象。上茬使用了含苯磺隆成分的除草剂，若亩用量达 1.5 g 以上时，下茬蔬菜就会出现烂边、干边、黄叶、锈根或死苗，甚至不出苗的症状。另外，一些有毒气体的危害和元素缺乏症也常会被认为是侵染性病害。

四、新的病害不断出现，诊断时缺乏经验和资料

在日光温室中，过去较少引起人们注意的一些次要性的病害，可能由于品种、环境和栽培技术的改变而迅速发展成为主导病害，如番茄叶霉病、灰霉病、辣椒白粉病等在露地上很少发生或不发生，但在设施内却危害成灾，另外，还有一些病害经国内专家会诊也没能定名，如番茄植株从外部看只见茎秆离地面 20 cm 处萎缩凹陷，但根系颜色乳白没问题，上部枝叶不萎蔫，中下部有果，上部有花，生长正常不脱落。剖茎导管无异样，经取组织培养未发现病原物。

五、病虫危害周期长、范围广

日光温室内许多蔬菜病虫害，由于环境条件的改变，其适应性也相应增强，由原来次要的病虫变为主要病虫，如番茄晚疫病，过去只有多雨年份的 6~8 月露地夏、秋季番茄上造成危害害。而在设施内栽培的番茄上，从幼苗期至成株期；春夏秋冬一年四季均可严重发生。又如灰霉病，在露地菜上很少发生，危害也很轻，而在日光温室蔬菜上就危害严重，可侵染黄瓜、番茄、辣椒、西葫芦、茄子、韭菜、莴笋、芹菜等蔬菜，从出苗至拉秧，只要条件适宜，即可造成危害。

六、土传病害发生重

日光温室由于连年种植、重茬种植。而且复种指数高，使土壤传播的病原物、害虫在土壤中积累连年增多，危害连年加重，而且难以控制，如根结线虫病，可危害黄瓜、番茄、辣椒、芹菜、茄子、豇豆等 38 种蔬菜，重病田可减产 30%~50%。又如瓜类枯萎病、根腐病、茄子黄萎

病等，病区逐年扩大，危害逐年加重，产量损失也愈来愈严重。

第二节
日光温室病害识别窍门

一、做好诊断前的准备工作

这里所说的准备工作主要是指被指定或被邀请人员的思想准备。首先要先在脑中过一下这一时期可能发生哪些病害，做到心中有数。另外，要把前一段时间发生的异常天气加以回忆，先搞清楚在这些天气条件下，可能发生哪些植株异常。原因是作物往往在气候不正常时发病。对于缺乏经验的人，先阅读一些有关的技术资料，进一步熟悉一些可能发生病害的典型症状也是必要的。这样，就可以有的放矢。但以前这些基本的东西绝不能作为框框，否则就会使自己的诊断受到约束，也就易发生误诊。

二、全面观察，仔细询问

1. 望　在到达工作地点尚未进入日光温室之前，要看日光温室结构合理不合理，塑料薄膜透光性及完好程度，草苫覆盖厚度（透气保温不好的日光温室很容易发生一系列的生理性病害），放风口开设是否合理，如种植黄瓜的日光温室若设置和使用有问题，就很容易发生霜霉病。同样种植番茄的日光温室如果放风不利，就容易发生灰霉病和叶霉病，高温高湿时出现"闷棚瘟"，这种情况 1999 年秋在河南省宁陵县就发生过。

2. 问　在对日光温室的栽培作物植株出现异常症状做诊断时，必须首先做出是侵染性病害和非侵染性病害的判断，在做判断前要对日光温室的主人进行询问。询问要仔细全面，包括种植的是哪个品种（因为有好多品种是不适宜在日光温室种植的，不同的品种在日光温室里的表现也不一样，不适应日光温室环境的品种常有异常的表现），打过什么药，打药的时间和浓度，所用喷雾器原来打过其他药没有；追过什么肥，数量多少，怎样追法；什么时候浇的水，具体的浇水时间；土壤是否有盐碱，水是否发咸。其他如放风，日光温室的温度状况，用药蘸花、喷花等，能问的尽量问清楚。然后依据情况做出是否是生理性病害的判断。就一般情况而言，非侵染性病害的发生具有以下典型特点：一是突发性，即在一个较短的时间突然发生，病程较短；二是普遍性，几乎在整个日光温室或一个相对集中的区域内所有或绝大部分植株普遍发生；三是相似性，受害植株几乎表现出基本相似或完全相似的症状，如有人在黄瓜植株发生徒长或温度过高坐不住瓜时，就喷坐果灵，往往造成上部叶片突然变小，似病毒病症状，但由于是普遍用药，所以绝大多数植株几乎表现为同样的症状。至于是哪一种生理性病害，可以根据发生的情况，参照有关知识加以判断。此结论一定在取得尽量多的证据之后再从容做出，切不可轻率。如果不是在全面了解和掌握情况之后做出判断，往往容易出现失误，例如有一个日光温室黄瓜大面积死秧，从死秧的根颈部看，呈丝麻状，这和黄瓜枯萎病一样；但农户反映是植株急速萎蔫，从株体青枯死亡的情况来看，又像是疫病和青枯病，整个日光温室普遍发病受害。询问得知土壤没有盐碱，也没有用含盐量很高的水浇过。经反复询问了解，日光温室的女主人才告诉是她做错了事，因惧怕丈夫训斥，迟迟不敢说实话，是其在浇水时将化肥直接撒在植株根部造成的。如果不去做这种细致的调查工作，武断地做出枯萎、疫病、青枯病的诊断，其结果不仅会造成防治的失误，而且还会浪费人工和农药，并且失去诊断者的名誉。

在排除了非侵染性病害的可能性之后，就要做侵染性病害的判断。一般说来，侵染性病害发生少，部分植株上发生。而不会在同一区域的大部分植株上同时发生。

但也有例外，譬如普遍存在于土壤中的根结线虫，就可能造成绝大部分植株同时出现基本相同的症状，就一般情况而言，侵染性病害只开始在少数植株上发生。由于病程较长，可能有多种表现症状。侵染性病害的发病植株有的可能形成扩散中心，由此向四周迅速蔓延，称为再侵染，如黄瓜霜霉病，在纵向上由植株的下部叶扩散，或由这些植株迅速向周围迅速扩散，形成"跑马干"的态势。但也有的再侵染速度比较慢或不常发生。又如，细菌性青枯病，可能由于浇水而把病菌带走，在水流的方向上对植株进行再侵染，但发展速度比较慢，方向性也比较强。再如各种枯萎病，发生再侵染的机会就不多。有些病害在初侵染以后，一般在当年不发生再侵染，如茄子黄萎病。

　　3.切　在通过观察询问，排除非侵染性病害和人为因素的可能性之后，基本明确为侵染性病害，此时就要进一步确定是哪一种类型的病害，是真菌性，还是细菌侵染引起的，还是病毒侵入引起的病害。一般真菌性病害的感病部分常表现有黑灰色霉层或灰、白色菌丝；细菌常使感病部位造成腐烂并流脓；病毒侵染后常造成植株异形。但植物病害的种类多种多样，复杂难辨，必须认真观察鉴别，抓住主要的典型症状，才能把它们区别开来。

三、判明病害的主要症状

　　寄主本身发病后表现的不正常状态的现象叫症状。诊断者必须用典型症状把一种病害从同类病害中区别出来。常见的有：

　　1.变色　指寄主被害部分细胞内的色素发生变化，但其细胞并没有死亡。主要发生在叶片上，可以是全株性的，也可以是局部性的。

　　（1）花叶　叶片的叶内部分呈现浓、淡绿色不均匀的斑驳，形状不规则，边缘不明显，如茄子病毒病。

　　（2）褪色　叶片呈现均匀褪绿，叶脉褪绿后形成明脉和叶肉褪绿等。缺素病和病毒病都可以发生褪绿症状，如大白菜病毒病。

　　（3）黄化　叶片均匀褪绿，色泽变黄，如豌豆黄顶病。

　　（4）着色　着色是指寄主一些器官表现不正常的颜色，如叶片变红，花瓣变绿等。

　　2.坏死和腐烂

　　（1）斑点或病斑　主要发生在叶、茎、果上。寄主组织局部受害破坏后，形成各种形状、大小、色泽不同的斑点或病斑。一般具有明显的或不明显的边缘，斑点以褐色的居多，但也有灰、黑、白色等。其形状有圆形、多角形、不规则形等，有时在斑点或病斑上伴生轮纹或花纹等，常称为黑斑、褐斑、轮纹、角斑、条纹、晕圈等。

（2）穿孔　病斑部分组织脱落，形成穿孔。

（3）枯焦　发生在芽、叶、花等器官上。早期发生斑点或病斑，随后逐渐扩大和相互愈合成一大片，最后使局部或全部组织或器官死亡，外观呈枯焦状，如番茄晚疫病。

（4）腐烂　多发生在植物的柔嫩、多肉、含水较多的根、茎、叶、花和果实上。被害部分组织崩溃、变质、细胞死亡，进一步发展成腐烂。

如果组织崩溃时并伴随汁液流出，称为湿腐，如白菜软腐病。

如果组织崩溃过程中水分丧失或组织坚硬，含水较少，不形成腐烂，称为干腐，如萝卜空心病。

（5）猝倒　幼苗茎基部，与地面接触处腐烂，地上部迅速倒伏，子叶常保持绿色，如茄果类蔬菜猝倒病。

（6）立枯　幼苗的根或茎基部常缢缩成线状，全株枯死，如瓜类蔬菜立枯病。

3.萎蔫　指寄主植物局部或全部由于失水，丧失膨压，使其枝叶萎蔫下垂的一种现象。萎蔫有局部萎蔫和整株萎蔫两种表现症状。

萎蔫按其症状和不同的病原物，分青枯、枯萎和黄萎3种。

（1）青枯　病株全株或局部迅速萎蔫。初期早、晚可恢复，但过一段时间后即枯死。病株叶片色泽略淡，但不发黄，故称为青枯。茎基横切维管束呈褐色并有乳白色菌脓溢出。

（2）枯萎与黄萎　病状与青枯相似，但叶片多从距地面较近处或一株的一枝一叶开始萎蔫或色泽变黄，病情发展较慢，病茎基部维管束也变褐色，但不溢白色菌脓。

4.畸形或产生附着物　植株被病原物侵染后，在其受害部位的细胞数目增多，细胞的体积增大，表现为促进性的病变；细胞的数目减少，细胞的体积变小。表现为抑制性的病变，使被害植株全株或局部呈畸形。畸形多数是散发性的叶片皱缩和茎叶卷曲，大多是由病毒引起的抑制性症状。残缺、小叶、缩果、植株矮小等则是各种传染性和非传染性病原所引起的抑制性症状。某些病原物和化学因素可以引起植株徒长。一些病原物能引起花瓣肥肿呈叶片状，如十字花科蔬菜白锈病。

（1）卷叶　叶片两侧沿叶脉向上卷曲，病叶与健叶相比，显示较厚、较硬和较脆，严重时呈卷筒状，如番茄卷叶病。

（2）蕨叶　叶片叶肉发育不良，甚至完全不发育，叶片变成线状或蕨叶状，如番茄蕨叶病。

（3）丛生　茎节缩短，叶腋丛生不定枝，枝叶密集丛生，形如扫帚状，如豇豆丛枝病。

（4）瘤、瘿　受害植物组织局部细胞增生，形成不规则形的畸形肿大，如黄瓜根结线虫病。

（5）霉状物　感病部位产生各种霉。霉是真菌病害常见的病征，它是由真菌的菌丝和着生孢子的孢子梗所构成。霉层的颜色、形状、结构、疏密等变化明显。可分为霜霉、黑霉、灰霉、青霉、绿霉等。

（6）粉状物　这是某些真菌一定量的孢子密集在一起所表现的特征，因着生的位置、形状、颜色等不同，又可分为白粉、黑粉、锈粉等。

（7）粒状物　在病部产生大小、形状、色泽、排列等不同的粒状物，小的如针尖，大的较明显，如菌核病菌。

（8）绵（丝）状物　在病部表面产生白色绵（丝）状物，这是真菌的菌丝体，或菌丝体和繁殖体的混合物。一般呈白色，如茄子绵疫病。

（9）脓状物　这是细菌所具有的特征性结构，在病部表面溢出含有许多细菌细胞和胶质物混合在一起的液滴或弥散成菌液层，具黏性，称为菌脓或菌胶团，白色或黄色，干涸时形成菌胶粒或菌膜。

四、观察症状的表现特点

症状是植物病害诊断的主要依据。通常一种病在其发生发展过程中，先后或同时表现出多种症状，而且有些症状可能是两种以上病所共有的。同一种病害症状因发病时期不同而存在较大的变化，所以不能凭一个症状表现就一次把病害明确下来，需要从多点、多个植株上反复观察，抓住特点，找出典型或代表症状，再做初步确定。

　　症状的表现特点不是很容易就能看出来的，必须认真观察鉴别，透过现象看本质才可能发现。一般可以从两个方面来做进一步的工作。一是症状的直观特征，与其他病害明显不同的地方，如茄子苗期的立枯病和猝倒病同样都是造成死苗，但两种病害的症状有明显不同。顾名思义，立枯病是站着死，病部必须干缩发硬；猝倒病是突然躺倒，病部软烂，由于发病急促，躺倒的植株必须还保持一定鲜绿。这是二者的主要区别。再如黄瓜的霜霉病和角斑病，都是以侵染叶片为主的病害，但霜霉病和角斑病由于致病的病原不同，故表现的症状也不同，霜霉病表现为叶背面病斑覆盖着一层银灰色霉层；角斑病属细菌性病害，在病斑上就看不到霉层，但可看到病斑周围有菌脓存在。二是症状发生的特定因素，比如适宜发病的时期和发病的条件。日光温室黄瓜在秋冬茬育苗时设施内的高温高湿环境，及4月后日光温室里的高温和高湿环境，都为炭疽病大发生创造了条件。掌握这一点，就能联系发病的条件，把它和其他的病害区别开来。症状表现特点的两个方面，表明了病原在质上的特点，把这两个方面结合起来分析，可以进一步保证田间诊断的可靠性。

五、根据症状的特点区别同类病害

　　明确了症状的特点之后，还必须掌握和了解发病的规律，这样我们就可以把这些特点与同类病害放到一起比较分析，然后结合自己的实践经验或其他有关资料进行检索。采取对号入座的办法，如果症状和某种病害吻合了，先做初步断定，再从有关资料中找到该病的详细介绍，从该病的病原菌、发病流行的条件、侵染循环和更详细的症状表现中反复加以验证，如是基本符合了，该病就基本可以确定。对于一些未接触过的病害，也须从症状分析入手。症状是寄主植物和病原（生物的或非生物的），在一定环境条件下相互作用结果的外部表现，各有其特异性和稳定性。如番茄青枯病和枯萎病的症状各有其特异性，青枯病突然萎蔫但前期阴天及每日早、晚恢复，枯萎病慢慢萎蔫，常需15~20 d。绝不能把两种病害混淆起来。这就是利用症状作为诊断的基础。病征是病原物的群体或器官着生在寄主表面所构成的，它直接暴露了病原物在质上的特点，更有利于熟识病害的性质。病征的出现和出现的明显程度虽然受环境所影响，但每一种病原菌在寄主病部表现的特征则是较为稳定的，如茄绵疫病的病征是白色的棉絮状，茄子早疫病是褐色的绒状霉；菌核病先有菌丝，后菌丝纠结成鼠粪状的菌核。

综上所述，植物病害的症状，虽然有它较稳定和特异性的一面，但在另一方面，同一种病原物在寄主的不同发育阶段和部分上，其症状有时可以完全不同，如丝核菌危害菜豆幼苗发生猝倒和根腐，而危害豆荚则形成褐色凹陷斑。同一病原在不同环境条件下其症状表现也有不同，如黄瓜疫病在潮湿环境条件下，叶片的病斑迅速扩大和腐烂；干燥时病斑停止发展，组织干枯脆裂。同一病原在各种寄主植物上或同一器官上，形成相似的症状。此外，多种病原在同一寄主上并发时，可产生第三种症状。因此，症状的稳定性和特异性是相对的，还必须从各个方面对症状考察分析，正确认识病害症状的特征，才能准确地诊断病害。如果反复观察对比，结果无一种同类病害与之吻合，可能有以下两种情况：一是观察到的症状不典型，没有抓到要害，特点不突出；二是属于一种新的病害。前者应继续观察（有的为了使其症状，特别是病斑发生毛霉的症状得到进一步完整的表现，将带有病斑的枝、叶、果等组织放到一个浅盘里。然后加上点水，再用碗扣上，放到比较温暖的地方，经 2~3 d 再进一步观察，或请有经验的人帮助。如系后一种情况，就要请科研和教学单位给以鉴定。

第三节
"七大病"的识别与无公害防治技巧

一、霜霉病

霜霉病可侵染藜科、十字花科、百合科、茄科、葫芦科的多种蔬菜。

1. 症状　发病初期，当叶片背面有水膜时，可看到针刺样水浸状斑点，当水分蒸发后，就看不到病斑；如病情继续发展，逐渐形成多角形大病斑或大圆斑，继而连成一片。当叶子上没有水膜存在时，从叶子正面看有不规则的黄色病斑。叶面再继续潮湿，在叶背面还会长出紫灰色霉状物，继续发展，叶片由黄变干枯。发展的顺序是由植株中部叶片开始，逐渐向上部、下部叶片发展。该病症状表现与品种抗病性有关。

2. 发病条件　霜霉病的发生与瓜菜植株周围环境的温度、湿度关系非常密切，特别是湿度更为重要。病菌侵入的温度是 $10\sim26℃$，最适宜的温度为 $16\sim24℃$，温度越高，对病菌的抑制作用愈大。病菌在田间大流行的适宜温度为 $20\sim24℃$，平均温度在 $20\sim25℃$ 时，3 d 就可发病。试验证明，夜间温度由 $20℃$ 逐渐降到 $12℃$，叶面有水膜 6 h，病菌才能完成发芽和侵入。日平均温度 $15\sim16℃$，病菌潜育为 5 d；$17\sim18℃$，潜育期 4 d；$20\sim25℃$，潜育期为 3 d；低于 $15℃$ 或高于 $30℃$，发病受抑制。当空气相对湿度在 83% 以上时，也就是当叶面上有水膜存在时，在上述温度条件下就要发病。此病害主要危害功能叶片与幼嫩叶，老叶受害少。

栽培管理不当也会给发病创造有利条件，如定植密度过大、通风透光不良、植株生长瘦弱，土壤中缺乏磷肥、钾肥，灌水不当等，都会使叶大且薄，叶片淡黄色。试验表明，黄瓜植株上部第五至第六片叶处的卷须颜色呈黄白色时，是叶片感病的前兆。

3. 综合防治　此病的预防应以控制生态环境为主，发病以后要采取生态防治、生物防治、植物杀菌和药剂防治相配合的综合防治措施。

1）农业防治

（1）选用抗病品种　如津优系列、博新系列黄瓜品种。

（2）培育壮苗　育苗的营养土中多施有机肥，增加土壤孔隙度，促进根系发育。氮肥、磷肥、钾肥配比适当；无土育苗营养液要合适。采用大温差育苗，使植株健壮生长。

（3）加强营养，科学施肥　采用配方施肥技术，补施二氧化碳。如黄瓜发病叶往往与其体内氮碳比失调有关，加强叶片营养，可提高抗病力。如用 1∶1∶100 尿素∶葡萄糖（白糖）∶水，3~5 d 喷 1 次，连喷 4 次，防效达 90% 左右；在生长后期，植株叶液氮糖含量下降时，可叶面喷施 0.1% 尿素 +1% 白糖 +0.3% 磷酸二氢钾；还可喷洒高产宝、健植宝等，以提高植株抗病力。

2）生态防治

（1）控温控湿　将苗床或设施栽培的温度、湿度控制在适于作物生长发育而不利于病害发生的范围内，尽量躲开 15~24℃ 的温度，或让这个范围的温度迅速通过（合棚、不放风），如黄瓜可采取四段变温管理措施，加强通风排湿管理，降低株间湿度，防止叶片结露，夜间、阴雨天不灌水，以防湿度过大诱发病害发生。为降低空气湿度，特别在灌水后，日光温室要马上关闭通风口，使室内温度升到 33℃ 持续 1 h，然后迅速放风排湿 3~4 h，日光温室内温度低于 25℃ 时，可再次关闭通风口升温至 33℃，持续 1 h 再放风。这样当天夜间叶面结露量及水膜面积减少 2/3，可减少发病。

（2）高温闷杀　日光温室内病害发生比较普遍、比较严重时，单靠药剂防治已不奏效，可采用高温闷杀。如黄瓜霜霉病防治：在晴天早晨先喷药后浇水，同时关闭一切通风口，使日光温室内温度升高到 48℃，持续 2 h，抑制病菌发生，控制病害蔓延。高温闷杀时，日光温室内一定要挂温度计，并要挂在中间，高度（表的球部）与黄瓜生长点（龙头）相近，对个别较高的植株将生长点向下压一下，全室植株高度基本一致。在闷杀过程中，当温度上升到 48℃ 时，每 5~10 min 观察 1 次温度（最好用多点测温测湿仪，在室内遥控测试），如温度继续上升，将棚室顶部打开小缝隙，使温度稳定在 48℃。闷杀后，适当通风使温度缓慢下降，逐渐恢复到正常温度。如 1 次控制不住病害的蔓延，可间隔 2 d 进行第二次闷杀，完全可以控制霜霉病的继续危害。

注意事项

如闷杀 48℃ 持续 2 h 后，放风过急，风口过大，或一下子将门窗全部打开，使温度骤然下降，会使叶片边缘卷曲变干，对功能叶的损伤较大，直接影响叶绿体的同化功能，使黄瓜产量受到不应有的损失；

在闷杀时，如果温度计不标准，只按温度计的指示刻度来管理温度，不但达不到应有的闷杀目的，而且还可导致黄瓜龙头被灼伤，也会给黄瓜生长发育带来障碍，造成不应有的损失。所以，在闷杀前要选用标准温度计，或在观察温度时，发现龙头的小叶片开始抱团，这是温度太高的表现，这时应放小风降温，千万不能使龙头打弯下垂，那样会使龙头灼伤，一经放风后就会干枯死亡。闷杀后，由于黄瓜植株和幼果经受了高温，生长发育受到一定的限制，为尽快恢复正常生长发育，要立即追施速效肥料，同时叶面喷施尿素∶葡萄糖∶水为 1∶1∶100 的糖氮液或喷施 800 倍液的氨基酸复合微肥，或 0.3% 磷酸二氢钾 +0.2% 尿素液，促使植株迅速恢复生长。

3）生物防治　发病前用 25% 嘧菌酯悬浮剂 150 mL/L 或 25% 嘧菌酯悬乳剂、生物膜 100 倍液，进行叶面喷雾，每 5~7 d 喷 1 次，有保护茎叶不被病菌侵染和杀死病菌孢子的作用。

4）植物杀菌　用尖辣椒、生姜或紫皮大蒜各 250 倍液混合喷洒，3 d 喷 1 次，连喷 2 次，以后隔 7 d 喷 1 次，防效显著。

5）化学防治

（1）种子消毒　将种子用 50% 多菌灵可湿性粉剂 500 倍液浸种 30 min，然后用清水洗干净；用 0.5 g 增产菌可湿性粉剂拌种 250~300 g，防效一般在 40% 左右。此法可将病菌消灭在种子发芽前。

（2）熏烟防治　日光温室内喷药比较费工，特别是遇到阴雨天，霜霉病已经发生，喷雾防治会增加室内空气湿度，影响防治病害效果，因此，可用 45% 百菌清烟雾剂，1 000 m³ 容积用药 300~330 g，或 10% 百菌清烟柱剂 900 g，或 75% 百菌清粉剂 100 g 加乙醇 130~200 g，傍晚日光温室关闭熏烟。具体办法是：将药分成若干份，均匀分布在日光温室内，烟雾剂用暗火点，烟柱捻用暗火点，百菌清原药＋乙醇用明火点燃，翌日早晨通风，根据病情轻重确定熏烟间隔时间，一般 7 d 熏 1 次。熏烟防治法不仅省工、省力、操作方便，而且阴雨天防病效果较好，是其他防治方法不可相比的。

（3）喷粉防治　在日光温室内，用 10% 防霉灵粉尘剂、50% 百菌清粉尘剂每亩 1~1.5 kg 喷粉，从日光温室尽头开始，平举喷粉器的喷粉管，丰收 5 型喷粉器每分摇 36 r 左右，丰收 10 型喷粉器每分摇 52 r 左右，每亩每次喷粉 8~15 min。喷粉应在早晨或傍晚进行，喷粉前将放风口关闭，喷药 1 h 后可以放风管理，早春喷粉 5~6 次，每 8~10 d 喷 1 次。

（4）喷药防治　生长期间发病初期喷 80% 代森锰锌可湿性粉剂 800 倍液，或 70% 乙膦·锰锌 500 倍液，或 72.2% 霜霉威盐酸盐水剂 400 倍液，或 72% 霜疫清可湿性粉剂 500 倍液，以上农药可与酸性农药、化肥混用，但不能与含铜及强碱性农药混用。一般 7~10 d 喷 1 次，视病情轻重而定，连续喷洒 3~6 次。

霜霉病、细菌性角斑病、细菌性缘枯病、细菌性叶斑病混发时，为兼防四病，可喷撒酯酮粉尘剂每亩 1.5 kg；或 60% 琥·乙膦铝（DTM）可湿性粉剂 500 倍液，或 50% 琥胶肥酸铜（DT）可湿性粉剂 500 倍液 +52.5% 噁酮霜脲氰水分散粒剂 1 000 倍液防治。

霜霉病、白粉病混合发生时，可选用 72.2% 霜霉威盐酸盐水剂 400 倍液 +25% 嘧菌酯或醚菌酯悬乳剂 1 500 倍液防治。

霜霉病与炭疽病混合发生时，可选用 40% 氟硅唑乳油 2 000 倍液，或 50% 溴菌腈可湿性粉剂 400 倍液 +40% 咪鲜·氨基寡糖素可湿性粉剂 600 倍液，或 40% 乙膦铝 25 g+40% 咪鲜·氨基寡糖素 20 g+ 水 12.5 kg，防效接近 90%。

以上所选用混配剂进行混配，除有增效作用外，主要考虑减缓抗药性和兼防 2 种或 2 种以上病害。使用时，先配好前一种杀菌剂后，再根据前一杀菌剂的用水量及后一杀菌剂倍数，计算出后一种杀菌剂的药量配成。

二、黑星病（黑霉病）

西葫芦、黄瓜、甜瓜、辣（甜）椒发生较重。

1. 症状　地上各部均可发病。幼苗受害，心叶枯萎而死。叶片发病，初为水浸状污点，后扩展为直径 1~30 mm 外有黄晕且不受叶脉限制的褐色病斑，后期病斑呈星状开裂，形成穿孔脱落。茎蔓发病，产生椭圆形或长椭圆形凹陷斑。茎蔓尖端受害，生长停止，侧蔓丛生。果实感病，多在果实近成熟或成熟期发生。在果实表面产生暗绿色凹陷斑，病部溢出琥珀色胶状物，胶状物脱落后病斑呈疮痂状龟裂。在潮湿条件下，病部产生黑色霉层，即病菌的分生孢子梗和分生孢子。

2. 发病条件　该菌产孢适温为 18~24℃，低于 15℃ 和高于 30℃ 时停止产孢。分生孢子萌发，必须要有水滴，并以 20℃ 为最适，此特性决定了该病在日光温室内作物上较易发生，而露地作物只能在高温地区和多雨年份才会发生。

3. 防治方法

1）农业防治

（1）选用无病种子　通过建立基地自己选留种子，不从发病区引种。对怀疑带病的种子，用 55℃ 温水浸泡 15 min。

（2）轮作　与非寄主作物实行 3 年轮作，避免在黑星病发生的日光温室栽培瓜类和辣（甜）椒。

2）生物防治　用 1% 武夷菌素（BO-10）水剂 150 倍液，或用 1% 武夷菌素（BO-10）水剂 150 倍液 +20% 春雷霉素可湿性粉剂 600 倍液混合喷雾，防效可提高 2 倍。

3）化学防治

（1）种子消毒　用 10% 苯醚甲环唑水分散颗粒剂 6 000~8 000 倍液，或用高锰酸钾 200 倍液浸种 30 min，捞出洗净，进行种子消毒。

（2）喷雾防治　在发生初期，喷洒 75% 百菌清可湿性粉剂 500 倍液，或 80% 络合代森锰锌可湿性粉剂 800 倍液，或 40% 嘧霉胺可湿性粉剂 1 500 倍液，或 25% 腈菌唑可湿性粉剂 600 倍液，或 40% 氟硅唑乳油 800~1 000 倍液等。隔 10 d 喷 1 次，连喷 2~3 次。

三、疫病（疫霉病、瘟病、卡脖子、死秧等）

西葫芦、西瓜、甜瓜、番茄、茄子、辣（甜）椒等均可染病。

1. 症状　幼苗、茎、叶、叶柄、果实均可发病。保护地、间套地种及露地夏秋高温季节发病重。子叶发病先呈水浸状暗绿色圆形斑，中央逐渐变成红褐色，茎蔓基部近地面处明显缢缩，直至倒伏枯死。叶片发病初呈圆形或不规则小圆斑点，迅速扩展，湿度大时，呈热水烫过软腐状，干时呈浅褐色，易干枯破碎。茎（蔓）感病后，呈现纺锤状凹陷圆形斑，扩展迅速致果实腐烂，病部表面密生绵毛状白色菌丝，并发出青贮饲料的气味（如西瓜疫病、番茄晚疫病）。病健部边缘无明显的界线。

2.发病条件 排水不良，通风不畅，栽植过密及间作套种的地块和长期阴雨、高湿高温的气候条件发病尤重。其发病温度为 5~37℃，最适发病温度为 20~30℃，病菌可借风、雨、水及人为传播。

3.防治方法

1）农业防治 选择地势高燥，排灌良好的田块，采用瓦垄畦种植法，并在植株周围覆农膜，行间铺盖作物秸秆，防止雨滴和灌水溅起病菌孢子发病，且实行 2 年以上的轮作，杜绝土壤中残留的病原菌。

2）药剂防治

（1）药剂灌根 苗期发病用 72.2% 霜霉威盐酸盐水剂 400 倍液 +80% 百菌清可湿性粉剂 800 倍液 +72% 农用链霉素 2 000 倍液淋浇幼苗根际，用药液 3 kg/m²，不但治疗疫病效果较好，而且兼治立枯、炭疽等病。另外，苗弱时加入 0.2% 尿素和 0.3% 磷酸二氢钾或 1% 绿芬威 1 号，不但治病效果好，还可促使菜苗由弱转壮。

（2）喷雾茎叶 发病前用 90% 乙膦铝可湿性粉剂 800 倍液 + 高锰酸钾 2 000 倍液，发病后用 50% 氟吗·乙铝可湿性粉剂或 52.5% 噁酮霜脲氰水分散粒剂 800 倍液茎叶喷雾，7~10 d 喷 1 次，连续 2~3 次。

四、蔓枯病（黑腐病、斑点病、朽根病）

叶、秧、果实均能受害，以叶片受害最重，症状近似炭疽病。葫芦科、茄科受害重，是危害嫁接黄瓜、厚皮甜瓜、西瓜、茄子、番茄的主要病害。

1.症状 叶片发病出现 1~2 cm 的圆形或不规则形病斑，一般发生在叶缘附近形成弧状，病斑中间产生黑色小斑，病叶干枯后呈星状破裂，遇连阴雨，则全叶变黑枯死。秧子上发病是通过叶柄传染的，病斑主要在茎节附近部位，为椭圆形或不规则形，灰褐色，有时密布黑点，稍肿胀，干枯后凹陷。果柄上的病斑肿胀明显，呈疮痂状。果实感病后，开始出现水浸状病斑，中央变成褐色枯死斑，后期褐色部分呈星状开裂，内部组织坏死呈木栓状干腐。发病严重时植株凋萎枯死。蔓枯病与炭疽病的区别在于病斑间不产生粉红色黏质物，而产生黑色小点。

与枯萎病的区别是发生没有枯萎病早，萎蔫没有枯萎病快。

2. 发病条件 病原为子囊菌。土壤中病菌靠风、雨传播，种子也可带菌。病菌从伤口和气孔侵入，在 6~34℃ 下均可侵入危害。最适发病温度为 20~30℃，在 55℃ 条件下 10 min 死亡。高温、高湿、通风不良的田块易发病。该菌对土壤酸碱性要求不严格，但以弱酸条件为宜。缺肥、长势弱利于发病。

3. 防治方法

1）农业防治 同非瓜类栽培作物的科、属间实行 2 年以上的轮作，可明显降低发病程度。使用充分腐熟的有机肥。

2）药剂防治

（1）种子处理 用 200 倍高锰酸钾浸种 20 min，捞出洗净后催芽播种。

（2）喷雾防治 发病初期用 75% 百菌清可湿性粉剂 800 倍液，或 80% 络合代森锰锌可湿性粉剂 600 倍液叶面喷雾，7~10 d 喷 1 次，连续 2~3 次，掌握在降水前后或浇水前后喷雾最好。

（3）涂抹患部 用 95% 敌磺钠可溶性粉剂 500 倍液涂抹患病部位，效果良好。

五、细菌性叶斑病

细菌性叶斑病有角斑、叶斑、枯斑等多种表现型，可侵染葫芦科、茄科、豆科、十字花科等多种作物。

1. 症状 主要发生在叶、叶柄、茎、卷须及果实上。叶片染病初生针尖大小透明小斑点，扩大后形成具有黄色晕圈的淡黄色斑，中央变褐或呈灰白色穿孔破裂，湿度大时病部发生乳白色细菌溢脓。茎和果实染病，初呈水浸状病斑，后也溢有白色菌脓，干燥时变为灰色，且常形成溃疡和裂口。

2. 发病条件　发病温度为 10~30℃，适温为 24~28℃，适宜的空气相对湿度在 70% 以上，低温高湿利于发病。病斑大小与湿度有关，夜间饱和湿度 >6 时，叶片上病斑大且典型；空气相对湿度低于 85% 或饱和时间 < 3 时，病斑小。昼夜温差大，结露重且持续时间长，发病重。在田间浇水次日，叶背出现大量水浸状病斑或菌脓。有时只要有少量菌源，即可引起该病发生和流行。

3. 防治方法

1）农业防治

（1）选用抗病品种　如津优、津绿及博杰系列黄瓜品种。绿油油系列茄子品种、福祺系列番茄品种等。

（2）种子灭菌　70℃ 干热恒温灭菌 72 h，或 50℃ 温水浸种 20 min，捞出控水后催芽播种。

（3）环境调控　设施内注意通风，降低空气湿度。

2）化学防治

（1）种子处理　用碳酸钙 300 倍液浸种 1 h，或 72% 农用链霉素 500 倍液浸种 2 h，冲洗干净后催芽播种。

（2）喷药防治　发病初期用 60% 琥·乙膦铝可湿性粉剂 500 倍液，或 47% 春雷·王铜超微粉粒 600~800 倍液，或 72% 农用链霉素 4 000 倍液；另外，2% 春雷霉素（日本进口）或 78% 波尔·锰锌（法国进口）、氢氧化铜等水溶液叶面喷雾，都有较好的防治效果。

六、灰霉病

灰霉病可危害葫芦科、豆科、茄科等数百种瓜菜。

1. 症状　在苗期感病，心叶受害枯死，形成"烂头"，以后全株枯死，病部长有灰绿色霉层，是病菌的分生孢子梗和分生孢子。花瓣受害，并由下而上引起幼瓜腐烂后枯萎脱落。脱落的病残体落附之处，皆引起腐烂发病；受害部位的表面，均密生灰色霉层，空气湿度大时，霉层更明显，病害扩展更快。

2.发病条件　病菌生长温度为 2~33℃，以 22~25℃ 为最适温度。分生孢子形成的空气相对湿度为 95%。连作田发生也较重。

3.防治方法

1）农业防治　与寄主作物实行 2 年以上的轮作，有条件的可进行水旱轮作，防病效果更好。对育苗床土用土壤消毒散 15 g/m² 进行土壤消毒。苗床所用有机肥要求充分腐熟，严禁使用未腐熟的带有病残体的有机肥料。及时摘除清理病花、病果及残叶，保证通风透光。适当控制浇水，授粉结束后及时摘除花冠。

2）化学防治

（1）蘸药　在用激素蘸花时，加入 40% 嘧霉胺可湿性粉剂 50 倍液。

（2）熏烟或喷粉　在发病初期用百菌清或异菌脲烟剂熏烟防治，每棚室用药视产品含量而定，连熏 2~3 次。有条件者也可在室内喷撒异菌脲粉尘剂防治。

（3）喷雾　在发病初期喷洒 1% 武夷菌素（BO-10）水剂 200 倍液，或 50% 嘧菌环胺水分散粒剂 800 倍液，或 0.3% 丁子香酚可溶液剂 800 倍液，或 50% 异菌脲可湿性粉剂 1 000~1 500 倍液，或 21% 过氧乙酸水剂 500 倍液。以上各种药剂隔 7 d 左右喷 1 次，连喷 2~3 次。

七、白粉病

白粉病主要危害葫芦科、茄科等多科蔬菜。

1.症状　发病初期叶片正反两面出现病斑呈圆形白粉状，幼茎、叶柄也会出现白粉。严重时白粉连片，整个叶呈白粉状，很像叶面上撒了一层白粉。后期灰白色，有时上面产生许多小黑点，叶片逐渐变黄、发脆，最后叶片失去光合作用能力，一般不落叶，致使叶片逐渐枯萎。

2.发病条件　病菌孢子在 10~30℃ 下均可萌发，以 20~25℃ 最适宜。

不同品种对白粉病的抗性不同。一般情况下，品种对白粉病的抗性与对霜霉病的抗性一致，因此，抗霜霉病的品种兼抗白粉病。

施肥不足，不及时灌水，土壤干旱，植株生长瘦弱，抗病性降低，故发病重；相反，灌水过多，氮肥过量，植株徒长，茎叶茂盛，通风不良,光照不足,植株生长势弱,也有利于病害发生。生长后期抗病性减弱,发病机会也较多。

3.防治方法　该病防治应以选育抗病品种为主,其次是生物防治、物理防治、生态防治、化学防治等综合防治。

1)生物防治　用农抗 120 100~200 倍液,在苗期初病时防治,9 d 喷 1 次,防效可达 97%~100%。农抗 120 低毒、无残留,对人畜安全,应大力推广应用。

2)物理防治　发病初期用 27% 高脂膜乳剂 80~100 倍液,溶化后均匀喷在植株上,形成一层很薄的膜(肉眼看不见),不仅可防病菌侵入,还可造成缺氧条件使病菌死亡,5~7 d 喷 1 次,连喷 3~4 次,防效可达 90% 左右。浓度小效果差。

3)生态防治　注意设施栽培的通风、透光。管理时避开适宜白粉病发生蔓延的温度、湿度。加强肥水管理,防止干旱,防止植株徒长或早衰。

4)化学防治

(1)碱盐防治　用 0.1%~0.2% 碳酸氢钠溶液喷雾,可以抑制真菌的生长蔓延。碳酸氢钠可以食用,比用其他农药经济安全,且无污染,使用后能分解成水和二氧化碳。植物进行光合作用需要二氧化碳,有促进叶绿素增生、帮助作物生长的良好作用。用 1% 食盐水溶液喷雾。喷雾应在上午进行,忌下午特别是傍晚喷洒,防止叶面结露(晚上)造成霜霉病的发生。

(2)农药防治　30% 己唑·乙嘧酚微乳剂 1 500 倍液,或 30% 醚菌酯悬浮剂 2 000~4 000 倍液,或 25% 乙嘧酚磺酸酯微乳剂 1 000~1 500 倍液,或 20% 绿帝可湿性粉剂 1 000 倍液,或 20% 福·腈菌唑乳剂 250~300 倍液喷雾,要早预防。午前喷药加大水量并且喷匀。以上药剂交替使用,每 7~10 d 喷 1 次,病重可 3 d 1 次,连续喷 2~3 次,喷匀为宜。

A.熏烟防治。育苗用日光温室在播种前用硫黄粉熏烟消毒。每 10 m³ 空间用 12 g 硫黄粉、22 g 锯末,混合掺匀,多点熏烟,晚上密闭日光温室,上面覆盖草苫,点燃硫黄＋锯末的混合粉熏蒸 1 夜,温度为 20℃ 左右,可以收到减少菌源的效果。

B.喷撒粉尘。发病初期用 5% 百菌清粉尘剂喷撒,或喷撒长效硫黄粉,一般在早上或傍晚有露水时喷施效果较好。

第四节
"六小虫"的识别与无公害防治

一、根结线虫

根结线虫可危害葫芦科、茄科、十字花科、伞形花科、黎科等多种蔬菜,一旦发生,轻者减产,重者绝收。

1. 生活习性及危害 其生存最适温度为25~30℃,高于40℃、低于5℃很少活动,55℃以下10 min致死。适于作物生长的土壤温度、湿度和土壤性质均有利于线虫的生长繁殖和危害。

一旦发生,植株地上部生长缓慢,叶片颜色变浅,中午出现萎蔫,早晚又恢复正常,严重时萎蔫枯死,易误诊为枯萎病株。拔出根系可见大小不等的瘤状物。

2. 防治方法

1)农业防治 可采取高温闷棚,水淹,与葱蒜类蔬菜或禾本科作物轮作,清除田间病残根茎、深埋或焚烧,消灭虫卵来源。

2)药剂防治

(1)土壤处理 用噻唑膦或棉隆处理土壤。用药剂进行土壤处理后,不但可减轻病菌危害,更能防治草害和虫害的发生(使用量和方法详见说明书)。定植时穴施1.8%阿维菌素乳剂0.5 kg,能收到良好的效果。

(2)灌根 生长期间,用1.8%阿维菌素乳剂1 000~1 500倍液,每株150 mL药液灌根。

二、蚜虫(腻虫、油汗)

1. 生活习性及危害 此虫不经交配就能产生后代,1年发生20~30代,高温干旱时发生最快,是病毒病的主要传播媒介。蚜虫主要危害叶片或嫩茎。

2.防治方法

1）农业防治　3月上旬以前清除日光温室内外的杂草，要尽可能将蚜虫消灭在瓜菜以外的蚜源植物上，以减轻危害。

2）药剂防治

（1）土壤处理　菜苗定植时株施10%吡虫啉可湿性粉剂1 000倍液150 mL，可保苗40~50 d不生蚜虫。

（2）喷药防治　注意田间观察，发现中心虫株，及早防治，重点防治，把蚜虫消灭在初发期。用10%吡虫啉可湿性粉剂1 000倍液，25%吡蚜酮可湿性粉剂2 000倍液，或2.5%溴氰菊酯乳油1 000倍液喷雾均可。

三、白粉虱（小白蛾、尘浮子）

白粉虱1975年在北京发现，现已遍及全国。寄主有瓜类、豆类、茄果类及花卉、农作物200余种。

1.生活习性及危害　以成虫和幼虫群集在瓜菜植株的叶背部吸食汁液，其繁殖速度快，群集危害并分泌大量蜜液，严重污染叶面和果实，引起煤污病的大发生，使植株生长不良，叶片变色呈黄色萎蔫，甚至枯死。

2.防治方法

（1）农业防治　加强管理，培育壮苗，在上茬作物清园时，注意清除周围杂草，并深埋或烧掉。

（2）生物防治　在设施内释放草蛉，以虫治虫。

（3）黄板诱杀　用1 m长、0.2 m宽的纤维板或纸板涂成黄色，再涂上一层10号机油加黄油调匀，每亩放32~34块板，置于行间，高度同植株高度相同。等黄板粘满白粉虱后，要再涂一层机油，一般10 d1次。

（4）化学防治　在白粉虱初发时，用10%吡虫啉可湿性粉剂1 000倍液，或40%氰·马菊酯乳剂1 000倍液，或20%呋虫胺悬浮剂5 000~7 000倍液和2.5%联苯菊酯乳油3 000倍液喷雾，效果都较好。

四、斑潜蝇（夹板虫）

斑潜蝇包括豌豆斑潜蝇、甘蓝斑潜蝇、三叶草斑潜蝇、美洲斑潜蝇等。属双翅目，花蝇科或潜蝇科。其中美洲斑潜蝇1994年在海南省首次发现，1995年传到河南省。瓜类、豆类、茄子、番茄受害最严重。

1. 生活习性及危害　斑潜蝇的成虫是一种灰色或灰黄色，有的是绛灰色的小型蝇，成虫体长5~6 mm，全身密被刺毛，足赭色，翅膀透明呈紫色闪光。卵白色，呈长卵圆形，多产在幼叶的背面或富含有机物的半腐粪肥中。幼虫是乳白色略带黄色的小蛆，体长约7.5 mm。其具有背光性，在幼叶上产卵，卵孵化后在叶片内潜食叶肉，形成弯弯曲曲的小潜道，老熟后在潜道末化蛹。在土中的卵孵化后幼虫钻入瓜苗的幼根或嫩茎中，顺着根或茎蛀食心部的组织，使幼苗死亡。蛹褐黑色，长4.5~5 mm，腹部末端有7对肉质突起。

2. 防治方法

1）农业防治　施用充分腐熟的有机肥料，苗床中控制浇水，防止成虫在苗床或田间产卵，采用地膜覆盖栽培，减少幼虫危害。与禾本科作物间套和轮作可明显减少和减轻斑潜蝇的发生与危害。

2）化学防治

（1）土壤处理　用50%辛硫磷乳油1 000倍液喷洒土壤2 kg／m^{2}或大田播种穴0.2 kg／穴。使药物与土壤混匀。

（2）茎叶喷雾　在斑潜蝇孵化期用40%绿菜宝1 000倍液，或1.8%阿维菌素乳油3 000倍液，或75%潜克原粉7 500倍液，防效都较好。

五、蓟马

1. 生活习性及危害　成虫、若虫危害瓜、菜、花器和生长点及幼苗嫩叶。成虫体长约1.3 mm，褐色带紫，头胸部黄褐色，1年发生10~14代，以成虫越冬，每雌产卵180粒。产卵历期长达20~50 d，卵大部分产于花内植物组织中。

2.防治方法

（1）化学防治 用25%噻虫嗪水分散粒剂3 000~5 000倍液，20%丁硫克百威乳油2 000倍液，或10%吡虫啉可湿性粉剂1 000倍液，或1.8%阿维菌素乳剂2 000倍液，或30%吡丙醚·虫螨腈乳剂2 500倍液喷雾，防效均较好，喷药后结合浇水，可提高治虫效果。

（2）物理防治 用蓝色纸板，套上塑料薄膜袋，在薄膜正反两面涂上一层药油（油里加少许辛硫磷），把制好的蓝色板，在晴天的9~12时放入田间，诱杀效果较好。蓝色板插放位置，以间距7 m、高出地面50 cm为宜。蓝色板面向南向西为好。另外，使用银灰色地膜覆盖，对蓟马有忌避作用。

六、叶螨

叶螨属蜘蛛纲蜱螨目或真螨目的螨类，分蚧线螨科或叶螨科蜘蛛类群，可危害茄科、豆科、百合科、十字花科、伞形花科的多科作物。

1.生活习性及危害 体色一般为橘红色、褐红色和茶黄色。气温在10℃以上即可生殖危害。1年发生10~20代，高温干旱的6~9月有利于叶螨的发生，大雨或暴雨可控制叶螨的危害。瓜类被害叶起初呈现黄白色小点，后变成红色斑点，危害严重时，叶背布满丝网，并粘满尘土，叶片黄萎，逐渐枯焦，不但对产量影响很大，而且它也是病毒病的传媒之一。如常见的朱砂叶螨危害初期出现灰白色小斑点，后变锈红色，呈火烧状，严重时脱落，果实受害后，果皮变粗糙呈灰色；豆类受害后形成枯黄色细斑。再如，茶黄螨危害时，作物表现幼嫩部位皱缩，似病毒病，但大叶片背面呈蜡质状，叶片正面无光泽，果实粗糙易开裂。

2.防治方法

（1）秋耕冬灌春耙 作物收获后，进行秋耕冬灌，深耕以20~20 cm为宜。

（2）清除杂草 结合瓜田管理，清除瓜田和瓜地周围的杂草，能起到抑制和减轻红蜘蛛危害的作用。

（3）药剂防治　用 1.8% 阿维菌素乳剂 2 000 倍液，或 10% 炔螨特 1 000 倍液，或 20% 哒螨灵 800~1 000 倍液，或 20% 单甲脒水剂 1 000 倍液，或 0.2 波美度石硫合剂进行防治。

（4）及时浇水　增加田间湿度，喷药后浇水，可淹死落地假死的害螨，控制其再发生发展。

第三节
病、虫、草、鼠害科学防治

日光温室用药支出（农药、人工费、器械费）占日光温室生产资料总支出的 1/3 左右，给菜农带来不小的负担。药打了，钱花了，力出了，罪受了，药效怎么样？有没有副作用？因此，科学用药潜力较大，应总结这方面的经验教训，克服盲目用药现象。

一、当前用药九大误区

1.跟着别人打药　看邻居或有技术的人家打药了，自己就跟着打药。

2.定期打药　不管农药持效期长短和温室内作物长势、长相如何，都是 7~10 d 打一次药。

3.打经验药　按常规打药，不管病虫害发生情况，照例按时打同一种药。

4.打指定药　请当地售药的经销商开药方，自己没主见，不能主动选药。

5.见病虫就打药　发现一株菜苗或一个枝叶上有了病虫害，就认为全温室都有了病虫害，不分青红皂白开始全温室打药。

6.盲目打药　不按防治指标打药，不按经济阈值打药。

7.随意打药　阴天过后遇晴天就打药，随意加大或降低用药量，还美其名曰打保险药。

8.打广告药　选药迷信广告，不注重实际使用效果。见广告有新药便使用。

9.打化学农药　认为化学农药管用，特别是一些复配制剂。不喜欢用生物、物理、农业方法和人工措施进行综合防治，形成只用化学农药的意识和习惯。

二、科学用药方法

1.学会病虫害测报　每种病虫害都有其发生条件、生活规律、防治时机，通过对某种病虫害的田间调查、观察、饲养或培养，可以确定其发生时期或防治关键期。如茄子出苗期是猝倒病、立枯病的发生期，黄瓜产量盛期遇低温、高湿、连阴天条件是角斑病和霜霉病的发生时期，番茄叶霉病、灰霉病在高湿、低温、阴天的条件下发生重，各种作物疫病在高温、高湿条件下发生重。在不同时期有针对性地施药，药效可显著提高。

2.按防治指标打药　病、虫危害到什么程度开始打药效果最好，应以农业部门或农技人员发布的病虫害防治指标为准。病虫发生初期可采取挑治的方法，先小范围用药控制。

在生产上，常有个别植株或个别枝叶病虫害局部危害，或因漏打农药造成局部危害，造成的损失并不太大。出现这种情况，可通过细致的田间调查，详细记清病虫害发生严重的行、株号，只对个别植株、个别枝叶进行喷药，这就是"挑治"。这样做省工、省药，而且有利于天敌的繁衍，保持日光温室的生态平衡。如果把局部危害当全温室危害来打药，既浪费了人工、农药，污染了环境，又杀伤了天敌，得不偿失。

3.减少不必要的用药　有些药属于可用可不用的药，如在育苗或整地前，一些从未种过蔬菜的新建温室，就没有必要进行土壤和温室处理。此外，有些菜农喜欢把几种效果相近、性质相同的农药混合对在一起，觉得放心。其实，目前市售杀虫、杀菌剂大部分都是厂家复配剂型，看似一种药，实质是多种药的复配药，更有一药多名现象。另外，多种农药混合常有减效作用，所以，不应这样用药。

4.**轮换用药**　如果一个温室连续多年或1年连续多次使用某种农药，极易使病虫害产生抗性，打药的浓度加大，投资成本提高。据统计，我国日光温室产区，白粉虱对有机磷农药的抗性已提高5~10倍。因此，轮换使用杀虫、防病机制不同的农药，可以有效地延缓和抑制病虫害产生抗药性，尤其是易产生抗药性的蚜虫类、螨类，更要注意经常更换农药品种。

5.**选择抗病品种**　不同品种，对某种病虫害有不同的反应和抗性，这是由其遗传性所决定的。具体来说，蔬菜品种间对病虫害的抗性有强弱之分，有免疫、高抗、中抗和低抗之别。选用抗病品种可收到省投资、少污染、护天敌等一举多得的效果。

6.**不宜随意提高药液浓度**　部分菜农认为，打农药时，如果按农药标签上规定浓度打，虫死得慢，应该提高浓度。经调查农药使用情况发现：3 000倍液与2 500倍液或2 000倍液的防治效果无显著差异。任何一种杀虫、杀菌剂都有其规定使用浓度，该浓度是由权威部门指定的植保专家，经多年、多点试验后，才确定下来的比较经济可靠的使用浓度。在多数情况下，超浓度用药，其防治效果不一定随浓度提高而增加，相反，会带来一些副作用——产生药害和影响天敌。从最终防治效果来说，如果一种农药能杀死50%害虫的同时，又不伤天敌时，其防效要比能杀死99%的害虫但杀害了天敌的农药要好得多。有时感到用药效果不好，不一定都是由于浓度低，而多半是因打药质量不高所造成的。

7.**调整用药期**　有些菜农仅凭经验，定期打药，打安全药、保险药，这是对资金、劳力的浪费，既增加了对环境的污染，也不利于天敌的繁衍。应在益虫、害虫比例低，或病虫害种群数量达到经济受害水平时，才选择用药。

8.**合理混用农药**　农药混用，不但有利于防治同时发生的多种病虫，而且可防止病虫产生抗性。哪些农药能混用，哪些农药不能混用，可通过查找相关资料确定。在霜霉病、角斑病、白粉虱同时发生时，可将能混用的选择性的杀菌、杀虫剂混配使用，既降低投资，又减少用工，还可收到一喷多防的效果。切记混配农药时，一要考虑到对目标害虫的效果；二要考虑对人畜、蔬菜及环境的安全。在混配时，绝不能把作用机制和防治对象相同的药剂混用，更不能把多种农药或有机合成农药与强碱农药随意混合，避免产生药害和减效。

9. 采用选择性农药　这类药属于生理选择性强的农药，这些药剂都有保护天敌、减轻对环境污染的良好作用，经常在生产无公害蔬菜时使用。这类农药有：①昆虫生长调节剂。②微生物农药。③选择性杀螨剂。④选择性杀蚜、杀蚧剂。⑤人工合成的性外激素。⑥植物源杀虫、杀螨、杀菌剂。⑦人工合成的抗生素类农药。⑧弱毒疫苗。⑨动物源农药。

10. 改进施药方式　日光温室内用药方式要改喷雾式为喷粉尘剂、点燃烟雾剂，结合浇水进行灌根施药等方式。

防治病、虫、草、鼠害应采取农业防治、物理防治、生物防治、生态防治、化学防治等综合防治技术，改进化学防治技术，选用高效低毒农药和新型药械，少用水剂，多用烟剂和粉尘剂等。使用农药时注意药的残留期。选用水剂或乳剂采用喷雾方式施药时，一定要选用雾化程度高的新型药械。

主要参考文献

［1］ 马承伟，苗麦香.农业生物环境工程［M］.北京：中国农业出版社，2005.

［2］ 魏文铎，徐铭，钟文田，等.工厂化高效农业［M］.沈阳：辽宁科学技术出版社，1999.

［3］ 张福墁.设施园艺学［M］.北京：中国农业大学出版社，2010.

［4］ 李天来，李曼，韩亚东，等.辽沈Ⅰ型日光温室地温日变化规律及其谐波模拟验证［J］.西北农业学报，2010，19（10）：152-160.

［5］ 曲佳，须晖，王蕊，等.日光温室番茄群体太阳总辐射量的分布规律及其与光合作用的关系［J］.西北农林科技大学学报（自然科学版），2011，39（6）：178-184.

［6］ 郗庆炉，梁云娟，段爱旺.日光温室内光照特点及其变化规律研究［J］.农业工程学报，2003，19（3）：200-204.

［7］ 郗庆炉，薛香，段爱旺.日光温室内温度特点及其变化规律研究［J］.灌溉排水学报，2003，22（6）：50-53.

［8］ 刘克长，张继祥，任宗兴.日光温室气象条件的观测研究［J］.山东农业大学学报（自然科学版），2001，32（1）：50-54.

［9］ 李天来.我国日光温室产业发展现状与前景［J］.沈阳农业大学学报，2005，36（2）：131-138.

［10］ 刘志杰，郑文刚，胡清华，等.中国日光温室结构优化研究现状及发展趋势［J］.中国农学通报，2007，23（2）：449-453.

［11］ 孟力力，杨其长，GERARD P A BOT，等.日光温室热环境模拟模型的构建［J］.农业工程学报，2009，25（1）：164-170.

［12］ 李式军.设施园艺学［M］.北京：中国农业大学出版社，2002.

［13］ 马国成，张福墁.日光温室不同光温环境对黄瓜光合产物运输及分配的影响［J］.北京农业大学学报，1995，21（1）：34-38.

［14］ 孙忠富，吴毅明，曹永华，等.日光温室中直射光的计算机模拟方法——设施农业光环境模拟分析研究之三［J］.农业工程学报，1993，9（1）：36-42.

［15］ 邹志荣，李建明，王乃彪，等.日光温室温度变化与热量状态分析［J］.西

北农业学报，1997，6（1）：58-60.

［16］　李天来.设施蔬菜栽培学［M］.北京：中国农业出版社，2011.

［17］　王秀峰.蔬菜栽培学各论（北方本）［M］.北京：中国农业出版社，2011.

［18］　段敬杰.瓜果菜嫁接与栽培［M］.郑州：河南科学技术出版社，2003.

［19］　史宣杰，段敬杰，魏国强，等.当代蔬菜育苗技术［M］.郑州：中原农民出版社，2013.

［20］　段敬杰.日光温室蔬菜栽培技术［M］.北京：中国农业出版社，2014.